개정

건축기계설비 시공실무

김규생 김덕주 공저

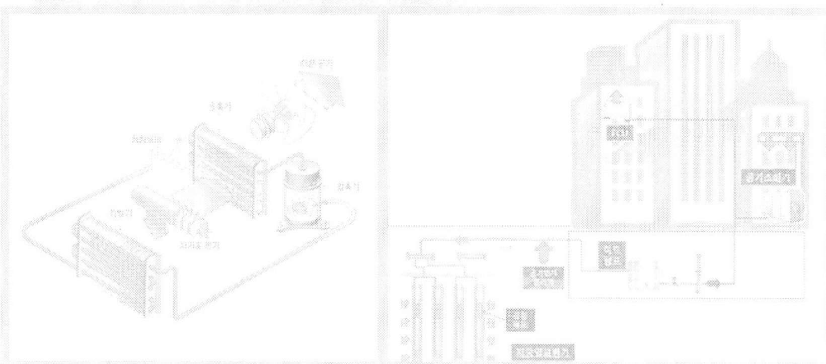

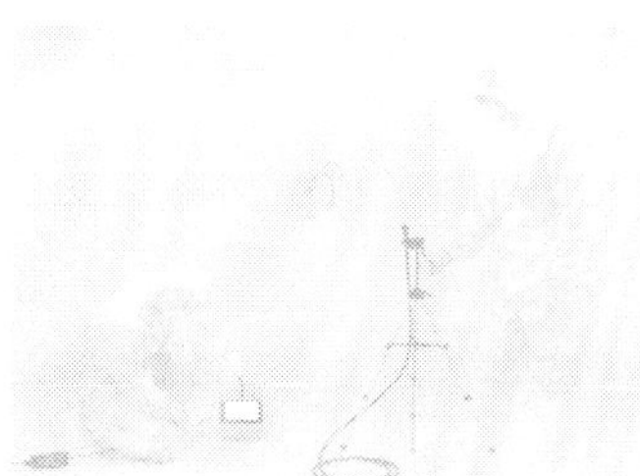

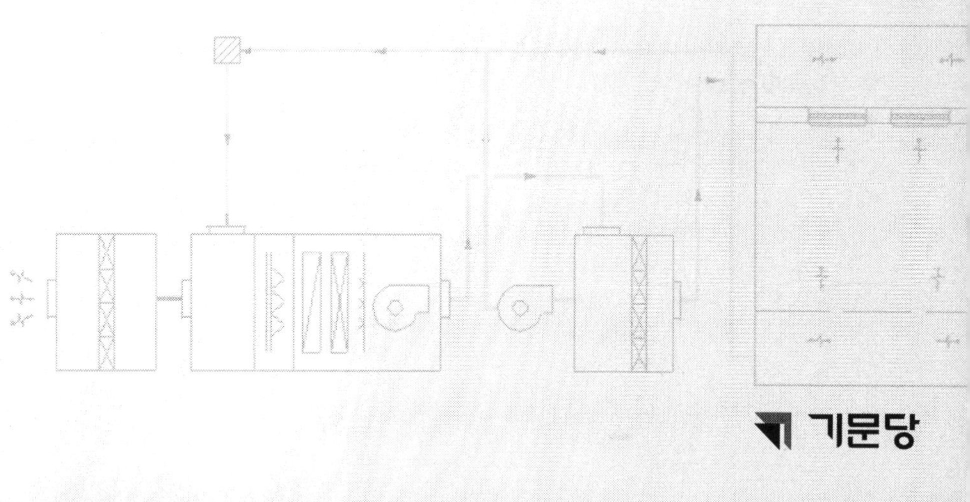

기문당

머 리 말

건물이 초고층화, 대형화, 첨단화되면서 더불어 생활의 질이 향상되어 실내환경의 중요성도 날로 더해 가고 있다.

엔지니어링 활동 중 건축기계설비의 설계, 시공, 유지관리는 상호 보완하면서 발전해 나가기 위해 선배 경력자들이 가지고 있는 기술을 정리하여 후배들에게 전달되어야 하는데, 건축기계설비의 설계와 관련된 국내 · 외 참고도서와 설계 회사별 설계지침서는 그나마 많이 있는 편이나 시공 관련 참고도서나 시공지침서는 기계설비공사 시방서가 전부인 것이 현실이다. 기존의 책들은 사회에서 필요한 부분의 반영이 미흡하고 설계나 전공과목에서 다루어야 할 부분이 많이 포함되어 있어, 대학교재로서 시공실무를 강의하고 이를 학생들이 사회에 나가서 사용하기에는 내용에 있어서 부족한 편이다. 그리하여 초판에서 초급 · 중급 · 고급기술자 및 현장에서 일하는 기능공들이 실력 향상을 위해 공부하는 데 부족함이 없는 지침서가 되고, 현장업무를 처리하는 데 도움이 되도록 노력하였으나 일부 부족한 부분이 있었던 것이 사실이었다, 금번 개정판에서는 부족한 부분을 많이 보완하여 출간하게 되었고, 특히 금년도에 건축기계설비공사시방서에 클린룸설비공사가 삽입되어 포함하게 되었다. 향후에도 계속 보안하여 더 나은 지침서를 출간할 수 있도록 계속적으로 노력하겠다.

현장시공에 관련된 지식은 누가 혼자 생각하여 만들어지는 것이 아니기에 여러 분야의 책이나 자료를 정리하여 책으로 만들 수밖에 없었다. 그래서 이 책에 게재된 그림이나 도표, 그리고 일부 내용은 다른 책으로부터 인용하였고, 누구나 경험으로 알고 함께 공유하던 부분은 보다 현실에 접근할 수 있도록 하였으며, 관련 분야를 공부하는 학생들이나 실무자들에게 꼭 필요한 시공 지침서를 만들어야겠다는 생각을 가지고 정리하였다. 책을 만든 기준은

1. 현장에서 너무 일반화되어 있는 부분을 생략하고
2. 기술자들이 현장에 사용할 수 있는 양식이나 내용을 기록하고
3. 실력 향상을 위해 궁금한 부분부터 시작할 수 있도록 노력하였다.

이 책이 우리 기계설비인들의 기술 향상에 도움이 되도록 업무에 활용되기를 바라고, 내용 중 미흡한 부분은 기술자 여러분의 조언을 기꺼이 반영하여 계속 보완할 예정이니 많은 지도 편달을 바란다.

그리고 시공사진 촬영과 자료 수집에 협조해 주신 (주)신화 엔지니어링 김종우 부사장님을 비롯한 임직원과 그 외의 여러 기계설비 시공분야에 근무하고 계시는 기술자 여러분과 또한 출판을 허락해 주신 기문당 강해작 사장님께 감사드립니다.

2014년 8월

저 자

차 례

제1장 기계설비공사

제2장 기계설비배관공사

제3장 위생배관 및 위생기구 설치공사

제4장 덕트 및 환기설비공사

Chapter 01 기계설비공사

1 일반사항

1.1 기계설비공사 개요

건축물은 과학이 발달하고 문명이 선진화됨에 따라 단순한 주거기능에서 벗어나 쾌적한 실내환경을 영위하기 위하여 실내의 온도, 습도, 청정도를 인체에 가장 적합한 상태를 유지하고자 한다. 쾌적한 실내환경 추구는 건축물의 대형화·첨단화로 인한 건물 내의 설비를 자동화하고, 에너지 절약도 추구하게 되었다.

또한, 21C에는 건축물의 초고층화, 초대형화, 인텔리전트화가 일반화되면서 건축물 내 기계설비의 중요성은 더욱 강조되고 있다. 일반적으로 설비라 하면 기계설비, 전기설비, 통신설비 등을 말하며, 이 중에서 기계설비는 기술적인 난이도가 높아 부가가치도 높을 뿐만 아니라, 전체 공사비 중 기계설비가 차지하는 비중이 타 설비에 비하여 크기 때문에 최근 들어 기계설비의 중요성이 대두되고 있다.

그린빌딩(Green Building), 리모델링(Remodeling), 공기질(IAQ ; Indoor Air Quality) 등 보다 나은 삶의 질을 추구하는 것에서 실내 공기질 문제가 대두되기 시작하였고, 아파트나 주택에서도 환기 문제를 고려하기 시작하면서 진정한 냉난방 공기조화의 적용을 적극 검토함으로써 기계설비의 비중은 더욱 중요한 분야로 자리하게 되었다. 그리고 기계설비공사는 10~20년 후에는 개·보수해야 하는 특성을 고려하여 초기투자비만 고집하여 설계하던 방법도 이제는 라이프 사이클 코스트(생애주기비용 ; Life Cycle Cost)를 적용하여 설계기준을 결정하는 방향으로 변해 가고 있다. 건축물에 생명의 기능을 부여하는 설비에 있어 기계설비는 타 설비에 비해 인간의 주거환경을 직접 지배하므로 매우 중요하다.

1) 기계설비공사의 중요성

기계설비공사는 어느 한 공종이라도 하자가 발생하면 사용자는 매우 불편을 느끼게 된다.

이와 함께 기계설비는 공사비의 구성, 설비수명의 라이프 사이클, 에너지 소비량 등으로 볼 때, 타 설비에 비해 중요성이 더욱 강조되고 있다. 우수한 기계설비야말로 거주자 혹은 작업자에게 쾌적하고 건강한 환경을 제공하고 거주성을 높이는 동시에 작업능률의 향상을 도모한다.

기계설비를 유형별로 분석하면 다음과 같다.

① 공사금액의 대형화

총 공사금액으로 대비한 기계설비 부분 공사금액 구성비는 대략적으로 아파트는 15%, 일반건축물은 20%, 고급건축물은 20%~30%, 초고층건축물 30%~40%, 그리고 인텔리전트빌딩은 40% 이상에 이르고 있다.

② 시공공종의 전문화

기계설비는 설비장비설치, 배관, 용접, 덕트 제작 · 설치, 보온, 각종설비기구부착, 자동제어, 운송설비설치, 가스배관 등의 시공이 전문화되어 있다. 이와 함께 시공자재 또한 다양할 뿐만 아니라 신자재, 신공법이 새롭게 개발되고 있으므로 이러한 추세를 따라 가기 위해 시공 분야는 특화되고 있다.

③ 설계의 전문화

기계설비는 학문체계와 기술체계가 일반 건축 분야와는 완전히 달라서 일반 건축사가 직접 설계할 수 없으므로 과기처(과학기술처) 등록 전문설계용역 기술사에 의하여 설계되고 있다.

④ 라이프 사이클 코스트(Life Cycle Cost)

기계설비는 타 건축공종과는 달리 에너지를 사용하여 항상 살아 움직이는 기능을 가지고 있으므로 라이프 사이클이 건축구조물(라이프 사이클 50년)에 비해 짧은 10~20년 정도이다.

그러므로 설비 갱신비용, 운전비용, 인건비 등을 감안한 라이프 사이클 코스트는 건축 부분과 동일할 정도로 기계설비가 차지하는 비중이 높다.

2) 기계설비공사의 종류

① 건축물 플랜트, 기타 공작물에 급배수위생 · 냉난방 공기조화기기 · 배관설비 등을 조립 · 설치하는 공사

② 건축물 등 시설물에 설치하는 급배수 위생설비공사, 냉난방 공기조화설비공사, 환기설비공사, 급탕설비공사, 주방설비공사, 열절연공사, 방음 · 방진공사, 옥내 급배수관 개량 및 세척

공사, 플랜트설비의 배관 · 선로차단공사, 아이빔 및 거더설치공사, 건널목보판공사, 기계장비설치공사, 자동제어공사, 집진설비공사, 클린룸설비공사, 냉장 · 냉동시설공사, 사우나시설공사, 열수송관시설 · 송유관시설, 폐수처리에 대한 배관공사, 기타 유사한 모든 공사

③ 급 · 배수설비

상수도 및 지하수 공급관을 제외한 모든 급수관 및 배수관 등을 통칭

④ 환기설비

건축물에 대한 기관실, 전기실, 공조실, 사무실, 상가, 로비, 객실, 연회장, 저장실, 주방, 식당 등 모든 시설물에 대한 환기시설을 통칭한다. 공장 및 플랜트 시설물에 대한 집진환기라인, 도장라인의 환기라인 등 모든 환기시설을 통칭

⑤ 공기조화설비

공조기 설치, 냉난방용 냉 · 온풍 공급, 공기정화시설, 항온항습장치 등 공기 및 유사한 기체 등을 이용한 모든 장치를 통칭

⑥ 냉난방설비

냉동기, 보일러, 냉온수기 · 순간온수기 · 빙축열냉방기, 팬코일, GHP · EHP, 태양열 · 지열 냉난방 시스템, 컨벡터 등을 설치하고 배관을 이용하여 냉방 및 난방이 되도록 하는 시설이며 열교환기, 방열기 설치와 이와 유사한 내용을 포함하여 통칭

⑦ 급탕 · 주방설비

보일러, 온수가열기, 열교환기 등을 이용하여 목욕탕, 세면기, 변기, 싱크대, 기타 조리대, 주방기구 등에 온수 및 냉수 등을 공급하여 이용할 수 있도록 하며, 기타 유사한 내용을 포함한 모든 내용을 통칭

⑧ 위생설비

각종 배수라인 · 우수라인 · 오수라인 · 위생기구를 사용하기 위한 급수배관, 욕실 등 위생기구설치, 식품가공 등에 사용하기 위한 위생기구설치 등 기타 유사한 모든 내용을 통칭

⑨ 보온공사

배관의 동파방지를 위한 보온공사, 저장 용기의 동파방지 및 열 공급시설, 기계장비류 동파방지를 위한 단열공사 등 유사한 공사

⑩ 방음 · 방진공사

펌프류, 공조기, 쿨링타워, 냉동기 및 실외기, 보일러, 냉 · 온수기, 송풍기 · 환풍기 등에서 발생되는 진동을 감소시키는 공사, 각종 기계류에서 발생되는 소음을 차단 및 흡음 장치를 통하여 소음을 감소시키는 공사 및 기타 유사한 공사

⑪ 옥내 급 · 배수관 개량 및 세척공사

건축물 및 공장 내부에서 발생되는 급수관 · 배수관을 신설하고, 노후시 교체공사를 수행하며, 관 내부를 세척하거나 코팅할 수 있으며, 기타 유사한 공사를 통칭

⑫ 플랜트시설 내의 배관공사

플랜트시설 안에서의 각종 기계설비공사업에 해당되는 공사

⑬ 아이빔 및 거더설치공사

기계설비공사업을 함에 있어서 연관되는 각종 구조물제작 및 설치공사

⑭ 건널목보판공사

각종 건널목에 있어서 보행 및 차량 등이 원활하게 소통될 수 있도록 보판을 설치하는 공사공사

⑮ 기계장비설치공사

펌프류, 송풍기 및 환풍기 등 모든 기계장비류를 운반 · 설치하며 필요한 보완장치를 시설하는 공사

⑯ 자동제어공사

기계설비공사업에 속한 위생설비작동 시스템, 냉난방설비작동 시스템, 빙축열작동 시스템, 열수송관작동 시스템, 송유관작동 시스템, 공기조화기작동 시스템, 환기 및 급기작동 시스템, 각종 자동밸브류 작동 시스템, 각종 기계설비에 속한 자동제어장치를 말하며, 이와 유사한 시스템을 시설하는 공사

⑰ 집진설비공사

보일러, 소각장 등에서 발생되는 집진기를 설치하고 부대적인 공사를 수행함.

⑱ 클린룸설비공사

실내청정도를 유지하기 위하여 공급공기를 집진 · 정화 · 항온항습을 하는 설비의 모든 공사를 통칭

⑲ 냉장 · 냉동설비공사

축산물, 농산물, 수산물 등을 냉장 · 냉동 보관하기 위하여 시설하는 공사, 기타 유사한 모든 공사

⑳ 열수송관설치공사

열병합 발전소 및 기타 발전소에서 생산되는 열을 관을 통하여 수송하는 공사 등 유사한 공사

㉑ 송유관시설공사

각종 유류를 관을 통하여 수송하는 공사 등 유사한 공사

3) 시공관리

건설공사 관리방법도 계속 변화 · 발전하고 있으며, 설비공사에서도 예전과 같은 막연한 시공관리로는 경쟁하기가 힘들어졌다는 것을 인식해야 한다. 시공관리는 우선 설계자가 발주자의 요구대로 시공자가 공사할 수 있는 설계도서를 제작하고, 설계도서에 따라 시공자는 착공 전에 시공계획을 세워서 검토하고, 그 계획의 순서에 따라 시공관리를 하게 한다.

시공관리에서 중요한 4가지 관리항목을 살펴보면 다음과 같다.

① 품질관리

설계도서에서 요구하는 품질을 충분히 파악하고, 시공계획 승인을 득한 후 시공에 임하고, 최종 기능검사를 실시한다.

② 원가관리

품질을 저하시키지 않도록 기술, 조달방법, 시공방법의 개선을 도입하여 원가관리를 해야 한다.

③ 공정관리

건축공정에 맞춘 기계설비 공정계획을 종합적으로 검토하고, 시공도에 따른 공사현황을 체크하여 공사시기를 준수해야 한다.

④ 안전관리

건설공사관리의 최우선은 안전이어야 한다. 위험한 작업의 예측과 그 대책의 확립, 노동환경의 안전성 확인을 현장 내 업종간의 협력으로 철저한 안전작업에 따른 재해를 예방해야 한다.

이상의 4가지 관리항목을 기본으로 하여 착공에서 준공까지의 계획과 관리업무를 수행하는 일이 시공관리에서는 중요하다. 좋은 자재만을 사용했다고 품질이 향상되는 것은 아니다. 공사 중에 손상되거나 설치가 불량하면 품질이 확보될 수 없으므로 시공과정에서도 품질의 수준이 좌우되기도 한다.

또한 계획이 좋다 하더라도 공사 중에 사고가 발생하면 품질이나 원가관리뿐만 아니라 공정에도 지장을 초래하고 신용에서도 크게 손해를 보게 된다.

따라서 품질을 확보하는 방법에는 중간검사나 준공검사가 있으므로 충분한 계획에 의한 검사를 실시하여 품질 확보에 만전을 기해야 할 것이다. 그리고 시공주가 요구하는 품질에 충족되게 하기 위해서는 공사진행 과정에서의 관리가 매우 중요하다.

1.2 기계설비 시공계획

기계설비 시공계획이란 본 공사 착공 전에 준비하는 과정으로 시공 중 발생할 수 있는 모든 문제들을 빠짐없이 계획 · 검토하여 시공에 차질이 발생하지 않도록 하는 중요한 과정으로 계획의 여하에 따라 공사의 승패가 판가름 난다고 해도 과언은 아니다.

1) 설비공정계획

공사착공에 있어서 여러 가지 인 · 허가나 작업을 추진하기 위하여 각종 공정표를 작성하는 중요한 체크포인트는 다음과 같다.

(1) 설비공사 기본 공정표의 체크포인트

① 주공정선(Critical Path)이 명확히 표시되어 있는지 확인한다.

② 건축공정과 설비공정이나 설비 상호간의 접속조건이 명확히 되어 있는지 확인한다.
③ 전력, 상수도, 하수도, 가스 등의 가설공사 시기 확인과 본공사 완료 시점을 확인한다.
④ 시운전 조정 및 인 · 허가 사항 등의 신청 및 완료일이 명확히 되어 있는지 확인한다.

(2) 시공도 작성 예정표

① 공사착수일과의 관련 및 도면검토, 승인 등의 기간이 고려되어 있는지 확인한다.
② 시공도의 분류 및 축척 등 작성계획을 확인한다.

(3) 기기재료, 발주제작 예정표 확인

① 장비나 자재의 발주 항목에 빠진 것이 없도록 확인한다.
② 장비 제작 승인도 검토, 승인, 제작기간 및 반입기일이 적절하도록 확인한다.

(4) 설비공사 상세공정표의 체크포인트

① 기본공정표에 기재되어 있지 않은 부분적인 공사나 특수한 장소에 대한 상세한 공정표이며, 필요에 따라 작성된다.
② 타 공종의 작업과 상호관계가 명확한지 확인하고 작업량과 작업용 공간, 작업인 및 소요일수 등을 확인한다.

2) 가설공사계획

기계설비공사에 관한 가설공사에는 공사 전체로 계획된 공통가설공사와 설비공사를 위한 직접 가설공사계획으로 구분된다. 어느 경우나 건축, 설비 상호간의 충분한 조정으로 공사진행시의 낭비 및 지장이 없는 시설로 해야 한다.

(1) 직접 가설계획 항목

① 현장사무소, 대기소 등에 관한 계획
② 작업용 비계에 관한 계획의 협의
③ 양중, 굴삭 등의 가설기계에 관한 계획 협의
④ 자재 적재장소와 작업장에 관한 계획 협의
⑤ 공사용 전력, 급배수에 관한 확보의 계획 등

(2) 직접 가설계획에 대한 체크포인트

① 현장사무소, 자재 보관 장소의 설치시기, 규모, 배치와 이설 시기 및 장소 등 이동계획을 확인한다.
② 본 공사용, 지하매설물이나 지하구조물 공사시기 등의 관련 사항을 상세히 파악하여 계획해야 한다.

③ 주변도로 상황을 파악하여 사람의 출입, 자재운반경로 등을 검토하여 공사에 지장이 없도록 처리해야 한다.

(3) 설비공사에 관한 공통가설계획의 체크 포인트

① 외부비계, 양중설비 등이 설비 외부공사 시기에 지장이 없도록 확인한다.

② 양중용 가설기계의 설비기기 반입에의 이용에 지장이 없도록 처리한다.

③ 가설용 전력, 급배수 등의 본설비와의 교체시기를 확인한다.

3) 설비기기 반입계획

설비기기의 양중, 반입계획은 공통가설의 양중기에 관한 계획이나 구조체 공사에 관계되는 반입구 및 구조보강 등 건축공사와의 사이에 특히 깊은 관련이 있다. 빠른 시간 내에 정확한 계획을 세우고 기기반입계획시 다음과 같은 사항에 유의한다.

(1) 반입기기 리스트 체크

① 외형치수, 바로 놓기, 분할 방법, 중량을 확인한다.

② 반입층과 설치장소를 확인하여 사전에 계획을 세운다.

③ 운반시 사용양중기와 반입시기를 확인하여 이동을 준비한다.

(2) 반입경로 검토

① 반입경로가 적절한지 사전에 조사한다.

② 반입통로, 개구의 넓이 · 높이가 확보되는지 확인한다.

③ 바닥, 벽, 기둥의 손상방지가 고려되어 있는지 확인한다.

④ 반입상 필요한 달훅의 위치와 내하중은 적절한지 확인한다.

⑤ 반입루트의 바닥과 보의 보강은 적절한지 확인한다.

(3) 보양

① 기기의 보양이 적절한지 확인해야 한다.

② 반입경로에 근접되는 고압선의 보양이 고려되어 있는지 확인한다.

(4) 수송, 유도원, 감시원

① 도로사용허가, 규제차량의 통행수속을 확인하여야 한다.

② 유도원 및 감시원의 배치가 적절한지 확인해야 한다.

4) 공사구분

공사구분상 특히 주의하지 않으면 안 되는 것은 각 공사간 견적의 누락이나 중복이 생기지 않도록 사전에 확인한다.

(1) 일반사항

① 공사내용과 계약서에서 상이한 점이 있는지 확인한다.

② 본설비 수전 후 인도까지의 전기사용요금 중 특히 기본요금의 분담에 대해서 계약전력량을 명확히 해둘 필요가 있다. 공사기간 중의 기본요금 총액은 계약전력량과 수전 이후 인도시까지의 기간에 따라 좌우되기 때문에 분담구분을 명확히 한다.

③ 본설비 가설 후의 전기, 급수 등은 일반적으로 공사용과 시운전용과의 겸용 사용이 되기 때문에 비용부담의 구분이 불명확하다. 따라서 트러블을 피하기 위해 각 시공자간의 비용분담 비율을 사전에 정해두는 것이 좋다. 또 비용 분담률은 기본요금과 사용요금의 각각에 대해서 고려해야 한다.

(2) 각종 공사구분에 관한 유의사항

① 설계도서에 표시된 공사구분 중 공종간 한계가 확실하지 않는 부분을 사전에 명확히 한다.

② 설비상호간에 있어서 기기장치와 전기배선공사가 별도로 구분된 경우 결선공사를 구분한다.

③ 구조체공사시 슬리브 설치, 철근보강이나 조적 후 배관시공시 메움 등과 천장 마무리시의 개구부 보강 등 설비에서 건축에 의뢰하는 공사에 속하는 것의 먹매김에 관한 공사를 구분한다.

④ 옥외배선에 있어서 구체공사에 수반하는 가설구축물에 지장을 주는 경우에 철거공사 구분을 명확히 해둔다.

5) 인 · 허가 사항

① 설비공사의 인 · 허가 사항은 관련 관공서에 신청수속을 해야 하며 건축법, 소방법 이외에 상수도, 하수도, 가스, 전기, 전화 등의 가설 혹은 안전 및 환경에 관한 것 등이 많으며, 각각의 공사착수에 있어서 신청누락이 없도록 충분히 주의해야 한다.

② 이러한 수속은 시, 군, 읍, 면 동에 따라 다른 경우가 있으므로 신청 전에 협의하여 문제점이 발생하지 않도록 해야 한다.

③ 시공계획단계에서는 체크리스트를 작성하여 누락하거나 시기를 놓치지 않도록 관리하여야 한다.

6) 기타 설비 시공계획

① 기타 설비시공계획에 있어서 감리자는 공사내용에 따라 필요한 사항에 대해서 계획수립을 시공자에게 요구하여 적절한 조언을 해야 한다.

② 계획사항의 예를 검토해 보면 변경, 승인 방법 및 수속에 관한 일, 시공요령에 관한 일, 안전위생관리에 관한 일, 품질관리에 관한 일, 진행상황의 체크, 지불, 변경공사의 정산방법에 관한 일, 공사기록에 관한 일, 진행상황의 준공인도에 관한 일 등을 확인 · 검사한다.

1.3 건축공정과 설비공사

1) 지하구조물공사

건물의 지하부분에는 설비에서 심장부라고 할 만한 기계실, 전기실 등이 배치되어 있다. 따라서 장비의 반입 및 설치, 건축설비의 공종간이나 전기공사의 한계 등 비교적 중요한 사항이 많으므로 시공 전 충분한 검토가 따라야 한다. 한번 시공하고 나면 수정하기가 어려울 뿐만 아니라 수정시 구조에도 지대한 영향을 미칠 수 있으므로 충분한 검토와 확인이 따라야 한다.

2) 가설공사 점검사항

(1) 외벽관통부의 방수처리 검토

① 지수판 슬리브로 시공하고, 슬리브 한 면은 용접하여 공사 중 건물 내부로 흙탕물의 유입을 차단한다.

② 관통부 배관 시방의 검토를 한다.

③ 코킹방법은 적절한지를 검토한다.

④ 관통 위치가 적절한지를 검토한다.

(2) 구조체와 외부 맨홀 및 배관과의 부동침하 대책

① 건물과 지반 사이에 어느 정도의 부동침하가 발생하므로 주의하여 배관하여야 한다.

② 변위량이 크다고 판단되면 플렉시블 이음 등의 침하량 흡수재의 상태를 점검할 수 있도록 해야 한다.

(3) 건물 내에서 유출되는 배관의 높이는 토목 맨홀을 중심으로 역산하여 자연유하할 수 있도록 관통부 슬리브의 위치를 결정해야 한다.

(4) 옥외 매설관의 부식대책

일반적으로 매설관은 포설공사 이후 눈에 띄지 않으므로 부식대책에 대해서는 매설토질을 잘 조사하고 적절한 재료의 선택과 방수처리를 하지 않으면 안 된다. 또 시공상태의 사진을 촬영해 두는 것이 좋다.

3) 기계실 공사시 착안사항

① 위치, 면적, 층높이를 확인해야 한다.

② 기기설치시 바닥의 강도, 보강을 확인해야 한다.

③ 장비 반입구의 위치, 크기를 확인해야 한다.

④ 내진벽부의 설비용 개구의 위치 크기, 보강을 확인해야 한다.

⑤ 소음방지대책, 소음발생원 둘레의 흡음내장 등을 확인해야 한다.

⑥ 각종 맨홀의 위치, 크기, 형식, 시공 상세도 등을 확인한다.

⑦ 올림바닥의 높이, 배수구의 크기, 배수구배를 확인한다.

⑧ 설비배관, 덕트, 장비 등을 천장에 지지할 경우는 천장 슬래브의 진동 정도나 차음도를 검토한다.

⑨ 기계실 상부에 거실이 있는 경우 특히 설비장치 및 배관덕트에서 발생하는 진동소음의 전파방지 대책에 유의한다.

⑩ 기계기초, 바닥 및 슬래브 보강을 확인하고, 보일러 상부에 거실이 있는 경우 천장의 단열을 확인한다.

4) 결로

(1) 지중온도의 변화

① 지중온도는 지역, 계절, 깊이에 따라 다르며, 지하구조체의 내표면 온도가 실내공기의 노점온도보다 낮을 때에는 결로가 발생한다.

② 지하구조물이 대공간인 경우 대용량으로 준공 인도시까지 건조상태를 유지하기가 어려우므로 상당히 장기간에 걸쳐 지하실 내에 수분이 방출되어 실내의 습도가 높게 되고 결로가 생기기 쉽다. 따라서 공사기간 중 지하층에 장비를 조기 반입해야 하는 경우에는 기기의 보양을 철저히 하여야 하고, 자주 환기시켜야 한다.

③ 결로 문제에 대해서는 건축, 설비의 각 설계자, 시공자 간 이외로 사용자와의 운영면에서 조정하는 것도 필요하다. 창고의 용도가 다양하기 때문이다.

(2) 지하구조체의 결로에 대한 유의사항

① 건설지역의 지중온도변화와 지하구조체의 구조에 유의한다.

② 지하실 내의 사용방법과 허용온도 조건, 공조운전 시간과 방법에 유의해야 한다.

③ 지하실 내의 기기, 물품의 배치와 흡출 · 입구의 배치에 유의하고, 지하실 내측 단열재 선정도 유의한다.

④ 결로의 가능성이 있는 경우 드레인 처리법, 지하실과 지상층의 북서부 방향의 결로 대책도 검토한다.

1.4 인서트 설치 및 파이프 샤프트

1) 인서트 · 슬리브 설치공사

① 슬래브의 콘크리트 타설 전에는 설비의 위생 기구 슬리브와 배관, 덕트, 조명기구 등 인서트를 동시에 설치하여야 하므로 시공도 작성시 충분히 반영하여 상호간의 중복을 피하여 불가능한 낭비가 없도록 해야 한다.

② 여러 가지 인서트의 용도를 분명히 하기 위하여 인서트의 종류나 색상으로 분류해 두는 것도 중요하다.

③ 자동제어용 전선관은 보의 내부에 매립할 때 벽이나 슬래브 내에 집중하여 배관하는 경우 전선관 상호의 틈은 40mm 이상으로 하고, 콘크리트의 피복이 잡히지 않는 경우 벽이나 슬래브 두께를 두껍게 하는 등의 고려를 한다.

④ 전선관이 집중되지 않도록 일부 배관을 분산시켜야 한다. 전선관이 집중하는 분전반 · 단자반 부근은 유의한다.

⑤ 원칙적으로 외벽 및 지붕슬래브의 매립배관은 피하도록 하는 것이 좋다.

2) 파이프 샤프트

① 샤프트 주위는 재료 반입이나 시공 공간 확보를 위해 샤프트의 일면을 벽돌쌓기로 마감하는 경우가 많다.

② 관통부에 덕트나 배관들이 많은 경우, 덕트와 배관 주위의 틈새를 모르타르 등 불연재로 완전히 막아야 하는데 작업장소가 협소하여 작업 등의 어려움으로 완전한 방화구획이 되지 않는 경우도 있다.

③ 이러한 장소에는 일체형 슬래브를 시공하면 파이프 샤프트로의 추락 위험이나 완전한 층간구획으로 인하여 미려한 시공과 공사비를 절감할 수 있다.

④ 샤프트 내에서 유지 · 보수작업을 필요로 하는 경우 작업공간을 확보한다.

1.5 각 층별 검토사항

1) 중간기계실 설치에 따른 진동 · 소음대책

(1) 기계실 내부의 흡음 · 소음대책

① 중간층에 기계실이 있는 경우 거실과 밀집되어 있는 경우가 많고 진동 · 소음대책에 주의를 기울여야 한다.

② 흡음재료의 재질, 두께, 비중은 발생소음의 소음량에 적합한 재료를 선정해야 한다.

③ 덕트, 배관의 관통 부위는 틈새처리를 확실히 해야 한다. 발생소음이 틈으로부터 투과하여 소음

확산으로 이어진다.

④ 흡음재의 부착철물을 접착재로 콘크리트면에 부착하는 공법인 경우 준공 후 이탈하는 문제가 발생하지 않도록 조치한다.

⑤ 엘리베이터 기계실에서 뿜칠 흡음재의 사용은 흡음재가 비산하여 기계 및 제어반에 부착되어 고장의 원인이 되므로 피한다.

⑥ 기계실과 거실이 접해 있는 경우는 덕트에서의 투과음과 덕트의 진동에 의한 고장을 검토한다.

(2) 방진 및 내진대책

중간층의 기계실에 장비가 설치된 경우 진동 장해 발생이 예상되는 기기의 방지 장치를 확인한다. 동시에 설비기기의 내진대책도 겸하여 생각한다. 중간층의 슬래브를 관통하는 덕트, 배관의 방진에도 유의해야 한다.

2) 방수공사

① 기계실, 화장실, 주방, 주차장 등에 물을 사용하는 개소가 있는 경우에 방수의 필요성과 바닥의 구배 확인이 필요하다.

② 적정한 구배와 배수구의 위치, 깊이와 바닥 매립 배관 등의 매립공간은 확보되어 있는지를 확인한다.

③ 집수정의 위치는 적당한지 확인한다.

④ 최상층 구체공사에 있어서 설비공사 관련 기본적 점검사항은 빗물처리, 공해방지, 대책 및 기기류의 내진, 방진, 하중 대책 등이 있다.

3) 장비 기초공사

장비 기초공사는 건물구조체와의 결합, 방수처리 등의 검토를 필요로 하므로 건축설비 간의 상호 조정을 통하여 신중하게 추진해야 한다.

(1) 내진대책의 검사

① 건축법에 따라 지진력을 검토하고, 기초의 형상과 크기, 가대의 구조, 부착볼트 및 앵커볼트의 시방과 부착방법에 대해서 또 방진기초의 경우는 스토퍼를 포함하여 지진력에 견딜 수 있도록 철저히 해야 한다.

② 풍압대책의 검토에는 기기운전 하중에 대한 보, 슬래브 내화를 확인하고, 방수처리에 대한 확인을 명확히 해야 한다.

(2) 저수조설치공사

① 일반적으로 사용도 많고 문제점도 많은 저수조의 설치시 유의점은 저수조류 기초는 가대에 직

접 견고하게 부착하거나 스토퍼, 진동막이에 의해 이동 전도를 방지해야 한다.

② 높은 가대는 건물에 균열을 일으키지 않을 정도의 강성을 가진 것으로 한다.

③ 콘크리트 기초에는 배근을 하여 슬래브와 연결한다.

④ 저수조를 고정하는 앵커볼트는 매립앵커볼트, 상자 뽑아내기 앵커볼트, 후타입 앵커볼트에 있어서 메커니컬 앵커볼트, 수지앵커볼트가 사용된다.

⑤ 앵커볼트의 간격, 가장자리 간격 등의 내력이 충분히 발휘될 수 있도록 주의한다.

⑥ 현장조립 저수조는 내부 보강재를 충분히 체크한다.

⑦ 저수조에 대해서는 수압변동에 의한 영향을 고려한다.

1.6 마감공사 관련 설비공사

마감단계에 있어서 설비공사는 은폐부분의 배관, 덕트, 입선 및 마무리면의 기구부착이 중요한 작업이지만 이는 시공하는데 공통 유의사항으로서 다음의 것이 있다. 마무리기구의 효과적인 배치를 위하여 타기구와의 이격거리 유지에 대한 배려, 방음단열에 관한 배려, 법적 규제에 관한 배려, 보수 · 관리상의 배려로 감리자는 이러한 사항을 종합적으로 판단하여 시공자에게 적절한 지시를 해야 한다.

1) 벽

(1) 기구의 배치

① 사용이 편리하도록 배치하고, 의장상 균형 있게 배치한다.

② 칸막이설치가 예상되는 위치는 피하고 법적으로 적당한 배치로 한다.

(2) 기구의 배치 방법

① 소화전은 보기 쉬운 장소 및 피난통로 가까이에 설치한다.

② 소화전은 문의 개폐와 주변상황을 검토하여 소화활동이 쉬운 방향으로 정한다.

③ 소화전은 그 개폐밸브의 높이가 1.5m 이하가 되도록 부착한다.

④ 배연구의 자동개방장치는 바닥면에서 0.8m 이상 1.5m 이하의 위치에 설치한다.

2) 바닥

(1) 기본적인 사항

① 기기운전 하중에 대한 바닥강도, 보강강도를 해야 한다.

② 기계실 상부 또는 하부에 거실이 있는 경우는 단열, 방음, 방진대책을 세워야 한다.

③ 바닥 밑 기기의 반출입이나 보수 · 점검을 위한 기계반출구, 점검구의 대책을 세워야 한다.

④ 바닥부착 기구는 칸막이 변경에 대하여 대응할 수 있도록 한다. 구체공사 단계에서 결정해야 할

사항이므로 바닥에 관계되는 설비공사 대해서는 특히 빠른 시기에 기기의 부착위치 방법 등을 결정해야 한다.

(2) 위생기구의 설치

① 대변기 등 위생도기의 일부를 콘크리트에 매립하는 경우는 그 접촉부에 완충재로서 두께가 3mm의 아스팔트 또는 기타의 방수, 내식성 물질의 피복을 실시하여 직접 밀착시키지 않도록 한다.

② 위생기구 설치는 수직 · 수평이 되도록 설치한다.

③ 위생기구에는 배관의 하중이 걸리지 않도록 한다.

2 공사착공시 검토사항

2.1 공사관련 도서 확인 및 검토

1) 공사관련 도서 검토

착공 전에 계약 당시에 제시된 다음의 관련 도서를 확보하고 면밀히 검토하여 건축주나 설계자의 의도에 충실히 따르도록 노력해야 한다.

① 설계도서(기본계획서, 실시설계서, 도면, 설계 설명서, 표준시방서, 특기시방서, 현장설명서, 수량산출서, 내역서 등)

② 공정표 및 공정률 표

③ 도급계약서 및 도급내역서

④ 현장시달 공문 및 지침

⑤ 타 공정과 관련된 사항에 관한 도면, 시방서 및 공정표

⑥ 기타 기계설비공사와 관련된 자료

2) 주변 여건 파악

① 인 · 허가 조건 검토

② 급수 간선 파악(관경, 배수지, 유량, 압력)

③ 도시가스시설(관경, 압력, 용량, 정압기 위치)

④ 오수정화시설(하수종말처리장, 단지내 처리시설)

⑤ 인 · 허가 조건 관련사항

⑥ 폐수처리시설(1차처리, 2차처리) 인 · 허가 관련 사항

⑦ 소각시설
⑧ 배수관로 등

3) 설계도면 확인

① 도면 목록표
② 범례
③ 장비일람표
④ 배치도
⑤ 열원공급계통도
⑥ 공조배관 관련 도면(계통도, 각층 평면도, 단면도, 상세도)
⑦ 공조덕트 관련 도면(계통도, 각층 평면도, 단면도, 상세도)
⑧ 위생배관 관련 도면(계통도, 각층 평면도, 단면도, 상세도)
⑨ 소화배관 관련 도면(계통도, 각층 평면도, 단면도, 상세도)
⑩ 주 기계실 관련 도면(배관도, 덕트도)
⑪ 자동제어 관련 도면(제어기기 일람표, 계통도, 평면도, 기계실 평면도)
⑫ 특수설비 도면(주방설비, 세탁설비, 기송관설비, 중앙집중식 청소설비 등)
⑬ 상세도

2.2 설비도면 검토시 착안사항

1) 설계자의 의도 파악

(1) 관련 도서 검토항목

① 설계설명서(기본설계서, 실시설계서)
② 설계계산서
③ 공사시방서(표준 및 특기시방서)

(2) 시공성 검토

① 공사환경
② 공사기간 및 기상조건
③ 기타 인 · 허가 사항 검토

(3) 마감공정을 고려한 도면 검토

(4) 각 도면의 검토

배치도, 계통도, 기타 모든 도면과 비교 · 검토

(5) 법적 근거 검토

2) 설계 도서간 상호 검토

(1) 사용자재 검토

도면, 시방서, 내역서 일치 여부

(2) 주요자재 수량 검토

도면, 내역서, 일위대가 일치 여부

(3) 인건비 검토

① 할증 적용 여부

② 단위별 적용 수량

③ 인건비별 금액 적용

(4) 내역서 검토

① 산출 기초 수량 확인

② 인건비 적용 확인

③ 일위대가 금액의 바른 적용

(5) 일위대가 검토

시방서, 도면, 특기시방서 내용과의 일치 여부 확인

(6) 부하계산서 및 장비계산서 검토

2.3 타 공정 관련 도면 검토

1) 건축

(1) 땅파기, 기초공사

① 집수정의 위치 및 크기(건축구조도 및 마감도, 기계설비도면 모두 확인)

② 중량기기의 기초보강

③ 기계설비 등의 각종 슬리브

④ 물탱크
- 급·배수, 소화수 배관 슬래브 위치의 적정 여부
- 보수·점검 공간 확보
- 물탱크 용량 확보(실용량)
- 오버플러시 장비 보호대책
- 통기관 확보

⑤ 중량기기
- 반입통로 확보(기기 선정 조속 결정)
- 공간 확보
- 위험물 및 압력용기에 대한 고려 위치 선정

⑥ 기타
- 드라이 에어리어(dry area) 공간 확보(환기용 급배기)
- 연도 위치
- 중앙감시실 위치
- 응축수 탱크 레벨

(2) 철골공사 철골보 관통 슬리브(구조계산시 필히 고려)

(3) 철근콘크리트공사

① 벽, 바닥 관통 슬리브, 인서트, 자동제어용 전선류, 박스류

② P/D, A/D, 기자재 반입용 개구부(건축구조, 보 등 고려)

(4) 지하층공사

외벽관통배관(슬리브 위치의 적정 및 방수대책)

(5) 조적공사

조적 내에 은폐되는 덕트, 배관, 전선관 기기의 반입 고려

(6) 지붕공사

① 냉각탑, 팽창탱크, 보급수조
- 설치 기초 구조계산서 확인
- 점검 공간 확보
- 관통 슬리브 위치 적정 및 방수

(7) 마감공사

① 마감 여유 고려, 기기 슬리브 위치 결정

② 천장 급 · 배기구의 적정 위치 선정(전등, 스피커, 스프링클러 헤드 등)

③ 점검구 위치 및 크기

④ 방화구획

2) 토목

(1) 토목 관로 및 구조물

① 정화조 연결 레벨 검토(유입 및 유출)

② 도시가스 배관 레벨 검토

③ 공동구 교차시 레벨 검토

④ 건물 유출, 오배수와 맨홀 위치의 연결 방법

(2) 중간기계실 및 공동구

① 앵커 · 가이드 · 레스팅 가대의 인서트 플레이트 적정성

② 환기 및 배기구 위치, 방수 및 침입수 방지 고려

③ 공동구 환기의 적정성

④ 증기 배관시 응축수 회수 가능 여부 검토

⑤ 공동구 배관재 반입 및 운반 가능 여부

⑥ 집수정 배수의 연결 방법

(3) 급수관로 확인

3) 전기

① 장비의 동력, 제어반 및 1차측 배선공사

② 냉동기 등 고압모터용 트랜스, 고압반, 기동 관련 기기의 인터록 연동회로

③ 수조 및 집수정 수위 제어 관련공사

④ 기계설비 자동제어기기용 전원

⑤ 비상발전기 연도, 냉각수, 연료, 급배기

⑥ 각종 기기설치에 따른 전원 관계

⑦ 모터류의 기동방식

⑧ 전동기 제어반(MCC Panel) 설치시 확인 사항

-모터 용량, 전원(단상, 3상), 전압, 주파수

- 자동제어 접점계획, 예비 용도
- 패널 상부배관 지양(부득이한 경우 대책 강구)

⑨ 배수펌프 비상전원

⑩ 지하매설관 : 상수도, 통신케이블과 가스관 30cm 이상 이격

⑪ 실내배관, 가스배관과의 이격거리

- 전기계량기 및 개폐기 : 60cm 이상
- 전기점멸기 및 접속기 : 30cm 이상
- 절연조치하지 않은 전선 : 15cm 이상
- 피뢰설비 : 1.5m 이상

2.4 공사간의 시공한계

1) 건축과 기계설비공사

<table>
<tr><th colspan="2">구 분</th><th>건축공사</th><th>기계설비공사</th></tr>
<tr><td colspan="2">욕실용 배기팬</td><td>설치 부분의 고정받침대 설치 및 천장 절단</td><td>배기팬 설치</td></tr>
<tr><td colspan="2">옥상층 굴뚝용 슬래브
(개별난방 아파트 경우)</td><td>설치</td><td>-</td></tr>
<tr><td colspan="2">옥상의 각종 배기용 흡출기</td><td>설치</td><td>-</td></tr>
<tr><td colspan="2">벽체 매립 온수분배기함</td><td>온수분배기함 커버</td><td>설치</td></tr>
<tr><td colspan="2">각종 점검, 보수용 점검구</td><td>설치</td><td>-</td></tr>
<tr><td colspan="2">설비공사용 벽체 및 슬래브의 배관홈, 개구부</td><td>설치 및 홈 벽돌 시공
배관 후 틈새 모르타르 충전</td><td>-</td></tr>
<tr><td rowspan="2">조립식욕실</td><td>욕실내 위생기구 및 배관</td><td>내부 위생기구류 설치 및 배관공사, 오·배수 연결공사(방음재 포함), 벽체 인입부까지의 급수·급탕 배관공사</td><td>급수·탕 배관 연결공사</td></tr>
<tr><td>오·배수관 슬래브</td><td>설치</td><td>-</td></tr>
<tr><td rowspan="3">조립식욕실</td><td>1층 오·배수관 슬래브 부위 배관</td><td>슬래브까지의 오·배수관 배관공사</td><td>슬래브 이후의 배관공사</td></tr>
<tr><td>2층 이상 오·배수관 슬래브</td><td>관연결 배관공사(연결부속 포함)</td><td>오수 입상관에서 슬래브 중심까지의 배관공사</td></tr>
<tr><td>욕실 점검구</td><td>설치</td><td>-</td></tr>
<tr><td colspan="2">옥외 보일러실 연도</td><td>보일러실 밖으로 연결되는 횡연도</td><td>보일러, 집진기, 연도설치</td></tr>
</table>

2) 토목과 건축공사

구 분	토 목 공 사	건축, 기계설비공사
건물 주변 시공 한계	건물 외벽면으로부터 2m선 외부, 급수간선 및 오·폐수관 연결공사	건물 외벽면으로부터 2m선 내부
건축, 기계설비공사 잔토	잔토 일괄처리	–

3) 토목과 기계설비공사

구 분	토 목 공 사	기 계 설 비 공 사
건물, 구조물 내·외부 접속 급수간선 및 오·배수관	연결공사	건물기선부터 외부로 2m까지, 토목 연결공사에 지장이 없도록 선행 시공
고가수조(타워)	연결공사	구조물 벽부터 2m까지의 배관공사, 토목 연결공사에 지장이 없도록 선행 시공
공동구, 중간기계실 및 지하저수조	인서트 플레이트 설치	구조물의 슬래브 설치

4) 기계설비와 전기공사

구 분	기 계 설 비 공 사	전 기 공 사
옥내 난방온도 조절밸브공사	배관 및 배선	–
아파트 화장실 배기팬	배기팬 설치(선행 시공)	전원 결선공사
전동기제어반(MCC)	기초	–
펌프실	전동기 결선	전동기제어반 및 전동기까지의 배관·배선
스프링클러 설비	전자밸브, 압력 스위치의 결선	예비작동밸브까지의 배관·배선, 결선, 감시제어반(SVP) 및 사각박스 설치
제연설비	급기팬 모터 및 제연댐퍼의 설치와 결선	급기팬 제어반 설치, 급기팬 모터와 제연댐퍼의 전원 및 제어용 배관·배선
소화설비	· 각 제어회로를 R형 수신반에서 감지할 수 있는 기능 설치 · 압력탱크 압력 스위치에서 전동기제어반 단자 내까지 배관 및 배선공사	

배수펌프(동지하, 보일러실, 중간기계실, 펌프실)	전동기제어반 단자대에 접속하여 중앙감시반까지 연결되는 배수펌프의 고수위 경보용 배관 및 배선공사	배수펌프 전원공급용 배관 및 배선(접속 포함) · 전동기제어반에서 배수펌프까지 플로어 트러스 스위치 및 전극봉 설치 · 배수펌프 경보라인 연결용 단자대 전동기제어반 설치 · 동지하용 배수펌프 플로어 트러스 스위치 및 전극봉
전동기배선용 압착단자	–	전동기 연결부위 배선, 압착단자 처리
환풍기(엘리베이터기계실용 배기팬 포함) 자동제어용	배관 · 배선일체	전원 콘센트 설치까지
발열선 설치공사	분전함(결선 포함) 및 발열선 설치	전원부터 콘센트까지의 배관 · 배선공사
지하주차장 기계환기 설비공사	팬의 원격제어(기동, 정지 및 상태감시) : 자동제어공사. 단, 팬 제어판 설치(타이머 포함) 및 전동기 결선	팬 제어까지의 전력공급을 위한 배관 · 배선 및 팬 제어반에서 팬까지의 전원공급을 위한 배관 · 배선
소각장 설비공사	–	제어반까지의 전원공급을 위한 배관 · 배선
액화가스 저장시설	패널에서부터 제어선 및 배선 · 배관 및 결선	패널까지의 배관 · 배선
급수펌프	급수펌프용 공회전 방지장치	중층 개별 난방지구 급수펌프용 공회전 방지장치

5) 기계설비와 통신공사

구 분	기계설비공사	통신공사
인터컴 설치	설치 및 결선	배관 및 배선공사

2.5 공정표 확인 및 검토

1) 공정표 검토

(1) 시공자가 제출한 공정표를 검토하여 적정 여부 확인

① 금액공정과 물량공정 산정 여부

② 건축, 토목, 전기와 복합공정관계 및 주요공정의 적정성 검토
③ 예정공정률의 적정성 검토
④ 시험 및 검사, 시운전기간 확보 등

(2) 주요 기기의 제작기간

보일러, 펌프, 탱크류, 변압기, 발전기, 엘리베이터 등 제작기간이 필요한 기기에 대해서는 확실히 파악한다.

(3) 인입 및 사용 시기

전력, 전화, 상하수도 및 가스의 인입 및 사용 시기를 결정한다.

(4) 전체 공사량

공사량 및 난이도를 파악한다. 이것은 자재수배 및 협력업체의 선정에 중요한 기준이 된다.

2) 건축공정과 설비공정의 조정

(1) 공급시기

시운전 개시 전까지로 한다.

(2) 급 · 배수의 인입 및 사용 시기

마감공정 시 많은 인원이 투입되므로 현장에 오물의 악취가 발생하지 않도록 가설 화장실을 준비하고 시운전에 필요한 화장실, 욕실 및 주방 등의 청소시기에 급 · 배수가 가능해야 한다.

특히 옥외배수공사는 외부공사(정지, 비계 해체)와의 관계 때문에 준공 직전인 경우가 많으므로 주의한다.

(3) 기기의 반입시기

대형 기기의 반입을 위해 건물의 바닥이나 벽에 반입구를 만들 때에는 반입 후의 건축공사(콘크리트, 블록, 마감 등)의 공정을 관계자와 협의하여 시기를 결정한다. 옥탑층에 설치되는 탱크 등은 방수 마감공정을 검토하여 결정한다.

(4) 시운전 조정시간과 검사(관청 등)의 시기

시운전 조정에 필요한 일수를 산출하여 관련 공사의 공정, 검사 일시를 검토한다.

(5) 마감공사가 조기에 완료되어야 하는 장소

시운전 조정과 건물의 기능을 빨리 발휘하게 하기 위해서는 기계실, 급 · 배수, 탱크실, 오수조 등의 마감이 빨리 이루어지도록 계획한다.

(6) 설비공사가 선행되는 장소

파이프 샤프트 및 방수와 관계된 장소, 천장 내의 배관 및 보온, 배선 등은 건축의 조적, 방수, 미장 공사 등에 영향을 주기 때문에 조정해야 한다.

2.6 공사 시공계획서 작성

1) 작성목적

① 발주자의 의도를 파악하여 시공자가 건축사업자 및 하도급업체 등에 통일된 방침을 명확히 한다.

② 당해 공사의 중점 사항을 파악한다.

③ 무리한 공사가 되지 않도록 하고, 품이 적게 투입되도록 최선을 도모한다.

2) 작성내용

① 공사개요

② 시공관리체계

③ 세부공정표(자재, 인력 및 장비계획 포함)

④ 사용재료 및 시공결과의 품질 확보

⑤ 공정단계별 시공법 및 양생계획

⑥ 품질관리계획 : 품질관리 조직, 관리목표 및 실시방법, 목표 미달시 조치방안

⑦ 안전관리계획 및 환경관리계획

⑧ 타 공사 및 공종과의 협의 및 조정이 필요한 사항

⑨ 적합한 시공을 위하여 설계서의 조정 및 변경이 필요한 사항

⑩ 기타 시방서에 명시되어 있는 사항

2.7 자재관리

1) 사용자재

공사에 사용하는 자재(재료, 제품 및 설비기기 포함) 중에서 설계서에 품질기준이 명시되어 있는 품목은 그 품질기준에 적합한 신품(가설시설물용 자재 제외)을 사용하여야 한다. 다만, 해당 설계서에 품질기준이 명시되어 있지 않는 품목은 다음의 순서에 따라 적합한 자재를 사용한다.

① 다음 각 호의 1에 적합한 자재(이하 “한국산업규격에 적합한 제품” 등이라 한다)를 우선 사용한다.

- "산업표준화법"에 의한 한국산업규격 표시 제품(이하 "KS 표시품"이라 한다)
- "건설기술관리법 제25조"에 의한 품질검사 전문기관(건축, 토목, 기계설비, 조경의 경우) 또는 공인시험기관(전기설비, 통신설비의 경우)에서 "산업표준화법"에 의한 한국산업규격에 따라 품질시험을 실시하여 KS 표시품과 동등 이상의 성능이 있다고 확인한 것.
- "산업표준화법"에 의한 KS 표시품과 동등 이상의 성능이 있다고 국토해양부령이 정하는 것.

② 전기설비, 통신설비에 사용하는 자재로서 ①에 적합한 자재가 없는 경우에는 "전기용품 기술기준"에 의한 형식 승인 품을 사용한다.

③ ① 및 ②에 적합한 자재가 없는 경우에는 다른 것과 균형이 유지되는 것으로써 품질 및 성능이 우수한 시중제품으로 사용한다.

2) 자재 선정

공사에 사용하는 자재(지급자재를 제외한다)제품의 자료 및 견본을 제출하여 품질, 색상, 무늬, 질감을 확인받은 것 중에서 선정하여 사용한다.

3) 반입시기

건설공사에 사용할 예정인 자재(지급자재 제외)는 사용예정일 이전에 현장에 반입하여 감독자에게 수급인이 제출한 자재제품의 자료 및 견본과의 일치 여부를 확인받은 후 공사에 사용하여야 한다. 또한 공사별 일반사항에서 건설공사에 최초로 사용하기 전에 품질시험 · 검사가 필요하다고 명시되어 있는 자재인 경우에는 그 시험 · 검사에 소요되는 기간을 추가로 감안하여 반입해야 한다.

4) 자재보관, 운반 및 취급

(1) 품질변화 방지

자재는 준공 전후를 막론하고 변질, 손상, 오염, 뒤틀림, 변색 등 품질에 영향을 주는 일체의 변화가 생기지 않도록 보관, 운반, 취급 및 보양하여야 한다.

(2) 화기위험 자재의 분리 · 보관

수급자는 자재 중 화기위험이 있는 자재를 다른 자재와 분리하여 보관하고, 화재예방대책을 수립하고 시행하여야 한다.

(3) 관리시험 자재의 분리 · 보관

현장반입 후 관리시험을 시행해야 할 자재는 시험이 종료될 때까지 기존에 반입된 자재와 섞이지 않도록 분리하여 보관해야 한다.

5) 자재시험 및 검사

① 시험 및 검사의 방법은 관계법규, 한국산업규격, 기타 준용 기준이 있을 때에는 그에 따른다.

② 공정 중 특기시방에 명시되어 있거나 필요한 단계에서는 반드시 기기, 재료, 시공에 대한 시험 및 검사를 시행한다. 다만, KS규격에 의한 규격품과 제조회사 등의 시험 성적서 및 검사증 등에 의하여 인정된 것 또는 감독관(감리원)이 승인하는 경미한 사항에 대해서는 시험 및 검사를 생략할 수 있다.

③ 관공서나 공공단체의 시험 및 검사를 필요로 하는 것은 그 시험 및 검사에 합격하여야 한다.

6) 자재관리

(1) 자재선정 검토

자재선정 검토 요청서를 감리 · 감독에게 제출하여 적합성 여부(규격, 색상 등)를 승인받은 후 현장 반입시 품질검사를 받아 합격된 것만 사용하도록 한다.

(2) 자재검수는 반입된 자재가 승인한 견본품과 일치하는지 여부를 확인(시험성적서 및 품질관리시험 포함)한 후 사용토록 한다.

(3) 자재검수요령

① 강관류 및 동관
- 겉모양을 육안으로 검사할 것.
- 관의 직선부가 곧고 관의 양단은 관축에 대하여 직각일 것.
- 관의 내 · 외면은 녹슨 부위가 없고, 표면상태(아연도금일 경우는 도금상태)가 양호할 것.

② 배수 주철관 및 주철관 부속
- 관의 직선부가 곧고 두께가 균일한지 확인(동심원 유지)할 것.
- 관의 내면이 매끈하고 주조시의 기공, 홈 등의 유무를 확인할 것.
- 기타는 강관류 및 동관의 검수 요령과 동일함.
- 시방서상의 규격을 확인할 것.

③ PVC관 및 PVC관 부속
- 관의 진원 여부, 두께 균일 여부, 찌그러짐, 실크 랙, 비틀림 유무 등을 확인할 것.
- 기타는 강관류 및 동관의 검수 요령과 동일함.

④ 나사식 가단주철제 강관 부속
- 기공, 귀모래 부착 유무를 확인할 것.
- 나사산 부분의 찌그러짐, 이물질 함유 여부를 확인할 것.
- 기타는 강관류 및 동관의 검수 요령과 동일함.

⑤ 밸브류 및 수전류
- 겉모양 육안검사 후 조작시험(개폐 조작 원활 여부 확인)할 것.

- 몸체 부분 : 갈라짐, 기공 유무를 확인할 것.
- 개폐 부분 : 시트와 디스크의 기밀 정도, 스윙 체크 밸브일 때 디스크가 자중에 의해 자유롭게 닫히는지 확인할 것.
- 접속 부분 : 나사식은 산의 찌그러짐, 이물질의 함유가 없어야 하고, 플랜지식은 개스킷 자리의 시트면이 평평하고 홈이 없어야 함.
- 몸체의 KS 마크를 확인할 것.

⑥ 기타 : KS 규정에 의한 시험 검수

7) 자재보관 방법

(1) 파이프류

① 공통사항 : 적재틀을 제작하여 규격별로 보관하되 관의 양단은 이물질이 들어가지 않도록 보양할 것.

② 강관류 : 습기가 없는 장소에 보관하고 눈, 비를 맞지 않도록 보양할 것. 흑강관은 반입 즉시 녹제거 후 1회 광명단 도장 후 보관할 것.

③ 동관 : 하중이나 충격으로부터 보호하며, 관 말단에는 마감캡을 씌운 상태로 보관할 것.

④ PVC 관류 : 직사광선을 받아 원형과 색상이 변질되지 않도록 보관할 것.

(2) 밸브 및 관부속

창고 내에 재질별, 규격별로 보관함을 만들어 보관하고, 재질과 규격 등이 기재된 명판을 부착할 것.

(3) 난방코일류(동관, PPC관, XL관)

세대 내에 운반하여 보관하되 통행하지 않는 장소에 보관하여 찌그러짐, 변형 및 파손을 방지(단, 동관은 창고에 보관 후 반출)할 것.

(4) 보온재

습기가 없고 통풍이 잘 되는 옥내에 보관하고 변형이 생기지 않도록 함.

(5) 유의사항

① 관류의 끝단은 이물질이 들어가지 않도록 반드시 보호 · 조치한다.

② 자재의 재고 현황을 파악할 수 있도록 자재별, 규격별로 명판을 그림 1-1과 같이 부착한다.

자 재 명 :
규　　격 :
수　　량 :
날　　짜 : 200　.　　.　　.

그림 1-1 ▸ 자재현황판의 예

2.8 안전 · 보건 및 환경관리

1) 안전관리계획

① 건설공사의 안전을 확보하기 위하여 안전관리계획을 수립하여 발주처에 제출하고 이 계획에 따라 성실하게 안전관리를 수행해야 한다. 또한 공사장 내에서 사용하는 화기, 폭발물 등에 따른 관할 기관의 인 · 허가를 받아야 한다.

② 발주처는 제출받은 안전관리계획을 검토하고 보완해야 할 사항이 있는 경우에는 보완을 요구할 수 있다.

③ 안전관리계획에는 다음 각 호의 사항이 포함되어야 한다.

- 건설공사의 개요 및 안전관리조직
- 공정별 안전점검계획
- 공사장 주변의 안전관리대책
- 통행안전시설의 설치 및 교통소통에 관한 계획
- 안전관리비 집행계획
- 안전교육 및 비상시 긴급조치계획
- 공정별 안전관리계획(대상 시설물별 건설공법 및 시공절차 포함)
- 건설공사 중 발파진동 소음이나 지하수 차단 등으로 인한 피해방지대책

2) 안전한 작업환경 조성

① 작업개시 전 작업장 안전에 대한 교육 실시

② 안전관리자 순찰활동 강화

③ 개인보호구 착용 여부 확인

④ 물체투하시 감시인 배치

⑤ 취중인 자 또는 허약자 작업 금지

⑥ 응급처치용 구급품 확보

⑦ 비상구(탈출구)에 물건적치 금지

⑧ 현장 정리정돈

3) 안전관리자

(1) 안전관리자의 직무

① 안전교육계획의 수립 및 실시

② 공사장 순회점검 및 조치

③ 해빙기, 우기, 태풍기 및 건조기를 대비한 안전점검 및 조치

④ 기타 "산업안전보건법시행령 제13조"에 규정한 직무 등

(2) 안전담당자

다음 작업시에는 안전담당자를 지정하여 상주시켜야 한다.

① 1톤 이상의 크레인을 사용하는 작업

② 보일러(소형 보일러 및 다음 각 호에 정하는 보일러는 제외한다)의 설치 및 취급작업

- 전열면적이 14m^2 이하인 증기보일러
- 전열면적이 3m^2 이하인 증기보일러
- 전열면적이 30m^2 이하인 관류보일러
- 몸통 반지름이 750mm 이하이고, 그 길이가 1,300mm 이하인 증기보일러

③ 게이지압력 1kg/m^2 이상으로 사용하는 압력용기의 설치 및 취급 작업

④ 기타 관련법 또는 현장여건상 안전관리를 위하여 필요한 경우

4) 안전표지의 부착

건설현장의 유해 또는 위험한 시설 및 장소에 대한 경고, 비상시 조치의 안내, 기타 안전표시의 고취를 위하여 표 1-1과 같은 안전, 보건표지판을 설치하거나 부착해야 한다.

표 1-1 안전표지 부착장소

구 분		용도 및 부착장소
금지표지	· 출입금지 표시	· 고가탱크 또는 지하 유류탱크 중장비 크레인 작업장 부근 · 자재창고 등
경고표지	· 매달린 물체 경고 · 감전주의 표시 · 인화성 물질 표지판	· 크레인 작업장 입구 등 · 임시전력수전 설비 등 · 인화성 물질 보관소 등
기타	안전제일 표지판	가설사무소 등(건물 전후 4개소, 측면 2개소)
	화기금지 표지판	자재창고, 유류저장소 등
	무재해기록, 안전수칙, 화재예방수칙 등	가설사무소 등
	기타 표지판	관련법 또는 현장 여건상 감독자가 필요하다고 인정하는 경우 추가 설치 가능

5) 안전조치

유해 또는 위험한 작업을 필요로 하거나 동력에 의하여 작동하는 기계, 기구 등을 사용할 경우 표 1-2와 같은 방호조치를 해야 한다.

표 1-2 안전조치

구 분	안 전 조 치	비 고
아세틸렌 및 가스접합 용접장치 등	역화방지기	
전기용접기	누전차단기	
교류아크용접기 등	전격방지기	
압력용기	압력방출 장치	
보일러	압력방출 장치 및 압력제한 장치	
크레인	과부하방지 및 언로드 밸브 등	
용접가스 체류로 작업자의 장해가 우려되는 장소	· 환기시설 · 송기마스크	· 펌프실, 보일러실 중 · 기계실 : 개소별 급기용 1, 배기용 1 · 공동구 : 환기구마다 배기용 1 · 철재물 탱크 : 급기용 1
기 타	관련법 또는 현장여건상 감독자가 필요하다고 인정하는 경우 추가설치 가능	

6) 안전보호장구 사용

건설현장의 안전사고 방지를 위하여 표 1-3과 같은 개인 안전보호장구를 착용토록 하여야 하며, 공동 사용으로 인하여 질병의 우려가 있을 때에는 개인전용의 것을 지급해야 한다.

표 1-3 개인 안전보호장구

대 상 작 업	안전보호장구
· 물체의 낙하, 비래의 위험이 있는 작업 · 추락, 충돌의 위험이 있는 작업 · 토석의 낙반, 붕괴위험이 있는 장소 · 기타 유해, 위험이 있는 작업	안전모
· 각종 물체의 낙하, 비래의 위험이 있는 작업 · 충격 또는 날카로운 물체에 의한 위험이 있는 작업 · 기타 유해, 위험이 있는 작업	안전화
· 강렬한 진동이 발생하는 장소에서의 작업 · 기타 유해, 위험이 있는 작업	안전장갑
· 용접작업시	용접용 앞치마, 용접용 토시, 용접재킷, 용접용 보호장갑, 보안경
· 유해한 광선에 의한 시력장애의 우려가 있는 가스, 증기, 분진 등을 발산하는 작업 · 각종 해체 기계, 기구의 취급작업 · 기타 유해, 위험이 있는 작업	보안경
· 인체에 해로운 가스, 증기, 미스트, 흄(fume) 또는 분진 등이 발생되는 장소에서의 작업 · 기타 유해, 위험이 있는 작업	방진 마스크 또는 방독 마스크
· 현저히 덥거나 차가운 장소에서의 작업	피복보호구 및 보호제

· 고온 · 저온 물체 또는 유해물을 취급하는 작업장소 · 기타 유해, 위험이 있는 장소	
· 다량의 탄산가스가 발생되거나 산소결핍의 우려가 있는 장소에서의 작업	공기호흡기, 산소호흡기 또는 호스 마스크
· 강렬한 소음이 발생하는 장소에서의 작업 · 기타 유해, 위험이 있는 작업	방음보호구 (귀마개, 귀덮개 등)
· 관련법 또는 현장여건상 감독자가 필요하다고 인정되는 경우 추가 설치 가능	기타 안전대, 장화, 반사조끼 등

7) 안전보건 교육

(1) 안전점검의 날

매월 일정한 날에 안전점검의 날 행사를 실시해야 하며, 그 행사의 내용은 다음과 같다.

① 안전협회 전체구성원이 참여하는 안전회의 개최

② 근로자 안전교육 및 위험 예지 훈련

③ 각종 안전시설물, 표지판 및 가설전선의 이상 유무 확인

④ 작업환경 점검 및 개선

⑤ 현장내 자재 및 쓰레기 정리정돈 및 청소

(2) 안전보건 교육

① 시기 : 필요시 안전의 날 행사와 병행실시

② 강사 : 외부 초빙강사, 안전관리자, 안전보건 총괄책임자

③ 조치 : 교육 사진을 첨부하여 기록유지

④ 교육시간 : 매월

- 관리감독자, 안전담당자 : 월 2시간 이상
- 근로자 : 월 2시간 이상
- 작업내용 변경자 : 1시간 이상
- 유해, 위험 부근 근로자 : 2시간 이상
- 신규 채용자 : 1시간 이상

2.9 환경관리

1) 환경관리계획

① 인근 가옥 등 공작물 피해 대책

② 소음, 진동 대책

③ 분진, 먼지 대책
④ 지반침하 대책
⑤ 통행 장애 대책 : 주차관리, 신호수, 표시등, 교통표지판
⑥ 하수로 인한 인근대지, 농작물 피해 대책
⑦ 악취, 위생 대책
⑧ 건설 폐자재의 대책
⑨ 토양오염방지 대책
⑩ 기타 민원방지 대책 및 조치방안

2) 분진방지

① 수급인은 대기환경보전법 제28조 제1항 및 환경부 고시 87-4(87.4)에 의거 현장여건에 맞게 비산 분진 발생방지 시설을 설치한 후 시·도지사에게 신고해야 한다.
② 공사현장의 분진 저감을 위하여 다음의 사항을 이행하여야 한다.
- 공사현장 차량출입구에 시설기준에 적합한 세륜 시설 설치 및 운영
- 공사현장 차량출입구에 환경미화원을 상시 배치하여 낙석, 낙토의 수시 제거 및 물청소 실시, 세륜시설 통과차량에 대한 세륜 상태 확인
- 공사 현장내 차량통행로는 수시 살수
- 건물건설공사장 폐자재 및 쓰레기는 분리수거하여 지정용역업체로 하여금 적치장까지 운반처리
- 분진발생 가능한 골재, 토사 등의 운반차량은 방진덮개를 덮고 차량운행(적재물은 적재함 상단의 5cm 이하까지만 적재)
- 도시 간선도로와 접한 부분은 가림막 설치
- 발파시에는 발파공에 젖은 가마니를 덮고 발파 시행
- 작업장에는 항시 정리정돈하여 청결을 유지하고, 도로의 토사유입 방지
- 공사현장에는 관리인을 두어 상기 사항을 체크리스트화하여 일일점검하고 종사자 및 출입차량 운전자에게 수시 교육 실시

3) 건설폐자재 재활용 지침

공사 시행과정에서 발생되는 모든 폐자재(토사 및 잔재)는 건설폐자재 배출사업자의 재활용지침(환경부 고시 제95-126, '95.11.17)에 따르며, 건설공사 폐자재의 재활용을 촉진하고 효율적인 관리를 위하여 아래 사항을 이행해야 한다.

① 폐자재를 혼합상태로 방치하여서는 안 되며, 분리수거함을 비치하여 발생 종류별, 처리 형태별로 분리수거

② 재활용 방안 강구
③ 자재의 정리정돈
④ 적소에 적정량의 운반
⑤ 포장재의 최소화

4) 위생관리

현장의 식당, 숙소 및 작업장 등의 급수, 배수, 음식물 보관, 방충 등 위생관리 상태를 수시로 점검하여 상시 청결하게 유지 · 관리하여야 한다.

5) 토양오염 방지

지하수 폐공처리 불량, 장비용 유류의 유출, 음식물 쓰레기 등으로 인한 토양오염을 방지하여야 한다.

2.10 신고 및 인 · 허가 사항

표 1-4 신고 및 인 · 허가 종류

구 분	종 류	제 출 처	제출서류	제출시기
소방설비	소방설비공사 시공신고	관할소방서	1. 소방설비공사 시공신고서 2. 소방설비공사업 면허증 사본 3. 소방설비공사업 면허 수첩 4. 책임 소방설비기술사 또는 소방설비기사의 국가기술자격 수첩 5. 발주처와 계약서사본 6. 수급자와 하도급자 사이의 계약서 사본	착공시
	소방시설 완공검사 신청	〃	1. 소방시설 완공검사 신청서 2. 시설도면	공사완료 후
위험물 설치	위험물 설치허가 신청	〃	1. 제조소 등 설치허가 신청서 2. 위험물 구조설비 명세서	설치 전
	위험물탱크의 안전성능시험 신청	관할소방서 또는 위험물 탱크 안전성능시험자	1. 위험물탱크 안전성능시험 신청서 2. 안내도	탱크 부분에 배관, 기타 부속 설비설치 전
	완공검사 신청	관할소방서	1. 제조소 등의 완공검사 신청서 2. 위치 · 구조 · 설비에 대한 완공도면 3. 위험물 탱크 안전성은 시험성적서	설치완료 후
	안전관리자 선임 신고	관할소방서	1. 위험물 안전관리자 선임 신고서 2. 국가기술자격 수첩 3. 위험물 안전관리자 수첩	완성검사 후 적합하다고 인정된 날로부터 30일 이내

구 분	종 류	제 출 처	제출서류	제출시기
토양오염 유발시설	설치신고	시 · 도지사 환경과	1. 토양오염 유발시설 설치신고서 2. 유발시설의 설치명세서 및 도면 3. 토양오염의 원인이 되는 물질명, 용량 및 농도에 관한 명세서 4. 토양오염 방지조치 계획서 5. 유발시설의 주변지형, 피해우려 예상지역 및 측정 예정지점을 표시한 도면	관련공사 착수 전
검사대상 기기(급탕탱크는 용접 및 구조검사만 해당)	용접검사 신청(제조업자가 수검)	에너지관리공단	1. 검사대상 기기 용접검사 신청서 2. 용접부위도 3. 원자재 검사성적서 사본 4. 설계도면 2부 5. 강도계산서	제작 전
	구조검사신청(제조업자가수검)	〃	1. 검사대상 기기 구조검사 신청서 2. 용접검사증 3. 수관 또는 연관의 원자재 검사 성적서 사본	제작 후
	설치검사 신청(수급인이 수검)	에너지관리공단	1. 검사대상 기기 설치검사 신청서 2. 용접 및 구조검사증 3. 부속설비 배관도	정상가동 가능상태
	조정자 선임신고	시 · 구청	1. 검사대상기기 조정자 선임신고서 2. 자격증 원본(가스 경우 : 열관리 및 가스자격증, 유류 경우 : 열관리자격증)	설치검사 후
도시가스	기술검토 신청	한국가스안전공사	1. 기술검토신청서 2. 시설의 설치계획서 3. 시설기준 및 기술기준에 관한 사항 4. 도면 및 관경계산서	계약 직후
	공사계획 신고	시 · 구청	1. 공사계획신고서 2. 공사계획서 3. 공사공정표 4. 기술검토서(가스안전공사 발행) 5. 시공자 등록필증 사본 6. 시공관리자 자격증 사본 또는 교육이수증 사본	공사개시 전일까지
	시공감리 신청	한국가스안전공사	1. 시공감리 신청서 2. 공정표 3. 공사계획 신고서류 사본	착공시

구 분	종 류	제 출 처	제출서류	제출시기
액화석유가스 (집단공급시설)	기술검토 신청	한국가스 안전공사	1. 기술검토신청서 2. 시설의 설치계획서 3. 시설기준 및 기술기준에 관한 도면 및 그 설명서 4. 가스용품 제조공정도	계약 직후
	집단공급사업 허가신청	시 · 군 · 구청	1. 액화석유가스의 집단공급사업허가 신청서 2. 사업계획서 3. 법인의경우에는정관및법인 등기부등본 4. 기술검토서(가스안전공사 발행) 5. 공급시설에 관한 소유권 또는 사용권을 증빙하는 서류	계약 직후
	중간검사 신청	한국가스 안전공사	1. 중간검사 신청서	액법시행규칙 제 30조 2항 참조
	완성검사 신청	〃	1. 완성검사 신청서	설치 후
	액화석유가스 사용 신고	시 · 군 · 구청	1. 액화석유가스 사용신고서 2. 사용시설의 위치 및 부근의 상황을 표시하는 도면 3. 안전관리자 자격증 사본	사용개시 20일 전까지
대기배출 시설	배출시설의 설치 신고	시 · 구청	1. 대기배출시설 설치 신고서 2. 배출시설 및 방지시설 설치내역서 3. 방지시설의 일반도 4. 연간방지시설 유지관리계획서 (대기배출시설 설치신고필증교부)	설치 전
	배출시설 가동 개시 신고	〃	1. 배출시설 및 방지시설의 가동 개시 신고서 2. 대기배출시설 설치시 신고필증(대기배출시설 설치 신고필증을 되돌려 받는다.)	설치 후
	환경관리인신고	〃	1. 환경관리인 신고서	가동 개시 신고서
지역난방열 사용 신청	열사용 신청	열공급 사업자	- 기계실부하 및 장비계산서 - 열사용 시설 현황 (사용자 작성 제출서) - 건축설계 개요서 - 단지배치도 - 기계설비설계도면 - 계장도면 - 기기제작사 데이터 자료	공사 착공시
급수허가 신청	급수허가 신청	시 · 구청	1. 양수기 설치 내역 2. 급수공사 시행 도면 - 건축허가 사본 - 단지 계획도 - 단지 급수 간선도(1/500) - 급수배관 단위 평면도 - 지하저수조 구조물도	공사착공 전 (시조례)

3 설계도서 검토

3.1 도면기호

1) 덕트

기 호	명 칭	Description	비 고
덕 트 일 반			
	급기 덕트	SUPPLY AIR DUCT SECTION	
	환기 덕트	RETURN AIR DUCT SECTION	
	배기 덕트	EXHAUST AIR DUCT SECTION	
	외기 덕트	FRESH AIR DUCT SECTION	
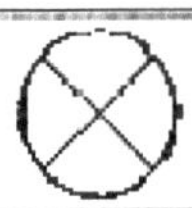	급기 덕트	SUPPLY AIR DUCT SECTION	
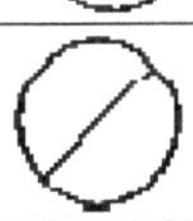	환기 덕트	RETURN AIR DUCT SECTION	
	배기 덕트	EXHAUST AIR DUCT SECTION	
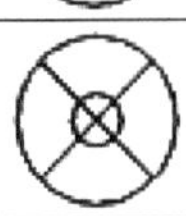	외기 덕트	FRESH AIR DUCT SECTION	
- - - - -SA- - - - -	급기 덕트	SUPPLY AIR DUCT	
- - - - -RA- - - - -	환기 덕트	RETURN AIR DUCT	
- - - - -EA- - - - -	배기 덕트	EXHAUST AIR DUCT	
- - - - -OA- - - - -	외기 덕트	FRESH AIR DUCT	
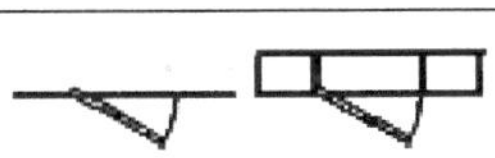	점검구	ACCESS DOOR	
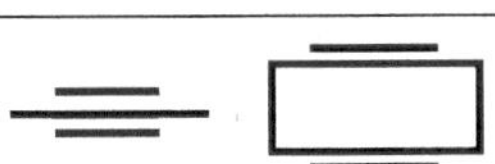	덕트 슬래브	DUCT SLEEVE	

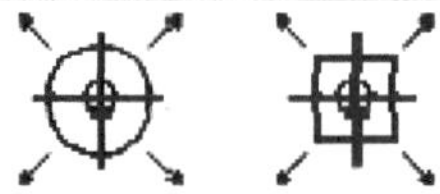	취출구	SUPPLY DIFFUSER	
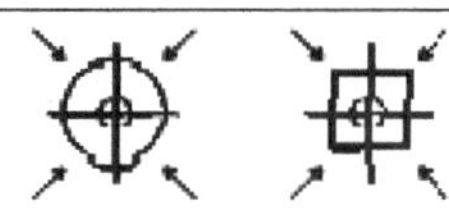	흡입구	RETURN DIFFUSER	
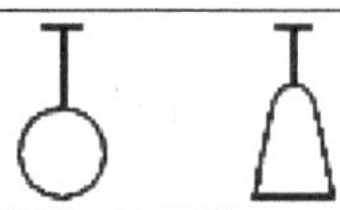	노즐	NOZZLE DIFFUSER	

2) 덕트 부속

기 호	명 칭	Description	비 고
덕 트 부 속 류			
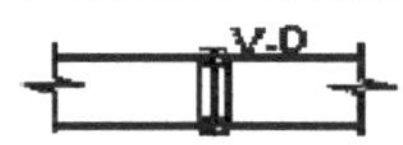	풍량조절 댐퍼	VOLUME DAMPER	
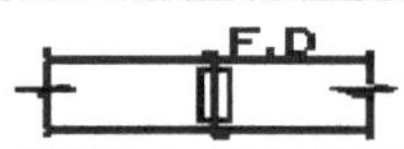	방화 댐퍼	FIRE DAMPER	
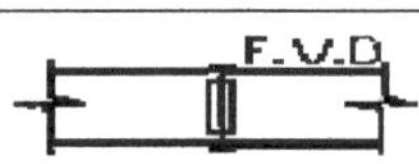	풍량조절 및 방화 댐퍼	FIRE VOLUME DAMPER	
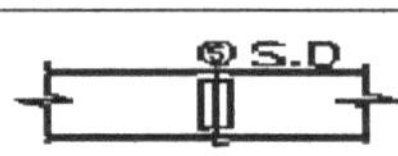	전자식 개폐 댐퍼	SOLENOID DAMPER	
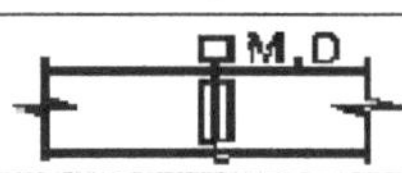	전동 풍량조절 댐퍼	MOTORIZED VOLUME DAMPER	
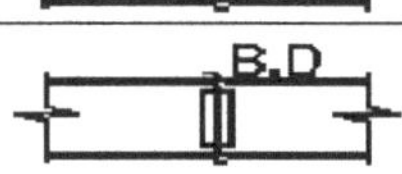	역류 방지 댐퍼	BACKDRAFT DAMPER	
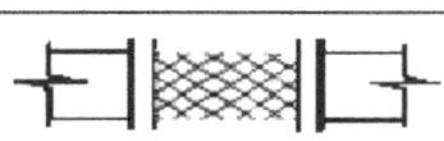	캔버스 이음	CANVAS DUCT CONNECTION	
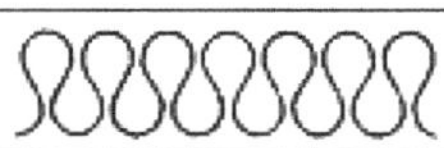	플렉시블 덕트	FLEXIBLE DUCT	
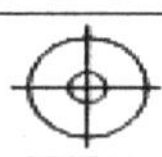	원형 디퓨저	ROUND TYPE DIFFUSER	
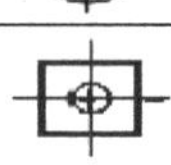	각형 디퓨저	SQUARE TYPE DIFFUSER	
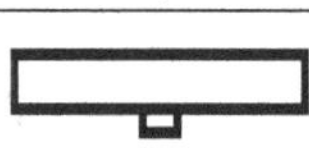	라인 디퓨저	LINE DIFFUSER	
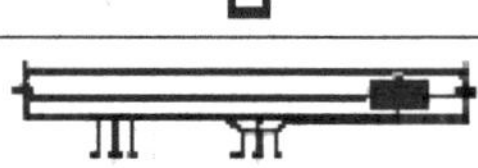	레지스터 및 그릴	REGISTER OR GRILLE	
	루버	LOUVER	

	가변풍량 유닛	VARIABLE AIR VOLUME UNIT	
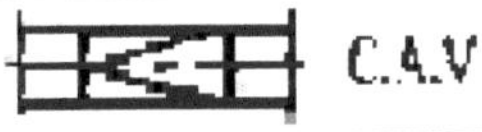	정풍량 유닛	CONSTANT AIR VOLUME UNIT	
	흡음 라이닝	ACOUSTICAL LINING	
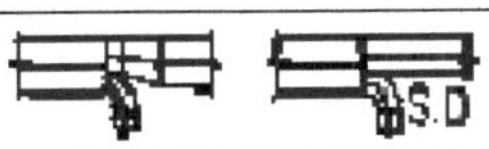	분기 덕트	SPLIT DUCT	
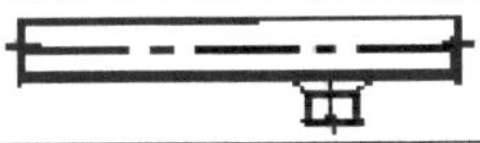	덕트의 분기	BRANCH SUPPLY OR RETURN	
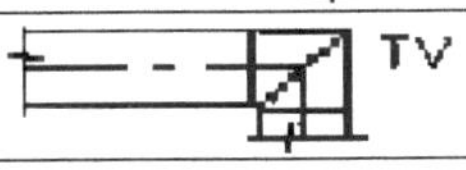	터닝 베인	TURNING VANE	

3) 덕트 기타

기 호	명 칭	Description	비 고
	덕 트 부 속 류		
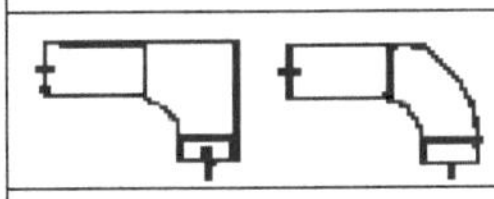	흡음 엘보	ACOUSTICAL ELBOW	
	흡음 챔버	ACOUSTICAL CHAMBER	
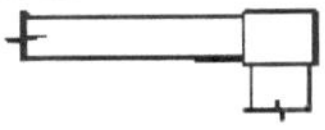	챔버	DUCT CHAMBER FAN	
	덕 트 기 타		
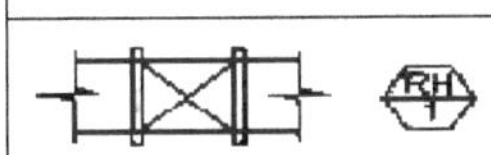	재열 코일	REHEATING COIL	
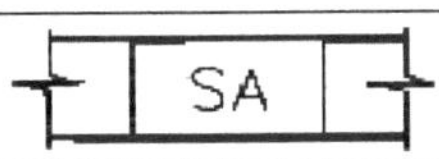	덕트 소음기	DUCT SOUND ATTENUATOR	
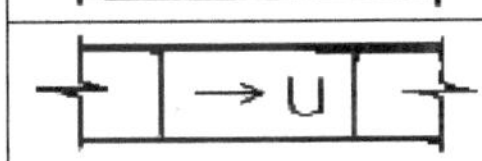	덕트의 오름	CHANGE OF ELEVATION (UP)	
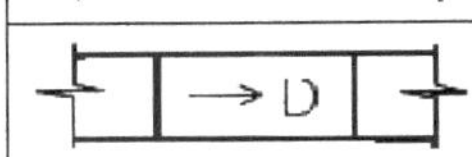	덕트의 내림	CHANGE OF ELEVATION (DOWN)	
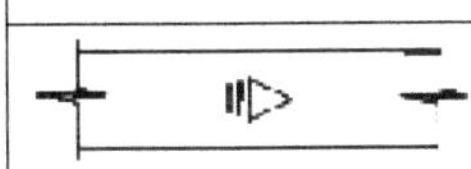	유체의 흐름 방향	DIRECTION OF FLOW	

4) 공조배관

기 호	명 칭	Description	비 고
공 조 배 관			
---- /// -- SS ----	고압 증기 공급관	HIGH PRESSURE STEAM SUPPLY	
---- /// -- SR ----	고압 증기 환수관	HIGH PRESSURE STEAM RETURN	
---- // -- SS ----	중압 증기 공급관	MEDIUM PRESSURE STEAM SUPPLY	
---- // -- SR ----	중압 증기 환수관	MEDIUM PRESSURE STEAM RETURN	
---- / -- SS ----	저압 증기 공급관	LOW PRESSURE STEAM SUPPLY	
---- / -- SR ----	저압 증기 환수관	LOW PRESSURE STEAM RETURN	
---- HTS ----	고온수 공급관	HIGH TEMPERATURE WATER SUPPLY	
---- HTR ----	고온수 환수관	HIGH TEMPERATURE WATER RETURN	
---- MTS ----	중온수 공급관	MEDIUM TEMPERATURE WATER SUPPLY	
---- MTR ----	중온수 환수관	MEDIUM TEMPERATURE WATER RETURN	
---- HS ----	온수 공급관	HOT WATER SUPPLY	
---- HR ----	온수 환수관	HOT WATER RETURN	
---- CHS ----	냉온수 공급관	HOT & CHILLED WATER SUPPLY	
---- CHR ----	냉온수 환수관	HOT & CHILLED WATER RETURN	
---- CS ----	냉수 공급관	CHILLED WATER SUPPLY	
---- CR ----	냉수 환수관	CHILLED WATER RETURN	
---- CWS ----	냉각수 공급관	CONDENSER WATER SUPPLY	
---- CWR ----	냉각수 환수관	CONDENSER WATER RETURN	
---- ED ----	장비 배수관	EQUIPMENT DRAIN	
---- E ----	팽창관	EXPANSION	

5) 공조배관(기타)

기 호	명 칭	Description	비 고
공 조 배 관(기타)			
----- RG ----	냉매 가스관	REFRIGERANT SUCTION	
----- RL ----	냉매 액관	REFRIGERANT LOQUID	
---- HPWS ----	열원수 공급관	HEAT PUMP WATER SUPPLY	
---- HPWR ----	열원수 환수관	HEAT PUMP WATER RETURN	
----- CD ----	응축 배수관	CONDENSATED DRAIN	
---- DOS ----	경유 공급관	DIESEL OIL SUPPLY	

---- DOR ----	경유 환유관	DIESEL OIL RETURN	
---- DOV ----	경유 통기관	DIESEL OIL VENT	
---- BOS ----	중유 공급관	BUNKER "C" OIL SUPPLY	
---- BOR ----	중유 환수관	BUNKER "C" OIL RETURN	
---- BOV ----	중유 통기관	BUNKER "C" OIL VENT	
---- AV -----	통기관	AIR VENT	
---- BFW ----	보일러 보급수관	BOILER FEED WATER	
---- BS -----	브라인 공급관	BRINE SUPPLY	
---- BR -----	브라인 환수관	BRINE RETURN	
---- BBD ----	블로우 다운관	BOILER BLOW DOWN	

6) 위생배관

기 호	명 칭	Description	비 고
		위 생 배 관	
----- o -----	급수관	DOMESTIC COLD WATER	
---- oo ----	급탕관	DOMESTIC HOT WATER SUPPLY	
---- ooo ----	환탕관	DOMESTIC HOT WATER RETURN	
----- + ----	정수관	WELL WATER	
----- E ----	팽창관	EXPANSION	
----- RW ----	중수관	RECYCLED WATER	
----- IW ----	공업용수	INDUSTRIAL WATER	
----- D ----	배수관	DRAIN	
----- S ----	오수관	SOIL	
----- V -----	통기관	VENT	
---- DWS ----	음용수 공급관	DRINKING WATER SUPPLY	
---- DWR ----	음용수 환수관	DRINKING WATER RETURN	
---- KD ----	주방 배수관	KITCHEN DRAIN	
---- PD ----	주차장 배수관	PARKING DRAIN	
---- RD ----	우수 배수관	ROOF DRAIN	
---- WD ----	폐수관	WASTE DRAIN	
---- WV ----	폐수 통기관	WASTE VENT	
---- P° ----	급수 양수관	PUMPING COLD WATER SUPPLY	
---- P+ ----	정수 양수관	PUMPING WELL WATER SUPPLY	

7) 소화배관

기 호	명 칭	Description	비 고
소 화 배 관			
----- SP -----	스프링클러 배관	SPRINKLER WATER SUPPLY	
----- SD -----	스프링클러 배수관	DRAIN FOR SPRINKLER	
----- H -----	옥내 소화전 배관	INDOOR HYDRANT WATER SUPPLY	
----- Y -----	옥외 소화전 배관	OUTDOOR HYDRANT WATER SUPPLY	
----- SC -----	연결 송수관	SIAMESE CONNECTION	
----- HA -----	할로겐화합물소화배관	HALOGENATED EXTINGUISHING	
----- E -----	포말 소화 배관	FOAM EXTINGUISHING	
----- WS -----	물분무 소화 배관	WATER SPRAY SUPPLY	
---- CO_2 ----	이산화탄소 소화 배관	CO_2 EXTINGUISHING	
배 관 기 타			
----- G ----	가스관	GAS	
----- PG ----	프로판 가스	PETROLEUM GAS	
----- O_2 ----	산소 공급관	OXYGEN	
----- N_2 ----	질소 공급관	NITROGEN	
---- N_2O ----	마취 가스관	NITROUS OXIDE	
----- CA ----	압축 공기	COMPRESSED AIR	
----- VA ----	진공 배관	VACUUM	
----- AW ----	산배수관	ACID WASTE	

3.2 부하 및 장비계산서 검토

3.2.1 공기조화 장비 선정

1) 공기조화기

(1) 형식

① 초기 투자비, 기계실용적에 따라 결정
(횡형, 입형, 조합형, 콤팩트형, 천장형)

② 열원 시스템에 따라 배관방식 결정

-증기 : 2관식
-냉수, 온수 : 2관식, 4관식

(2) 송풍기

① 적정 풍량 여부(최소 실내용적의 5~6회/h 이상일 것)
② T.S.P 계산 근거 확인
③ 형식은 풍량, T.S.P에 따라 결정
④ 과부하시 모터 소손 방지책 확인
⑤ 실내가압에 필요한 풍량 밸런스 확인

(3) 냉각 및 가열 코일

① 송풍량 계산을 위한 입·출구 공기 온도

표 1-5 토출온도차의 허용 최대값 (℃)

설치높이(M) 형 식		2.5	3	3.5
아네모스탯형	원형(RD형)			
	각형(SD형)			
팬 형		11	12	13
슬롯형		7	8	9
격 자 날개형	대풍량	7.5	8.5	9
	소풍량	10	11	12

② 실내 공기의 노점온도 이하로 급기할 경우 실내급기구의 결로방지 대책 확인
③ 취출공기의 습도는 85~95% RH 이내를 확인
④ 코일열수와 BF (By-Pass Factor) 확인

코 일 열 수	B F
3열	0.2
4열	0.1
6열	0.05

⑤ 팬 및 모터의 발열량 가산 여부 확인
⑥ 코일의 오염을 고려한 여유율(10~15%) 가산 확인
⑦ 드레인 팬의 재질 확인
⑧ 트랩의 봉수높이 확인
⑨ 부분별 최대 부하가 아닌 공조기 존 최대부하로 급기량 산출 여부 확인
⑩ 외기 도입량의 적정량 확인
⑪ 코일 통과 풍속(2.5~3.0m/sec 내외) 확인
⑫ 코일의 동파 방지대책 확인

⑬ 온 · 습도 제어장치 확인

(4) 가습기

① 가습기 형식은 가습원, 운전시간대 및 경제성에 따라 결정
② 공기와 충분한 혼합거리(직선거리) 확보 확인
③ 분무소음방지를 위한 증기분무압(0.5Kg/cm^2 이하) 확인
④ 습기에 의한 FAN부식 방지 대책 수립

(5) 필터

① 청정도 · 공기 저항치 · 유지보수 및 초기투자비를 검토하여 선정
② 필터의 종류에 따라 공조기가 커지므로 공조실 크기 확인

(6) 댐퍼

① 급기구 · 환기구 · 외기인입구에서 설치 확인
② 외기인입구는 누기가 적은 댐퍼 설치 확인
③ 가변풍량 장치 확인(필요시)

(7) 방진 · 소음

① 팬 방진구 확인
② 각종 연결부위 확인
③ 가장 가까운 실의 소음 전달치를 계산 후 적정 소음치를 가진 소음기 설치 확인

(8) 케이싱

① 보온, 보냉재 두께 및 취부방식 확인
② 윤활유 급유구, 점검구 유무 확인
③ 누기 및 차음, 흡음 성능을 고려한 구조 확인
④ 기계실 면적, 층고, 보수공간을 함께 고려
⑤ 가능한 분산 배치함으로써 층고에 무리가 없도록 확인

2) 패키지 에어컨

(1) 형식

① 용량, 사용시간대, 존 구분으로 보아 공냉식, 수냉식 결정
② 압축기는 실외기에 포함 여부
③ 가열코일(난방), 히트펌프(냉난방)의 선택 여부
④ 소요정압이나 청정도가 높은 곳은 불리

(2) 송풍기

① 적정 풍량 여부

② 압력(전압, 정압) 확인

③ 발생 소음레벨 확인

④ 방진 장치 확인

(3) 압축기

① 사용전압(Voltage) 확인

② 냉매배관 허용길이(30m 이내) 확인

③ 실외기 위치는 통풍 및 소음에 문제가 없는 장소에 설치

④ 방진 장치 확인

(4) 냉각 및 가열코일

① 실내 온·습도에 따른 PAC 출력 확인

② 드레인 팬의 재질 확인

③ 동파 대책 확인

(5) 가습기

① 용도 및 사용시간대에 따른 가습기 형식 선정

② 가습 열원의 종류, 사용압력 확인

(6) 필터

① 청정도, 설치공간, 공기저항치, 유지 보수 및 초기 투자비를 검토 후 선정

3) 팬코일 유닛

(1) 형식

① 필터 교환 및 청소가 용이한가 확인

② 건축과 협의하였는가 확인

③ 천장모듈 확인

④ 온도조절기 위치 확인

(2) 설치 위치

① 칸막이 변동에 적응성 확인

② FCU 간격은 적정한가 확인(3m 내외)

③ 급기구 결로 방지 대책 유무 확인

④ 급기 후드 설치 유무 확인
⑤ 드레인 팬의 재질 확인
⑥ 드레인 배수관 구배 확보 확인
⑦ 가능한 창가에 설치 가능 여부 확인
⑧ 방위별 용량 검토 확인(가능한 FCU-3 이상 설치)
⑨ 필터 청소는 용이한지 여부 확인
⑩ FCU 설치방법(바닥고정 여부 등) 확인
⑪ FCU 커버를 건축공사로 할 경우는 토출구 연결 후드 및 흡입구 면적 확인
⑫ 천장형 FCU를 사용할 경우는 난방 불량 우려

(3) 용량

① 방위별 부하에 적정한가 확인
② 냉·난방부하를 동시에 만족시키는가 확인
③ 흡입공이 온·습도, 냉·온수 유량은 적정한가 제조사의 FCU 성능표 확인
④ 현열 및 잠열 부하를 동시에 만족시키는가 확인

(4) 소음, 진동

① 실내 용도에 적정한 방열 기기인가 확인

4) 방열기, 컨벡터

(1) 형식

① 외관이 실의 미관과 조화 여부 확인
② 견고한 제품이 필요한 장소 여부 확인
③ 열매 종류, 사용온도, 압력 등 확인
④ 복사, 대류 실내 부하 성격에 따라 선정

(2) 설치 위치

① 칸막이 변동에 적응성 유무 확인
② 방열기 간격의 적정 여부(3m 내외)
③ 가능한 창가에 설치
④ 방위별(부하별) 방열기 크기 선정 여부
⑤ 높은 층고로 인한 효율 감소 여부 확인

(3) 용량

① 열매 온도에 따른 보정계수 확인
② 섹션(section)별 방열 면적 확인
③ 배관손실, 축열 손실의 고려 여부
④ 제품의 실제 방열 성능 확인 여부
⑤ 앵글밸브, 트랩의 관경 확인
⑥ 증기 사용시 실내 과열 방지대책 유무
⑦ 커버의 유무 및 형태에 따른 용량 확인

(4) 소음, 진동

① 에어 벤트(Air Vent) 유무
② 트랩 형식 확인
③ 배관의 신축 장치 확인
④ 배관 구배 확인

3.2.2 열원 장비 선정

1) 보일러

(1) 증기, 온수 보일러

① 연료의 종류, 소비량, 공급압력, 인입 위치 확인
② 비상시 대체연료 확인
③ 배관손실, 예열부하 가산 여부
④ 보급수 펌프의 흡입유효양정(NPSH), 유량, 모터 용량 확인
⑤ 최고사용압력, 사용압력 확인
⑥ 연료(도시 GAS)공급압력 이내 압력일 것
⑦ 폐열(공기예열기) 이용 여부
⑧ 효율 확인
⑨ 전열면적 확인
⑩ 용량 제어, 저고수위 감시, 안전장치 구비 여부
⑪ 중유 사용시 예열 온도, 방식, 용량 확인
⑫ 오일버너(Oil Burner)의 오버플로(Over Flow) 배관 확인
⑬ 회수된 응축수의 재증발 확인
⑭ 급수원의 수질 및 수처리 장치 확인

⑮ 기타

－안전밸브(복식) 확인

－사용압력, 용량, 예열시간, 초기투자비 등을 고려한 보일러 형식 선정

－온수보일러는 최고 사용압력 확인

－비상시를 대비한 분할 설치 확인

－장차 증설에 대한 고려 유무

－연도(연돌) 크기 검토

－공해 방지기 필요 여부

(2) 주택용 가스보일러

① 급탕가열 용량과 난방 가열량의 비교 후 큰 쪽으로 선정(또는 급탕중대형 선정)

② 급수 압력과 보일러 최고사용압력 검토

③ 동파방지 가능한 장소에 설치 여부

④ 온도 조절기 위치 확인

⑤ 팽창탱크의 적정용량 확인

2) 냉동기

(1) 왕복동 · 터보 · 스크류식 냉동기

① 용량 확인

② 전력 소비량, 압력, 인입 위치 확인

③ 용량제어 방식 확인

④ 방진 패드 유무 확인

⑤ 운전 압력, 온도(냉수 · 냉각수) 확인

⑥ 비상시 및 저부하운전을 고려한 분할 설치 여부

⑦ 냉각탑 용량 확인

⑧ 냉매의 공해성 검토

⑨ 냉각수 수처리 장치 여부

⑩ 동계 운전 여부

(2) 직화 흡수식 냉온수기, 흡수식 냉동기

① 단효용, 이중효용 및 용량 확인

② 사용연료의 종류, 소비량, 압력, 인입위치 확인

③ 용량제어 방식 확인

④ 방진 패드 유무 확인
⑤ 운전 압력, 온도(냉수 · 냉각수) 확인
⑥ 비상시 및 저부하운전을 고려한 분할 설치 여부
⑦ 냉각탑 용량 확인
⑧ 냉매의 공해성 검토
⑨ 냉각수 수처리 장치 여부
⑩ 동계 운전 여부

3) 지역난방

(1) 열교환기

① 열교환기의 대수 분할 확인
② 용량, 사용압력, 압력손실, 유지보수성 및 초기투자비에 따른 형식 선정
③ 유체 종류 및 온도에 따른 재질 확인
④ 1차측과 2차측의 압력 확인
⑤ 지역난방공사의 설계지침 확인

(2) 지역난방 열원 (중온수)

① 공급 가능 여부 확인
② 인입 위치 확인
③ 공급 및 회수 온도, 압력 확인
④ 유량제어 방법 확인
⑤ 비상시 중요한 실의 열원 확보 확인

3.2.3 급수량 계산

1) 설계용 단위 급수량

표 1-6 건물종류별 단위 급수량, 사용기간, 인원

건물 종류	단위급수량 (1일당)	사용 시간 (h/d)	단 위	유효면적당 인원	비 고
단독주택 집합주택 기 숙 사	200~400 L /인 200~350 L /인 400~600 L /인	10 15 10	거주자 1인당 거주자 1인당 거주자 1인당	0.16인/m^2	
사무실, 관공서	60~100 L /인	9	근무자 1인당	0.2인/m^2	남자 50L/인, 여자 100L/인, 사원식당 등은 별도 가산

공 장	60~100 L /인	조업시간 1	근무자 1인당	좌작업 0.3인/m^2 입작업 0.1인/m^2	남자 50L/인, 여자 100L/인, 사원식당 등은 별도 가산
종합병원	1500~3,500L/RED 30~60 L/m^2	16	연면적 1m^2당		설비내용에 따라 상세한 검토
호텔 전체 호텔 객실부	500~600 L/객실 350~450 L/객실	12 12			
요 양 소	500~800 L/인	10			
다 방 음식점 사원식당 급식센터	20~25 L/객(客) 55~130 L/m^2 55~130 L/객(客) 110~530 L/점포m^2 25~50 L/食 80~140 L/m^2 20~30 L/食	10 10 10 10	 점포면적은 주방 면적 포함 식당면적은 주방 면적 포함	점포면적은 주방 면적 포함	변기세정수 등은 별도 가산할 것.
백화점 슈퍼마켓	15~30 L/m^2	10	연면적 1m^2당		직원용, 공조용수 포함
초 · 중 · 고등학 교 대학강의동	70~100 L/인 2~4 L/m^2	9 9	(학생+직원)1인당 연면적 1m^2당	교사, 직원용 포함 실험, 연구용수 별도가산	
극장공연장	25~40 L/m^2 0.2~0.3 L/인	11	연면적 1m^2당 입장객 1인당		직원용, 공조용수 포함
대형 터미널역 일반역	10 L/1,000인 3 L/1,000인	16 16	승객 1,000인당 승객 1,000인당		열차급수, 세차용 별도 가산
교 회	10 L/인	2	참석신도 1인당		상주자 별도 가산
도 서 관	25 L/인	6	관람자 1인당	0.4인/m^2	상주자 별도 가산

(주) ① 단위급수량은 설계대상급수량이며 년간 1日 평균급수량은 아님.
② 공조용수, 냉각용수, 실험 · 연구용수, 프로세스용수, 수영장, 사우나 등의 용수는 별도로 가산할 것.

2) 기구별 사용 수량

기 구 종 류	1회당 사용량 (L)	1시간당 사용횟수 (회)	순시회대량 수량 (L/min)	접속관경 (mm)	비 고
대변기(F/V)	13.5~16.5	6~12	110~180	25	평균 15L/회/10s
대변기(L/T)	15	6~12	10	15	
소변기(F/V)	4~6	12~20	30~60	20	평균 5L/회/6S
소변기(H/T)	9~18	12	8	15	2~4인용 기구 1개당 4.5L
소변기(H/T)	22.5~31.5	12	10	15	5~7인용 기구 1개당 4.5L
수 세 기	3	12~20	8	15	
세 면 기	10	6~12	10	15	
싱크 수전(15A)	15	6~12	15	13	
수채류(20A)	25	6~12	15~20	20	
흡상수음기			3	15	
살 수 전			20~50	15~20	
욕조	125	6~12	25~30	20	
샤 워	24~60	3	12~20	15~20	수량은 종류에 따라 크게 다름

* 참고자료 : 대한설비공학회 설비공학핸드북 제4권 1.3－12 P

3) 기구의 동시사용률

(단위 : %)

기구수 구분	1	2	4	8	12	16	24	32	40	50	70	100
대변기(세정밸브)	100	50	50	40	30	27	23	19	17	15	12	10
일반기구	100	100	70	55	48	45	42	40	39	38	35	33

*참고자료 : 대한설비공학회 설비공학핸드북 제4권 1.3-12P

4) 냉각탑 보급수량 : 순환수량의 1.5 ~ 2%

5) 발전기 냉각수량 : 27 ~ 67 L/h.KVA

6) 시수 · 잡용수 비율

건 물 종 류	시 수 (%)	잡 용 수 (%)
일반건축	30~40	70~60
병 원	60~66	40~34
백 화 점	45	55
학 교	40~50	60~50

* 참고자료 : 대한설비공학회 설비공학핸드북 제4권 1.3-3P

7) 시간당 평균 예상급수량

$$Q_h = \frac{\text{1일 급수사용량}}{\text{1일 사용시간}} \ (L/h)$$

8) 시간당 최대 예상급수량

$$Q_m = (1.5\sim2) \times Q_h$$

9) 순시간 최대 예상급수량

$$Q_p = \frac{3-4(Q_h)}{60} \ (L/min)$$

10) 급수용 장비 선정

(1) 저수조

- 저수량 = 1일 위생용수량 + 냉각탑 보충수량 + 발전기 냉각수량 + 수영장 보충수량 + … 기타 수량 + 소화수량

① 재질은 내식성인지 확인

② 보수점검용 공간 확보 확인

(건교부 저수조 설치지침 : 탱크 주위는 600mm, 상부는 1,000mm)

③ 맨홀, 급수관, 배수관, 익수관, 통기관의 위치 및 관경 확인

④ 비상시 기계, 전기실 침수대책 확인

⑤ 저 · 고수위 제어 및 경보설비 확인

⑥ 청소시 급수 가능하도록 분할 설치 확인

⑦ 급수 공급 규정에 의한 비상용 저수조 설치기준

건 물	저 수 량
-일반건물	10 L / m^2 이상
-호텔, 병원	50 L / m^2
-주택	
85㎡ 미만	1.5m^3 / 세대
85㎡ 이상	15 L / m^2
-연립주택	1.5m^3 / 세대
-아파트	1.5m^3 / 세대
-학교	5 L / m^2

*시군지역 : 1.0m^3 / 세대
*독신자 아파트 : 0.5m^3 / 세대

(2) 고가수조

① 저수량은 시간평균 예상 급수량의 1시간분 내외 확인

② 재질은 내식성인지 확인

③ 보수점검용 공간 확보 확인(탱크 주위 600mm, 상부 1,000mm)

④ 건축구조 하중량 확인

⑤ 맨홀 · 급수구 · 배수구 · 일수구 위치 및 관경 확인

⑥ 저 · 고수위 제어 및 경보 설비 확인

⑦ 오버플로(Over Flow)의 옥외 방류 확인

⑧ 청소시 급수 가능하도록 2개로 분할 설치 확인

(3) 양수펌프

① 유량은 시간 최대 예상 급수량으로 선정

② 양정은 건물고 + 배관 및 부속의 마찰손실 + 수위조절 밸브 압력손실로 선정

③ 실제양정이 설계치보다 작게 운전될 경우 모터소손 방지 대책 확인

(4) 부스터 펌프

① 유량은 순시최대 예상 급수량으로 선정
② 초압 · 종압 확인
③ 최소유량 범위 확인
④ 펌프 기동 · 정지 횟수 확인

(5) 배관의 권장 유속

배 관 종 류	조 건	최 적 유 속 (m/s)
펌프흡입관 펌프토출관	흡상높이, 흡입관 길이, 수온에 따라 상이함 공기포함한 물로서 부식의 우려가 있을 때	0.5~1 1.5~2
급수본관 급수분지관 급수원거리송수관	상수도 본관 건물내 급수관 수도 배수본관	1~2 0.5~0.7 1.5~3
보일러급수관 배수펌프양수관	수온 70℃ 이상 –	0.6~1 1~1.5

3.2.4 급탕량 계산

1) 인원수에 의한 급탕량

표 1-7 건물종류별 급탕량

건물의 종류	1인 1일당 급탕량 (L/d.인)	1일 사용에 대해 필요한 1시간당 최대치 비율	피크로드의 연속시간	1일 사용량에 대한 저탕비율	1일 사용량에 대한 가열 능력의 비율
	q_d	q_h	(h)	v	r
주택, 아파트, 호텔 등[b), c)]	75 ~ 150	1/7	4	1/5	1/7
사무소	7.5 ~ 11	1/5	2	1/5	1/6
공 장	5	1/3	1	2/5	1/8
레스토랑	20[a)]	–	–	1/10	1/10
레스토랑(3식/1일)	–	1/10	8	1/5	1/10
레스토랑(1식/1일)	–	1/5	2	2/5	1/6

주) a) 급탕온도 60℃
b) 호텔에서는 1일의 급탕필요량과 특성이 호텔의 형식에 따라 달라진다. 고급 호텔에서는 피크로드가 낮지만, 1일 사용량이 비교적 크다. 적용 호텔에서는 피크로드가 높지만 1일 사용량은 적다.
c) 주택이나 아파트에 접시 세정기나 세탁기가 있을 때는 접시 세정기 1대당 60L, 세탁기 1대당 150L를 추가한다.
* 참고자료 : 대한설비공학회 설비공학핸드북 제4권 제4장 1.4-9

2) 기구수에 의한 급탕량

(급탕온도 60℃ 기준, ASHRAE,1991) (L/기구의 1시간당)

구 분	개인 주택	일반 주택	사무소	호텔	병원	공장	학교	YMCA	체육관
개인세면기	7.6	7.6	7.6	7.6	7.6	7.6	7.6	7.6	7.6
일반세면기	–	15	23	30	23	5.5	57	30	30
양식욕조	76	76	–	76	76	–	–	114	114
샤워	114	114	114	284	284	850	850	850	850
부엌 싱크	38	38	76	114	76		76	76	–
급식 싱크	19	19	38	38	38	–	38	38	–
식기세척기*	57	57	–	190~760	190~570	75~380	76~380	76~380	–
청소 싱크	57	76	57	114	76	76	76	76	–
세탁 싱크	76	76	–	106	106	–	–	106	–
하버드 탱크	–	–	–	–	2270	–	–	–	–
물리치료용 샤워	–	–	–	–	1520	–	–	–	–
동시사용률	0.3	0.3	0.3	0.25	0.25	0.25	0.4	0.4	0.4
저탕용량계수*	0.7	1.25	2.0	0.8	0.6	1.0	1.0	1.0	1.0

주) ① 가열능력은 각 기구의 소요급탕량 누계에 동시사용률을 곱한 값으로 (60℃ - 급수온도) 온도차를 곱해 구한다.
② 유효저탕량은 각 기구 소요급탕량의 누계에 동시사용량을 곱하여 얻은 값으로, 저탕용량계수를 곱하여 구한다.
*1. 사용하는 기기의 종류를 아는 경우에는 그 기기에 대한 메이커의 자료에 의해 산출해야 한다.
*2. 열원을 충분히 얻는 경우에는 이 계수를 감해도 좋으나, 그 분량의 가열능력을 크게 할 필요가 있다.
* 참고자료 : 대한설비공학회 설비공학핸드북 제4권 제4장 1.4-10

3) 급탕용 장비선정

(1) 급탕탱크

① 최고사용압력, 사용압력 확인

② 가열코일 전열면적 확인

③ 내식성 재질 확인

④ 맨홀, 압력계, 온도계, 안전밸브, 급탕관, 환탕관, 온도감지기 위치 및 크기 확인

⑤ 급수압력과 급탕압력의 밸런스 확인

⑥ 급탕탱크의 보온두께 확인

(2) 급탕순환펌프

① 유량은 배관 및 기기의 총열손실을 급탕온도와 환탕온도차(Δt = 5℃~10℃)로 나눈 값으로 선정하거나 간편법으로 선정한다.

$$*\ Q = \frac{qw}{(ts - tr)\ 60} \quad (L/min)$$

* 간편법

-시간 최대급탕량의 1/2~1/3 또는

-기구수 5개당 1 L / min

· 양정 (직관저항 + 부속저항)

구 분	단위배관저항	부 속 저 항
대 규 모 건 물	10 ~ 30 mmAq / m	직관의 50 ~ 100 %
소 규 모 건 물	5 ~ 20 mmAq / m	직관의 100 ~ 200 %

(3) 배관

① 급탕 관경 : 급수관경 결정법과 동일

② 환탕 관경

(단위 : mm)

급 탕 관 경	20~32	40	50	65	80	100	125	150
환 탕 관 경	20	25	32	40	40~50	50~65	65~80	80~100

3.3 도면검토

3.3.1 장비일람표

1) 보일러

① 보일러의 형식

-보일러 형식 : 노통연관식, 수관식, 관류형, 입형 등

-열매의 종류 : 증기, 온수

-사용온도 및 압력

② 버너

-사용연료 : 오일, 가스 겸용

-사 용 량

-보일러에 포함 여부 확인

-가스일 경우 공급 압력 확인(저압, 중압)

③ 보일러 급수장치

-고효율 펌프선정

④ 관류형일 경우 경수연화장치 및 약주장치, 보급수 펌프 포함 여부 확인

⑤ 노통 연관식의 경우는 공기예열장치 설치 여부

2) 냉동기

(1) 냉동기의 형식 선정

① 관련법규에 적합 여부 확인
② 냉·난방 및 급탕부하 특성
③ 냉수, 냉각수 사용온도
④ 건물의 종류 및 사용시간대
⑤ 전기 및 가스의 공급조건
⑥ 열원기기 설치 스페이스
⑦ 초기투자비 및 적정성

(2) 대수분할의 적정성

(3) 전력공급 및 가스공급 사양

3) 냉각탑

(1) 냉각탑 형식의 결정

① 설치위치 및 높이
② 냉각수 온도 제어 방법
③ 냉각수 비산 문제
④ 동절기 사용여부

(2) 냉각탑 용량

① 냉각수 온도
② 외기 습구 온도
③ 냉동기의 종류

(3) 냉각수 수질 관리

① 관내 스케일, 부식방지 대책
② 레지오넬라균 등 살균 대책

(4) 동절기 사용시 동파방지 대책

(5) 소음경감 및 방진대책

(6) 냉각탑의 위치가 냉동기보다 낮을 때 오버플로(Over Flow) 대책

4) 공기조화기

(1) 공조기 형식

① 열원설비의 종류

② 공조실의 면적, 높이, 유지관리 공간을 고려하여 결정

(2) 공조기용 송풍기

① 정압 및 풍량을 고려하여 형식 결정

② 정압, 풍량 및 동력 산출 근거 확인

(3) 코일

① 냉각 및 가열 용량 계산 근거 확인

② 코일면 풍속 확인

③ 냉수와 온수코일의 겸용 여부 확인

④ 코일의 동파 가능성 여부 확인

⑤ 냉·온수 코일의 온도조건 및 사용 압력 확인

⑥ 코일과 코일 헤드의 재질

(4) 필터

① 설치 필터의 종류(저성능, 중성능 필터)

② 효율, 압력손실, 초기투자비, 유지관리비 등을 감안한 형식 선정

③ 초기정압 및 말기정압 손실 확인

④ 유해가스, 유지성분 및 냄새 발생 등 특수실의 필터 선정

(5) 가습기

① 가습기의 형식 확인

(6) 드레인 팬(Drain Pan)의 재질 확인(응축수에 의한 부식 방지)

5) 송풍기

① 풍량, 정압, 공기의 성질, 설치위치, 발생소음 등 사용조건에 맞는 형식 선정

② 풍량, 정압 및 동력 산출 근거 확인

③ 비상전원 확보 여부 확인

6) 패키지 에어컨

(1) 형식

실내허용소음, 실외기 설치 장소 및 이격거리, 건물의 종류 및 특성을 감안하여 결정

(2) 실외기

① 실내기와의 이격거리 확인

② 실외기의 통풍조건 확인

(3) 난방

① 난방 코일 부착 여부 확인

② 히트펌프형 확인

(4) 가습기

가습기의 필요성 및 형식 확인

(5) 덕트설치형 패키지 에어컨은 기외정압 명기

7) 팬코일 유닛(FCU)

(1) 형식

실내설치조건을 감안하여 선정

(2) 용량

냉 · 온수 온도 및 실내온도에 의한 능력 보정

(3) 기타

① 고층건물일 경우 운전압력

② 드레인 팬 재질 검토

③ 자동제어 방식 및 제어밸브 등 공급 여부

④ 층별, 방위별 전원공급 조성

8) 정풍량 유닛(CAV), 변풍량 유닛(VAV) 등

① 형식

② 최대 풍량, 최소 풍량

③ 최소 운전 정압

④ 소음기준

⑤ 소음기, 분배기 포함 여부

9) 물탱크

① 관련법규 검토
- 내식성 재질 사용 여부
- 2개 이상 분할 여부
- 탱크와 벽 및 바닥, 천장 이격거리

② 탱크용량의 산출근거
③ 탱크 높이에 따른 탱크구조 및 보강
④ 물 넘침 배관, 통기관, 드레인 설치
⑤ 용도 및 수도요금별 분리설치

10) 급탕탱크

① 용도 및 사용 시간대별 존 구분
② 탱크용량, 가열용량 확인
③ 탱크 재질

11) 팽창탱크

① 팽창탱크 형식검토(개방식/밀폐식)
② 탱크형식에 따른 설치 위치
③ 보급수 공급방식 및 공급압력

12) 펌프류

① 펌프형식
- 펌프유량 및 양정에 따라 결정
- 소음, 진동, 설치 공간을 고려하여 결정

② 냉동기, 보일러 냉각탑 용량과 대비
③ 유량, 양정, 모터 동력 계산근거
④ 축봉 장치 형식 : 그랜드 패킹, 메커니컬실 등
⑤ 유체 종류별 재질 확인 : 임펠러, 케이싱 등

3.3.2 계통도

1) 일반사항

① 건축물의 냉난방설비에 대한 설치 및 설계기준과 에너지 절약 설계기준에 대한 적합성

② 경제적이고 신뢰성 있는 시스템의 선정(운전비, 초기투자비, 투자회수기간 등을 고려한 시스템의 결정)
③ 1차 연료에 대한 타당성 확인(지역성, 정부시책 등)
④ 부분부하에 쉽게 대응할 수 있도록 시스템 결정
⑤ 용도 및 사용시간대별로 구분한 적절한 조닝
⑥ 각 유량 및 관경의 적정성 확인
⑦ 계통도상의 장비일람표 작성
⑧ 밸브 및 트랩의 일람표 작성
⑨ 계통도상의 계측 및 제어기구 표기

2) 냉 · 온수 계통

① 배관의 조닝 방법이 합당한지 확인(방위별, 용도별, 실별, 용량 등)
② 냉 · 온수 겸용 코일인 경우, 냉온수의 유량 차이가 클 경우에 적정한 제어방법의 선정
③ 각 층별로 유량을 균등하게 분배할 수 있도록 배관방식의 선정 또는 정유량 밸브의 설치
④ 각 유량분배 방식별 장단점 검토 후 결정
- 정유량 방식
- 변유량 방식
- 1차 펌프 방식
- 1, 2차 펌프 방식

⑤ 밀폐배관의 압력 유지계획이 적정한지 검토
⑥ 팽창탱크의 위치가 적정한지 확인
⑦ 차압밸브의 용량산정이 합당한지 검토

3) 증기 계통

① 감압밸브를 설치한 경우, 최종 사용처의 소요압력이 나오는지 검토
② 용도별로 증기의 압력이 적정한지 확인
③ 가습의 경우 일반실의 경우는 전자밸브(ON/OFF 밸브)를 사용
④ 적정한 트랩의 선정(플로트 트랩, 버킷 트랩 등)

4) 냉각수 계통

① 연간공조의 경우 냉각수의 과냉에 대한 제어가 가능하도록 온도제어시스템이 구성되어 있는지 확인(3-Way, 2-Way, Fan ON/OFF 등)

② 몇 개의 냉각탑을 병렬로 운전하는 경우
- 균등관의 설치 확인(입구관과 동일한 크기로)
- 각 입구수량의 조절기능 유무(정유량 밸브 또는 조절밸브)
- 출구주관은 입구주관보다 2단계 큰 헤더를 설치
- 각 출구관과 출구헤더는 저항이 작은 구조(45° 엘보 사용)로 연결
- 이와 관련된 펌프도 냉각탑의 운전대수에 따라 합당하게 대수제어가 되고 있는지 확인

3.3.3 기계실

1) 장비배치

① 에너지 합리화법 "보일러설치 검사 기준"에 의한 이격거리 고려
② 고압가스 안전관리법에 의한 보안거리의 확보
- 보일러와 냉동기의 보안거리 = 2m

③ 장비반입 및 유지관리 동선을 고려
- 장비반입구의 확보
- 반입 동선상의 지장물은 최대한 배제시킬 것 : 바닥노출배관 및 트렌치
- 튜브 인출을 위한 스페이스 확보

④ 장비기초의 치수는 X, Y축별로 각각 기입토록 하고, 치수선의 기입을 건축 구조물의 고정점을 기준할 것

2) 장비 주변 배관

(1) 보일러 주위 배관

① 배관의 신축이 보일러 동체에 직접 미치지 않도록 출구측에 만곡관을 설치할 것.
② 증기주관은 보일러 증기 출구 관경 이상으로 하고 300mm 이상 연장시킬 것.
③ 주위 배관 및 기타 하중이 보일러에 직접 가해지지 않도록 배관을 지지할 것.
④ 환수관에는 체크밸브를 설치할 것.
- 관수의 유출방지 및 국부적 부동팽창 방지용임

⑤ 경수연화장치를 설치한 경우, 급속급수를 고려하여 바이패스배관을 고려할 것.
⑥ 안전밸브의 분출구는 배기관을 설치하여 옥외 안전지대까지 연장, 배출할 것.
⑦ 블로우다운시 발생하는 퇴적물 및 대량배수에 따른 바닥으로의 물 넘침을 고려하여 트렌치 및 블로관 처리를 할 것.
⑧ 수처리장치의 급수계통에서 급수압 검토

-필요시 부스터펌프 및 감압변 설치

-역류방지 고려

⑨ 보일러 증기출구에 에어 세퍼레이터(공기분리기) 설치 필요성 검토

(2) 냉동기, 냉 · 온수 배관

① 점검, 수리를 위한 배수밸브를 최저부에 설치하고 배관 및 장치의 탈착을 위한 플랜지를 설치할 것.

② 공기정체가 쉬운 부분에 대한 공기빼기 밸브 설치

-입상배관의 최상부

-수온이 올라가는 곳

-수압이 내려가는 곳

-물의 방향이 바뀌는 곳

③ 기기 및 유량제어용 밸브 입구측에는 스트레이너를 설치할 것.

④ 배관의 신축 및 하중이 장비에 전달되지 않도록 배관의 지지방법을 고려할 것.

⑤ 장비 진동의 전달방지를 위한 방진대책 수립

-방진상세도와 부분상세도를 일치시킬 것

⑥ 흡수식 냉동기의 증기공급은 유량제어밸브 입구의 압력이 표준사양압력이 되도록 하고 유량제어밸브는 흡수식 냉동기와 1:1 대응이 되도록 구성

⑦ 본체의 냉온수계, 냉각수계는 8kg/㎠ 이상이 걸리지 않게 펌프 및 팽창탱크의 설치 위치를 고려

(3) 펌프

① 풋 밸브 스트레이너(Foot Valve Strainer)의 설치 깊이 검토

-바닥면의 이물질 흡입방지를 위해 바닥면에서 최소 200mm 이격

-벽면에서는 3D(관경)이상 이격시킬 것

-소용돌이 등으로 인한 공기의 유입을 방지

② 흡입구에는 부압이 형성되지 않는지 확인

-펌프를 향해 1/50~1/100 상향구배의 유지

-리듀서는 수평으로 설치(저항은 가능한 적게 되도록 하고 필요시 한 치수 크게 할 것

③ 펌프의 맥동에 의한 진동, 소음이 우려될 경우 펌프 토출측 배관 부분의 0.5~1.0m 정도 길이를 두 치수 큰 배관으로 설치

④ 펌프 토출구로부터 15m까지는 방진행거 설치

⑤ 배수조

-오버플로시 침수경로를 확인하여 건축적, 설비적 대응을 고려

-배수용량은 오버플로 발생시 및 우수유입의 경우를 고려하여 산정

(4) 위생배관

① 배수조의 용량 및 위치의 적정성 검토

② 배수조용 펌프의 점검 및 교체 가능 여부 검토

③ 각 밸브의 점검 방법 검토

④ 배수조의 크기 및 단면 표기 검토

⑤ 기계실 트렌치 계획의 적정성 검토

⑥ 급탕 탱크내 온수의 상하 온도차 검토(대류 펌프 설치)

⑦ 급탕 순환 펌프의 정압 확인

⑧ 존별 분기 밸브 설치 유무 확인

⑨ 급수 가압 펌프 연결 입관 상부에 수격방지기 설치 유무

⑩ 입상관 하부에 드레인 밸브 설치 확인

⑪ 펌프, 냉동기 등 장비 주변 배관에 드레인 밸브 설치 확인

⑫ 각 배관의 유속 및 관경 확인

⑬ 급탕용 팽창 배관의 누락 확인

3) 도면표기 사항

① 장비기호

② 배관관경

③ 건축치수선

④ 단면 표시기호 : X, Y측 및 주요부분

⑤ 유량제어 밸브 일람표를 작성하고 자동제어 도면상의 내용과 일치 여부를 확인

⑥ 배관의 구분 : 동일 종류의 배관이 많을 경우 계통 및 존별로 구분하고 전체 도면상(평면, 계통, 상세도)에서 일관성 유지

4) 공조기계실

(1) 외기인입구 및 배기그릴

① 배기의 재흡입이 없도록 2방향 루버 확보

② 루버 면적 및 풍량을 기입하고 적정 풍속 이하로 억제

③ 외기 인입구는 배기구로부터 최소 5m 이상 이격시켜 설치

④ 도로변에 설치한 배기구 등은 지상 2m 이상에 설치

(2) 소음, 방진 대책

① 각 존별 소음기준에 합당한 감음장치 설치(소음기, 소음엘보, 소음챔버, 라이닝덕트 등) 공조실

의 흡음 및 차음대책 수립

② 공조실이 중요실의 상부 등에 위치할 경우 공조실 전체의 방진 고려

(3) 공조기 설치, 덕트

① 공조기의 형식은 공조실의 면적·높이 등을 고려하여 가장 적절한 형식 선정(수평형, 수직형, 조합형, 리턴팬(Return Fan) 내장형, 슬림형 등)－공조기 상세와 일치 여부 확인

② 팬의 설치방법(토출방향 등)은 공조기 위치, 공조실의 높이 등을 고려하여 원활한 덕트가 되도록 설치

③ 공조실내 공조덕트의 경우는 공조덕트 도면의 공통사항 참조

④ 중간기 외기냉방이 가능하도록 외기 및 배기덕트 크기 검토

⑤ 공조실 자체의 플레넘(plenum) 챔버 검토

⑥ 각종 댐퍼의 정확한 설치위치 확인

⑦ 공조기·팬 연결 덕트의 규정에 맞는 설계

(4) 기타

① 코일 수리, 필터 교체 등의 유지관리 공간 확보

② PAC 등 직팽식 공조기가 설치된 공조실은 반드시 환기시킬 것.

5) 기계실 단면도

① 건축치수의 확인 : 층고, 천장고 등 단면 변경부분의 유효높이 및 설비설치가 가능한 공간 확인

② 바닥기준면의 확인 : 슬래브 또는 건축 마감면 여부

③ 배관설치 단면도의 작성은 2방향(X, Y축)으로 작성함을 원칙으로 하고 필요시 주요 부분 단면도를 추가할 것.

④ 레벨의 표시는 배관 및 덕트의 밑면 (B.O.P, B.O.D)을 기준으로 표기할 것.

⑤ 횡주관이 길 경우 배관의 구배 고려

⑥ 덕트, 위생배관, 우수관, 연도 등과의 교차부분에서 점검 및 보수, 교체를 위한 공간 확보

6) 기계실 기초도

① 각 장비별 적정 기초 높이의 확보

② 기초 높이는 기계실 바닥마감면을 기준으로 함.

③ 펌프 등에서 기초 방진이 생략될 경우에는 기초의 보강 검토

④ 기초의 크기는 장비의 크기보다 최대 200mm 정도로 함.

⑤ 트렌치 관련 사항

- 일정한 기울기를 유지할 수 있도록 집수정을 중심으로 적절하게 배치
- 출입구 및 주통로 부분은 가급적 피할 것.
- 응축수 환수관 등 매립이 곤란한 배관은 건트렌치를 계획하여 배관을 바닥 위 노출을 지양함.
- 트렌치는 필요한 장소에만 설치하여 최소화 하는 것이 바람직함.

7) 연도

① 연도 설계 계산서의 확인

② 장비에서 요구하는 허용배압의 초과 여부 확인

③ 2대 이상의 장비를 동일연도로 접속한 경우, 역류방지 및 신축을 고려

④ 물고임 방지 고려

- 위로 향한 물매의 구성
- 필요부분에 물빼기 밸브 및 배관을 구성

⑤ 청소공간을 확보하고 구조물과 350mm 이상 이격시킬 것.

⑥ 옥상 돌출부에 지장물 및 배기에 영향을 받을 수 있는 장비는 없는지 확인(옥상구조물로부터 0.9m 이상 설치)

3.3.4 공조배관 도면

1) 공통사항

(1) 배관의 지지

① 배관의 지지, 고정방법별 배관 중량(유체 및 단열 포함)에 충분히 견딜 수 있는 구조 여부인지 확인

② 배관 종류(직관, 분기부분, 장비 주위 배관)별 지지점 위치 및 설치간격의 적정성 확인

③ 공통가대를 설치한 경우, 공통가대 설치 평면도를 작성하고 가대의 제원을 명기

④ 배관 중량이 큰 구간에 대해서는 공통가대 및 행거에 의한 지지, 고정 이외에 서포트에 의한 보강을 고려

(2) 배관의 신축

① 신축접수 설치구간의 배관 재질, 사용용도, 유체별로 신축량이 허용범위 이내인지 확인

② 앵커, 가이드, 신축접속의 위치 및 설치 상세의 적정성 여부 확인

③ 점검·보수를 위한 공간 및 접근로 확보

(3) 배관의 방진

① 진동이 발생하는 장비의 진동전달 차단 및 감쇄를 위한 대책수립 여부 확인

② 입상배관 방진의 경우 샤프트내 설치 공간 적정성 검토

③ 방진설계시 장비중량은 장비주위 배관 및 유체중량을 포함한 중량으로 결정하였는지 확인

(4) 일반사항

① 배관계통의 배수기능 확보 여부

- 입상관 하부
- 장비 주위 및 최저부
- 냉난방 운전모드 전환에 따른 비사용 배관계통

② 배관청소 및 보수, 교체를 위한 구획부문 ; 층별, 실별

③ 유지 및 관리를 고려하여 일정구간별 밸브, 유니온(플랜지)의 설치를 고려할 것

④ 운전상태의 확인이나 조정, 고장개소의 발견 등을 위하여 온도계, 압력계, 유량계 및 측정용 웰, 압력계 부착용의 밸브붙이 단관을 요소요소에 확보할 것

- 계통내 운전 압력에 대한 장비내압 또는 운전압력 적정 여부
- 펌프, 냉동기, 열교환기 및 기타

* 일반적으로 건물 높이(기계실에서 물탱크)가 70m 이상이면 운전압력이 10kg/㎠가 되므로 장비 발주시 고려해야 한다.

· 운전압력 = 정수두압 + 펌프양정 + 팽창압력(밀폐형일 경우)

⑤ 시스템 내 공기 고임 또는 유입은 없는지 : 배관 최상부의 운전 압력이 최소 0.2Kg/㎠가 되어야 하므로 팽창탱크 위치, 배관 접속 위치 등을 고려하여 압력분포도를 추정한다.

⑥ 펌프의 양정이 20m 이하이면 면밀한 검토가 요구된다. 일반적으로 냉 · 온수, 냉각수 순환펌프의 양정은 25~30m이다.

⑦ 배관 관경 적정 여부 : 마찰손실 및 배관내 유속을 검토한다.
마찰손실은 20mmAq/m, 유속은 1.5m/sec 이내인지 확인한다.

⑧ 배관시스템에서 유량분배가 적절히 이루어지도록 되어 있는지 : 리버스 리턴방식인지, 정유량 밸브는 사용하는지(직환수 + 정유량 밸브인 경우에는 냉방과 난방 유량에 비율 검토)

⑨ 계통내 순환펌프의 위치 선정은 적절한가 : 계통내 불필요한 고압이 걸리거나 진공이 되는 부분이 없는지

* 시스템내 공기빼기에 필요한 압력(0.2Kg/㎠)만 유지된다면 가능한 저압으로 운전될 수 있도록 장비(냉동기, 열교환기 등)의 위치를 펌프 상류측에 둔다.

⑩ 배관의 신축에 대한 신축접수는 적당하게 선정되었는가 : 앵커, 가이드, 신축접수의 설치 위치 검토

⑪ 증기 응축수 환수의 방법은 적당한가 : 역구배가 되는 곳은 없는지

- 응축수 탱크의 위치

-보일러 보급수 펌프의 위치

* 가능한 순구배가 되도록 배관되어야 하고 응축수 탱크는 펌프와 함께 지하에 설치되는 것이 바람직하나 현장여건이 그렇지 못하면 보일러 보급수 펌프는 필히 응축수 탱크보다 낮거나 동일 레벨에 설치되어야 한다.

⑫ 장비 방진에 대한 고려는 있는지 : 방진 기초 확인

-펌프의 방진은 흡토출 배관이 방진가대 위에서 지지되는지 확인

-수두압력으로 환산되는 하중에 방진구가 견딜 수 있는지

* 펌프 방진 장치에 걸리는 하중은 펌프 흡입 및 토출 배관에 플렉시블 조인트가 설치되므로 수두압에 의한 하중이 직접 방진구에 전달되므로 방진구 선정시 고려되어야 한다.

⑬ 유량을 조절할 수 있는 장치는 고려되었는지(정유량 밸브, 수동밸브 등) : 특히 냉동기 2대를 병렬로 연결되었을 때 각 냉동기에 균등한 유량이 흐르도록 정유량 또는 수동 밸브로 유량을 조절해야 한다.

⑭ 팽창탱크 및 냉각탑에 보급수 인입이 충분히 될 수 있는지 : 물탱크 높이와 팽창탱크, 냉각탑 높이가 충분한지

⑮ 기타

-각 장비 주위에 압력계, 온도계 등이 적절히 부착되었는지 : 펌프, 냉동기 및 공조기 주위 배관, 헤더 주위 배관

* 압력계 : 펌프 흡입, 토출구, 냉동기 입출구, 공조기 입출구(필요시), 공급헤더 및 분기배관
온도계 : 냉동기 입출구, 공조기 입출구(필요시), 열교환기 입출구, 환수헤더 및 분기배관

-공조기 응축수 배관에 원활한 배수가 되도록 U-트랩 설치가 적절한지

* 공조기 내부 정압을 고려하여 봉수 및 낙차를 산정하고 공조기 배수구가 트랩을 시공할 수 있는 높이로 설치될 수 있는지(개략적으로 공조실 바닥보다 150mm 상부)

-공조기 코일, 트랩의 배관의 동파방지 대책 여부 : 각 공조기 또는 FCU의 외기 취입시 우려되는 코일 동파방지를 위하여 아래 사항을 검토한다.

* 공조기 내부에 전기히터 설치
동파방지 코일 채택
외기 인입구에 기밀댐퍼를 설치(특히 전외기 유닛인 경우에는 각별히 주의 요함)

-증기배관의 압력과 관경은 적당한가

* 공조기, 급탕탱크, 열교환기 등 = $2kg/cm^2$
가습기 = $0.5kg/cm^2$

-증기트랩, 기타 자동조절밸브의 크기는 적절한가

* 초기 예열부하를 고려하여 트랩 선정시 참고하여 결정한다.
트랩에 걸리는 압력은 사용 증기압의 1/2, 유량은 정격부하의 3배를 적용한다.

－증기배관에 응축수 배수처리는 적합하게 되었는가.

 : 관말트랩 설치

 이중트랩은 없는지

* 적절한 배관길이마다 응축수 배제를 위한 드립 레그(Drip Leg)와 트랩이 설치되어야 한다.

 : 순구배시 90M마다

 역구배시 45M마다

2) 공조배관 흐름도

① 배관의 종류, 유체의 흐름 방향을 요소요소에 정확히 표현할 것.

② 유량, 공급압력, 공급온도, 배관관경을 명기할 것.

③ 요구압력, 사용온도, 사용시간 등이 상이한 존이 있을 경우 계통구성의 적절성을 확인할 것.

④ 유량제어밸브(2－Way, 3－Way, 차압변)의 설치 위치 및 유량제어 범위, 배관계통 구성을 확인할 것.

3) 공조배관 계통도

(1) 일반 사항

① 범례에 준한 표기의 정확성 확인 : 배관, 장비

② 입상관 표시기호의 일관성 유지 : 계통도, 평면도, 샤프트 상세도

③ 층고, 층수의 기입

④ 장비의 배치 및 배관입상의 위치가 건물배치와 동일하도록 계통도를 작성할 것.

⑤ 횡주관 및 입상주관의 관경, 유량, 공급압력을 명기할 것.

⑥ 입상관에 대한 앵커 및 신축접속은 유체별로 구분하여 설치

⑦ 분기부에는 원칙적으로 분기밸브를 설치할 것.

⑧ 옥외에 노출되거나 외기의 영향을 받기 쉬운 곳에 설치되는 배관에 대한 동파대책을 확보할 것.

－주차장 경사로 부분

－건축 단면변화 부분의 노출배관

－비공조 공간의 노출배관

－외기유입이 이루어지는 드라이 에어리어(Dry Area)

⑨ 정지/운전시의 배관계통 내의 압력분포를 파악하여 최고압에 대한 내압성능이 확보되었는지 확인하고 요구내압을 명기할 것.

－배관 및 밸브의 강도

⑩ 내압강도를 고려해야 할 장비 : 보일러, 냉동기, 열교환기, 급탕탱크, FCU.

⑪ 압력, 온도, 사용시간이 상이한 Zone이 있을 경우, 계통 구성의 타당성 확인

⑫ 공기 정체구역에 대한 공기빼기 기능 확보

- 입상관 최상부
- 요철부분

⑬ 배관계통 및 구역별로 물 채움 배관 및 배수배관을 설치

⑭ 장비 보급수 계통에서 보급에 필요한 적절한 급수압 및 요구 수질 확보

⑮ 계통 내에 유입된 이물질 제거 기능 확보할 것.

- 배관의 종류, 유체의 흐름방향을 요소요소에 정확히 표현할 것.

(2) 냉 · 온수 배관

① 층별 또는 존별의 유량이 균등하게 분배될 수 있도록 유량분배방식의 적절성 확인 : 리버스리턴, 정유량 밸브 등

② 팽창탱크 방식의 적정성 확인

- 팽창량
- 설치 스페이스
- 설치높이의 제한 여부
- 온수온도(고 · 중 · 저온수)
- 경제성을 고려한 선정

③ 개방형 팽창탱크 방식을 적용한 경우 설치 높이 확인

(3) 냉각수 배관

① 냉각탑이 2대 이상일 경우, 공동 배관방식을 검토하고 공동 배관시 전동 밸브 등 부속기기 설치 여부를 확인

② 냉동기, 냉각탑, 펌프의 위치에 따른 배관방식 및 부속기기의 설치 확인

③ 동절기 운전이 행해지는 냉각탑에 대한 동결방지 대책 확인

- 수조내 가열기 설치
- 냉각탑 하부의 실내에 냉각수조 설치
- 부동액 사용
- 유량제어밸브의 설치

(4) 증기배관

① 증기주관 및 환수주관의 최소관경 유지

② 증기사용 압력별 계통의 구분 및 감압밸브 선정의 내용 확인

③ 입상관 하부에는 트랩 및 포켓을 설치하고 환수관을 구성할 것

④ 증기의 사용압력, 온도별 신축량을 고려하여 신축접속의 설치간격을 확인할 것

⑤ 증기의 입상관의 경우 관경의 선정 및 감압변 위치 결정시 압력강화를 고려

4) 공조배관 평면도

(1) 일반사항 : 도면표기 사항을 확인

① 배관의 종류

② 관경

③ 유체의 흐름방향

④ 입상관 종류

⑤ 설치장비기호 및 수량

⑥ 신축이음

⑦ 유량의 제어 및 균등분배를 위한 배관방식의 적정성 검토

⑧ 배관구성은 단순하고 최단경로로 되어 있는지 확인

⑨ 유량조절밸브의 사양을 기입할 것

- 사이즈
- 냉난방 운전모드별 냉온수량

⑩ FCU 및 유량조절밸브의 컨트롤 조닝(Control Zoning)의 적절성 검토

⑪ 단면도 확인

- 덕트 및 장비 배수관과의 교차 부분이 시공 가능하도록 할 것.
- 장비 배수관은 일정한 구배를 유지하도록 할 것.

⑫ 배관설치 단면도

- 확인 항목은 "기계실 확대 배관평면도" 참조
- 천장 내에 설치되는 배관(우수관, 배수관, 공조용 배관 포함) 및 전기시설물(조명, 트레이(Tray), 버스덕트(Bus Duct))의 평면 배치를 확인하고 단면상의 설치가 가능한지 확인

(2) 지하층

① 비공조 공간을 통과하는 배관의 동파 우려 확인

② 지하층 최상층의 경우 우수 횡주관, 오배수 횡주관의 구배확보 및 타계통과의 교차부분이 없는지 확인

③ 주차장 상층에 근린생활시설(음식점)이 설치될 경우 배수관의 설치를 위한 적절한 층고 확보

④ 주차층의 전실(엘리베이터 홀)에 대한 냉난방 고려

(3) 1층, 기준층, 최상층

① 건축단면 변화부분이 있는 경우 바닥배관 설치 가능 여부, 배관의 노출 여부를 확인하고 배관설치를 위한 PIT의 확보 여부를 확인

② 전시기능 및 전면유리가 설치되는 실의 경우 외주부에 설치되는 냉난방 유닛의 종류 및 설치 방식, 배관의 배치는 적절한지 확인

③ 적정유량분배를 위한 리버스 리턴이 되는지 확인하고 가능한 자연적인 역환수배관이 되도록 관로구성

④ 실외기 냉매배관의 설치를 위한 고려(노출 여부 및 구조체 통과부분의 처리)

(4) 옥탑층

① 냉각탑의 배치 상태를 확인
- 주위 구조물에 의한 통풍장애의 검토
- 고온 및 오염배기의 유입이 있는지 여부(연도, 주방배기)
- 냉각탑간의 상호간섭 방지를 위한 이격거리의 확보
- 냉각탑의 토출구는 주위 시설물보다 높게 처리할 것
- 주위 건물에 대한 소음 및 비산수의 대책 고려
- 옥상 노출배관에 대한 동파방지 및 물빼기 밸브 확보
- 운전하중(배관중량 포함)을 구조설계에 반영

② 옥상 노출배관 및 설비 시설물의 설치는 아래 사항을 고려한다.
- 곤도라(레일 포함)
- 전기시설물(위성안테나)
- 광고탑
- 급배기 시설
- 헬리포트

5) 관련사항 검토

(1) 건축 관련사항

① 펌프의 풋밸브(Foot Valve)는 지상에서 조작할 수 있도록 맨홀을 확보하고 풋밸브를 끌어 올려 점검하기 위한 바닥 관통부 슬래브를 확보할 것.

② 펌프의 흡입구 사이에는 필요에 따라 와류방지용 칸막이 판을 설치할 것.

③ 오버플로시 침수경로를 고려하여 건축적 대응을 확보할 것.
- 트렌치, 바닥레벨의 조정, 배수조 점검구 및 점검통로의 확보
- Shaft 및 Pit

–천장에 설치된 밸브, 댐퍼 조작을 위한 점검구

④ 구조내력 부위를 통과하는 설비시설을 위한 오프닝(Opening), 슬래브 확보

⑤ 방수층 통과 부위에 대한 상세도의 작성

(2) 전기 관련사항

① MCC 설치 위치 확인 : 물배관의 통과 여부(물배관이 설치될 경우 방수 및 누수대책)

② 전기실 발열처리를 위한 환기 및 냉방설비 내용

–발전기 냉각방식별 설비설계의 대응 : 공랭식/수랭식

–보일러 상부 등 고온부에 전기관련시설의 설치 여부

③ 엘리베이터 기계실에 대한 환기 및 냉방설비 내용 확인

④ 엘리베이터 Pit에 대한 배수펌프 설치 여부

⑤ 엘리베이터 기계실 내에 설비시설물(배관, 덕트)이 통과하지 않도록 할 것

⑥ 비상전원이 공급되어야 하는 장비의 구분

–복수로 구성된 장비류의 순차작동 및 예비용에 대한 구분

–모터 제어(인버터, 극수변환)가 실시되는 장비에 대한 반영 여부

–빙축열시스템을 적용한 경우 전원구성상 반영 여부

3.3.5 공조덕트 도면

1) 공통사항

(1) 덕트의 형상

① 덕트의 굴곡 · 변형 · 확대 · 축소 · 분기 · 합류시 덕트내 공기저항이 최소가 되도록 설계되었는지 확인(굴곡부 부근에서의 분기시, 굴곡에 의한 와류가 발생하지 않도록 형상 확인)

② 기기 주변 덕트 변형에 관한 주의 사항

–가열 및 냉각코일 등을 위한 확대 · 축소

–공조기, 코일, 필터 등의 기기 부근에서 벤드(곡부)가 있는 경우

③ 덕트 방식별 (저속 · 고속)적정 풍속 유지 및 사각, 원형, 타원형 덕트 등 최적 덕트 선정

④ 덕트의 표기방법(분기댐퍼(Split Damper)를 사용하지 않고 콘(Cone)식으로 분기)

⑤ VAV 시스템의 경우

–VAV 유닛 1차측 접속 덕트의 직관부 확보

–FMS 설치시 기준에 맞도록 설치

–단순한 덕트 설계

–최소 환기량 확보

-동시 사용률을 고려한 덕트 치수 결정

-VAV 유닛의 작동 압력 확인(팬 정압계산시 반영 여부 확인)

(2) 덕트의 경로

① 송풍기로부터 취출구 · 흡입구까지는 최단거리로 연결

② 동일 송풍계에 있어서 덕트의 경로 및 길이는 균등한 정압 손실이 되도록 설계(현격한 정압손실이 발생하는 존의 대책)-에어 밸런스(Air Valance) 유지

③ 천장내 스페이스를 최소로 할 수 있는 덕트 경로 확인

④ 덕트의 열손실 · 열획득 경로를 피할 것

⑤ 고온다습한 장소는 피할 것

⑥ 소풍량이며 덕트 길이가 긴 존은 누기 등으로 인한 풍량 부족과 정압손실에 대한 대책 마련

⑦ 공용 덕트는 가능한 피하고, 불가피한 경우에는 다음 사항에 유리

-공용 덕트내 송풍의 억제(5m/s 이하)

-토출측의 공용 덕트가 불가피할 경우, 공용 덕트내 공기흐름 상향으로 덕트를 삽입

-역류방지 대책(BDD 또는 MVD)

⑧ 내화구조, 방화구획 통과 방지(전기실, 비상용 ELEV의 승강 로비, 특별피난계단의 부속실)

(3) 콘크리트 덕트

① 콘크리트 공기 덕트의 기밀성, 강도, 거칠기 확인

② 콘크리트 덕트 사용상의 주위

-콘크리트 덕트를 냉 · 온풍 급기덕트로 사용하지 말 것. 환기에 사용하는 경우에도 열손실, 누기 및 압력손실에 충분한 주의가 필요

-콘크리트 내면을 모르타르 마무리한 정도로는 많은 누설이 있고, 특히 블록 칸막이의 경우에는 누설량이 많아짐

(4) 덕트의 소음 및 방진

① 소음계획에 합당한 대책수립 확인(소음기, 소음엘보, 소음챔버, 라이닝 덕트, 흡음 플렉시블 등)

② 회의실, 중역실 등 특별히 소음대책이 필요한 곳은 별도의 소음대책 마련

③ 소음기 설계 풍속 확인

④ 주덕트에서 직접 취출구로 분기는 가능한 억제

⑤ 흡음재 사양의 적합성

⑥ 소음기 설치 위치의 적정성

⑦ 덕트 크기를 무리하게 작게 하지 말 것.(공기저항이 크고, 통과풍속이 커짐에 따라 소음 발생)

⑧ 덕트를 타고 전달되는 소음방지대책 검토

⑨ 판진동에 의한 하자를 일으키기 쉬운 커다란 덕트가 중요실 천장 내를 통과하지 않도록 하고, 또 큰 치수의 덕트는 충분한 보강 필요

⑩ 달대, 지지철물의 방진대책의 필요성 검토

⑪ 달대, 지지철물의 내진대책의 검토

⑫ 층별 공조시 특히 공조실의 소음 · 차음 · 흡음 대책

(5) 디퓨저 관련 사항

① 취출구 · 흡입구의 위치 및 선정시 고려 사항

- 온도의 균일성(취출 온도차)
- 공기분포(공기의 편중, 정체에 의한 데드 스페이스(Dead Space) 방지) – 기류의 방향성
- 실내공기의 확산(최대, 최소 확산 변경, 아네모스탯형) – 기류의 유인성(콜드 드래프트 방지)
- 도달거리(난방시 기준으로 선정)
- 상하온도차(드래프트 발생)
- 발생소음(실용도 고려)
- 건축 의장

② 천장이 낮고 상부 공간이 작은 경우에는 유인비가 큰 기구를 선정

③ 취출기류가 흡입구에 의해 단락류가 되지 않도록 위치 선정(실내 열부하를 제어하지 못함)

④ 취출기류에 의한 인체에 드래프트가 생기지 않도록 배치(충분히 실내 공기와 혼합되도록)

⑤ 부하에 의해 생긴 기류가 거주지역으로 흐르지 않도록 방지

- 외주부용 취출구는 충분한 도달거리 확보

⑦ VAV 시스템인 경우 다음 사항에 유의

- 취출구는 풍량 변화에 관계없이 유인비가 큰 디퓨저 선정
- 디퓨저당 풍량은 적고 수량은 많게 선정, 배치
- 최대풍량의 80%로 디퓨저 수량 선정

⑧ 흡입구의 풍량은 취출구에 비해 20% 많도록 선정

⑨ 덕트와 취출구간의 적정거리 유지

⑩ 디퓨저 스케줄 표기는 표기방법 준수

(6) 시공성 및 유지 · 관리

① 시공을 위한 스페이스, 보수점검을 위한 스페이스 검토

② 댐퍼류의 조작에 필요한 스페이스와 점검구 확보

③ 덕트에 접속이 되는 취출구 및 흡입구의 설치위치에 장애물이 없는가, 덕트 설치 스페이스가 있는지 등을 고려

④ 천장고, 보 밑 공간 확인

- 덕트 설치 검토시, 덕트 크기에 보온재의 두께(통상 25mm)를 더할 것
- 주 샤프트(Main shaft)에서 층별로 분지될 경우 보의 유무를 확인
- FCU, 배수 배관, 소화배관, 천장드레인, 냉각수 배관, 전등, 전기 트레이 등 다른 설비와 간섭 확인

⑤ 각 실별 또는 존별로 적정개소에 VD, MVD, BDD, FDD, FVD, 점검구 설치

⑥ 풍량댐퍼(Volume Damper)의 설치위치, 설치 방법에 유의(분기 전에 VD를 설치할 경우에는 분기칸막이판과 댐퍼의 깃이 평행이 되지 않도록 할 것)

⑦ 해체 가능성이 있는 덕트 - 플랜지 이음

(7) 기타

① 반송공기의 성질이 맞는 덕트와 팬의 설계

② 덕트 재질 - 내화성, 내열성, 내약품성, 주위 환경 고려

③ 패킹 재질 - 기밀성, 내열성, 내약품성 고려

④ 방화구획상의 FD, 연감지기 연동댐퍼 확인

⑤ 분기 챔버

- 정압에 여유가 있는 경우에 사용
- 공기의 분배 효과가 적으므로 사용을 피할 것
- 각 분기 덕트에는 풍량조절용 댐퍼를 설치

⑥ 챔버에 설치하는 팬의 경우 챔버 사이즈, 설치 위치, 설치방법 등을 확인

⑦ 환기

- 오염물(취기)의 제거 및 확산 방지(부압 유지)
- 오염이 된 공기는 최상층에서 배기(화장실, 주방, 식당, 정화조, 실험실, 쓰레기 처리장)
- 주방배기 덕트(기름, 물배기 분리, 배수관 설치, 덕트 재질 고려)
- 3종 배기시에 공기 흡입구 확보

⑧ 난방 개시시에 빠른 시간 내에 실내 설정온도에 도달할 수 있도록 난방 용량을 선정

⑨ 결로

- 외기 침입이 많은 곳의 결로 대책(디퓨저, 루버)
- 옥외 노출 배기 덕트와 결로대책(겨울)
- 배기 그릴의 결로

(8) 건축 · 구조와 관련사항 검토

① 층고, 천장고, 보 밑 공간 확인

② 건축 의장 협의 : 디퓨저 배치, 그릴, 루버, 드라이 에어리어, 샤프트의 위치, 크기

③ 콘크리트 덕트, 드라이 에어리어의 구조, 마감

④ 옥상에 설치되는 장비(팬, 냉각탑)의 하중 건축 구조 계산시 반영 여부

⑤ 내화구조, 방화구획, 제연구획 확인(전기실, 비상용 엘리베이터의 승강 로비 ,특별 피난계단의 부속실) 내화구조, 방화구획을 통과하는 덕트에는 FD 설치

⑥ 제연구역을 통과하는 덕트에는 MFD 설치

⑦ 공조실의 소음, 방음, 차음, 방진대책 수립(건축적)

⑧ 고층건물인 경우 연돌효과를 방지 대책

⑨ 슬래브 개방된 부분의 방수, 구조보강 대책

2) 공조덕트 흐름도

① AHU 계통별 SA · RA · EA · 이송풍량 기입

② 정압(+) · 부압(−)이 유지되어야 하는 실의 풍량 확인

③ MD, VD, FD, BDD 등의 댐퍼 설치 확인

④ EA · OA · 그릴의 풍량, FA, 풍속 등 기입

3) 공조덕트 계통도

(1) 일반사항

① 입상 덕트 · 장비 · 기타 도면 표기의 정확성 확인

② 덕트의 종류 · 흐름의 표기를 요소요소에 정확히 표기

③ 정확한 층고 · 층수의 표기

④ 입상 덕트의 층별 풍량 표기 및 덕트 치수의 확인

⑤ OA · EA용 드라이 에어리어 또는 급 · 배기 타워의 풍량

⑥ 면풍속 · FA 등 확인

⑦ 각종 댐퍼의 설치가 누락, 중복되지 않고 적재적소에 설치되어 있는지 확인

⑧ 공조기, 팬 등 장비의 설치 위치 · 형식 · 방향 등이 정확하게 표기되어 있는지 확인

(2) 공조덕트

① 용도별, 사용 시간대에 따른 덕트 조닝의 타당성 검토

② 일반 챔버와 소음챔버를 구분한 정확한 선정(구분하여 표기할 것)

③ 외기냉방을 고려한 OA, EA덕트 크기 검토

④ 1층 로비 · 주출입구 등 공조 취약 부분에 대한 대책(에어커튼, 바닥취출 가압급기, 방풍실 가압급기 및 외주부 공급공기의 재열 등)

⑤ 아트리움 · 대공간 등의 공기분포 · 도달거리 대책

⑥ 취기 및 냄새가 발생하는 실은 환기에 의해 재순환되지 않도록 전환하거나 별도 배기처리 검토

(3) 환기덕트

① 고층건물의 화장실 배기덕트는 높이에 따른 조닝 검토

② 정화조 · 주방 · 화장실 등 취기 배기는 건물 최상부 보다 높게 하여 배기구를 설치하고 건물 내 덕트는 부압(-)이 걸리게 할 것

③ 정화조 · 쓰레기처리 · 주방 · 수영장 등의 배기 덕트 재질은 내부식성 재질 선정 및 명기

④ 주차장 · 배터리실 등의 공기보다 무거운 배기성분은 바닥 부위까지 배기덕트 연장

⑤ 취기 및 냄새가 발생하는 실의 배기는 전용 배기 계통으로 처리하여 역류로 인한 전파방지

⑥ 주출입구 부분에 외기침입의 방지대책이 있는지 확인(에어커튼 또는 가압방식 등)

⑦ 주출입구의 가압급기 또는 외주부용 급기덕트는 재열코일 등에 의한 토출온도 상승 검토

⑧ 화장실 배기덕트 등도 입상길이가 길어질 경우 적정하게 조닝

⑨ OA · EA · 그릴의 풍량 · 면풍속 · FA 등 표기

⑩ 중간기 외기냉방을 고려하여 덕트 크기가 선정되어 있는지 확인

4) 지하층 덕트 평면도

(1) 환기

① 환기시스템의 합리적인 선정(덕트 시스템, 급 · 배기 챔버, 고속노즐방식 등)

② 각 팬 룸(Fan Room) 공간의 적합성

③ 고속노즐의 구경검토(ϕ30 or ϕ40)

④ 급 · 배기구 크기의 적정성(면속도 2.5m/s 이하로 유지)

⑤ 급 · 배기구의 충분한 상호 이격거리 유지(드라이 에어리어)

⑥ OA, EA 샤프트의 적정 통과풍속 유지

⑦ 드라이 에어리어(Dry Area)는 충분한 깊이로 확보되어 있는지 확인

⑧ 층별 상호교차 오염이 없도록 계획

⑨ 전층의 풍량 밸런스 확인

⑩ 배관 및 덕트 설치시에 법규 사항의 만족 : 주차장 부분 높이 확인 (통로 : 2.3m, 주차부분 : 2.1m)

⑪ 규정 CO농도 50PPM 유지

⑫ CO센서의 적정한 배치

⑬ 환기팬의 컨트롤 방법(CO센서 + 타임스케줄)

⑭ 주차장 배기팬의 정압 체크(과도하게 계산되지 않도록 정밀 계산)

⑮ 기타

-주차장 급배기 그릴 위치

-급기 : 상부(100%)

-배기 : 상부(30%), 하부(70%)
-3종 배기시 흡입구 확보(도어그릴(Door Grille), 언더 컷(Under Cut))
-취기의 확산을 방지하기 위하여 부압을 유지
-급 · 배기팬 사양
* 인라인 팬 선정시 소음, 진동에 유의
* 챔버에 설치하는 팬의 경우 챔버 크기, 설치위치, 설치방법 등을 검토
주차장에 위치한 일반용도의 실은 양압(+)을 유지하여 주차장의 공기가 유입되지 않도록 고려

(2) 배연 겸용 덕트

① 제연방식과 추후변경에 대응할 수 있는 방식의 선정
② 제연경계의 높이와 풍량 확인
③ 제연시의 풍속기준 확인(SA = 20m/s 이하, EA = 15m/s 이하(흡입측), 20m/s 이하(배출측)
④ 급기구 = 5m/s 이하)
⑤ 급 · 배기구의 최소거리 유지
⑥ 배연댐퍼의 동작순서와 급 · 배기팬의 운전상태 확인

(3) 발전기실 환기덕트

① 발전기실의 EA 샤프트는 일반 EA와 공동사용 금지
② 발전기 냉각용 OA · EA용 덕트 샤프트의 확보가 어려울 경우 수냉식 발전기 검토(전기와 협의)

(4) 기계실 환기덕트

① 동 · 하계 설치기기의 종류(냉동기 · 보일러 등)를 감안한 적정 환기량 선정
② 환기덕트는 간결하게 계획
③ 기기배치를 고려한 급 · 배기구의 위치 선정
④ 실내 부압의 유지
⑤ OA, EA는 2방향 확보

(5) 전기실 환기덕트

① 발열량을 계산한 후 적절한 냉각방법 검토(환기, PAC)
② 불활성 가스 소화설비실을 통과하는 덕트는 PRD 또는 MVD설치

(6) 기타 (정화조, 배터리실, 쓰레기처리실 등)

① 전용배기로 설치
② 건물의 최상부에서 배기구의 충분한 높이 유지

5) 1층 덕트 평면도

① 로비 등 대공간에 대한 공기분포 대책
② 연돌효과에 의한 출입구에서의 외기침입 방지 대책
③ 출입구 및 외주부에서의 침입외기가 최소로 될 수 있도록 방안 강구(에어커튼 설치, 방풍실 · 출입구 부근 외주부 등에서 가압 급기)
④ 외주부용 급기의 동계 재열 코일에 의한 온도증가 검토
⑤ 로비 · 아트리움 등 천장이 높은 부분의 공기분포 대책
 -난방시 기류의 도달거리가 충분한지 검토
 -외주부 부하 처리를 위한 대책(방부토출, 측벽에서의 토출, 특수 디퓨저의 채용 등)
 -환기(RA)를 실 하부에 그릴을 설치하여 흡입
⑥ 난방취약 부분은 바닥 난방 실시
⑦ 외주부 바닥 하부에 라디에이터 설치 등

6) 기준층 덕트 평면도

(1) 외주부 부하처리 대책

디퓨저의 외주부 배치-외주부의 콜드 드래프트 대책(외주부 덕트, 유닛 재열, 컨벡터 설치 등)

(2) 천장 리턴(Ceiling Return)에 대한 검토

① 취기가 발생하는 부분 및 최상층 등 외기에 면해 있는 부분의 적용 제외
② 취기가 발생하는 부분은 천장 내에서 구획
③ 천장재 · 단열재 · 마감재의 발진이 최소가 될 수 있도록 재료 선택(건축과 협의)
④ 간벽에 의해 환기가 편중되지 않도록 덕트 배치
⑤ 천장내 충분한 공기통로가 확보될 수 있도록 보 밑 등에 공간 확보(200mm 이상)
⑥ 충분한 환기구의 확보(급기의 1.5배, 통과풍속은 1m/s 이하가 바람직함)
⑦ 외주부의 콜드 드래프트 방지(FCU와 SA의 중복)
⑧ 평면에서 덕트가 길지 않도록 계획(평면상 50m 이하)
⑨ 치수선(주덕트의 중심선, BOD 등을 표기)

(3) 기타사항

① 공조실의 분산배치
② 슬림형, 콤팩트형 공조기 사용
③ 다른 설비와 간섭여부를 단면상세도로 검토
④ 최소 환기 적용

⑤ 철골구조일 경우(기준층에 적용)

-주덕트 및 가지덕트는 철골관통을 원칙

-철골관통부의 장단비는 2:1 이상

-관통 덕트의 높이 치수는 가능한 한 300mm 이하로 하되 철골높이의 1/2까지 가능

-덕트가 겹칠 경우 가지 덕트는 45° 엘보로 굴곡시켜 상부 슬래브에 붙일 것

⑥ RC구조일 경우(기준층에 적용)

-덕트와 겹침이 예상되는 배관은 보 관통을 원칙

-덕트의 아스펙트비는 4:1 이상으로 할 것

-덕트는 45° 엘보로 굴곡시켜 상부 슬래브에 붙일 것

-덕트의 높이 치수는 300mm를 넘지 않는 것이 원칙

7) 옥탑층 공조덕트 평면도

① 오염된 공기는 최상층에서 배기하되 배기루버는 각각 설치할 것 (화장실, 주방, 식당, 정화조, 실험실, 쓰레기처리장)

② 최상층은 실링 리턴(Ceiling Return)을 피할 것

③ 옥상 우배수관, 냉각수 배관 관로와 겹치는 부분 스페이스 검토

④ 옥상바닥 개구부의 방수대책

⑤ 옥상에 노출 배기팬은 하향으로 설치 : 빗물침입 방지

⑥ 외기 흡입구의 배기유입(Short Circuit) 방지 고려

⑦ 외부에 설치된 연도, 주방배기 등의 냉각탑에 흡입 방지

⑧ 옥상에 설치되는 장비(팬, 냉각탑)의 소음, 진동방지

⑨ 옥상에 설치되는 장비(팬, 냉각탑)의 하중 건축에 반영

⑩ 옥상에 설치되는 장비의 미관 및 보호

3.3.6 위생배관

1) 공통사항

(1) 일반사항

① 범례와 도면 표기 방법의 일치 여부

② 상세도, 단면도, 확대도면 표기 방법의 적정성

③ 입상 배관 번호 일치 여부 검토(계통도, 평면, 샤프트 상세도 등)

④ 각 배관의 유속 및 관경 검토

⑤ 배관 하부의 전기 관련 시설 확인(드레인 판, 누수감지기, 이중 슬래브 등)
⑥ 벽체 매립 배관의 동파 대책, 결로 방지 대책
⑦ 입상관 및 횡주관 등의 배관 간격 검토

(2) 급수, 급탕 설비

① 각 존별 분기 밸브 설치 검토
② 크로스 커넥션(Cross Connection) 방지 대책
③ 급수 사용량이 큰 실(샤워실, 수영장 등)의 전용 급수 시설 구성 여부 검토
④ 급탕용 소형 온수 보일러의 내압 검토
⑤ 각 층별로 균등한 급탕공급 대책(리버스 리턴 배관 등)
⑥ 각 분기 밸브 등의 점검구 확인
⑦ 샤워 등 혼합수전의 급격한 수온 변동 방지 대책(호텔 등의 경우 플래시 밸브 대변기와 샤워기용 급수 라인을 별도 배관)
⑧ 급수 배관의 요철부위 퇴수대책 확인
⑨ 급탕 배관의 요철 배관 확인(가능한 지양하며, 부득이 한 경우 공기 빼기 밸브 등 설치)
⑩ 급탕 횡주관이 긴 경우 적정 개소 별 공기 빼기 밸브 설치
⑪ 급탕 사용 개소별 적정 온도 공급 여부(노약자 : 저온, 샤워실 : 중온, 일부주방 : 고온)
⑫ 환탕 배관의 적정 설치 여부 확인
⑬ 급탕배관의 신축 대책 검토(입상관, 횡주관 등)
⑭ 배관의 적정 구배 검토
⑮ 내식성 배관재 사용 여부(STS, 동관 등)

(3) 오배수 통기 설비

① 정화조 종류 확인 후 배수 종류별 인입의 적정성 확인
② 종말 처리장 해당 여부 및 종류, 옥외 토목 오배수 배관방식 검토
③ 옥내 우수 배관의 업무 범위 확인
④ 입상 배수관의 통기관 설치 적정성 확인
⑤ 배수 횡주관의 적정 길이마다 소제구 및 통기관 설치 검토
⑥ 배수 횡주관의 적정 구배 확인
⑦ 발포 존 확인 및 발포 존에서의 배수지관 연결 여부 확인(구조상 불가피한 경우 통기관 설치)
⑧ 입상 배수관의 결로 및 소음 대책
⑨ 적정 통기 방식의 선정 및 각 방식 별 통기관의 설치 방법 확인 (관경, 위치, 레벨 ,구조 등)
⑩ 우수용 전용 배관 구성 및 정화조 유입 여부 확인
⑪ 배수량이 큰 실(샤워실, 수영장 등)의 전용 배수 라인 구성 여부 검토

⑫ 평면상의 배수 조닝과 계통도의 일치 여부 확인
⑬ 2중 트랩의 설치 여부 확인
⑭ 간접 배수가 요구되는 경우 적정성 확인
⑮ 필요 개소별 소재구의 설치 여부 및 점검 방법 확인

(4) 가스설비

① 가스 정압실의 적정 위치(지상이 원칙이며 가스회사와 협의 필요)
② 가스 사용 장비의 요구 압력 및 공급 압력 확인
③ 가스 누설 감지기 및 긴급 차단 밸브 설치(ESV) 확인(기계실, 주방 등)
④ 배관 방법의 적법성 확인(예 : 노출 배관 등)
⑤ 가능한 사용 장비별(존별) 가스미터기 설치
⑥ 정압기 실의 방폭 등, 방폭 모터 설치 여부 확인
⑦ 중앙감시실 및 방재실에 비상경보 연결 여부 확인
⑧ 정압기실 통기 및 환기 시설의 적정성 확인
⑨ 보일러와 냉동기의 가스배관은 가동 중 상호 진동의 영향이 미치지 않도록 가스버너실에서 별도 배관
⑩ 중앙감시실, 방재실에 누출경보기의 설치
⑪ 팬 설치시 방폭팬으로 설치

2) 계통도

(1) 일반사항

① 계통도, 평면도의 입상배관 번호 일치 확인
② 층수, 층고의 정확한 기입
③ 입상관의 배관압력 확인
④ 공기빼기 밸브의 적정한 배치
⑤ 입상관 하부의 물 빼기 드레인 밸브의 설치
⑥ 보수시를 고려하여 각 존별로 게이트 밸브 설치
⑦ 적절한 부식방지 대책

(2) 급수계통

① 급수방식의 선정 : 관련법규, 부지, 시수공급조건, 운전비, 설비비, 탱크 등의 장비설치 면적, 소화수조와의 관계를 충분히 고려한 방식 선정
② 급수 조닝의 적정성 검토 : 사용 수압, 각 장비의 내압, 절수대책, 소화수조와의 연계, 별도의

음수기 설치 여부, 탱크의 설치면적, 용도별 수도요금의 상이, 시수와 중수의 분리 사용 여부 등을 충분히 검토한 조닝 계획

③ 배관, 밸브 및 기구

- 위생기구수에서 최상층의 최소 및 최대의 압력 확인
- 직수 사용가능 여부 확인 및 단수시의 급수대책
- 최상층의 팽창탱크 및 냉각탑 등의 급수 가능 여부
- 존별 개폐밸브의 설치 검토
- 배관의 비난방공간 통과시의 동파대책
- 다량의 급수존에 대한 전용 배관 구성 검토
- 크로스 커넥션(Cross Connection)의 방지 여부 확인
- 수위조절방식에 합당한 수위조절밸브의 선정
- 역사이폰 작용이 발생하지 않도록 토수 공간 확보 : 토수공간을 확보할 수 없는 기구(대변기세정 밸브 캡 연결 수전, 화학수전 등)는 진공 브레이커가 있는 수전 사용 또는 역류방지기 설치

④ 탱크

- 저수조 및 고가수조의 설치기준 적합성 검토
- 탱크 저수용량의 적정성 확인
- 탱크내 사수가 발생하지 않도록 대책 수립
- 정기 청소를 위한 탱크의 2분할
- 크로스 커넥션의 방지 여부 확인

(3) 급탕계통

① 급수 방식 및 조닝의 적정성

- 사용목적에 알맞은 급탕온도의 선정
- 적정한 급탕방식의 선정(순간식, 저탕식 등)
- 급수존, 사용량, 급탕온도 등을 고려한 적정 조닝
- 가열용량, 저탕용량, 급탕량의 적정 산정 여부

② 워터해머의 방지대책

③ 급탕배관은 매립배관을 피하고 천장배관을 원칙

④ 급탕탱크의 팽창관에 대한 고려

⑤ 말단기구의 급수압과 급탕압의 균등성 검토(특히 혼합수전을 사용할 경우 주의가 필요)

⑥ 급탕압력을 감압한 경우 환탕대책의 적정성 검토(배관내 정체되는 급탕량의 최소화)

⑦ 급탕 및 환탕 입상배관에 자동공기빼기밸브를 설치

⑧ 급탕의 소요처가 길어지는 경우 순간 전기식 급탕기의 이용 검토(기기의 최저 급수압력 확인)

(4) 오배수 통기 계통

① 수평배관 구배의 적정성 검토

② 오배수의 옵셋(Offset) 배관은 가급적 피할 것

③ 부득이하게 옵셋 배관을 할 경우 릴리프 통기관 설치

④ 루프통기관의 정확한 접속

⑤ 결합통기는 수직관의 높이별로 설치(약 3, 4개 층마다 설치하는 것이 바람직함)

⑥ 결합통기 하단과 상단(1m 이상 높이 유지)이 적절하게 연결되어 있는지 확인

⑦ 통기관의 말단 개구부 처리

⑧ 그리스 또는 가솔린 트랩의 통기관은 단독으로 설치

⑨ 배수 입상관중 1, 2층은 별도로 분리

⑩ 배수종류별로 적정하게 정화조로 유입되는지 확인

⑪ 배수종류에 따른 적정 배관재질의 선정

⑫ 곡관부를 감소시킨 발포존의 축소. 단, 부득이한 경우는 발포 존에 배수연결은 피할 것

3) 옥외배관 평면도

① 시수 인입 배관 방향의 적정성(시수 관로망 참조, 수도 사업소 협의)

② 시수 미터기 용량 확인

③ 시수 미터함 상세도 및 사이즈 확인

④ 옥외 연결 배수 계통관의 U-트랩 설치

⑤ 옥외 토목 배관 관로와 오배수 배출 방향 일치 여부

⑥ 옥외 매설 배관의 매립 깊이 및 시공 방법 확인 (물빠짐이 잘 되는 흙의 채움 등)

⑦ 매설 배관에서 상부 차량 통행 등에 대한 대책

⑧ 우수 고임부에 대한 확인 및 배수대책

⑨ 배수관의 기점, 종점, 합류점 등에 맨홀 설치 확인

⑩ 정원 등의 살수 대책

⑪ 옥외배관의 동파대책

4) 지하층 위생배관

① 주차장의 배수 성분 확인 후 대책 검토(가솔린 트랩 등 설치)

② 비난방 공간의 배관 동파방지 대책 여부

- 퇴수가 가능하도록 구배 및 드레인 밸브 설치
- 외기측과 충분한 단열

- 점검을 위하여 가능한 노출배관
- 충분한 단열시공

③ 주차장의 트렌치 및 바닥 배수 확인
④ 주차장의 세차용 급수전 필요 유무 확인
⑤ 스프링클러 설치시의 배수 대책
⑥ 배수펌프의 양정 확인(옥외배수관 레벨 확인)
⑦ 옥외 토목 배관 연결 부위 시공 방법 확인
⑧ E/V실 최하부 바닥 배수 대책 검토
⑨ 오수조의 통기 및 고형물 배출 대책(펌프 구경 최소 75mm, 커처 부착 등)

5) 1층 위생배관

① 1층 바닥 Pit 배관의 경우 내부 온도 저하 대책(외벽체 내부에 단열재 등)
② 1층 배수 계통의 분출, 봉수 파괴 대책
③ 필로티 부분 등을 통과하는 배관의 동파 방지 대책
④ 지하층이 없을 경우, 바닥 배관시공 및 보수방법 확인
⑤ 저층부의 직수 사용 가능 여부

6) 옥탑층 위생배관

① 통기관의 입상 말단부 동결 및 적설시 막힘 방지대책
② 통기관의 입상 말단부 이물질 유입 방지 대책
③ 통기관의 입상 말단부 위치 확인(창, 문, 루버, 냉각탑 등과의 이격 확인)
④ 성분이 다른 통기관의 경우 별도 분리(그리스 트랩, 가솔린 트랩)
⑤ 냉각탑 및 고가수조의 하중구조에 반영 여부 확인
⑥ 냉각탑의 부하 변동 및 과냉각 대책 검토
⑦ 냉각탑 주위 배수 가능 대책
⑧ 옥상 노출 배관의 동파 방지 대책
⑨ 고가수조와 냉각탑의 수위 및 자연급수 가능성 확인
⑩ 옥상 슬래브의 배관 관통으로 인한 누수 대책 검토
⑪ 루프 드레인 및 연결 배관의 업무 범위 확인
⑫ 냉각탑 기초도 작성 유무 및 구조 검토
⑬ 냉각탑의 비산수 및 소음 방지 대책 검토
⑭ 냉각탑의 적정 이격 거리 검토(벽체 및 냉각탑 상호간)

⑮ 냉각탑의 높이 확인 후 건축 입면 협의
⑯ 연도, 공조 루버 등을 고려한 냉각탑 설치 위치 확인
⑰ 냉각탑 하부 배관 연결 가능 공간 확인
⑱ 냉각수의 수질 관리 대책
⑲ 펌프의 능력을 고려한 고가수조의 용량 검토

7) 물탱크실 주위배관

① 소화 용수 용량 확보 및 수위 명기 확인
② 정수위 조절 밸브의 점검 가능 여부 확인
③ 물의 오랜 정체로 인한 부패 방지 대책 여부
④ 탱크 및 보강재 등의 내식성 재질 적용 여부
⑤ 탱크내 먼지 유입 방지 대책(맨홀, 통기관, 오버플로관 등)
⑥ 저수위와 오버플로관의 수위 확인
⑦ 탱크 설치실의 환기 대책
⑧ 탱크의 하중구조에 반영 여부 확인
⑨ 바닥 구배, 구조체 이격거리 등 저수조 설치 기준 확인
⑩ 각종 연결 배관 관경 확인(통기관, 배수관, 넘침관 등)
⑪ 탱크 점검 맨홀 및 내 · 외부 사다리 설치 여부 확인
⑫ 탱크 바닥 기초 높이 확인
⑬ 정수위 조적 밸브의 고장, 점검시 급수량 제어를 위한 볼탭 설치 확인

8) 화장실 샤워실 위생배관

① 배수관 연결시 타 기구의 배수지관에 의한 흐름 장애 여부 확인(양 Y관 등)
② 배수의 원활한 흐름 확인(단독관 등)
③ 욕실 등 수증기 발생이 많은 실의 상부 트랩에 결로 방지 대책
④ 샤워실 급수, 급탕 배관의 균등 분배 대책(루프식 배관 등)
⑤ 소재구의 점검 가능 여부(벽체 이격거리 등)
⑥ 통기관의 시공 방법, 관경 확인
⑦ 각 배관의 레벨 검토 후 오배수 관의 구배 확인
⑧ 소제구의 적정 개소 설치 여부
⑨ 바닥 배수구의 관경 및 위치 확인 (최소 75mm)
⑩ 플래시 밸브형 대변기의 크로스 커넥션 방지 대책

⑪ 각 존별 분기 밸브 확인
⑫ 오배수관의 최단 관경 여부 확인
⑬ 각 배관의 적정 관경 여부 확인
⑭ 샤워실 트렌치 계획의 적정성 확인
⑮ 공중 욕조의 수전 및 배수구 크기 확인
⑯ 샤워실 급수 · 급탕관의 동시 사용을 확인

9) 조립식 욕실 일반사항

① 시공오차를 고려한 건축 구조체 여유 크기 확인(삼변 + 60, 한변 + 100, 하변 + 65, 상변 + 300)
② 각 배관의 연결 방향 확인(오 · 배수 : 하부, 급수 · 급탕 : 측부)
③ 급수 급탕 배관의 연결 레벨 확인(FL + 100)
④ 오배수용 슬리브의 크기 확인(시공오차를 고려하여 다소 여유 있게 설계)
⑤ 각 연결 배관의 관경 확인
⑥ 환기 팬 등의 전원공급 가능 여부 및 설치 부위에 따른 미관 고려

10) 주방 확대위생 배관

① 그리스 트랩의 단면, 크기 및 주변 배관 확인(가능하면 별도 통기관 설치)
② 그리스 트랩 연결 배수 배관의 레벨 및 구배 확인
③ 음식 찌꺼기 등을 고려한 트렌치 및 배관경 확인
④ 각 기구 접속 배관의 시공 방법 확인(무근속 배관 등)
⑤ 가스사용 기기별 열량 및 가스 접속 관경 확인
⑥ 주방 배기덕트의 드레인 대책 검토

3.4 시공도 작성 및 검토

1) 시공도 작성 요령

① 설계도의 의도 및 사업승인 조건, 기타 관계법규에 적합하도록 충분히 표현되어야 한다.
② 시방서에 기록되어 있는 사항 중 시공시 필요한 사항은 시공도에 표현되어야 한다.
③ 설계도면상 표기되지 않았거나 불분명한 사항 위주로 변경 작성되어야 하고, 시공에 관련되는 기계, 기구 등이 명확히 표현되어야 한다.
④ 시공 가능성 및 안전성이 표현되어 있어야 한다.

⑤ 현장기술자, 기능공이 이해할 수 있도록 명확하게 작성되어야 한다.
⑥ 적절한 축척으로 표현되어야 하고, 건축구조 및 마감치수와 일치해야 한다.
⑦ 타 공정과 충분히 타협한 결과로 작성해야 한다.
⑧ 직접 관계되는 수납 등이 한 장에 표현되어야 한다.
⑨ 시공 전에 완성하여 검토 후 승인 · 완료되어야 한다.

2) 시공도면 작성 도면

① 슬리브, 인서트, 인서트 플레이트 설치 및 장비 반입구
② 장비 기초 설치공사(기계실, 공조실, 옥탑)
③ 기계실의 평면도, 입면도
④ P/D, A/D의 입상 샤프트 계획도
⑤ 피트층 배관의 평면도, 입면도
⑥ 천장마감, 전기배관, 전등배열, 디퓨저 설치 종합도 및 천장속 배열 단면도
⑦ 화장실, 욕실 매립배관 및 건축 마감도

3) 시공도면의 검토사항

(1) 건축공사 관련 검토사항

① 보 관통 슬리브 구경과 위치
② 천장 마감재의 유효치수
③ 천장고가 다른 곳
④ 샤프트 유효치수와 구조상(기둥, 보) 문제
⑤ 샤프트 위치
⑥ 점검구의 위치와 크기(유효하게 사용할 수 있는 크기)
⑦ 화장실 마감(양변기 및 플래시 밸브 등과의 관련)
⑧ 기계실 문의 위치와 크기
⑨ 장비 반입구의 위치와 크기
⑩ 기계실 보의 위치
⑪ 벽두께 및 슬래브 두께
⑫ 타일 나누기
⑬ 고가수조실의 개구부 위치와 크기
⑭ 방화구획
⑮ 물탱크와 수조실간 상 · 하측 벽의 이격거리 확보(저수조, 옥상수조)
⑯ 피트내 배관의 관리 및 개 · 보수가 편리하도록 점검구 위치 및 수량

⑰ 정화조 통기관의 반영 여부

(2) 전기공사 관련 검토사항

① 간선의 위치(평면, 단면)

② 분전반, 제어반의 위치와 크기

③ 콘센트, 스위치, 표시램프의 위치

④ 조명기구의 위치와 크기

⑤ 비상전원

⑥ 기계실, 수조실의 조명기구 위치 및 마감

⑦ 주방, 화장실, 탕비실 등의 조명기구 위치

⑧ 화재경보기의 종류, 위치

⑨ 전극봉 관련

⑩ 기계장비 및 기기와 전원과의 일치 여부

⑪ 전기배관과 기계배관의 공간내 수용 여부

(3) 설비공사 관련 검토사항

① 기계실 내의 배관, 덕트, 소화, 조명 등의 마감관계

② 공조관련 제어반의 위치, 크기

③ 냉각탑과 보급수 높이

④ 지지금구의 위치 및 상호 간격, 방진

⑤ 배관과 건축 마감면과의 간격

⑥ 공기빼기 밸브의 설치 위치 및 수량

⑦ 옥외 매설배관의 지반침하 대책

⑧ 드레인 밸브 설치 위치의 적정성

⑨ 옥외 매설관의 매설심도의 적정성

⑩ 배관, 밸브 등 사용의 편리성 및 보수 공간을 확보

⑪ 내식성 배관재의 적정성 선정 여부

⑫ 위생기구의 부착 높이와 위치

⑬ 기기 위치의 법규상 검토

4) 시공 상세도 검토요령

(1) 아파트 지하층

① 아파트 지하층의 슬리브 시공도

－옥외 유출용 배관 슬리브는 지수판 관통슬리브를 설치하였는가?

- 오 · 배수 슬리브(외벽)의 설치높이는 토목 오 · 배수관 매설깊이를 고려하여 설치하였는가?(GL-600 이상)
- 연결 송수구용 슬리브의 매설심도는 유지되었는가?(GL-600 이상)
- 오 · 배수 내벽 관통 슬리브는 배관 구배를 고려하여 설치위치를 결정하였는가?
- 인서트 플레이트는 용도에 맞게 설치되었는가?(앵커, 가이드, 레스팅가대)
- 인서트 및 인서트 플레이트 간격은 유지되었는가?(시방서 기준)

② 아파트 지하의 횡주관 배열도
- 가대 재질 및 규격, 설치높이는 적정한가?
- 관경 등 표기사항은 도면과 시방서와 일치하는가?
- 타 공종과의 협의(전기 트레이 등)
- 입상배관의 접속 분기 시공성은?
- 신축접수, 앵커슈, 가이드슈, 레스팅슈, 설치위치 및 방법의 적정성

③ 오 · 배수 횡주관의 평면도
- 고층과 저층(1~2층)의 횡주관이 분리되었는가?
- 저층부의 배관연결은 충분히(입상에서 약 30D 이상) 이격한 후 연결하였는가?
- 소제구 위치는 적당한가?
- 입상관과 횡주관 연결위치 및 접속 방법은 적당한가?
  · 입상관(섹스티아 밴드)
  · 저층관(주철 소켓)
- 관경, 배관 지지간격은 시방서, 도면 기준에 적합한가?

④ 난방 횡주관의 평면도
- 배관수량, 배관명, 관의 재질, 관경, 보온재질, 두께 표시
- 가대별 용도 및 설치 방법 표기
  앵커, 가이드, 레스팅 용도에 맞게 설치
- 신축접수 방법 표시 : 루프, 벨로즈, 슬리브, 스위블 조인트(3-엘보) 등 표시
- 배관재가 다를 경우 절연 방법 표시
- 밸브류의 설치 위치, 종류, 규격 표시
- 압력계, 온도계의 설치 위치
- 공기빼기 밸브의 설치 위치 표시

(2) 기준층

① 단위세대 슬리브 설치 시공도
- 화장실 오 · 배수 슬리브 위치, 규격, 치수표기(건축마감 치수기준)

-세대입상배관 피트, 슬리브 표기
-인서트 표시
-세대급수 · 급탕 · 난방배관, 옹벽 관통 슬리브 위치, 규격, 높이 표시
-온도조절기 박스, 전선관 표시
-개별 난방시 보일러실 슬리브 단면도(급기구, 배기구 등)
-가스배관 관통 슬리브
-레인지 후드, 배기구 슬리브 표기
-세탁실 슬리브 및 입상배관 슬리브
-화장실 방열기 슬리브
-벽체 요철 슬리브 위치

② 기준층 입상배관 배열의 시공도
-공용 파이프 덕트의 배관 배열 표기
-단위세대 입상배관 배열 표시(용도, 관경, 배관 상호간격, 가대 규격 및 고정 방법)
-이질 배관재의 절연 방법 표기
-난방, 급탕배관의 신축 고려 고정 방법

③ 외부 함류의 설치 상세도
-소화전함, 방수기구함, 수도계량기함 점검구 등의 규격, 위치 표시
-건축(선홈통, 창문 등), 전기(인터폰, 전기계량기, 분전함 등), 지시부, 가스관, 가스미터 등과 종합 배치도
-엘리베이터 주변 설치함류의 배치 관계

④ 단위세대의 위생배관 상세도
-급수, 급탕배관 위치, 치수 표시
· 싱크 수전배관 입면도
· 세탁 수전배관 입면도
· 발코니 수전배관 입면도
· 화장실 벽체 매입배관 입면도
· 관통부 처리 방법 및 보온 방법
-급수계량기 주변 배관 상세 표기
-보일러실 인입배관 상세 표기
· 인입배관 배열
· 관통부 방수 방안
· 보온 방법
· 건축마감 방법 및 치수

- 화장실 오·배수배관 평면 상세 표시
  - ·소제구 및 부속류의 종류 표시
  - ·행거 설치개수 표시
  - ·천장 점검구 및 배기 그릴 위치, 접속 방법

⑤ 단위세대의 난방배관 상세도
- 난방코일 평면 상세히 표시(관경, 피치, 길이, 고정위치 및 방법 등)
- 건축마감 단면 표시
- 분배기 주위 배관의 상세 표시
- 보일러실 인입배관의 상세 표시
- 방열기 설치의 상세 표시(입면도)
- 온도조절기

⑥ 화장실 위생기구 설치의 상세도
- 도기류 및 액세서리 설치 위치 및 높이 표시
- 타일 시공도와 복합적으로 전기 콘센트, 욕실장, 욕조 등과 함께 표시

⑦ 자동식 소화기 설치의 상세도
- 감지기, 약제 용기, 노즐의 설치 위치 표시
- 가스차단기 설치 위치
- 차단기용 전선과 박스 설치 위치 및 마감 방법 표기

⑧ 배연설비 상세도
- 배연댐퍼 규격, 설치의 단면 표기 : 배연팬 설치 상세(기초 및 방진, 흡입구 및 덕트 설치 상세)

⑨ 스프링클러설비의 시공 상세도
- 헤드 위치 및 마감 방법 표기
- 테스트 밸브 위치 표기
- 단면도 작성(고정 방법, 보온 방법, 건축치수 표시)

(3) 지붕층 및 옥탑층

① 옥상 횡주관의 상세도
- 서포트 규격 및 고정 방법 표기
- 배관 배열의 단면 표기(용도, 관경, 배관 상호거리, 배관 고정방법 : U볼트 또는 슈)
- 신축접수, 앵커 위치 표기
- 자동 공기빼기 밸브류 점검구 위치 표기
- 오·배수 통기관 마감 상세 표기

② 고가수조실 배관 상세도

-고가수조 기초 설치 표기
-고가수조 제작 승인도와 검토
-고가수조 배치(상 · 하 · 좌 · 우 치수 표기)
-고가수조실 인입 배관
-고가수조 설치 단면

5) 시공상세도 작성목록

(1) 아파트 지하층

① 아파트 지하층의 슬리브 시공도
-각 슬리브의 용도, 규격, 위치, 설치높이 표기
· 오 · 배수 관통 슬리브(외벽, 내벽)
· 배수펌프 배관 슬리브
· 경비실, 오 · 배수, 급수 · 급탕, 난방 슬리브
· 연결 송수구 슬리브
-급수전, 청소용 수전, 박스 규격, 위치, 높이 표기
-인서트 및 인서트 플레이트(지하 횡주관 및 스프링클러 배관용)
-슬리브, 인서트 플레이트 제작도
-기타 시공도상 필요한 슬리브 표시

② 지하 횡주관 배열도
-가대 규격 및 고정 방법
-배관 배열의 단면상세도
· 배관용도 및 관경 표기
· 각종 슈(앵커, 가이드, 레스팅) 및 배관 고정 방법 표기

③ 오 · 배수 횡주관 평면도
-고 · 저층 구분 접속 방법, 관경 표기
-소제구 위치
-PVC관과 주철관 구분 표기
-통기관 접속위치 표기

(2) 아파트 기준층

① 단위세대 슬리브 설치의 상세도
-모델하우스 위생기구 설치치수에 준하여 작성되었는가?
-오 · 배수 세대배관이 물의 흐름방향과 일치하는가?

–슬리브 위치, 치수 표시는 옹벽 기준선을 기준으로 하고, 측세대는 단열재 마감을 고려하였는가?
–입상배관 슬리브 설치시 보온두께를 고려하여 슬리브 규격이 결정되었는가?
–콘크리트 관통 슬리브의 설치높이는 바닥마감을 고려한 높이로 결정하였는가?
–온도조절기, 열량계의 박스 위치, 전선관 매립 방법은 적정한가?
–개별 보일러 방식인 경우는 보일러실 급·배기구는 보일러 형식에 맞게 설치되는가?
–레인지 후드, 배기구 슬리브는 싱크 상부장 규격 및 천장마감 치수를 고려하였는가?(카탈로그 참조)
–가스 슬리브의 보 관통 배관은 슬리브를 설치하였는가?
–자동식 소화기 설치시 가스차단기 작동 전선관 매립 및 박스 설치 방법은 적정한가?
–화장실, 벽체 관통 슬리브(방열기, 급수, 급탕) 설치 높이는 방수하자를 고려하여 바닥에서 200mm 이상 유지하였는가?
–노출배관의 바닥 관통 슬리브의 길이는 바닥마감 후 50mm 이상 노출되었는가?

② 입상관 배열 상세도
–PD의 크기 및 위치는 적정한지 판단
–가대의 규격 및 고정 방법은 견고한가?
–관경, 보온 등은 도면, 시방서와 일치하는가?
–배관의 배열은 분기배관의 층별 인입이 가능하게 배치되었는가?(각 배관을 복합적으로 검토)
–이질 배관재(동관, 스테인리스관)의 고정 방법은 적절한지?(난방배관의 앵커 부위는 절연처리)

③ 외부 함류의 설치 상세도(입면도)
–복도식 아파트의 경우 현관 주변의 각 공종별 함류, 배관류, 계기류, 박스류의 미관상 양호하고 중복되지 않았는지 확인
 · 건축 : 창문, 방화문, 선홈통 등
 · 전기 : 인터폰, 전기계량기, 분전함 등
 · 기계 : 소화전함, 수도계량기함, 적산열량계 지시부, 가스관, 가스미터 등
–계단식 아파트의 경우 엘리베이터 주변 설치함류 및 박스류는 미관상 양호하고, 중복되지 않았는지 확인
 · 건축 : 엘리베이터 양측의 파이프 샤프트 규격 및 마감치수, 방화문 등
 · 전기 : 엘리베이터 출입문 및 조작스위치, 전기계량기, 인터폰, 비상 콘센트함 등
 · 기계 : 소화전함, 급수계량기함, 파이프 샤프트 점검구, 적산열량계 지시부, 스프링클러 경보밸브, 제연급기구 등

④ 단위세대 위생배관의 상세도
–방수층을 관통하는 배관의 처리 방법은 적정한지?(화장실 바닥배관은 지양하고, 관통부 슬리

브 주위의 마감 검토)

- 각 수전의 위치, 설치높이, 에어 챔버 설치방법은 적정한가?(모델하우스, 도면, 시방서기준 등)
- 외벽 매입 수전배관은 콘크리트구조물에 매립시키지 말고, 내측 단열재 내에 배관하여 동파방지를 고려하였는가? (단열재 내 배관시 수전 고정 방법을 강구할 것)
- 급수계량기 동파방지 대책은 적정한지?(특히 복도식 아파트 경우, 함내 단열재 및 우레탄 폼의 충진 또는 가열 코일의 설치를 고려할 것)
- 오·배수관의 소제구, 바닥-트랩, P-트랩 설치위치는 적정한가?
- 욕실내 방화 댐퍼, 배기 그릴, 점검구의 위치 및 설치 방법은 적정한가?

⑤ 단위세대 난방의 상세도

- 코일의 관경, 피치, 길이는 도면 및 시방서와 일치하는가?
- 코일의 누락 부위는 없는가?
- 코일의 공급 부분이 외벽측부터 공급되는가?
- 단면도상 코일의 설치높이, 고정 방법은 적정한가?(코일 상부에서 방바닥 마감선까지 20~30mm)
- 분배기 주위 배관은 도면, 시방, 적산열량계 설치 기준에 적합한가?
- 분배기 앞 과열방지 방법은 적당한가?
- 개별 보일러방식인 경우 보일러실 인입 배관의 적정 여부
  - · 발코니 방수층 관통부 슬리브 주위의 마감 방법
  - · 배열(급수, 급탕, 난방) 상태는 보일러 카탈로그를 참고하여 교차되지 않도록 할 것.
  - · 1층의 경우 발코니 바닥 매립 배관은 하부에 단열재를 시공하여 동파되지 않도록 조치할 것.

⑥ 화장실 위생기구 설치 전개도

- 위생기구 및 액세서리의 설치 높이와 위치는 도면, 시방서, 모델하우스의 기준에 적합한가?
- 전기콘센트, 욕실장, 욕실 등은 타일 시공도면과 잘 조화되는가?

⑦ 자동식 소화기 설치 상세도

- 자동식 소화기 설치 범위는 적정하게 산정되었는가?
- 소화기, 가스센서, 방출부, 제어기, 가스차단기의 위치 및 전선과 매립 방법은 미관 및 구조상 문제가 없는가?(싱크대, 레인지 후드의 구조, 설치 방법 협의)
- 가스차단기 매입 박스의 위치는 가스인입관 위치와 동일한가?
- 도시가스 배관 상세도와 병행하여 검토되었나?
- 가스차단기 형식 및 조작선 길이를 고려했는가?(기계식, 전자식)

⑧ 제연설비 상세도

특별피난계단 및 미사용 승강기의 승강장에 설치되는 “제연설비 설치에 관한 기술 기준”에 적합하게 작성되었는가?(내무부고시 1996-51호)

Chapter 02 기계설비배관공사

1 기계설비배관공사

1) 공통사항

① 관은 배관길이를 정확히 잰 후 관경을 축소시키지 않는 공구를 사용하며, 관축에 대하여 직각으로 절단하고 관내 · 외면의 덧살 및 거스러미 등이 없도록 다듬질한다.

② 관을 잇기 전에 내부를 점검하고 이물질이 없는가를 확인한 후 금속칩 및 먼지를 깨끗이 닦아낸다.

③ 동관과 지지금구류의 용접은 신축량을 고려하여 동절기에 시공하지 않는 것을 원칙으로 한다.

④ 구경이 큰 관의 동관 이음 용접은 전용 토치를 사용하여 예열을 시행한 후에 용접을 실시하고 가열온도가 800℃ 미만이 되도록 토치의 화염구경 및 가스압력을 적절하게 조절하여 국부과열 및 동관의 재질변화가 발생하지 않도록 해야 한다.

⑤ 이종금속이 접합 및 접촉되는 부분은 별도의 표기가 없더라도 항상 절연해야 한다.

⑥ 절연플랜지 및 절연 유니온은 피복부 등의 절연재가 손상되지 않도록 해야 한다.

⑦ 급수, 급탕, 난방의 분리개소에는 조작, 점검 및 사후 유지 · 보수 · 관리가 용이하도록 밸브 및 유니온을 설치한다.

⑧ 자동공기빼기밸브 설치시 인입쪽에 게이트밸브 및 스트레이너를 설치해야 한다.

⑨ 배관, 연결 부위 및 연결된 장비에 응력을 주지 않고, 배관이 팽창 · 수축할 수 있도록 시공해야 한다.

⑩ 모든 배광공사는 보온의 설치, 기타 밸브 및 배관 이음쇠에 접근, 보수작업 등에 지장이 없도록 여유 공간을 두고 배관해야 한다.

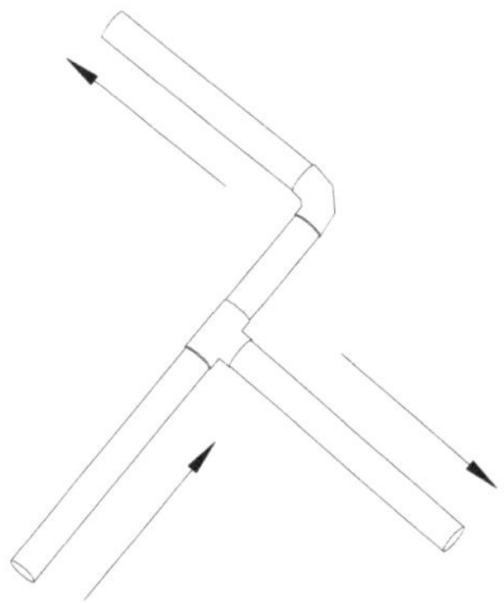

그림 2-1 ▸ 배관분기

⑪ 급수, 급탕, 난방배관은 질서정연하게 배열하고 공기빼기, 배수 등을 고려하여 구배를 주어야 하며, 배관상 높은 개소나 낮은 개소에는 공기포켓 또는 배수포켓을 설치한 다음 공기빼기밸브, 배수밸브 등을 설치하며, 그 규격 및 배관 방법은 설계도면에 의한다.

⑫ 본관에서 좌우로 분기할 때는 다음 그림 2-1에 의한다.

⑬ 팽창관에는 밸브류를 사용하면 안 된다.(수압 시험용으로 설치한 후 방치)

⑭ 스팀트랩은 도면상의 지정 개소 이외에도 응축수가 고일 우려가 있는 부분에는 반드시 설치한다.

⑮ 기타

- 이경의 관을 접합하는 경우에는 부싱을 써서는 안 되며 리듀서를 횡주관에 쓸 때는 다음 그림 2-2와 같이 편심의 것으로 한다.
- 입상관 연결을 위해 횡주관에서 분기시키는 관의 신축을 고려할 필요가 있을 때는 스위블 조인트에 의한 분기관을 취한다.

  물탱크 등 수압이 걸리는 벽, 바닥을 관통할 때는 지수판 슬리브를 설치하고 관과 슬리브 사이는 코킹 또는 아스팔트 방수충진재로 수밀 시공한다.

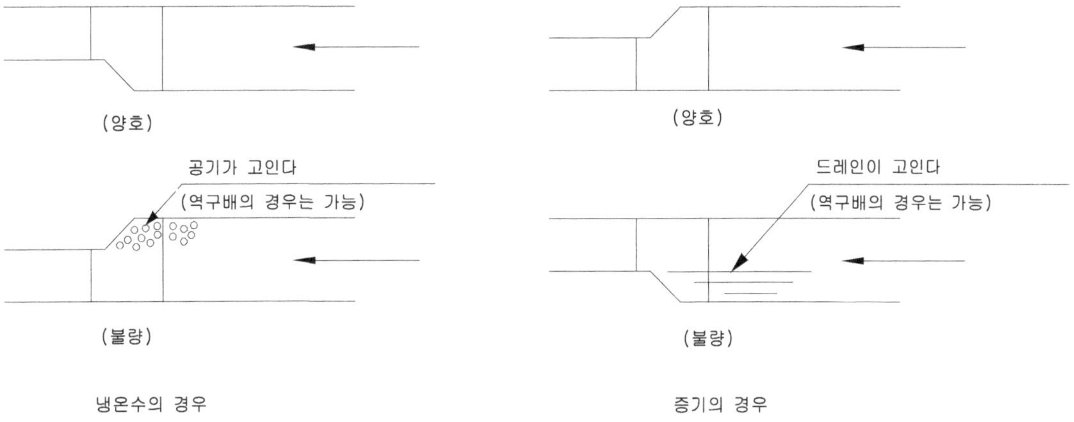

그림 2-2 ▸ 편심 리듀서의 사용법

- 배관이 방수 시공된 벽이나 바닥을 관통하는 개소에는 지수판 슬리브를 구조체 중앙에 박아 넣어 수밀이 되도록 코킹 또는 아스팔트 방수 충전재로 수밀 시공한다.
- 배관시공 중의 관말 보호에 주의하고 이물질이 관내로 들어가지 않도록 캡을 씌운다.
- 노출배관은 미관에 특별히 주의하고, 타 설비와의 관계를 고려한다.
- 밸브의 설치 위치는 유지관리가 용이한 곳에 설치한다. 천장 내에 설치할 경우는 조작이 곤란해지지 않도록 하고, 밸브 밑에는 반드시 점검구를 설치한다.(건축도면 조사 및 협의를 요함.)

그림 2-3 ▸ 아파트 최상부의 배관 사례

2) 배관의 구배

각종 배관의 시공은 아래 도표의 구배를 기준으로 한다.

표 2-1 각종 배관의 배관구배

종 별		방 식	배관치수	구 배
냉각수, 냉온수관(60℃ 미만)		-	-	1/250 이상
온수관(60℃ 이상)		중 력 순 환 식 강 제 순 환 식	- -	1/150 〃 1/200 〃
증기관	증 기 관	순구배 역구배	- -	1/250 〃 1/50 〃
	응 축 수 관	순구배 진공환수식 순구배 중력환수식	- -	1/250 〃 1/200 〃
옥내배수관		-	50 이하 65~100 125 이상	1/50 〃 1/100 〃 1/200 〃

표 2-2 배관 구배도와 방향 및 제한유속

배관 명칭	구 배 도	구배방향	제한유속(m/s)
급수배관	1/100~1/200	수도직결방식 인입미터부터 올림구배 육상탱크방식 육상탱크에서 내림구배 압력탱크방식 압력탱크에서 올림구배	0.5~1.5 최대 2.5
옥내배수배관	오수 1/75~1/100 오물 1/25~1/75	가로관은 치올림 수직관으로 향해서 내림구배	0.6 최대 1.4
옥외배수관	1/50~1/100	하수본관으로 향해서 내림구배(하수도조례로 결정되어 있는 지구 있음)	
급탕배관	1/100~1/200	급탕탱크 또는 보일러에서 올림구배 환탕관 급탕탱크 또는 보일러를 향해서 내림구배	0.5~1.5
소화배관	1/100~1/150	소화전 펌프로부터 올림구배	2~3
통기배관	1/100~1/150	가로관은 치올림 수직관으로 향해서 올림구배	
가스배관	1/100	인입미터부터 올림구배	
우수관	1/100		

표 2-3 배수관의 구배도

배관의 종류		구 배
옥내 · 외 배수관	관지름 35A-50A 관지름75A-100A 관지름 125A-200A	1/50 1/100 1/200
우 수 관		1/100
통 기 관		1/200

3) 배관의 지지, 공정방법 및 유의사항

(1) 배관의 지지간격

① 수평배관의 지지간격 및 환봉규격

- 강관, 동관 및 염화비닐관의 횡주관에 대한 지지간격, 환봉 기준으로 표 2-4~6에 의거하여 설치한다.
- 주철관은 직관 1본(1.6m 기준)마다 1개로 설치한다.
- 단관은 1개소 또는 2개소마다 지지한다.
- 연관은 0.5m를 넘을 때 배관 변형의 우려가 있는 경우는 두께 0.4m 이상의 아연도 철판(반원홈통)으로 받쳐 1.5m마다 지지한다.

표 2-4 강관

관 지 름 (mm)	20 이하	25~40	50~100	125~150	200 이상
최 대 간 격 (m)	1.8 이내	2.0 이내	3.0 이내	4.0 이내	5.0 이내
매 달 기 용 환 봉 (mm)	9	9	9	12	12

표 2-5 동관

관 지 름 (mm)	20 이하	25~40	50	65~100	125 이상
최 대 간 격 (m)	1.0 이내	1.0 이내	2.0 이내	2.5 이내	3.0 이내
매 달 기 용 환 봉 (m)	9	9	9	9	12

표 2-6 경질 염화비닐관

관 지 름 mm	35 미만	35~40	50	75~100	150 이상
최 대 간 격 m	0.75 이내	1.0 이내	1.2 이내	1.5 이내	2.0 이내
매 달 기 용 환봉 mm	9	9	9	9	12

② 수직배관의 지지

수직배관의 지지간격은 표 2-7의 기준에 의거하여 설치한다.

표 2-7 수직배관의 지지간격

관 의 종 류	지 지 간 격 (m)
강관, 주철관	3.5(요동 방지 포함)
동 관	2.5 〃
경질염화비닐관	2.0 〃

(2) 배관의 지지 위치

① 밸브류의 지지, 수평 굽힘부의 지지, 그림 2-4~6과 같이 한다.

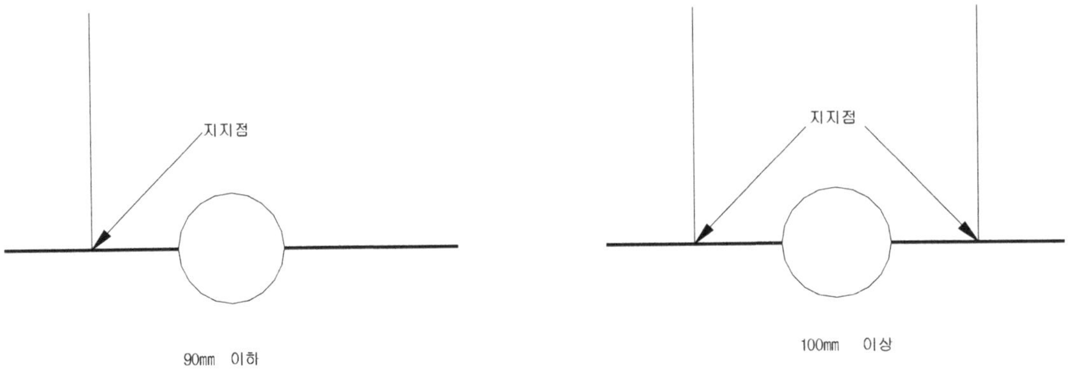

그림 2-4 ▸ 밸브류 등의 지지점

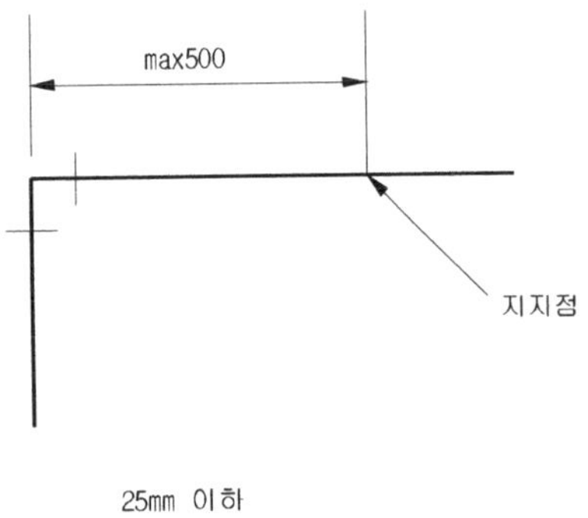

그림 2-5 ▸ 배관의 수직부의 지지점

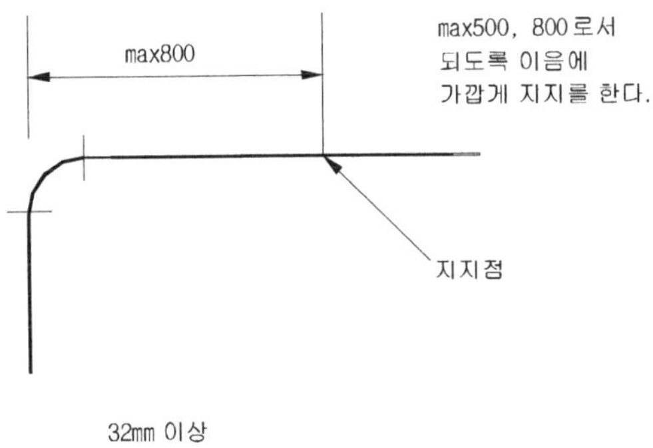

그림 2-6 ▸ 수평굽힘의 지지점

② 분기관의 지지는 그림 2-7과 같이 지지한다.

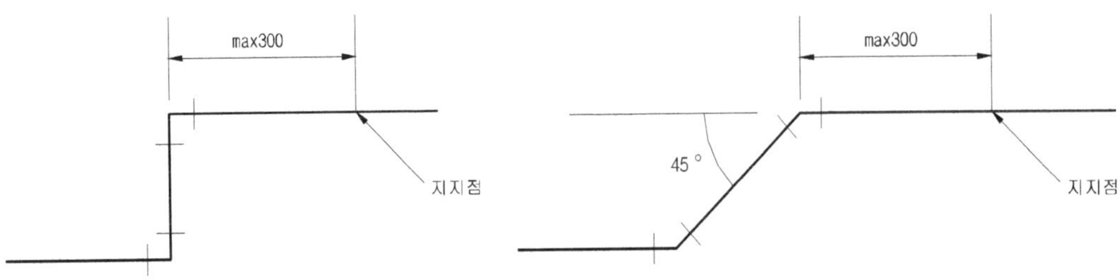

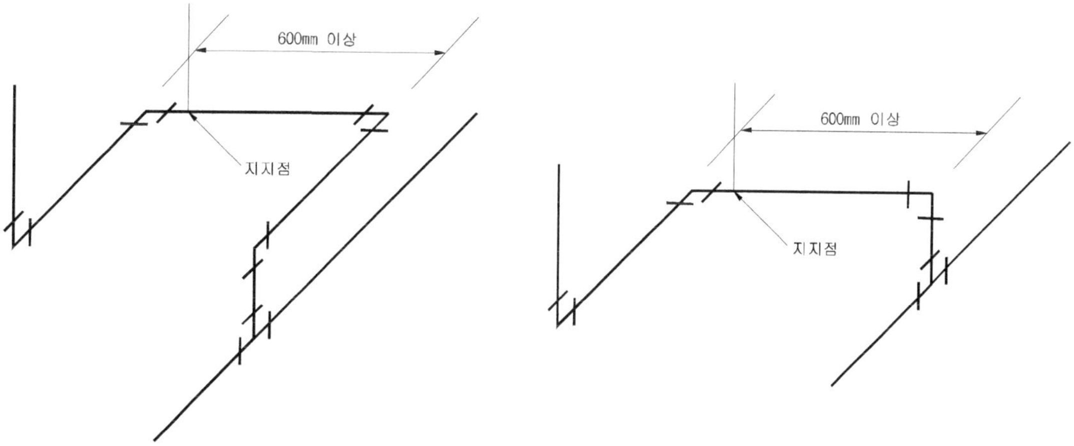

그림 2-7 ▸ 분기관의 지지

③ 펌프 주위 지지점의 위치는 그림 2-8과 같이 한다.

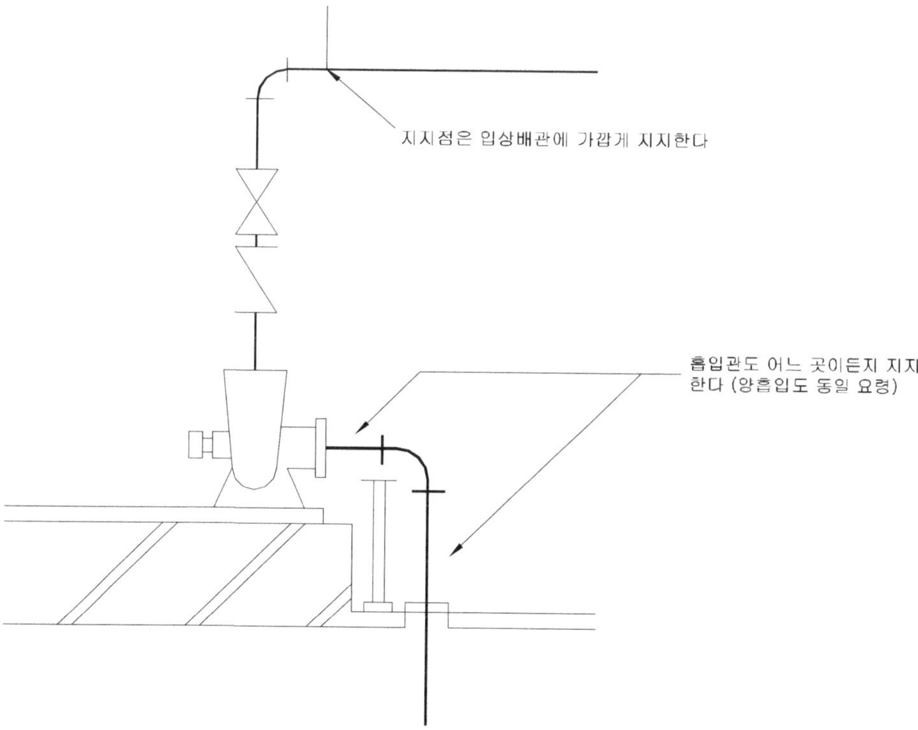

그림 2-8 ▸ 펌프배관의 지지

(3) 입상관의 지지, 고정방법 및 주의사항

① 건축 구체면과 배관 사이의 간격 및 다수의 배관이 병렬로 배관되는 경우의 배관간격은 배관의 보수가 가능하고 또한 보온공사를 할 수 있는 공간을 확보한다.

② 다수 배관이 병렬로 바닥을 관통하는 경우는 바닥의 경우 바닥강도가 떨어지게 되므로 그림 2-9와 바닥강도를 배려한 지지고정법으로 한다.

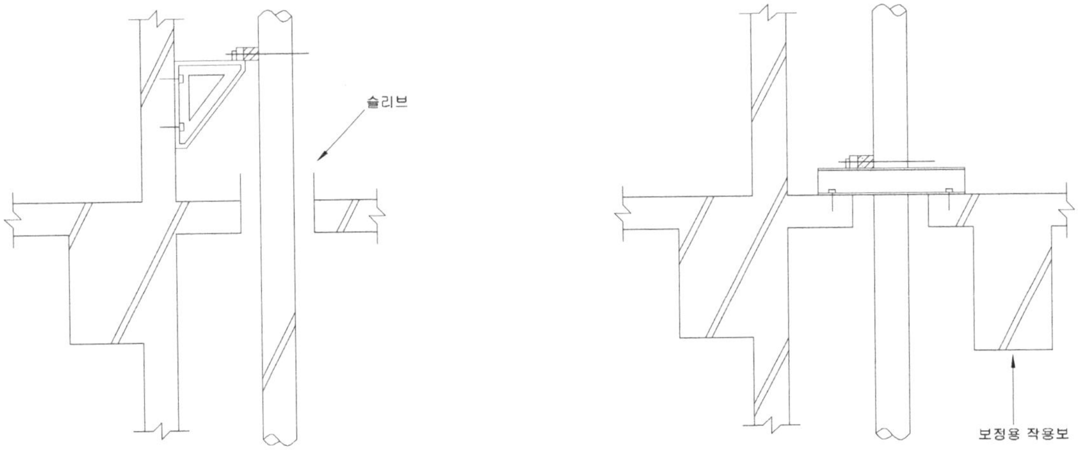

그림 2-9 ▸ 입상관 지지법

③ 신축이 있는 배관의 지지는 축방향으로 자유로이 이동할 수 있도록 그림 2-10과 같이 시공한다.

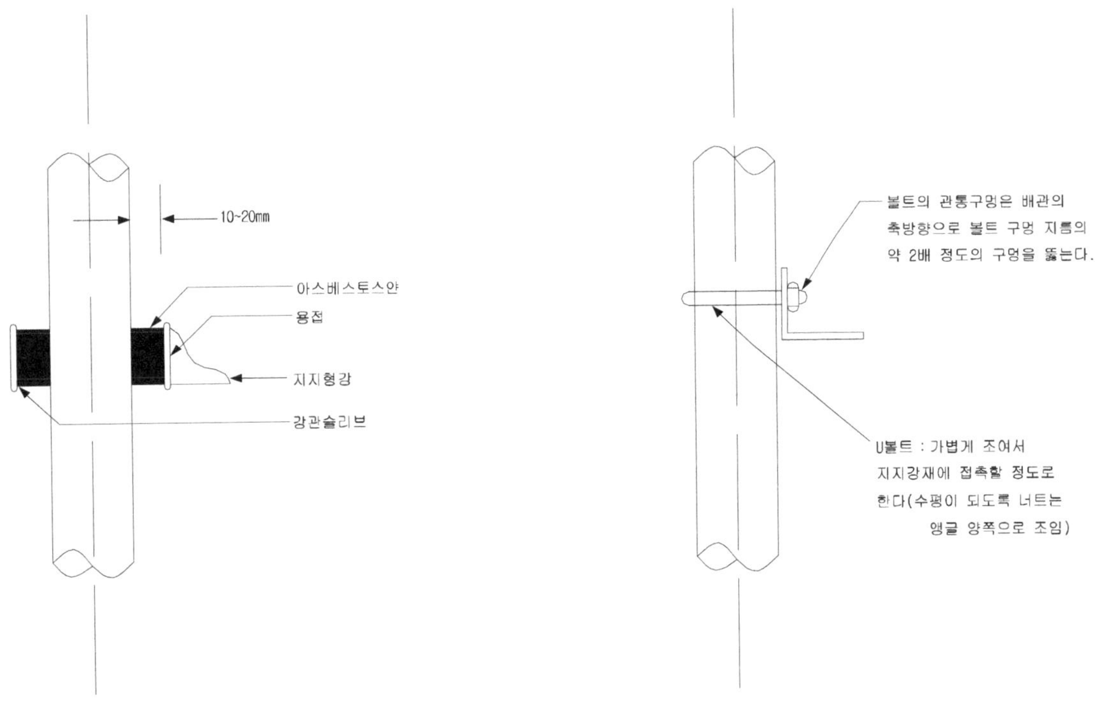

그림 2-10 ▸ 입상 신축배관지지

④ 입상관의 고정부는 특히 최저부는 배관중량(유체 및 단열 포함)에 충분히 견딜 수 있는 구조로 그림 2-11과 같이 한다.

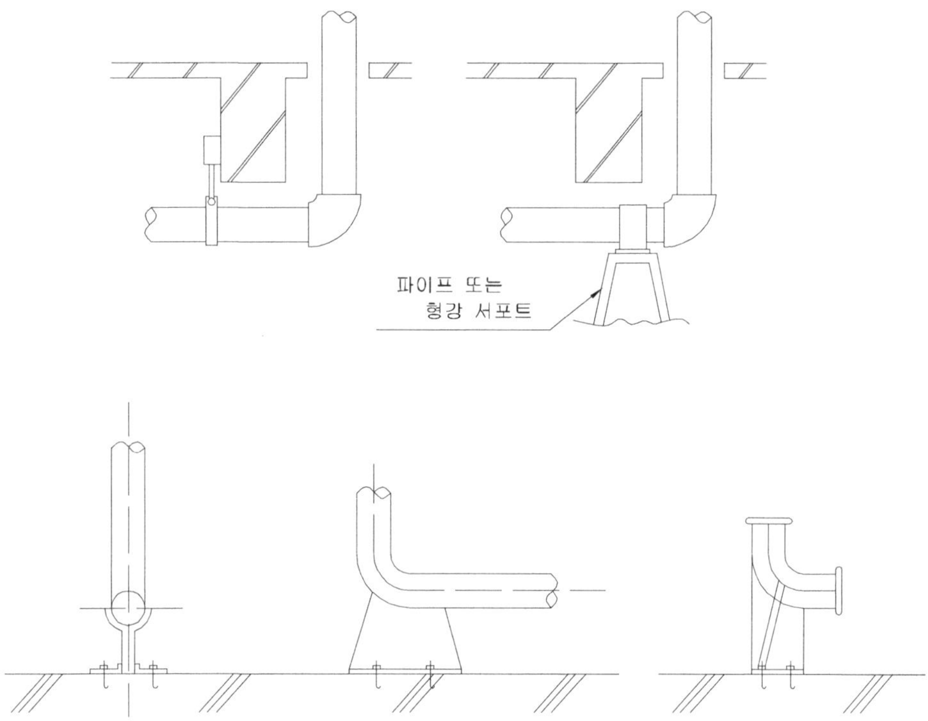

그림 2-11 ▸ 입상관 최저부의 지지

(4) 횡주관의 지지고정

① 건축 구체면과 배관 사이의 간격 및 다수 배관을 병렬로 배관하고 배관간격은 배관의 보수가 가능하고, 또한 보온공사를 할 수 있는 공간을 확보한다.

② 배관구배에 주의해야 할 횡주관은 턴버클(Turn Buckle)의 조정에 의해 구배를 가감할 수 있게 한다.

③ 배관지지는 상부의 덕트공사 관계를 고려하여 설치위치, 지지방법을 결정한다.

④ 증기 및 온수배관은 관의 신축에 대처하기 위해 롤러(Roller)형으로 지지한다.

(5) 행거, 관지지 및 고정철물의 설치작업 전에 인서트 및 인서트 플레이트 등 정착물의 위치가 부적당한 것은 수정하여야 한다.

(6) 급탕 및 난방배관의 지지금구류 접촉 부위에는 에너지 손실을 방지하기 위하여 단열재를 시공하여야 한다.

(7) 배관 지지금구류는 관의 신축, 진동의 전달을 막을 필요가 있을 때는 방진재를 사용하고, 바닥 및 천장 배관의 경우 관의 휨이 없도록 받침대 또는 행거를 설치하며, 타 공정의 작업으로 인한 배관

손상을 방지하여야 한다.

(8) 공동구내 배관지지 가대는 일반적인 장소에는 앵글로 제작 · 설치하고, 신축이음 및 파이프 앵커가 설치되는 개소에는 채널로 제작 · 설치하는 것을 원칙으로 한다.(설계도면 참조)

(9) 지지금구의 절연은 절연금구 또는 배관에 방식 테이프 처리를 한 후 일반용 금구류를 사용할 수 있으며, U형 볼트의 체결시에 방식 재료를 접촉면 크기의 이상으로 설치하며, 배관의 방식처리가 가능토록 하여 동관에서의 전이현상이 발생하지 않도록 한다.

4) 일체형 슬리브 설치공사

(1) 일체형 슬리브 설치공사

① 입상 파이프 덕트별로 입상관 배열계획을 세운다.
- 가지배관 및 밸브 설치 등이 용이해야 한다.
- 보온 공간을 확보하여야 한다.
- 기계실에서의 배관 정렬이 이루어져야 한다.

② 입상관 배열계획 완료 후 가장 큰 배관을 택하여 각 입상 덕트별로 입상배관의 시공상세도를 작성한다.(단, 보온공간의 확보된 입상관 계획)

③ 입상 덕트의 크기와 일치되도록 합판을 준비하여 틀을 만든다.(그림 2-12 참조)

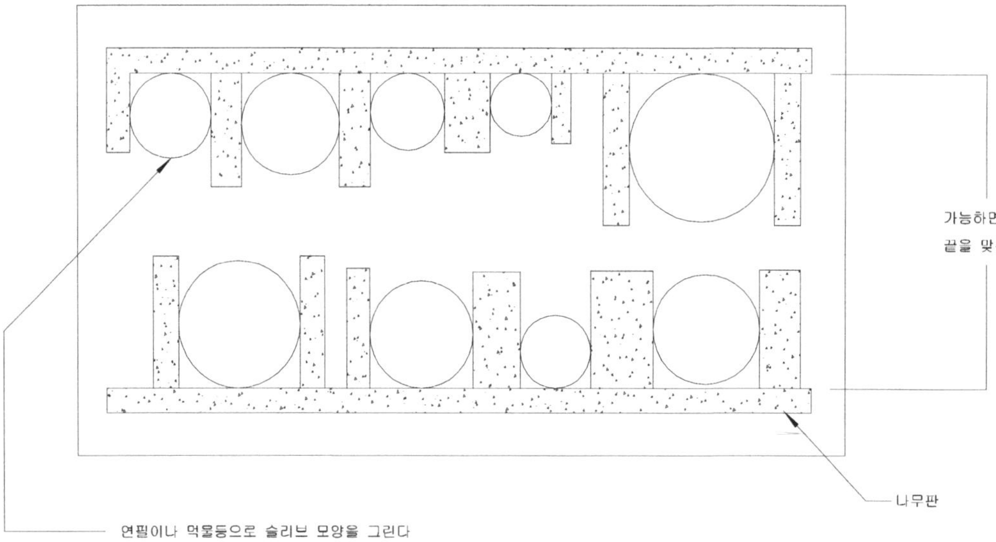

그림 2-12 ▸ 일체형 슬리브 준비

④ 틀 위에 입상관 배열을 계획대로 슬리브 위치를 표시하고, 슬리브를 올려놓고 철근으로 각 슬리브가 일체가 되도록 한다.(그림 2-13 참조)

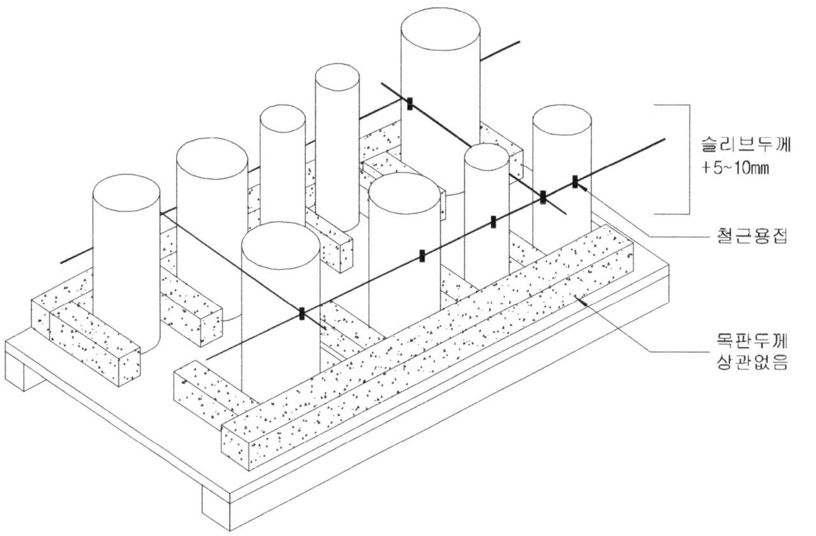

그림 2-13 ▸ 일체형 슬리브 고정

(2) 현장설치

① 첫째 층 설치 시에는 건축에 의뢰하여 먹줄로 표시하도록 한다.

② 먹줄 위에 일체형 슬리브를 올려놓고 건축에서 시공한 철근에 콘크리트타설시 이동이 없도록 단단하게 고정한다.

③ 슬리브 속에 종이 등을 집어넣어 콘크리트타설시 콘크리트가 들어가지 않도록 한다.

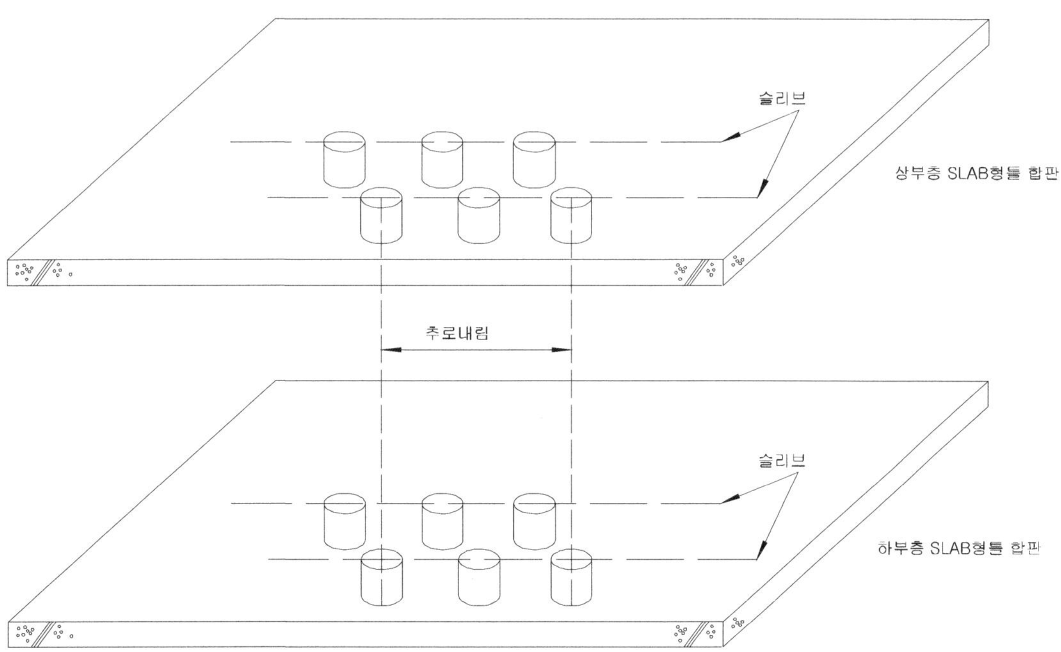

그림 2-14 ▸ 일체형 슬리브 설치

④ 다음 층 설치 시에는 슬리브 형틀 합판에 구멍을 뚫어 가장자리 양쪽에 추를 늘어뜨려 아래층에 설치된 슬리브와 중심을 맞춰 설치한다.(그림 2-14 참조)

(3) 같은 방법으로 상위 층에 슬리브를 설치해 나간다.

(4) 일체형 슬리브 설치시 장 · 단점

① 장점

- 완전한 방화구획
- 아래층과 위층의 소음전달이 차단된다.
- 바닥 슬리브를 개방함으로써 추락방지, 용접, 불똥차단 등 안전사고 예방에 좋다.
- 양질의 공사 및 건축구조에 도움을 준다.
- 인건비 및 자재비가 절약(건축+기계설비)된다.

② 단점

- 배관시 6m 한 본 설치가 불가능하지만 각 층에 분기관이 있는 입상관은 분기관 부속을 설치하면 된다.
- 공사 초기에 작업을 건축과 병행하므로 하도급업체 선정이 조속히 이루어져야 한다.

5) 관통 배관공사

(1) 옥상 방수바닥 관통

① 배관은 직접 방수바닥을 관통해서는 안 된다.

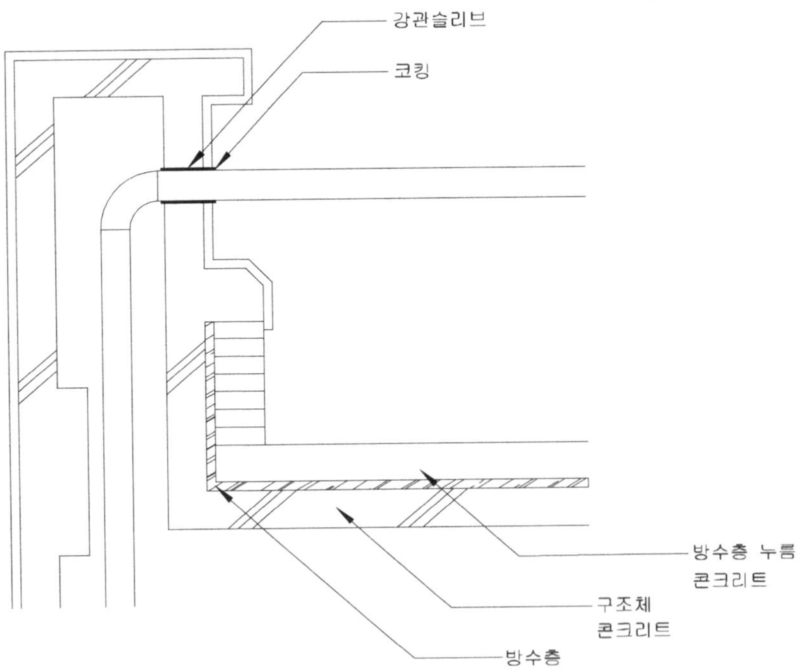

그림 2-15 ▸ 옥상층 관통 배관

그림 2-16 ▸ 상층 슬리브 시공 사례

② 옥상 방수 관통부는 반드시 지수판을 부착시킨 슬리브를 설치하여 그림 2-15, 16과 같이 배관한다.

(2) 옥내 방수바닥 관통

① 배관은 방수바닥을 직접 관통시키지 않고, 지수판 부착 강관 슬리브를 그림 2-17과 같이 설치하고, 슬리브는 바닥보다 50mm 이상 노출시키고, 이음새는 코킹한다.

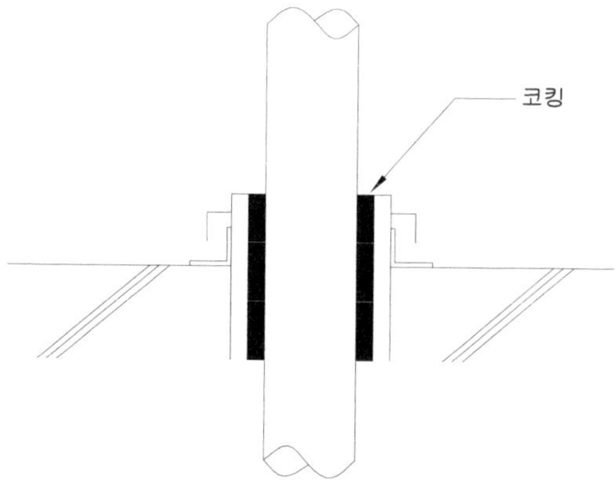

그림 2-17 ▸ 방수층 관통 배관

② 방수 관통부를 통해 아래층으로 누수되지 않도록 슬리브를 그림 2-18과 같이 바닥보다 높게 설치하고, 슬리브와 배관 사이를 코킹재로 메운다.

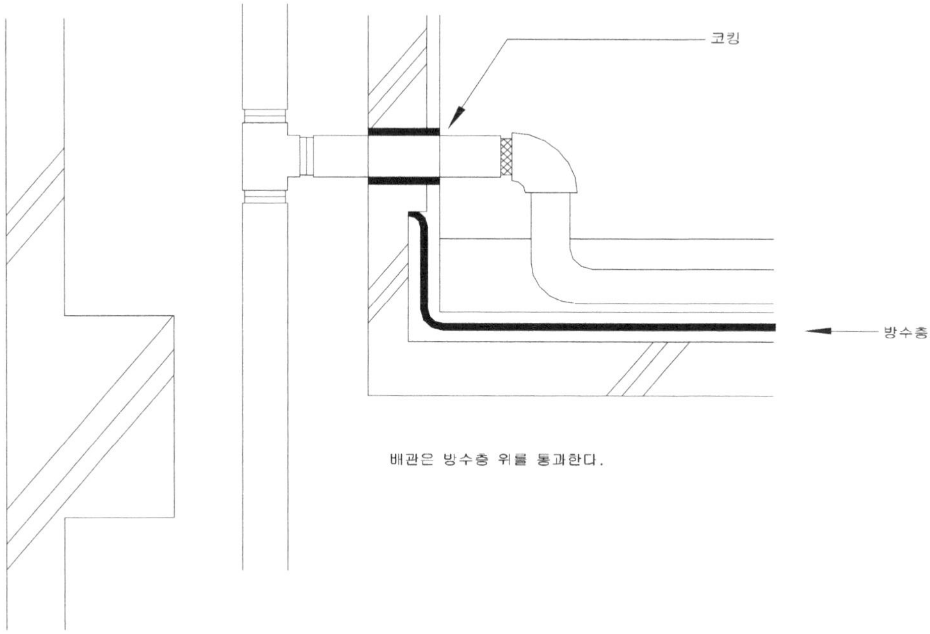

그림 2-18 ▸ 방수층 관통 슬리브

(3) 벽 및 바닥 관통부 배관방법

건물 외벽의 슬리브는 그림 2-19와 같이 설치한다.

그림 2-19 ▸ 건물 외벽 슬리브 설치 사례(지하층)

① 슬리브 구경은 보온된 배관이 충분히 들어갈 수 있는 크기로 하되 특기되지 않은 한 표 2-8에 따른다.

표 2-8 슬리브 구경과 보온두께

관 경(mm)	15			20			25			32		
보온재 두께(mm)	20	25	30	20	25	30	20	25	30	20	25	30
슬리브 구경(mm)	50	65	80	65	80	80	65	80	80	80	80	100
관 경(mm)	40			50			65			80		
보온재 두께(mm)	25	30	40	25	30	40	25	30	40	25	30	40
슬리브 구경(mm)	100	100	125	100	125	125	125	125	150	125	150	150
관 경(mm)	100			125			150					
보온재 두께(mm)	25	30	40	25	30	40	30	40	50			
슬리브 구경(mm)	150	150	200	200	200	200	200	250	250			

② 슬리브의 길이는 벽체 관통의 경우 벽체 두께 이상으로 하고(슬리브가 외부에 노출된 경우는 외관을 고려하여 마감 면과 일치되게 함), 바닥 슬리브의 경우에는 바닥마감 위 50mm까지 올린다.

6) 파이프 샤프트

① 입상관 간격 및 보수 공간을 고려한 파이프 샤프트 크기가 충분한지 확인한다.

② 샤프트 크기가 적은 경우 관련 부서와 협의하여 샤프트 크기를 크게 하도록 한다.

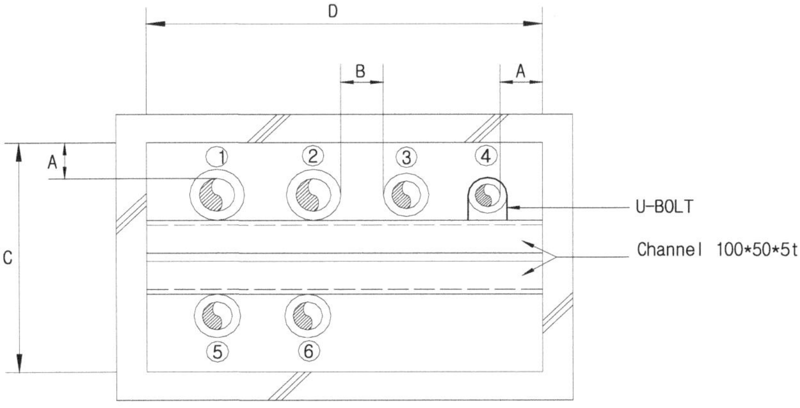

그림 2-20 ▸ 입상 파이프 샤프트 배관계획 사례

① 난방 공급관 : 125A×40t

② 난방 환수관 : 125A×40t

③ 급 탕 관 : 65A×40t

④ 환 탕 관 : 32A×40t

⑤ 소화 배관 : 100A×25t

⑥ 급 수 관 : 65A×25t

A(외벽면과 관의 간격) : 최소 100mm 이상이 필요함.(최소의 용접작업 공간)

B(보온 마감 후 관과 관의 간격) : 최소 50mm 이상이 필요함.(보온공사시 손이 들어갈 수 있는 간격) 상기 기준에 의거 샤프트의 치수 C, D를 체크한다.

7) 자동 공기빼기 밸브 설치

① 횡주관은 에어포켓이 생기지 않도록 배관하고, 배관 중에 공기가 고이는 개소에는 그림 2-21과 같이 공기빼기 밸브를 설치한다.

② 자동공기빼기 밸브의 경우에는 배출구를 육안으로 관찰할 수 있도록 한다.

③ 공기빼기 밸브의 출구는 각각 개별적으로 드레인 배관한다.

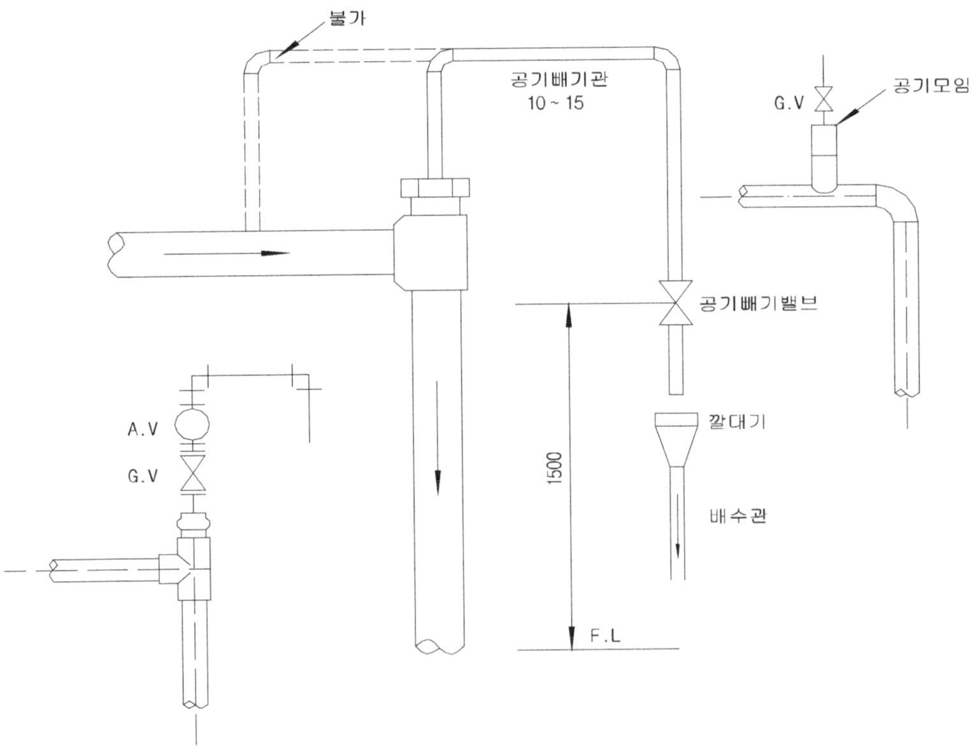

그림 2-21 ▸ 자동 공기빼기 밸브 설치

④ 자동 공기빼기 밸브의 고장시를 대비하여 수동 공기빼기 밸브를 그림 2-22와 같이 필요한 부분에 설치한다.(냉각수 배관, 냉·온수 배관의 가장 높은 위치)

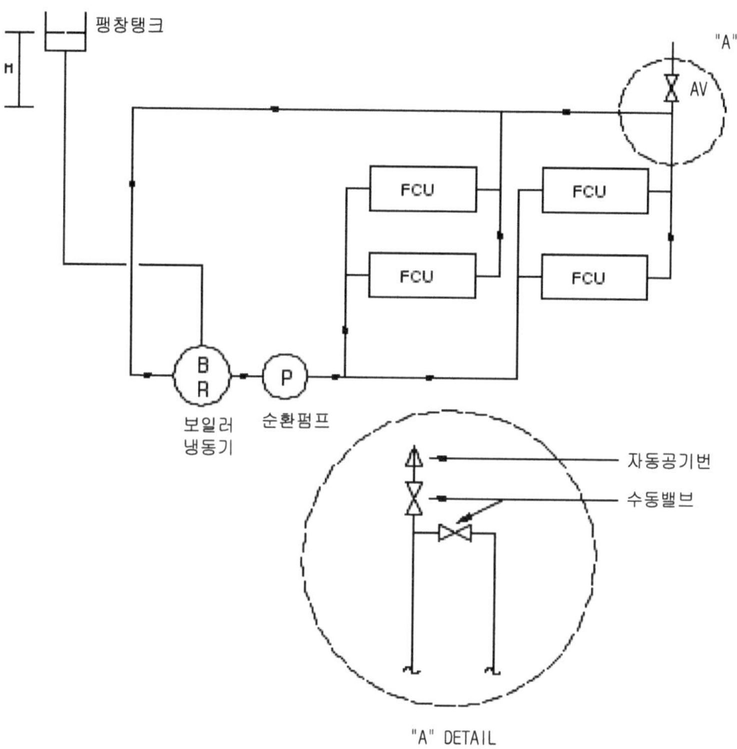

그림 2-22 ▸ 자동 공기빼기 밸브 설치 위치

8) 정수두 확인

고층부 팽창탱크에 연결된 장비에 대해서는 장비 발주시 강도계산 및 자재 선정을 위하여 필히 정수두를 표시하도록 한다.

(1) 정수두를 고려해야 할 장비

① 보일러

② 냉동기

③ 열교환기

④ 급탕탱크

⑤ 급탕라인 펌프

(2) 강관 및 동관의 상용압력은 정수두압에 대하여 재료의 강도가 충분한가를 검토한다.

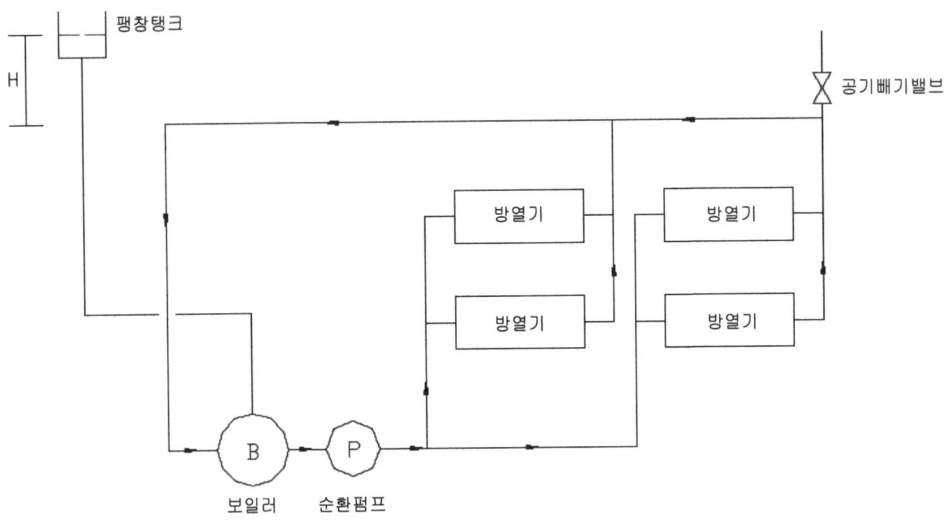

그림 2-23 ▸ 배관 내의 정수두

9) 신축이음

(1) 배관재의 열팽창량

배관은 온도변화에 따라서 축방향, 지름방향으로 신축을 일으키지만 일반적으로 지름방향의 변화는 특별한 경우를 제외하고 무시한다.

관 신축량은 배관시공 완료 후에 일어나는 연간의 최대 온도차를 구하여 그것과 선팽창계수 및 배관 길이를 곱하여 최대 신축량을 계산한다. 또 배관공사 중의 기온이 상기 온도범위에 포함되지 않는 특수한 경우는 이것도 고려한다.

관의 선팽창계수는 표 2-9와 같다.

표 2-9 관의 선팽창 계수[10^{-6}/℃]

관 재료의 질	온 도(℃)	선팽창계수
주 철(4 C 이하)	20	10.5
탄소강(0.5 C 이하)	20	12.18
탄소강(1.0 C)	20	10.50
탄소강(1.5 C)	20	10.1
18~8 스테인리스 강	20	16.7
동	20	16.5
동	100	16.8
7.3 황동	20	16.29

(2) 신축이음의 종류

① 스위블 신축이음 : 방열기, FCU에 주로 이용되며, 신축이음을 사용하지 않을 정도의 신축량을 흡수하는데 용이하며, 값싼 방법으로 증기나 온수 배관에 이용되고 있다.

이 방법은 그림 2-24, 25에 표시한 바와 같이 배관 분기부 휨부에 여러 개의 엘보를 설치하여 휨부를 많게 하여 주관, 지관의 신축량을 그 굴곡관의 휨, 비틀림으로 흡수하도록 한다. 분기부, 휨 부분에 한하지 않고 직관부에도 이용할 수 있다.

이 배관법은 여분의 휨 부분이 관내 유체저항이 증대되는 결점이 있으나 관 신축에 의해서 역구배가 되지 않도록 충분히 주의하면 현장에서 간편하게 시공되므로 편리하다.

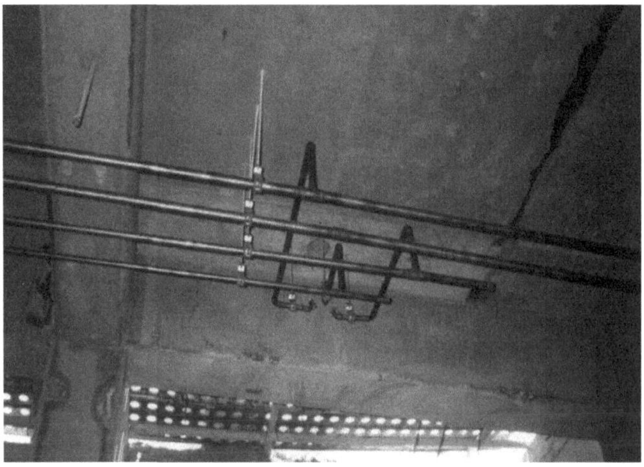

그림 2-24 ▸ 횡지관의 스위블 조인트

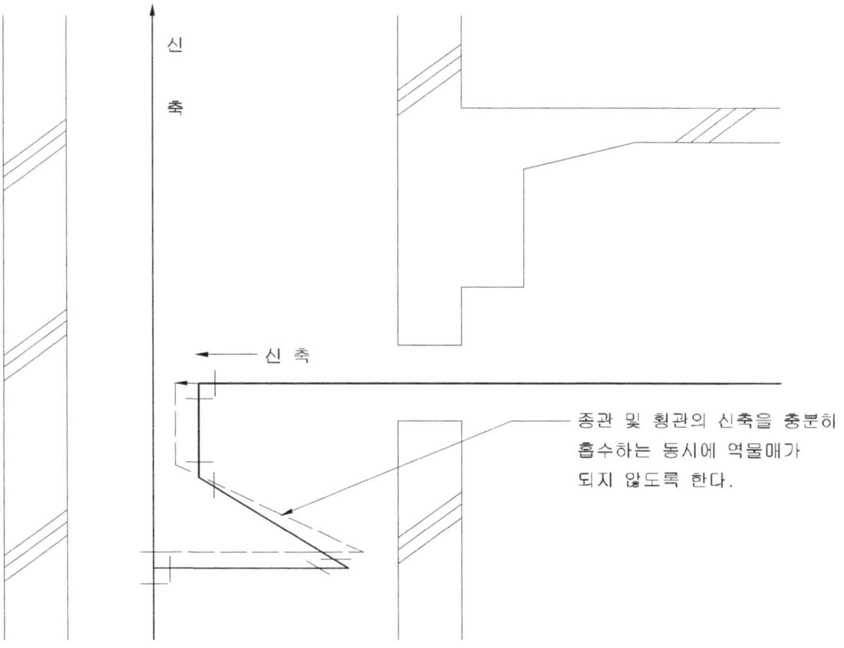

그림 2-25 ▸ 입상관의 스위블 조인트

② 신축곡관(루프형 신축이음)

관 자체의 밴드가 지니고 있는 가연성을 이용하여 관의 신축을 흡수하는 것으로 비교적 긴 배관에 있어 보다 유효하다. 이 밴드는 설치에 커다란 장소를 필요로 하고, 신축에 의한 응력이 큰 것이 결점이지만 고압에 견디고 내구성이 있으며 벨로즈형에 비하여 재료의 피로를 느끼지 않고, 고장이 적은 등 장점이 있다. 곡률반경 R은 관외경 D의 6배 이상의 것이 요망되며, 전체 길이는 다음 식으로 구할 수 있다.

$$L = 73\sqrt{D \cdot \Delta l}$$

L : 밴드길이(mm)

D : 관의 외경(mm)

Δl : 신축길이(mm)

③ 슬리브형 신축이음 : 외통과 내통의 패킹에 의해 기밀을 유지하는 형태이다. 단식, 복식의 2종류가 있고, 양단에 슬리브가 있는 것이 복식이며, 이 복식은 신축이음이 움직이지 않도록 구조체에 완전히 고정하며, 단식은 신축이음 가까이에서 배관을 고정한다.

일반적으로 50A 이하는 전포금제 나사박기형, 65A 이상 슬리브는 포금제이고, 동체는 주철제의 플랜지형이다.

슬리브와 본체와의 사이에는 패킹을 끼워서 유체의 새는 것을 막고 있다. 그 패킹에는 석면을 흑연(Graphite) 또는 기름으로 처리한 것을 사용하는 것이 보통이다.

④ 벨로즈형 신축이음 : 동 및 스테인리스강제 벨로즈(주름통)가 수축하는 형태이며, 그 특징은 누수가 적고 신축에 의한 응력도이 적으나 벨로즈에 물이 고이며, 부식을 일으키고 피로를 일으키는 경우가 있기 때문에 스테인리스강제의 것이 주로 사용된다.

⑤ 볼조인트 신축이음

360° 의 스위블 운동과 적당한 각운동을 하는 공모양의 조인트를 여러 개 사용함으로써 다양한 각도로 움직일 수 있으므로 열팽창 · 수축의 경우에 일어나는 복합적인 비틀림을 제거할 수 있다. 최근에 사용하는 볼조인트는 고압용에 신뢰성이 높고, 주로 지역난방용 고온수 배관의 열팽창, 충격, 진동, 지진, 지반침하에 대한 관의 보호에 사용되고 있다.

(3) 신축이음 시공

① 난방 및 급탕배관에는 관의 신축을 흡수할 수 있도록 도면에 표시된 곳 또는 시공자가 판단하여 설치해야 할 곳에 제작자의 설치지침서에 따라 설치한다.

- 입상관, 공동구 : KS B 1536(벨로즈형 신축이음) 규격에 적합한 제품
- 지하 및 옥상횡주관 : 루프형 신축관이음

② 급탕(환탕 포함), 난방의 지하 횡주관 및 옥상 횡주관에서 분기되는 배관은 그림 2-26과 같이 적어도 3엘보 타입으로 배관하여 신축을 흡수할 수 있도록 해야 한다.

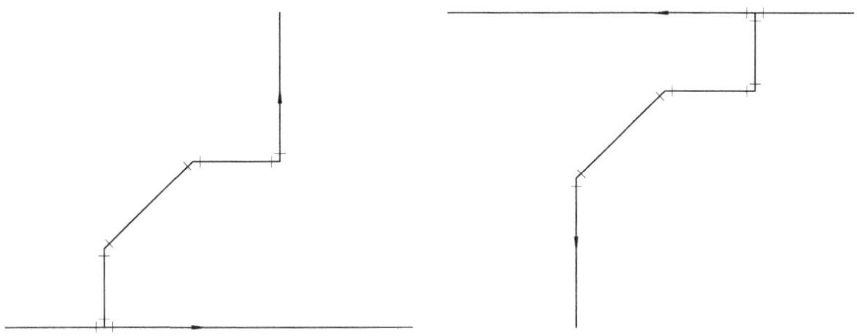

그림 2-26 ▸ 분기방법

③ 급탕 및 난방 입상관에서는 그림 2-27과 같이 설치하고, 신축접수(벨로즈형)가 설치되는 상, 하층(2개 층)은 공용 클램프와 배관이 직접 접촉되지 않도록 신축을 고려한 보온통을 설치하고, U볼트의 조임을 적절히 하여 신축시 소음, 진동이 발생하지 않도록 해야 한다.

④ 공동구 배관에는 관의 신축량을 충분히 감당할 수 있는 위치에 신축이음을 설치하고, 신축기점으로부터 유효한 곳에 고정철물을 둔다.

⑤ 도면에 표시된 곳 혹은 125A 이상은 신축이음 양쪽 끝단에서 1.5m 이내, 100A 이하인 경우는 양 끝단에서 0.6m 이내에 관 가이드를 설치한다. 관이 축방향으로 이동하도록 유도하는 미끄럼 운동 부분과 가대에 고정시킬 수 있는 부분으로 구성되어야 한다.

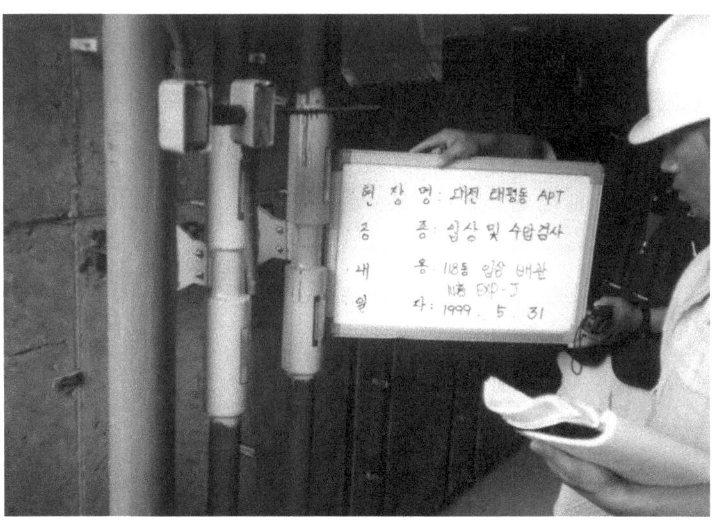

그림 2-27 ▸ 입상관 신축 접수 시공

(4) 신축이음의 고정방법

신축이음의 고정방법은 그림 2-28, 29와 같이 한다.

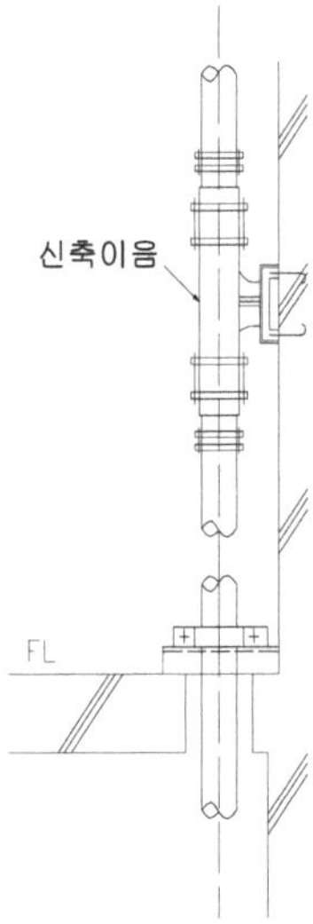

그림 2-28 ▸ 입상관 신축이음의 고정

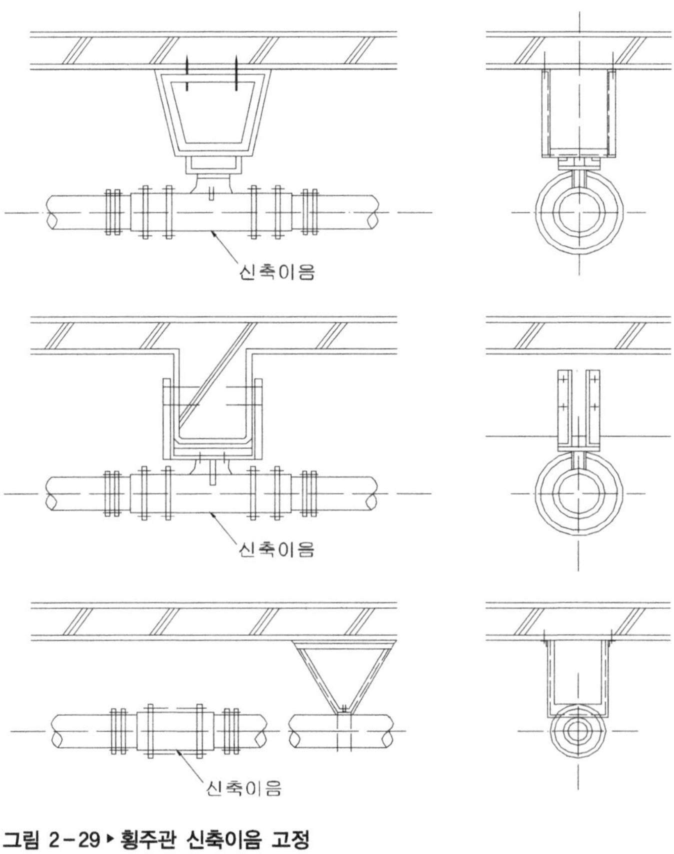

그림 2-29 ▸ 횡주관 신축이음 고정

10) 도장공사

(1) 도장공사시 유의사항

① 색의 얼룩, 칠의 떨어짐, 몰림, 거품, 주름 및 솔 자국 등의 결점이 없도록 전체 면을 균일하게 칠한다.

② 도장장소 주변을 오염 및 손상되지 않도록 주의하고, 필요에 따라 적절한 보호조치를 한다.

③ 도장장소의 온 · 습도 및 환기 등 건조조건에 주의하고, 도료의 종류와 건조조건에 따라 적합하게 정한다.

④ 도장하는 환경에서는 환기를 하고, 용제에 의한 중독을 방지한다.

⑤ 도장시에는 화기 및 전기스파크로 인한 인화에 주의하고 화재 및 폭발 등의 발생을 방지한다.

⑥ 도장장소의 기온이 5℃ 이하, 습도가 85% 이상 또는 환기가 충분하지 않고 결로가 있는 등 도료의 건조에 적당치 못한 장소에서는 원칙적으로 칠을 하지 않아야 한다. 부득이하게 칠을 할 경우에는 온 · 습도를 유지할 수 있는 보온 및 환기 등 의 보호조치를 한 후 행한다.

⑦ 외부 도장은 강우의 우려가 있는 장소나 강풍시에는 원칙적으로 작업하지 않아야 한다.

(2) 방청도장

배관, 지지철물 및 철제면에 대한 1회의 방청도장은 현장 반입 즉시 실시하고, 조립 후 도장이 곤란한 부분은 조립하기 전에 2회의 방청도장을 실시한다. 2회 도장은 공사현장에서 부착물을 제거한 후 1회 도장의 불완전한 부분을 보수 · 도장한 후 전체 도장을 실시한다.

(3) 배관 및 지지금구류의 도장

방청도장은 표 2-10과 같이 한다.

표 2-10 방청도장

구 분	적 용	도 장 내 용
흑관	보온마감	광명단 2회
	보온하지 않는 배관	광명단 1회+은분 2회
백관	보온마감	
	보온하지 않는 배관	은분 2회
기타 철재		광명단 1회+조합페인트 2회

(4) 탱크류 도장은 설계도서에 의거 방청 및 방식 효과를 갖도록 균일하게 도장해야 한다.

11) 계기류 설치

(1) 압력계 설치

① 압력계는 완충장치 및 콕(또는 볼 밸브)과 함께 설치하되 관측하기 쉬운 곳에 설치한다.

② 설치장소는 도면에 표시된 곳과 다음의 위치에 설치한다.

- 급수펌프 토출측 및 펌프실 급수 인입관
- 중온수 및 난방순환 펌프의 흡입과 토출측
- 각 기계실 중온수 공급 및 환수관
- 온수저장탱크 및 공급 · 환수 헤더
- 팽창보급수 펌프 토출측
- 열교환기 입구와 출구
- 감압밸브 및 차압밸브의 전후
- 차압유량 조절밸브의 압력 감지부(밸브 본체에 부착시 제외)
- 각동 인입 난방공급 · 환수 및 급탕관

(2) 온도계 설치

① 온도 감지부는 관의 중심과 수직이 되도록 설치한다.

② 온도계는 관측자가 보기 쉽게 설치한다.

③ 설치장소는 도면에 표시된 곳과 다음의 위치에 설치한다.

- 중온수 및 난방순환펌프의 토출측
- 온수저장탱크 및 공급 · 환수 헤더
- 열교환기 입구와 출구
- 각 기계실 난방, 공급 환수관 및 급탕 · 환탕관
- 각동 인입 난방공급 · 환수 및 급탕관
- 중온수 펌프 냉각수탱크

2 배관접합공사

1) 동관 접합

(1) 작업준비

① 접합준비

- 브레이징(Brazing)용접 : 일반적으로 옥상, 입상관, 지하 주관 및 옥외배관

–솔더링(Soldering)용접 : 일반층 동관 배관 등

② 동관 배관에 필요한 허용차가 적은 전용 공구를 준비하여 시공에 차질이 없도록 해야 한다.

③ 관의 절단

2″ 이하의 관은 전용 절단기로, $2\frac{1}{2}$″ 이상은 쇠톱을 사용하여 직각으로 자르고 모세관 현상에 의한 용접성을 높이기 위하여 관의 내 · 외면은 리머(Reamer) 또는 줄 (file)로 손질해야 하며, 전용 교정기(Sizing Tool)를 사용하여 완전한 원형으로 수정 하고 관 내에 이물질이 들어가지 않도록 한다.

그림 2–30 ▸ 동관용접

④ 관의 굽힘

현장굽힘은 호칭경 20mm 이하의 관에만 적용하며, 규격에 알맞은 굽힘 공구를 사용하고 굽힘시 무리한 힘을 가하거나 급격히 작업함으로써 관의 변형 또는 파손이 발생하지 않도록 한다.

(2) 브레이징 접합

① 용접은 B Cup–3의 용접봉을 사용하여 모재와 충분히 밀착되게 접합하고, 열응력으로 인한 모재 변형 및 충격에 의한 이완으로 누수발생이 없도록 시공해야 한다.

② 용접시에는 관의 표면과 부속류의 내면을 연마지(Sand Paper, #200 이상) 또는 솔(Wire Brush)로 불순물을 깨끗이 제거하고(관 표면에 손상이 발생하지 않도록 주의), 용접재에 알맞은 용제(Flux)를 관의 접합 부분 표면에 균일하게 도포하여 용접 후 관의 부식방지를 위해 깨끗이 제거해야 한다. 단, 관 끝의 2~3mm는 도포하지 않는다.

③ 용접시 이음쇠류 안쪽까지 관이 완전히 들어가도록 회전시키면서 삽입해야 하며, 틈새는 0.03~0.13mm(삽입시 약간 힘이 드는 정도)로 한다.

④ 가열은 프로판(Propane), 부탄(Butane), 산소–아세틸렌으로 하며, 불꽃이 이음쇠 내면에 닿지 않도록 주의하고, 국부 과열되지 않도록 한다.

⑤ 가열시 나사용 이음쇠는 젖은 헝겊으로 덮어 열에 의한 나사 부분의 변형을 방지하며, 용접재의 응고시까지 움직이거나 비틀리지 않도록 하고 서냉해야 한다.

(3) 솔더링 접합

① 용접부의 오염물질을 연마지(Sand Paper, #200 이상)나 솔 등으로 부드럽게 닦아내고 사이징 작업을 확실하게 하고, 용제는 사용하기 전에 액체와 분말이 잘 섞이도록 교반하여 동관 삽입부와 이음관 내부에 용제를 붓으로 얇게 도포한 후에 삽입한다.(관끝 2~3mm는 도포하지 않음)

② 배관과 이음관의 틈새가 모세관 접합에 합당해야 하며(KS 규격의 틈새 : ±0.04~0.08mm), 동관의 진원도의 허용차는 KS D 5301에 따르며 다음과 같다.

두께/바깥지름	허 용 차
0.01 이상 0.03 이하	1.5% 이하
0.03 초과 0.05 이하	1.0% 이하
0.05 초과 0.10 이하	0.8% 이하(다만, 최소치 0.05mm)

③ 삽입 완료된 동관은 토치를 사용하여 용접부에서 먼 곳부터 가까운 곳으로 가열하며 접합부에 직접 화기를 대어서는 아니 된다.(간접열 용접)

④ 도포된 용제가 갈색(약 200℃) 또는 검은색(약 220℃)으로 변화하며 거품이 발생(약 230℃)하면 가열을 중지하고, 곧이어 솔더 메탈을 접합 부위에 가볍게 2~3회 접촉하여 틈새로 빨려 들어가게 한다.

⑤ 솔더메탈 용착이 끝나면 상태에 따라 토치로 재가열한 후 용접을 종료한다.(솔더 메탈이 너무 빨리 응고되는 경우에만 적용)

⑥ LPG 또는 프로판(부탄) 토치, 전기가열기를 사용하고 토치는 솔더 전용으로 불꽃이 번지지 않아야 하고, 토치구경과 LPG(프로판)의 압력은 다음 표의 이하로 한다.(산소-아세틸렌 토치는 사용금지)

동관구경	LPG토치구경	가스사용 압력
15~20mm	10~12mm	1kg/㎠
25~32mm	10~15mm	1~1.3kg/㎠
40~45mm	12~20mm	1.3~1.6kg/㎠

⑦ 용접이 완료되어 토치를 제거하면 솔더 메탈이 응고시까지 용접부에 진동 등 충격을 주어서는 아니 된다.

⑧ 토치를 제거한 후에 응고를 촉진시키기 위하여 물을 분무하는 경우에는 용접부에 직접 닿지 않게 약 50~70mm 이상의 원거리에 분무해야 하며, 응고가 완료(15~20초)되면 용접부에 남아 있는 플럭스 등 잔유물을 물수건으로 또는 물을 분사하여 닦아 낸다.

⑨ 의료가스 등 인체와 관련된 동관 용접은 질소 퍼징 용접하여 용접 후 관 내의 이물질이 남지 않도록 해야 한다. 그림 2-31은 일반 용접과 질소 퍼징 용접을 비교한 사진이다.

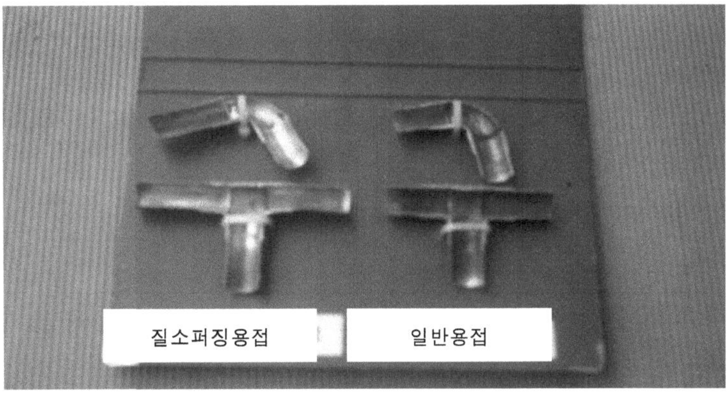

그림 2-31 ▸ 동관용접 비교

2) 강관 접합

(1) 강관나사 접합

① 관의 절단

필요한 길이를 시공도 및 실측에 의거하여 정확히 산출하고 관경을 축소시키지 않는 공구를 사용하여 관축에 직각으로 절단하고, 절단부 내 · 외면은 줄 또는 리머 등으로 다듬질(덧살 제거)해야 한다.

② 나사가공 또는 용접이 완료된 관의 보호(부속 조립 전)

- 나사가공 부위 : 실테이프 또는 보호 캡 이용
- 용접 부위 : 용접 후 슬래그 제거 및 광명단 도장

③ 나사가공

- 15A～25A : 7산
- 32A～50A : 8산
- 관은 한 번에 나사산을 가공하면 관에 무리한 힘이 가해지면서 나사산이 조잡하게 생성되어 누수의 원인이 될 수 있으므로 2～3회에 걸쳐 나사를 가공하고, 나사가공기의 공구 파손으로 파이프 나사산이 조잡하게 생성된 파이프는 폐기하고 나사가공기(다이스)를 즉시 교체한다.

④ 파이프를 부속과 조립시 부속에 끼우고 남은 나사산은 2～3산으로 하며, 조립 후 노출된 나사산은 실 테이프를 제거하고 부식(녹발생)이 생기지 않도록 광명단을 2회 이상 도장이나 코킹 컴파운드를 도포해야 한다.

(2) 그루브 조인트(Grooved Joint)배관 방식

미공병단에서 2차 세계대전시 개발한 배관 연결방법이다.

그루브 조인트란 홈을 형성한 관 또는 이음쇠에 특수 제작된 고무 개스킷을 삽입하여 그 위에 조인트 커버를 덮어, 볼트와 너트로 조임으로써 유체를 밀봉하고 이탈방지 기능을 갖도록 하는 이음쇠를

말한다.

① 사용 자재

그루브 조인트의 사용압력은 10kg/㎠ 용과 20kg/㎠ 가 생산되며 고무링(E.P.D.M)의 사용온도는 −30∼110℃이다.

그 밖의 상세는 표준시방서에 따르며 제품에는

- 그루브 조인트의 크기
- 제조업체 또는 약칭
- 사용압력 또는 식별 부호
- 고무링의 재질 등이 표시되어야 한다.

② 시공시 유의사항

- 관은 외면이 매끈하여 관말 부분이 직각을 유지해야 하고, 이물질은 사포 또는 줄을 이용하여 제거해야 한다.
- 관의 절단과 홈내기 가공은 전용공구를 이용해야 하며, 관축과 직각으로 절단하여 고무링의 파손을 방지하고 1∼1.5mm 이내의 간격을 유지한 후, 조인트 커버를 덮고 볼트와 너트를 균형 있게 조여야 한다.
- 고무링을 철사 등에 걸어 운반 및 보관하는 것을 금지하고, 직사광선 또는 강한 열에 장시간 노출되지 않도록 해야 한다.
- 제품의 제조업체로부터 시공에 관한 기술지도를 받은 후 시공에 임해야 한다.

3) 주철관 접합

(1) 주철관 접합방식

① 패스트 조인트방식

- 연결부속에 고무링, 압착링 및 압착 플랜지를 차례로 설치한 후 주철관을 부속의 삽입턱까지 밀착시킨다.
- 압착 플랜지 상단에 있는 홈에 전용 렌치를 사용하여 시계방향으로 돌려서 체결한다.

② 플랜지방식(메커니컬 방식)

- 연결부속에 고무링과 플랜지를 차례로 삽입한 후 볼트, 너트를 느슨하게 1차 체결한다.
- 삽입된 고무링과 플랜지의 내경 사이로 주철관을 삽입한 후 턱까지 밀착시킨다.
- 볼트의 조임은 편중되어 조여지지 않도록 대각선 순으로 반복하여 조금씩 조인다.

③ 노허브방식(No−Hub방식)(그림 2−32 참조)

배관 사이에 패킹재를 삽입하고 전용 밴드로 조여 고정 · 접합하는 방식

④ 소켓방식(Hub방식, 납접합방식)

- 청소 및 건조 : 연결 부위에 수분이 있으면 녹인 납(연)이 비산하여 안전사고 및 접합불량의

원인이 된다.

- 마충전 : 마는 잘 꼬아서 다지면서 감아 넣는다. 이때 주철관 허브길이의 2/3까지 다짐한다.
- 납(연) 충전 : 녹인 납의 필요량을 일시에 충분히 충전하고 다짐을 해야 하며, 이때 납의 양은 허브길이의 1/3 이상 채워야 한다.

그림 2-32 ▸ 노허브 주철관 배관

(2) 소제구 설치

① 설치지점

- 오·배수 수평지관 및 수평주관의 기점
- 직선길이가 긴 수평관의 중간(관경 100A 이하 : 15m마다, 관경 125A 이상 : 30m마다)
- 오·배수 횡주관이 45° 를 넘는 각도에서 방향을 변경하는 개소
- 오·배수 수직관의 최하단 부분 또는 그 부근
- 오·배수 수평주관과 대지 배수관의 접속 개소에 가까운 곳

② 모든 소제구는 배수의 흐름과 반대 또는 직각으로 열 수 있도록 설치한다.

③ 현장여건상 사후 보수가 어려운 곳은 위치 조정 또는 추가설치를 검토해야 한다.

④ 입상관말에 설치되는 소제구는 위치상 소제가 곤란한 경우가 많으므로 각도 조정 및 횡지관 연장을 검토해야 한다.

※ YT관 → Y관+단관+45° 엘보 시공

⑤ 소제구 주위 공간

관경 65A 이하 : 300mm, 관경 75A 이상 : 450mm

그림 2-33 ▸ 배수관 소제구 및 통기관

(3) 시공요령

① 배관의 지지는 주철관은 1본에 1개소, PVC관은 1.5m마다 1개소씩 지지하되, 입상관 하단부에는 입상관의 하중을 고려하여 필히 행거를 설치해야 한다.(125A 이상은 12mm 환봉, 100A 이하는 9mm 환봉)

② 주철관은 시간 경과에 따라 녹이 발생되므로 배관 반입 즉시 콜타르 1회 도장을 실시하고 배관 완료 후 콜타르 2회 도장을 해야 한다.

③ 주철관은 KSD 4307(배수용 주철관) 2종 제품으로 직관 부위에 KS마크를 확인해야 한다.(저울로 단위길이당 중량을 확인해 볼 수 있다)

④ 지하층 오 · 배수관의 구배는 1/100로 시공해야 한다.

⑤ 직관의 길이를 검토하여 불필요한 접합이 없도록 해야 한다.

⑥ 주철관의 코킹작업시 납의 부족시공, 코킹상태 불량 등으로 누수되는 사례가 있으므로 임의의 샘플을 선정, 납의 충전량 등을 확인한다.

⑦ 건물 외부 2m까지 시공하는 주철관은 건물 외벽에 위치를 알 수 있게 하여 토목 연결 작업을 위한 터파기시에 파손되지 않도록 한다.

⑧ 관을 접합하기 전에 삽입관의 바깥면, 부속의 내면, 고무링 등에 부착되어 있는 기름, 모래 및 기타 이물질을 완전히 제거해야 한다.

⑨ 토목 맨홀과 오 · 배수관의 연결공사는 토목 · 시공분이나 기계쪽에서도 연결 상태를 사진 촬영하여 확인 후 시설관리 부서에 인계하는 것이 바람직하다.

⑩ 아파트 및 공용 부위 집수정 배관, 경비실 배관은 기계 시공한계가 건물 외부 2m까지이고, 그 이후는 토목 · 시공분이나 설계에 누락되는 경우가 많으므로 연결공사에 특히 유의해야 한다.

4) PVC관 접합

그림 2-34 ▸ PVC 배관

(1) PVC배관 시공요령

① 관의 절단은 축에 직각으로 하고 부속(링타입)에 관의 삽입이 용이하고, 링의 이탈을 방지하기 위하여 관 끝에 45° 이상 예각을 주어야 하며, 예각된 면은 균일하게 다듬어 관 끝부분이 파손되지 않도록 해야 한다. 단, 나사식 고무링 이음방식의 경우는 예각 가공하지 않는다.

② 직관의 연결, 관과 부속류의 연결을 위한 관 삽입시 고무링이 이탈되지 않도록 삽입길이의 1/2~1/3 정도 윤활제를 도포해야 하며, 윤활제는 비누세제를 사용하고 고무링의 탄력성을 저하시키는 광물성 기름(모빌유, 그리스 등)을 사용해서는 안 된다.(액체용 세제는 원액보다 물로 희석하여 사용하는 것이 좋다)

③ 고무링부의 직관은 삽입 전에 내 · 외부면 이물질을 제거하고 정확한 접합이 되도록 삽입될 길이를 매직 등으로 표시하고 접속해야 한다.

④ 오 · 배수용 PVC관 및 부속류의 고무링부 접합개소 삽입길이는 다음과 같다. 단, ( )안은 나사식 고무링 이음방식의 경우이다.

표 2-11 PVC관 삽입길이

호 칭 경	35A	40A	50A	75A	100A	125A
삽입길이	40mm(25)	42mm(29)	44mm(32)	53mm(48)	61mm(59)	63mm(63)

⑤ PVC 나사식 고무링 이음관은 몸체, 고무링, 캡 등으로 구성되며 접합은 캡이 약간 풀려 있는 상태에서 PVC관을 삽입시킨 후 전용공구를 사용하여 캡을 조인다.

⑥ PVC 나사식 고무링 이음관의 삽입길이는 이음과 내측 스토퍼로부터 캡 부분까지로 한다.

(2) 배관시 주의사항

① 배관 접속시 허브의 방향은 물흐름 방향에 반대가 되도록 접속한다.(통기배관은 이와 반대로 설치해야 함)

② 오 · 배수 흐름은 구배가 중요하므로 자재보관 중 휘어진 관을 시공해서는 안 된다. 운반시 관을 던지거나 충격을 가하면 돌출된 링부가 파손 또는 크랙이 발생될 수 있으므로 운반작업에 주의를 요한다.

③ 눈에 띄지 않을 정도의 크랙도 오 · 배수가 통과되면 누수가 되므로 배관시 면밀하게 관찰하고, 배관 후 낙하물에 의한 관 보호를 위하여 보양조치(합판 등으로 P/D막기)를 해야 한다.

④ 입상에서 분기된 세대지관용 PVC부속의 경우 낙하물로 인하여 파손되어(크랙) 입주 후 누수되는 사례가 많이 발생되고 있으므로 각별한 보양을 필요로 한다.

⑤ 세대용 PVC관의 구배는 1/50로 한다.

⑥ 세대화장실용 PVC배관에는 소제할 수 있는 위치를 선정하여 반드시 소제구를 설치해야 한다.

⑦ 각종 기구류(양변기, 세면기, 욕조, 발코니 바닥 트랩, 발코니 입상관, 화장실 바닥 트랩)의 슬래브 계획시 PVC관 및 부속을 구입하여 시험시공한 후 슬래브 위치, 소제구 위치, 방음보온 여유 등을 검토해야 한다.

⑧ 세면기의 P-트랩 연결 배수용 PVC관은 건축 마감선에서 5mm 이상 돌출되도록 시공하고 연결 부위는 반드시 패킹을 삽입하여 악취 및 벌레의 침입을 방지한다.

⑨ 화장실 PVC배관은 관내 소음방지 목적으로 25mm 방음보온을 한다. 입상배관중 화장실 오 · 배수 및 싱크 배수관은 25mm 방음보온을 한다.(통기관 및 노출배관 제외)

⑩ 1층용 세탁실 배수관 중 옥외에 노출된 발코니 하부 배관에는 50mm 방동보온을 해야 한다.

⑪ 별도 배관된 저층부(구획 구분표 참조) PVC는 지하층에서 주철관으로 연결하여 횡지관이 아닌 횡주관에 연결함을 원칙으로 한다.

※ 주관에 연결이 불가능시에는 검토하여 지관에 연결할 수 있으며, 횡주관에 가장 가까운 곳이어야 한다.

⑫ 통기용 입상관 등 모든 통기관은 PVC관으로 배관하되 오 · 배수관의 상부에서 분기토록 하고 입상관은 물넘침 수위(Flood Level) 위에서 연결되도록 한다.

⑬ 발코니 세탁실 PVC 입상 슬래브와 입상관 사이는 코킹 등으로 밀실하게 채워 세탁기 배수시 슬래브 주위까지 물이 고일 경우도 슬래브 사이로 누수되지 않도록 철저히 시공하고 PVC관의 지지는 P형 밴드와 안경밴드로 견고하게 고정한다.

※ 설치된 입상 슬래브의 종류가 PVC 합성수지재의 경우 노출되는 슬래브의 연결이 견고하게 되었는지 확인해야 함.

⑭ PVC관은 햇빛에 약하므로 그늘에 보관해야 하며, 보관의 잘못으로 관의 휨 발생, 경화, 변색된 제품은 사용 금지

※ 적재방법 : 높이 1.5m 이하. 관지지대는 3개소 이상

⑮ 양변기용 배수관은 200mm 이상 인출하여 찌그러짐이 없도록 하고 관 끝부분은 이물질이 들어가지 못하도록 조치해야 한다.

3 용접공사

1) 일반사항

① 기온이 0℃ 이하인 경우는 용접을 해서는 안 된다. 다만, 접합부로부터 100mm 범위의 모재 부분을 36℃ 이상으로 가열하여 용접하는 경우는 예외로 한다.

② 비 또는 눈이 내리는 곳이나 바람이 부는 곳에서 용접을 하여서는 안 된다. 단지 날씨 등의 영향을 받지 않도록 충분한 보호시설을 했을 경우에는 감독자의 승인을 받아 용접할 수 있다.

2) 사용자재

(1) 용접기

① 용접기는 KS C 9602에 규정된 것이나 동등 이상의 성능을 가진 것을 사용해야 하며, 만일 교류 전원이 없는 현장에서는 엔진 구동식이나 KS C 9605에 규정된 직류 아크 용접기를 사용한다.

② 교류 아크용접기는 소요규격에 적합한 것이어야 한다.

③ 직류 아크용접기는 안정된 아크를 발생시키고 필요한 전류를 간단, 정확, 연속적으로 조정할 수 있으며, 양호한 용접을 할 수 있는 것이어야 한다.

④ 용접기는 충분한 용량을 가지고 적정 전류로 안정된 아크를 정상적으로 발생시킬 수 있어야 한다.

⑤ 용접기에는 사고방지를 위한 전격 방지장치를 부착해야 한다.

(2) 용접봉 홀더

KS C 9607에 적합한 것이어야 한다. 불량한 홀더를 사용함으로써 감전 및 용접봉과의 접촉 불량을 유발하여 홀더가 과열되는 일이 있어서는 안 된다.

(3) 용접용 케이블

KS C 3321에 적합한 것이어야 하며, 용접기에서 작업자까지의 거리를 가능한 짧게 해야 아크 전압 저하를 방지할 수 있다.

(4) 용접봉

① 용접봉은 KS 규격에 합격한 것이어야 하며, 용접조건(강재의 종류, 관두께 및 종류, 용접자세 등)에 따라 용접에 적합한 양질의 재료를 사용한다.

표 2-12 용접봉의 사용구분

구 분	접 합 강 재	용 접 봉
①	강관 SS400, SWS400, SMA41	KS D 7004(연강용 피복아크용접봉) KS D 7006(고장력강용 피복아크용접봉)중 50kg 급 중 큰 구속을 받는 부분의 용접에는 저수소계 용접봉
②	SWS490	KS D 7006(고장력강용 피복아크용접봉)의 저수 소계 중 50kg급
③	SWS490, SWS490Y SWS520, SWS570	KS D 7006(고장력강용 피복아크용접봉)의 저수 소계 중 50kg급 및 53kg급
④	①과② 또는 ①과③	KS D 7004(연강용 피복아크용접봉)의 저수소계 또는 ②에 표시된 용접봉
⑤	②와③	③에 표시된 용접봉

② 용접봉은 피복이 벗겨졌거나 젖어 있는 것, 오손·변질되거나 녹이 슨 것을 사용해서는 안 된다.

③ 용접봉은 피복재가 습기를 흡수하면 용접작업이 곤란해질 뿐 아니라 용착금속 중에 수소함량이 많아져 블로홀, 피트(Pit), 크랙 등 용접결함이 발생하기 쉬우므로 사용 전에 적당한 시간과 온도로 충분히 건조시켜 사용해야 한다.

표 2-13 용접봉 건조의 기준

용접봉의 종류	용접봉의 상태	건조온도	건조시간
연강용 피복아크 용접봉	개봉 후 12시간 이상 경과한 때 또는 용접봉이 흡습할 우려가 있을 때	100~150℃	1시간 이상
저수소계 아크용접봉	개봉 후 4시간 이상 경과한 때 또는 용접봉이 흡습할 우려가 있을 때	300~400℃	1시간 이상

3) 용접공사

(1) 공사준비

① 작업에 임하기 전에 기상에 따른 제반 방호대책을 확인한다.

② 모재의 용접면은 충분히 건조시키고 페인트, 기름, 녹, 스케일 등 기타 유해한 것은 와이어 브러시 등으로 완전히 제거한다.

③ 용접봉은 용접자세, 이음모양, 피용접재, 작업능률 등에 적합한 종류 및 지름의 것을 선정한다.

④ 규격화된 보호구를 사용하고 작업자세를 단정히 한다. 용접용 케이블, 홀더, 용접헬멧, 장갑, 보호안경 등은 규격화된 것을 사용한다.

⑤ 용접봉의 건조상태를 유지하기 위해 휴대용 건조기를 현장 용접공이 휴대토록 한다.

⑥ 조립도구를 부재에 용접할 때에는 용접 부분을 될 수 있는 한 적게 하고, 제거시에는 이것을 떼

어낸 뒤 매끈하게 마무리해야 한다.

⑦ 가용접은 변형, 어긋남 및 기공을 방지하기 위해 용접봉 및 가용접 위치 등을 충분히 고려하여 신중하게 해야 한다.

⑧ 용접작업 중의 유독가스가 체류할 우려가 있는 곳은 적절한 환기설비를 하는 등 대책을 강구해야 한다.

⑨ 용접작업을 할 때에는 누전, 전기충격, 아크광 등에 의한 사고 또는 용융금속, 아크 등에 의한 화재 등을 방지할 수 있도록 조치한다.

(2) 홈내기 가공

① 홈내기 가공은 원칙적으로 기계가공으로 한다. 부득이하여 자동 또는 수동으로 열절단 가공시에는 반드시 그라인더 마무리로 면가공을 행한다. 홈내기 면은 매끈하게 마무리하고 홈내기 면에 부착되어 있는 찌꺼기는 완전하게 제거한다.

② 접합 부분 홈내기 및 용접부 간격의 치수는 다음 표 2-14와 같다.

③ 용접작업에는 모재의 베벨각과 루트패스 간격 등에 현저한 오차가 없도록 해야 한다.

표 2-14 용접봉 홈내기 형상과 간격

홈내기 형상	t[mm]	베벨각 ⓐ[°]	루트간격 a[mm]	루트면 b[mm]	강관의 호칭경(φ)
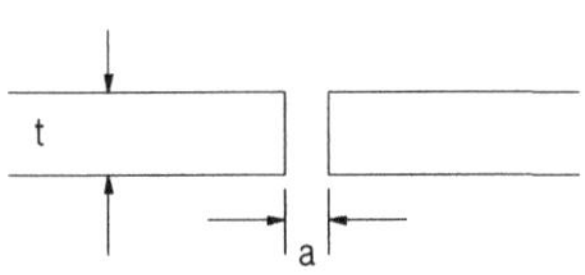	2.8~4.5	-	1.5	-	125 이하
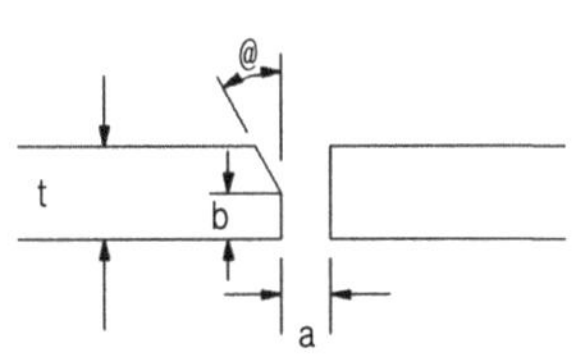	5.0	45	1.5	2.0	150 이상
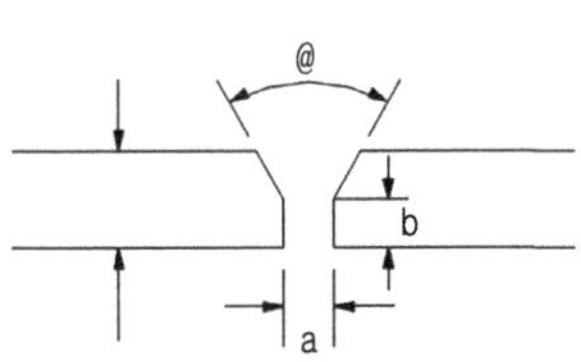	5.8~7.9	70	1.5	2.0	200 이상

(3) 강관용접

① 관의 맞대기 용접은 가용접물을 3~4개소 가용접하거나 클램프를 사용하여 관을 회전시키면서 하향으로 용접한다. 관을 회전시킬 수 없을 때에는 밑에서 위로 용접한다. 용접부 원주상에 가

용접이 된 경우에는 가용접 위치에 도달하면 그라인더 등으로 가용접부를 완전하게 갈아낸 후 본 용접을 행한다.

② 용접할 때에는 관의 변형을 교정하고, 관 끝에 지나친 구속을 주지 않는 정도로 정확하게 거치하여 가용접을 최소한도로 한다.

③ 비드(Bead)의 덧살(Excess Metal)은 모재면 보다 낮아서는 안 되며, 높이 여유치 1~3mm이어야 한다.

④ 아크 용접은 용접부의 수축응력이나 용접변형을 적게 하기 위하여 용접열의 분포가 균등하게 되도록 용접순서에 유의해야 한다.

⑤ 용접을 시작한 후 한 층이 완료되기까지 연속해서 용접한다.

⑥ 용접은 각 층마다 슬래그, 스패터 등을 완전히 제거하고 청소한 뒤 실시한다.

⑦ 양면 맞대기 용접인 경우에는 한쪽의 용접을 완료한 뒤 반대측을 측정하여 건전한 접층까지 따낸 다음 용접해야 한다.

⑧ 굴곡 개소에 대한 용접은 그 각도에 따라 관 끝을 절단한 뒤 관 끝을 규정된 치수로 다듬질한 다음 실시한다. 중간에 절관을 사용하는 경우에도 이에 따른다.

⑨ 현장용접은 원칙적으로 한쪽 방향에서부터 차례로 실시한다.

⑩ 임시로 가용접한 뒤에는 즉시 본 용접하는 것을 원칙으로 하고 임시 고정 가용접만을 선행하는 경우에는 연속 3본 이내로 그쳐야 한다.

⑪ 용접 후 급격한 냉각을 해서는 안 되며, 필요한 경우 후열해야 한다.

⑫ 플랜지 용접은 플랜지면이 관에 직각이 되도록 맞추고 볼트구멍에 일치시켜서 3~4개소 가용접 한 후 본 용접을 행한다. 관경 65A 이하는 단면 용접하고 관경 80A 이상은 양면 용접한다.

(4) 강재용접

가) 가공 및 접합

① 용접접합 줄눈의 경사가공은 기계 또는 자동 가스절단기로 설계도에 지시된 대로 시공해야 한다. 자동 가스절단기로 절단할 때, 표면에 생긴 슬래그나 홈은 완전히 제거해야 한다.

② 필렛 용접의 루트는 1mm 이상 두어서는 안 되며, 루트를 1mm 이상 두어야 할 경우에는 루트면을 경사가공하고 홈용접해야 한다.

③ 주부재의 홈용접 및 자동용접에 의한 필렛 용접의 양단에는 모재와 동질이며, 접합부 줄눈의 경사가공을 모재와 동일하게 한 조각 강재를 사용하여 용접하고, 용접 후에는 이 조각을 제거하고 그 부분을 마무리해야 한다.

④ 가붙임 용접에 균열이 생겼을 경우에는 용접부분을 완전히 깎아내고, 원래대로 재용접해야 한다.

⑤ 주부재는 뒤 댐판(strong back)을 사용하지 않는 것을 원칙으로 한다. 부득이하게 사용할 경우에는 사전에 감독자의 승인을 받아야 한다.

⑥ 홈 용접에는 용접 표면의 마무리 가공이 규정되어 있는 경우 강판두께의 10~15%의 두께로 덧붙이기 용접을 하고, 응력이 작용하는 방향으로 매끈하게 끝마무리를 해야 한다. 이때 모재를 0.5mm 이상 깎아서는 안 된다. 마무리 가공을 지정하지 않은 홈 용접에서는 아래 표에 지시된 범위 내의 덧붙이기는 용접된 대로 두어도 무방하다.

표 2-15 홈용접의 덧붙임(㎜)

비드 폭(B)	덧붙임 높이(h)
B < 15	h ≤ 3
15 ≤ B < 25	h ≤ 4
B ≤ 25	h ≤ 4/25B

나) 본 용접

① 아크를 발생시킬 때는 다른 강재나 용접선 중에서 해야 한다.

② 아크의 길이는 원칙적으로 용접봉의 지름 이하로 한다.

③ 운봉법은 직선 비드법이나 위빙법으로 한다.

④ 용접작업은 용입 부족, 슬래그 혼입, 기공, 균열 등 모든 결함이 생기지 않도록 특히 신중하게 해야 한다.

⑤ 특별히 필요한 경우를 제외하고는 예열하지 아니한다. 예열은 필요하다면 소요규격에 따라 수행해야 한다.

⑥ 용접 패스간의 온도는 될 수 있으면 낮게 해야 한다.

⑦ 응력집중을 피하기 위해 백가우징 때와 마찬가지로 보강부의 부분을 기계가공, 치핑 해머, 아크에어 가우징에 의해 제거하고, 그라인더로 마무리 가공을 실시한다.

⑧ 본 용접이나 가붙임 용접에서 지시된 조건에 해당하는 경우에는 용접선을 따라 양측 5cm의 범위를 규정된 온도로 예열해야 한다.

⑨ 강재의 밀 시트에서 지시된 탄소함량이 너무 클 경우에는 용접재료 및 용접방법에 관해서 특별한 배려를 해야 한다.

⑩ 다층용접의 각 층은 다음 층의 용접을 하기 전에 그 표면의 슬래그, 잡물 등을 제거하고 청소해야 한다. 용접봉을 바꿀 때나 최종층의 용접이 끝날 때도 같다.

⑪ 수동 홈 용접에서 이면용접을 할 때에는 완전한 용접부까지 이면파기를 하고, 홈용접을 해야 한다.

⑫ 필렛 용접은 부재의 모서리에서 중단하지 않고, 돌리기 용접을 해야 한다. 이때 돌리기 용접의 유효길이는 필렛 용접 치수의 2배 이상으로 해야 한다.

⑬ 자동 용접에서 수동 용접으로 바꿀 때에는 자동 용접의 비드 끝부분을 50mm 이상 깎아내고, 수동 용접을 시작해야 한다.

⑭ 용접 작업에서는 아크 스트라이크가 생기지 않도록 해야 하고, 아크 스트라이크가 발생한 경우에는 감독자의 지시에 따라서 보수해야 한다.

(5) 용접부의 청소

① 용접에 지장이 되는 슬래그는 제거한다.

② 용접 중에 균열 등의 결함이 발견된 경우에는 그 부분을 완전히 제거한 다음 용접해야 한다.

③ 용접 중 또는 용접개시 전에 가 용접으로 균열이 발생한 경우는 그 부분을 완전히 제거한 다음 본 용접을 한다.

④ 용접이 완료된 부분의 슬래그는 제거한다. 또한 용접부 및 주변은 와이어 브러시 등의 적절한 공구로 스패터(Spatter)를 제거하는 등 청소를 해야 한다. 고착된 스패터 중에서 마찰접합면 이외의 부분은 제거하지 않는다.

(6) 용접결함

용접부에는 표 2-16과 같은 결함이 없어야 한다.

표 2-16 용접부 결함의 종류

항 목	결함 한도(㎜)		약 도	적 요
	기 준 치	최 대 치		
비드 크기 불량	2.0 이하	미세한 결함이 없을 것		요철을 포함한 비드(Bead) 눈의 불량
비드폭 불량	2.5 이하			비드(Bead)가 좌우로 여분이 나오는 것
언더컷	틈새 깊이 0.5 이하, 1개 길이 12 이하, 합계길이 총용접 길이의 8% 이하	틈새 깊이 1.0 이하, 1개 길이 25 이하, 합계길이 총용접 길이의 8% 이하	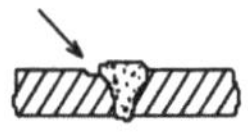	용접 끝단에서의 모재와의 틈
오버랩	1.5 이하		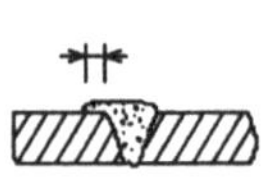	끝단에서 모재 또는 용착금속에 겹쳐 있는 것
용접금속이 녹아 들어감	2.0 이하	미세한 결함이 없을 것		내측에 흘러 처짐
관 단면의 어긋남	1.5 이하			관외경 편심량을 측정할 것
비드의 편심	2.5 이하			비드(Bead)의 중심선이 구부러진 것

항 목	결함 한도(mm)		약 도	적 요
	기 준 치	최 대 치		
용접 덧살	t 12 이하 : 2.0 이하 t 13 이상 25 이하 : 2.5 이하 t 26 이상 50 이하 : 3.0 이하 t 51 이상 : 4.0 이하	과도한 용접 덧살이 없을 것	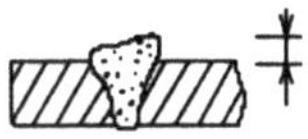	표면 비드(Bead)의 올려진 것(좌그림 참조)
용입 부족	깊이 0.5 이하, 1개 길이 12 이하 합계길이 총용접 길이의 4 % 이하	깊이 0.5 이하, 1개 길이 25 이하, 합계길이 총용접의 길이의 4 % 이하	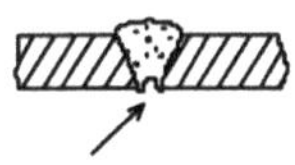	내면까지 용접이 되지 않은 것
각도(판용접 후 각도)	5° (11mm)	8° (18mm)		용접 전에 반대쪽을 붙일 것
크 랙	있어서는 안 됨	있어서는 안 됨		· 용착금속부, 열영향부 · 모재와의 접합

(7) 용접결함의 보수

① 시공중에 발생한 불량 용접부의 보수

- 불량 용접부에 대한 보수의 요령은 감독자의 승인을 받아야 한다.
- 용접 균열의 범위가 국부적이 아닌 경우나 모재가 균열된 경우에는 감독자에게 보고하여 그 보수방법에 대하여 승인을 얻어야 한다.
- 용접시공 중에 좋지 않은 상태가 많이 발생한 경우에는 보수 전에 발생원인을 규명하여 재발 방지대책을 세워야 한다.

② 반입검사에 의한 불합격 용접부의 보수

- 반입검사에서 불합격된 용접부는 외관불량, 치수불량, 내부결함 등 어떤 경우에서나 모든 보수를 하고, 재검사하여 합격되도록 해야 한다.
- 불합격된 용접의 보수는 감독자와 협의해야 한다.

③ 보수방법

표 2-17 용접부 결함 보수방법

No.	결함의 종류	보수방법
1	강재의 표면상처로서 그 범위가 확실한 것	용접, 그라인더 마무리, 용접비드는 길이 40mm 이상으로 한다.
2	강재의 표면상처로서 그 범위가 불명확한 것	정이나 아크 에어 가우징(Arc Air gouging)에 의하여 불량 부분을 제거한 후 용접 덧붙임, 그라인더 마무리를 한다.
3	강재 끝면의 층상 균열	판두께의 1/4 정도의 깊이에 가우징을 하고 용접 덧붙임, 그라인더 마무리를 한다.
4	아크 스트라이크	모재 표면에 오목부가 생긴 곳은 용접붙임을 한 후 그라인더 마무리를 한다. 작은 흔적이 있는 정도의 것은 그라인더 마무리만으로 좋다. 용접비드의 크기는 본 표의 1의 경우와 같다.
5	가붙임 용접	용접비드는 정 또는 아크 에어스커핑법으로 제거한다. 모재에 언더컷이 있을 때는 용접덧붙임, 그라인더 마무리를 한다.
6	용접 균열	균열 부분을 완전히 제거하고 발생원인을 규명하여 그것에 따른 재용접을 한다.
7	용접비드 표면의 피드 오버랩	아크 에어 가우징으로 그 부분을 제거하고 재용접을 한다. 용접비드의 최소 길이는 40mm로 한다.
8	용접비드 표면의 요철	그라인더 마무리를 한다.
9	언더컷	비드 용접한 후 그라인더 마무리를 한다. 용접비드의 길이는 40mm 이상으로 한다.
10	스터드 용접의 결함	해머 타격검사로 파손된 용접부는 완전히 제거하고 모재면을 정리한 다음 재용접한다. 언더컷 덧붙임 부족에 대한 피복용에 의한 보수 용접은 피하는 것이 좋다.

(8) 용접검사

① 외관검사

용접작업이 완료되면 용접부의 결함 유무를 육안으로 조사한다.

② 비파괴검사 등

용접의 품질과 검사기준은 KS규격의 기준에 따르며, 실시 여부 및 검사 빈도는 해당시방서 각 절의 요구에 따른다.

- 방사선 투과시험 : KS B 0845
- 초음파 탐상시험 : KS B 0896
- 침투 탐상시험 : KS B 0816
- 배관용접부의 비파괴검사방법 : KS B 0888

4 보온공사

1) 일반사항

① 건축물의 방화계획, 방화벽, 기타 법규에 지정된 칸막이벽 또는 간격 등의 관이 관통하는 소요 부분에 대해서는 필요한 내화성능을 갖는 불연 재료에 의하여 시공한다.

② 옥내 소화전 배관 등의 소화용 배관에 결로 방지, 동파방지, 피복할 때에는 급수관의 보온방법에 따른다.

③ 보온재의 이음 부분은 틈새가 없도록 시공하고 관 축방향의 이음선이 동일선상에 있지 않도록 한다.

④ 방습(Vapor Barrier)재와 정형용 원지의 겹쳐 감는 폭은 20mm 이상으로 한다.

그림 2-35 ▸ 배관 보온 시공 중

그림 2-36 ▸ 배관 보온 후

⑤ 외장용 테이프류의 겹쳐 감는 폭은 15mm 이상으로 하고 수직관일 때에는 아래에서 위쪽으로 감아 올라간다.

⑥ 옥내 노출배관의 바닥 관통부는 피복재 보호를 위하여 바닥에서 150mm 높이까지 아연철판 등으로 마감한다.

⑦ 배관 보온용으로 보온통의 사용이 곤란한 곳에서는 플렉시블 보온재(Blanket) 등을 사용한다.

⑧ 외기 조건에 특수하여 보온통의 두께가 기성제품의 시방에 맞지 않을 때에는 보온통 위에 동질의 보온관 및 플렉시블 보온재를 감든지, 보온통을 이중으로 겹쳐 시공한다.

2) 슬리브 관통부 배관 보온

① 보온재 및 방습재가 벽체 및 바닥 슬리브 중간에서 이음매가 생기지 않도록 하나의 보온통으로 슬리브 내를 관통하여 보온통의 이음이 노출부에서 시공되게 한다.

② 보온재와 슬리브 사이에 틈이 생길 경우는 석면, 글라스 울 등의 보온재로 충진한다.

3) 결로 방지 보온

① 행거나 서포트의 금속류가 직접 냉각 배관에 접촉되지 않도록 한다.

② 냉수관 배관의 움직임으로 인한 보온층 및 방습층이 파손되지 않도록 여유를 주어야 한다.

③ 보온재 외부로 행거 설치시 보호 실드(Protection Shield) 및 나무 블록, 규산염 칼슘을 사용하여 보온재 변형(눌림)을 방지해야 한다.

④ 현장 사정에 의해 행거와 배관재 사이에 고무재 젤을 삽입시켜 단열시킬 경우 고무(열전달률 0.12kcal/mhr℃)의 두께는

- 기계실의 경우 20mm 이상으로 한다.(단, 관내수온 7℃, 주위온도 30℃ DB, 55% RH조건임)
- 천장내 배관의 경우 9mm 이상으로 한다.(단, 관내수온 7℃, 주위온도 30℃ DB, 55% RH 조건임)

⑤ 나무 블록이나 규산염 칼슘으로 행거와 배관재 사이를 단열시킬 경우 그 두께는 보온재 두께와 같게 한다.

⑥ 방습층 처리는 수증기 분압이 큰 쪽인 보온재 외부에 처리 후 최종 마감한다.

⑦ 조건별 결로방지 시공상태는 상세도를 참조한다. 관 표면에 비닐 테이프를 감아서 방호하는 것은 열저항을 거의 증가시키지 않으므로 결로방지에 도움이 되지 않는다.

4) 사용자재

(1) 보온재 및 부속 자재

① 보온

표 2-18 보온재 규격

재 료 명	규 격
암면 보온재	KS F 4701에 규정하는 보온판, 펠트, 보온통, 보온대 및 블랭킷으로써 보온판, 보온대 및 블랭킷은 1호로 한다.
유리면 보온재	KS L 9102에 규정하는 보온판, 보온통, 보온대 및 블랭킷으로써 보온판은 2호 40k 이상으로 한다.

② 난방코일 신축흡수제

KS M 3862 규격에 맞는 2종 제품

③ 매립배관 방로

KS L 9102 규격에 적합한 제품 또는 KS M 3862 규격에 적합한 2종 제품

④ 방습제

KS F 4901에 규정한 아스팔트 펠트로서 제품의 단위무게 650g/m^2 이상(30kg품)

⑤ 은박 크라프트지 부착 보온재

표 2-19 은박 크라프트지 부착 보온재 규격

구 분	항 목	품 질 기 준	시험기준
표 면 지	인장강도(kgf/15mm) 파열강도(kgf/cm^2) 난연 성능 투수 성능 투 습 도	7 이상 3.5 이상 난연 2급 전후면 이상 없음 5.1 이하	KS M 7014 KS M 7017 KS M 3030 ASTM F 1249
양면 접착 테이프	점 착 력(gf/cm) 유 지 력	600 이상 0.1 이하	KS A 1529
알루미늄 테 이 프	점 착 력(gf/cm) 유 지 력 난연 성능	600 이상 0.1 이하 난연 2급	KS A 1107 KS M 3030
색상 테 이 프	점 착 력(gf/cm) 난연 성능	600 이상 난연 2급	KS A 1107 KS M 3030

(2) 외장재 및 보조재

① 폴리머 테이프 : 두께 0.15mm 이상으로 난연 2급 이상 제품

② 아연도철선 : KS D 3552의 SWM-F, 후도금용 규격에 적합한 제품 중 0.62mm 이상

③ 알루미늄박 정형용 원지(은박지) : 두께 0.02mm의 알루미늄박에 370g/cm^2 이상의 원지를 접착시킨 제품

④ 알루미늄 밴드 : 두께 0.3mm, 폭 30mm 제품

⑤ 컬러 아연강판 : KS D 3520의 일반용 2류 규격에 적합한 제품으로 양면 도장된 강판

- 밸브보온 : 두께 0.27mm 이상
- 장비 및 기타 보온 : 두께 0.35mm 이상

5) 보온공사

(1) 공사 준비

① 보온 시공에 앞서서 기기 및 관 표면의 유지, 녹, 기타 부착물 등을 제거하여 방식을 처리한 후 표면이 충분히 건조되었는지 면밀하게 조사한다.

② 모든 보온 및 방로공사는 수압시험 합격, 페인트 도장, 발열선 감기 등 제반 공사가 끝났는지 확인해야 한다.

③ 작업조건이 부적합할 때는 시정될 때까지 보온작업을 해서는 안 된다.

④ 보온재의 비산으로 인하여 작업자에게 위해가 되는 경우에는 반드시 마스크 등 호흡기 보호 장구를 착용한다.

(2) 보온 및 방로표준 두께

① 배관보호

- 보온 및 방로두께는 아래 표와 같고, 동관은 규격에 맞는 보온재로 시공해야 한다. 보온두께는 보온재만의 두께를 말하며 외장재 및 보온재 등의 두께는 포함하지 않는다.
- 지하 1층 주차장을 통과하는 구간에 대한 보온은 다음 표 2-21과 같다.

표 2-20 일반적 보온두께 단위(mm)

구 분	배관경(mm)					비 고
	40 이하	50~65	80~100	125~150	200이상	
급수, 소화수관	25	25	25	40	40	관경 250 이상 : 50
급탕관	25	25	40	40	40	
난방관 (91~120℃)	40	50	50	50	100	중온수 난방배관의 1차측 (공급관)
난방관 (61~90℃)	25	40	40	40	40	· 중온수 난방배관의 1차측 (환수관) · 중앙난방 배관의 2차측 · 지역난방 배관의 2차측 · 팽창관
난방관 (40~60℃)	25	25	25	-	-	· 개별 보일러 난방 적용

표 2-21 주차장 배관 보온두께

구 분	보온두께	비 고
급수관 및 급탕 보급수관	50mm	
소화수관 및 팽창보급수관	25mm+발열선	지하주차장용 스프링클러 인입배관, 프리액션 밸브를 포함한다. 단, 중부 이남은 보온두께 50mm만을 적용한다.

② 장비보온 두께

- 중온수 공급헤더 : 두께 100mm 이상
- 중온수 환수헤더 : 두께 40mm 이상
- 공기분리기, 팽창탱크, 온수저장탱크, 열교환기 : 두께 50mm 이상
- 보일러 및 연도 : 두께 75mm 이상

③ 배관보온

- 보온을 요하는 부위
  - · 피트내 배관
  - · 덕트내 배관
  - · 화장실 천장속 급수, 급탕배관
  - · 온돌바닥 부분의 급수, 급탕배관(방로배관)
  - · 벽체 매립배관(방로보온)
  - · 보일러실, 중간기계실 및 공동구의 급수, 급탕, 난방, 팽창, 소화배관
  - · 펌프실 배관
  - · 기타 필요한 부분
- 보온 마감재 색상 구분
  - · 급수관, 급탕 보급수관, 팽창 보급수관 : 청색
  - · 급탕관 : 백색
  - · 환탕관 : 황색
  - · 냉난방관 : 연적색
  - · 소화수관 : 적색

  ※ 오 · 배수관의 소음방지용 : 회색
- 보온공사
  - · 설치할 보온재는 표면이 매끄럽고 균등해야 하며, 보온통은 한 쪽만 갈라진 제품을 사용한다. 잘린 조각을 사용하거나 잘린 조각을 이어서 시공해서는 안 된다.
  - · 방습재는 보온통 위에 끊어지는 부분이 없도록 해야 하며, 구멍이 뚫리거나 기타 다른 손상이 없도록 보온한다.

· 보온재의 이음 부분이 틈새가 없도록 하여 배관에서의 열손실을 방지해야 하고, 관축방향의 이음선이 동일 선상에 있지 않도록 시공해야 한다.
· 방습재의 겹쳐 감는 폭은 30mm 이상으로 하고 보온통의 철선감기는 1본에 대해 2개소 이상 감아 조인다.
· 배관 보온용으로 보온통의 사용이 곤란한 곳에는 보온대 등을 사용하여 보온통과 동일한 보온효과가 되도록 해야 한다.
· 보온통은 훼손방지 및 보온의 단열효과가 저하되지 않도록 적절한 보호조치를 해서 보관하며, 훼손되거나 물에 젖은 보온통은 완전 제거 후 재시공해야 한다.
· 매립 배관용 보온통 절단 부위의 연결은 보온재를 완전히 밀칙시킨 후 폭 24mm 이상의 알루미늄이 부착된 접착테이프를 붙여서 시공한다.
· 매립 배관용 보온통의 밀착을 위하여 300mm 간격으로 알루미늄 테이프를 감고, 부속류 부위는 알맞게 절단한 후 연결 부분은 알루미늄 테이프를 감는다.
· 관이음쇠 및 밸브류용 보온재는 두께 및 재질이 배관 보온재와 동일해야 하고, 연속적으로 보온할 수 있게 하여 열손실 및 동파방지를 위한 보호 조치를 하며, 옥외 기계공사 65A 이상의 밸브는 함석보온을 하되 해체 가능한 형으로 가공한 보온 커버를 제작하여 설치한다.
· 폴리머 테이프는 보온커버 위에 겹친 부분이 15mm 이상 되게 하며, 수직관일 경우 아래에서 위쪽으로 연속으로 감아야 하고, 수평배관인 경우는 900mm 간격으로, 수직배관은 600mm 간격으로 알루미늄 밴드를 사용하여 풀리지 않게 감아야 한다. 단, 밸브 주위에는 밸브에 인접해서 알루미늄 밴드 사용
· 배관의 보온은 별도로 지시된 사항이 없는 한 벽, 바닥 등을 관통할 때에도 연속되어야 한다.
· 유리면의 보온통 마감재는 폴리머 테이프로 마감하며, 2.4.5의 3항 따라 색상을 구분한다.
· 기타 배관보온은 KS F 2803의 시공표준에 따라 시공한다.

④ 은박 크라프트지 부착 보온재 시공

- 색상 테이프는 수평배관인 경우에는 1,500mm, 수직배관은 900mm 간격으로 관 단면 방향에 띠 모양으로 미려하게 부착하고 겹친 폭이 40mm 이상 유지되도록 한다.
- 색상 테이프의 색상은 관 종별 2.4.5의 3항과 동일 색상으로 한다.
- 알루미늄 테이프는 수평 또는 수직배관의 관 단면 방향 보온재 이음 부위에 양측 보온재가 이격되지 않도록 부착하여 보온·단열효과가 저하되지 않도록 해야 하며, 알루미늄 테이프 2회 감기로 마감한다. 테이프 부착 부위는 접착력에 영향이 없도록 접착 면을 깨끗이 한 후 부착해야 한다.
- 테이프 부착 부위는 1회 작업으로 완료되어야 하며, 재부착시에는 새로운 접착테이프를 사용해야 한다.
- 엘보, 티 등 부속류, 곡관 부위의 이음매처리는 습기 등으로 탈락이 안 되는 알루미늄 테이프

로 미려하게 마감한다.

- 아스팔트 펠트는 시공하지 않는다.
- 테이프 접착면의 폭은 표 2-22 보온테이프의 규격에 따른다.

표 2-22 보온테이프 규격 (단위 : mm)

구 분 \ 관 경		13A ~65A	80A ~150A	200A 이상	비고
양면 접착테이프		25	30	35	
알루미늄 테이프	직관부	50	50	50	
	엘보, 티	25	25	25	
색상 테이프		50	50	50	

⑤ 장비 보온

- 보온재는 매끄럽고 균등한 것을 사용하고, 잘못 이어진 부분은 다시 시공해야 한다. 보온재 이음부에 틈새가 벌어진 곳에 방습재 혹은 밀봉재를 채워 넣어서는 안 된다.
- 장비용 방습재는 끊어지는 부분이 없도록 하며, 구멍이 뚫리거나 기타 다른 손상이 없도록 보온해야 한다.
- 장비용 보온재는 한 겹이든 두 겹이든 가능하면 서로 엇갈리게 이음하여 시공하고 한 겹 이상을 보온할 경우 한 겹씩 작업을 진행한다.
- 보온표면은 피복재로 깨끗하고 견고하게 고정시켜 마감해야 하며, 이음 부위는 최소 50mm 겹치도록 해야 한다.
- 보일러의 맨홀, 소제구 등은 보온하지 않는다.
- 망가진 보온 부위, 망가진 방습재 및 습기찬 보온 부위는 새로운 보온재로 교체 시공해야 한다.
- 보일러, 열교환기, 중온수 헤더, 공기분리기, 온수저장탱크, 팽창탱크, 연도 등의 외장재는 두께 0.35mm 컬러 아연강판을 사용한다.
- 기타 장비 및 기기류의 보온은 KS F 2803의 시공표준 및 설계도면에 따라 시공한다.

⑥ 운반, 보관 및 취급

- 현장 운반시에는 제조업자의 상표가 붙은 용기에 넣어서 공장에서 포장된 상태로 운반해야 하며, 자재의 밀도 및 두께가 표시되어야 한다.
- 보온재는 먼지, 물 및 화학적이나 기계적 손상으로부터 보호해야 하고, 손상되거나 물에 젖은 보온재는 설치할 수 없으며, 현장에서 사용할 수 없도록 즉시 반출시켜야 한다.
- 보온재는 원래의 포장에 싸인 채로 저장하고 사용하는 당일에 운반용기에서 꺼내 써야 하며, 작업한 후에는 먼지와 습기로부터 보호하기 위해 용기나 보호할 수 있는 곳에 넣어 두어야 한다.

5 품질관리

1) 현장 품질관리

(1) 배관 시스템의 검사

배관 시스템이 도면, 시방서, 제조업자의 제출 자료들과 일치하는지 검사해야 하며, 공사의 최종 승인 전에 계약조건이 일치하는지를 확인하기 위해 각 시스템들을 실제로 작동시켜 시험하고, 수급인이 시행한 공사의 결함 사항을 수정하여야 한다. 또한 시험을 수행하는데 필요한 물, 전력, 기구 및 인원 등을 제공하여야 한다.

(2) 조립검사

플랜지 접합부의 볼트 채우기, 브래킷 및 행거 등의 설치가 적합한지의 여부와 신축관 이음의 유체 흐름 방향을 확인해야 한다.

(3) 배관세척 방법

세척방법은 관내의 유체종별 관재료 및 관의 내면상태를 고려하여 다음의 방법 중 좋은 것을 택해야 한다.

가. 물세척 방법

① 세척용수

물 세척 및 수압시험은 원칙적으로 시수 또는 잡 용수(공업용수 등)를 사용해야 하며, 부득이하여 지하수를 사용하는 경우에는 지하수용 수조에 침전조를 설치하여 24시간 이상 침전시켜 흙, 모래 등 이물질이 배관에 들어가지 않도록 해야 한다.(열량계, 유량계 하자방지)

② 물 세척 횟수

물 세척은 배관 전체 세척을 2회 이상 해야 한다.

③ 물 세척 요령

- 물 세척은 압력물 및 해머링을 병용하여 유출시키든지, 관에 물을 충만시켜 일시에 배출시킬 것.
- 부분세척은 배관을 적당히 분할하여 제작한 부분별로 적용하고, 전체 물 세척은 장치에 연결한 전 배관에 적용할 것. 물세척이 부적당한 부분은 압축 공기를 불어넣어 내부 청소를 행할 것.
- 전체 물 세척시 배관 중에 자동제어기기가 있는 경우는 원칙적으로 기기를 떼어내고 대신에 단관을 붙여 행하고 컨트롤 밸브를 설치한 대로 행할 경우는 세척물이 흐르는 방향 밸브 직전의 플랜지를 개방하여 상류측을 충분히 세척한 후 원상태로 접속하여 컨트롤 밸브에 이물질이 부착되지 않도록 유의해야 할 것.
- 물 세척 후 스트레이너의 스크린, 배관의 낮은 부분 및 탱크 드레인 등에 이물질이 끼어 있는지 조사하고, 만약 이물질이 발견되면 세척과 검사를 반복한다.

나. 공기 퍼지 세척방법

① 공기 퍼지 횟수

- 부분 퍼지 : 2회 이상
- 전체 퍼지 : 1회 이상

② 공기 퍼지

- 공기 퍼지는 오일 성분이 없는 압축공기와 해머링으로 병용하여 행하여야 한다.
- 부분 퍼지는 배관을 적당히 분할하여 제작한 부분별로 적용할 것.
- 전체 퍼지는 인접한 기기간의 모든 배관에 적용한다. 그러나 기기의 형상, 내부 구조, 충진물 등에 의해서 기기를 포함·적용하는 경우는 전체 세척계획에 따라 결정하는 것으로 한다.
- 배관 중에 자동제어기기가 있는 경우에 있어서는 전체 퍼지 방법 및 일시적 스트레이너 설치에 준한다.

2) 수압시험

그림 2-37 ▸ 수압시험 확인

(1) 냉난방배관

① 보온 또는 도장 시공 전에 부분적 또는 전반적으로 수압시험을 한다.

② 시험결과 누수 개소가 생긴 경우에는 수리 후 재시험을 한다.

③ 수리는 해당 부분을 다시 조이거나 패킹, 개스킷 등의 재료 교환에 의하는 것으로 하고 코킹 등에 의한 수리를 해서는 안 된다.

④ 상기 시험의 누수검사는 내압 1~2시간 후에 한다.

⑤ 시험 후에는 관내의 물을 각 부분에서 완전히 제거하여 관내의 이물질을 배제한다.

⑥ 시험압력이 기기류의 최고압력을 넘을 때는 기기의 출·입구 밸브를 전폐해 둔다.

⑦ 입상관의 경우 배관 윗부분과 아래 부분에서는 위치 수두 차에 의한 큰 압력차가 생기므로 입상관이 긴 경우는 이 점을 고려하여 시험압력의 위치를 정한다.

(2) 오일 배관

최고 사용압력의 1.5배×60분 이상으로 하며 최저 압력은 7kg/cm^2×60분 이상으로 한다.

(3) 급수 · 급탕 및 배수관

배수계통의 전부 또는 일부가 완료된 경우는 표 2-23에 표시하는 수압시험을 실시한다.

① 기구를 접속하기 전에 실시하고 시험대상 부분의 최고 개구부를 제외한 접속구를 모두 밀폐하고 관내를 만수로 하여 누수의 유무를 확인한다.

② 부분시험을 할 때는 그 계통 중 부분시험의 최고위부터 밑으로 3m까지의 배관을 제외하고 어느 부분도 3mAq 이상의 수두로 시험한다. 부분 시험의 최고 개구부 이하 3m까지(그보다 밑부분은 수두압 3mAq 이상이 된다.)의 부분은 다음의 상위 부분 시험에 포함해서 실시한다.

(4) 주의사항

① 급수계통의 시험에 사용하는 물은 상수를 사용해야 한다.

② 시공공정을 잘 검토하여 보온 및 도장 작업 전에 시험한다.

③ 배관계통의 공기빼기를 충분히 고려하여 공기빼기 밸브를 설치한다.

④ 시험 후의 물은 배수가 가능하도록 고려해 둔다.

⑤ 계기류용의 접속 소켓은 플러그로 막아둔다.

⑥ 각 기기의 최대 사용압력을 넘는 압력을 가하지 않는다.

⑦ 신축이음쇠 등은 내압을 조사하여 견딜 수 없는 것은 일시적으로 떼어두고 시험한다.

⑧ 시험완료 후 밸브 및 상대 플랜지의 패킹재는 신속히 철거한다.

(5) 시 험

① 모든 배관은 배관의 일부 또는 전 배관을 완료한 후 수압시험을 하였을 때 누수나 압력게이지 강하가 없어야 하며, 수압시험 일지(사진 첨부)를 기록한다.

② 배관시험의 기준치는 다음 표 2-23과 같다.

표 2-23 배관별 수압시험 압력기준

시 험 방 법		수 압 시 험			
계통	최소압력	1.72MPa (17.5kg/㎠)	최고사용 압력의 2배	설계도서에 기재된 펌프양정의 2배	29.4 KPa (0.3kg/㎠)
	최소유지시간(분)	60	60	60	30

급수 · 급탕	직결	○*			
	고가수조 이하		○**		
	양수관			○**	
난방			○***		
배수	건물내 오 · 배수관				○
	배수펌프 토 출 관			○	
비고	압력은 배관의 최저부에서 측정된 것으로 하며, 사용 자재의 허용내압을 고려한다. *　수도법의 규정이 있을 때에는 법에 따른다. **　최소 7.5kg/㎠로 한다. ***　최소 10kg/㎠로 한다.				

스프링클러 배관(2회 실시)

-헤드 설치 전 : 수압시험

-헤드 설치 후 : 기압시험

3) 배관 보호

① 급수, 급탕 및 난방관 코일 바닥 배관의 경우 현관 입구 등과 같이 작업 인원의 출입이 빈번한 장소에는 스티로폼 또는 합판 등으로 관 보호를 위한 적절한 조치를 해야 한다.

② 혹한기 동파방지를 위해 공가세대는 컴프레서 등을 사용하여 완전 퇴수 조치해야 한다.

③ 공사시행 중 파손 및 오염이 우려되는 부위는 다음과 같이 보호조치를 해야 한다.

-PVC관(노출 부분) : 두께 0.03mm 이상 폴리에틸렌 필름. 단, 겹침 길이는 15mm

-위생기구용 슬리브 : 시멘트 모르타르(배합비=1 : 7)

-싱크 배수관 : 시멘트 모르타르(배합비=1 : 7)

-소화전함 외부 및 기타 함류 전면판 : 두께 0.03mm 이상 폴리에틸렌 필름

4) 동파 방지

① 시공은 설계도면에 의하지만 동파방지에 대해서는 도면에 명시되어 있지 않은 경우가 많으므로 충분히 검토한다.

② 옥외 및 기타 동파가 예상되는 배관에는 드레인 밸브를 설치하여 배관 내의 물이 완전히 드레인 가능하도록 충분한 구배를 고려하여 배관한다.(보온재는 열을 영구히 차단하는 것이 아니라 다만 열의 전달을 단시간 지연시킬 뿐이므로 관내의 물이 정체되어 있으면 보온재의 두께가 아무리 두껍더라도 결국 동파될 소지가 있다.)

③ 동결이 예상되는 개소(파이프 샤프트, 주차장 등)는 전열선을 감아 1m당 10W~30W 정도의

것을 온도감지기에 의거 작동시켜 운전표시 램프를 설치한다.

④ 외벽에 가까운 파이프 샤프트 내 입상관은 3.과 같은 동파방지 대책을 세운다. 아울러 파이프 샤프트는 외벽에 접하지 않도록 설계 · 시공한다.

⑤ 증기배관의 경우

- 보통의 경우 동결에 대한 염려는 없지만 배관에 응축수가 고여서 운전이 중지된 경우 동결의 우려가 있다. 트랩의 하부 플러그에 소화용 자동 드레인 밸브를 설치하여 운전 정지 중에 자동적으로 배출시킨다.
- 환수관의 구배는 1/100~1/150로 하여 자연환수가 잘 되도록 한다.
- 옥외로 통하는 환수관은 충분히 단열하고, 특히 추운 곳에서는 전열히터로 보온한다.
- 트랩은 동결의 우려가 있으므로 가능한 한 옥내에 설치한다.
- Y-스트레이너와 글로브 밸브는 동파 방지를 위해 수평으로 설치한다.

⑥ 온수배관의 경우

- 옥외 노출 또는 옥외에 가까운 곳에는 배관하지 않도록 한다.
- 소규모 설비에는 동결방지용 온도감지기의 설정에 의해 보일러 또는 펌프를 자동 운전한다.

⑦ 경우에 따라서는 동결 방지제를 혼입시킨다.

6 난방 배관공사

1) 배관공사

① 배관은 공기가 잠적되지 않도록 시공해야 한다.

- 수직 및 수평을 유지한다.
- 횡주관에서 이경관을 접합할 때는 편심 리듀서를 사용한다.
- 공기 잠적이 예상되는 부위는 공기배출처리를 한다.

② 관 최상단, 옥상층 횡주관 말단에는 공기가 잠적되지 않도록 자동공기빼기밸브(수동 겸용)를 설치한다.

③ 동관 배관시 용접 부위와 현장 굽힘 부위는 이완 또는 처짐으로 인한 누수 및 난방 불량이 발생하지 않도록 시공해야 하며, 밴딩한 바깥 부위는 신축에 의한 열응력이 발생하지 않도록 해야 한다.

④ 온돌층 배관 후 타 공사로 인한 관의 변형이 발생하지 않도록 유의해야 한다.(충격, 중량물 적재, 자갈채우기 등)

⑤ 각 실별 온도제어 및 난방 균형 유지를 위한 온수의 유량조절은 온수분배기에서 한다.

⑥ 스트레이너는 이물질 제거가 용이하도록 바닥에서 200mm 이상의 높이에 수평배관에 설치해야 한다.

⑦ 팽창관에 밸브를 설치해서는 안 된다.

2) 밸브류

(1) 차압 유량조절밸브

비전기식으로서 다이어프램과 스프링을 내장한 구동부와 밸브 본체로 구성되며 파일럿 배관을 통해 다이어프램에 전달되는 부하 전 압력과 부하 후 압력의 차압을 압력변화에 관계없이 스프링압에 의거 일정하게 유지시키는 기능을 가진 제품

① 형식 : 다이어프램 자력식(Self－Operated)

② 압력계 설치 : 다음 위치 중에 설치(2개소)

－다이어프램의 상 · 하부

－공급, 회수측의 도압관

－1차측 배관의 공급, 회수측 도압관의 연결 부위

(2) 차압밸브

기계식으로 차압조절기, 밸브본체, 구동부로 구성되며 차압조절기에서 공급측(밸브전과 환수측(밸브후)의 압력을 감지하여 구동부를 가동, 밸브 개도를 조정하여 차압을 일정압력(조정압력) 이하로 유지시키는 기능을 가진 제품

3) 차압밸브 선정

① 지역난방지구에서 차압밸브 설정압 및 선정차압은 난방순환펌프 1대의 양정에 해당하는 압력값으로 한다.(중앙난방지구에서 차압밸브 설정압 및 선정 차압은 중온수 순환펌프 1대의 양정에 환수헤더에서 펌프를 거쳐 공급헤더까지 가는 과정의 배관과 기기의 마찰손실수두를 제외한 값에 해당하는 압력값)

② 지역난방지구에서 차압밸브 선정 유량은 난방순환펌프 1대의 유량값으로 한다.(중앙난방지구에서 차압밸브 선정 유량은 전체 중온수 순환량의 1/3값)

③ 중앙난방배관 중간기계실 유량도피용 차압밸브 설정, 선정압은 난방순환펌프 1대의 양정에 해당하는 압력값으로 하고, 유량은 해당 기계실에서 담당하는 전체 난방순환량의 1/3값으로 한다.

4) 난방코일 배관

(1) 일반사항

① 난방코일 배관은 일관성 있게 작업자를 투입하여 책임시공이 될 수 있도록 한다.

② 난방코일 설치 후 장시간 노출시켜 후속공정 또는 작업자의 왕래 등으로 배관이 파손될 우려가 많으므로 바닥 미장이 조속히 시공되도록 코일작업계획과 맞추어 공정계획 수립 후 시행한다.

그림 2-38 ▸ 코일 시공 점검

③ 운반 및 시공도중 이물질의 인입을 방지하기 위하여 작업 전후에는 관 끝에 필히 캡을 설치하도록 한다.

④ 난방코일 배관의 파손을 신속히 파악하기 위하여 설치가 끝난 후 조속히 수압을 걸어 파손시 조기 발견될 수 있도록 조치하고 동절기에는 퇴수하도록 한다.

⑤ 부속류와 연결할 때는 절단면이 수직을 유지하도록 하고 관 끝을 깨끗이 다듬고 부속의 허브에 충분히 끼어지도록 작업한다.

⑥ 바닥면에 요철이 없는지 점검하고 관내 공기가 잠적할 요인은 사전에 수정 후 배관작업을 한다.

⑦ 난방코일 배관재는 방의 크기에 따라 파이프의 길이를 산출하여 일정한 길이별로 발주한다.(메이커에서 일반적으로 생산하는 100m, 200m 단위별 발주는 손실이 많이 발생되어 물량 증감의 원인이 된다.)

⑧ 난방코일 배관재는 종류에 따라 특성이 상이하므로 시공시 용도에 맞게 작업한다.

(2) 동관(Copper Tube)

① 분배기의 어댑터와 연결할 때에는 확관하지 않고 소켓을 사용하도록 한다.(확관이 일정치 않아 균일한 용접이 안 되므로 누수의 요인이 된다.)

② 배관이 교차되는 부분은 절연 테이프 또는 보온재로 직접 접촉을 방지한다.(용접작업시 어스로 인하여 동관이 교차되는 부위에서 스파크가 발생되어 부식의 요인이 된다.)

③ 동관 고정용 새들(Saddle) 및 클램프를 사용할 때는 필히 절연 테이프로 동관을 보호하고 새들을 설치토록 한다.(동관과의 이물질이 접촉할 때에는 화학반응에 의하여 부식될 수 있으므로 이물질과의 직접 접촉을 피한다.)

④ 동관 연결은 필히 소켓을 사용하여 용접재의 용재를 고루 가열시켜 용접봉이 충분히 퍼지도록

한다.(가열이 고르게 안 되고 한 면만 가열하게 되면 용접봉이 완전히 용융되지 않으므로 누수의 원인이 된다.)

⑤ 용접작업시는 산소를 사용한 토치는 사용하지 않으며, 필히 LPG를 사용하여 용접작업을 하도록 한다.

(3) PPC관(Poly Propylen Copolymer) – KS M 3362

① 노출 배관시 열원공사로부터의 격리 조치를 취해야 한다.(전기공사의 토치램프 등)

② 동절기 배관시 용접기의 가열시간이 장시간 소요되고 용접 후 급랭 등 냉각온도의 급격한 차이로 인한 용접 부위의 균열이 우려되므로 혹한 시에는 작업을 피한다.

③ 나사부속과 연결시에는 나사산이 충분히 끼어지도록 작업한다.

④ 수지가 씌워져 있는 동 부속은 설치 전에 수지가 동과의 균열이 있는지 검사한 후에 설치하도록 한다.(수지와 동 사이에 균열이 있어 누수되는 경우가 있음)

⑤ 용접시 예열온도를 맞추지 못하여 용접 부위가 탈락되어 누수되는 경우가 있으므로 숙련공으로 하여금 일관성 있게 작업을 하도록 한다.

⑥ 싱크 및 혼합수 전용 배관시 간격 및 수평, 수직 배관이 불량하여 티 부분에 크랙이 생겨 누수되므로 부속의 각도에 영향을 받지 않도록 정확히 시공한다.

⑦ 바닥매립 배관 후 미장 바닥 위에서 불깡통, 토치램프 작업을 피하도록 한다.(매립된 관이 가열되어 변형 등으로 인한 순환불량의 하자요인이 됨)

⑧ 용접시 예열온도가 적정치보다 높아 관 내부 깊숙이 용융되어 관내를 차단시키는 경우가 있으므로 필히 숙련공이 작업해야 한다.

⑨ 가열 보일러로 85℃ 이상 충분히 가열하여 난방코일을 시공하고, 시공 후 열이 식고나면 변형이 어려우므로 사전에 코일의 위치, 수평을 확정하고 실시한다.

⑩ 동파의 우려가 있는 곳에서는 해빙기 사용이 불가능하므로 코일 내부의 난방수를 퇴수할 수 있는 장치를 설치해야 한다.

(4) XL관(Cross Linked Polyethylene Pipe) – KS M 3357

① 온수분배기의 하부 헤더와 바닥 높이가 250m/m 이상이 되도록 하여 XL관과 어댑터의 연결이 용이하도록 한다.(낮을 경우 꺾이거나 무리하게 연결되어 완벽한 결속이 안 될 경우 누수의 원인이 됨)

② 연결 커플링 등 부속류와 연결시 관 절단에서 발생되는 스크랩(Scrap)이 연결 부위에 끼어들지 않게 작업한다.(절단시 완전절단이 안 되고 관 표피 일부가 끼어들게 되면 삽입시 한 쪽으로 기울어 편심으로 조여지게 되어 누수의 원인이 된다.)

③ 코일설치 전 바닥에 먹줄 등으로 위치를 선정한 후 설치하며, 각도가 필요한 부위는 그 전후에 새들로 위치를 단단히 고정한다.

④ 온수분배기와 연결시 코일의 탄성에 의하여 분배기가 뒤틀릴 경우가 있으므로 분배기와 연결하기 전 분배기를 완전히 고정한다.

⑤ 기포 콘크리트타설 등 후속 공정작업 후 바닥미장 전 새들의 이완으로 바닥에서 분리된 코일에 대해서는 필히 보완토록 하여 바닥미장에 노출되는 코일이 없도록 조치한다.

⑥ 동절기 작업시 작업자의 난방용 불깡통을 바닥에 놓고 불을 때면 미장 속에 매립되어 있는 코일이 변형이 되어 사후 난방수 순환불량이 되는 경우가 있으므로 코일시공이 완료된 부위에서는 사용하지 못하도록 한다.(사용이 부득이할 경우에는 코일이 설치되지 않는 지역에 설치하거나 충분한 높이의 받침대를 사용토록 조치한다.)

⑦ 콩자갈 타설시 깬자갈 또는 쇄석의 날카로운 부위로부터 관이 손상될 우려가 있으므로 사용하지 않아야 한다.(건축에 주지)

그림 2-39 ▸ XL관 시공

(5) PB관(Polybuthylene Pipe)

① 파이프를 절단하는 길이는 연결구에 새겨져 있는 선까지 파이프 커터나 톱으로 직각으로 절단 파이프 내부에 서포트 슬래브를 삽입한다.

② 파이프 끝이나 O-링 부위에 인체에 무독한 윤활유를 바른 후 연결한다.

③ 파이프와 연결구를 수평으로 잡고 살며시 밀어 넣는다.

④ 한 번 사용한 그립-링은 재활용이 불가능하여 분해가 필요하면 캡을 열고 파이프와 연결구를 완전히 분해하여 재조립한다.(재조립 순서 : O-링, 와셔, 그립-링 순서대로 조립)

⑤ 파이프를 연결구에 연결한 후 연결구 부위에서 바로 밴딩해서는 안 된다.

⑥ 중온수 및 고온수배관(100~140℃)에는 사용하지 않는다.

⑦ 가스보일러에 PB 배관재를 연결 · 시공할 경우 콘크리트 또는 모르타르 등 매립되는 부분에만

사용해야 한다.

⑧ 파이프의 삽입 부위에 흠이나 칼집이 없도록 하고 동관과 연결 시공할 경우 동관 끝을 리머로 덧살을 깨끗이 제거하여 삽입하고, O－링 부분에 손상을 주어 누수가 되지 않도록 해야 한다.

그림 2－40 ▸ PB관 시공

5) 열량계, 유량계 설치

(1) 공사 준비

① 난방배관의 수압시험 및 세척을 위해 사용되는 물은 반드시 청수를 사용해야 하며, 부득이하게 지하수를 사용하는 경우에는 24시간 이상 침전 또는 여과 등을 실시한 후에 사용해야 한다.

② 배관공사 후 유량부 설치 전에 배관 내를 충분히 세척하고, 이물질 및 불순물을 제거하여 유량부 작동에 적합하도록 수질상태를 유지해야 한다.

③ 배관세척 후 유량부 설치 전에 열 · 유량계 제조업자로 하여금 배관 속의 수질상태가 유량부의 작동에 적합한지를 확인토록 해야 한다.

④ 열 · 유량계는 침수의 우려가 있거나 물 또는 습기 발생의 우려가 있는 곳은 피해야 하며 필요한 경우 칸막이 등으로 주위와 분리되도록 해야 한다.

⑤ 배관 덕트 내에 설치되지 않도록 해야 하며, 진동의 우려가 있는 곳은 피해야 한다.

⑥ 열 · 유량계를 설치할 경우 800mm×450mm×600mm 이상의 충분한 공간을 확보해야 한다.

(2) 유량부 설치

① 유량부는 사용유량의 범위를 고려하여 적정 규격 여부를 확인한 후 설치해야 한다.

② 유량부와 여과기는 난방환수 주배관에 수평으로 설치되도록 해야 하며 여과기는 유량부 바로 앞에 설치해야 한다.

③ 유량부와 여과기는 난방온수 흐름의 방향과 유량부 외면에 표시된 화살표 방향이 일치되도록 설치해야 한다.

④ 여과기는 설치되는 열 · 유량계 규격에 따라 제조업자가 제시하는 규격의 것을 설치한다.

⑤ 열 · 유량계의 전 · 후 직선 배관부의 최소 길이

– 열 · 유량계 이전 : 5D 이상

– 열 · 유량계 이후 : 3D 이상

(3) 감온부 설치

열량계의 감온부는 난방온수의 온도를 정확하게 감지할 수 있도록 설치위치, 설치방향, 삽입깊이 등을 고려하여 설치해야 한다.

(4) 유량부(연산부 또는 펄스 발생부)와 원격 지시부를 연결하는 전선의 보호 장치

① 전선관의 과도한 밴딩을 금한다.(관경축소 방지를 위해 굴곡반경은 내경 6배 이상 유지하고, 90도를 초과해서는 안 된다.)

② 전선관 설치 후에는(지시부와 계측부의 접속전선 설치 이전) 전선관 양쪽 끝에 보호마개를 씌워 전선관 내에 이물질이 들어가지 않도록 해야 한다.

③ 유량부와 지시부를 접속할 때에는 연결부의 접속점에서 접속저항이 발생하지 않도록 해야 한다.

④ 원격지시부측 전선관 끝부분에는 전선보호를 위해 전선관과 전선 사이에 붓싱(Bushing)을 설치해야 한다.

⑤ 지시부측 전선관 끝부분을 코킹(Caulking)하여 결로에 의한 고장요인을 배제해야 한다.

⑥ 전선은 동일 색상끼리 결선하고, 커넥터(슬래브)를 견고하게 압착해야 한다.(단락 및 오접방지)

⑦ 전선 및 커넥터는 오염을 방지해야 하고, 오염된 경우에는 깨끗이 닦은 후 결선해야 한다.(접속불량 방지)

⑧ 결선 후 전선 각각에 열수축 튜브를 끼워 열을 가하여 기밀이 유지되도록 하여야 한다.(어스 방지 및 봉인)

⑨ 원격 지시부는 설치박스 및 주위 벽체가 마른 상태에서 부착해야 한다.(방전 방지)

(5) 배관 및 계측 부위의 보온 시공

① 난방공급 및 환수온도의 정확한 측정을 위해 감온 부위(센서 설치 부위)에 보온을 해야 한다.

② 유량부와 여과기도 보온을 하되 점검 및 청소에 지장을 초래하지 않도록 해야 한다.

(6) 열량계

KS B 5304의 규격에 적합한 제품이어야 하며 선택사항은 다음과 같다.

① 용도 : 난방 중온형

② 원격지시부 열량표시 단위 : kwh

③ 전원 : 축전지 사용

④ 내부구조 및 재질은 표 2-24와 같다.

표 2-24 열량계의 내부구조와 재질

구 분	항 목	재질 및 구조
유 량 부	· 익차축 · 익차축 고정부싱 및 받침(베어링)	· 내마모성 재질 · 내마모성 재질(인조보석 등)
연 산 부	· 리드스위치 고정 · 리드선 고정 · 결선방법 · 전선 · 결선부 피복 · 자성 차폐케이스	· 나사고정 또는 일체성형 · 전선을 유량부의 자성 차폐케이스에 클립으로 고정 · 커넥터 잭 사용(슬래브 사용) · +, -선 색상 구분 · 열수축 튜브 사용(표면에 마킹한 재료) · 회전방지구조(자성 차폐케이스와 유량계 본체 상부가 일체식으로 동시 회전시 무방함)
원격지시부	· 본체 · 지시부 설치용 박스 · 지시부 덮개	· 방습을 위한 밀봉재를 사용하거나 방수구조(단자 포함) · 작동 여부를 표시할 수 있는 구조 · 배터리 교환이 용이한 구조 · 철판 두께 1mm 이상 · STS 304의 두께 1mm 이상
기 타	· 스트레이너(배관 부착용)	· #40 이상 또는 타 공관(지름 0.8mm 이하)으로서 유량계 여과 기능에 지장이 없는 공급업체 권장규격 사용 · 여과망 : 개구면적이 유로 단면적의 2배 이상 · 분해 · 청소가 용이한 제품 · 바닥에서 20cm 이상의 높이에 설치

(7) 유량계

① 유량부는 KS B 5330의 건식, 복합식 규격에 적합해야 하며 계량법에 의하여 품질시험공인기관의 검정을 필한 제품

② 원격 지시부 유량표시

-단위 : m^3

-최소눈금 : 100ℓ $(0.1m^3)$ 이하

③ 내부구조 및 재질은 표 2-25와 같다.

표 2-25 유량계 내부구조 및 재질

구 분	항 목	재질 및 구조
유 량 부	· 익차축 · 익차축 고정부싱 및 받침(베어링)	· 내마모성 재질 · 내마모성 재질(인조보석 등)

필드 발생부	· 리드스위치 고정 · 리드선 고정 · 결선 방법 · 전선 · 결선부 피복 · 자성 차폐 케이스	· 나사고정 또는 일체성형 · 전선을 유량부의 자성 차폐케이스에 클립으로 고정 · 커넥터 잭 사용(슬래브 사용) · +, -선 색상 구분 · 열수축 튜브 사용(표면에 마킹한 재료) · 회전방지구조(자성 차폐케이스와 유량계 본체 상부가 일체식으로 동시 회전시는 무방함)
원격지시부	· 열량계 참조	
기 타	· 열량계 참조	

(8) 축전지

사용수명이 5년 이상인 제품

(9) 전선관

전선관은 KS C 8431 규격에 적합한 22A의 Hi-Pipe를 사용한다.

6) 개별 가스보일러

(1) 자재 선정

① 보일러형식은 보일러배기방식에 따라 강제 급배기방식(FF)과 강제 배기방식(FE), 자연급배기방식(CF)으로 구분되므로 설계도를 숙지하여 선정토록 한다.

② 보일러 작동은 실내온도와 난방수 온도에 의해 연동되는 방법을 채택하도록 하고 버너, 펌프 및 각종 안전장치 등은 시방서를 참조하여 제품을 선정한다.

③ 가스누설경보기는 사용 가스에 따라 보일러실 상부(FL+2,000) 또는 하부(FL+200)에 플렉시블 전선관으로 설치하고 경보기에 공급되는 전원은 보일러 자체 전원을 사용하는 형식으로 선정토록 한다.(보일러실의 전기콘센트는 보일러용과 열선용인 2구형이다)

④ 보일러 제조업체별로 크기 및 배관 연결구가 다르기 때문에 보일러실 면적과 배관배열을 고려하여 보일러를 선정해야 한다.

(2) 시공요령

① 설치위치

- 내구력이 있는 벽에 설치(조적벽 설치시 고정 부위를 보강하여 설치)
- 배기관에 근접하게 설치해야 한다.
- 보일러실은 통풍을 양호하게 하고 유지보수가 용이하도록 보일러 좌·우로 최소 150mm 이상 공간을 확보하는 것이 바람직하다.
- 보일러는 환기가 잘 되는 곳에 설치토록 한다.

② 설치방법

- 보일러를 설치하고자 하는 위치를 선정하여 보일러제조회사 제품시방서에 따라 설치하며 대부분의 설치방법은 부착대를 벽면에 고정하고 보일러 뒷부분에 돌출된 고리를 부착대에 고정하는 방법을 택하고 있으므로 부착대를 견고하고 정확(수직, 수평)한 위치에 고정하는 것이 매우 중요하다.

  ※앵커 못을 사용할 때

  · 드릴을 사용하여 표시된 위치에 일정 깊이(50mm 이상)로 천공한다.

  · 보일러의 중량을 감안하여 PVC앵커 규격을 결정하고 천공된 부위에 PVC앵커 시공 후 부착대를 그 위치에 맞춘 후 나사못으로 고정(수직 · 수평 확인)한다.

- 보일러 연도에는 역풍방지 장치가 부착되어야 하며, 기능이 확실해야 한다.
- 보일러 연도와 전기콘센트는 도시가스배관 연결부와 거리가 300mm 이상 유지되어야 한다.
- 보일러실 출입문 개폐시 보일러 및 주위 배관에 충격을 주어서는 안 되며 부득이한 경우 충격이 전달되지 않도록 보호조치를 해야 한다.

③ 단독급배기방식(F.F : 강제급배기방식)

- 급·배기통 톱은 연도 내부의 응축수 발생시 외부로 용이하게 배출될 수 있도록 수평보다 2~5° 의 하향 기울기로 시공한다.
- 급 · 배기통이 통과하는 벽면 및 슬래브는 불연성 내장재를 사용한다.
- 급 · 배기통과 벽 관통부의 연결부는 폐가스가 실내로 유입되지 않도록 시공상세도를 참고하여 슬래브 주위를 확실하게 밀봉해야 한다.
- 보일러의 배기구와 급배기 연도를 조립시 스테인리스 주름관의 고정부위는 반드시 석고 붕대로 감아 기밀 · 유지되도록 한다.
- 급배기통 톱의 양 측면 또는 상하 좌우에는 장애물이 없어야 한다.
- 급배기통 톱은 외벽에서 300mm 이상 이격하되 각 세대를 동일하게 시공해야 한다.

④ 공동배기방식(F.E : 강제배기방식)

- 공동배기구 최상단부는 풍압대 밖으로 설치해야 한다.(배기구 최상단 외기에 면한 부분이 배기가스 배출압력보다 높을 경우 배기가스가 원활히 배출되지 않으므로 보일러 가동이 중지되는 현상이 발생)
- 공동배기구 정상부에서 최상층 보일러 역풍방지장치 개구부 하단까지 거리가 4m 미만일 때는 단독배기를 해야 한다.
- 보일러실 내의 배기통은 인체 접촉시 화상을 예방하여 배기가스의 열손실을 최소화하기 위해 보온해야 한다.

⑤ 보일러 주위 배관

- 실내 인입배관 슬래브는 배관 보온 후 30mm 간격을 유지하도록 배열한다.

- 배관이 수직, 수평으로 유지될 수 있도록 벽 고정용 통합지지금구 또는 전용 배관 받침대를 사용하면 미려하게 시공할 수 있다.
- 슬래브를 통과하는 배관 주위는 보온이 누락되지 않도록 하고 보온재와 슬래브 사이에는 물이 세대로 인입되지 않도록 코킹 등으로 밀실하게 충전해야 한다.
- 배관 퇴수관은 겨울철 세대 코일배관 내의 물을 완전히 퇴수가 용이하도록 난방공급 및 환수관 측에 각각 설치하면 퇴수작업이 용이하다.
- 보일러와 연결되는 배관들은 연결 전까지 이물질이 들어가지 않도록 테이프 등을 사용하여 밀봉한 상태를 유지하여야 한다.
- 배관 굴곡 부위를 엘보로 시공하는 것이 미관 향상에 도움이 된다.
- 세대내 코일 배관은 난방배관 공사를 참고한다.

(3) 시운전

시운전은 반드시 난방배관을 2회 이상 수시로 청소한 후에 실시해야 하며, 제조업체의 A/S요원을 현장에 배치하도록 하여 1차 점검을 실시하도록 한다.

① 전원연결

② 물채우기

- 보충수 밸브를 열어 보충수 표시램프가 꺼질 때까지 물을 채운다.
- 온수분배기 밸브를 1개 존씩 개방하면서 물을 채우면서 난방 환수관의 드레인용 밸브를 개방하여 공기를 제거한다.
  ※ 온수분배기 밸브를 한 번에 모두 열고 보충하면 공기제거가 어려움
- 각 존별 충수가 완료되면 온수분배기의 수동 공기변을 이용하여 잔류공기를 제거한다.

③ 보일러 내부 가스공급관의 공기 퍼지

- 가스배관의 중간밸브를 열고 전원코드를 연결한다.
- 보일러의 선택 스위치를 급탕 및 난방 위치로 놓으면 보일러가 가동되면서 자동으로 공기가 제거된다.(3회 반복 재 점화)
- 3회 반본 재점화 후에도 가스배관내 공기가 제거되지 않으면 보일러 몸체에 있는 리셋스위치를 이용하여 반복 가동한다.
- 상기 사항을 반복해도 점화되지 않을 경우 보일러 이상 유무를 판단하여 조치해야 한다.

④ 보일러 가동

- 세대내 난방온도조절기를 원하는 위치로 조정한다.
- 보일러의 화염 감지구를 통하여 버너에 착화되는지 확인한다.
- 보일러를 정지시키려면 난방온도조절기를 정지점으로 설정하고, 장기간 사용하지 않을 때는 가스중간밸브를 잠근다.(겨울철에 동파주의)

※ 온도조절기의 설정점 명칭은 제조회사별로 다를 수 있음

⑤ 보일러 내부 물빼기 방법

- 난방온도조절기를 정지점으로 설정하고 전원을 차단하고 급수관에 연결된 중간밸브를 잠근 후 난방환수관의 드레인용 가로꼭지를 이용해서 퇴수시킨다.
- 물빼기 작업은 보일러 내부의 난방수를 충분히 냉각된 상태에서 실시한다.

⑥ 배관내 이물질 제거 방법

보일러에 내장된 스트레이너를 분리 청소(생산업체에서 지원)

※ 스트레이너가 막히면 난방순환에 지장을 주어 난방온도 급상승 또는 과열 등의 현상 발생

(4) 개별 가스보일러의 안전장치

① 재통전시 안전장치

정전에 따라 막혀진 가스 통로가 다시 통전되는 경우에 자동적으로 다시 열리지 않든지 또는 자동적으로 재점화하는 것이어야 함(단, 정전시에도 소화되지 않는 것은 예외로 한다).

② 과열방지 안전장치

- 기기 몸체 또는 기기 주변이 과열되기 이전에 자동적으로 버너의 가스 통로를 잠글 것.
- 온도가 평상으로 돌아가도 자동적으로 버너의 가스통로가 다시 열리지 않을 것.
- 온도 조절기가 고장 등에 의하여 이상이 생겼을 때 난방수 온도가 121℃ 미만에서 작동하는 수동 복귀 안전장치가 작동하여 연소를 차단하든가 또는 파일럿 연소가 되는 구조이어야 한다.

③ 헛불 안전장치(저수위 차단)

- 물이 없거나 물이 흐르지 않을 때 메인 버너의 가스 통로가 열리지 않을 것(열린 경우 보일러가 손상되기 전에 자동적으로 메인 버너의 가스 통로를 막을 것)
- 이상 온도를 감지하여 작동하는 것은 온도 감온부의 온도가 평상이 되어도 자동적으로 가스통로가 열리지 않아야 한다.

④ 저온동결 안전장치

- 보일러 내에 저장된 물의 동결을 방지하기 위하여 가열시키는 장치 또는 물을 유동시키는 구조의 장치가 자동적으로 가동되어야 한다.
- 실내 온도조절기의 전원이 차단되어도 관수 온도가 4℃ 이상 유지될 수 있어야 한다.

⑤ 재점화시 안전장치

강제 급배기식 보일러의 재점화시 안전장치(폭발점화 방지용의 안전장치)는 파일럿 버너 및 버너가 저절로 꺼짐, 불이 꺼짐 등에 의해 다시 점화·조작할 때 폭발성이 없이 점화되어야 한다.

⑥ 가스누설 차단장치

- 보일러의 표시가스 소비량이 46.3kW : 167.5MJ/hr(액화석유가스 3.3kg/hr, 도시가스 40,000kcal/hr) 이상인 보일러는 가스압이 제조자가 지정한 규정압력 이하가 되면 자동으로

가스를 차단하는 장치를 갖추어야 한다.

- 가정용 전원을 사용하는 보일러는 정전시 가스 통로를 막아야 한다.

⑦ 릴리프 밸브(과압방지 차단장치)

릴리프 밸브는 보일러의 물통로 내부압력 98kPa(1kgf/cm^2)에 달할 때까지 열려 압력을 물통로 밖으로 빼내는 구조이어야 한다.

⑧ 배기 폐쇄안전장치(강제배기식)

배기구를 폐쇄한 후 5분 이내에 자동적으로 버너의 가스 통로를 잠그고, 그 상태로는 자동적으로 버너의 가스 통로가 다시 열리지 않는 구조이어야 한다. 다만 재 점화 기능의 수행을 위한 가스 통로의 일시적인 열림은 제외한다.

⑨ 과대풍압 안전장치(강제배기식)

배기통 꼭대기에 과대한 풍압이 가해졌을 경우 버너의 불꽃이 불안정하게 되기 전에 자동적으로 버너의 가스통로를 잠그는 구조이어야 한다.

⑩ 소화안전장치

KS규격에 의하여 반드시 갖추어야 하는 안전장치 항목이다.

- 파일럿 버너 등이 점화되지 않는 경우 및 저절로 꺼짐 또는 불어서 꺼짐 등에 의해 연소되지 않는 경우 버너로의 가스 통로가 기기별 KS에 규정하는 시간 내에 자동적으로 잠겨질 것.
- 불꽃 검출부가 손상된 경우에는 자동적으로 버너의 가스 통로가 잠겨질 것.
- 불꽃 검출부는 파일럿 버너 등과의 관계 위치가 통상의 사용 상태에서 변화하지 않도록 유지되어 있을 것.

7) 종합 시운전

(1) 주요 점검 사항

① 관련공사 공정 확인

- 건축공사의 마감, 비품, 외부공사 완료
- 상 · 하수도, 가스설비의 사용 개시
- 수전, 부하 측으로의 송전 개시
- 시운전에 필요한 연료의 확보
- 관 · 공청 검사의 합격증서
- 설비기기의 취급 자격자 결정, 서류 제출(발주자에 의뢰)
- 건물, 덕트, 배관, 기기 내의 청소

② 시운전계획

- 종합시운전계획서는 다음 항목이 포함된 종합추진일정계획과 세부계획을 반영하여 수립한다.
  - · 타 공종 연관공사 완료계획(건축마감, 지하저수조 청소 및 토목통수, 전기수전 등)

· 시운전을 위한 배관 충수, 청소 및 공기빼기 작업계획
· 시운전 관련 인 · 허가 추진계획
· 관리원 합동근무계획
· 관련업체 동원계획
· 기계장비류에 대한 가동점검 및 운전계획
· 세대별 점검계획
· 공장검사시 기기의 시험 성적표
· 설비계통도 작성
· 측정 데이터 기록표 등

– 시수 인입은 준공예정 30일 전에 완료함을 원칙으로 하되, 관련규정에 의한 저수조, 옥상물탱크 청소 및 소독점검을 필한 후 옥내 및 옥외 전배관에 대한 통수시험을 실시해야 한다.
– 옥내 및 옥외 기계공사의 시운전일정, 시수인입일, 열공급 규정 및 열수급일, 열공급사업자의 열사용 준공검사일정, 가스공급 가능일, 현장여건 등을 종합적으로 고려하여 시운전에 지장이 없도록 준비해야 한다.

(2) 시운전 실시

① 밸런싱 준비 사항
– 배관 내의 오물제거 및 청관
– 정확한 펌프 회전 방향
– 스트레이너 내의 이물질 제거 및 수선
– 모든 서비스 밸브 전개
– 정확한 수처리
– 팽창 탱크의 적정 운전
– 냉방을 위한 온도제어기기 조절(냉각코일 밸런싱)
– 난방을 위한 온도제어기기 조절(가열코일 밸런싱)
– 자동조절 밸브의 적정 운전
– 보일러, 열교환기, 냉수기의 운전 온도를 설계 요구에 맞게 사전 설정

② 1차 밸런싱의 순서
– 펌프의 유량 조정
– 시스템을 통한 건물내 순환유량 측정 및 조정
– 혼합 밸브의 입구, 출구 수온 측정 및 설계온도로 조정
– 각종 조정기기 및 밸런싱 밸브 등으로 유량측정 및 조정

③ 2차 밸런싱의 순서

– 조정 후 펌프, 보일러, 열교환기, 냉동기의 조정상태 점검 및 필요시 재조정
– 냉방, 난방시 유량 상태에서의 코일 압력 손실 측정
– 코일 압력손실 동등량을 바이패스 밸브로서 조정
– 다음 위치의 사항을 점검
  · 냉동기, 열교환기, 공조기, 팬코일 유닛의 입출구 수온
  · 각 장비의 압력 손실
  · 냉동기, 열교환기, 공조기, 팬코일 유닛 펌프 등의 유량
  · 보일러 증기 압력
  · 제어밸브의 압력 손실
  · 모든 펌프의 흡입, 토출측 압력 및 최종 전수도 점검
– 모든 장비의 실제 운전 전류 점검

④ 증기 및 응축수 시스템 밸런싱 순서
– 모든 제어 밸브의 작동상태 점검
– 감압 밸브(기기)의 압력 점검
– 증기 유량계 점검 및 유량 검토
– 배관 구배 및 트랩 작동상태 점검(바이패스 밸브 활용)
– 응축수 회수 상태 점검

⑤ 아파트의 난방시스템 밸런싱 순서
밸런싱 밸브를 사용하여 자동조절하는 방식이 있으나 여기서는 수동조절하는 방법을 기술한다.
– 온수 헤더에서 가장 멀리 떨어진 동부터 밸브를 풀 오픈시킨다.
– 동에서 가장 먼 입상배관의 존부터 리턴 글로브 밸브를 풀 오픈시킨다.
– 존중에서 가장 멀리 있는 상층 존의 리턴 글로브 밸브는 풀 오픈시키고, 최하층 존은 2/3, 중층 존은 1/2만 오픈시키고, 다음 입상의 리턴 글로브 밸브도 동일한 방법을 취하면서 열원이 있는 곳을 중심으로 거꾸로 밸런싱을 맞춰 나오면 된다.

7 지역난방 배관공사

1) 지역난방 개요

① 지역난방 공급계통
열공급업자가 공급하는 115℃의 중온수(1차측 공급)를 중간기계실의 열교환기를 이용하여 45℃의 저온수(2차측 환수)를 60℃의 난방공급수(2차측 공급)로 만들어 난방 순환펌프를 이용하여 강제로 각 세대에 난방용 온수를 공급하는 방식이다.

시 공 자		열공급 사업자
열사용 신청	⟶	열사용 승낙
공사비 납부	⟵	공사비 부담금 고지
중간 및 완성검사 신청	⟶	검사 후 열공급

② 업무처리계통 : 열공급 사업자의 열공급 규정 참조

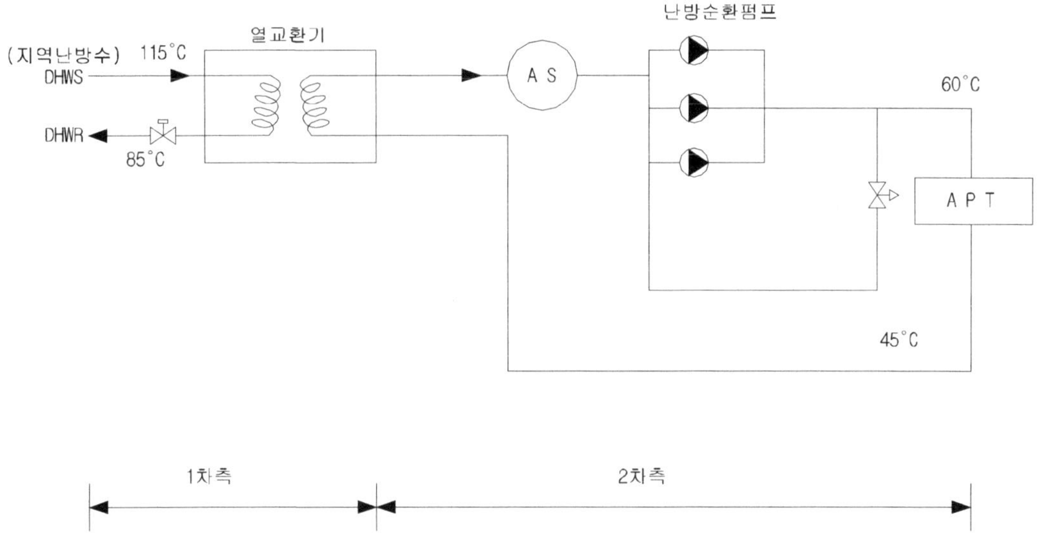

그림 2-41 ▸ 지역난방 열공급 계통도

2) 열사용 신청 및 계약

사업계획 승인 또는 건축 허가일로부터 14일 이내에 신청하여 열사용 계약을 체결해야 한다.(열사용 시설기준 제22조 참조)

① 기계설비 부하 및 장비계산서 1부 : 옥외기계 부하계산서 사본 첨부

② 열사용할 때 현황 1부 : 열사용 시설기준 제24조 관련 양식에 의함.

③ 건축 설계개요서 1부(부지 위치, 건축규모, 공사내용 표기, 건축면적 산출표 포함) : 열사용 신청서 양식에 사업승인서 사본 첨부

④ 기계설비 설계도면 1부

- 범례표 및 목록
- 장비일람표(수량, 용량, 시방 등 규격 상세 표기)
- 옥외배관 평면도(난방, 급탕)

- 배관계통도(공동주택은 각 동별)
  - ·시스템 개요도
  - ·입상배관 계통도(난방, 급수, 급탕배관)
- 배관 평면도(평형별)
  - ·난방배관 및 급수, 급탕 배관
- 기계실 확대배관 평면도

⑤ 전체 옥외 건물배치도 2부(건물, 공동구, 기계실, 진입로 등 상세 표기)

⑥ 자동제어도면 각 1부(기기 제어장치의 규격 및 기능 포함)

- 기기 일람표(제어기기, 컨트롤 패널 및 밸브)
- 제어설비 계통도
- 제어계통 동작 설명서

⑦ 기기제작사 자료 각 1부

- 난방, 급탕 열교환기
- 1차측 차압유량 조절밸브(PDCV)

⑧ 자동제어도면과 제작사 자료는 장비 승인이 선행되어야 하므로 착공 즉시 승인·요청토록 하고 열공급 사업자의 일정양식(열사용 시설기준에 명기되어 있음)에 대입하여 이상 유무를 판단한다.

3) 중간 및 준공점검

1차측 공사완료 후 보온 전에(열교환기 포함) 중간검사를 열사용 시설기준 제25조, 제27 조에 의거 최초 중간점검 신청일 14일 전까지 신청해야 한다.

이때 신청자는 수급자도 가능하며 준공 점검일자도 명기토록 되어 있어 공사진척도, 준공예정일 및 시운전 개시일을 감안하여 일정계획을 수립하되 공사기한 연기시는 당초 계약된 열공급 개시일 7일 전에 연기신청을 필히 해야 하며 연기신청을 하지 않을 경우는 사용요금 부과 등 불이익을 당한다.

중간검사 신청 후 공사추진이 부진한 경우 열공급 사업자와 수시로 협의하여 일정을 조정한다.

4) 준공도서 제출

준공점검 전에 아래 준공도서를 열공급 사업자에게 제출해야 하며, 이때 조건부 승인사항 및 기자재 변경사항을 사전 협의하여 제출되어야 한다.

① 제출 서류

- 열교환기 설치신고서(열사용 시설기준 별지 제1호 및 제2호 서식 참조) 1부
- 기기제작사 데이터 시트(Data Sheet) 각 1부
  - ·열교환기

· 1차측 차압유량 조절밸브(PDCV)

- 방사선 투과시험 검사성적서 1부(제15조 3항의 단서조항에 의한 소켓 이음부위는 사진 제출)
- 기계설비 준공도면
  - · 범례표 및 목록
  - · 장비일람표
  - · 옥내배관 평면도
  - · 배관계통도(공동주택은 동별) - 타입이 동일한 동은 1장의 도면 하단에 동번호 명기
  - · 시스템 개요도
  - · 입상배관 계통도(난방, 급수, 급탕)
- 기계실 확대배관 평면도
- 기계실 계장도면(기기제어장치 규격 및 기능 포함)
  - · 기기 일람표(제어기기, 온도조절 밸브, 기기제어 패널)
  - · 제어설비 계통도
  - · 제어계통 동작설명서
- 제어기기 조작(입력 변경 등) 설명서 1부
- 기타 열사용 시설 관련 도서 - 주공 없음
- 기계실 인입 배관(공장보온관) 연결 부분의 공정별 작업사진 각 1장
  - · TIG Welding, Foaming, Wrapping

② 제출방법

열사용 신청서는 A4를 원칙으로 하되 별도 도면은 청사진이 편철(책자화)된 도면 1부 크기와 관련 없음)를 제출해도 되지만 준공도서는 모두 A4를 기준(도면은 A4로 접음)으로 2부를 제출해야 한다.

5) 공사시행 전 준비사항

① 열사용 시설기준 내용 등을 면밀히 검토하여 중간점검에 임해야 한다. 〈중간점검 확인 사항〉

- 배관 수압시험(1 · 2차측 배관 계통별로 시행)
- 열사용 신청 설계도서의 승인 및 조건부 승인사항
  - · 1차측 배관재의 규격, 관경 및 시공 상태
  - · 1차측 PDCV의 규격, 관경 및 설치 상태
  - · 순환펌프 및 팽창탱크의 용량, 규격 및 설치상태
  - · 1 · 2차측 배관 및 열교환기의 청소여부 및 상태
  - · 기타 중요한 승인 사항
  - · 기타 열사용 시설기준이 정하는 사항

② 공사 진행(프로그램 포함)이 늦어 열공급에 지장이 없도록 프로그램 사항도 수시 점검해야 한다.

③ 기계실에 인입되는 지역난방 1차측 배관이 중간기계실 장비 반입구의 위치에 시공되지 않도록 열사용 신청시 지역난방 1차측 배관의 인입위치에 대한 협의를 해야 한다.(기계실 내역 0.5m까지 열공급사업자 재산임)

④ 지역난방 1차측 배관의 인입위치는 실내에서 공급관은 왼쪽, 환수관은 오른쪽이므로 기계실 배관 배열시 참고하고 열공급자와 사전 협의한다.

6) 지역난방 기술기준

(1) 부하계산

① 난방

■ 아파트

표 2-26 아파트 부하산정기준

난방면적(m^2)	A	B	C	D	비 고
60초	55	53	49	45	단위
45~60 이하	57.7	55.6	51.4	47.2	(kcal/m^2hr)
33~45 이하	58.8	56.7	52.4	48.1	
33 이하	60.5	58.3	53.9	49.5	

A : 대전, 춘천, B : 수원, 청주, C : 수도권, D : 남부지방
단, 5층 이하이고 난방면적 60m^2 이하이면 5% 이내에서 초과 가능

■ 일반건물

표 2-27 일반건물 부하 산정기준

용 도	A	B	비 고
관리소, 사회복지관	86	110	단위 : kcal/m^2hr
동사무소, 파출소	89	110	A : 라디에이터, FCU
유치원, 노인정	86	105	B : 공조기
판매시설	98	120	

② 급탕

– 공동주택(급탕열교환기 부하 및 흡수식 냉동기 부하)

$$q_d = (36 + 9\sqrt{(4n-2)}) \times 0.8 \times 60 \times \Delta t$$

q_d : 급탕부하(kacl/hr)

n : 세대수

Δt : 급탕공급 · 시수 온도차(50℃)

– 단위급탕 연결부하 기준

표 2-28 급탕연결 열부하

용도	급탕부하	비 고
근린생활시설	5	단위 : kcal/m^2hr
근린공공시설	7	주기 : 난방면적에 곱하여 산출
판매시설	5	
공동주택	15	

(2) 설계기준

① 온도

표 2-29 1차측 설계온도 및 압력

구 분	설계 온도(℃)		압력(BAR)	비 고
	공급	환수		
난방열교환기	115	65	16	1차측
급탕열교환기	75	40	16	1차측

표 2-30 2차측 설계온도

구 분		설계온도(℃)			비 고
		공급	환수	온도차	
난방열교환기	복사난방	$45+\Delta t$	45	15 이상	2차측 아파트
	대류공조난방	$50+\Delta t$	50	20 이상(권장)	2차측 상가 등
급탕열교환기		55	5	50	2차측 아파트

② 압력손실

표 2-31 압력손실 기준

구 분	허용압력손실(bar)		비 고
	1차측	2차측	
난방열교환기	0.2	0.3	2차측은 권장사항임
급탕열교환기	0.2	0.15	2차측은 권장사항임

주기 : 1bar=105pa=1.0197kg/cm^2

③ 설계최대 총괄전열계수 기준

표 2-32 허용최대 총괄 전열계수

구 분	허용최대 총괄전열계수(kcal/m^2 · hr · ℃)		비고
	판(Plate)	관(Spiral Tube)	
난방열교환기	3,000	2,000	
급탕열교환기	3,500	1,400	

7) 지역난방 설치공사

(1) 기계실 열량계의 설치

열량계는 유량부, 적산부 및 온도감지기 등으로 구성되며 난방 · 급탕용과 냉방용으로 구분하여 열공급사업자가 설치하고 관리한다.

열량계의 관경은 연결 열부하기준(난방 · 급탕용은 동계 열부하)으로 열공급자가 선정하여 열사용신청 설계도서의 승인시 열사용자에게 기계실별 설치관경을 통보하며, 유량부 등 기술규격은 열공급사업자가 따로 정한다.

① 열량계 설치요령

- 유량부는 사용자가 기계실내 1차측 배관의 환수측 수평 배관에 설치한다.
- 유량부 전후의 배관은 유량부 전에 유량부 호칭경의 5배(5D), 후에 3배(3D) 이상의 직관거리가 확보되어야 계량기의 오차를 줄일 수 있다.
- 열량계는 열사용 시설의 준공점검 이후에 설치되므로 유량부 규격에 상당하는 플랜지부착 단관(Short Piece)을 열량계 설치시까지 임시 배관해야 한다.(열사용 시설기준 제26조 별표 5참조)
- 유량부 설치 및 분해시 배관 자중 등으로 처지거나 중심선이 어긋나지 않도록 지지 또는 고정시켜야 한다.
- 유량부 양단에 플랜지(Flange)의 재질은 SF440 이상이어야 한다.
- 유량부 직관 부분(최소 5D) 전에 스트레이너를 설치해야 한다.(1차측 주배관의 호칭경 기준)
- 유량부의 위치는 관리가 원활하고 설치 · 철거 등 작업시 충분한 공간이 확보된 곳이어야 한다.
- 열량계 적산부의 설치 위치는 유량부와 연결케이블 제한 길이(8m) 및 적산부 설치높이 1.2~1.5m를 고려하여 선정해야 한다.
- 열량계의 온도감지기는 열사용자가 기계실내 1차측 공급 및 환수배관에 각각 설치하며, 온도감지기 등의 설치를 위한 감지기 연결부 배관(Gage Connection Pipes)은 열공급사업자가 따로 정하는 규격에 적합해야 한다.(열사용 시설기준 별표 6, 7 참조)
- 열사용자는 적산열량계 원격검침 제어설비의 설치와 관련하여 MDF에서 기계실까지원격검침용 전화회선 케이블을 설치할 수 있도록 협조한다.
- 열공급 관련 설비인 열수송관 누수감지 설비, 신호전송장치 및 원격검침 설비는 해당 열사용자와 협의하여 열공급사업자가 설치하고 관리한다.
- 열사용자의 관리용 열량계는 열교환 설비의 1차측 배관에 설치할 수 없다.

② 열량계 설치기준

다음 각 항목의 규격 및 설치기준에 적합하도록 열량계 및 원격검침제어기 전용 전원을 기계실내 열공급자의 전용 단자함까지 무상으로 설치 · 공급해야 한다.

- 전원규격 : AC 단상 220V, 60Hz
  - · 사용자 기계실 MCC 주개폐기의 직후단에서 분기
  - · 전원의 인출 부위에 열량계 전원임이 확인 가능토록 표식 부착
- 전선규격 : 600V급, CVV 3C×2.0mm^2
  - · 1가닥은 접지시공
  - · 금속전선관에 수용 설치하며, 말단부 1m는 플렉시블 전선관 시공

③ 단자함 설치기준
- 열량계 적산부 설치위치
- 기계실 입구에서 가까운 벽 또는 기둥

(2) 1 · 2차측 배관재 규격 및 밸브류 설치

① 1차측 배관재 규격
- 1차측 열매체의 설계조건(120℃, 16bar)에 적합해야 한다.
- 1차측 배관재의 규격은 압력배관용 탄소강관(KS D 3562) 또는 동등 이상의 규격을 사용해야 하며, 1차측 배관 중에서 기계실 내벽 0.5m까지의 구간은 공장보온관을 사용해야 한다. 단, 배관부속 자재는 "열사용 시설기준 별표 8"의 1차측 배관재 규격 이상을 사용하여 시공한다.
- 1차측 배관의 볼밸브, 게이트 및 버터플라이 밸브, 스트레이너의 관경별 재료 및 타입은 열사용 시설기준에 명기된 사항을 준수해야 한다.
- 배관 부속자재의 규격은 1차측 배관재에 준하며, 열사용 시설기준표에 명기된 규격 이상을 사용해야 한다.
- 스트레이너는 망제거 부위가 플랜지형식이어야 하며, 플랜지 체결은 스터드(Stud) 볼트형이 아닌 볼트와 너트 체결형이어야 한다.
- 2차측 배관재의 규격은 2차측 열매체의 설계 및 사용조건 등에 적합해야 한다.

② 밸브류 설치
- 열수송관이 인입되는 기계실내 1차측 주배관 차단밸브는 수평으로 설치하고 열교환 설비 전후의 1, 2차측 배관에는 별도의 차단밸브를 설치해야 한다.

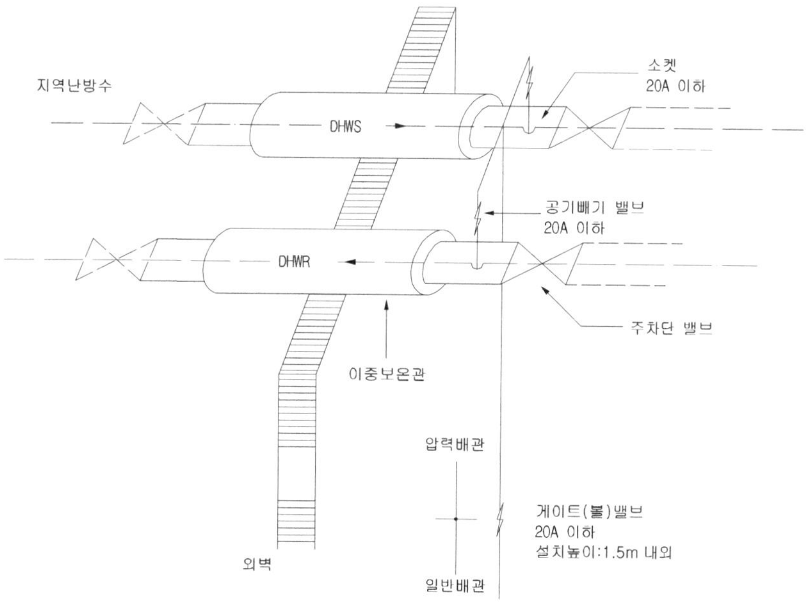

그림 2-42 ▸ 1차측 주배관의 공기빼기밸브 상세도

- 1, 2차측 배관에는 배관계통별로 배관내 공기를 뺄 수 있도록 기기 몸체 및 배관 상부에 공기빼기 밸브를 설치해야 한다. 다만, 1차측 주배관의 공기빼기 밸브는 열사용 시설의 공사중 또는 사용중단으로 인한 1차측 주배관의 온도저하를 방지하기 위하여 공급 · 회수측 배관의 순환 기능과 공기빼기 기능을 겸할 수 있도록 그림 2-43과 같이 기계실 주차단 밸브(Main Shut-off Valve) 전에 설치해야 한다.
- 1, 2차측 배관에는 계통별로 열매체인 물을 뺄 수 있도록 기기 몸체 및 배관 하부에는 드레인 밸브를 설치해야 한다. 이때 1차측 물빼기 밸브는 가까운 바닥 배수로(Trench)까지 배수배관을 해야 한다.
- 공기빼기 및 물빼기 밸브(압력계의 차단밸브 포함)는 1, 2차측 열매체 설계조건에 적합한 규격이어야 하며, 호칭경 25A 이하의 소구경으로서 볼밸브 또는 게이트밸브가 바람직하다.
- 기계실의 지하구조물에 설치하는 기계실 인입 열배관 및 열배관 감지설비 케이블용 슬리브는 지하구조물 내로 물이 스며들지 않도록 방수처리해야 하며, 열수송관은 열팽창에 대하여 신축이 가능하도록 조치해야 한다.
- 인입되는 열수송관은 기계실 외부에서 기계실 쪽을 바라보았을 때 오른쪽이 공급관, 왼쪽이 회수관으로 인입함을 원칙으로 하며, 필히 사업자 확인 후 시공해야 한다.
- 1, 2차측 배관(기기 몸체 포함)에 다음 각호의 계기류 또는 소구경 밸브류(호칭경 25A이하) 등을 설치할 때는 적절한 배관 부속자재(Tee 또는 Outlet)를 사용해야 한다.

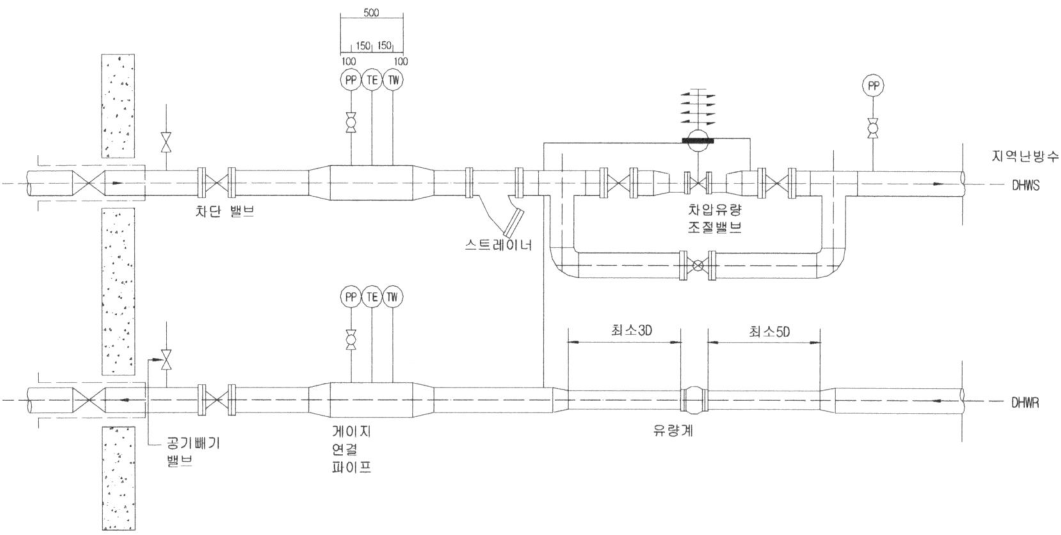

그림 2-43 ▸ 유량부 및 감지기 연결부 배관 상세도

· 온도계, 압력계 및 배관온도감지기
· 공기빼기 및 물빼기 밸브, 안전밸브

· 1차측 차압유량 조절밸브(PDCV)의 도압관

· 감지기 연결배관의 감지기류

③ 1차측 배관의 용접

– 플랜지(Flange) 이음을 제외한 1차측 이음 방법은 용접이음을 원칙으로 한다.

※ 다만, 소구경(호칭경 25A 이하)의 밸브류 및 나사이음이 부득이한 경우에는 관용 테이퍼 나사규격(KS B 0222)에 적합하게 시공

· 스트레이너 및 밸브류(호칭경 65A 이상)

· 열교환기 열결 부위

– 1차측 배관 용접 부위의 후면 비드(Back Bead)는 불활성가스용접(TIG 또는 MIG Welding)으로 해야 한다.

– 1차측 배관 용접 이음 부위는 다음 기준에 의하여 방사선 투과시험을 해야 하며, 기술용역 전문업체에서 발행한 검사성적서를 열공급사업자에게 제출해야 한다.

· 시험대상은 배관용접 개소의 10% 이상(매설배관구간은 100%)이다.

· 방사선 투과시험이 곤란한 소켓용접(Socket Welding) 및 나사이음 부위는 용접개소에서 제외한다.

– 단지내 매립되는 1차측 배관은 기계실 외벽 2m까지 사업자가 시공하고 차단밸브를 설치한다.

– 공장보온관의 시공은 열사용 신청시 기계실내 0.5m까지의 배관공사를 열공급자에게 요청하여 열공급자가 공사를 대행하게 하면 공사진행에 도움이 된다.

– 기계실의 지하구조물에 설치하는 기계실 인입 열배관 및 열배관 감시설비 케이블용 슬리브는 방수 및 열수송관을 팽창에 대하여 신축이 가능토록 외벽에 슬리브가 약 200mm 돌출되도록 설치하고 열수축 시트 등을 사용하여 슬리브와 일체로 마감하여 누수를 방지한다.

④ 배관의 청소 및 수압시험

– 1, 2차측 배관 및 열교환설비는 배관계통별로 열사용 전에 청소하여 배관내 이물질을 제거해야 한다.

※ 1차측은 중간점검시 열공급사업자가 실시

– 1, 2차측 배관 및 열교환설비는 배관계통별로 열공급사업자 입회하에 다음 기준의 수압시험을 해야 한다.

· 수압시험 압력은 1, 2차측 열매체 설계압력의 1.5배 기준이다. 다만, 판형 열교환기의 경우에는 20bar(30분)이다

⑤ 배관 및 기기의 보온기준

– 1차측 배관의 보온은 다음 각 호의 기준에 적합해야 한다. 다만, 열량계 유량부, 온도조절밸브(차압유량 조절밸브 포함) 및 공장보온관의 경우에는 그러하지 아니한다.

– 보온재료는 암면, 유리면 또는 동등 이상의 재질로서 1차측 열매체의 설계온도 및 기타 조건

에 적합하고 배관보온재의 구조는 보온통이어야 한다.

- 배관의 보온두께는 아래 기준 이상으로 한다. 공장 보온관은 그러하지 아니하며, 보온재를 겹쳐 보온하는 경우에는 이음 부분이 중복되지 않도록 해야 한다.
- 1차측 보온마감재는 방염 및 방습재질로서 완전한 방습구조로 설치해야 한다. 단, 매설배관 및 기계실 인입배관 구간의 공장보온관 이음 부분에 대한 현장보온 최종마감재는 지중의 수분 등에 충분한 내구성이 있도록 열수축재(Shrink Sleeve) 등을 사용해야 한다.

표 2-33 1차측 배관의 최소 보온두께 기준

관경(A)	32 이하	40~150	200 이상
최소 보온두께(mm)	40	50	90(겹침 보온)

- 플랜지이음형 밸브류의 보온은 탈착이 쉬운 클립형으로 설치해야 하며, 밸브류의 보온은 밸브의 그랜드 플랜지 부위가 노출되도록 보온해야 한다.
- 2차측 배관의 보온재료 및 보온재 두께는 설계도서에 따라 시공한다.
- 열교환설비의 보온은 아래 기준에 적합해야 한다.
  · 보온재료 및 보온마감재는 1차측 배관보온을 준용하되 최소 보온두께는 50mm로 한다.
  · 보온재 및 보온마감재는 탈착이 가능한 구조로 설치되어야 하고, 보온마감 체결은 탈착이 쉬운 클립형으로 하되 밸브의 그랜드 플랜지 부위가 노출되도록 시공해야한다.

⑥ 열교환설비

열교환설비는 판형 열교환기를 사용토록 의무화되어 있었으나 판형 열교환기 또는 저탕조를 설치할 수 있도록 '99년 열사용 시설기준이 변경되었다.

- 판형 열교환기의 재질 및 용량은 시방서와 설계도면에 적합하도록 제작도를 철저히 검토해야 한다.
- 배관 연결 노즐은 난방용일 경우 SPPS 38(1, 2차측), 급탕용일 경우 1차측은 SPPS 38, 2차측은 STS 316 이상의 재질로 제작토록 하며, 연결노즐 관경 및 주위 배관 배열 시공도를 사전에 검토하여 엘보 및 리듀서를 사용하여 제작토록 하면 열교환기의 보온은 물론 기계실 전면의 공간확보가 용이하고 배관을 미려하게 마감할 수 있다.
- 노즐 하부에 시공되는 드레인관을 누락하여 제작되는 경우가 있으므로 장비 검수시 유의해야 한다.
- 추후 전열판의 증설 및 청소가 용이하도록 기계실 옹벽 부분에서 1m 이상 간격을 두 고 설치해야 하며, 전열판 압축용 압축판(배관 연결용 노즐의 반대쪽)을 기계실 전면으로 배치하는 경우도 있다.
- 판형 열교환기 보온은 열손실을 최소화하기 위해 정밀시공해야 하는 바 케이싱 내면에 보온재

고정용 핀을 사용하여 시공하며, 특히 케이싱 끝 부분은 보온이 들뜨지 않 도록 유의하고, 케이싱 모서리 부분에 틈새가 없도록 보온판 절단시 일직선으로 절단 하며, 기초 하부쪽에 보온이 누락되는 경우가 없도록 해야 한다.

– 보온용 케이싱은 탈착이 용이한 클립형으로 마감해야 한다.

– 장비 주위 배관의 하중이 연결 노즐에 전달되지 않도록 상부배관 지지간격을 정밀검토해야 한다.

⑦ 급탕 및 난방제어 장치

– 공통사항

· 온도조절밸브에는 바이패스(By–Pass) 배관을 설치해야 하며, 이 경우 온도조절밸브와 동일한 관경의 글로브밸브를 설치해야 한다.

· 온도조절밸브는 환수측 배관에 설치해야 한다.

· 공동주택에서 난방 및 급탕 열교환기의 제어장치를 DDC(Direct Digital Control)방식으로 할 경우에는 각 기계실에서 사용자 임의로 운전 프로그램을 조작할 수 있어야 한다.

· 난방제어 기기에서 외기 온도감지기는 직사광선이나 열을 받지 아니하는 위치에 설치되어야 한다.

· 2차측 배관에 설치하는 온도감지기(Temperature Element)는 열교환 설비와 이격하여 1차측 온도가 전도되지 않도록 설치해야 한다.

· 유치원, 탁아소 등 복합건물에는 구역(Zone) 구분에 따라 온도조절밸브(TCV)와 실내온도조절기(Room Thermostat)를 구역별로 설치하는 것이 바람직하다.

· 기기제어 장치의 온도조절밸브, 액튜에이터, 제어기기 등은 동일 제작사 제품으로 설치 · 시공해야 한다.

– 난방제어기기

· 외기온도 보상 기능

· 난방 열교환기의 2차측 난방공급 온도에 따른 1차측 중온수 유량 조절 기능

· 절약모드 등 운전프로그램 입력 기능

· 난방순환펌프는 연속 난방운전을 할 수 있도록 난방순환펌프의 자동운전 제어 기능, 자동교호운전 제어 기능 및 Skip제어 기능

· 부하변동에 따라 난방순환펌프의 유량제어를 할 수 있는 대수제어 기능 또는 회전수제어 기능(권장사항)

· 난방용 온도조절밸브

㉠ 형식 : 전동 비례제어식(Motorized 2–Way)

㉡ 설계온도 및 압력 : 120℃, 16bar

㉢ Close–Off rating : 3bar 이상

㉣ 밸브 자체 압력손실 : 0.3 bar 이내

– 급탕제어기기

⑧ 1차측 차압유량조절 밸브의 설치

– 기계실내 1차측 배관에 공급 · 환수측 배관 차압으로 유량을 조절할 수 있는 차압유량조절밸브(PDCV, Pressure Differential Control Valve)를 설치해야 한다.

– 1차측 차압유량조절 밸브(PDCV)의 규격 및 설치기준은 다음 각 호와 같으며, 바이패스(By–Pass) 배관을 설치한다. 이 경우 차압유량조절 밸브와 동일한 관경의 글로브밸브를 설치해야 한다.

· 형식 : 다이어프램 자력식(Self–Operated)

· 설계온도 및 압력 : 120℃, 16bar

– 설치기준

· 차압유량조절밸브 : 1차측 공급배관의 감지기 연결배관 이후에 설치

· 차압유량조절밸브 도압관 : 공급측은 차압유량조절밸브 이후, 회수측은 감지기 연결배관 이전에 각각 설치하며, 도입관은 주배관의 측면(상, 하부가 아님)에서 연결되어야 한다.

· 도압관 차단밸브 : 1차측 공급 · 환수측 배관의 도압관 연결부위에 설치(2개소)

· 스트레이너 : 차압유량조절밸브 바이패스배관 전에 설치(1차측 주배관의 호칭경 기준)

· 배관 압력측정구 : 차압 설정치를 측정하는 측정구로서 차압유량조절밸브 이후에 설치

– 밸브관경 선정기준 : 연결부하 및 차압(Δp)

난방 및 급탕용 : 동계 열부하, 압력손실 : 0.7bar 이내

– 밸브자체 압력손실 : 0.3bar 이내

– 압력계 설치 : 차압유량조절밸브의 차압측정용

· 다이어프램 상 · 하부

· 공급 · 회수측의 도압관

· 1차측 배관의 공급 · 회수측 도압관의 연결 부위

– 차압유량조절밸브(PDCV)의 차압설정치는 난방 · 급탕용이 0.6~0.8bar, 냉방용이 0.9~1.0bar가 되도록 설정해야 하며 열공급사업자가 봉인한다. 다만, 기계실의 조건에 따라 설정범위를 변경할 수 있다.

⑨ 순환펌프 및 팽창탱크 설치

– 난방순환펌프

· 펌프의 양정 및 동력은 여유율이 없이 산정한다.

· 펌프 축봉장치는 기계적 밀봉장치(Mechanical Seal)를 사용한다.

· 부하변동에 따른 유량제어가 가능하도록 대수제어방식 또는 회전수제어방식을 적용한다.

· 대수제어방식을 채택한 경우 각 펌프유량의 합은 병렬 운전시에 설계유량의 100%를 만족해

야 한다.

- 급탕순환펌프
  - 펌프의 유량은 급탕 열교환기 존별해당세대수 급탕 유량의 1/2로 한다.
  - 펌프의 양정은 배관계통 내의 관마찰손실수두의 합으로 산정하고 동력은 최소 1마력이상으로 산정
- 난방배관계통에는 밀폐식 팽창탱크를 설치해야 하고, 밀폐식 팽창탱크는 옥상 또는 기계실에 설치하는 것이 바람직하며, 옥상에 설치시 배관은 열선을 감고 보온해야 한다.
- 팽창탱크의 팽창배관 연결은 기계실 환수측 주배관에서 분기해야 한다.
- 밀폐식 팽창탱크의 상부에는 배관내 공기를 자동으로 배출할 수 있는 공기배출기기(Air Separator와 Air Eliminator)를 설치해야 하고 탱크 내부압을 외부에서 확일할 수 있도록 압력계를 부착한다.
- 급탕 배관계통에는 급탕 공급주관과 환탕 주관 사이에 환탕관에서 급탕관으로 유량이 흐를 수 있도록 체크밸브와 게이트밸브를 설치한 연결배관을 설치한다.

⑩ 온도계, 압력계 및 안전밸브의 설치

- 온도계 및 압력계 설치배관
  - 열교환설비 전후의 1, 2차측 배관
  - 순환펌프의 흡입 · 토출측 배관(온도계는 토출측에서만 설치)
  - 2개소 이상의 분기 및 집합배관(압력계는 부분적으로 생략 가능)
  - 1차측 차압유량조절밸브(PDCV)의 압력계
  - 기타 운전상태 표시가 필요한 기기 및 배관(압력계는 부분적으로 생략 가능)
- 온도계 및 압력계 설치방법
  - 온도계 및 압력계의 측정범위는 설계조건의 1.5배 이상이어야 한다.
  - 온도계 및 압력계는 1차측과 2차측을 구분하여 설치해야 하며, 한 곳에서 운전상태를 확인할 수 있도록 설치되어야 한다.

    ㉠ 온도계는 바이메탈식의 계측이 쉬운 구조로 감온부가 배관내 1/2 이상 삽입되어야 한다.
    지시부의 크기 : 100mm
    온도측정범위(1차측 : 0~150℃ / 2차측 : 0~100℃

    ㉡ 압력계는 브르돈관식으로서 계측이 쉬운 구조여야 한다.
    지시부의 크기 : 100m
    압력측정범위(1차측 : 0~25kg/cm^2/ 2차측 : 0~10(15)kg/cm^2)
  - 온도계는 보호용 설치구(Thermo-Well 또는 Sensor Pocket) 안에 설치되어야 한다.
  - 압력계의 도압관에는 차단밸브를 설치해야 하며, 도압관에 사이펀관 등을 연결할 경우에는 열매체 설계조건에 적합한 규격이어야 한다.

· 기타 : 주요공종의 시공요령 계기류 설치편 참조

– 안전밸브의 설치

· 열교환설비의 기기몸체 또는 1차측 주배관에는 안전밸브를 설치해야 한다.

· 고가수조방식의 2차측 급탕배관에는 안전밸브를 설치해야 한다.

· 안전밸브의 작동시 안전을 위해 유량도피 유도관을 기계실 바닥까지 연결해야 한다.

· 난방 2차측 배관계통 보호를 위하여 난방 유량 도피용 차압밸브를 설치해야 한다.

– 밸브관경 선정기준

· 유량 : 2차측 난방설계유량의 80% 이상

· 차압 : 난방순환펌프 설계양정의 30%

· 설치위치 : 기계실 난방순환펌프의 공급/환수배관 사이

8 팬코일 유닛(FCU) 배관공사

1) 일반사항

(1) 개요

FCU는 온수 또는 냉수의 현열을 이용하는 대류식 온 · 냉방기기이며, 상가 또는 업무시설에 주로 사용하고 있고, 설치 형태별로 상치형, 로보이형, 천장카세트형이 있다.

(2) 협의사항

① 천장마감을 고려하여 설치높이 조경이 가능토록 해야 하며, 배기덕트, 소화설비 및 전등 배열 등을 고려해야 한다.

② 전원공급은 FCU 설치 위치에 적합하도록 전기공사와 협의해야 한다.

③ 구역별 전기스위치와 FCU 구획이 같도록 전기와 협의 조정

2) 자재

① 제작 도면을 제출받아 용량 및 성능을 확인해야 하며, 지역난방의 경우 $\Delta T=20℃$임을 주의해야 한다.

② 2방밸브는 전원이 220V(단상)이며, 전원차단시 밸브가 닫히는 형식(Normal-Close)을 사용해야 사용자가 전원을 차단했을 때 난방수가 차단됨으로써 불필요한 난방요금이 부과되지 않도록 해야 민원을 예방할 수 있다.

※ 주로 사용되는 2방밸브는 보통 열린(Normal Open) 타입이 많다.

③ 냉방을 목적으로 하는 경우 응축수 드레인 배관을 해야 하고 물받이 연결구는 천장마감 여유와 드레인 배관 구배가 충분치 않으므로 하부보다는 측면 연결구가 유리하며, 응축수 드레인 배관은 결로방지를 위해 공기유통이 없도록 반드시 보온해야 한다.

3) 시공

① 천장 카세트형의 경우 온도조절기, 풍량조절 스위치, 유량계 등이 벽체에 매립 시공되어야 하므로 개별적으로 매립 박스가 필요하게 된다.

② 천장매립 온·냉수 배관은 순환배관이며, FCU 연결배관은 필히 차단밸브를 설치해야 한다.

③ 천장카세트형의 경우 자중에 의한 처짐이 발생하기 쉬우므로 콘크리트타설시 인서트 플레이트를 매설하고 용접 가대를 이용하여 설치하고 운전시 소음 및 진동이 구조체에 전달되지 않도록 방진 스프링을 설치하되 기기 연결은 높이 조정 및 수평조정이 되도록 시공한다.

④ 공급배관과 기기 연결 배관은 공기 잠적이 없도록 시공해야 하며, 냉방배관의 지지용 행거 등은 결로가 발생하므로 반드시 단열이 될 수 있도록 시공해야 한다.

4) 시험

① 지역 난방구의 경우 $\Delta T=20℃$(공급온도 : 70℃, 환수온도 : 50℃)가 되도록 조정하여 FCU의 성능이 발휘될 수 있도록 해야 한다.

② 각 실별로 전원을 차단하여 2방밸브가 닫히는지 확인해야 한다.

③ 온도조절기, 풍량조절시 위치 및 유량계(열량계)의 작동상태를 확인한다.

④ 기기 소음과 난방 성능을 확인하고 방진 행거를 조정해야 하며, 순환펌프의 양정을 높일 필요가 있는 경우가 있다.

9 공장제작 배관공사

1) 개요

건축물의 대형화 및 고층화로 인하여 현장제작의 재래식 공법의 한계를 극복하고 산업화로 인해 인력부족 현상으로 고임금화 및 인력난을 해소하고, 정밀도 향상에 의한 품질의 확보, 안전사고 예방과 자재보관 및 작업 공간 확보의 어려움, 작업효율 저하 등 여러 가지의 문제를 해결하기 위해 공장제작 배관(PFP : Pre Fabricate Piping)을 적용하기에 이르렀다. PFP는 주로 각종 배관을 현장조건에 맞게 설계도면을 면밀히 검토하여, 상세도 작성 후 기계화된 공장에서 절단, 용접, 조립 제작하여 패키지화하여 현장반입 타워크레인을 이용한 단순 조립작업에 의해 단기간에 시공할 수 있는 공법으로 입상관, 횡주관, 기계실 배관 등의 공동 배관에 적용할 수 있으며, 파이프 샤프트(Pipe Shaft)구획의 정확한 위치와 간격, 그리고 구조물 공사 시 입상배관의 정확한 공간 확보가 이루어질 수 있도록 건축공정과 긴밀한 협조가 이루어져야 가능하다.

그림 2-44 ▸ PFP 현장설치

2) 기존 공법의 문제점

(1) 인력관리

① 현장 특성상 기능공들의 빈번한 교체와 이동에 따른 인력관리 문제 발생

② 현장 내에 자재 소운반에 소요되는 인건비 손실 발생

③ 층별 공정마다 다수 인원투입으로 문제 발생

(2) 안전관리

① 인력에 의한 자재운반으로 위험성 상존

② 층별로 협소한 공간에서 용접 작업으로 인한 위험과 화재위험

③ 높은 장소 및 층별로 협소한 공간에서 작업으로 인한 추락위험

(3) 품질관리

① 협소한 공간에서 용접이나 배관 작업으로 조잡 · 시공 등으로 품질 확보가 어려움

② 배관의 조닝에 의한 배관의 복잡화로 재시공 우려가 높음

(4) 공정관리

① 타 공정에 지장을 초래하여 원활한 공사흐름을 방해하여 마찰을 유발시킬 우려가 높다.
② 현장접합 작업 후 접합상태 점검, 수압시험 후 도장작업으로 공정관리가 어렵다.
③ 각종 배관의 접합 작업이 개별적 층마다 이루어지므로 많은 인력과 시간의 소요가 많아 관리가 어렵다.

(5) 작업장관리

① 현장의 제한된 공간에서 자재 보관장소 문제 발생
② 배관 절단 접합 등의 작업공간이 필요
③ 자재관리가 용이하지 않다.

3) 공장제작 배관공사

(1) PFP공법의 장점

① 인력관리
- 공장제작에 의한 우수한 고급인력을 안정적으로 투입할 수 있으므로 인력관리가 안정적이다.
- 일반적으로 입상배관은 3개 층마다 유닛별로 직접 크레인에 의한 설치로 인력관리가 효율적이다.

② 안전관리
- 공장에서 제작하고, 현장에서는 조립만 하므로 작업의 안전성 향상
- 3개 층마다 작업하므로 위험요소 감소
- 크레인에 의한 샤프트 내에서 조립하므로 자재의 이동률이 적어 위험요소 감소

③ 품질관리
- 모든 접합작업이 상세도에 의해 규격화된 위치에서 이루어지므로 양질의 품질을 확보할 수 있다.
- 자동화된 공장에서 자동 용접이 가능하고, 유닛별 수압시험 후 출고되므로 품질 확보가 용이하다.

④ 공정관리
- 3개 층별 유닛으로 제작하여 현장에 설치하므로 공정진행에 따른 대응 및 조정이 쉽다.
- 유닛별로 공장에서 보온 전까지 공정을 완료하여 설치되므로 공정관리가 쉽다.
- 공장에서 제작하여 현장에서는 조립만 하면 되므로 골조 공정에 맞추어 공장에서 제작이 가능하여 공정관리가 쉬워진다.

⑤ 작업장관리
- 제작이 현장 밖에서 이루어지므로 자재야적장 및 작업장에는 문제가 없다.

– 현장에서는 조립만 하므로 현장에서 절단 용접 조립 등으로 어지러운 현장 주변의 청결관리 가능하다.

(2) PFP 적용 및 계획

① PFP화 적용 검토

– 자료 검토 및 가능성 판단

· 건축도면, 구조, 설비관련 도면, 시방서, 타워크레인 배치도, 차량인입 등

· 경제성 분석, 정밀시공 및 명확한 도입 목적 검토

– PFP화 가능 샤프트 결정 및 물량 결정

· PFP 샤프트는 지지재와 방진 및 고정재를 조립한 수평 그루빙(Grooving) 구조로 하고 슬래브를 일체상태에서 철골 설치 공정에 맞추어 타워크레인에 의해 반입 양중하여 설치하므로 PFP가 가능한 샤프트를 사전에 선정하고, 층별로 도면에 표시함으로써 건물 자체에 대한 PFP화 가능 샤프트 및 물량을 결정한다.

② PFP 검토항목

– 적용 대상에 대한 공종 파악

– 유닛의 운송제한 규격 및 운송방법(표 2–26 참조)

– 건축물의 규모별 투입 수량 파악

– 건축공정에 따른 설치방법 검토

– 시공도면에 의한 제작공정 검토

– 현장골조공사 진행과의 비교 검토

– 반입 후 유닛별 설치공정 검토

– 하강 작업시 유닛의 방향과 종류를 구분 · 검토

– 수압 검사 및 보온에 대한 검토로 제작, 시공시 문제점과 시공 후 하자요인을 방지해야 한다.

③ 도로교통법 제5조의 규정에 의해 운반을 위한 제약이 있다.

표 2–34 도로 교통법상 운반기준

구 분	길 이	폭	높 이	총중량
교통법	17m	3m	4m	40톤 미만
유 닛	3개 층(12~15m)	3m 미만	2.5m 미만	25톤 미만

(3) PFP 공법의 준비

① 기본계획

– 작업성 검토

· 건축물의 시공공법 : RC, WC 등

· 파이프 샤프트의 구조 상태 : 개구부 크기, 수직 상태
· 운반용 차량의 진입상태 : 도로상태, 운행제한, 작업공간 확보 등
· 유닛 저장장소 유무
· 타워 크레인 사용 검토 : 작업 반경, 허용 양중 능력

– 경제성 검토
· 건축물의 규모 : 층수, 연면적 등
· 유닛에 설치되는 관경, 재질, 수량 확인
· 공법 적용시 해당 건축물 공사의 난이도 분석
· 건축공정 계획 분석 : 공사기간 등
· 유닛의 적정 수량 확보 가능 여부
· 추가비용 만회 대책 수립 : 운반, 잡철물 공사비

– 타당성 검토
· 작업성과 경제성을 상호 검토하여 적용 여부를 결정한다.

② 세부진행계획

– 준비작업
· 상세도계획
· 유닛 단위공정표
· 전체공정표
· 조직표

– 상세도 작성 및 승인
· 상세도와 자재승인 흐름도 작성
· 계통도 작성 : 유닛 구분, 구획정리, 번호 부여
· 유닛별 배관배열 결정 : 용도, 재질, 치수, 보온 및 마감 상태 고려
· 유닛 프레임 및 브레이싱(Bracing) 규격 설치 협의
· 유닛 산출표 작성

– 하중계산서 작성
· 자재를 산출하여 단위중량표 작성 : 운반, 양중시 적용
· 강제규격 결정 : 시스템 가동시 운전하중을 고려한 단위중량표 작성

– 관련공종 협의사항
· 유닛 설치시 필요한 보조빔 추가 설치 협의
· 유닛 프레임 결정 규격에 따른 샤프트 치수 협의 조정
· 사전협의 내용을 도면 시공도 작성시 반영
· 샤프트 주위 옹벽, 조적, 작업선 등 선·후공정 협의

③ 제작계획

- 제작도면 작성
  - · 단위 프레임 상세도
  - · 슬리브 상세도
  - · 방진, 신축이음, 밸브류 상세도
  - · 샤프트 상세도
  - · PFP 유닛 파이프 재료표
  - · 설치 배관 계통도
  - · 가대 조립도
  - · 지지 상세도
  - · 유닛별 상세도 : 건축시공 결과의 각 층간높이, 개구부 규격을 실측하여 반영
  - · 설치도 등

(4) PFP 공장제작

① 흐름도 작성

- 자재청구 및 반입
- 제작
- PFP 공장제작 공정표

② 제작

- 주 프레임 제작
- 단위 프레임 및 브레이싱 제작
- 배관 가공, 조립

그림 2-45 ▸ PFP 공장제작

그림 2-46 ▸ PFP 운반

-용접
-방진설치
-바닥처리 및 도장

③ 제품 검수 및 출고 준비
-제품검수
-유닛 설치와 관련된 타 공정의 간섭 작업 확인
-양중 일정 및 설치 위치 표시
-출고 일정 협의, 조정, 확인
-사용 장비류 예약 확인
-설치에 필요한 공구류 점검 · 확인
-설치 인원 조편성 및 업무 숙지 교육

(5) PFP 현장이동 및 반입

① 현장이동
-도로 교통법 : 규제사항
-총 소요시간
-도로 포장상태
-도로의 혼잡도 및 장애물 유무
-현장 반입시 : 차량 대기장소
-현장출입은 크기와 자재 하치장
-수송중 사고에 대한 처리 계획
-PFP 유닛의 적재는 2, 3단으로 하고, 유닛은 진행방향을 향해 적재한다.

그림 2-47 ▸ PFP 현장운반

그림 2-48 ▸ PFP 현장운반

-설치시간보다 1~2 시간 전에 현장에 반입하여 지정장소에 대기하며 필요에 따라 차량에서 크레인으로 적하한다.

② 현장반입

-반입 전 건축공정 및 유닛 설치 일정, 시간 등을 협의 · 결정

-반입 전 유닛 임시 적재에 필요한 장소 및 범위 등을 협의하고 주변정리, 정돈을 실시

-운반장비 반입시 진입도를 확보하고 진입차량에 대한 유도를 실시한다.

-운반 장비의 대기 장소 및 반출에 대한 계획을 수립하고 일정에 차질이 없도록 한다.

-트레일러 진입시 보조 크레인의 고정 설치 위치를 고려하여 진 · 출입로를 확보

-지게차의 유닛 운반경로 및 작업공간을 확보

-현장내 유닛 하역, 운반, 양중, 작업시 필히 신호수의 지시에 따르고 안전을 최우선으로 고려해야 한다.

-반입 설치 전 일정 협의시 주간 일기 상황 등을 사전에 조사하여 비 또는 강풍 등의 악천후를 피한다.

(6) 현장설치

① 중점관리사항

-설치 위치 표시

· 설치 위치를 사전에 측량하여 측량값을 시공도에 반영한다.

· 시공도를 기준하여 현장에 설치 위치를 표시하되 설치 상부에서 추를 내려 확인한다.

-리프팅(Lifting)

· 타워 크레인 또는 보조 크레인을 이용한다.

· 리프팅하여 설치 위치의 피트까지 이동하여 흔들림과 방향을 잡은 다음 하강하여 안착한다.

· 고정 안착 위치 약 30cm 정도까지 하강하여 고정용 형강 조립 때까지 대기한다.

-검사

· 중간검사는 현장 실측기사가 보정되어 있는가를 확인하고, 수직 · 수평상태 확인, 용접상태, 배관규격, 자재 등을 검사

· 안전검사는 상하절 가조립 검사, 도장 검사, 방진 설치상태를 검사

· 설치 후 검사는 층별 방화구획 점검, 방진장치 설치 완료, 도장 최종상태 점검 확인

② 협의사항

-시공 전날까지 협의사항

· 시공현황

· 유닛의 설치 및 5일 전에 시공일과 시간 결정

· 변경시 긴급연락 방법

· 작업인원

· 인원 배치와 책임작업 내용 확인
· 사용공구와 안전용구 확인

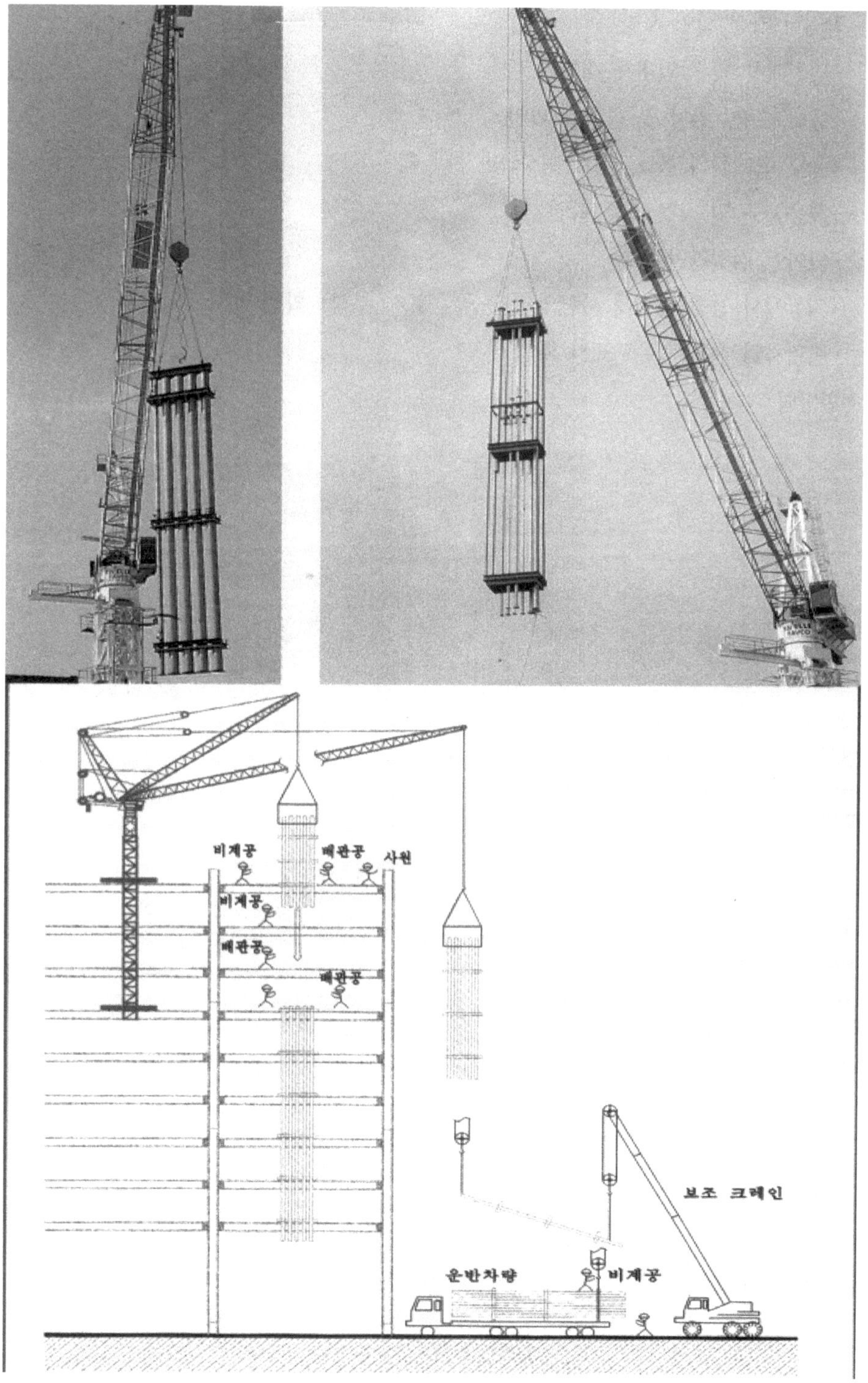

그림 2-49 ▸ 현장 조립 운반

· 작업순서와 작업 방법 확인
· 유닛 형상과 수량 확인
· 크레인 등 장비 확인
–작업시 작전 확인 사항
· 인원배치 및 작업내용 재확인
· 유닛 수량, 위치 및 방향을 확인
· 유닛 프레임의 볼트, 너트 형상 및 수량 확인
· 사용공구 및 작업 표준 확인
· 와이어 점검확인
· 지상에서 양중 범위내 사람의 접근금지 표시 부착 · 확인
· 반입차의 현장내 유도표시 확인

③ 접합방법

그림 2-50 ▸ PFP 조립 및 접합

그림 2-51 ▸ PFP 조립 및 접합

–그루빙 접합
–용접 접합
–플랜지 접합
–소켓 접합 등

④ 안전대책

-작업인원의 안전교육 시행

-작업계획의 사전 설명

-안전대책 철저 준비

-현장 주변 정리정돈

-재해나 예측하지 못한 사건 발생시 조치방법

⑤ 마감 및 시험

-층별 방화구획 확인

-입상방진 유격조정

-가설 보조재 해체(앵글, U볼트)

-고정용 클램프, 방진재, 신축이음, 가이드 등 점검

-콘크리트타설시 대비 보양작업

(7) 운반 및 설치시 문제점

① 유닛을 차량에 적재하고 하차시 장비나 공구 사용으로 뒤틀림 발생

② 하차 현장 주변의 공간 부족으로 크레인의 동원이나 도착 후 대기장소 문제는 크레인 사용시간 증가로 실행에 문제 발생

③ 운반도중 유닛의 중량 조절 문제로 적재할 수 있는 차량규제에 의한 문제와 적재시 유닛의 자체 변형으로 수평유지가 어렵다.

④ 현장 도착 후 샤프트까지 이동시 도심지 공사장에서는 현장 주위의 장애물(전주, 인근 건물, 교통상황 등)이 유닛 인양 시 시공지연이나 위험이 큰 문제이고, 설치 건물에 부딪칠 경우 유닛의 변형이나 파손이 우려

⑤ 유닛의 안착 후 상판과 보의 용접작업시 유닛의 정착 위치(용접면)까지의 간격 조정작업이 시공지연을 유발시키고, 뒤틀림으로 인해 보와의 마감문제도 품질에 영향을 미친다.

⑥ 샤프트 주변의 바닥 마감이 되지 않은 상태에서 설치 작업시 안전사고 발생률이 높다.

⑦ 유닛의 현장 조립시 플랜지 및 용접에 의한 하자발생률이 매우 높다.

⑧ 유닛의 용접이나 절단작업시 열변형 발생이 있다.

(8) PFP 적용시 공종별 중점관리사항

① 도면 및 시방서 검토

-시스템 및 관경

-파이프 샤프트의 크기 및 위치

-앵커, 가이드, 신축이음 위치 및 크기 검토

-입상관의 팽창에 따른 가지관 처리

② 시공 상세도 작성(그림 2-50 참조)

- 검토 내용을 반영하여 확대 도면 작성
- 파이프 샤프트 내 배관의 배열 검토
- 가지관은 3엘보 이상으로 작성
- 슬리브 크기 및 위치
- 가대 크기 및 U볼트 구멍 위치 및 크기 검토

③ 실시도면 승인

- 검토 내용 등 누락 반영 여부 확인 후 보완 및 승인한다.

④ 슬리브 작업

- 슬리브 크기 및 배열 위치를 확인하고 수직 확인

⑤ 입상관 시공

- 건축공정 확인 및 공사범위 설정(단계물량을 선정)
- 입상관 수직배관 확인(팽창시 문제)
- 가지관 3엘보
- 가대 크기, U볼트 크기, 신축이음, 플랜지 점검

⑥ 수압시험

- 단계별 수압시험 실시(시험 압력 확인)
- 가지관 밸브까지 포함하여 수압시험 실시
- 완료 후 수압유지 및 U볼트, 너트 도정
- 신축이음 팽창 고정핀을 제거

⑦ 보온공사

- 건축공정을 확인하여 조적공사 전 부분적으로 완료한다.
- U볼트, 너트 조정을 재확인
- 파이프 샤프트 내의 바닥 청소를 완료

⑧ 조적공사

- 조적공사 진행시 벽돌 추락으로 인한 배관 누수 확인 및 즉시 보수작업 완료토록 지시 확인
- 배관 신축시

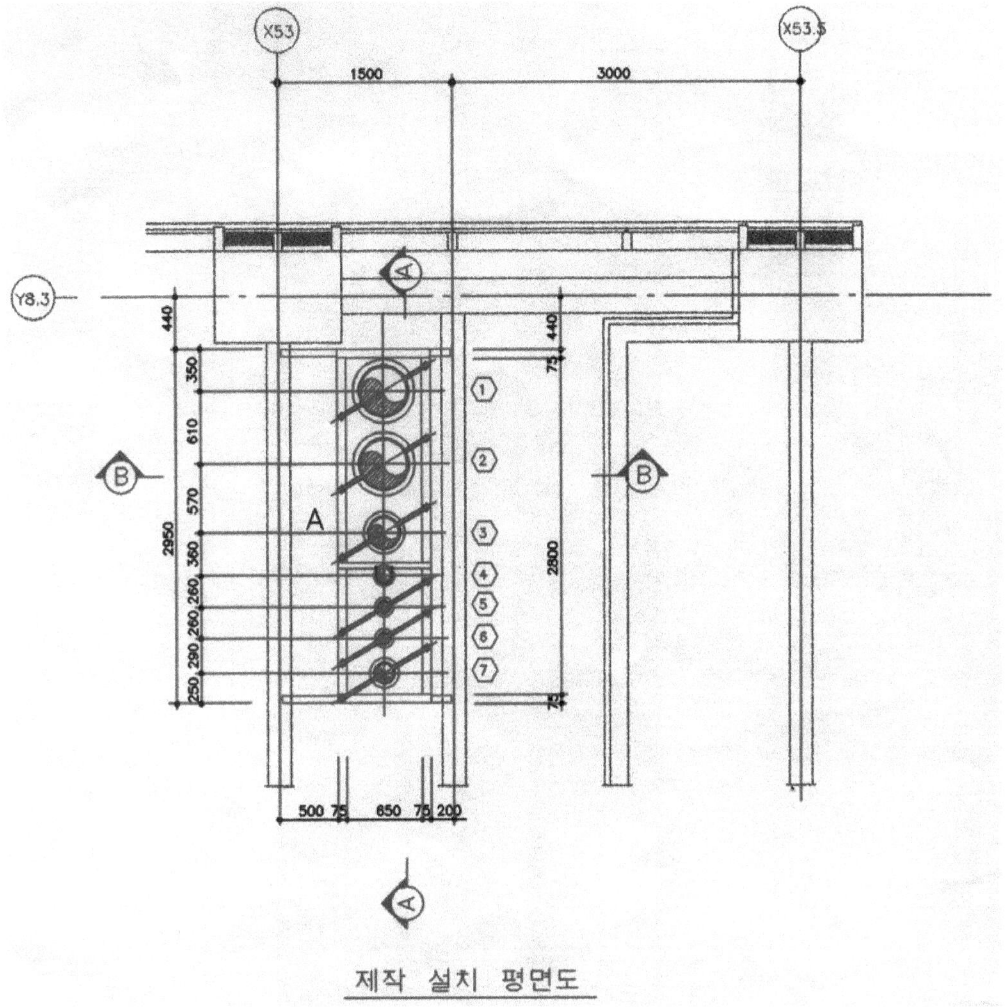

그림 2-52 ▸ PFP 시공상세도 예(1)

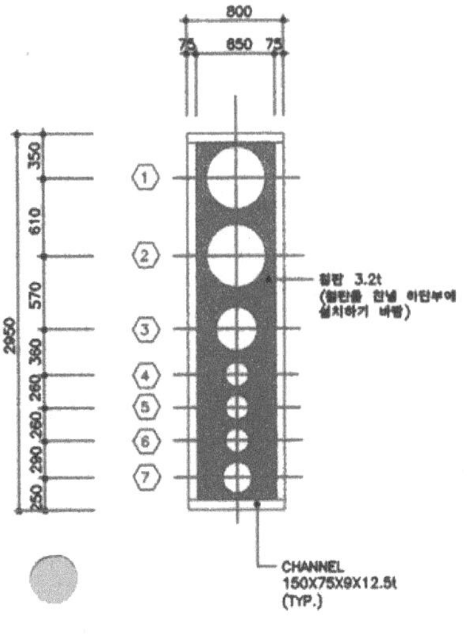

#3-9절 바닥판 제작 상세도-A

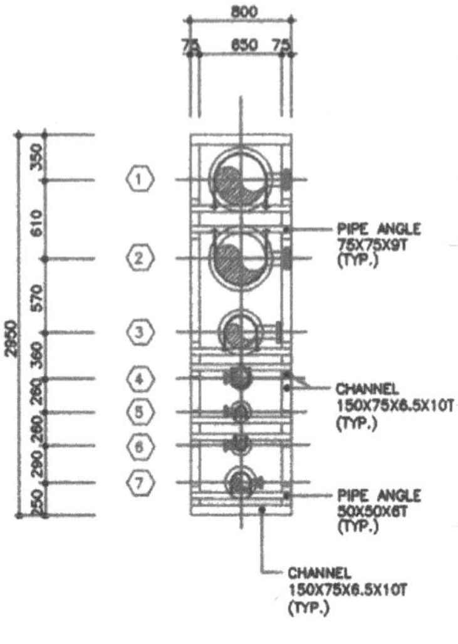

#3-9절 PIPE ANGLE 제작 상세도-A

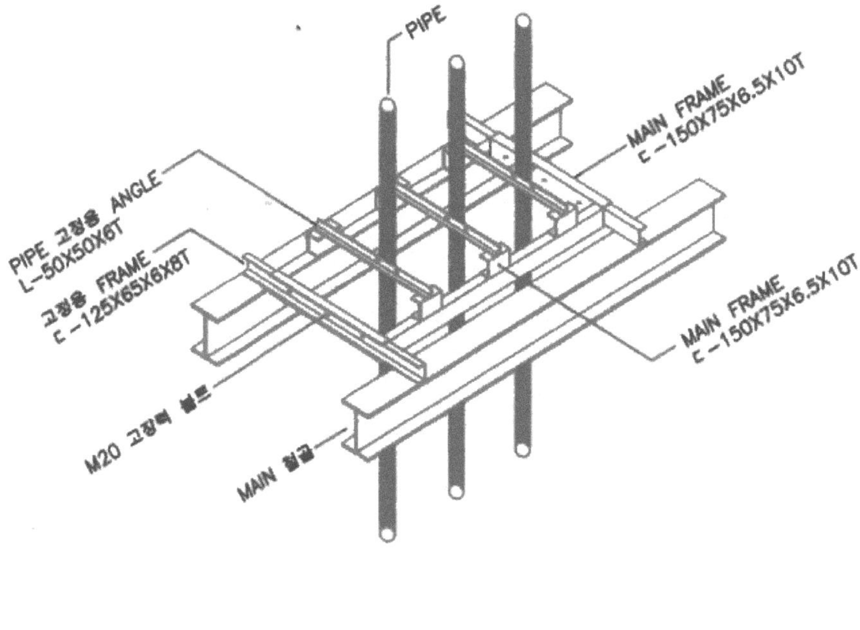

각층별 RISER UNIT 설치 ISOMETRIC

그림 2-52 ▸ PFP 시공상세도 예(2)

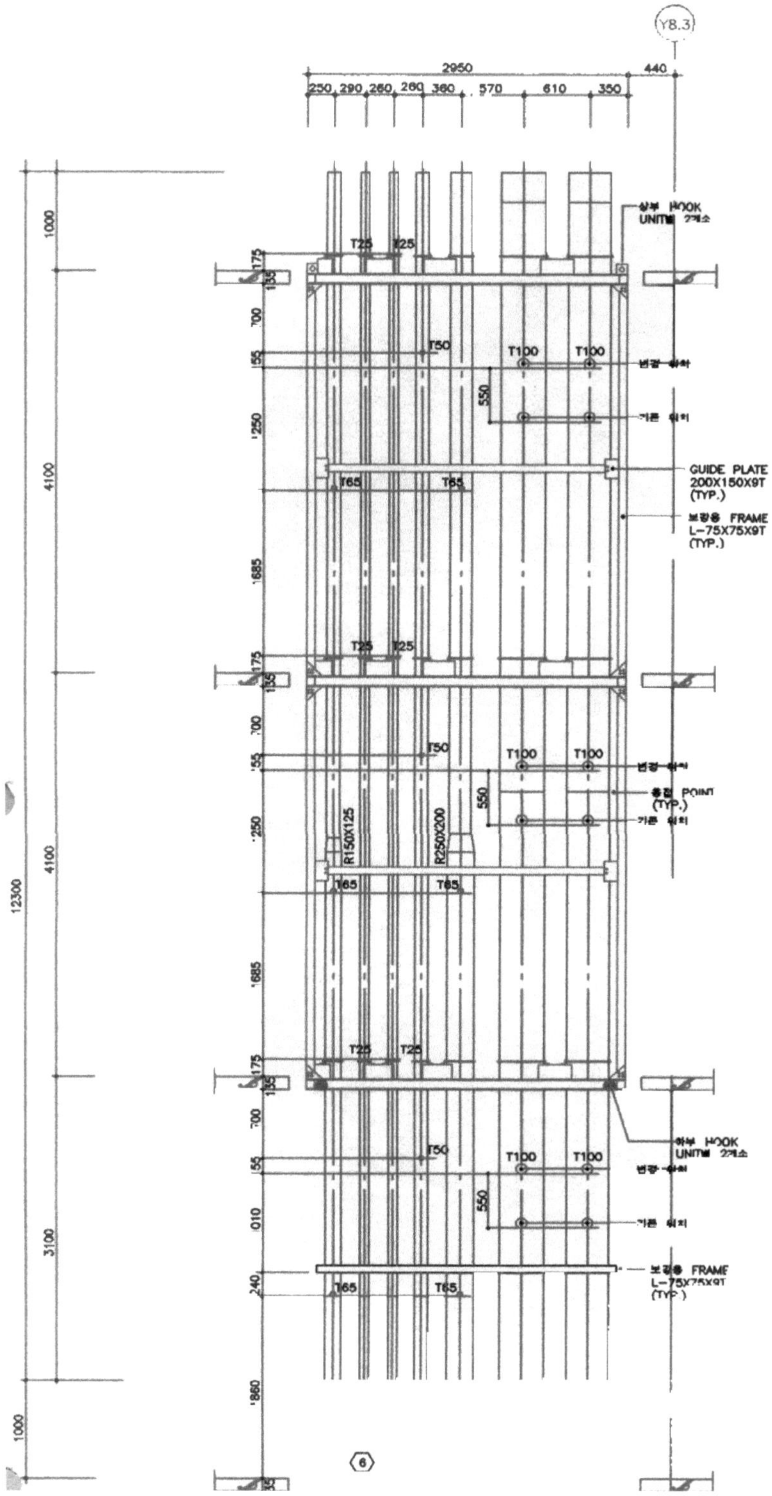

그림 2-52 ▸ PFP 시공상세도 예(3)

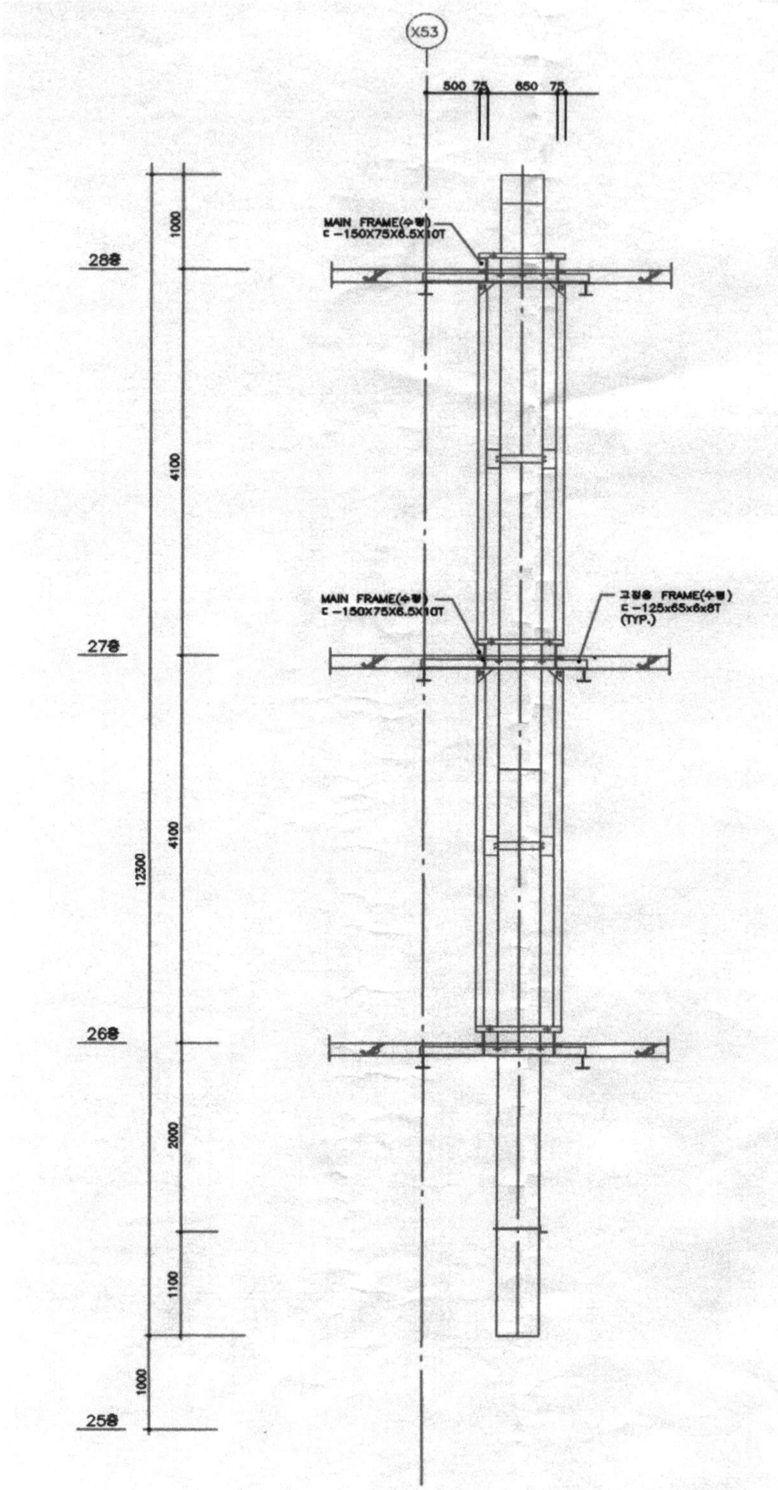

그림 2-52 ▸ PFP 시공상세도 예(4)

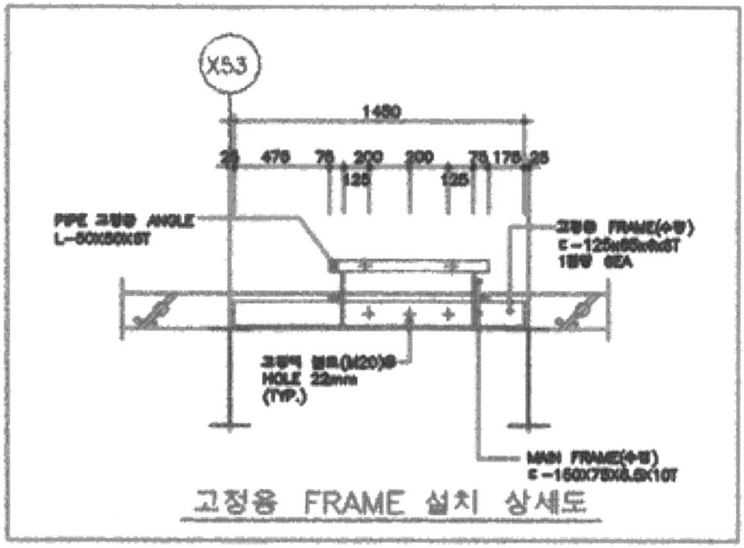

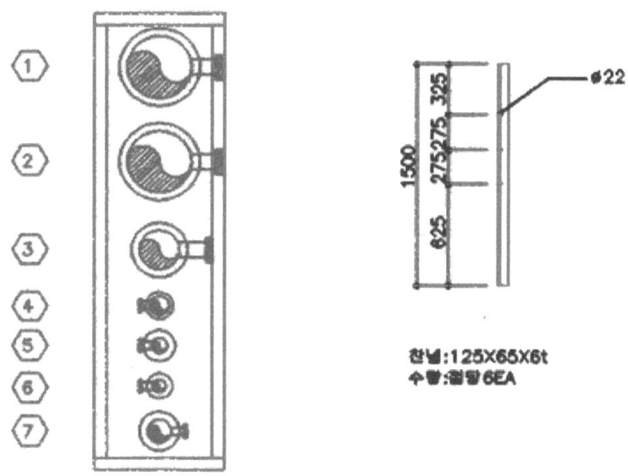

그림 2-52 ▸ PFP 시공상세도 예(5)

10 시공확인서 검토내용(검측요청서)

1) 옥내배관공사

공 종	시공확인시점	주 요 검 사 항 목
슬리브 및 인서트 설치공사	지하층 슬리브 설치 후 (콘크리트타설 전)	1. 인서트 및 인서트 플레이트 위치 2. 입상 슬리브(PD, 세탁실) 위치 및 규격 3. 화장실 PVC 슬리브 위치, 규격, 고정상태 4. 유량계, 온도조절기용 전선관 배관상태 5. 지하외벽 관통 슬리브(오·배수 토출, 소화수) 위치 및 규격 6. 지하간벽 오·배수 횡주관 박스 위치 및 규격 7. 발코니 배수관 관통 슬리브 위치 및 규격 8. 배수펌프 슬리브 위치 9. 살수용 수도꼭지 박스 위치 및 규격 10. 스프링클러 및 연결송수구 슬리브 위치 11. 집수정 위치 및 규격
	기준층 슬리브 설치 후 (콘크리트타설 전)	1. 화장실 PVC 슬리브 위치, 규격, 고정상태 2. 주방 및 발코니 배수 슬리브 위치 및 규격 3. 세대내 옹벽 관통 슬리브 위치 및 규격 4. 방화댐퍼 슬리브 위치 및 고정상태 5. 가스입상, 지관 슬리브 위치, 규격, 고정상태 6. 유량계, 온도조절기용 전선관 배관상태 7. 함류(양수기함, 소화전함, 온도조절기박스, 유량계 지시부 박스) 위치 및 설치상태 8. 입상 공용 클램프 인서트 플레이트 설치상태
	거푸집 제거 후(지하층 포함)	1. 각종 슬리브의 탈락, 위치 이탈, 파손 여부 2. 슬리브 고정못 제거 및 보양상태 3. 입상 슬리브 수직상태(가스) 4. 함류 수직·수평 및 보양상태 5. 유량계, 온도조절기용 전선관말 보양상태
지하피트 배관공사	본용접 시행 전	1. 가대 설치상태(위치, 규격) 2. 배관 배열 및 횡지관 분기 상태(3-4엘보) 3. 배관경과 밸브류 및 부속류의 규격 4. 각종 슈, 앵커 위치 및 규격 5. 행거, U볼트 위치 및 규격 6. 용접부 모재가공 상태(V커팅, 청소 등) 7. 공기빼기 밸브, 퇴수밸브 및 계기류 설치상태 8. 밸브 및 유니온 설치상태(위치, 조작 여부) 9. 이종금속 접촉부 절연상태

공 종	시공확인시점	주 요 검 사 항 목
		10. 급탕 보급수관 및 팽창관 설치 유무 11. 오·배수 횡주관 구배 12. 주철 소재구 위치 13. 지하층 활용공간 확보
	본용접 시행 후	1. 용접부 외관검사 -비드 표면 균열, 언더컷, 슬래그 제거상태 2. 배관 계통의 누수 여부 3. 급탕 및 오·배수 횡주관 구배 4. 주철관 접합 및 고정상태 5. 배관류(용접 부위), 철재류 도장마감 상태 6. 슬리브 주위의 마감상태(보온, 코킹)
	배관보온 완료 후	1. 보온재 규격 적합 여부 2. 보온마감상태(굴곡부, 이음부 접착, 색상 테이프)
입상 배관공사	본용접 시행 전	1. 배관배열 및 지관 분기상태 2. 세대 차단밸브 위치(PD 점검구와 연계) -조작 및 개보수 가능 여부 3. 배관 및 부속류의 규격 4. 입상 공용 클램프 및 배관지지 상태 5. 배관앵커, 신축이음(E. J)고정 및 설치상태 6. 자/수동 공기빼기 밸브 가능 여부 7. U볼트의 규격, 이종금속 접촉부 절연상태 8. 자동제어 전선관 배관(보급수동) 9. 용접부 모재가공 상태(V커팅, 청소 등)
	본용접 시행 후	1. 용접부 외관검사 -비드 표면 균열, 언더컷, 슬래그 제거상태 2. 배관 계통의 누수 여부 3. 배관 수직상태(관 중심선 일치) 4. 신축이음(E. J) 고정핀 제거 및 상하층 U볼트 조임 조정 상태 5. 배관류(용접 부위), 철제류 도장마감 상태 6. 슬리브 주위 마감상태(보온, 코킹)
	보온 완료 후(PD 조적 착수 전)	1. 보온재의 규격 2. 보온 마감상태(굴곡부, 이음부, 색상 테이프)
단위세대 배관공사	급수, 급탕배관 완료 후 (자갈채움 전)	1. 배관경 및 부속류 규격 2. 배관배열 및 분기 상태 3. 수도꼭지용 어댑터 위치 및 배관 고정상태

공 종	시공확인시점	주 요 검 사 항 목
		- 욕조, 양변기, 세면기, 싱크, 세탁, 발코니 급수 4. 에어챔버, 수격방지기 설치상태 5. 동관 용접 상태 6. 밴딩상태(주름, 찌그러짐) 7. 벽체 관통 부위 슬리브 처리상태 8. 바닥배관 교차 부위 보양상태 9. 보온재 규격 및 이음부 접착상태 10. 양수기함내 배관 인출길이 및 수평상태 11. 수압시험시 누수 여부
	난방 코일배관 완료 후 (방바닥 미장착수 전)	1. 온수분배기(고정, 수평) 설치상태 2. 분배기 주위 배관 및 기기류(밸런싱 밸브, 온도조절 밸브, 유량계, 여과기) 설치상태 3. 코일받침대 위치 및 코일피치 4. 배관배열 및 실별 코일피치 5. 자갈 채움 및 코일수평 상태(마감 - 2~3㎝) 6. 용접개소 및 용접상태 7. 신축흡수재 설치상태 8. 벽체 관통 부위(문틀 하부) 슬리브 처리 상태 9. 난방퇴수구 및 방열기 배관분기 위치 10. 전선관 보양상태(막힘 방지) 11. 중간 공정관리일 준수(수압시험)
	오 · 배수배관 완료 후 (천장틀 설치 전)	1. 욕실 천장 배관배열 및 부속연결 상태 2. 오 · 배수 세대배관 구배 및 행거지지 상태 3. 소제구 및 점검구 위치와 규격 4. 방화댐퍼 설치상태 5. 방음보온 상태 6. 싱크 배수관의 모르타르 보양상태 7. 세탁실 PVC 입상관 고정상태
	소화설비 설치 후 (자동확산 소화기, 스프링클러헤드)	1. 자동확산 소화기 위치 및 고정상태 2. 스프링클러헤드 위치 및 개소(16층 이상) 3. 나사배관 상태(나사가공, 체결상태, 노출산수) 4. 프리액션 밸브 설치 위치
옥상피트 배관공사	옥상층 배관완료 후	1. 배관열 및 횡지관 분기상태(3 - 4엘보) 2. 가대 및 각종 슈 위치 및 고정상태 3. 배관 용접상태 및 방청도장 4. 공기빼기 밸브(자동, 수동) 위치 및 설치상태 5. 지관밸브 및 수동공기빼기 밸브의 위치

공 종	시공확인시점	주 요 검 사 항 목
		6. 옥상 피트 점검구 위치 및 크기 7. 오 · 배수 입상통기관 시공상태(규격, 인출 길이, 관말 동망 설치) 8. 슬리브 주위 코킹 및 마감상태 9. 수압시험시 누수 여부 10. 배관보온 상태(규격)
옥상물탱크 설치공사	물탱크 조립 후	1. 기초수평 및 받침대 고정상태 2. 기초용 강재(채널) 규격 및 체결상태 3. SMC탱크 자재 적정성(패널두께, 보강 바, 브래킷, 사다리 재질, 볼트 및 너트, 맨홀 잠금장치) 4. 드레인 패널 사용 여부 5. 내부 PVC관 고정상태 및 접합방식 6. 물탱크 조립상태 7. 배관 접속위치 및 방법(플랜지 혹은 소켓) 8. 유지보수 공간 확보(상부 1m, 측면 0.6m 이상)
	주위배관 완료 후	1. 배관배열 및 지지상태 2. 정수위 밸브 및 수격방지기 설치상태 (파일럿관 보온상태) 3. 법정 소화수량 확보 여부 4. E/L실 배기팬 설치상태
위생기구 설치공사	욕조, 바닥배수 트랩 설치 후	1. 모르타르 채움상태 2. 욕조 보양상태 3. 배수관 연결상태 4. 바닥 배수트랩 설치 및 보호상태
	세면기, 양변기 설치 후	1. 세면기 브래킷 재질 및 고정상태 2. P-트랩 연결상태 3. Pop-UP 정상작동 여부 4. 벽체와 세면기 사이 코킹상태(재질) 5. 슬리브와 양변기 연결상태(상세도 참조) 6. 양변기 부속류 재질 7. 양변기 백 시멘트 충진상태
	욕실 부착물 설치 후(휴지 및 수건걸이, 화장경, 배기팬, 방열기)	1. 휴지 및 수건걸이 위치, 고정상태 2. 화장경 고정상태 및 재질(양면테이프, 코킹) 3. 세면기, 화장경 등의 중심선 일치 4. 배기팬 설치 및 연결상태 5. 방열기 위치 및 고정상태

공 종	시공확인시점	주 요 검 사 항 목
	레인지 후드 설치 후	1. 규격 및 풍량 확인 2. 댐퍼와 플렉시블관 연결상태 3. 좌 · 우 타입 확인(가스배관과 이격)
수도꼭지류 설치공사	설치 전	1. 어댑터 돌출길이 2. 냉온수 위치(높이) 및 간격(시방서 참조)
	설치 후	1. 마감 및 고정상태 2. 냉온수 혼합꼭지 수평 설치상태 3. 수도꼭지 연결부 누수 여부
함류설치공사	양수기함 설치 후	1. 내함 수직수평, 과다 돌출 여부 2. 내함 내부청소 및 방청도장 상태 3. 수도미터 설치상태(수평) 4. 배관 인입구 고무링 설치 여부 5. 수도미터 주위 배관 누수 여부 6. 외함 고정 및 보양상태 7. 스티로폼 규격
	소화전함 설치 후	1. 함내 방청도장 상태 2. 외함 고정 및 보양상태 3. 함의 위치, 수직수평, 과다돌출 4. 앵글밸브 보온상태
기기류 설치공사	온도조절밸브 설치 후	1. 모세관 연결상태(꺾임) 2. 전선관 관말 마감상태 3. 온도조절기 고정 및 마감상태(이격거리)
	열, 유량계 설치 후	1. 작동부 취부상태 2. 전선관 관말 마감상태 3. 지시부 외함 설치상태(수직, 수평)
개별 보일러 설치공사	보일러실 배관 완료 후	1. 보일러 수직, 수평설치 및 고정상태 2. 주위 배관 배열(스트레이너) 및 고정상태 3. 주위 배관 보온상태(열선) 4. 청소, 보수 등 작업공간 확보 5. 급기 및 배기구 규격 확인 6. 연도 연결상태
펌프실 배관공사	펌프실 배관 완료 후	1. 펌프배치 및 방진 처리상태 2. 주위 배관 배열 및 용접상태 3. 집수정 2중 밸브 설치 여부 4. 배수펌프 설치 상태 5. 수격방지기, 정수위 밸브 설치상태 6. 압력탱크 세팅 및 결선 상태

공 종	시공확인시점	주 요 검 사 항 목
펌프실 배관공사		7. 배수펌프 고수위 경보 위치 확인(전극봉) 8. 배관보온 상태 9. 노출배관, 지지철물 방청도장 마감상태
지하주차장 환기설비	장비 및 자재 검수시	1. 급 · 배기팬 형식 및 회전체 보조장치 2. 팬 유닛형식, 잠금장치 설치상태 3. 팬 방진처리 및 부식방지 상태 4. 노즐 재질 및 댐퍼 설치상태 –덕트 연결구 누기방지 및 소음규제 5. 풍량조절 댐퍼 길이, 구조, 개폐표시 6. 스플릿 댐퍼 길이, 구조, 개폐표시 7 원형 스파이럴 덕트 관경 및 두께 8. 장방형 덕트 길이 및 두께 –지지 간격, 보강앵글 규격 및 피치
	장비 설치시	1. 원형 덕트와 부속(엘보, 티) 연결상태 2. 덕트 고정 및 보강상태 –환봉, 평철, 형강 규격 및 설치간격 3. 원형 덕트 지지간격 4. 변형 각도 범위
소각장 설비공사	장비 및 자재 검수시	1. 소각로 본체의 형식, 구조, 재질 등 2. 원심력 집진기(Cyclone)–형식, 재질 3. 송풍장치의 형식, 소음, 동력 4. 버너의 형식, 연료소모량, 전원, 사용연료 5. 기름 탱크 용량, 두께 6. 투입구 및 재출구 규격, 재질 7. 배기덕트 및 연도 재질, 보온, 마감 8. 굴뚝 재질, 두께 및 연도와 연결상태
	장비 설치시	1. 소각로 및 Cyclone의 위치 2. 소각로의 보호장치 3. 연화방지 댐퍼 및 송풍기와 인터록 여부 4. 소각로, Cyclone, 연도 연결 부위의 기밀성 5. 연도의 구배(상향) 6. 연도(굴뚝) 측정구 설치 여부 7. 증기 배출관 구배(1/100 이상) 8. 굴뚝 고정상태 9. 굴뚝 E. J 설치상태 10. 굴뚝 하부 Collar, 상부 Cap 설치 유무

2) 옥외공사

<table>
<tr><th>공 종</th><th colspan="2">시공확인시점</th><th>주 요 검 사 항 목</th></tr>
<tr><td>가설공사</td><td colspan="2">가설물 설치 후</td><td>1. 가설물 면적, 위치 및 해체 시기
2. 안전 및 화재예방 대책
-안전표지판, 인화물질 보관소, 소화기</td></tr>
<tr><td rowspan="2">슬리브
설치공사</td><td rowspan="2">슬리브
설치 후</td><td>보일러실
및 중간
기계실</td><td>1. 인서트 플레이트 규격, 간격, 위치
2. 연도 및 공동구 개구부 위치와 규격
3. 장비 반입구 위치 및 규격
4. 배수 토출관 슬리브 위치
5. 옹벽 관통 슬리브 위치 및 규격
6. 접수정 위치 및 규격</td></tr>
<tr><td>펌프실</td><td>1. 급수 인입 및 토출 슬리브 위치 및 규격
2. 소화수 토출 슬리브 위치(비상소화용수)
3. 소화 도피관 슬리브 위치
4. 집수정 관통 슬리브 시공상태
5. 배수 토출 슬리브 위치
6. 자동제어용 슬리브 위치
7. 슬리브 재질(내식성), 설치상태(지수관)</td></tr>
<tr><td rowspan="2">장비기초 및
설치공사</td><td colspan="2">장비기초 시공 후</td><td>1. 기초 배열상태
2. 기초위치 및 규격(높이)
3. 기초마감 상태(수평, 미장)
4. 장비기초와 구조체 고정상태</td></tr>
<tr><td colspan="2">장비 설치 후</td><td>1. 장비 배열상태
2. 기둥 · 벽체 · 장비간 이격거리
3. 방진규격 및 설치상태(스프링, 고무)
4. 장비 수직 · 수평상태
5. 장비 연결상태(보일러, 집진기, 연도, 송풍기)
6. 각종 장비류의 용량 확인
7. 장비류의 보양상태
8. 연도 규격 및 설치상태
(신축조인트, 턴버클, 가이드 베인, 보강앵글)</td></tr>
</table>

공 종	시공확인시점		주 요 검 사 항 목
배관공사	보 일 러 실 및 기계실	배관배열 후 (가용접)	1. 가대 시공상태(위치, 규격) 2. 각종 밸브류 위치 및 시공상태 3. 계기류(온도계, 압력계)설치 위치, 시공상태 4. 감지센서 위치 시공상태(고정) 5. 용접 준비상태(V컷팅, 청소 등) 6. 배관배열 및 분기상태 7. 장비와 주위배관 연결상태(보일러, 펌프) 8. 각종 슈의 위치 및 규격 9. 행거, U볼트 위치 및 규격 10. 이종금속 접촉부 절연상태 11. MCC와 BCP상부 배관 통과 금지 12. 드레인배관 시공상태(배열, 밸브높이 고정) 13. 펌프 신축조인트 수직 및 보완상태
		배관완료 후 (본용접)	1. 용접부 외관검사 −균열, 언더컷, 오버랩, 슬래그 제거상태 2. 플랜지 용접상태(양면) 3. 펌프 플렉시블 수직 및 상부 고정상태 4. 배관, 밸브, 철재 방청도장 상태
	공동구	가대설치 후	1. 가대규격 및 고정상태(바닥, 천장, 측벽) 2. 가대 수직 · 수평상태 3. 앵커가대 위치 및 규격(찬넬)
		배관배열 후 (가용접)	1. 배관배열 (간격, 수직 · 수평) 2. 각종 슈의 위치 및 규격 3. 행거, U볼트 위치 및 규격 4. 모재 가공상태(V컷팅, 청소, 간격 등) 5. 수동공기빼기 밸브, 퇴수밸브 위치 및 설치상태 6. 신축이음(E. J) 고정 및 설치상태 7. 교차부 배관 배열상태 −배관지지, 통로, 공기빼기 밸브
		배관완료 (본용접)	1. 용접부 외관검사 −비드 표면 균열, 언더컷, 슬래그 제거상태 2. 신축이음(E. J) 고정핀 제거 3. 배관류, 밸브류, 철재류 방청도장상태
	펌프실	배관배열 후 (가용접)	1. 펌프 배열 및 방진처리 상태 2. 펌프 플렉시블 수직 및 상부 고정상태 3. 배관배열 4. 수격방지기 정수위 밸브 설치상태 5. 압력탱크 세팅 및 설치상태 6. 집수정 2중밸브 설치상태

공 종	시공확인시점	주 요 검 사 항 목
	배관완료 후 (본용접)	1. 용접부 외관 검사 -비드 표면 균열, 언더컷, 슬래그 제거상태 2. 플랜지 용접상태(양면) 3. 플렉시블 고정바 제거 4. 배관류, 밸브류, 철재류 방청도장 상태
자동제어 배관공사	배관완료 후	1. 배관의 규격 및 배열상태 2. 부속류(붓싱, 거푸집 등) KS 사용 3. 배관 접합상태(나사가공) 4. 배관 밴딩상태 및 노말밴드 사용 5. Pull-Box 위치 및 고정상태
	입선 및 결선완료 후	1. 용도별 전선규격 2. 전선관경에 따른 입선율 3. 전원선과 신호선 혼입금지 4. 각종 센서 위치, 방향, 삽입깊이 5. 패널류 내부(NFB, TR, 릴레이 등)상태 6. 중앙감시반 설치상태 7. 결선부 마감 및 전선정리 상태(용도표시)
보온공사	보온완료 후	1. 보온재 두께 및 색상표시 2. 보온 재료의 적정성 -폴리머 테이프 -알루미늄 테이프 -아스팔트 펠트 -알루미늄 밴드 -아연도 철선 3. 테이프 감기 및 밴드 설치간격 4. 분기, 부속, 센서, 슈 부위 마감상태

Chapter 03 위생배관 및 위생기구 설치공사

1 급수 · 급탕 배관공사

1) 옥내배관공사

① 다수의 배관을 할 경우에는 각종 밸브의 조작이 가능하고, 보온공사를 수행할 수 있는 간격을 관 사이에 주어야 하며, 서로 평행이 되도록 배관한다.

② 위생기구가 냉온수 모두 필요한 곳에는 급탕공급이 냉수공급의 왼쪽에 설치되도록 배관해야 한다.

③ 대변기, 세면기 급수배관은 설치 상세도에 의거 연결 중심에 정확하고 미려하게 시공하여야 한다.

④ 양수기함 내의 배관은 수도미터를 취부하지 않은 상태에서 수압시험이 가능토록 하고 수도미터 취부가 용이하게 시공하여야 한다.

⑤ 가능한 한 퇴수가 용이하도록 구배를 주어 배관하여야 한다.

⑥ 벽체 매립배관은 이상 압에 의한 진동으로 배관 및 벽에 손상을 주지 않도록 견고하게 고정하여야 한다.

⑦ 노출배관 및 기구류 설치는 수직 · 수평이 되고 원칙적이고 미려한 시공을 한다.

⑧ 급수 가압펌프의 운전 및 정지 시에 발생하는 수격작용을 방지하기 위하여 급수관 최상단에 수직 또는 수평형 수격방지기를 설치해야 하며, 이때 수격방지기 및 게이트밸브의 설치 위치는 아래와 같다.

–수격방지기의 설치 위치 : 옥상물탱크 고수위보다 상부

–게이트밸브의 설치 위치 : FL+1,200mm 이상

⑨ 지하저수조, 옥상물탱크 설치시 외부에 노출되는 통기관, 일수관, 퇴수관 등은 동망을 씌워 이물질이 들어가지 않도록 해야 한다.

⑩ 옥상 물탱크실내의 배관, 밸브 및 정수위조절 밸브는 두께 50mm 이상의 보온재 등으로 동결되지 않도록 시공해야 한다.

⑪ 외벽 주위 배관

–직접 외벽에 매립하지 말 것.

–부득이 매립하는 경우는 충분한 단열과 온도구배를 검토하여 매립하거나 이중벽으로 은폐하여 배관한다.(외벽의 내측에는 단열재를 붙여 이중벽 내의 온도저하를 방지함)

⑫ 횡주관에서 위쪽으로 급수할 때는 관 상부에서 분기하고 아래쪽으로 급수할 때는 관 하부에서 분기, 접속한다.

⑬ 요철(오목, 볼록)부분이 생기지 않도록 시공한다. 부득이 요철 배관으로 된 경우 블록 부분에는 자동공기배출 밸브를, 오목 부분에는 드레인 밸브를 설치한다.

⑭ 급수 횡주관의 구배는 1/200 정도로 한다.

⑮ 배관 상호간의 간격(보온이 있는 경우는 보온 외부 기준)은 20A~65A까지는 50mm, 80A~125A는 75mm, 150A~300A까지는 100mm 정도가 바람직하다.

⑯ 매설 배관의 깊이는 토질에 따라 다르지만 일반적으로 차량 통행이 없는 부지 내에서는 400mm 이상, 승용차 정도의 통행이 있는 경우는 600mm 이상, 공동도로 등 중차량의 통행이 있는 경우는 900mm 이상으로 하되 동결심도가 이보다 깊은 경우는 동결심도 깊이 이상으로 매설한다.

2) 급수관 매설공사

(1) 공사준비

① 공사를 시작하기 전에 시공지역 전반에 걸쳐 지하매설물의 종류, 규모, 매설 위치 등을 미리 시굴하는 등의 방법으로 확인하고, 시공중 손상을 줄 우려가 있는 시설물에 대해서는 임시 방호, 또는 기타 적절한 보호조치를 취한다.

② 터파기한 바닥면은 도면에 명시된 넓이, 높이, 경사도에 따라 정확하게 굴착되어 있는지 확인한다.

③ 관의 접합부분은 공구 사용이 가능하도록 충분한 넓이와 깊이로 굴착되어 있는지 확인한다.

④ 관을 매설할 때는 통행과 안전에 방해되지 않도록 시행해야 한다.

⑤ 본 공사와 관련되는 기존 지하매설물은 손상을 입지 않도록 필요한 모든 보호조치를 강구해야 한다.

⑥ 굴착된 바닥면은 인력으로 지반 고르기를 시행하되, 오버 컷팅(Over Cutting)된 부분은 표준 성토재 또는 쇄석 등을 사용하여 원지반과 동일한 밀도로 다진다.

⑦ 암이 노출되는 부분은 관이 지반에 균일하게 밀착되도록 바닥면을 평활하게 다듬고 모래 포설 등의 필요한 조치를 취한다.

⑧ 연약지반, 성토지반의 경우는 소정의 지내력을 갖도록 보강하며, 굴착에는 용수, 우수 등이 고이지 않도록 하고, 토사붕괴에 따른 안전대책(버팀대, 버팀목 등) 등을 강구한다.

(2) 매설심도

급수관로의 매설심도는 관 상단으로부터 최소한 다음 깊이 이상으로 매설 깊이가 확보되어야 한다.

구 분	A 지 역		B 지 역		C 지 역	
	심도	지역	심도	지역	심도	지역
도로부	1.2m 이상					
보도부	1.2m	서울, 인천, 수원, 춘천, 충주, 제천 등 중부권	1.0m	대전, 천안 안동 등 대전권	0.9m	강릉, 대구, 부산, 군산, 광주, 전주, 목포 등 남부 영동권

(3) 관의 절단

① 관을 절단하고자 할 때에는 절단길이 및 절단 개소를 정확히 정하고 절단선의 표선을 관 둘레 전체에 표시한다.

② 관은 관축에 대하여 직각으로 절단하고, 관의 절단으로 인한 내 · 외면의 덧살은 제거해야 한다.

③ 절단장소 근처에 가연성 물질이 있는 경우에는 안전상 필요한 조치를 취한 다음, 주의해서 시공해야 한다.

④ 관의 절단 부위는 깨끗이 청소해야 하며, 특히 절단개소의 이물질, 먼지 등은 완전히 제거해야 한다.

⑤ 주철관은 절단기로 절단해야 하며, 이형관은 절단해서는 안 된다.

⑥ 동력원으로 엔진을 사용하는 절단기는 소음에 대한 배려를 해야 한다.

⑦ T형 소켓관을 절단할 경우에는 삽입구의 단면을 그라인더 등으로 규정된 모따기를 하고, 삽입 치수를 백선으로 표시한다.

⑧ 주철관의 절단면은 위생상 해가 없는 방식도장을 해야 한다.

(4) 기계적 접합

① 관 운반 및 부설시, 절대로 충격을 주어서는 안 된다.

② 삽구(Spigot) 끝에서 약 40cm 관 외면과 소켓 내면에 부착된 이물질, 흙, 기타 유해한 물질은 깨끗이 제거해야 한다.

③ 소켓 내면, 삽구 외면, 고무링 등에 윤활제를 발라서 삽입이 용이하도록 해야 한다. 단, 윤활제는 고무링에 나쁜 영향을 미치거나 위생상 유해한 성분을 함유한 것, 중 성세제, 그리스 등의 유류를 사용해서는 안 된다.

④ 소켓관 밑에서 일정한 길이만큼 백색 페인트를 칠하여 지정된 삽입길이 만큼 삽입되었는지를 확인해야 하고, 장차 예측되는 신축성 등을 고려하여 삽구 끝 외면과 소켓 저부와의 사이에 수 밀리미터의 간격을 두어야 한다.

⑤ 삽구 외면과 소켓 내면과의 간격이 상하 좌우간 균등히 되도록 한 후, 고무링을 소정의 위치에 꼬이지 않도록 주의하면서 삽입해야 한다.

⑥ 압륜을 세트하고 소켓 볼트를 관 상부측에서 소켓 턱에 바로 걸면 머리 양측 날개로 인하여 좌우로 움직이지 않으므로 하부측으로 서서히 돌리면서 전부 끼워야 한다.

⑦ 관의 위치를 정착시키고 압륜과 삽구 외면 사이에 쐐기를 넣어 압륜 중앙에 의한 간격 불균일 등이 생기지 않도록 해야 한다.

⑧ 볼트 조임은 상하 좌우 대각선으로 가조임한 후, 잔여볼트를 전부 끼우고 손으로 조인 후, 스패너 또는 렌치로 관 중심에서 대칭으로 조금씩 균형 있게 수차에 걸쳐 조여야 한다.

⑨ 공사현장에서 절단된 관을 접합할 경우는 고무링과 접촉되는 삽구 끝은 관 중심선에 서 30° 가 되도록 1/8인치 정도 줄(File)이나 휴대용 연마기로 갈아서 고무링에 손상이 가지 않도록 해야 한다.

⑩ 볼트는 관축에 대하여 평행하게, 압륜은 관축에 직각으로, 너트는 압륜의 면에 꼭 닫도록 해야 한다.

⑪ 펌프실에서 인출되는 주철관의 절곡부에는 절곡부 이탈을 방지하기 위하여 콘크리트로 보강해야 한다.

(5) 관의 부설

① 현장에 반입된 관은 계획 관로를 따라 배열해야 한다.

② 관은 가능한 한 관로를 따라 통행에 지장이 없도록 배열하여 관부설 작업이 용이하도록 해야 한다.

③ 관을 배열할 때에는 관의 양쪽을 완충용 목재나 모래주머니, 기타 적절한 방법으로 받침하여 관 외면 도복부가 자갈이나 암석 등에 손상을 입지 않도록 하고, 굴름에 의한 안전사고를 방지해야 한다.

④ 관을 설치하기 전에 관 전체를 검사하고 균열이나 기타 결함이 있는 자재를 사용해서는 안 된다.

⑤ 관의 부설은 낮은 곳에서부터 높은 곳으로 부설하고, 소켓이 있는 관은 소켓이 높은 쪽을 향하도록 배관해야 하며, 관로의 도중에 에어포켓이 생기지 않도록 주의하여 시공해야 한다.

⑥ 연약지반에서 관을 부설할 때는 호칭지름의 대소를 불문하고 언제나 받침목 등으로 받쳐 부등

침하를 방지해야 한다.

⑦ 관은 부설하기 전에 관 내면을 깨끗이 청소하고, 관말부에 이물질이 유입되지 않도록 밀폐 처리 한 후 수평기, 형판, 수평실 등을 사용해서 중심선과 높낮이를 조정, 정확하게 설치한다. 관내의 도장면에 손상이 있을 때에는 반드시 원상복구를 해야 한다.

⑧ 급수관의 매설되는 부분에는 지반침하나 외부의 충격에 의해 처짐 및 파손이 되지 않도록 보호 조치를 해야 하며, 되메우기를 할 때에는 모래 또는 부드러운 토사를 사용하여 충분히 다짐해야 한다.

⑨ 매설 시공 후 처음 통수할 때는 서서히 통수하여 수격작용(Water Hammer)을 완화시켜야 한다.

2 오 · 배수 통기 배관공사

1) 입상배관의 구획(아파트 예)

① 오 · 배수 입상관은 원활한 배수 기능의 유지와 거품 등의 역류방지를 위하여 다음과 같이 별도로 구획하여 시공함을 원칙으로 한다.

층 별	화 장 실		주 방 배수관	세탁실 배수관	비 고
	오 수	배 수			
15층 이하	1층	1층	1층	1-2층	6층 이하 아파트 제외
20층 이하	1-2층	1-2층	1-2층	1-3층	
25층 이하	1-2층	1-2층	1-3층	1-3층	

② 위 표의 오 · 배수관은 단독으로 지하 횡주관에 연결함을 원칙으로 하며 부득이한 경우 감독자와 협의하여 횡지관에 연결할 수 있으나 이때 연결 위치는 가능한 한 횡주관 가까이 한다.

2) 배관공사

① 기구와 배수관은 누수, 누기되지 않도록 접속한다.

② 오 · 배수 지관 등이 합류하는 경우는 반드시 45° 이내의 예각으로 하고 수평에 가까운 구배로 합류시킨다.

③ 오 · 배수 지관의 최하부에는 지지대 또는 행거를 설치한다.

④ 오 · 배수관에는 이중트랩을 사용하지 않는다.

⑤ 오 · 배수 횡주관 또는 횡지관에는 T형 이음쇠, ST형 이음쇠, 크로스 이음쇠를 사용하지 않는다.

⑥ 오 · 배수 계통의 배관의 중간에는 유니온 또는 관 플랜지를 사용하지 않는다.

⑦ 우수 입상관에는 오 · 배수관을 연결하지 않는다.

⑧ 옥내 오 · 배수관의 방향변환은 적정한 이형관을 사용하여 시공한다.

⑨ 동결 우려가 있는 장소나 지역에서는 적절한 보호를 하지 않는 한 배관을 건물의 외측에 노출시키거나 외벽의 중간에 은폐시켜 배관하지 않는다.

⑩ 오 · 배수관에는 구멍을 뚫어 나사를 내거나 용접하지 않는다.

⑪ 오 · 배수 횡주관은 1/100 이상, 세대별 오 · 배수관은 1/50 이상의 하향 구배로 시공하도록 하고 역구배가 되지 않도록 한다.

⑫ 바닥배수는 바닥트랩을 사용해야 한다.

⑬ 오 · 배수관은 관내 소음방지가 필요할 때에는 다음 적용 부위에 한하여 25mm 두께의 방음재를 시공한다.

구 분	적 용 부 위	폴리머 테이프 색상	비 고
층별 배관	화장실 오 · 배수관	회색	
입상배관	화장실 오 · 배수관 싱크 배수관	회색	노출배관 제외

⑭ 구조체와 방음재가 접촉되는 부위는 배수소음이 누설되지 않도록 밀실하게 마감해야 하며, 특히 서양식 대변기 배수관의 경우 슬리브와 방음재 접촉 부위에는 밀봉재를 시공하여 기밀을 유지해야 한다.

⑮ 양변기용 슬리브는 플랜지를 접합할 수 있는 나일론제 또는 PVC제 성형제품을 사용하고, 화장실 바닥의 건축 마감선까지 돌출되도록 하여 방수층의 손상으로 인한 누수가 없도록 정밀 시공해야 하며, 슬리브 배관 연결구에 직관 또는 연결부속을 직접 삽입하여 배관해야 한다.

⑯ 세면기의 배수관 연결은 P－트랩을 사용하고, 배수관은 벽 마감선에서 5mm 이상 돌출되도록 배관해야 한다.

3) 소제구 설치

① 소제구는 소제가 용이한 위치에 설치하고, 그 주위에 있는 벽, 바닥 및 보 등이 청소에 지장을 주는 장소에서는 원칙적으로 구경 65A 이하의 관에 대해서는 300mm 이상, 구경 75A 이상의 관에 대해서는 450mm 이상의 공간을 소제구의 주위에 둔다.

② 소제구는 다음의 개소에 설치한다.

－오 · 배수 수평지관 및 오 · 배수 수평주관의 기점

－긴 수평주관의 중간으로서 배수관의 관경이 100A 이하인 경우는 15m 이내, 100A를 넘는 경우는 30m 이내

- 오 · 배수관이 45° 를 넘는 각도에서 방향을 변경한 곳.
- 오 · 배수 수직관의 최하부 또는 그 부근
- 오 · 배수 수평주관과 대지 배수관의 접속 개소에 가까운 곳.
- 상기 이외의 필요하다고 판단되는 개소 또는 현장시공 여건상 소제구의 사후 유지관리가 어려운 곳은 감독자와 협의하여 위치를 조정하거나 추가 설치할 수 있음.

③ 은폐 배관의 소제구는 벽 또는 바닥 마감면과 동일면까지 연장하여 설치한다. 또한 소제구의 위를 모르타르, 석고, 반죽석회, 그 밖의 재료로 덮어서는 안 된다. 또한 부득이하게 소제구를 은폐하는 경우에는 그의 소제구 전면 또는 상부에 뚜껑을 설치하거나 그 소제구에 용이하게 접근할 수 있는 위치에 점검구를 설치한다.

④ 모든 소제구는 배수의 흐름과 반대 또는 직각으로 열 수 있도록 설치한다.

⑤ 소제구의 뚜껑은 누수되지 않도록 꽉 조인다.

⑥ 소제구의 뚜껑은 시공 중 손상을 받지 않게 하고 관내에 이물질이 들어가지 않도록 보호한다.

4) 통기관 설치공사

① 구획이 구분된 저층부 오 · 배수는 상층부에서 입하되어 지하층에서 합류하므로 역류 및 거품이 발생되지 않도록 도피통기를 해야 한다.

② 옥상에 설치하는 통기관 길이는 건축마감 및 구배 등을 고려하여 충분한 높이가 되도록 설치한다.

③ 옥상노출형 통기관은 옥상마감으로부터 0.6m까지 인출하고 동망을 씌운 후 내식성 밴드로 견고하게 고정하여 동망이 탈락되지 않도록 고정하고, 통기관과 옥상층 관통 슬래브의 틈새는 마를 넣은 후 코킹처리, 빗물이 침투되지 못하도록 한다.(경사지붕의 통기관 설치시 미관 향상과 슬래브 주위로 누수 등을 감안하여 통기관의 위치 변경 검토가 필요함, 또한 직사광선에 의한 변형을 방지하기 위해 강관 또는 STS관으로 시공이 유리함.)

④ 통기입상관의 상부는 그 상단을 단독으로 대기 중에 노출시키거나 가장 높은 위치에 있는 기구의 물넘침 수위에서 150mm 이상 높은 위치에 신정 통기관을 연결해야 한다.

⑤ 통기입상관의 하부는 45° Y관을 사용하여 지하층 오 · 배수 입상관 하부에 연결한다.

⑥ 양변기 배수구와 배수 입상관 사이의 배관 길이가 너무 짧을 경우 통기관이 설치되어 있어도 신정통기방식에서는 흡인작용에 의해 봉수가 파괴되므로 배관 배열시 최소 600mm 이상 이격시키는 것이 바람직하다.

그림 3-1 ▸ 오 · 배수 통기관 배관

5) 섹스티아(Sextia) 배관공사

① 섹스티아 접속기와 섹스티아 밴드가 동일 라인으로 구성된다.

② 섹스티아는 배수횡지관과 배수입관에 연결되는 곳에 공기를 연통시킨다.

③ 섹스티아 밴드는 배수 입관과 배수횡주관의 공기를 연통시켜준다.

④ 시공시 섹스티아 또는 섹스티아 밴드 어느 한쪽이 불량할 경우 배수 기능이 불량하게 된다.

⑤ 섹스티아 배수방식의 시공시 유의사항

- 자기 사이펀 작용이 발생할 수 있다.
  이는 기구배수관에 연결된 S트랩부분의 배수가 만수상태로 흐르게 되므로 트랩 유출측의 수직부분에서 유속이 빨라져 흡입작용이 발생하며, 트랩의 봉수가 배수관 쪽으로 빨려 나가는 현상으로 이를 방지하기 위하여 이 부분에 필히 각개 통기관을 설치해야 한다.
- 배수입관을 수직으로 배관하지 않고, 입관 일부를 오프셋시켰을 경우 배수관의 압력 증가에 따라 섹스티아 이음쇠의 기능인 선회력이 감소되므로 이를 방지하기 위하여 배수입관은 반드시 수직으로 배관한다.
- 배수입관 최하부에 섹스티아 이음쇠 및 밴드관을 횡주관에 연결할 때 이 부위의 높이가 900mm가 되므로 지하층 천장고에 영향을 주게 된다. 따라서 배수입관의 위치 선정에 유의해야 한다.
- 배수입관의 내경과 섹스티아 이음쇠 내부에 장착된 날개링의 내경이 서로 상이할 경우 또는 동일 내경인 경우라도 시공의 턱이 생길 경우, 배수의 회전력이 감소되어 2차 통기방식의 경우보다 불리한 상태가 발생될 수 있다.
- 2차 통기 배수방식에서는 동일한 내경의 입관에서 배수가 유하되므로 배수입관이 막힐 염려가 없으나 섹스티아 이음쇠 내부에는 날개링이 있어 여기에 이물질이 걸려서 배수입관이 막힐 우려가 있으므로 섹스티아 이음쇠 측면 등에 소제구가 설치되어야 한다.

- 섹스티아 배수방식이라도 2차 통기배수방식과 마찬가지로 동시 배수기구수가 늘어나거나 기구높이가 높아지면 위 두 방식의 배수압력 소음부피의 유속이 커지므로 기구의 동시 사용수를 감소시키고 기구의 동시 사용 높이를 조정해야 한다. 따라서 배수입관은 1개 층 1가구 전용으로 배관하는 것이 좋다.

6) 그리스 트랩 설치

식당, 레스토랑 등의 요리수채에서의 배수 중 흘러 들어간 지방질이 배관 내에서 냉각, 응고되어 관내 벽에 고착하게 되면 배수관 폐쇄의 원인이 되므로 수채의 유출구 직후에 그리스 트랩을 접속하여 배수관에 유입하기 전에 지방류를 제거한다.

그리스 트랩은 주로 영업용 등의 주방배수에 사용하는데, 2층 이상에 설치할 때는 주철제를 사용하며 흙 속에 매설시는 콘크리트제로 한다.

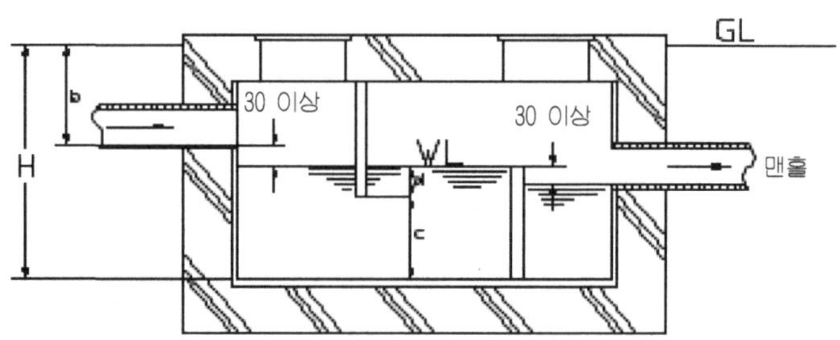

(a) 단면도

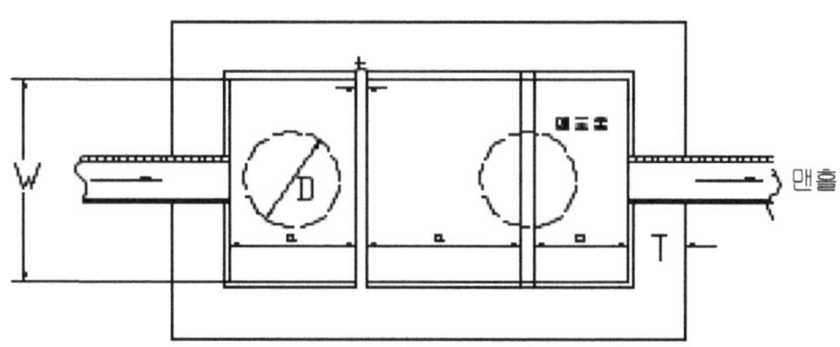

(b) 평면도

관호칭경(mm)	W	a	c	d	T	t	D
180이하	450	300	150이상	50~100	100	50이상	300
300이하	600	400	〃	〃	120	〃	400
450이하	900	500	〃	〃	135	〃	500

그리스 트랩식의 치수

그림 3-2 ▸ 그리스 트랩

① b는 배수원으로부터의 거리에 의해 치수가 정해진다.

② 유입관의 관말과 수면의 차는 30mm 이상으로 한다.

③ 주방에서 그리스 트랩까지의 배관은 한 치수 크게 한다.

④ 통기관은 제1조에서 지상 4m까지 세운다.

7) 고층아파트 악취

(1) 악취발생 억제를 위한 시공방법

① 위생기구 설치시 P-트랩 봉수 확보를 위해 각별히 유의한다.(특히 소홀해지기 쉬운 욕조 하부 배수금구 연결 및 봉수에 유의)

② 통기관은 필히 대기 방출시키고, 개구부에서 충분한 거리를 확보한다.

③ 배관 피트내 통기관 연결 작업시 배관이 빠지는 경우가 없도록 철저히 예방하고 피트 벽돌 작업시 통기관에 손상이 없도록 주의해서 작업한다.(PVC관 작업시에는 더욱 주의가 필요하다. 피트 내부의 통기관이 깨졌거나 연결미비로 빠졌을 경우 보수할 점검구도 없으므로 보수 불가능함)

④ 오수 정화조에 접속시 YT관을 사용하여 아래쪽 관은 조내 저수위 하부까지 연장하여 관단을 오수에 잠기도록 하고, 위쪽 관은 외부에 노출하여 조내 표면에 증발된 가스이 배수관을 타고 역류하는 것을 방지한다.

⑤ 아파트 무동력 흡출기의 목지름은 최소한 관경과 같거나 커야 한다.(AD용 PIT를 옥상부에서 줄여서 흡출기를 설치할 경우 저층부의 공기가 미처 빠져나가지 못하고 상부층 세대의 화장실 배기 그릴을 통해 세대로 다시 침입하여 천장 위의 틈을 통해 세대로 악취가 내려오는 현상이 발생한다.

⑥ 정화조 내부의 부패로 발생이 가능하고 오수관내 침전물의 부패가 직접적인 악취발생의 원인이다. 이 악취는 외부온도, 실내온도, 피트내 온도 등 복합적인 원인에 의해 그 강도와 발생 여부가 수시로·변한다.

(2) 악취발생 유입경로

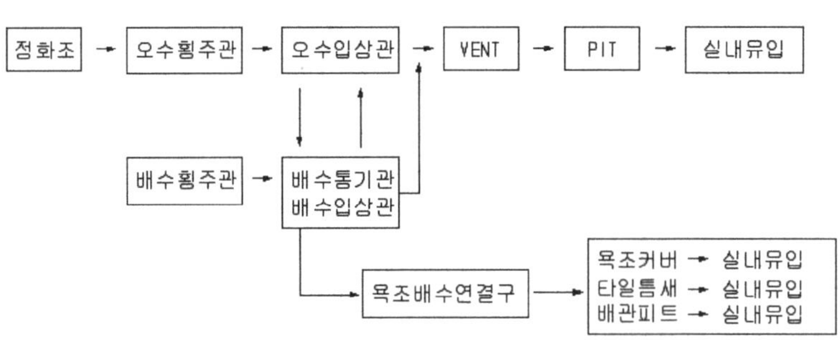

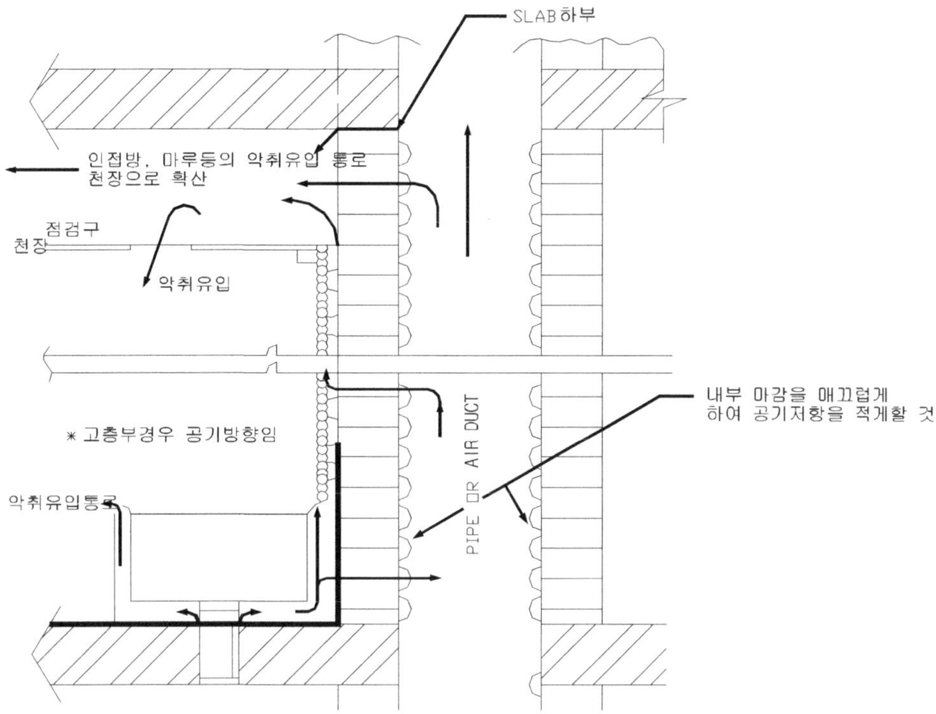

그림 3-3 ▸ 악취 유입경로

3 저수조 설치공사

1) 저수조 설치지침의 목적

수도법 제21조 및 수도시설의 위생관리 등에 관한 규칙 제3조에 근거하여 저수조 설치에 관한 세부 지침을 정함으로써 저수조를 처음 설치시 유지관리가 용이하고 수질 오염을 방지할 수 있는 구조와 재질로 설치하도록 하는 데 있다.

① 저수조는 지하저수조, 고가수조(중간저수조 포함)로 구분할 수 있으며, 이의 설비는 수도법 제3조 제15호에 규정하는 수도시설 중 급수장치에 해당한다.

② 저수조 설비는 구조와 재질에 의해 음용수가 오염될 우려가 있으므로 설계, 시공 및 유지관리에 있어서 구조와 재질상의 안전을 기함과 동시에 유해물질로 인하여 음용수가 오염되지 않도록 충분히 주의해야 한다.

2) 저수조 설치지침의 적용범위

수도법시행령 제24조 각호의 규정에 의한 건축물 또는 시설에 설치하는 저수조에 대하여 적용한다.

① 92. 12. 14 수도법 개정에 의하여 저수조가 급수장치로서 수도시설에 포함되었으며, 이에 따라 설치기준을 제정하게 되었다.

② 기타 다른 법에서의 저수조 설치, 구조 등에 관한 규정

- 일반건축물에 대해서는 건축물 설치기준 등에 관한 규칙 제11조의 규정
- 공동주택에 대해서는 주택건설기준 등에 관한 규정 제35조에서 필요한 요건을 정하고 있다.

3) 지하저수조의 구조와 재질

(1) 보수점검 및 유지관리가 용이할 것.

① 저수조는 외부에서 보수와 점검을 용이하고 안전하게 할 수 있어야 한다.

② 저수조의 형상이 육면체일 경우 벽체의 외면은 건축물, 기타의 부문과 간격이 상부는 100cm 이상, 기타는 60cm 이상의 공간을 확보해야 한다.

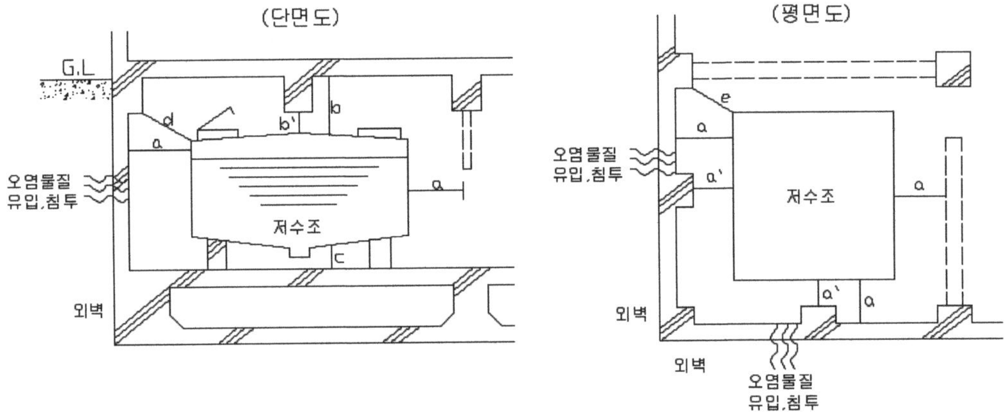

그림 3-4 ▸ 저수조 설치의 예

③ 그림 3-4의 a, b, c 간격은 보수점검이 용이하게 되도록 거리를 둔다.(일반적으로 a, c는 60cm 이상, b는 100cm 이상 확보한다) 또 양 기둥은 맨홀의 출입구에 지장에 없는 위치이어야 한다. a', b', d, e는 보수점검에 지장이 없는 간격을 유지해야 한다.
저수조를 지하에 설치할 경우는 건물의 지하층에 설치하는 것이 일반적이며, 지하층 이 없는 경우는 저수조실을 만들어 그 안에 설치하도록 하고, 주위에 공간 또한 저수조는 위생상 유해한 액체나 물질을 저장하는 장소로부터 그림 3-5와 같이 수평거리로 5m 이상 확보해야 하며, 5m 미만일 때는 콘크리트 중간벽 등 특별한 조치를 취한다.

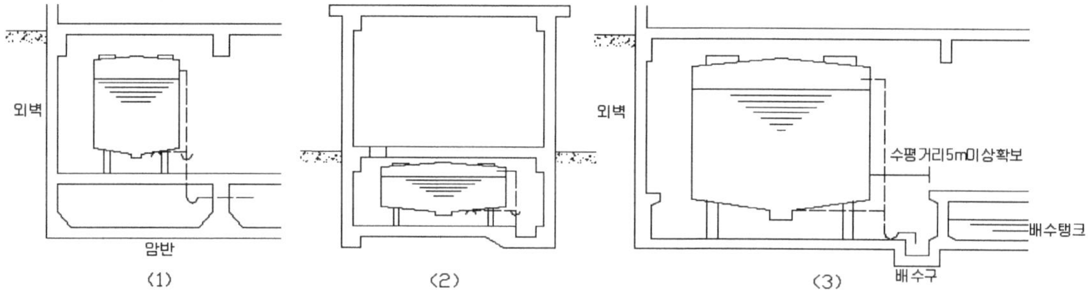

그림 3-5 ▸ 지하저수조 설치

④ 저수조를 건축물 외부 지중에 설치하는 경우는 위생상 유해한 액체나 물질을 저류 또는 처리하는 시설(분뇨정화조, 배수관, 도로 측구, 연못 등)로부터 그림 3-6과 같이 5m 이상 떨어져야 하며, 5m 미만인 경우는 지중에 별도 저수조실을 만들어 저수조 주변에 점검용 공간이 확보되도록 설치한다.

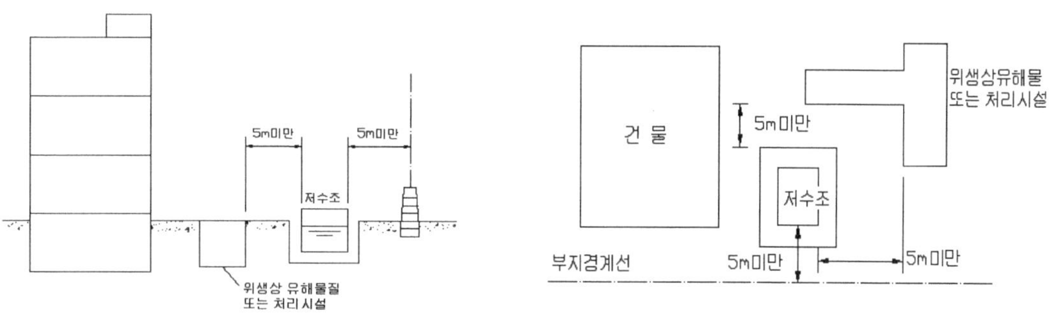

그림 3-6 ▸ 지중저수조 설치

⑤ 저수조의 상부에 기기류를 설치하는 일은 피해야 한다. 부득이하게 펌프, 보일러, 공기정화기 등 기계를 설치하는 경우그림 3-7과 같이 받침대를 설치하는 등 조치가 필요하다. 저수조는 청소가 용이하게 되도록 한다.

- 저수조에는 배수관을 설치하여 간접배수가 되도록 한다.
- 저수조 내부 바닥에는 그림 3-9와 같이 배수구(홈)를 적당한 위치에 설치하여 바닥에 1/100 이상 경사를 두고 이중바닥이 되지 않도록 한다.

⑥ 저수조는 내부의 보수 및 점검이 용이하도록 그림 3-8과 같이 맨홀(원형은 직경 100cm 이상, 사각형은 한 변을 길이가 100cm 이상)을 설치하도록 하며, 맨홀의 형태는 청소용구의 출입 측면에서 사각형이 바람직하다.

- 맨홀 입구는 주위보다 외부에서 10cm 이상 높게 턱을 만들고, 뚜껑은 밀폐식으로 하여 외부

에서 유해물질이 들어가지 않도록 하며 잠금장치를 한다.

- 저수조의 천장 상부는 1/100 이상의 경사를 주어 청소수 및 유수 등이 정체하지 않도록 한다.

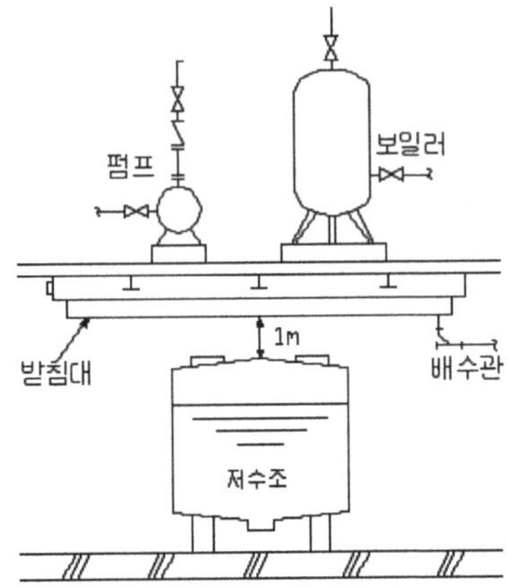

그림 3-7 ▸ 저수조 상부에 기계류 설치

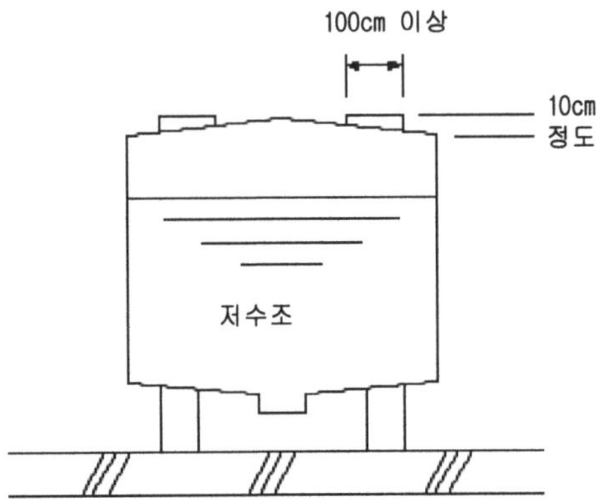

그림 3-8 ▸ 맨홀의 설치

⑦ 저수조는 청소가 용이하게 되도록 한다.

- 저수조에는 배수관을 설치하여 간접배수가 되도록 한다.
- 저수조 내부 바닥에는 그림 3-9와 같이 배수구(홈)를 적당한 위치에 설치하여 바닥에 1/100 이상 경사를 두고 이중바닥이 되지 않도록 한다.

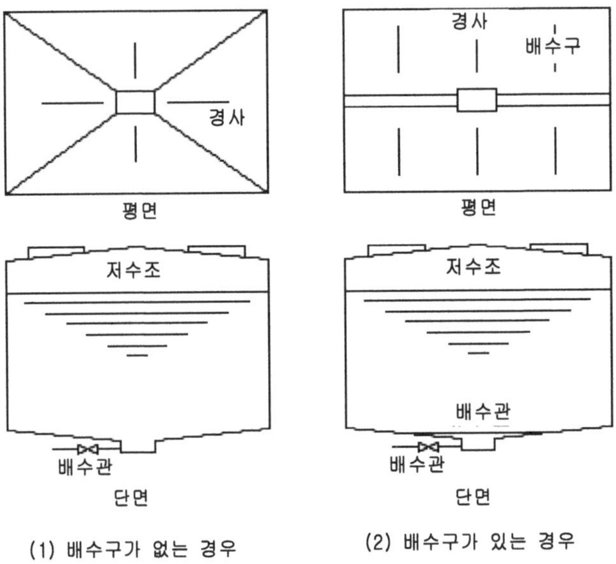

그림 3-9 ▸ 저수조 배수구 설치의 예

(2) 충분한 강도가 있고 내구성이 강할 것.

① 저수조는 수질에 영향을 주지 않는 내식성 재료로서 수밀성이 확보되어야 한다. 저수조의 재료는 주로 철근콘크리트, FRP(유리섬유강화 폴리에틸렌), 스테인리스 등이 사용된다.(구조체는 철근콘크리트, 내면은 스테인리스처리 하는 것이 바람직함)

② FRP제품의 경우는 조류증식을 방지할 수 있는 제품을 사용하는 것이 바람직하며, 구조상 내부에 빔을 설치할 경우에는 녹슬지 않는 재질로 해야 한다.

③ 저수조에는 만수, 감수 경보장치를 설치하며 그 수신기는 관리실 등에 설치한다.

(3) 저수조 내의 물이 오염되지 않아야 할 것.

① 저수조의 천장 바닥 또는 배관
저수조는 외부로부터 위생상 유해한 물질이 들어가지 않도록 설치해야 하며, 그림 3-10과 같이 건축물의 상판이나 외벽 등을 이용하여 설치해서도 안 된다.

② 저수조 내의 유입관은 역류되지 않도록 월류관과 공간을 확보한다.

③ 저수조에는 그림 3-11과 같이 월류관과 공기 소통을 위한 통기관(저수조 유효용량 $2m^3$ 이상)을 설치하며, 먼지 기타 위생상 유해한 물질이 유입되지 않도록 방충망을 설치한다.

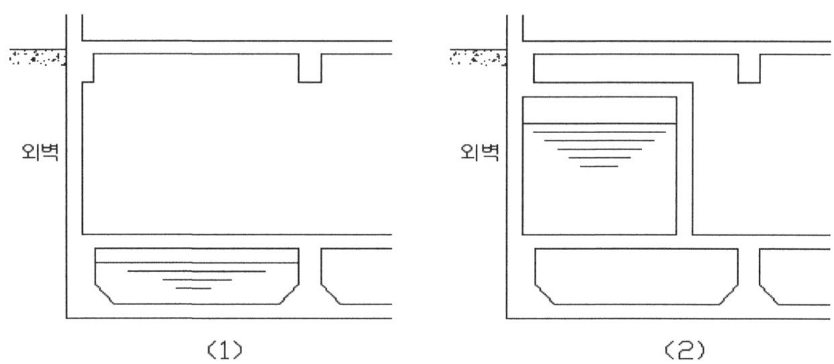

그림 3-10 ▸ 규정에 적합하지 않은 저수조등의 설치

④ 월류관은 유입량이 충분히 배출될 수 있는 관경으로 하며, 외부수가 역류되지 않도록 간접 배수가 되도록 한다.

⑤ 저수조의 유입구와 유출구는 마주보는 위치에 설치하여 수조 내의 물이 정체 또는 체류수가 생기는 일이 없도록 한다. 그리고 저수조가 큰 경우에는 도류벽을 설치하는 것이 바람직하다.

⑥ 저수조는 점검, 청소, 보수시에 단수가 되지 않도록 1조를 2개 이상으로 구획하는 구조로 하거나 2조의 저수조를 설치(저수조 사이에는 60cm 이상의 공간 확보)하는 것이 바람직하다.

⑦ 수도시설의 점검보수, 돌발사고 등에 대비하기 위하여 필요한 저장량은 1일 사용량으로도 충분하므로 저수조의 적정한 용량이란 1일 사용수량을 기준으로 하는 것이 바람직하지만 천재지변, 전시, 기타 특별한 지역적 여건을 고려하여 확대할 수 있다.

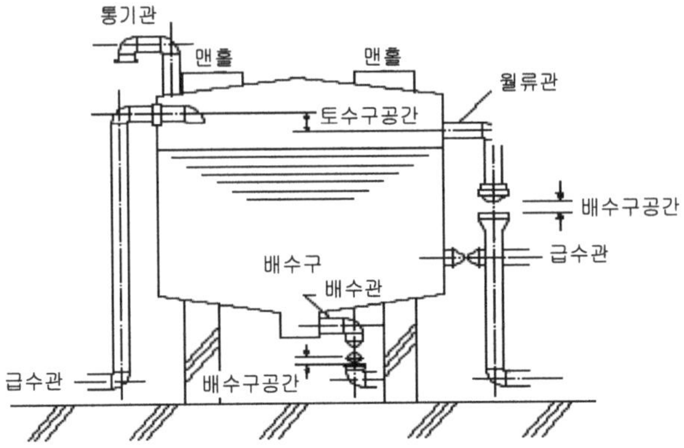

그림 3-11 ▸ 저수조에 월류관 또는 통기관 설치

4) 고가수조의 구조와 재질

고가수조의 구조와 재질은 지하저수조에 준하며, 그 설치 위치는 급수기구가 원활히 작동할 수 있도록 해야 한다.

① 고가수조의 구조와 재질은 지하저수조에 준하되 그림 3-12와 같이 외부 또는 내부의 보수점검이 용이하게 되도록 한다.

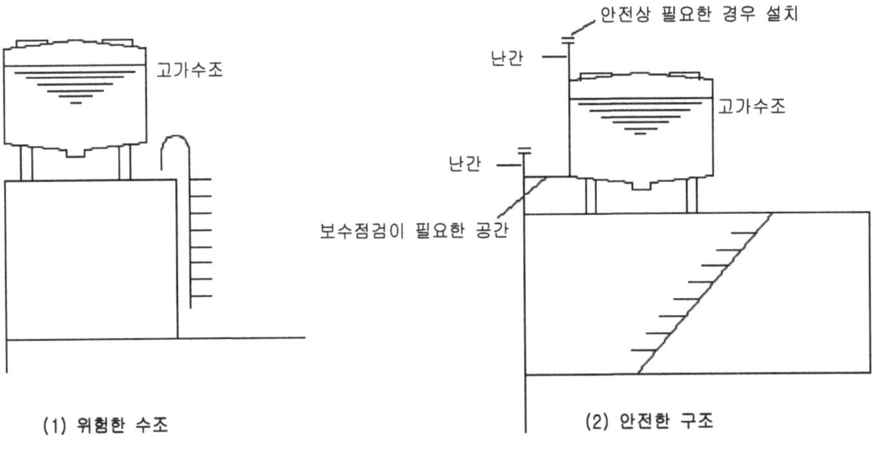

그림 3-12 ▸ 고가수조 설치

② 충분한 강도를 가지며, 내구성이 있고, 수조 내부의 물이 오염되지 않는 재질로 하며 다음 사항을 준수해야 한다.

③ 고가수조에는 급수용 외의 다른 배관설비를 직접 연결해서는 안 된다. 부득이하게 소화용의 배관을 고가수조에 연결하는 경우는 소화용수를 가압할 때 고가수조에 역류하는 것을 방지하기

위하여 반드시 역지변 등을 부착한다.

④ 고가수조의 유효용량은 1일 사용 수량의 1/10 정도를 표준으로 하고 있으나 유효용량이 너무 적은 경우에는 단위시간당 양수량이 많게 되고, 저수조 내의 수면에 큰 파동이 발생할 때에는 수면자동 제어장치에 의해 펌프운전에 지장을 준다. 또 펌프나 계장반 등의 수리시에 단수될 가능성이 있다.

⑤ 고가수조의 배수관은 그림 3-13과 같이 고가수조 내의 청소를 신속 · 용이하게 할 수 있도록 수조의 최저부에 설치한다.

⑥ 고가수조의 구조에 대해서도 수조 내의 청소, 보수 또는 기타 중대한 지장으로 단수될 수 있는 경우가 있으므로 수조를 2개 이상으로 구획(칸막이)하는 것이 바람직하다. 한랭지에 대해서는 동결방지를 위해 유입 · 유출관 등에 방한시설이 필요하다.

⑦ 압력탱크

압력탱크는 그림 3-14와 같이 건축물 옥상에 설치되는 고가수조의 일종으로 주변 여건상 높은 위치에 수조를 설치할 수 없는 경우에 사용한다.

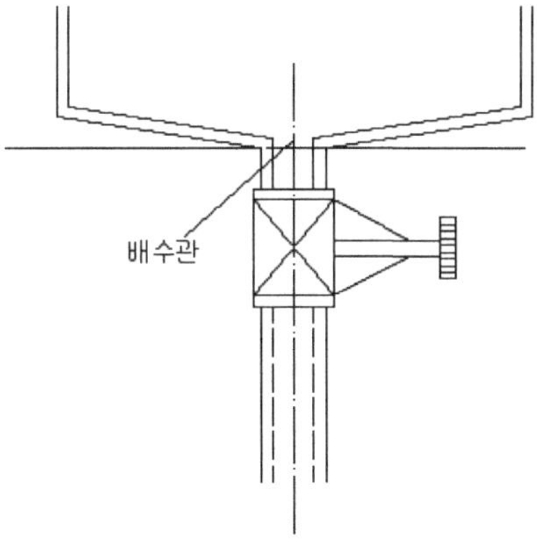

그림 3-13 ▸ 고가수조의 배수관

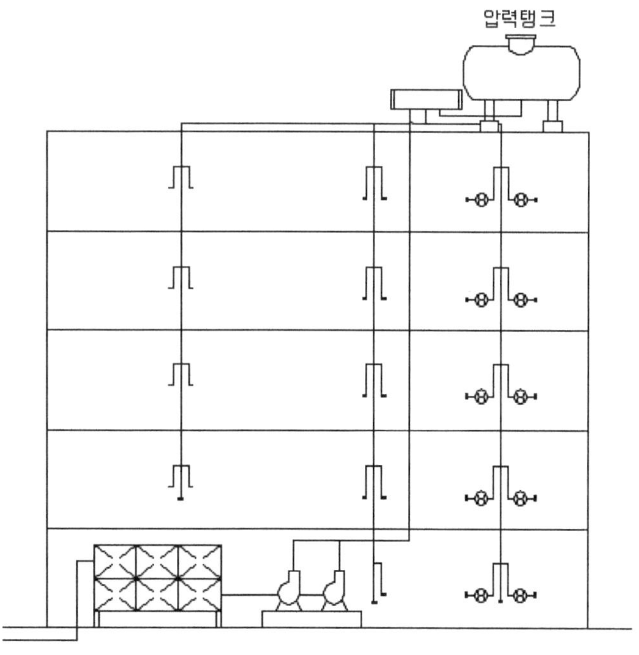

그림 3-14 ▸ 압력탱크

4 위생기구 설치공사

1) 공통사항

① 위생기구 설치에 앞서 급수 및 배수관 연결을 위한 정확한 위치를 확인하고 위생기구 설치에 관련된 바닥구조물 및 작업조건을 충분히 검토하여 불합리한 사항을 수정해야 한다.

② 위생기구는 승인된 제조업자의 설치지침서에 따라 도면에 지시된 위치 및 설치높이에 맞추어 설치하고 설치목적과 지시사항과 일치해야 한다.

③ 위생기구는 지시된 지지대 및 건축구조물에 견고히 부착시켜야 하며, 위생기구가 수평 및 수직이 되도록 해야 한다.

④ 기타 사항은 표준 상세도에 의해 설치한다.

2) 서양식 대변기 설치

① 바닥 슬래브 타설시 합성수지제 또는 PVC제 성형제품인 변기용 슬리브를 정확한 위치에 설치한다.

② 욕실의 방수공사 전 변기용 슬리브의 뚜껑을 빼어내고 해당 구경 및 적당한 길이(바닥마감 두께를 고려)의 PVC 단관을 슬리브에 삽입한 다음 이물질이 들어가지 않도록 관 끝을 밀봉한다.

③ 시멘트 모르타르 바름과 타일붙임 작업이 완료되고 충분히 양생된 후 화장실 바닥마감면의 높이에 맞추어 PVC 단관을 수평으로 잘라낸 다음 변기용 플랜지를 삽입하고 볼트를 플랜지의 정위치에 끼운다.

④ PVC관을 절단시에는 타일 및 방수층에 손상이 없도록 한다.

⑤ 변기용 플랜지와 변기의 배수구가 접촉되는 부분에 성형된 고무 개스킷을 끼우고, 변기를 올려놓은 다음, 위치에 맞추어 볼트와 너트를 체결한다.

⑥ 욕실 바닥과 변기의 틈에 백시멘트 등의 충진재를 일정한 높이로 채운다.

⑦ 체결용 볼트 상부에 화장캡을 씌운다.

⑧ 로탱크의 설치방법은

- 위치를 정확히 맞춘 다음, 미리 심어둔 지지볼트로 견고하게 고정한다.
- 스퍼드를 사용하여 세척관과 대변기 급수구를 완전히 접속한다.

3) 동양식 대변기 설치

① 바닥 슬래브 타설시 변기를 설치하고자 하는 위치에 대변기의 바깥둘레보다 약간 적은 직사각의 슬리브를 설치한다.

② 슬래브가 충분히 양생된 후(욕실 방수공사시) 그 구멍에 변기를 수평과 높이에 정확하게 올려놓고 방수처리를 한다.

③ 바닥에 매립되는 대변기 급수구에는 스퍼드로 세척관을 연결하고 관의 외부는 스퍼드와 함께 모래를 채운다.

④ 대변기의 배수구와 배수용 PVC관의 접속은 PVC관의 끝을 배수구 외경에 맞도록 하고 내식성의 패킹 또는 안을 끼운 후 클램프로 채운다.

⑤ 변기와 접속하는 PVC관은 지진이나 진동에 견딜 수 있도록 확고하게 지지한다.

⑥ 세척밸브의 핸들은 앞에서 보아 우측에 오도록 설치한다.

⑦ 하이탱크의 손잡이는 탱크를 향해 우측에 오도록 설치한다.

4) 세면기 설치

① 세면기 브래킷 설치시 반드시 드릴을 사용하여 타일 파손이 발생하지 않도록 하고 PVC앵커 및 스테인리스제 ø5×50mm 이상의 나사못을 사용하여 견고하게 고정시킨다.

② 배수금구의 조임은 배수금구의 본체에 U형 패킹을 끼워 세면기 배수구에 삽입시킨 후 고무패킹을 대고 고무의 탄력성을 잃지 않을 정도로 조인다.

③ P트랩과 S트랩은 배수관 연결부분에 고무링을 사용하여 움직이지 않도록 견고하게 체결하여 누수가 없도록 해야 한다.

④ 세면기는 타일 마감 면에 밀착시켜 고정하고 브래킷과의 유격이 없도록 설치한다.

5) 카운터 부착 세면기 설치

① 세면기 브래킷 고정시 세트 앵커(Set Anchor)를 사용한다.

② 세면기 설치 부위를 깨끗이 청소한 후 조립 위치를 정확히 표시하여 물고임이 없도록 수평으로 설치한다.

③ 벽체와 세면기 사이는 내곰팡이성 실리콘계의 비초산형(SR-9030-A-N) 코킹재로 미려하게 충진 · 마감한다.

④ 세면기 설치시 벽체 고정에 흔들림이 없도록 3개소 이상의 고정 브래킷을 설치 · 조립해야 한다.

⑤ 세면기는 보수의 흔적과 변형, 기포, 요철이 없는 것으로 하며, PE 필름 보호재를 부착하여 설치 완료시까지 표면보호를 위한 조치를 취해야 한다.

6) 소변기 설치

① 정확한 위치와 높이를 맞춘다.
② 배수관의 접속은 누수가 발생되지 않도록 견고하게 조인다.
③ 스퍼드를 사용하여 세척관과 소변기의 급수구를 완전하게 접속한다.
④ 전자감응기는 제조업자의 설치지침서에 따라 정위치에 미려하게 설치한다.

7) 욕조설치

① 위치와 높이를 정확히 조정하여 욕조 상면이 수평이 되도록 고정한다.
② 배수관 연결 부위에 누수가 없도록 하고 사용시 욕조의 유동이 없도록 하며, 욕조 턱과 벽돌 받침대 사이에 모르타르를 충분히 충진하여 견고히 설치해야 하고, 타 공정으로 인한 오염 및 훼손을 방지해야 한다.
③ 욕조 배수구는 마감공사 이전까지 테이프로 밀봉하여 이물질에 의한 막힘이 없도록 해야 한다.

8) 조립식 욕실 배관공사

① 조립식 욕실의 급수 · 급탕배관과 연결되는 T분기관은 조립식 욕실벽 외부 바닥에 있는 엘보(건축공사) 위치를 확인한 후 시공하여 연결에 지장이 없도록 해야 한다.
② 세대 오 · 배수관 슬리브 중심까지의 오 · 배수 배관은 건축 책임자와 협의하여 시공토록 한다.
③ 화장실 벽체 및 천장 내에 설치하는 P/D점검구(건축공사)는 건축 책임자와 협의하여 사후 점검 및 유지 관리가 용이한 위치에 설치되도록 해야 한다.

9) 기타 공사

① 벽체에 부착하는 기구류는 필히 아래 규격의 PVC 앵커 및 스테인리스제 나사못을 사용하여 견고하게 부착해야 한다.
  - 휴지걸이, 수건걸이 : $\phi 4 \times 40$㎜ 이상
  - 세면기, 샤워 : $\phi 5 \times 50$㎜ 이상
② 기구를 설치할 때에는 타일 파손이 발생되지 않도록 반드시 드릴을 사용해야 한다.

10) 위생기구류 표준 설치기준

표 3-1 위생기구류 표준설치기준

(단위 : ㎜)

기구 명칭	설 치 높 이	비 고
화 장 경	1,400~1,500(일반용) 1,200~1,300(유아용)	바닥면에서 거울 중심까지 〃
휴 지 걸 이	서양식 대변기 : 1,100(일반용) : 560(유아용) 동양식 대변기 : 665	바닥면에서 휴지걸이 중심까지 〃
세 면 기	몸체 : 750(카운터형용) 720(일반용) 720(장애인용) 670(노인용) 550(유아용)	바닥면에서 몸체 상부까지 〃 〃 〃 〃
세 면 기	관붙이형 앵글밸브 : 490(카운터형) : 460(일반용) : 410(노인용) : 290(유아용)	바닥면에서 지수꼭지 중심까지 〃 〃 〃 〃
서양식 대변기	관붙이형 앵글밸브 : 170 : 150	바닥면에서 지수꼭지 중심까지 양변기 중심에서 좌측의 지수꼭지 중심까지의 거리
싱 크 꼭 지	500(대붙이 연결) 1,050(간격 200)	바닥면에서 연결엘보티 중심까지 바닥면에서 수도꼭지 중심까지
발코니 수도꼭지	500	바닥면에서 수도꼭지 중심까지
세탁용 수도꼭지	1,200(간격 150)	바닥면에서 수도꼭지 중심까지
수 건 걸 이	1,300(일반용) 800(유아용)	바닥면에서 봉 중심까지 〃
욕조용 혼합꼭지	150(간격 200)	욕조 상면에서 수도꼭지 중심까지

★ 상기 표준 설치기준을 원칙으로 하며 현장여건에 따라 변경할 수 있음.

11) 현장 품질관리

(1) 설치검사

① 위생기구의 설치가 완전히 끝나고 수압이 걸린 상태에서 세대별 위생기구의 성능시험을 실시하고 지시된 사항과 일치하는가를 확인해야 한다.

② 설치된 위생기구가 마감 작업시 망가진 부분이 있는지 확인하고, 금이 갔거나 손상된 것은 새것으로 교체한다.

(2) 시험

① 공사완료 후에는 기구가 소정의 기능을 발휘하여 기구 및 부속품에서 누수가 발생하는지의 여부를 검사한다.

② 수도꼭지 및 부속품도 통수 후 유량의 개폐, 온 · 냉수 혼합꼭지 등의 온도조절 기능의 여부 등을 확인한다.

(3) 조절 및 청소

① 위생기구는 설치가 끝났을 때 위생도기, 이음쇠, 수도꼭지, 장식품, 스트레이너의 오물 및 자재 부스러기 등을 깨끗이 청소한다.

② 수압조절은 수도꼭지, 세척밸브, 샤워 등에 행하여 적절한 물줄기가 나오도록 유량조절을 실시한다.

(4) 보호

① 설치된 위생도기는 준공 전까지 사용하지 않도록 하고 필요할 때에는 화장실 문을 잠가 사용하거나 도난을 방지하도록 한다.

② 설치된 위생도기나 배관에서 동파가 발생되지 않도록 위생도기 배관 내의 물을 완전히 퇴수시켜야 한다.

③ 위생도기는 건축 및 관련공사들의 작업시 파손되지 않도록 충분히 보호해야 한다.

Chapter 04 덕트 및 환기설비공사

1 덕트설비공사

1.1 덕트용 재료

1) 아연도 철판

KSD 3506(아연도강판) 제품의 1종 및 2종을 사용하고 가격이 싸고 가공이 쉽고 강도가 있기 때문에 많이 사용되고 있다. 건물의 외부나 부식의 우려가 있는 장소에 사용할 경우에는 도장을 실시한다.

철판의 종류는 형상에 따라 평판, 코일판이 있다. 최근에는 코일판 사용이 많고, 공장제작의 덕트는 거의 코일판이다. 일반적으로 사용하는 곳은 다음과 같다.

① 부식성이 없는 일반 공기조화 및 환기용

② 공기조화기의 케이싱

③ 풍량조절 댐퍼

④ 급·배기 루버

⑤ 덕트 행거

⑥ 각종 덮개

⑦ 스프레이 후드

표 4-1 아연도 철판 치수 및 표준중량

크기 호칭		3′×6′		4′×8′		5′×10′	
길이(mm)		1,829		2,439		3,048	
폭(mm)		914		1,219		1,524	
면적(m^2)		1,672		2,972		4,645	
표준두께 \ 구분		A	B	A	B	A	B
#26	0.5	6.97	143	12.4	80	19.4	51
#24	0.6	8.39	119	14.9	67	23.3	42
#22	0.8	11	90	19.6	51	30.6	32
#20	1.0	13.6	73	24.2	41	37.8	26
#18	1.2	16.4	60	29.1	34	45.5	21

A : 1매의 중량 kg, B : Ton당 매수

표 4-2 철판면적 환산표

면 적 환 산 단위(m^2)			
을	으로	단위	상수
3′×6′	4′×8′	÷	1.78
3′×6′	5′×10′	÷	2.78
4′×8′	5′×10′	÷	1.56
4′×8′	3′×6′	×	1.78
5′×10′	4′×8′	×	1.56
5′×10′	3′×6′	×	2.78

2) 스테인리스 강판

KSD 3699(열간압연 스테인리스 강대), KSD 3705(열간압연 스테인리스 강판), KSD 3700(냉간압연 스테인리스 강대), KSD 3698(냉간압연 스테인리스 강판) 제품으로 스테인리스강은 특히 높은 내식성을 요구하는 곳에 사용되고 있으나 그 성질에 따라서 여러 가지 종류의 것도 있으므로 사용에 있어서는 용도에 알맞은 것을 선택해야 한다.

철판두께는 함석보다 2번 단위 얇은 것을 사용해도 강도상으로는 충분하다. 0.8mm 이상의 것은 절단기에 짤리지 않는 경우가 있으므로 주의를 요한다.

일반적으로 사용처는 다음과 같다.

① 도장하지 않고 광택을 필요로 하는 노출덕트

② 습도가 특히 높은 욕실, 샤워실 및 수영장 등의 배기덕트

③ 주방의 렌지용 후드

④ 다른 금속을 사용할 수 없는 흄후드

⑤ 취입 및 배기루버

3) 열간압연박강판(KSD 3501) 및 냉간압연박강판(KSD 3512)

일반적으로 사용개소는 다음과 같다.

① 고온의 공기 또는 가스용 덕트 및 후드

② 방화댐버

③ 후드(특히 함석이 필요하지 않는 경우)

④ 벨트커버(대형의 경우)

⑤ 보일러용 연도

4) 동판(KSD 5523)

동판은 다른 금속과 접촉하면, 전해부식을 일으키므로 다른 금속판과는 따로 놓고 사용해야 한다. 일반적으로 사용하는 곳은 다음과 같다.

① 구성을 요하는 경우

② 습도가 특히 높은 욕실, 샤워실 등 덕트의 고체가 불가능한 장소

③ 다른 금속덕트로는 부식성이 있고, 유해한 가스가 통하는 배기덕트

④ 건축 디자인상 도장을 실시하지 않고도 광택을 필요로 하는 노출덕트

5) 알루미늄판

아연도강판과 같은 장소에 사용하는 것은 좋으나 아연도강판보다 판두께를 두껍게 하여 보강을 많이 할 것. 온풍에 사용하는 경우에는 아연도강판보다 신축이 많으므로 주의해야 한다. 원형 덕트의 경우에는 플렉시블 덕트를 사용하는 경우가 많다. 알루미늄판은 아연도강판보다 용해점이 낮으므로 고온에 사용해서는 안 되며, 다음과 같은 곳은 피한다.

① 기름이 쌓여 발화하는 주방 배기덕트

② 0℃ 이상의 고온공기가 통하는 덕트

③ 방화댐퍼

④ 조적벽에 장치된 덕트로 항상 습기가 있어 벽의 석회가 부식의 원인이 되는 경우 단, 도장 등에 의해 보호되는 경우는 예외

6) 염화비닐강판 : KSM 3343(폴리염화비닐 금속 적층판) 제품

7) 경질염화비닐판 : KSM 3501(경질 염화비닐판) 제품

8) 강재 : KSD 3503(일반구조용 압연강재) 제품의 2종

9) 리벳 : KSB 1101(냉간성형 리벳)에 따라 아연도금한 동리벳 또는 알루미늄 합금 제 블라인드 리벳, 덕트 재료가 스테인리스 강판인 경우는 스테인리스제 리벳 또는 동리벳

10) 볼트 및 너트 : KSD 1002(6각 볼트), KSB 1012(6각 너트) 제품

11) 흡음재료 : 흡음재료는 다음의 제조건을 만족한 것으로 한다.

① 불연성 또는 난연성일 것

② 흡수성이 적을 것

③ 부패 또는 곰팡이가 생기지 않는 것

④ 공기유속으로 소재(素材)에서 먼지가 나거나 소재가 떨어져 나가지 않을 것

1.2 덕트의 변형과 분기

덕트는 설치장소의 제약 등으로 치수, 형상의 변경, 경로의 전환 등을 요구하는 일이 많으며 이런 때에는 가능하면 국부저항이 적은 방법으로 변형을 시키고 덕트 내의 기류나 토출기류 등으로 와류가 일어나지 않도록 주의해야 한다. 덕트의 국부변형 등을 행할 때에 주의해야 할 사항은 다음과 같다.

1) 덕트의 곡률반경

일반적으로 장방형 덕트의 폭, 원형 덕트의 직경을 덕트의 내측 곡률반경으로 한다. 대구경의 원형 덕트에서는 엘보(새우형상)를 사용한다. 곡률반경이 이것보다 적은 경우 또는 직각엘 보를 사용하는 경우에는 내부에 가이드 베인을 설치한다.

2) 덕트의 확대, 축소

형태를 변형하는 경우의 변형 각도는 가능하면 부드러울수록 좋으며 그림 4-1과 같이 확대 부에서는 15° 이하, 축소부에서는 30° 이하의 각도로 하고 그 이상의 각도가 될 때에는 가이드 베인을 설치한다.

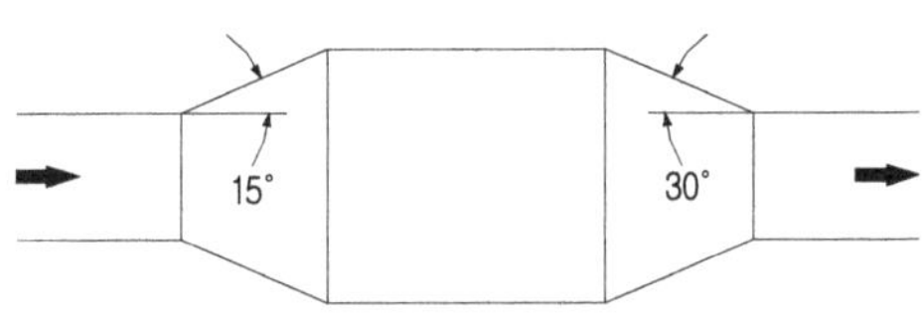

그림 4-1 ▸ 덕트의 확대 및 축소

3) 덕트의 분기

덕트를 분기하는 방법으로는 그림 4-2에서와 같이 밴드형, 직각분기형, T형 분기 등이 있다. 밴드형 분기는 일반적으로 풍량비에 의하여 분기부의 치수를 결정하지만 정확한 방법은 아니다. 직각분기형, T형 분기 등은 분류저항이 크기 때문에 내부에 가이드 베인을 설치하거나 분기구의 안쪽을 둥글게 하거나 45°로 분기해서 저항을 감소시킨다.

원형 덕트에서는 그림 4-3에서와 같이 Y형 이음을 사용하거나 직각분기의 경우에는 분기부를 원추형 T로 하여 분류저항을 적게 해야 한다.

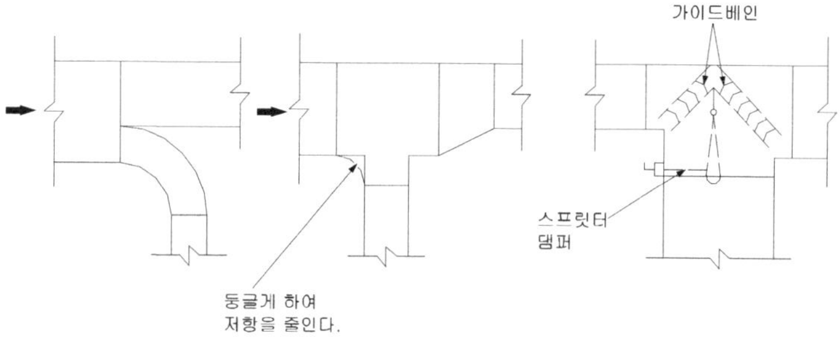

(a) 밴드형 (b) 직각형 (c) T형

그림 4-2 ▸ 장방형 덕트의 분기

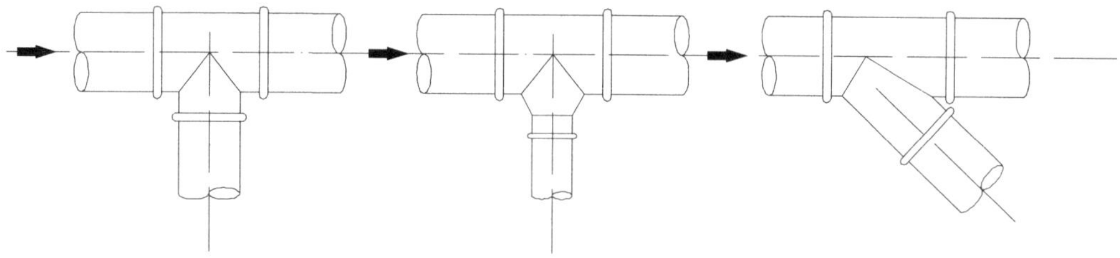

(a) T형 (b) 원추 T형 (c) Y형

그림 4-3 ▸ 원형 덕트의 분기

1.3 덕트기구 설치

1) 외기 및 배기그릴 설치

외기취입 루버(배기 루버)는 테두리와 날개를 1.2mm 이상의 철판으로 제작한다. 루버의 테두리와 벽체의 기밀에 충분히 주의하여 시공하고 빗물이 들어가지 않도록 한다. 루버의 전면 혹은 뒷면에는 철망을 설치하여 휴지, 조류, 쥐 등의 침입을 막는다.

2) 취출 · 흡입구 설치

(1) 주의사항

① 취출구, 흡입구는 덕트 또는 벽면에 정확히 설치하여 진동 등에 의해서 리벳, 나사가 헐거워

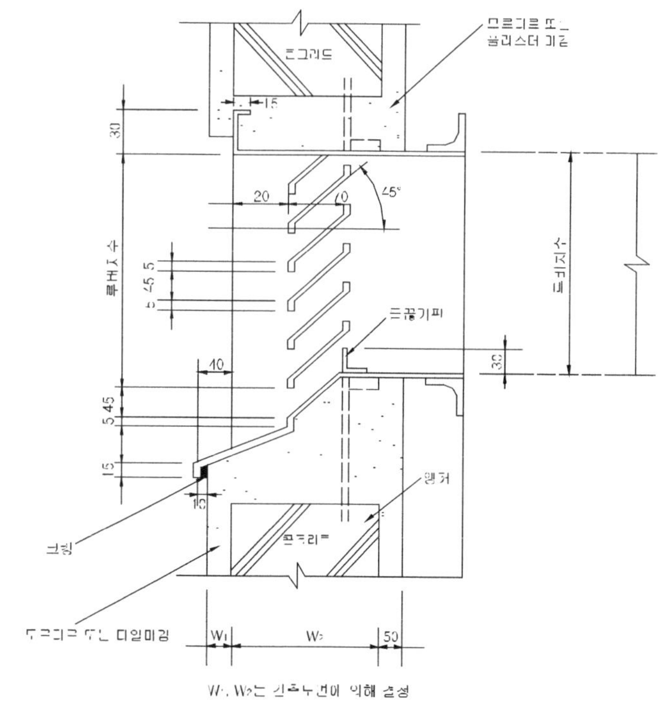

그림 4-4 ▸ 환기구의 설치

지거나 혹은 빠지는 일이 없도록 해야 한다.

② 아네모스타트형과 같이 유연성이 양호한 취출구에는 천장이 더러워지는 것을 방지하기 위해 안티 스멀징을 마련하는 경우가 있다.

③ 냉풍용 취출구는 배면을 반드시 단열하여 습기를 방지한다.

④ 천장 설계도면을 되도록 빨리 입수하여 취출구와 조명, 스프링클러 헤드, 스피커, 화재 감지기 등의 위치를 시공도에 기재하고 확인한다.

⑤ 천장 구멍뚫기는 취출구의 승인도에 따라서 정확히 실시한다.

⑥ 천장에 줄눈이 있는 경우는 취출구를 줄눈에 맞추어 설치한다.

⑦ 취출구, 흡입구의 내부는 흑색배름을 설치한다.

⑧ 취출구, 흡입구를 설치하기 전의 덕트구에는 반드시 덮개를 설치해 둔다.

(2) 아네모스타트형 및 팬 취출구

① 취출구 중심과 천장 줄눈을 맞추기 위해 그림 4-5에 표시하는 방법으로 취출구를 덕트에 접속한다. 박스 혹은 댐퍼가 있는 네크 부근에 반드시 지지철물을 마련하여 지지하게 한다.

② 보 등의 장애물 때문에 덕트와 취출구가 편심될 경우에는 스프링 또는 소형 턴버클을 이용한다. 천장에 점검구를 붙일 때는 턴버클을, 점검구가 마련되지 못할 때는 스프링을 이용한다.

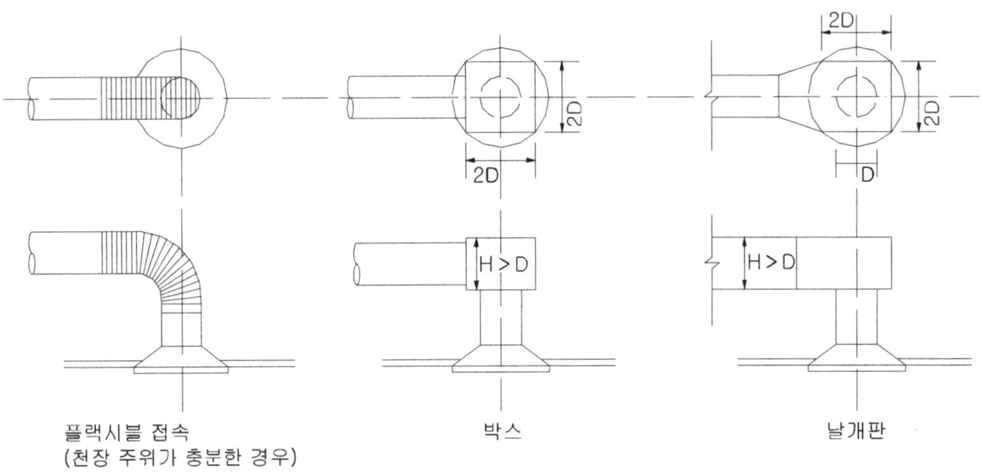

그림 4-5 ▸ 아네모스타트형 취출구와 덕트의 접속

(3) 유니버설형 취출구

① 벽면에서 내뿜는 경우, 천장면에 너무 가까우면, 천장면이 더러워지므로 그림 4-6과 같이 적어도 10cm는 떨어져서 설치한다.

② 덕트 측면에 설치하는 경우, 균일하게 공기가 취출되도록 그림 4-7의 표시와 같이 정류 베인 또는 펀칭메탈을 설치한다.

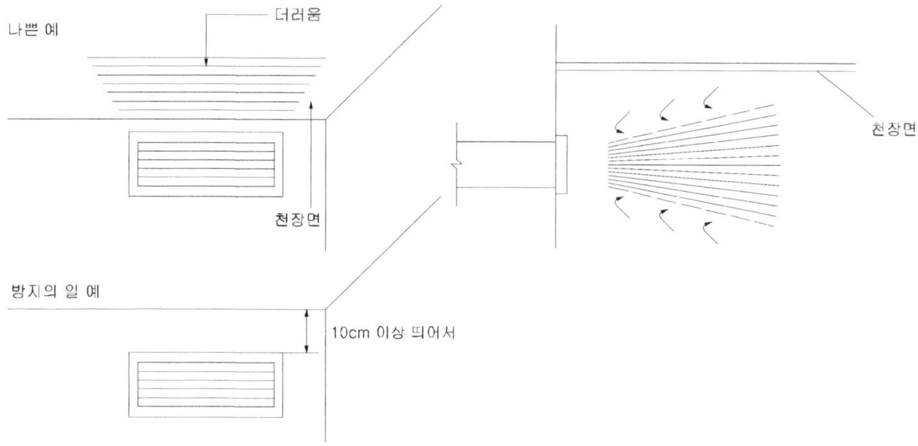

그림 4-6 ▸ 벽취출구와 천장과의 거리

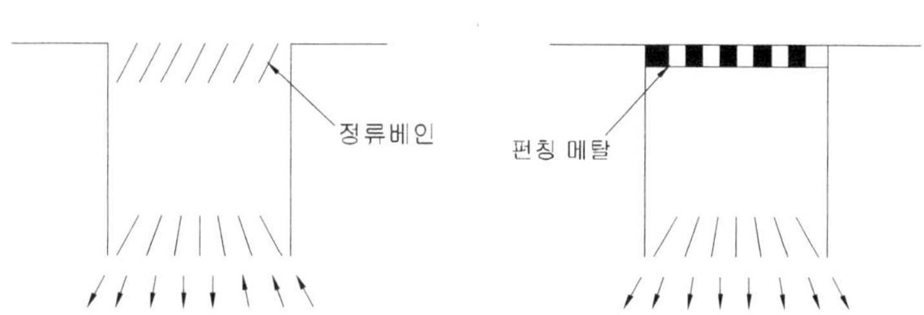

그림 4-7 ▸ 취출구와 덕트의 연결

(4) 기타 취출구

노즐형, 선형 등 취출구는 제작사마다 치수, 설치법 등이 다르므로 제작사 카다 로그 시방서 등을 참고로 하여 정확히 설치해야 한다.

3) 댐퍼

(1) 풍량조절 댐퍼

풍량조절 댐퍼(VD : volume damper)는 주덕트로부터 존별 분기점 또는 송풍기 출구측에 설치하고, 날개의 열림 정도에 따라 풍량조절 및 폐쇄의 역할을 하며, 날개의 구조에 따라 그림 4-8과 같이 구분할 수 있다. 이때 날개의 작동은 댐퍼 축과 연결된 레버 핸들(lever handle)이나 웜 기어 핸들(worm gear handle)을 사용하여 수동으로 조절하거나, 전동모터(modulating type)와 연결하여 제어하기도 한다.

그림 4-8(a)는 버터플라이 댐퍼(butterfly damper)로서 소형 덕트에서 개폐용으로 사용되며, 풍량조절용으로도 사용한다. 구조가 간단하고 완전 밀폐 시 공기의 누설이 적다는 장점이 있으나, 운전 중 개폐조작에 큰 힘을 필요로 하며 날개가 절반 정도 열렸을 때 댐퍼 하류측에 와류가 발생하여 유량조절용으로는 부적당하다는 단점도 있다.

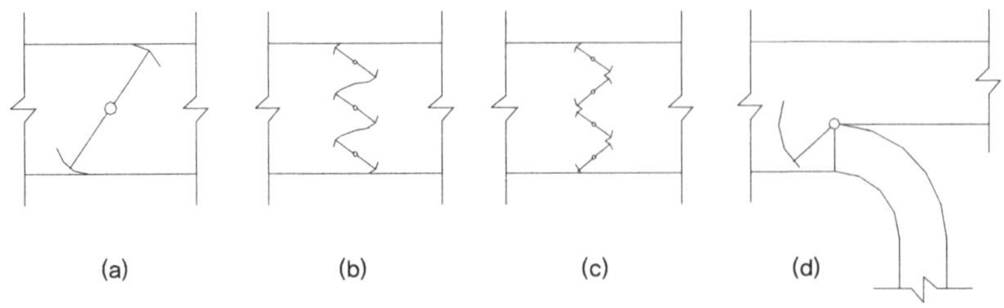

그림 4-8 ▸ 풍량조절 댐퍼의 종류

그림 4-8(b)와 (c)는 날개가 여러 개인 루버 댐퍼(louver damper)로써 (b)를 평행 익형 댐퍼, (c)를 대향 익형 댐퍼라 한다. 평행 익형은 주로 대형 덕트의 개폐형으로 사용되며, 장점으로는 날개가 여러 장으로 분할되어 있어서 기류의 흐름이 정숙하여 풍량조절용으로 적당하다. 그러나 단점으로는 완전 밀폐시 공기누설이 많고 중간 개도시 하류측에 편류가 심하여 비례제어로는 부적 당하다. 대향 익형은 풍량조절용으로 많이 사용하나 동일 풍량을 조절할 때 압력손실이 평행 익형보다 크다.

그림 4-8(d)는 스플릿 댐퍼(split damper)로서 분기부에서 풍량조절용으로 사용되며, 장점으로는 구조가 간단하여 값이 싸고 주덕트의 압력강하가 적고, 단점으로는 정밀한 풍량조절이 불가능하며, 누설이 많아 폐쇄용으로는 사용하지 않는다.

(2) 방화댐퍼

방화댐퍼(FD : fire damper)는 화재가 발생하였을 때 덕트를 통하여 다른 방으로 화재가 번지는 것을 방지하기 위하여 방화구역을 관통하는 덕트 내에 설치하는 공기차단장치이다.

방화댐퍼는 작동상태 및 설치위치에 따라 그림 4-9와 같이 구분할 수 있으며, 각 날개는 퓨즈(용융온도 72℃)로 고정되어 있고 화재시 연소공기로 인하여 퓨즈가 녹으면 날개가 회전하여 덕트를 폐쇄시키도록 되어 있어 그림 4-10과 같이 점검구가 필요하다.(점검구는 가용 퓨즈의 교체가 충분한 치수로 한다)

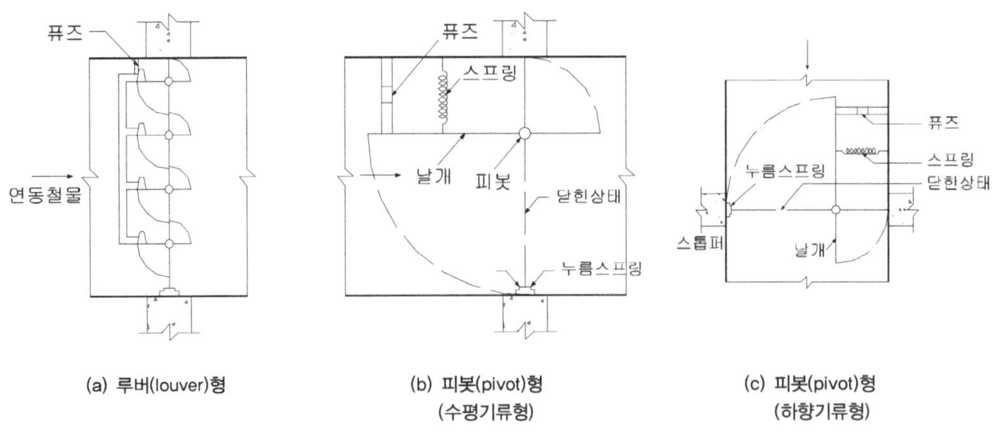

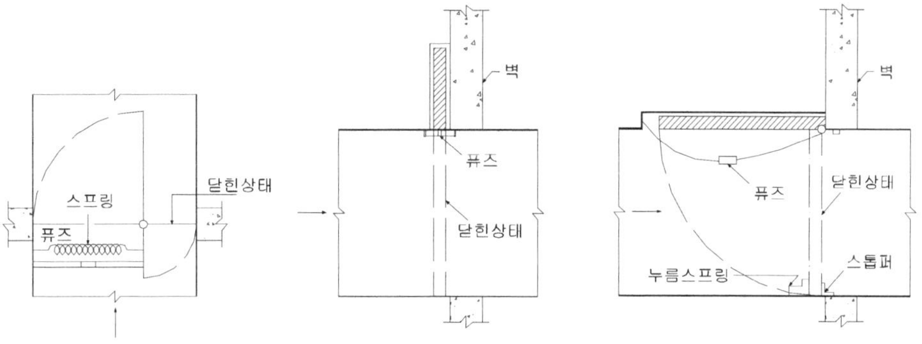

(d) 피봇(pivot)형
(상향기류형)

(e) 피봇(slide)형

(f) 스윙(swing)형

그림 4-9 ▸ 방화댐퍼의 종류와 구조

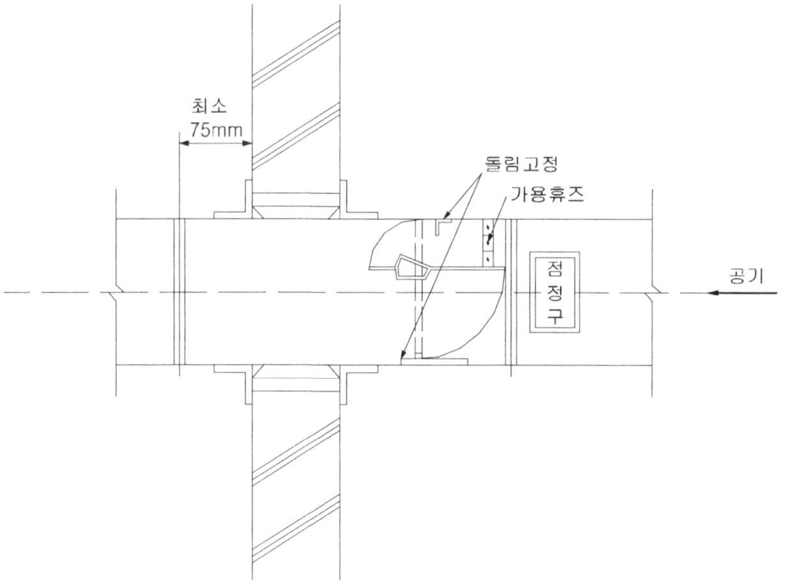

그림 4-10 ▸ 방화댐퍼

(3) 방연댐퍼

방연댐퍼(SD : smoke damper)는 연기감지기와의 연동으로 작동하는 댐퍼를 말하며, 댐퍼의 작동은 실내에 설치된 연기감지기가 화재초기에 발생한 연기를 감지하여 방연댐퍼가 덕트를 폐쇄시킴으로써 다른 구역으로 연기의 침투를 방지한다.

그림 4-11은 방연댐퍼의 구성을 나타낸 것이며 여기에 감온퓨즈를 날개 고정에 사용하고 방화 댐퍼의 기능을 겸하고 있는 것을 방연 · 방화댐퍼(SFD : smoke and fire damper)라 한다.

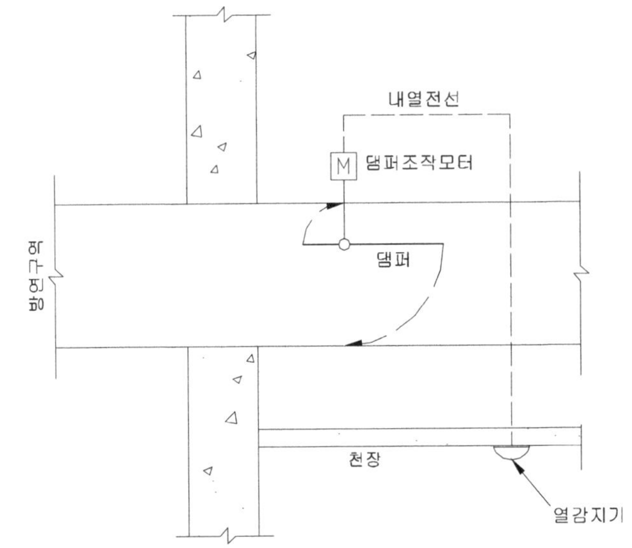

그림 4-11 ▸ 방연댐퍼

4) 흡음장치의 제작설치

덕트 또는 챔버의 내부에 설치하는 흡음장치는 구조가 견고하고 또한 지정된 흡음성능을 가진 것으로 한다. 흡음재료가 비산할 염려가 있을 때는 마찰저항이 적고 흡음성능에 지장을 주지 않는 재료를 부착한다(그림 4-12 참조).

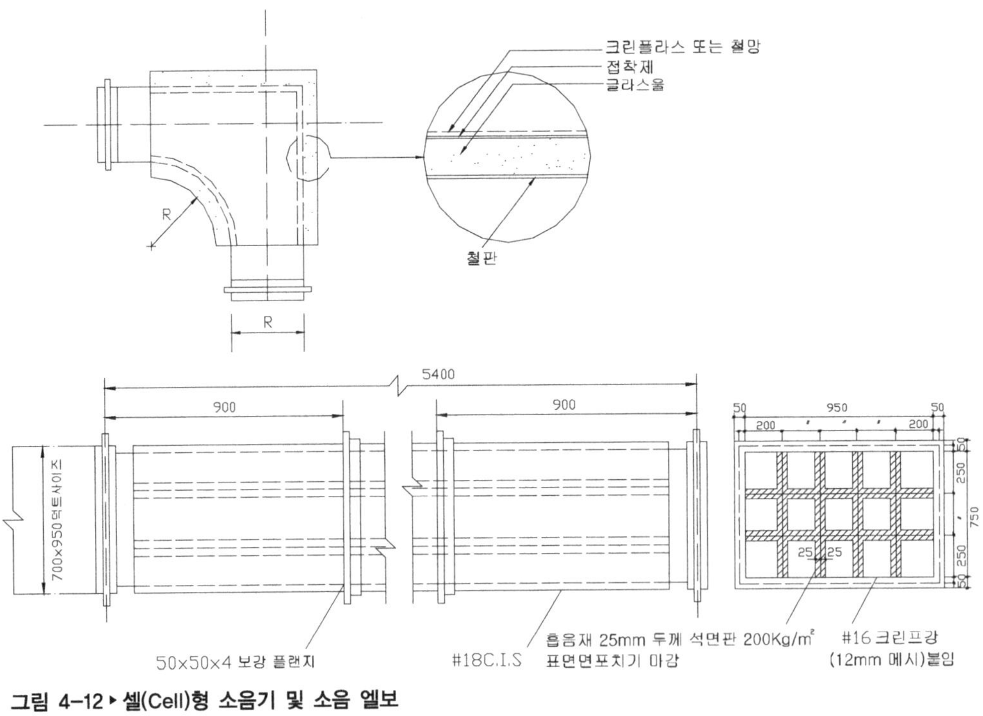

그림 4-12 ▸ 셀(Cell)형 소음기 및 소음 엘보

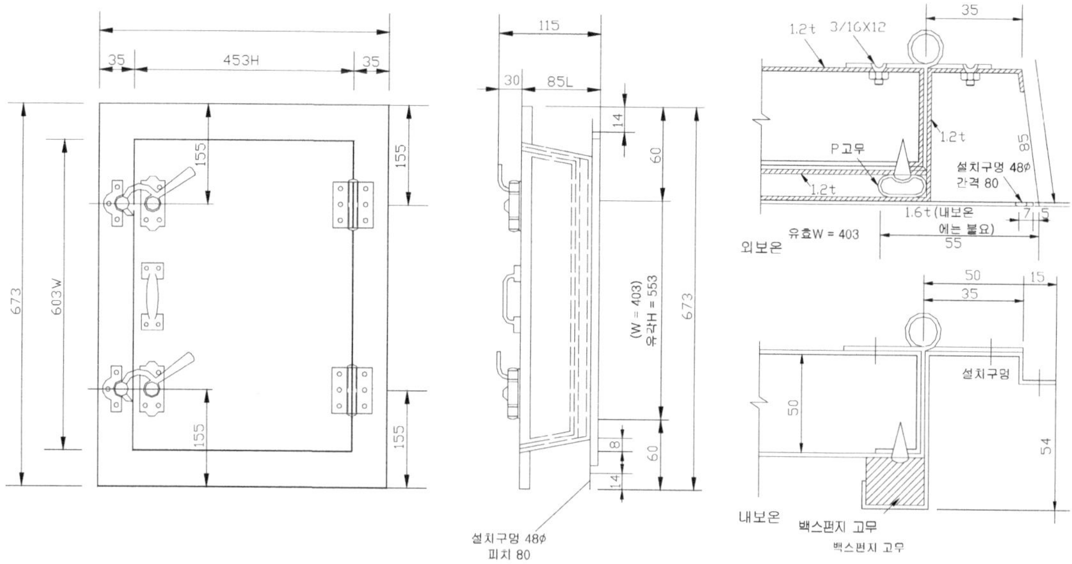

그림 4-13 ▸ 덕트 점검구(보온형)

5) 검사구 및 청소구

덕트의 요소에 설치하여 방화댐퍼의 퓨즈 점검이나 덕트 내의 청소 등을 하는 경우에 이용된다.

점검문은 1.2mm 이상의 아연도 철판으로 제작하고, 그 주위에는 고무제품 등의 패킹을 붙여서 반드시 기밀구조로 해야 한다.

점검문에는 문 내측에 보온재를 갖는 것과 없는 것이 있으며, 덕트가 보온시공 된 곳에는 보온재를 갖는 문을 사용해야 하고, 덕트에 부착할 때에는 그림 4-13과 같은 방법으로 설치해야 한다.

6) 풍량 측정구의 설치

덕트공사가 끝난 후 계통마다 풍량을 측정할 필요가 생긴다. 각 계통 취출구의 풍량을 합계하게 되면 오차가 많으므로 그림 4-14와 같이 기류가 정류되고 있는 측정구를 마련해서 피토트를 삽입할 수 있도록 해두면 좋다. 측정구와 그 설치방법을 그림 4-15와 같다.

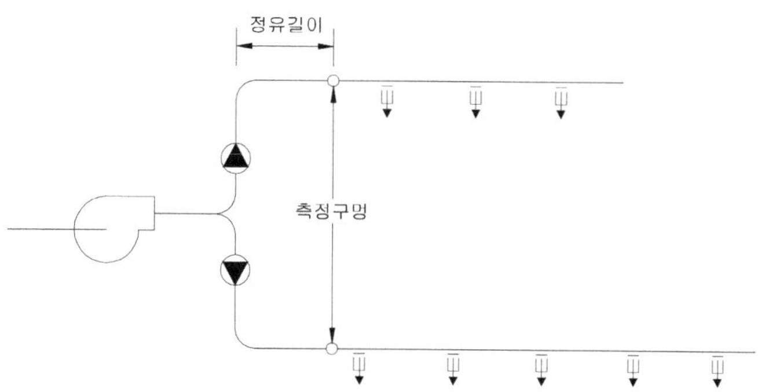

그림 4-14 ▸ 측정구멍의 위치

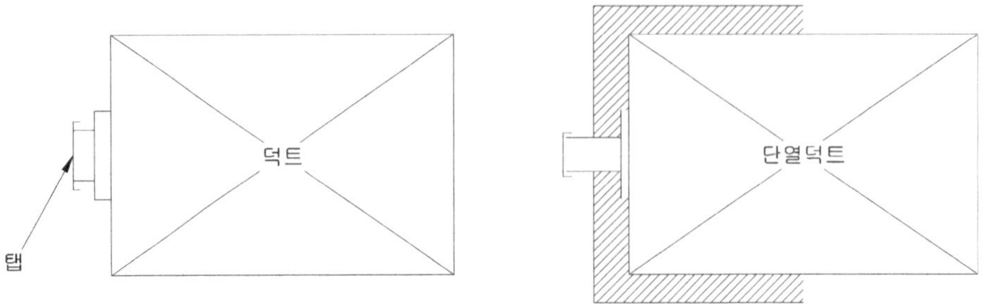

그림 4-15 ▸ 측정구멍의 설치방법

7) 송풍기와 덕트의 접속

송풍기의 성능은 공장에서 이상적인 상태로 운전, 측정하여 결정하는 일이 많으나, 이것을 현장에 설치하여 덕트를 접속할 때에 접속 덕트의 상태는 결코 성능시험시와 같은 이상적인 상태를 기대할 수 없으므로 송풍기 성능의 저하를 초래하는 경우가 많다.

따라서 송풍기의 흡입구, 토출구에 대한 덕트의 접속은 흐름의 편향, 급격한 방향 전환이나 확대 축소등이 일어나지 않도록 해야 한다. 그림 4-16에 송풍기의 흡입측, 토출측에 있어서의 접속 덕트의 예와 그 적부를 나타내고 있다.

특히 흡입구 접속덕트는 가능하면 큰 치수로 하고 벽이나 장해물이 흡입구 부근에 있을 때에는 그것과의 거리를 멀리 잡아야 한다. 또한 토출측에서 여러 방향으로 공기를 분배할 목적으로 챔버를 설치하는 경우에는 공기흐름의 방향전환이나 챔버 내에서의 난류에 의한 압력손실이 크기 때문에 소음을 목적으로 하는 경우 이외에는 바람직하지 못하다. 송풍기와 덕트의 접속은 송풍기의 진동을 덕트에 전하지 않도록 길이 150~300mm 정도의 이중 석면포와 같은 플렉시블 덕트를 사이에 삽입하는데, 이것을 캔버스 이음(canvas connection)이라고 부른다.

캔버스 이음 재질은 다음의 3종류로 대별되지만 불연성의 것을 사용하는 것이 좋다.

① 석면포(KSL 5202)

② 나이론 터보링(두께 0.5mm)

③ 돛천(340kg · m^3 이상의 것)

흡입측의 캔버스는 운전 중에 수축되어 유효 면적이 축소되므로 캔버스 내부에 바퀴 모양의 피아노선(KSD 3556)을 넣는다.

캔버스의 길이가 너무 길면 설치할 때 너무 잡아당기면 쉽게 망가지며, 방진역할도 다하지 못하게 되므로 적당히 늦추어 설치해야 한다.

표 4-3 캔버스 이음부의 플랜지 간격

송풍기 No.	1	2	3	4	5	6	7
길이 L	150	150	150	200	200	250	250

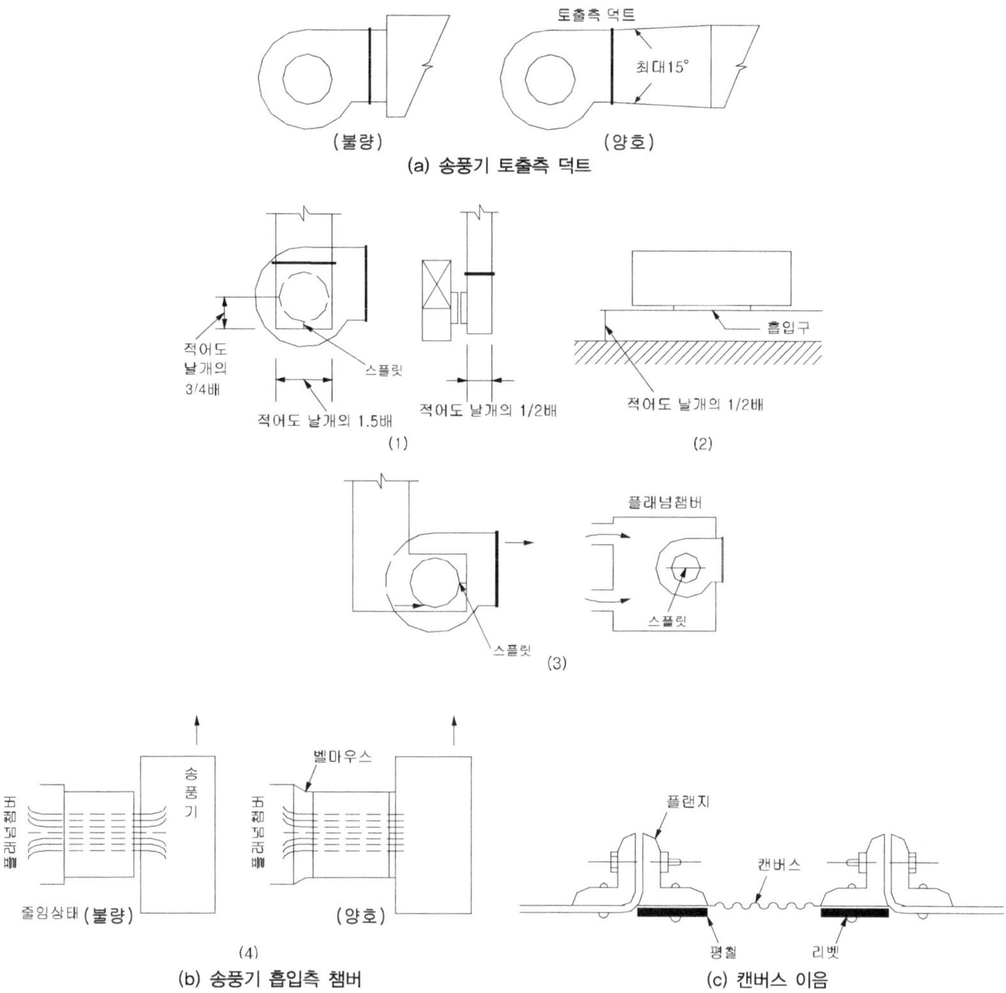

그림 4-16 ▸ 송풍기의 접속덕트

8) 현장 작업장 넓이

건축규모, 덕트방식, 공기, 공장 가공량과 현장 가공량과의 비율 등에 따라 다르므로 일률적으로 말할 수 없으나 덕트공 1명당 $10m^2$ 정도의 면적을 필요로 한다. 가공이 끝난 덕트의 하치장은 충분히 확보하는 것이 좋다.

1.4 덕트이음

1) 덕트의 이음

아연도철판 덕트는 철판을 적정한 크기로 절단하고 이음으로 접속시키며, 다시 각종 보강을 하여 제작한다. 덕트의 이음 및 보강의 형식에는 그림 4-19와 같이 여러 가지의 것이 있다.

종래에는 이들의 이음 중에서 모서리 세로이음, 피츠버그록, 플랜지이음, 형강 보강 등이 널리 사용되어 왔으나, 최근에는 그 이외에 그림 4-18, 19에 나타난 바와 같은 각종 형식의 것을 사용하고 있으며, 전자를 재래공법, 후자를 SMACNA(Sheet Metal and Air-conditioning Contractor National Association)공법이라 한다. 장방형 저속덕트의 이음에 사용하는 형식 및 치수는 표 4-4와 같고, 제작 표준치수와 권장치수 표 4-5와 같다.

장방형 덕트의 네 모서리는 이제까지 보강을 겸한 피츠버그록 등을 사용하는 일이 많았으나 최근에는 그림 4-17에서와 같이 두 모서리 또는 한 모서리만을 이음으로 하는 2시임법 또는 1시임법 등을 이용하여 덕트의 제작공수를 줄이도록 하고 있다. 또한 이음은 일반적으로 플랜지 이음이 사용되고 있으나 최근 현장공 수를 줄이기 위한 새로운 형식의 것이 출현되고 있다. 고속덕트에서 의 모서리 부분은 피츠버그록, 평면부는 모서리 세로이음이 이용되고 있으며, 덕트의 접속에는 플랜지 이음 및 플랜지 바와 코너 플레이트를 사용한다.

표 4-4 저속덕트의 이음형식과 판두께, 형강 등 치수[mm]

<table>
<tr><th rowspan="3">장변치수
[mm]</th><th colspan="8">이음의 형식 및 접합플랜지 재료 치수</th><th rowspan="3">최대이음
간격
[이음]</th></tr>
<tr><th rowspan="2">이음형식</th><th rowspan="2">S 또는
D 슬립</th><th rowspan="2">바 또는
D 슬립</th><th rowspan="2">보강바
슬립,
D 슬립</th><th rowspan="2">포켓록</th><th colspan="3">접합 플랜지</th></tr>
<tr><th>형강</th><th>리벳경
×피치</th><th>볼트경
×피치</th></tr>
<tr><td>450 이하</td><td rowspan="6">버트펀치
스냅록
피츠버그
록</td><td>0.6</td><td>-</td><td>-</td><td>0.6</td><td>25×25×3</td><td>4.5×65</td><td>8.0×100</td><td>3.6</td></tr>
<tr><td>451~750</td><td>-</td><td>0.6</td><td>-</td><td>0.6</td><td>25×25×3</td><td>〃</td><td>〃</td><td>3.6</td></tr>
<tr><td>751~1,000</td><td>-</td><td>0.8</td><td>-</td><td>0.8</td><td>30×30×3</td><td>〃</td><td>〃</td><td>2.7</td></tr>
<tr><td>1,001~
1,500</td><td>-</td><td>0.8</td><td>30×30×3</td><td>0.8</td><td>〃</td><td>〃</td><td>〃</td><td>2.7</td></tr>
<tr><td>1,501~
2,250</td><td>-</td><td>-</td><td>-</td><td>-</td><td>40×40×3</td><td>〃</td><td>〃</td><td>1.8</td></tr>
<tr><td>2,251
이상</td><td>-</td><td>-</td><td>-</td><td>-</td><td>40×40×5</td><td>〃</td><td>〃</td><td>1.8</td></tr>
</table>

표 4-5 덕트 제작 표준치수와 권장치수

단변＼장변	100	125	150	175	200	225	250	275	300	350	400	450	500	550	600	650	700	750	800	900	1000	1100	1200	1300	1400	1500	1600	1700	1800	1900	2000	2100	2200
100	○		○		○		○		○																								
125																																	
150			○		○		○		○		○	○																					
175																																	
200					○		○		○		○		○		○																		
225																																	
250									○	○	○	○	○		○		○																
275																																	
300									○		○	○	○		○				○	○													
350										○			○				○				○												
400											○				○				○				○										
450												○					○			○				○									
500													○		○				○		○					○							
550																																	
600															○					○			○		○								
650																																	
700																	○				○				○								
750																																	
800																			○				○										
900																				○													
1000																					○												
1100																																	
1200																																	
1300																																	
1400																																	
1500																																	
1600																																	
1700																																	
1800																																	
1900																																	
2000																																	
2100																																	
2200																																	

굵은 테두리내는 권장치수, O표는 표준치수를 나타낸다.

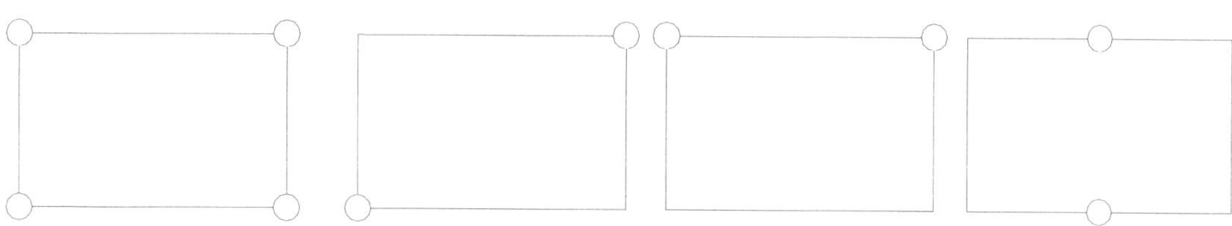

4시임법　　　　　2시임법

그림 4-17 ▸ 덕트의 조립법

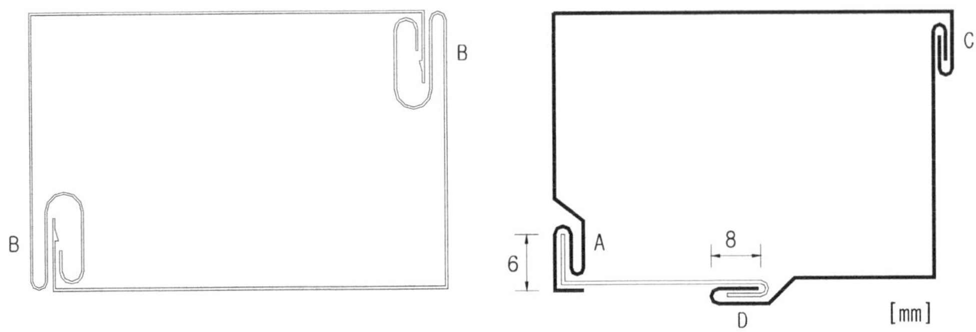

A : 피치버그 록　　B : 버튼펀치스냅 록
C : 모서리세로이음　　D : 평판세로이음

그림 4-18 ▸ 덕트의 이음새

2) 덕트 보강

(1) 장방형 덕트의 보강법

장방형 덕트의 보강법은 그림 4-19와 표 4-3에 제시한 방법 이외에 그림 4-20과 같은 다이아몬드 브레이크 또는 평행보강 립(rib) 등이 사용되고 있다. 다만, 이 방법은 판상의 비교적 단단한 보온재를 부착할 때에는 시공상 불편하기 때문에 이용하지 않는 것이 좋다.

표 4-3 덕트의 보강

(1) 장방형 덕트

판두께 [mm]	형 강 보 강				스탠딩 시임 보강			
	형강치수 [mm]	최대간격 [m]	리 벳		시임 높이 [mm]	보강 스탠딩 시임		간격 [m]
			경	피치		높이 [mm]	평강 [mm]	
0.5	25×25×3	1.8	4.5	150	25	–	–	1.2
0.6	25×25×3	1.8	4.5	150	25	–	–	1.2
0.8	30×30×3	0.9	4.5	150	25	–	–	0.9
1.0	40×40×3	0.9	4.5	150	40	45	40×3	0.9
1.2	40×40×5	0.9	4.5	150	40	45	40×3	0.9

(2) 원형 덕트

덕트경[mm]	형강[mm]	간격[mm]
600~750	30×30×3	2.4 이하
751~1,200	30×30×3	1.8 이하
1,201 이상의 것	40×40×3	1.8 이하

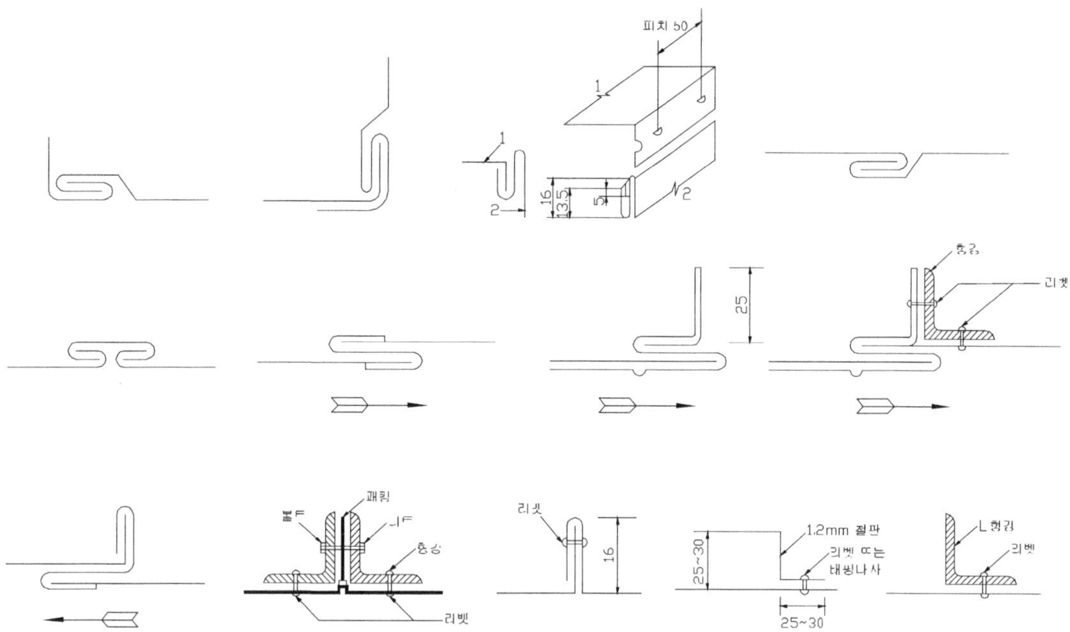

그림 4-19 ▸ 덕트의 이음 및 보강형식

(2) 원형 덕트의 보강법

원형 덕트는 그림 4-21과 같이 아연도철판을 둥글게 하여 축방향에 세로이음으로 성형하여 만드는 방법과 띠 형상의 아연도철판을 전용설비를 이용하여 나선형으로 말아서 이음부분을 세로이음으로 성형한 나선형 덕트가 있는데 일반적으로 후자가 널리 이용되고 있다. 또한 원형 덕트의 접속은 그림 4-22와 같이 플랜지 또는 끼워맞춤이 음으로 한다. 덕트의 플랜지 접속부에는 두께 3mm의 석면판이나 석면 테이프 또는 내구성이 있는 양질의 고무나 불건성 합성수지의 패킹을 사용한다. 원형 덕트에서 끼워 맞춤이음을 사용하는 경우에는 접합하기 전에 끼워 넣는 부분의 바깥면에 불건성실(seal)제를 충분히 도포하여 끼워넣고 구경의 큰 것은 여러 개의 철판 피스로서 고정하고 이음부분에 덕트 테이프를 이중으로 감는다.

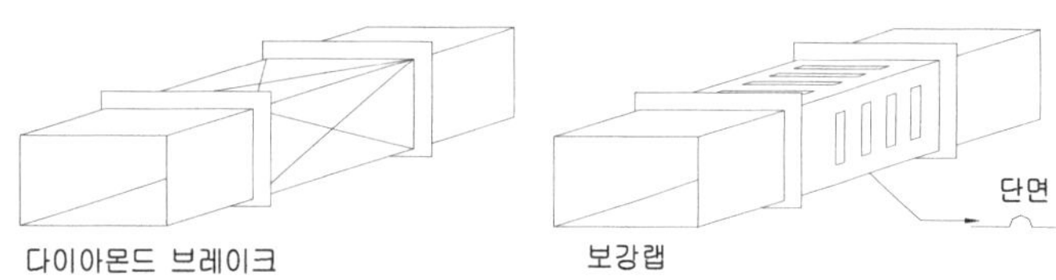

그림 4-20 ▸ 덕트의 보강법

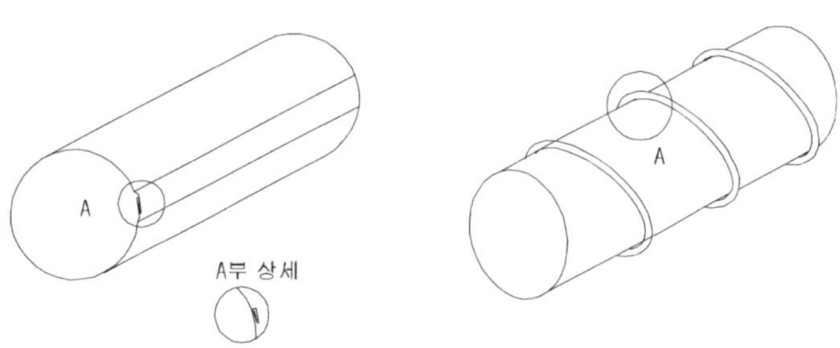

그림 4-21 ▸ 원형덕트

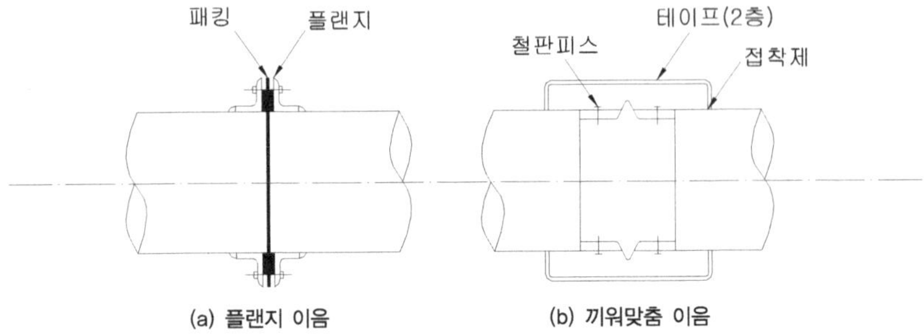

그림 4-22 ▸ 원형덕트의 이음

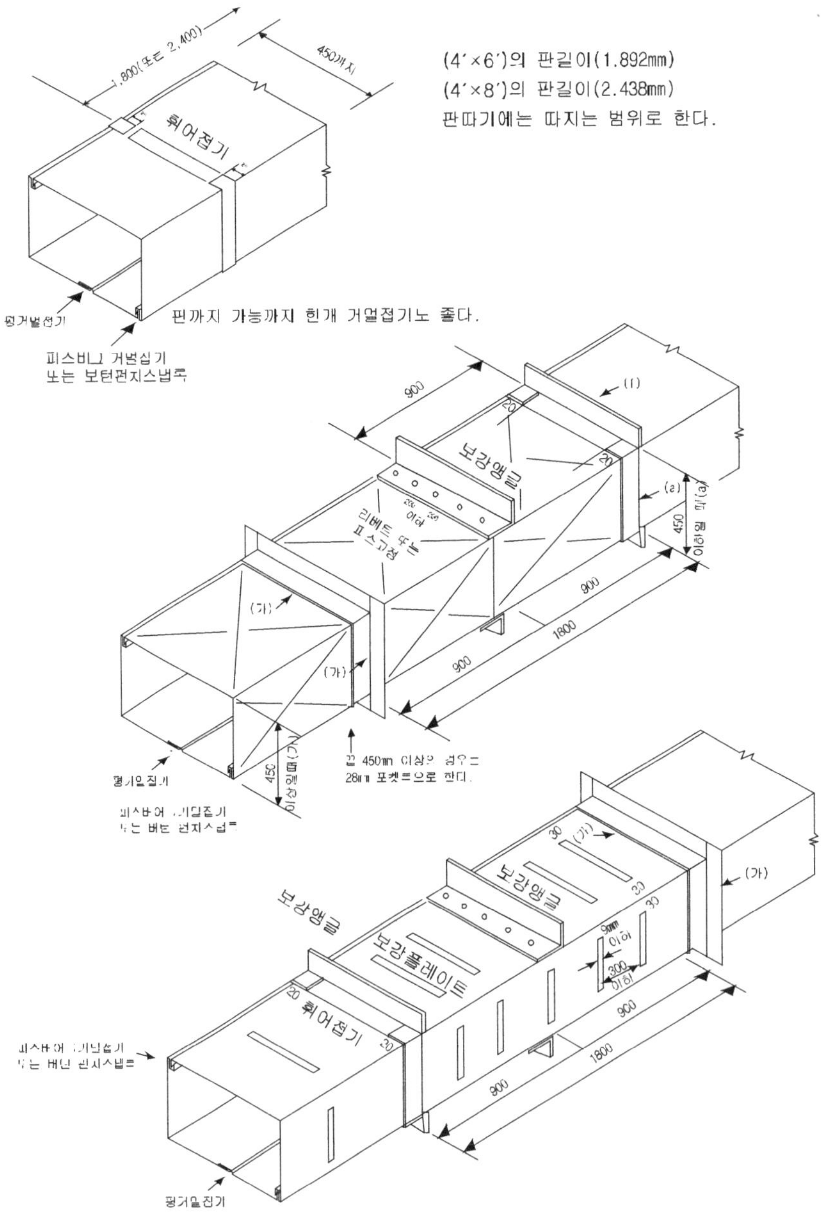

그림 4-23 ▸ SMACNA 공법에 의한 덕트

그림 4-23은 Smacna방식의 덕트의 접속법이고, 그림 4-24는 철판제 분할식 플랜지 이음을 표시한 것이다.

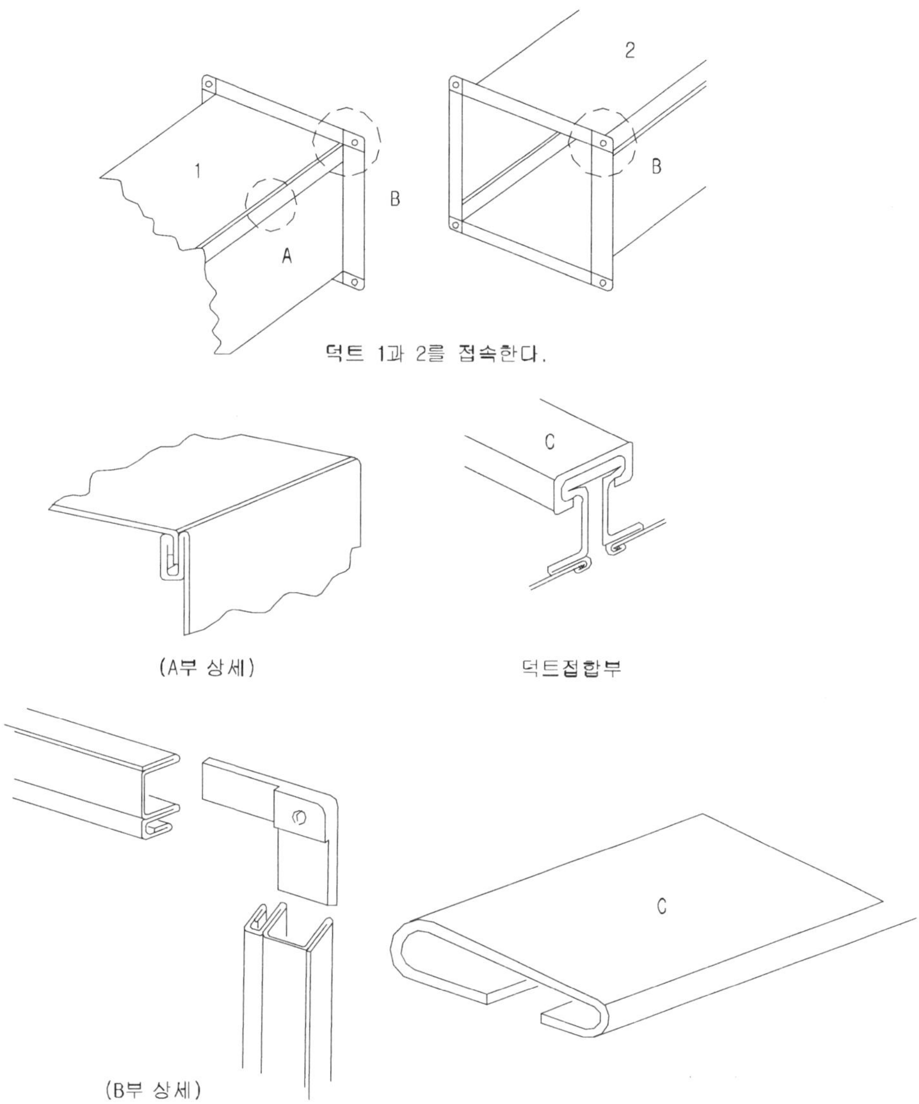

그림 4-24 ▸ 철판제 분할식 플랜지 이음(1)

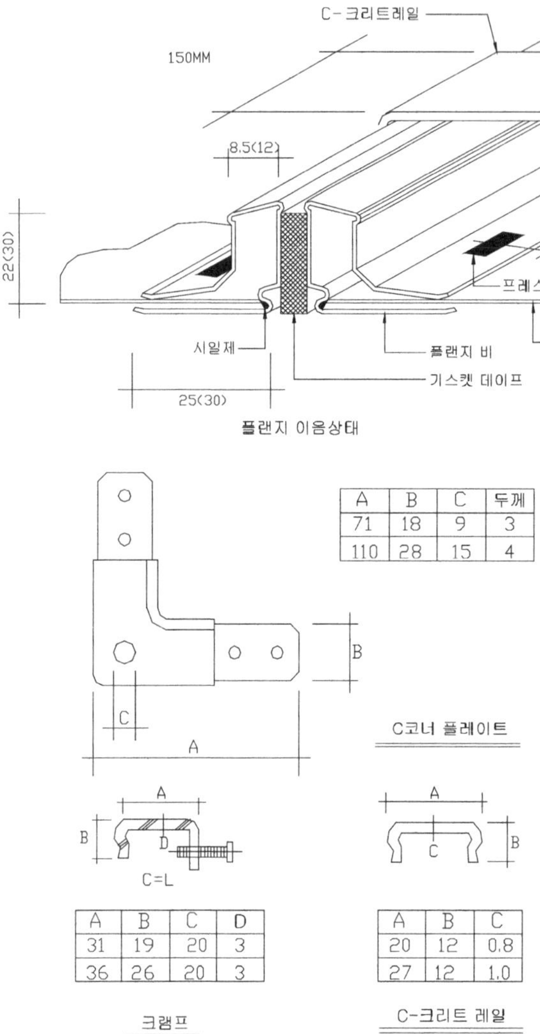

A	B	C	두께
71	18	9	3
110	28	15	4

A	B	C	D
31	19	20	3
36	26	20	3

A	B	C
20	12	0.8
27	12	1.0

그림 4-24 ▸ 철판제 분할식 플랜지이음(2)

1.5 덕트의 지지

수평덕트를 천장 슬리브에 매다는 데 사용하는 행거, 바닥 또는 벽체에 설치하는 지지 물로서 수평덕트나 수직덕트를 지지하는 경우의 지지물에 대한 치수는 표 4-4와 같다.

행거는 종래에는 천장 슬리브 등에 환봉을 매달고 형강을 부착하여 그 형강에 덕트를 올려 놓는 것이 일반적이었으나 최근에는 그림 4-25에서와 같이 형강 대신 행거 레일을 이용하거나 평판 또는 철판을 D슬립, S슬립의 형상으로 접은 것을 행거로 하여 이것을 덕트의 측벽에 리벳 또는 태핑나사에 의하여 설치하는 방법이 이용되고 있다.

또한 건물의 진동이나 소음을 전파하지 않도록 하기 위해서는 덕트의 지지물에 방진재를 설치하고 건물의 관통부에도 방진재를 삽입한다.

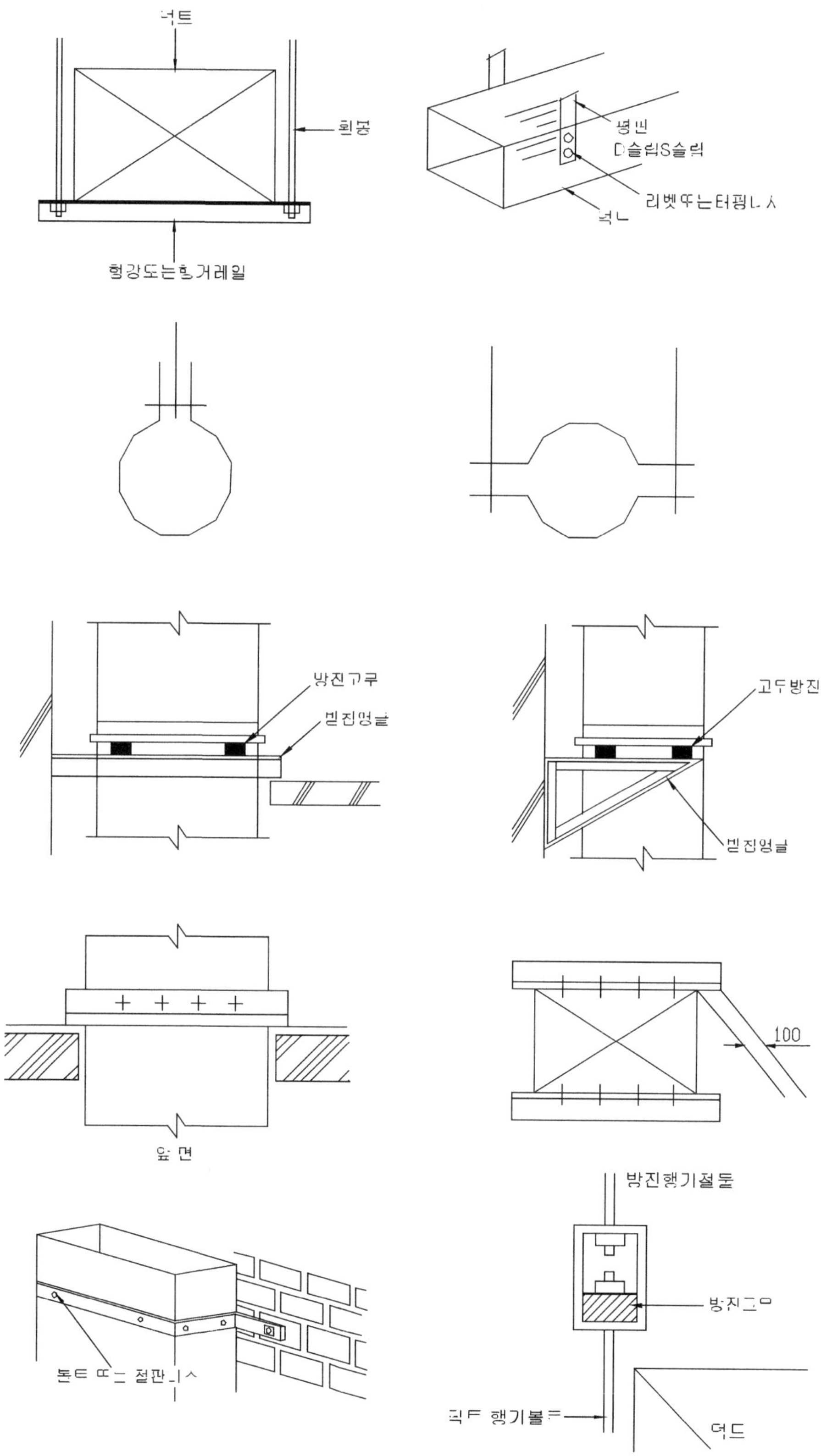

그림 4-25 ▸ 덕트의 지지방법

표 4-4 덕트의 행거 및 지지금물[mm]

(1) 장방형 덕트

장변치수 [mm]	행 거					지지물	
	평판·철판이용		형강 이용			형강치수	최대간격 [mm]
	형상치수	리벳나사경 ×본수	형강치수	환봉	최대간격 [mm]		
450 이하	D슬립·0.6 평판 1.2t×25	4mm×2본	25×25×3	8	3.0	25×25×3	3.6
451 이상 750 이하	S슬립·0.6 평판 1.6t×25	4mm×3본	25×25×3	8	3.0	25×25×3	3.6
751 이상 1,000 이하	S슬립·0.6 평판 1.6t×25	4mm×3본	30×30×3	8	3.0	30×30×3	3.6
1,001 이상 1,500 이하			30×30×3	8	3.0	30×30×3	3.6
1,501 이상 2,250 이하			40×40×3	8	3.0	40×40×3	3.6
2,251 이상의 것			40×40×5	8	3.0	40×40×5	3.6

(2) 원형 덕트

덕트경[mm]	평강	환봉	최대간격[mm]
1,500 이하	25×3	8	3.0
1,501 이상	30×3	8	3.0

1.6 덕트 보온

냉방용 냉풍이나 난방용 온풍의 송풍덕트는 보냉, 방로, 보온의 목적으로 덕트 전면에 걸쳐 단열한다. 다만, 외기도입용 덕트나 배기덕트 등에서 결로의 우려가 없는 경우에는 단열하지 않는다. 또한 환기덕트는 주위 공기의 온습도 상태에 따라서 단열을 하는 경우와 하지 않는 경우를 구분한다.

덕트의 단열재료는 유리솜 보온판 2호, 24K, 그리고 암면 보온판 또는 보온대 1호가 사용되며, 단열재 두께는 일반적으로 덕트에는 25mm, 공조기, 송풍기 등에는 50mm가 적용된다. 단열재는 덕트에 접착제 또는 납땜으로 고정한 핀을 사용하여 부착하고 은폐 덕트에서는 그 위에 알루미늄 포일 페이퍼를 씌우고 다시 금망으로 마감한다. 노출덕트에서는 그림 4-26에서와 같이 시공한다. 옥외 노출 덕트는 단열재위에 아스팔트 펠트를 감고 아연도 철선으로 조인 다음 아연철판으로 싸고(이것을 lagging이라 한다.), 다시 도장하여 마감한다.

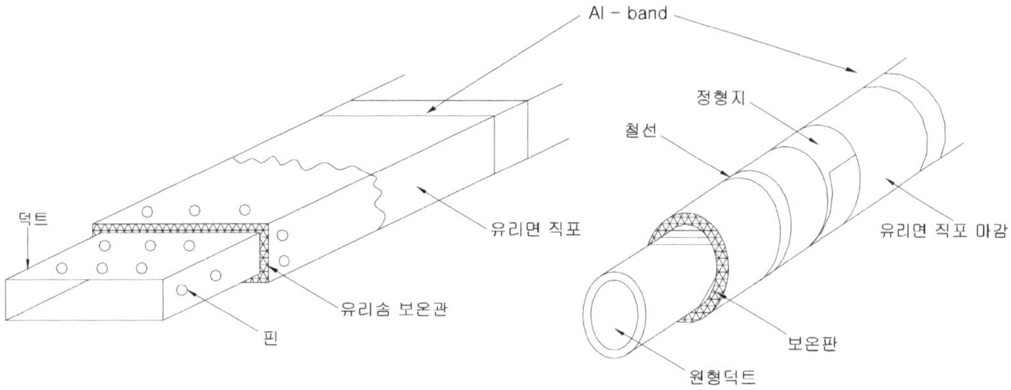

그림 4-26 ▸ 덕트 보온

실내 노출 원형 덕트는 보온판을 붙이고 아연도 철선으로 조인 다음 정형용 원지로 정형하고 그 위에 유리면 직포를 감고 Al-band로 마감한다.

1.7 덕트 누설

1) 공기누설 요소

덕트의 이용 형식에 따라서 그 길이와 덕트 내외의 압력차에 비례하여 덕트에서 공기가 누설한다. 이 공기의 누설량은 덕트 제작의 기능도에 따라서 좌우되며, 일반적으로 전송풍량에 대하여 3~10% 정도이다. 이와 같은 덕트에서 공기누설의 원인은 크게 나누어 플랜지, 패킹, 실(seal), 심(seam)에 의한 것으로 생각할 수 있으며, 누설이 생기는 각 요소를 그림으로 나타내면 그림 4-27과 같다.

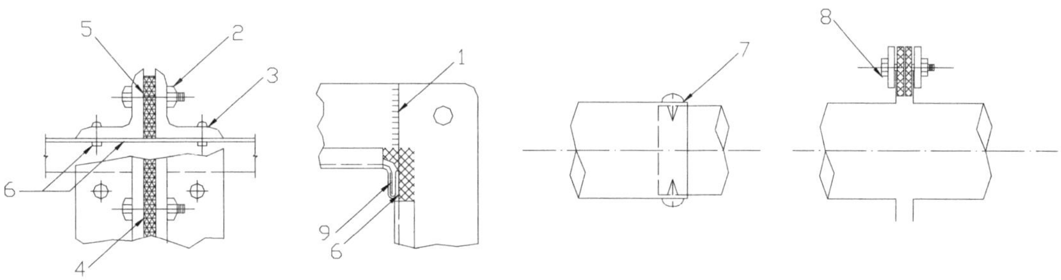

그림 4-27 ▸ 덕트의 공기누설 요소

덕트에서의 공기누설은 공조성능에 영향을 미치게 되며 소음발생의 원인이 되므로 공기의 누설을 적게 하고자 하는 경우에는 이음부분을 충분히 밀폐시켜야 한다.

최근에는 현장에 덕트를 설치완료한 다음에 그림 4-28과 같은 장치를 이용하여 덕트의 누설시험을 행하고 풍량을 조절하는 T.A.B(test adjusting and balancing)를 시행하는 사례가 일반화되고 있다.

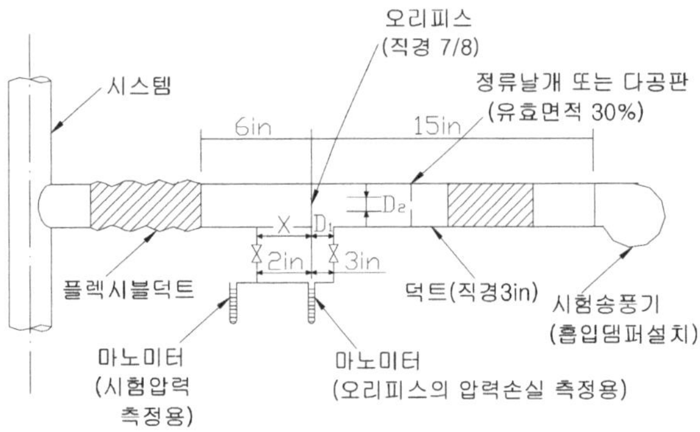

D_2/D_1	X/D_1	D_2/D_1	X/D_1	D_2/D_1	X/D_1
0.2	0.74	0.5	0.60	0.8	0.36
0.3	0.71	0.6	0.53	D_1 : 덕트 직경	
0.4	0.66	0.7	0.45		

그림 4-28 ▸ 덕트 누설 시험법의 예

시험할 때에는 시험구간의 덕트에 설치한 토출구, 흡입구 등의 개구부를 전부 막고 시험용 송풍기를 운전하여 덕트에 송풍을 하고 운전압력보다 25% 많은 정압을 걸어서 오리피스를 사용하여 누설량을 측정한다. 미국에서는 정압 100mmAq 이상의 고속 덕트계에서의 누설량을 전송풍량의 1% 이하로 하고 있다. 누설되는 곳은 귀를 대거나 비눗물에 의해 감지할 수 있으며 누설부는 실(seal)제를 사용하여 밀폐시켜 공기의 누설을 방지한다.

2) 시험 및 검사

(1) 시험 및 검사

공기 조화 및 환기용 덕트의 누설시험은 원칙적으로 소방 검사규칙(배연설비의 점검 기준) 및 KS규정의 배연풍도 누설시험 방법에 따라 시행하여 현저한 공기누설이 없는 것을 확인한다.

(2) 시험기구

① 기압송풍기 : 덕트 내의 압력을 수주 2mmAq(19.6Pa) 이상으로 가압할 수 있는 송풍기로 한다.

② 방연통 : 적당한 크기로 건물의 오염 기타의 장애가 없어야 한다.

(3) 시험방법

각 배연구 연기의 배출구를 밀폐하고 시험용 송풍기로 연기를 압입하여 배연풍도의 누연 유무를 연막판을 사용하여 육안으로 확인한다.

1.8 덕트제작 설치 체크리스트

1) 덕트의 설치 체크리스트

① 덕트의 재질은 도면, 시방서와 일치하는가?

② 덕트의 두께는 도면, 시방서와 일치하는가?

③ 덕트 사이즈는 도면과 일치하게 제작되었는가?
④ 아스펙트비, 축소, 확대는 적정한가?
⑤ 씨임상태, 코킹 처리상태는 양호한가?
⑥ 행거 볼트의 규격, 지지걸이 철물의 규격, 설치거리는 적당한가?
⑦ 수평 유지상태, 타 배관과의 교차부위는 없는가?
⑧ 철재류(지지철물 및 고정철물)의 방청처리 상태
⑨ 점검구의 위치는 댐퍼를 작동하기 쉬운 위치인가?
⑩ 댐퍼의 작동상태 및 방화댐퍼의 퓨즈는 손상된 것이 없는가?
⑪ 보온재의 규격은 적정한가?
⑫ AL밴드 및 크립의 고정은 적정한가?
⑬ 각종 기구의 부착을 고려하여 덕트 설치 경로 및 건축 천장고는 적정한가?

2) 기밀 테스트 체크리스트

① 누기 기밀시험 및 준비상태는 양호한가
② 덕트와 장비 연결부위 누기 및 기밀상태는 양호한가?
③ 덕트와 플랜지 연결부위 누기 및 기밀상태는 양호한가?
④ 기밀 테스트 장소 및 위치 선정은 적정한가?

3) 덕트기구 설치 체크리스트

① 덕트기구의 설치 위치는 적정한가?
② 덕트기구, 감지기, 스프링클러 해드 등과의 설치 균형은 양호한가?
③ 덕트기구의 종류, 색상은 실의 용도에 따라 적정하게 선택되었는가?
④ 덕트기구와 플렉시블의 연결 상태는 양호한가?
⑤ 덕트기구의 고정은 견고하게 되어 있는가?

1.9 CAD/CAM 시스템에 의한 자동화 덕트라인 (CAD/CAM, System Fabri-duct Line)

1) CAD/CAM 시스템

건축기계설비 덕트공사의 시공도 작성은 설계도면을 근거로 효율적인 시공이 가능한 시공도를 작성하여 물량을 산출하고 자재 및 인력을 수급하여 정밀시공을 하는 데 있다.

그러나 수작업에 의존한 시공도 작성은 소요인력 수급에 어려움이 따르고 인력의 기능도에 따라 소요시간의 낭비, 시공의 오차, 물량산출 누락, 시공도 변경의 어려움 등 한계가 있다. 이러한 문제점을 해소하고 시공도 작성에서 변경 및 제작 시공까지 컴퓨터의 도움을 받아 프로젝트를 일괄 지원 처리할 수 있는 CAD/CAM 시스템 구축으로 시공도를 신속 정확하게 입력하여 공장화 제작에 의한 자동조립 덕트 기계로 생산하는 것을 말한다.

① COMPUTER CONTROLS

② DROP IN UNCOILER

③ COIL SET & BEAD ROLLER

④ SINGLE LEVEL CONVEYOR

⑤ DUPLEX ROLL FORMER

⑥ TRANSFER TABLE

⑦ DUPLEX TDC FLANGE

⑧ WRAP BRAKE

⑨ WHISPER LOC

(1) 컴퓨터 제어

시방서에 의한 설계조건을 갖추어 CAD화된 도면을 자동화 공법에 알맞게 입력한 뒤 라인에서는 출력과정을 거처 직관의 각종 규격, 수량, 이음(Seam), 연결(Joint) 등의 범위를 설정하는 첨단기능을 갖춘 컴퓨터 제어방식이다.

그림 4-29 ▸ 컴퓨터 제어

(2) Drop in Uncoiler

컴퓨터 제어에 의하여 직관 덕트 재료를 6종류의 코일이 준비되어 규격별로 자동 장착되며 원자재는 5피트가 가장 많이 사용되며 4피트도 장착이 가능하다.

그림 4-30 ▸ Drop in uncoiler

(3) Coil Set and Bead Roller

Grid Auto Feed 시스템에 의하여 코일이 장착되며 규격에 맞게 지정 규격별로 평판작업을 거쳐 Bead Roller에 의해 보강작업이 되며 절단 및 모서리따기 작업공정이 이루어진다.

그림 4-31 ▸ Coil set and bead roller

(4) Single Level Convyor

Bead Roller에서 절단된 제품을 90도 회전 운송하는 장치이며 곡관작업을 하기 위하여 Beading하지 않은 제품은 Vulcan Cutting M/C로 이송작업이 이루어진다.

그림 4-32 ▸ Single level convyor

(5) Duplex Rollformer

피츠버그 접합이나 스냅 록 접합을 압출성형하는 공정이며 Sealant M/C가 설치되어 공기 유실 방지를 위한 봉합제가 자동 주입된다.

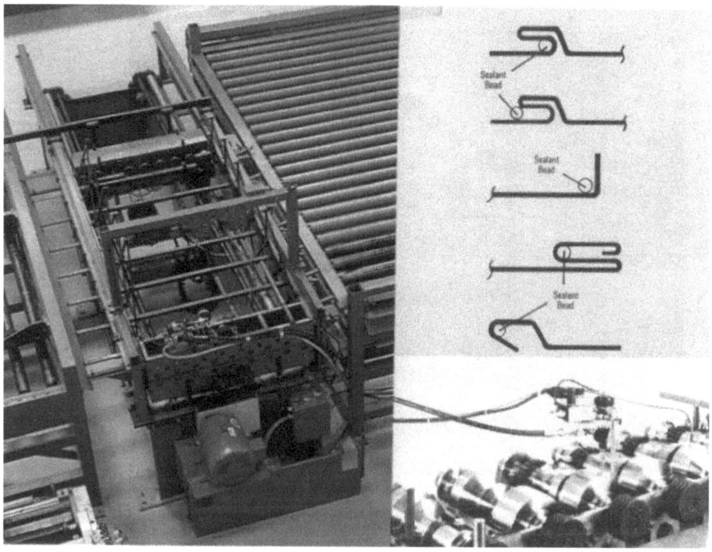

그림 4-33 ▸ Duplex rollformer

(6) Transfer Table

Duplex Rollformer에서 접합이 완성된 제품을 TDC(제살접기 플랜지 방식) 성형기로 90도 회전 운송시킨다.

그림 4-34 ▸ 트랜스퍼 테이블(Transfer table)

(7) Duplex TDC Flange

컴퓨터에 입력된 조인트를 성형하는 공정으로 TDC(제살접기 플랜지 방식)와 Slip & Drive 방식이 적용된다.

그림 4-35 ▸ Duplex TDC flange

(8) Wrap Brake

컴퓨터 제어에 의해 입력한 조립 상태를 "ㅡ", "ㄴ", "ㄷ", "ㅁ" 모양으로 자동 절곡하여 Whisper-loc 공정으로 이동한다.

그림 4-36 ▸ Wrap brake

(9) Whissper-loc(그림 4-37 참조)

직관 라인의 마지막 조립공정이며 해머링으로 인한 소음 방지는 물론 각종 접합을 유압실린더를 이용하여 신속하게 접합함으로써 공기 유실을 방지한다.

그림 4-37 ▸ Whissper-loc

2 환기설비

2.1 환기설비의 종류

일반적으로 환기란 어떤 공간의 공기를 자연 또는 기계적인 수단에 의하여 외기와 교환하는 것을 말하며, 실내공기의 정화, 발생열의 제거, 산소의 공급, 수증기의 제거 등을 목적으로 한다.

건축공간에 있어서의 환기를 크게 분류하면 인간을 대상으로 하는 환기와 물질을 대상으로 하는 환기로 나누어진다. 인간을 대상으로 하는 환기는 위생상의 요구와 열환경 조정상의 요구에 대응하여야 한다. 여기서 위생상의 요구는 첫째, 인간의 호흡기능 유지에 필요한 공기의 공급이며, 둘째, 유해물질(분진 및 유해가스, 세균)과 불쾌감을 주는 물질(연기 및 취기)을 말한다. 열환경 조정상의 요구는 거주공간의 온도, 습도 및 기류를 환기에 의하여 신선한 공기로 바꾸어 실내를 쾌적한 상태로 하고자 하는 것이다.

물질을 대상으로 하는 환기는 생산공정, 품질관리에서 제품을 위하여 또는 제품의 품질유지를 위한 수단으로 이용되며, 작업환경에 대하여는 인간에 대한 요구와 물질에 대한 요구가 일치되는 경우가 많다.

1) 환기방법

환기 방법을 분류하면 자연풍의 압력 및 실내외의 온도차에 의한 부력을 이용하는 자연환기와 송풍기, 인젝터(또는 이젝터 : 고속 분류의 유인작용을 이용하는 장치) 등의 기계력을 이용하는 기계환기(강제환기)로 나누어진다. 그렇지만 양자 모두 공기유동의 원리는 같으며 환기량, 실내압력 등의 점에서는 각각의 특징이 아래 도표와 같다.

표 4-5 각종 환기 방법의 특징

명 칭	급 기	배 기	환기량	실내압	비고
제1종	기계	기계	임의, 일정	임의	공기조정과 함께 쓰이는 일이 많다.
제2종	기계	자연	〃	정압(+)	적당한 배기용 개구부가 필요하다. 청정실에 적합하다.
제3종	자연	기계	〃	부압(−)	적당한 급기용 개구부가 필요하다. 오염실에 적합하다.
자연보조	자연	자연보조	유한 불특정	부압(−)	루프 벤틸레이터 $3<n<10$ 모니터 루프 $10<n<30$
자연	자연	자연	〃	불특정	침입외기 환기 $0.5<n<2$

[주] n : 환기횟수 [회/시]

자연환기는 변동하는 자연의 힘을 이용하고 있으므로 항상 일정한 환기량을 얻을 수는 없고, 어떤 양 이상의 환기량을 얻을 수 있도록 계획하여야 한다. 그러나 자연환기에서도 급배기구에 풍압이 증가하면 개구면적이 축소되도록 한 유량제어 개구부를 사용하면 과대한 환기량을 줄일 수 있다. 이 방법의 특징으로는 계절에 의한 외기 온도의 변화, 바람의 강약, 풍향의 변화에 의하여 환기량이 달라진다는 단점이 있는 반면 동력비가 전혀 들지 않는다는 장점이 있다.

기계환기는 송풍기 등의 기계력을 이용하여 환기를 하는 것으로, 송풍기를 급기계통 또는 배기계통의 어느 쪽에 설치하는가에 따라서 아래와 같이 세 가지 종류로 분류한다.

① 제1종 환기 : 이 환기방법은 송풍기에 의하여 실내에 외기를 도입하는 동시에 배풍기에 의하여 실내의 공기를 배출하는 방법으로, 환기량을 확실하게 얻을 수 있고 실내의 기류 분포도 양호하게 설계 할 수 있을 뿐만 아니라 급배기량을 변경시켜서 실내압을 정부압(+, −) 어느 쪽이나 유지할 수가 있다.

② 제2종 환기 : 이 환기방법은 실내의 적당한 위치에 배기구를 설치하고 송풍기에 의하여 외기를 강제적으로 도입하고 배기는 배기구에서 자연적으로 밀려나가도록 하는 방법이며, 다른 방에서 오염된 공기가 들어와서는 안 되는 방 또는 연소용 공기를 공급하여야 하는 방의 환기에 적합하다. 그러나 이 방식은 실내의 기압이 정압으로 되므로 냄새가 발생하는 방에 적용하면 냄새가 확산되어 바람직하지 않다.

③ 제3종 환기: 이 환기방법은 실내의 적당한 위치에 급기구를 설치하여 실내공기는 배풍기에 의하여 강제적으로 옥외 등으로 배출하고 외기는 급기구를 통하여 자연적으로 유입시키는 방법이며, 실내가 부압(-)으로 되기 때문에 화장실이나 욕실과 같이 실내에서 발생한 냄새 또는 수증기가 다른 방으로 유출되어서는 안 되는 방의 환기에 적합하다. 따라서 이 방식은 실내압력이 대기압 이하로 되므로 오염물질의 확산방지에 효과가 있다.

한편, 기계환기 방식은 다음과 같이 전반환기와 국소환기로 분류한다. 전반환기는 실 전체의 기류분포를 계획하여 실내에서 발생하는 오염물질을 완전히 희석하고 확산시킨 다음에 배기를 행하는 것을 말하며, 오염원과 오염량에 따라서 환기량이 과다해지는 경우가 있다. 국소환기는 오염물질의 발생원 가까이에 후드 등을 설치하여 처리하는 것이며, 주변의 실내 환경을 위생적이고 안전하게 유지하는 데 유효하고 비교적 환기량이 적어진다는 장점이 있다. 그러나 어느 경우나 고정된 오염발생원에는 국소배기를 설치하고, 오염공기 속으로 작업자가 들어가지 않도록 하는 것이 원칙이다. 따라서 전반환기는 국소환기의 미처리분을 배제시키기 위하여 사용하는 경우가 많다.

2.2 지하 주차장의 환기설비

1) 개요

지하주차장내 환경오염은 주로 자동차에서 발생되는 배기가스 중 일산화탄소(CO) 가스가 주원인이 된다. 따라서 지하주차장 내의 환기량 계산은 1990년 12월 이전에는 환기횟수를 10회/HR 이상의 풍량으로 결정되었으나 실제로 10회 환기를 주차장내 전체영역에 시행할 경우 경제적으로나 시공 면에서 많은 문제가 제기되어 주차장법 시행규칙 개정령 제6조 7항에 의해 "노외주차장 내부공간의 일산화탄소농도는 주차장을 이용하는 차량이 가장 빈번한 시각의 전후 8시간의 평균치가 50PPM 이하로 유지되어야한다."라고 규정되고 있다. 또한 주차장법 시행령 제6조5항과 6항에서는 "주차구획까지 자주식으로 들어가는 노외주차장의 차로는 주차 바닥면으로부터 높이가 2.3 M이상으로, 주차에 사용되는 부분은 2.1M 이상으로 하여야 한다"라고 명시되어 있다.

2) 지하주차장의 환경

어떤 공간에 있어서 환기가 원활히 이루어지지 못하면 실내공기는 인체로부터의 발열, 호흡이나 발한 작용에 의한 수증기, 체취나 탄산가스발생에 의한 오염, 실내작업에 의한 열, 악취, 연소가스, 수증기에 의한 오염, 흡연에 의한 오염 등으로 실내환경은 악화될 수 있다. 환기는 실내공기를 공기의 청정도를 환경위생관리 기준에 의해 정해진 기준치(탄산가스 1,000PPM, 일산화탄소 10PPM 이하)로 유지시키기 위해 이루어지며, 이를 위한 필요 환기량은 대략 재실자 1인당 25㎥/hr 이상이 되어야 한다. 또한 필요 환기량은 환기횟수로 나타낼 수도 있으며, 이것은 실내에 공급되는 신선한 외기가 1시간에 교체되는 회수를 말하며 이를 [횟수/HR]로 표시한다. 지하주차장내에서 주된 오염물질로는 CO가스, CO_2가스, NO화합물, SO_2 등이 있으나, 가장 심각한 것은 자동차에서 발생되는 CO가스와 부유분진이라 할 수 있으며, 이에 대한 처리 방법을 확실하게 하는 것이 지하 주차장의 환경을 쾌적한 환경으로 만드는 것이라 할 수 있다.

(1) 일산화탄소 가스의 독성

일산화탄소(CO) 가스는 무색무취의 기체로 연료가 불완전 연소했을 때 발생하는 가연성가스로, 인체에 일산화탄소 가스의 중독원인이 되는 유해가스이다. CO는 인체의 혈액속 산소(O_2)의 운반체인 헤모글로빈과의 결합력이 산소의 약 250배가 되는 기체이기 때문에 소량을 흡입해도 헤모글로빈과 CO가 결합하면서 혈액의 산소운반 능력이 현저하게 떨어지며 산소 결핍이 일어나는 증상이 일산화탄소 중독이다. CO는 자동차의 배기가스나 보일러의 연소 배기가스 중에도 함유되어 있다.

다음 표 4-6에서 CO농도가 인체에 미치는 영향을 알 수 있다.

표 4-6 CO농도가 인체에 미치는 영향

CO 농도 (PPM)	증 상	비 고
20	불쾌감	2시간 흡입
50	두통	〃
100	현기증, 구토	〃
400	경련	〃
1,000	실신	〃
1,500	2시간만에 사망	〃
3,000	30분만에 사망	〃
10,000	1~3분만에 사망	〃

(2) 부유분진

부유분진은 부유먼지라고도 하며 공기 중에 포함되어 있는 먼지 중 입자직경이 큰 것은 시간이 경과함에 따라 침강하지만 연기처럼 입자직경이 10μm (1/100mm) 이하가 되면 침강하지 않고 언제까지나 공기 중에 떠다니기 때문에 이를 부유분진이라 한다. 인체의 호흡시 입자직경이 큰 분진은 코털이나 목 부분에서 호흡시에 걸리지만 부유분진은 코털이나 목부분을 통과하여 폐에 이르기 때문에 진폐나 천식 등을 일으켜 인체에 악영향을 미친다. 부유분진량은 공기 1m^3 중에 포함되어 있는 입자직경 10(μm) 이하인 것이 몇 (mg)인지 "(mg/m^3)"을 단위로서 나타내며 규제치는 0.15(mg/m^3) 이하로 되어 있다.

3) 주차장 환기방식의 종류

(1) 사각덕트 시스템

주차장법에 의한 10회/HR의 환기횟수를 적용하여 급·배기 팬과 급기덕트, 배기덕트를 실내 천장에 설치하여 환기를 시켜주는 시스템이다. 대구경의 사각덕트에 그릴 또는 루버를 통해서 외기를 급기구에서 배기구 방향로 가압시켜주는 피스톤과 같은 효과에 의해 환기시켜 주는 시스템이다. 그러나 부분적인 급·배기 덕트설치로 인해 기둥, 사람, 자동차 등의 장애물에 의해 기류가 도달되지 못하는 데드 스페이스(Dead Space)가 많이 발생되므로 CO 가스 및 부유분진의 정체 현상을 발생시킬 수 있다.

(2) 고속 노즐 시스템

개정된 주차장법에 의해 주차장 내의 CO 농도를 감지하여 환기시켜주는 방법이다. 외기를 도입하는 급기팬과 실내 공기를 유인하여 고속 취출하는 팬과 노즐을 이용하여 실내의 배기 GAS를 교반 희석하여 배기팬 방향으로 이송 후 배기하는 방식으로 고속용 원형 덕트가 필요하다.

① 스프링클러 등의 소화배관, 전등설치를 위한 전기설비, 기둥, 보 등의 장애물에 간섭이 발생된다.

② 따라서 층고가 높아져야 하므로 과대한 건축비의 상승이 초래된다.

③ 이미 낮은 층고로 설계·시공이 된 경우, 상기 2가지 덕트 시스템의 적용이 불가능하다.

④ 미관상의 문제점이 발생된다.

⑤ 덕트 내부의 청소를 3년에 1회 이상 청소해야 되므로 경비가 발생된다.

⑥ 복잡한 구조로 인해 정체지역이 발생된다.

이처럼 덕트 시스템의 지하주차장 적용은 시공·설계상으로도, 경제적으로도 많은 문제점을 안고 있다. 또한 운전소음도 상대적으로 크고 장기간 운전시 위의 문제점들이 더욱 가중된다.

(3) 무덕트 SYSTEM

기존의 시스템들은 사각 덕트 또는 원형 덕트를 사용하여 층고에 제한을 받거나 또는 타 시설물과 간섭되는 경우가 발생되어 설치에 제한적인 요소가 있다. 이들의 개선방향으로 덕트를 설치하지 않고 소형 유인팬을 여러 대 설치하여 공기의 흐름을 배기팬 쪽으로 유도 시켜주는 무덕트 환기 시스템이 검토 및 적용되고 있으며 다음과 같은 장점이 있다.

① 건축주 측면

- 신축건물의 초기투자비 감소
- 지하건축물의 체적의 감소(층고의 감소)
- 건축구조 및 설비설계의 용이
- 덕트 설비의 감소로 인한 설비비용 감소
- 계약전력의 감소

   -부분 교체 가능

② 건축 설계자의 측면

   -설계의 유연성 및 용이성 부여

   -지하층고의 조정가능

   -지하 레이아웃(Lay-Out) 변경용이

③ 시공자의 측면

   -시공의 편의성

   -설치의 단순함으로 공사기간 및 공사비 절감

④ 사용자의 측면

   -쾌적한 주차환경 확보

   -미래 증설에 대한 대응성 용이

   -유지보수의 비용 감소

상기와 같은 여러 가지 장점으로 인해 결과적으로는 공사원가 절감과 공기단축, 시공의 용이성, 쾌적한 주차 환경 등이 높이 부각되어 현재 무덕트 환기 시스템이 국내 여러 회사에서 수입 또는 국내 생산되고 있는 과정에 있고 시공도 원활히 이루어져 기존의 덕트 시스템을 대체하고 있다.

표 4-7 주차장 환기 시스템의 종류

구분	급·배기 덕트방식	고속노즐방식	무덕트방식
개요	외기를 도입하는 급기 FAN과 급기 DUCT를 설치하여 급기하며 실내 오염 공기를 배출하는 배기 FAN과 배기 DUCT를 설치하여 배기하는 방식	외기를 도입하는 급기 FAN과 실내 공기를 유인하여 고속 취출하는 터보 FAN과 노즐을 이용하여 공기의 이송을 원활히 하여 배기 FAN을 통하여 배기하는 방식으로 고속용 덕트가 필요하다.	외기를 도입하는 급기 FAN과 실내 공기를 유인하여 취출하는 FAN을 이용하여 공기 이송을 원활히 하여 배기 FAN을 통하여 배기하는 방식으로 고속용 덕트가 불필요하다.
계통도	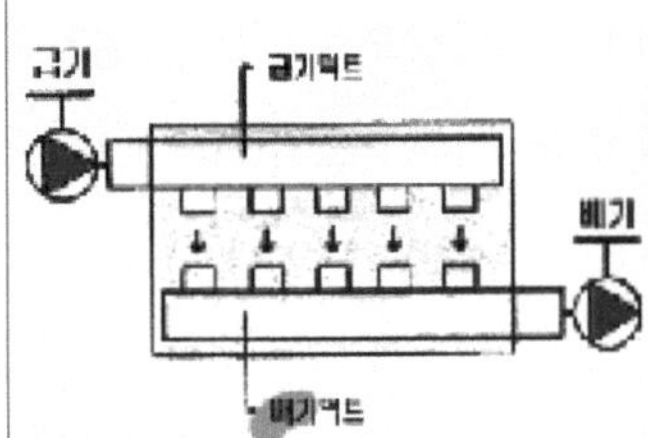	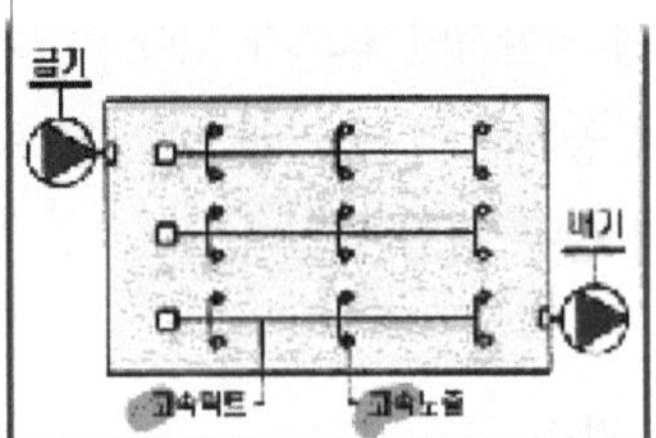	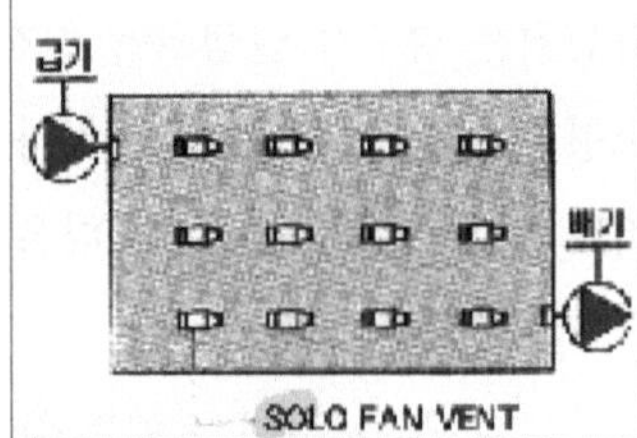

표 4-8 무덕트 팬 시스템과 고속노즐 시스템의 비교표

항 목		무덕트 FAN	고속노즐 SYSTEM
면적		지하주차장 7개소 39,416m^2	
SYSTEM 구성		급·배기 FAN + 무덕트 FAN	급·배기 FAN + 고속덕트 및 노즐
기기의 배치		장소에 구애받지 않고 설치	천장보 및 설비배관, 전기와의 간섭을 피해야 하므로 설치장소가 제한되어 있다.
환기방식		외기를 도입하는 급기 FAN과 실내 공기를 유인하여 취출하는 FAN을 통하여 배기하는 방식으로 고속용 덕트가 불필요하다	JET NOZZLE에 실내의 배기가스를 교반 희석하여 배기쪽으로 유도하는 직렬관계이다.
설치방식		소형경량으로 진동이 거의 없는 관계로 25φ 환봉(STEEL)으로 설치 (FAN 납품업체에서 설치)	자체중량이 무거운 관계로 별도의 고정가대가 필요하며 고속 덕트의 고정에 많은 노력을 필요로 한다. 또한 덕트의 설치시 천장고를 감안해야 한다.
대응성		탈착이 용이하며, 좌우상하의 조정이 가능하며 현장구조 변경시 대응성이 매우 좋다.	고정가대의 설치로 인하여 구조 변경이 어려우며 고속닥트의 이설 또한 많은 어려움이 있다.
층고		환기에 소요되는 높이가 필요치 않아 최소 층고를 유지할 수 있음	일반 덕트 SYSTEM 보다는 층고를 줄일 수 있으나 고속덕트의 구경(약 300mm) 정도의 층고가 필요함.
제원	FAN 사양	CSF-190 : 15.6CMM×0.055KW	EPAC-220 : 43CMM×160MMAQ×2.2KW EPAC-370 : 65CMM×160MMAQ×3.7KW
	R.P.M	1,650	3,450
	전원	1PH/220V/60HZ	3PH/380V/60HZ
	소음	43dB	65dB
	제품크기	CSF-190 : φ350×550×5.5kg	KLLF-02-S : Ø295×1200L×100kg

4) 무덕트 환기방식

(1) 개요

무덕트 환기 시스템은 예전의 급·배기 방식을 사각덕트 또는 고속원형 덕트를 이용하여 주차장의 환기를 행하던 것을 제트기류를 형성시킬 수 있는 소형 팬을 공기의 흐름을 유도하도록 여러 곳에 설치하여 급기 FAN에서 공급하는 외기를 유도하여 주위의 오염공기를 유인 후 배기 팬으로 이송하여 실내의 오염공기를 신속히 배출시키는 시스템이다.

(2) 환기량 계산

주차환기법에 의해 CO농도 50PPM 이하로 유지시키기 위한 환기량은 다음과 같이 구해진다.

주차장 전체의 일산화탄소 배출량 $M(g/HR)$은

$$M = \frac{G}{1,000}(T_1 \cdot L_1 + T_2 \cdot L_2) + M_i \cdot T_i \cdot H_i (g/HR)$$

환기량 $Q=(M^3/HR)$은

$$Q=\frac{M}{Cd-Co}(M^3/HR)$$로 구할 수 있다.

※ 출입자동차대수 = 아이들링 자동차대수

$T_1 = T_2 =$ (주차대수×회전율)÷8

표 4-9 건물용도에 다른 회전율

용 도	회 전 율
근린생활	4.43
아파트	2.1
공공업무	7.1
일반업무	3.6
숙박시설	5.5
의료시설	6.4
판매시설	5.9
공연시설	4.2
예식장	3.1

(3) 무덕트 환기방식의 이론

취출구에서 실내로 불어내는 공기를 1차공기라 한다. 이것이 주위공기를 유인혼합하면서 퍼져서 점차 속도가 줄어든다. 이때 유인되는 주위 공기를 2차 공기라 한다. 취출기류에 대하여 공간이 충분히 넓고 주변의 영향이 없을 때를 자유취출기류라 한다. 취출기류의 단면적에 대하여 실면적이 5배 이상일 때는 자유취출기류라 간주할 수 있다. 축류 원형 개구로부터의 취출기류는 원추상으로 퍼진다. 장방형 또는 격자상의 개구로부터의 취출기류도 취출구에서 약간 떨어진 위치부터는 원추상으로 전개된다. 장방형 취출구의 종횡비가 극히 큰 것 또는 연속 슬롯 등은 평면의 양측으로 전개하고 복류 슬롯에 의한 취출기류는 원추면의 양측으로 전개한다. 원추의 축, 평면, 원추면을 취출기류의 궤도 또는 궤도면이라 한다.

(4) 무덕트 환기방식의 특징

① 대풍량(15.6m^3/min)에 비해 소비전력이 55W로 타 시스템에 비해 운전비용이 저렴하다.

② 별도의 소음 장치 없이 팬의 소음이 43dB 정도로서 운전이 정숙하며, 따라서 팬의 크기가 일체화되어 운반 및 설치가 용이하다.

③ 따라서 팬의 외부 케이싱(Casing) 제작비용이 저렴하다.

④ 연속운전으로 주위온도 20℃에서 약 80,000시간의 운전이 가능하다.

⑤ 경량 소형이므로 준공 후 구조물의 변경으로 인한 위치 이동이 원활하다.

(5) 무덕트 환기방식 선정시 주의사항

① 팬의 제조회사 확인

② 사용전력 확인(1PH, 220V, 60HZ)

③ 소비전력 확인

④ 소음 · 진동 확인

⑤ 팬 가동시 모터 발생열 확인

⑥ 팬의 고장시 하자처리 가능 확인(수입품의 경우)

⑦ 과부하 차단장치 확인

Chapter 05 자동제어설비공사

1 일반사항

1) 자동 제어의 목적

건물 내의 재실자에게 쾌적한 거주환경을 확보·제공하여 각종 장비류의 가장 안전하고 경제적인 운전조작을 유지하며 비상시 즉각 대처할 수 있도록 하여 건물의 운영보수 유지를 가장 합리적으로 수행할 수 있도록 미리 설정된 목표치에 대하여 편차가 발생하였을 때, 이 편차를 없애기 위하여 자동적으로 출력을 제어하는 설비이다.

2) 자동 제어의 제 요소

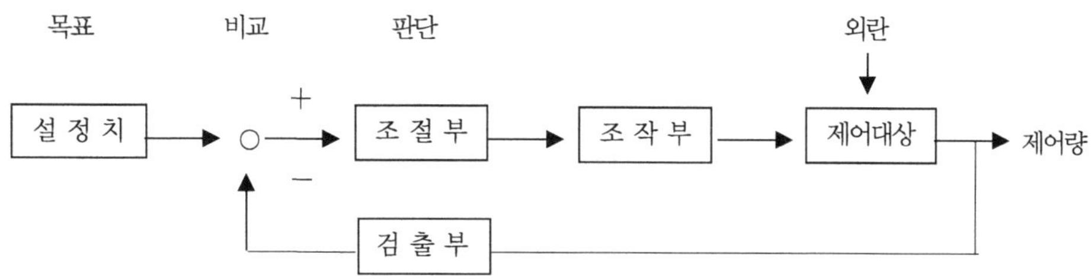

3) 자동 제어 용어

① 제 어 량 : 제어대상이 되는 물리량이며 실내온도, 습도를 말한다.

② 설 정 치 : 설정온도를 말하며, 실내온도를 25℃로 하고자 할 때의 그 목표온도를 말한다.

③ 외란 : 공조계의 여러 가지 부하, 즉 재실자 수의 변동, 조명의 종류, 외기온도, 틈새 바람 등을 말하며 목표값(설정치)이 혼란을 일으키게 되는 모든 원인을 말한다.

④ 제어대상 : 건축설비에서는 보일러, 냉동기, 실내 등을 말한다.

⑤ 검 출 부 : 제어량을 측정하는 것을 말하며 온도나 습도의 측정부분을 말한다.

⑥ 조 절 부 : 검출값과 설정치의 차이에 따른 조절신호를 만드는 곳으로 이 조절신호를 만드는 방법에 따라 제어방식이 달라진다.

⑦ 조 작 부 : 조절신호에 따라 움직이는 밸브나 스위치 등을 말한다.

2 자동제어 주요기기 설계검토

1) 공기조화기

(1) 댐퍼 제어

① 외기덕트 급기팬과 연동제어 및 환절기시 외기 냉방제어(댐퍼 비례제어)

② 동·하절기 최소 개도치 유지 제어

③ CO_2 감지기 및 속도 감지기에 의한 최소 개도치 유지 제어

④ 층별 유닛 공조방식에서 화재시 댐퍼 제어

(2) 필터감시

차압 스위치에 의한 필터 막힘 경보

(3) 전열교환기

① 전열교환기 원격조작 제어

② 전열교환기 사용기 댐퍼 제어

(4) 코일 제어

① 냉방 및 난방밸브 제어

② 가습밸브 제어

(5) 팬 제어

① 팬 원격 조작 및 상태 감시

② 팬 모터 트립(Moter Trip) 경보

(6) 화재시 공조기 제어

① 연기감지기에 의한 팬 연동정지 제어

② 화재경보 감시

(7) 온도제어

① 정풍량방식(CAV)의 경우는 환기의 공기 감지에 의해 밸브를 제어하여 실내온도를 조정하고, 변풍량(VAV) 방식은 급기의 공기감지에 의해 급기온도를 일정하게 제어한다.

(8) 습도제어

① 가습기는 공기 조화기의 송풍기와 인터록을 한다.

② 가습 제어는 고한계(High Limit) 제어를 행하는 것이 이상적이다.

(9) 온습도 감시

① 환기 온습도(실내조건 유추 및 엔탈피 연산)

② 급기 온습도(밸브 작동상태 유추)

③ 혼합기 온도(댐퍼 작동상태 및 온도 하한경보 설정)

2) 온열원 기기

(1) 온수보일러, 증기보일러, 온풍난방기의 공통사항

① 열원기기의 운전은 기기부속반(현장반)에 의한 직접 조작으로 한다. 단, 중앙감시할 경우에는 중앙감시 제어반에 원격 긴급 정지 스위치 기능을 설치해 이상시에는 중앙에서도 열원기기를 정지할 수 있게 한다.

② 열원기기 제어는 열원기기 부속반의 자동제어 장치에 의한다.

③ 열원기기는 원칙적으로 열원 기기실의 환기 송풍기와 연동한다.

④ 기름 서비스 탱크 제어

- 기름 서비스 탱크에는 유면 제어장치를 설치하여 급유펌프를 제어한다.
- 기름 서비스 탱크가 고유위시 유면 제어장치에 따라 경보표시를 한다.
- 필요에 따라 기름 서비스 탱크의 저유위 경보 표시를 한다.

⑤ 응축수 온도는 원칙적으로 85℃ 이하로 유지하는 것이 좋다. 따라서 온도 감시를 하는 것이 바람직하다.

(2) 온수보일러 계통

① 온수보일러는 온수순환펌프와 연동 제어한다.

② 팽창탱크 저수위 경보시 온수보일러 및 온수순환펌프를 정지한다.

③ 팽창탱크 제어

팽창탱크로의 보급수 제어는 원칙적으로 전극봉에서 전동 2방 밸브를 2위치 제어로 한다. 단, 팽창수조의 용량이 적을 경우는 볼탭 급수로 해도 된다.

④ 일반적으로 온수온도는 55℃를 유지하는 것이 좋다.

(3) 증기 보일러 계통

① 증기 보일러에 대한 급수는 보일러에 부속하는 수위조절기로 감지하여 보일러 급수펌프 또는 진공 급수펌프를 기동시킨다.

② 응축수 탱크 저수위시 전극봉으로 보일러 및 급수펌프를 정지한다.

③ 증기 보일러를 3대 이상 설치할 경우 필요에 따라 증기헤더의 증기 압력을 검출하고 보일러 병렬운전 조절기(PMX)에 따라 사전에 설정된 운전 순서 대수 제어에 따른다. 즉 부하량에 대응한 보일러 대수 제어를 행한다.

④ 응축수조 제어

-응축수조의 보급수 제어는 전극봉으로 전동 2방변 밸브를 제어하여 물을 보충한다.

-응축수조는 전극봉에 의한 탱크의 만수/갈수 경보를 발생한다.

(4) 열교환기

① 열교환기의 온수 온도제어는 비례식 전동 온도조절밸브(자동조절밸브)에 의한다.

② 자동제어 밸브는 온수 순환펌프와 연동하고 온수순환펌프 정지시 자동제어밸브는 닫는다.

③ 온수순환펌프는 팽창탱크에 저수위 경보시 펌프의 공전 방지를 위해 펌프를 정지시킨다.

④ 팬 코일용 열교환기는 외기 보상에 의한 자동제어 밸브를 제어한다.

3) 냉열원 기기

① 열원기기 가동은 원칙적으로 기기부속반(현장반)으로 직접 조작한다. 단, 냉동기 대수제어를 행할 시는 자동제어측에서 원격조작을 행한다. 이 경우 냉동기부속반에는 [수동운전] [자동운전] [정지]의 전환 스위치를 설치한다.

② 냉동기 시동은 냉수펌프, 냉각수펌프, 냉각탑 팬을 시동 후 일정한 시간을 두고 한다. 또 정지의 경우는 냉동기 정지 후 일정한 시간을 두고 냉수펌프, 냉각수 펌프, 냉각탑 팬은 원칙적으로 연동운전으로 한다. 또 냉동기는 냉수펌프, 냉각수 펌프 및 냉각탑 팬과 인터록을 한다.(일반적으로 전기공사)

③ 냉동기를 3대 이상 설치시는 칼로리에 의한 대수 제어를 행함이 바람직하다.

④ 냉각수 팽창탱크에 저수위 경보시 냉동기를 정지시킨다. 이때 냉동기의 긴급정지용 제어는 자동제어에서 행할 수 있다.

⑤ 냉각탑 제어

- 냉각탑을 동절기에 사용할 시 냉각탑 수조 내의 냉각수를 전기히터로 가열해서 동결을 방지한다.
- 냉각탑의 일반적인 제어로서는 냉각수 온도를 감지해서 냉각탑 팬 운전제어 또는 냉각수의 온도 제어를 해서 냉각수의 과냉각을 방지한다.
- 대기오염이 현저한 곳에 설치되는 냉각탑은 냉각수의 수질 보호를 위해 전기 전도도 감지기, PH 감지기, 또는 강제 블로 장치, 약액 주입장치를 설치한다.

⑥ 축열조의 수위 감시는 전극봉으로 고수위 및 저수위의 경보표시를 한다. 축열조 수위가 고수위 또는 저수위의 이상시에는 원칙적으로 열원 시스템을 자동 정지한다.

⑦ 냉동기의 냉수 및 냉각수는 유량을 변화시키지 말아야 한다.

⑧ 냉동기 계통의 일반적인 자동제어 사항은 다음과 같다.

- 냉수 냉각수 온도 감시
- 냉수 냉각수 펌프상태 감시(경우에 따라서는 원격기동/정지)
- 공조부분이 2방 밸브시 냉수 차압제어
- 냉각탑 팬의 기동/정지제어
- 냉동기 이상경보, 상태감시, 긴급정지제어

4) 송풍기

① 배기팬 및 급기팬의 기동/정지는 원격제어를 원칙을 삼는다.

② 원격기동/정지팬의 사양은 일반적으로 3상 1HP 이상의 팬에 한한다.

③ 주차장에 관련된 배기팬은 배기가스 농도 제어장치(CO 감지기)로 환기량을 제어할 수 있다.

④ 엘리베이터 기계실 및 전기실 환기 송풍기의 운전은 실내에 설치하는 온도조절기로부터 자동 운전한다.

⑤ 기계실 및 창고에 환기송풍기의 운전은 원칙적으로 밀폐 스위치를 2실에 설치하지만 중앙감시 제어반을 설치할 경우는 원격조작으로 해도 된다.

⑥ 발전기실 계통의 환기송풍기는 자가발전 장치의 시동과 연동제어한다.

⑦ 주방용 환기 송풍기 운전은 주방에서 밀폐 스위치로 함을 원칙으로 하며 자동제어에서는 상태감시 및 트립(Trip) 경보를 감시한다.

⑧ 옥상층에 설치하는 환기 송풍기는 원칙적으로 원격조작으로 한다.

⑨ 화재 발생시는 송배풍기를 화재 경보장치 신호로서 정지시킨다.

⑩ 원격조작시 자동제어 항목은 기동 및 상태감시 모터 트립(Motor Trip) 경보이다.

5) 위생설비 구성요소별 제어

(1) 급수설비 계통(고가수조방식)

① 양수펌프 제어

- 양수펌프는 고가수조의 수위는 전극봉으로 검출하고 가동한다. 때에 따라서는 압력식 수위조절기로서 사용하는 경우도 있다.
- 양수펌프는 원칙적으로 2대를 자동교환 운전으로 한다.(전기공사)
- 저수조 감시시 전극봉으로 양수펌프 기동을 정지시키며, 수위가 상승하면 양수펌프를 운전 가능 상태로 한다.

② 배수설비 계통

- 배수펌프는 원칙적으로 2대를 자동 교환운전으로 한다(전기공사).
- 경우에 따라서 예비개념 없이 2대가 스텝제어를 요구한다(고수위 펌프1 ON, 고수위 펌프2 ON).
- 배수펌프는 배수조 수위를 전극봉으로 검출하고 가동한다.
- 배수조 수위감시는 수위조절기로서 고수위 경보표시를 한다.
- 배수조에 사용하는 전극봉은 부위물에 의한 전극봉 단락을 고려할 경우는 전극봉 보호관을 사용하거나 플로트 형식 및 오뚜기식을 사용한다.

③ 급탕설비 계통

- 저탕조의 온도제어에는 자력식 자동온도 조정변을 사용하거나 일반적인 제어방법인 온도감지기 조절기에 의한 자동제어 밸브의 비례 제어로서 행한다.
- 급탕온도는 일반적으로 60℃를 기준으로 한다.
- 팽창탱크 및 보급수조(고가수조)의 감수 시에는 펌프 공회전을 방지하기 위해 급탕순환펌프를 정지한다.
- 급탕 순환펌프는 원격 ON/OFF 제어함을 원칙으로 하여 ③항의 요건을 만족시켜 주며, 경우에 따라서는 환수온도에 현장제어가 되는 경우도 있다.

3 제작승인도 검토

1) 제작승인도 작성 내용

① 시스템 설명서(계통도 및 작동순서 포함)

② 관제점 일람표

③ 자동제어기기 사양서

④ 중앙감시반 외형도

⑤ 현장제어반 외형도

⑥ 기기 카탈로그

2) 제작승인도 검토사항

(1) 공조기

① 변풍량 및 정풍량 공조기 공통사항

- 밸브 적용 차압한계 검토

  밸브 선정시 적용차압 한계를 분명히 명시해야 시스템의 안전성을 높일 수 있다.(설비측에서 언급한 기준 이상의 적용차압 한계를 설정).

- 동파방지 검토

  겨울철 코일의 동파 방지로 자동제어 시스템 최대한 고려가 필요하다.(특히 온수 난방시 필수)

- 댐퍼 스케줄(Damper Schedule) 검토

  자동제어측에서 설비의 댐퍼 스케줄(Damper Schedule) 없이 일방적으로 동작기(Actuator)를 설정하면 비틀림(Torque) 및 댐퍼 축 관계에서 불일치 될 수 있다(설비측에서 분명히 명시가 필요함).

- 필터

  필터의 성능을 모르고 롤 필터에 차압스위치를 설치하여 설계하는 경우가 있는데, 롤 필터는 자체 제어반에서 접점을 인출해서 유지보수 관리한다.

- 밸브 정격 압력

  고층 빌딩에서는 건물높이에 따른 위치 수두의 압력을 받는데 100m 이상의 위치 수두시에는 밸브 사용압력이 정격 10kg/㎠ 이상의 것을 사용해야 한다.

- 외기 열교환기 시스템

  · 설비측에서 히트 파이프형 현열교환기 설치시 자동 제어측에서는 ON/OFF제어를 하지 않으며, 전열교환기 사용시 모터를 ON/OFF 제어시킨다.

  · 전열교환기 사용시 외기 댐퍼가 최소, 최대로 구분되어 있을 때 혼합댐퍼 제어는 최소 제어시에는 외기 개도치 만큼 오픈 제어되며, 엔탈피 제어시는 외기, 배기, 환기의 연동 제어가 이루어지도록 설계해야 풍량 밸런싱을 유지할 수 있다.

- 예열 코일

  예열 코일은 일반적으로 동파방지 개념으로 설계될 때 밸브는 항상 정규개방(Normal Open)형을 사용해야 한다.

- 연감지 제어

  · 일부 제조회사에서 화재시 연감지기의 경보신호에 의한 프로그램 팬 정지 설계가 종종 있는데, 화재시는 비상상태이므로 하드웨어상으로 팬을 정지시키고 감시반의 경보 감시함이

바람직하다.

· 일부에서 연감지기 대신에 온도감지기로 화재경보를 대신하는데 이는 연감지기의 사용목적을 제대로 파악하지 못한 설계이다.

– CO_2의 제어의 의미

CO_2제어란 설비측에서 제공한 최소 외기량 도입을 실내 탁도를 감지해서 신선도 가 높을 시 외기 댐퍼를 줄여 에너지 절감효과를 얻는 방식인데, 일부에서는 반대로 생각하며, 탁도가 높을 시 외기 댐퍼를 여는 것으로 잘못 인식해 실제 코일부하가 설계시와는 무관하게 크게 걸리는 오류를 범할 수 있다.

② 항온항습실 공조기

– 스팀밸브

항온항습실 계장에서 스팀밸브 중 가습밸브는 정전시 밸브를 정규 닫힘(Normal Close)으로 하기 위해 스프링 리턴 형식(Spring Return Type)을 사용함이 원칙이다. 이때 반드시 적용차압 한계를 검토해야 되는데, 이것은 스프링 리턴형은 비틀림이 적기 때문이다.

– 엔탈피 제어

항온항습실 제어시 엔탈피 제어를 설계하는 경우가 있는데, 실질적으로 큰 의미를 가질 수 없다. 왜냐하면, 외기조건이 실내 항온항습조건과 일치하는 경우가 거의 없기 때문이며, 이것은 외기조건이 항상 바뀐다는 절대적인 기준에 의거하기 때문이다.

③ 변풍량 공조기

– 정압감지기 위치

변풍량 시스템에서 항상 문제시 되는 정압 감지기 위치를 설계시 설비에서 2/3 지점에 정확하게 설정해 주어야 한다.

– 팬 풍량제어

· 변풍량 시스템에서 팬 풍량 제어시 반드시 비례, 적분, 미분동작으로 제어해야 한다. 이것은 공기 제어가 압축성 기체에 따른 안정성 있는 제어를 하기 위함이다.

· 팬 풍량제어시 풍량제어에 대한 한계를 설비측에서 통보해 주어야 한다(프로그램상 필요).

– 팬 풍량시 흡입밸브 설치

팬 풍량 제어시 흡입밸브 방식은 밸브 동작기를 팬 제조회사에서 부착하여 납품함을 원칙으로 하되, 자동 제어측에서는 반드시 제어신호 관계를 언급해 주어야 한다.

– 변풍량 실내 온도감지기 위치(VAV Room Thermostat Location)

설비측에서 변풍량 온도감지기 설치위치에 대한 기준을 정확히 통보해 주어야 한다.

– 변풍량 동작기와 급기팬의 연동

변풍량 터미널(VAV Terminal)의 동작기와 해당 공조기 급기팬은 인터록(Interlock) 제어로서, 팬 정지시 변풍량 동작기 작동을 중지시키는 제어가 에너지 절감 효과 및 시스템의 안정성을 갖는다.

④ 전외기 방식의 공조기

-팬과 댐퍼 인터록

전외기 방식에서는 급기팬과 외기 댐퍼가 직접 인터록 제어를 시키는데, 이때 하드웨어상으로 연동 제어시는 댐퍼 동작기의 회전기간이 30초 정도 걸리는 것으로 선정해야 된다.

DDC 방식에서는 프로그램상으로 시간 지연(Time Delay) 현상을 해결한다.

(2) 급탕탱크

① 급탕 순환펌프 상태감시

일반적으로 급탕 순환펌프는 저용량이므로 플로 스위치(Flow Switch)로 펌프상태 감시에서 문제점이 야기될 수 있다. 따라서 소용량 펌프 및 소구경 배관 시스템에서는 플로 스위치를 설치하는 것이 바람직하지 못하며, 전기 제어 패널(MCC)에서 상태를 보는 것이 바람직하다

② 보급수조와 인터록

일반적으로 보급수조와 급탕 순환펌프와는 저수위 인터록을 하여 공전을 방지한다.

(3) 탱크류

① 저수조 및 고가수조 (수위 제어)

고가수조 및 저수조의 수위제어는 전극봉 방식을 채택함이 좋다. 왜냐하면 플로트 타입일 경우에는 수조물의 인입시 많은 양이 인입되므로 수조내 파도현상이 발생하고, 고가수조의 경우는 전극봉 방식이 설치공사가 쉽다.

② 배수탱크(Sump Tank)(수위제어)

-용도에 따른 수위 조절기를 선택해야 된다.

· 오뚜기식 : 오물 등 불순물이 많은 오폐수 계통

· 플로트 : 일반배수 계통

-배수시스템은 환경법과 관계되므로 배수펌프의 이상 경보를 감시함이 바람직하다.

(4) 열원장치계통

(가) 냉동기

① 냉동기 대수제어

부하측 열량으로 냉동기군 제어시 유량계를 설치하는데 설비측에서 정확한 전체부하 유량을 측정할 수 있는 배관계통도가 필요하며, 유량계 설치시 직관부를 고려해야 된다.

② 냉각탑

DDC 시스템으로 설계시는 냉각탑 팬 제어를 DDC 프로그램으로 하면 이상적이다.

③ 차압 바이패스(By-Pass) 제어

2방 밸브 시스템에서 차압의 범위를 설비에서 정확히 통보해 주어야 한다.

④ 냉동기 시퀀스(Sequence) 제어

냉동기 대수 제어시는 냉동기에 관련된 각종 부속설비의 제어순서를 명확히 기재해야 된다.

(나) 보일러 시스템

① 매연농도 감지기

- 벙커씨유(B/C Tank)를 사용하는 시스템에서 연감지기의 투시거리를 검토하여(일반적으로 3m) 보일러가 여러 대 설치될 경우는 보일러 연도에 각각 취부하는 것이 이상적이다.
- 도시가스 사용시에는 가스가 완전 연소한다는 조건이 있으므로 연감지기를 설치할 필요가 없다.

② 보일러 보급수 펌프

보일러 보급수는 일반적으로 고온 고압이므로 휴젯트 펌프를 사용시, 보급수 펌프의 상태를 플로우 스위치로 감지하는 것은 바람직하지 못하다. 이때는 보일러 컨트롤 패널에서 이상 유무를 감시함이 바람직하다.

③ 스팀 압력측정

일반적으로 스팀 헤더의 압력 체크는 간단한 장치가 아니므로 반드시 도면상에 압력측정 범위를 명시해야 한다.

(다) 열교환기

① 차압 바이패스

2방 밸브 시스템시 배관계통이 안정성 및 밸브 및 펌프 보호목적으로 차압 바이패스 제어를 함이 이상적이며, 이때 설비와 바이패스 유량 및 차압을 검토해야 한다.

② 외기보상 제어

외기보상 제어시스템은 전자식 이상의 기기로서 제어해야 하며, 모든 열교환기에 적용되는 것이 아니고, ON/OFF 제어용 온수 라인에만 적용되어져야 한다.

(5) 사용설명서 작성

시운전 전까지 관리원 교육 및 운용을 위한 자료를 준비해야 한다.

① 기기 취급 요령서

② 고장수리 및 진단법

③ 사후 유지 관리지침서

4 자동제어 배관공사

1) 일반사항

자동제어 배관공사는 일반 전기공사와 마찬가지로 전기공사가 대상이며, 설계와 시공시 다음 규정에 따라야 한다.

① 내선규정

② 전기설비기술 기준

2) 금속관 배관공사

(1) 재 료

자동제어 배관공사는 강제 전선과 가요 전선관이 주로 사용된다. 강제 전선관은 후강 전선관과 박강 전선관이 사용되고 가요 전선관은 강재 전선관의 말단에 설치하며 타 공정의 간섭을 피하며 노출배관으로 시공한다. 강제 전선관 및 콘크리트 박스, 스위치 박스, 커플링, 엘보, 노멀밴드, 붓싱 등 주요재료는 전기용품 안전관리법의 적용을 받는다.

(2) 전선관 크기 선정

전선을 사용할 때는 완성 단면적이 같은 전선을 사용하고 표 5-1, 2에 의하여 전선관 크기를 선정한다. 그러나 관의 길이가 6m 이하로서 도중에 굴곡이 별로 심하지 않아 쉽게 전선을 끌어낼 수 있을 때는 동일 크기로 전선 완성품 단면적의 총합계가 관내 단면적의 40% 이하까지 사용할 수 있다. 크기가 다른 전선을 동일관 내에 넣었을 때는 표와 마찬가지로 완성품 단면적의 총합계가 관내 단면적의 32% 이하가 되도록 선정해야 한다. 일반적인 규격은 후강전선관 규격을 따른다.

표 5-1 강제 전선관(KSC8401) 개당 길이 : 3.6m

후강 전선관 : BC				박강 전선관 : AC			
규격(mm)	외경(mm)	내경(mm)	단면적(mm)	규격(mm)	외경(mm)	내경(mm)	단면적(mm)
16	21.0	16.4	211.2	15	15.9	13.5	143
22	26.5	21.9	376.7	19	19.1	15.9	198.4
28	33.3	28.3	629	25	25.4	22.2	387.1
36	41.9	36.9	1,069	31	31.8	28.6	642.4
42	47.8	42.8	1,439	39	38.1	34.9	950.1
54	59.6	54.0	2,290	51	50.8	47.6	1,780
70	75.2	69.6	3,805	63	63.5	59.5	2,781
82	87.9	82.3	5,320	75	76.2	72.2	4,094
92	100.7	93.7	6,894				
104	113.416	106.4	8,886				

표 5-2 가요 전선관(KS C B8422)

후강 전선관 : BC				박강 전선관 : AC			
규 격	외 경	내 경	단면적	규 격	외 경	내 경	단면적
13(T)	19.5	13.5	143	31	39.1	31.7	789
15(T)	21.5	15.8	196	39	47.0	38.1	1,140
19(T)	26.5	20.6	333	51	59.7	50.8	2,025
25(T)	32.0	25.4	506	63	73.5	63.5	3,165
				75	86.2	76.2	4,558

(3) 전선관 설치방법

① 전선관 배관시 행거 또는 클램프로 견고하게 고정해야 한다. 전선관의 지지간격은 2m 이내로 한다.

② 전선관의 절단은 파이프 절단기 또는 쇠톱으로 해야 하며, 절단면을 리머 등으로 다듬어 설치 한다.

③ 전선관의 구부림은 곡률반경이 내경의 6배 이상으로 하며 90° 이상의 굴곡은 1구간 내에서 3 군데 이상 설치하여서는 안 된다.

④ 전선관 배관의 직선구간은 30m 이상시 풀 박스 시공을 해야 하며 90° 이상의 굴곡이 3개소 이상시에도 풀 박스를 설치해야 한다.

⑤ 계장용 전선관과 강전 전선관의 이격거리는 150mm 이상으로 하고, 설비난방 배관과의 이격거리는 300mm 이상으로 하며, 전선관 배관의 주의온도는 60℃ 이하로 해야 한다.

⑥ 매입 배관 시 중량을 받는 지역에 설치 시 12mm 이상의 깊이로 시공하며, 중량을 받지 않는 지역은 6mm 이상으로 설치 시공한다.

⑦ 계장용 전선관과 강전 전선관 배관시공시 풀박스는 분리 시공해야 한다.

⑧ 전선관과 풀박스의 접속은 로크너트, 붓싱을 사용하여 견고히 접속한다.

(4) 박스류 설치

① 조명기구, 콘센트, 점멸기 등의 부착위치에는 설치장소에 적합한 아우트렛 박스, 콘크리트 박스, 스위치 박스 등을 설치해야 한다.

② 박스는 충분한 용량을 가지는 것을 선정해야 한다.

③ 아우트렛 박스에는 조명기구의 플랜지 등으로 감싸는 경우를 제외하고는 덮개를 부착해야 한다.

④ 일반용 박스 내에 설치할 수 있는 최대 전선수는 다음과 같다.

표 5-3 일반용 박스 내에 설치할 수 있는 최대 전선수

박스의 종류	박스의 크기			허용되는 최대 전선수				
	가로세로	깊이	체적 ㎤	1.6 (㎟)	2.0 (㎟)	5.5 (㎟)	8 (㎟)	14 (㎟)
일반용 얕은형	92	44	257	7	7	6	5	3
일반용 얕은형	102	44	412	12	11	10	8	5
중형 4각 깊은형	119	44	568	17	15	13	11	7
대형 4각 깊은형	102	54	511	15	13	12	10	6
	119	54	702	21	19	17	14	8
콘크리트용 8각	95	44	248	7	6	6	5	3
콘크리트용 8각	95	75	449	13	12	11	9	5
콘크리트용 8각	95	100	603	18	16	14	12	7
콘크리트용 중형 4각	102	44	403	12	11	9	8	4
콘크리트용 중형 4각	102	75	701	21	19	17	14	8
콘크리트용 중형 4각	102	100	941	68	25	23	19	11
콘크리트용 대형 4각	119	44	555	16	15	13	11	6
콘크리트용 대형 4각	119	75	965	29	26	23	19	11
콘크리트용 대형 4각	119	100	1,296	39	35	31	26	15

주) ① 박스 내에서 연결 없이 통과하는 전선은 1가닥으로 본다.
② 등기구의 리드선 등과 박스 내의 전선이 연결될 때에는 등기구의 등의 리드선은 전선 가닥수로 계산하지 아니한다.

3) 합성수지관 배관공사

합성수지관 공사로 오늘날 이루어지고 있는 것은 경질비닐전선관, 합성수지제 가요관, FP관 및 CD관 등이 있다. CD관은 직접 콘크리트 내에 매입해서 시설하는 경우를 제외하고, 전용 불연성 또는 자기소화성이 있는 난연성관이나 덕트 내에 넣어서 시설하는 경우로 한정된다.

합성수지관 공사는 중량물의 압력 또는 현저한 기계적 충격을 받는 장소는 피해야 한다.

(1) 재 료

금속관 공사와 동일하게 주요재료는 전기용품이다.

금속제박스 및 분진방폭형 플렉시블 피팅을 사용할 수 있다. 경질 비닐관은 두께 2mm 이상인 것을 사용한다. 단, 사용전압이 300V 이하로 전개된 장소 또는 점검 가능한 은폐장소에서 건조한 장소에 사람이 접촉할 우려가 없도록 시설하는 경우는 1.15mm 이상인 것을 사용한다.

(2) 전선관 크기 선정

전선관을 사용할 때는 완성 단면적이 같은 전선을 사용하고 표 5-4에 의하여 전선관 크기를 선정한다. 그러나 관의 길이가 6m 이하로 도중에 굴곡이 별로 심하지 않아 쉽게 전선을 끌어낼 수 있을 때는 동일 크기로 전선 완성품 단면적의 총합계가 관내 단면적의 40% 이하까지 사용할 수 있다. 크기가 다른 전선을 동일 관내에 넣었을 때는 표 5-4와 마찬가지로 완성품 단면적의 총합계가 관내 단면적의 32% 이하가 되도록 선정해야 한다.

표 5-4 (a) 경질비닐관 굵기의 선정표(일부분)

단 선 (mm)	연 선 (㎟)	전선수량 1	2	3	4	5	6	7	8	9	10
		전선관의 최소굵기(관의 호칭)									
1.6		16	16	16	16	16	22	22	28	28	28
2.0		16	16	16	16	22	22	28	28	28	28
2.6	5.5	16	16	16	22	28	28	28	28	36	36
3.2	8	16	22	22	28	36	36	36	36	36	42

표 5-4 (b) CD관 및 합성수지제 가요관의 굵기 선정표(일부분)

단 선 (mm)	연 선 (㎟)	전선수량 1	2	3	4	5	6	7	8	9	10
		전선관의 최소굵기(관의 호칭)									
1.6		14	14	14	14	16	16	22	22	22	22
2.0		14	14	14	16	22	22	22	22	22	28
2.6	5.5	14	16	16	22	22	22	28	28	28	
3.2	8	14	22	22	22	28	28	28			

(3) 합성수지관 설치방법

① 다음 여러 점을 고려한다.

- 온도변화에 따른 신축이 크다.
- 한랭시에 관이 파손되기 쉽다.(합성수지제 가요관에는 한랭지 시방인 것(-25℃로 표시)이 있다.
- 콘크리트, 모르타르 등에 대하여 융합성이 나쁘고 밀착성도 안 좋다. 따라서 밀접병행배관은 피한다.

② 관과 관, 관과 박스 등의 접속은 삽입깊이를 관외경의 1.2배(접착제 사용의 경우는 0.8배) 이상으로 견고하게 접속한다.

③ 콘크리트제 프리패브 건축 등으로 합성수지제 전선관 및 풀 박스를 건조한 장소에서 불연성 조영재로 견고하게 시설하는 경우는 관과 박스의 기계적 접속은 생략할 수 있다.

④ 합성수지제 가용관, CD관, 합성수지제 가요관 또는 CD관과 다른 관과의 접속은 커플 링 또는 박스 커넥터 등을 이용해서 접속한다. CD관은 접착제를 사용하지 않으므로 기계적인 접속법을 이용한다.

⑤ 관의 지지점 간격은 1.5m 이하로 하고 지지점은 관 끝, 관과 박스의 접속점 및 관의 접속점 근처(보통 0.3m 이내)의 장소로 한다.

⑥ 콘크리트 타설시 관이 상하거나 벽 안을 옆으로 가르는 배관이 지나치게 내려가지 않도록 가능한 한 철근을 따라 결속한다.

⑦ 관의 교차가 한군데로 집중되지 않도록 한다.
⑧ 콘크리트 타설 후 바닥면에서 올라와 있는 부분은 서포트류 등으로 보강해 둔다.
⑨ 가요관 및 CD관의 굴곡반경은 관내 경의 6배 이상을 표준으로 한다.

5 자동제어 배선공사

1) 일반사항

자동제어 배선 공사는 일반 전기공사와 마찬가지로 전기공사가 대상이며, 설계와 시공 시 다음 규정에 따라야 한다.

① 내선규정
② 전기설비 기술기준

2) 사용 자재

사용목적에 따라 600V 비닐전선, 제어용 비닐절연 비닐실드 케이블, 고주파 동축케이블, 마이크로폰용 실드 절연전선, 600V 비닐전선 트위스트선, 보상도선 등을 사용한다.

전원선, 신호선, 계측기배선 등 종류에 따라 적당한 배선재료를 선정하여 사용해야 한다. 그러나 제어계기에 따라서는 계기전용의 특수 케이블을 사용해야만 한다. 표 5-5와 표 5-6에 자동제어공사에 주로 사용되는 전선 및 케이블류의 종류와 용도를 표시하였다.

3) 전선의 종류 및 선정

배선공사는 전선에 전류가 흐르면서 열이 발생하므로 전선의 종류, 굵기 및 공사 방법 등에 따라 안전하게 사용할 수 있도록 시공해야 한다. 전선의 굵기를 선정함에 있어서 기계적 강도와 전압 강하가 충분한 경우에도 그 허용전류가 통할 수 없는 것은 사용할 수 없다.

또한 부하에 걸리는 전압은 전원 전압보다 낮다. 이것은 전류가 배선 중을 통하는 사이에 저항(Impedance)에 의하여 전압이 떨어지기 때문이다. 이 전압강하가 너무 크면 구동기의 작동이 원활하지 않으므로 전압강하를 계산해야 한다.

(1) 전선의 종류

전선의 종류는 그 사용 용도에 따라 여러 가지의 전선 중 사용목적에 따라 600V 비닐 전선, 제어용 비닐절연전선, 고주파 동축케이블, 마이크로폰 실드 절연전선, 600V 비닐전선, 트위스트선 등을 사용한다. 전선은 신호용 전선, 전원용 전선, 계측용 전선 등에 따라 적당한 전선을 선택하여 사용해야 한다.

표 5-5 전선 종류별 구분

전선 명칭	전선기호	동 력			제 어 신 호				
		DC 100V	AC 110V	3상 220V	DC		AC		
					48V이하	100V	48V이하	110	200V
600V 비닐전선	IV	0	0	0	0	0	0	0	0
제어용 케이블	CVV	0	0	0	0	0	0	0	0
제어용 실드케이블	CVVS	–	–	–	0	–	0	–	–
고주파 동축케이블	ECX	X	X	X	0	X	0	X	X
마이크로폰용 실드 절연전선	MVVS	X	X	X	0	X	X	X	X
600V 비닐전선 트위스트선	TIV	X	X	X	0	0	0	0	0

표 5-6 전선의 명칭 및 용도

	명 칭	규 격	용 도	비 고
IV	600V 비닐전선(KSC 3302)	1.0 1.2 1.6 2.0 1.25 ~ 14	일반계장용 신호배선용 동력배선용	
CVV CVVS	제어용 비닐절연 비닐 쉬스 케이블 (KSC 3330)	2.0×2C 3.5 5.5 8 14 ~ 2.0×6C 3.5 5.5 8 14	동력배선용 신호배선용 인터콤용	
ECX	고주파 동축 케이블(KS C 3610)	5C 2V 7C 2V (RG-58 A/U) (RG-62U)	습도측정용 전송용	
MVVS	마이크로폰용 실드 절연전선	0.9×2C	인터콤용	
TIV	600V 비닐전선 트위스트선	1.0×2C 1.0×3C	펄스전송용 신호배선용	
WCC WIC WCA WPR	보상도선 C-C(Copper-Constantan) I-C(Iron-Constantan) C-A(Chrome-Alumel) P-R(Pt-Rhodiwn)		열전대의 배선	

4) 자동제어용 전선의 종류

(1) AC 전원배선 및 DC 전원배선

계장기기 및 그 부속기기류를 구동시키는데 필요한 전기동력 배선으로서, AC전원은 24V, 100V, 220V DC 전원은 24V, 48V 등의 배선을 말한다.

(2) 아날로그 신호배선

각종 감지기 온도, 습도, 압력 등으로부터 각종 조절계, 지시계, 기록계 등에 전송되는 신호를 말하며 일반적으로 4~20mADC, 1~5VDC, 1~10VDC 등 전류신호, 전압신호, 또는 저항신호 값의 전송하는 배선을 말한다.

(3) 접점 신호배선

각종 스위치 종류로부터 2위치식 스위칭(Switching) 작용에 의한 기계적인 동작상태, 경보, 위치 등을 나타내는 배선으로서 위치, 특성에 따라 사용되는 전압이 AC, DC를 사용할 수 있다.

(4) 펄스 신호배선

유량계 등 측정하고자 하는 값을 적산하고자 할 때 사용하는 전선으로 발신기의 종류에 따라 주파수, 펄스 폭, 펄스 높이 등에 따라 여러 종류가 있으며 외부 노이즈 영향에 민감하므로 노이즈 대책을 세워 배선공사를 해야 한다.

5) 배선 시공방법

(1) 전선관내 배선공사

① 전원배선과 아날로그 신호배선은 동일 배관 내에 시공하면 안 된다.
② 배관 내에서는 어떠한 배선도 접속하면 안 된다.
③ 전선의 접속함으로써 전선의 전기저항을 증가시켜서는 안 된다.
④ 전선의 접속함으로써 전선의 강도를 20% 이상 감소시켜서는 안 된다.
⑤ 전선의 접속시에는 풀 박스에서 접속하고, 조인트선, 슬리브 커넥터를 이용하고, 접속 부위는 충분히 절연테이프를 감아 절연이 충분하도록 해야 한다.

(2) 케이블 트레이(Cable Tray) 배선공사

① 케이블 포설에는 정확한 지점 파악과 케이블의 적정한 제단작업을 할 수 있는 능력을 가진 자가 필수적으로 필요하며, 인입과 인출점이 확실히 나타낸 표식을 부착한다.
② 케이블 포설에 앞서서 전선관 끝에는 부싱(Bushing)을 설치 확인하고 벤딩(Bending) 부분이 많은 구간에는 분말로 된 활성재를 사용하여 포설한다.
③ 기름, 그리스, 파라핀 등은 케이블 피복에 화학작용을 일으킬 수 있으므로 사용을 금지해야 한다.

④ 접속함(Junction Box)까지의 포설은 함의 밑에서부터 인입하여 밑으로 인출되도록 포설한다.

(3) 통선과 접속

통선할 때(특히 매설배관에서)는 배관 내에 습기나 먼지가 침입하므로 반드시 청소할 필요가 있다. 관 내의 수분은 전선피복을 열화하고 절연도를 떨어뜨리는 원인이 된다. 또 전선의 접속은 박스 내에서 하고, 관 내에서는 절대로 접속점을 만들어서는 안 된다.

접속할 때는 다음의 조건을 갖추어야 한다.

① 접선함으로써 전선의 전기저항을 증가시키지 말 것.

② 접속함으로써 강도를 20%이상 감소시키지 말 것.

③ 전선의 단자로는 압착단자를 사용할 것.

④ 전선접속에는 조인트선, 슬리브, 커넥터 등을 사용하고, 직접접속이나 조인트 접속에는 충분히 테이프를 감아 절연이 충분하도록 할 것.

6) 기기설치공사

(1) 중앙관제장치

① 중앙관제장치

- 하드웨어 사양은 시방과 일치하고 검정품인가를 확인한다.
- 시스템 계통 화면상 감시점과 DDC에서 수집한 관제점 자료가 1:1로 맞춘다.
- 단계별 사용자 등급은 설정할 수 있는지 확인한다.

② 중앙관제장치(CCMS) 전원공사

- 중앙관제장치 전원은 주변기기(프린터, 모니터)를 포함 220V로 한다.
- 전원 콘센트는 컴퓨터용 멀티콘센트로 연결하여 테이블 후면에 고정한다.
- 전원은 DDC용과 중앙관제장치용을 구분하여 정격 NFB를 별도로 설치한다.
- 전원의 연결은 가급적 플러그 연결을 배제하고 견고하게 연결한다.
- 케이블 지지는 마운터(Mounter)를 사용하지 말고 합성수지 새들로 견고히 고정한다.
- UPS를 연결할 수 있는 전원 용량 확인

③ 패널설치

- 설치 및 부착은 기초 기준면의 수평 및 수직인 동시에 기준 측선으로부터 위치를 정확히 잡아 설치한다.
- 벽부형은 가대가공을 한 뒤 고착시킨다.
- 강전에 영향을 받지 않도록 MCC와 300mm 이상 거리를 둔다.
- 패널 밑면이 300mm 이상 1500mm에 설치한다.
- 전선관과 패널 접촉부위는 고무튜브로 패널면과 일치 고정되도록 연결점 부품을 사용한다.

- 패널의 문은 방수가 되도록 문턱을 만들어 물의 유입을 막는다.

④ DDC 패널 : 위치확인

- 패널 내부에 입·출력 포인트 및 노드 어드레스를 알 수 있는 I/O 포인트 리스트가 부착되어 있도록 한다.
- 케이블에 번호표가 부착되도록 한다.
- 케이블이 잘 정돈되어 있도록 한다.
- 패널 내부는 지저분하지 않도록 한다.
- 패널의 접지가 되도록 한다.

⑤ 인터컴

- KS제품 여부를 확인한다.
- 벽부형 인터컴 설치시 바닥에서 1.5m 높이에 설치한다.
- 잡음이 발생되지 않도록 전원 및 동력선과 이격거리를 충분히 유지한다.
- 인터컴 단자대는 중앙감시용 책상 안쪽 측면에 설치한다.
- 케이블 지지는 합성수지 새들로 견고히 고정한다.

⑥ 시운전

- 운영 시나리오를 확인하도록 한다.
- 데이터 오차 등 개별 관제점에 대한 점검을 한다.
- 각 장비의 세팅 포인트(Setting Point)는 정상인지 확인한다.
- 프로그램 논리(Program Logic)가 정상인지 확인한다.
- 그래픽은 도면 및 관제점과 일치하는지 확인한다.
- PC 프로그램은 이해하고 작업한다.
- ON/OFF 및 상태 감시가 가능하도록 한다.
- 알람 상태는 정상인지 확인한다.
- 각 기기(Field)류의 전압이 정상인지를 확인한다.
- 접지를 확인한다.
- 데이터 전송속도는 시방대로 전송되는가를 확인한다.

(2) 실내용 온도 및 습도 검출기

① 바닥면으로부터 1.5m 높이에 설치한다.

② 벽을 등지고 문과 창으로부터 이격한다.

③ 측벽에서 떨어져 공기 순환이 잘되는 적절한 위치에 설치한다.

④ 열원이나 직사광선을 피하고 히팅 파이프 위나 벽면 또는 다른 비정상적인 열원으로부터 멀리 하여 설치한다.

(3) 덕트용 온도 검출기

① 준비된 액세서리를 이용하여 덕트에 견고히 고정 부착한다.

② 덕트의 엘보나 리듀서로부터 최소 덕트 직경의 1/2D 떨어진 직선 덕트상에 설치한다.

(4) 배관용 온도 검출기

① 센서 설치는 배관에 측온체 삽입이 양호하게 설치한다.

② 엘보 부분에 설치시 유체의 흐름방향과 반대가 되도록 설치한다.

③ 직관 부분에 설치시 유체 흐름의 반대방향으로 경사지게 설치한다.

④ 열원기기 또는 밸브로부터 최소 이격거리를 유지하여 설치한다.

(5) 덕트용 습도 검출기

① 덕트의 엘보나 리듀서로부터 최소 덕트 직경의 1/2D 직선 덕트상에 설치한다.

② 센싱 엘리먼트 전체가 덕트 안에 완전히 삽입되었고, 고정 플랜지로 고정한다.

(6) 배관용 압력 검출기

① 센싱 헤드의 최대 온도를 주의하여 설치한다.

② 상류측은 배관 직경의 3D 이상이 될 수 있고, 하류측은 2D 이상이 될 수 있는 직관부위에 설치한다.

(7) 공기용 정압 검출기

① 수평으로 설치한다.

② 도입관을 짧게 한다.

③ 측정용 팁은 덕트 폭의 1/4 지점까지 삽입한다.

④ 팁 설치위치는 상류측 덕트직경 2D 이상, 하류측은 1D 이상 직선 덕트상에 설치한다.

(8) 차압 스위치

① 진동이 없는 곳에 설치한다.

② 수평으로 브래킷을 설치한다.

③ 최대 설치압력이 500mmAq 이하인 것을 사용한다.

④ 정압 측정용 팁을 사용하여 설치한다.

(9) 공기유동 스위치

① 진동이 없는 곳에 설치한다.

② 팬의 정압을 체크하여 적정 압력 스위치를 설정하여 취부한다.

③ 팁의 설치시 상하류 측 각각 1D 이상의 직선 덕트상에 설치한다.

④ 도압관을 공기흐름 방향과 반대로 설치한다.

(10) 댐퍼 구동기

① 공조기 또는 덕트 등의 보강재 위에 견고히 취부한다.
② 환봉의 길이가 50cm 이상일 경우 스테인리스 봉을 사용한다.

(11) 유량계

① 계기의 외관상 손상이 되지 않도록 한다.
② 플로우(flow) 방향이 정확하게 한다.
③ 보수점검 공간을 확보한다.
④ 설치시 제작사의 설치방법 안내에 따라 시행한다.
⑤ 직사광선이나 비, 바람의 영향을 직접 받지 않는 장소에 설치한다.
⑥ 수평배관 설치시 공기 배출구를 설치한다.
⑦ 모터나 변압기로부터 충분히 이격시킨다.
⑧ 전원선이 정확히 연결한다.

(12) 밸브

① 사용유체 온도에 적합하게 한다.
② 설비 용량에 의한 정확한 규격을 산정한다.
③ 내압 16kg/㎠ 이상의 것을 사용한다.
④ 밸브 조작기는 수직으로 설치한다.
⑤ 부득이하게 경사지게 설치할 때에는 전동모터의 축은 수평이 되게 설치한다.
⑥ 조작기는 작동에 필요한 충분한 토크 혹은 출력을 가져야 한다.
⑦ 전자밸브의 코일 부분은 교환이 가능한 구조로 한다.
⑧ 전자밸브 앞부분에 스트레이너를 설치한다.
⑨ 차단밸브는 관로에 수격현상을 일으키지 않는 것으로 선정해야 한다.
⑩ 밸브의 유체 특성을 조작기에서 대등비율 혹은 직선비율을 선택할 수 있도록 한다.
⑪ 조작기 부분이 젖지 않도록 분리 가능한 커버를 설치한다.
⑫ 주위에 점검 및 조작기 교체 등에 필요한 공간을 확보한다.

Chapter 06 가스설비공사

1 도시가스 공급

1) 일반사항

① "배관"이라 함은 본관, 공급관 및 내관을 말한다.

② "본관"이라 함은 도시 가스 제조 사업소(액화 천연 갓의 인수기지를 포함한다)의 부지 경계에서 정압기까지에 이르는 배관을 말한다.

③ "공급관"이라 함은 다음 각 목의 것을 말한다.

- 공동주택, 오피스텔, 콘도미니엄 그밖에 안전관리를 위하여 산자부 장관이 필요하다고 인정하여 정하는 건축물(이하 "공동주택 등"이라 한다)에 가스를 공급하는 경우에는 정압기에서 가스 사용자가 구분하여 수유하거나 점유하는 건축물의 외벽에 설치하는 계량기의 진단 밸브(계량기가 건축물의 내부에 설치된 경우에는 건축물의 외벽)까지에 이르는 배관
- 공동주택 이외의 건축물 등에 가스를 공급하는 경우에는 정압기에서 가스 사업자의 가스공급시설이나 대량 수요자의 가스 사용시설까지에 이르는 배관
- 가스 도매사업의 경우에는 정압기에서 일반 도시가스 사업자의 가스공급시설이나 대량 수요자의 가스 사용시설까지에 이르는 배관

④ "사용자 공급관"이라 함은 (3)호 ①의 규정에 의한 공급관 중 가스사용자가 소유하거나 점유하고 있는 토지의 경계에서 가스 사용자가 구분하여 소요하거나 점유하는 건축물의 외벽에 설치된 계량기의 전단밸브(계량기가 건축물의 내부에 설치된 경우에는 그 건축물의 외벽)까지에 이르는 배관을 말한다.

⑤ "내관"이라 함은 가스사용자가 소유하거나 점유하고 있는 토지의 경계(공동주택 등으로서 가스 사용자가 구분하여 소유하거나 점유하는 건축물의 외벽에 계량기가 설치된 경우에는 그 계량기의 전단 밸브, 계량기가 건축물의 내부에 설치된 경우에는 건축물의 외벽)에서 연소기까지에 이르는 배관을 말한다.

2) 공급압력

가스공급방식은 압력에 따라 분류되며, 고압 · 중압 · 저압을 각 수송방식에 병용하는 것이 보통인데, 수용가로의 공급은 중앙 또는 저압으로 공급되고 고압은 먼 곳의 수송용으로 이용되고 있다. 다음 표 6-1은 각 공급방식의 특징과 압력을 나타낸 것이다.

표 6-1 가스공급방식의 비교

가스공급방식	공급압력	특징
저압공급방식	1.0kg/cm^2 미만	홀더 압력을 이용해서 저압 배관만으로 공급하므로 공급계통이 간단하고 공급구역이 좁으며 공급량이 적은 경우에 적합하다. 홀더 압력과 수요가의 압력차가 100~200mmAq 정도로 공급가스량이 많은 경우, 큰 관의 저압 본관이 필요하다.
중압공급방식	1.0~10kg/cm^2 미만	공장에서 중압으로 송출하여 정압기에 의해 저압으로 정압시켜 수요가에 공급하는 방식으로 가스 공급량이 많거나 공급구역이 넓어 저압공급으로는 배관비가 많아지는 경우 채택된다. 이 방식에는 저압공급과 병용하는 경우가 있으며 공급의 안전성이 높다.
고압공급방식	10kg/cm^2 이상	공장에서 고압으로 보내서 고압 및 중압의 공급배관과 저압의 공급용 지관을 조합하여 공급하는 방식을 말한다. 이 방식은 공장에서의 수송능력의 크기 때문에 먼 곳에 많은 양의 가스를 공급하는 경우 채용한다.

3) 도시가스 공급 계통

(1) 도시가스 공급지구 : 관할 도시가스 사업자 공급

공급압력	70kg/cm^3 이내	2~10kg/cm^2	250~180mmAq	
	(고압관로) 한국가스공사	(중앙관로) 가스사업자	(저압관로) 시공자–사용자	사용자
공사비부담	수송관로	(시설부담금) 단지와 간선	(가스공사비) 단지 내 간선 가정관	(설치비 개별부담)

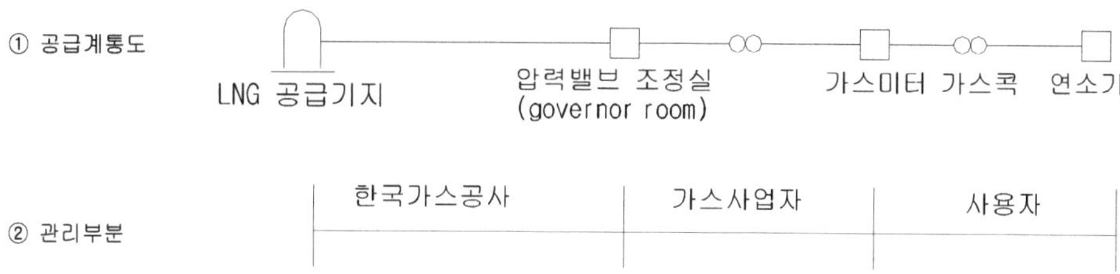

(2) 도시가스 미공급지구 : 단지 내 LPG 집단공급시설 설치 공급

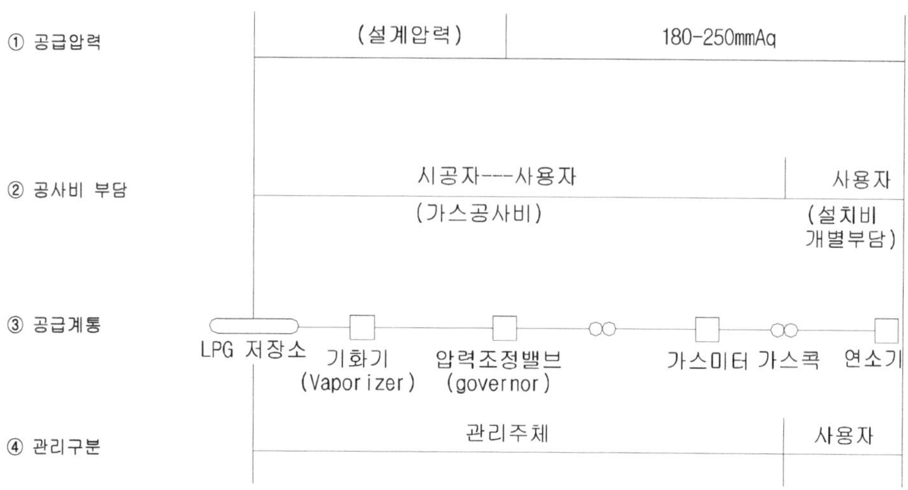

(3) LPG와 LNG 주요성분 비교

구 분	LNG	LPG
총 발열량	10,500 kcal/m^3	15,000 kcal/m^3
비 중	0.625	1.33
연소속도	39~40cm/sec	44.6cm/sec
폭발 범위	4.8%~14.5%	3.2%~14.7%
가스 그룹	13A	13A
조 성	CH_4 : 88.9% C_2H_6 : 8.9% C_3H_8 : 1.3% 기타 : 0.9%	C_3H_8 : 61.6% N_2 : 30.2% C_4H_{10} : 8.2%

2 가스 배관 공사

1) 가스 기술검토

기술검토는 가스시설을 설치하거나 이전 또는 변경하는 경우에 당해 시설이 관련 법령에서 규정하고 있는 시설 및 기술기준에 적합하게 계획·설계되었는지 여부를 사전에 검토하는 것을 말하며, 기술검토서에는 시설의 설치계획, 시설 및 기술기준에 관한 설명서, 도면 등을 첨부하여 제출하여야 하며, 한국가스안전공사에서는 기술검토 결과 각 법령별 시설 및 기술기준에 적합성 여부를 검토하여 안전성이 확보됨을 인정하는 것이다.

(1) 기술검토 처리 기간

기술검토 처리기간은 다음과 같이 각 법령별, 시설별로 다르며, 한국가스안전공사에서는 신청인의 편의를 도모하고자 가능한 빠른 시일 내에 처리하고 있다.

① 도시가스공급시설(제조소, 정압기(지), 배관) 및 특정 가스 사용 시설 : 5일

② 액화석유가스시설 : 7일

③ 고압가스시설

- 안전성향상계획서(SMS 대상이 되는 고압가스특정제조시설) : 30일
- 고압가스특정제조 : 20일
- 고압가스일반제조 : 15일
- 냉동제조 : 10일
- 고압가스저장소설치 : 10일
- 고압가스판매 : 7일
- 용기·냉동기·특정설비제조 : 7일

-전문검사기관 : 7일

2) 공사준비

(1) 시공 상세도면

시공 상세도면을 관의 크기, 설치위치, 설치높이, 수평배관의 구배, 벽과 바닥 통과부분, 타 공사와의 복합부위 등 필요한 모든 내용이 담긴 축척된 아래의 시공도를 작성한다.

① 세대내 슬리브 및 배관도

② 입상관 및 분기배관도

③ 동주변 배관도

④ 단지 배관도

⑤ 동 메인 및 단지 메인밸브 상세도

(2) 공정표

공정표는 PERT/CPM공정표(건축, 기계, 토목 등 관련공사 참조)를 작성해야 하며 공종 상호간 선행작업, 동시작업, 완료 후 작업이 구분될 수 있도록 작성하고, 주요 공종인 옥내 · 외 배관공사에 대해서는 중간관리일을 명시하여 공사진행에 차질이 없도록 한다.

(3) 공사 준비

① 시공에 앞서 도면 및 시방서를 검토하고 인원, 설비, 공구장비를 확인하여 공사진행에 차질이 없도록 한다.

② 배관시공 또는 세부사항까지 검토하여 시공상 불합리한 개소의 수정이 필요한 때에는 발주자의 승인을 받아야 한다.

③ 시공에 앞서 지하매설물 파악, 현장조사, 해당 관할관청 인·허가 여부 등 시공에 필요한 사항을 충분히 확인하여 시공에 차질이 없도록 준비한다.

3) 사용자재

(1) 직관재료

① 매설부분 : PE 파이프(KS M 3514)-저압관/ PLP 파이프(KS D 3589)-중저압관

② 노출부분 : 연료용 가스 강관(KS D 3631)

(2) 관 이음쇠

① 이경관 및 관 이음쇠의 재질은 배관의 재질과 부합된 것일 것.

② 50A 이상 : KS B 1522(일반 배관용 강제 맞대기 용접식 관이음쇠)
KS B 1541(특수 배관용 강제 맞대기 용접식 관이음쇠)

③ 50A 이하 : 저압은 KS B 1531(나사식 가단 주철제 관이음쇠)
KS B 1533(나사식 강관제 관이음쇠)
중압은 KS B 1542(특수 배관용 강제 삽입 용접식 관이음쇠)
고압(전체)은 단조용 부속(600LB) 이상 사용

(3) 볼 밸브(Ball Valve)

① 규 격 : KS B 2308(10kg/㎠ 볼 밸브 또는 동등 이상 제품)
50A 이상 : 플랜지식
50A 이하 : 나사식(입상관의 밸브는 분리 가능 구조)

② 가스메타 등 연결 부분이 나사 접합인 경우, 규격에 관계없이 나사식 밸브를 사용

③ 볼은 개폐시 내마모성이 좋은 재질

④ 볼은 유체의 압력에 의하여 개폐되어서는 아니 될 것

⑤ 밸브는 핸들 끝에서 최대 30kg 이하의 힘으로 90° 회전으로 완전히 개폐될 것

⑥ 몸통에는 가스의 흐름방향, 호칭지름, 개폐 방향을 표시

(4) 플랜지

① KS B 1503(10kg/cm^2 철강제 판 플랜지), KS D 1503 - 1985(20kg/cm^2)

② 보통형 플랜지로서 압력에 적합한 것

(5) 볼트 : KS B 1002 (6각 볼트)

(6) 너트 : KS B 1012 (6각 볼트) 이상

(7) 패킹

석면시트(Asbestos Gasket)의 재질은 두께 1.6mm 이상

4) 가스배관공사

(1) 일반사항

① 밸브 가스메타 등 부속기기의 접합부를 제외한 중압, 저압관의 32A 이상은 용접 접합.

② 중압배관 용접부의 모든 부위에 γ-Ray 검사. 단, 저압관은 지하매설구간 80A 이상 γ-Ray 검사

③ 중압의 80A 이상은 가스배관용 이음쇠를 사용하여 용접접합

④ 계기배관, 파이롯트 배관 등 보조배관부의 접합은 플랜지접합 또는 용접용 고압관 이음쇠를 사용한 용접 접합.

⑤ 플랜지접합, 나사접합은 가능한 한 최소화하여야 하며 부득이한 경우에는 휴대용 검지기로 점검이 가능한 위치로 할 것.

⑥ 플랜지, 나사접합은 환기가 양호한 곳에 설치하고, 응력이 집중적으로 걸리는 곳에 설치하지 않는다.

(2) 자재관리

① 자재의 품질, 기능을 손상하지 않도록 자재구분이 용이하게 하고, 자재 중 인화성이 있는 도료, 유류 등의 재료는 방화상 안전한 구조로 된 장소에 보관하며, 화재예방 및 기타 안전표시판 부착과 소화기 비치 등의 예방대책을 수립 시행해야 한다.

② 공사장 내에서 발생하는 각종 발생품 및 설계도서에서 공제하지 않는 자재의 발생품 등은 감독자가 지정하는 장소에 정리 보관하고 불필요하다고 인정될 경우 즉시 장외로 반출한다.

③ 폴리에틸렌관은 관 표면이 손상되지 않도록 운반 및 적재시 조심스럽게 다루어야 하며, 무리한 높이의 적재는 피하고, 낙하물에 의한 손상 위험이 없는지 주위를 면밀히 확인해야 하며, 오일 및 기름, 열원(40℃ 이상) 등이 보관 장소에 없도록 반드시 확인해야 한다.

④ 폴리에틸렌관은 일광에 약하므로 장시간 직사광선에 노출되지 않도록 천막이나 차광막을 덮어 보관하며, 관 내에 물이나 이물질이 들어가지 않도록 캡을 씌운다.

⑤ 손상된 자재는 설치할 수 없으며 새것으로 교체해야 한다.

⑥ 가스용 자재 및 기기는 깨끗하고 건조한 장소에 보관해야 하며 기후, 먼지, 물, 건축 폐기물 및 물리적인 손상으로부터 보호해야 한다.

⑦ 폴리에틸렌관을 장시간 보관시에는 가대를 1m간격 이하로 관의 하단부에 놓고 그 사이에 모래를 깔아 수평이 되도록 한 후에 적재하여 보관한다.

⑧ 기타 관류는 적재틀을 사용하여 규격별로 분리 보관하되 흑강관 및 철재류는 반입 즉시 방청 도장한다.

(3) 노출배관

① 배관은 시공에 앞서 다른 설비 배관 및 기기와의 관련 사항을 상세히 검토한 후, 배관의 구배와 최소 간격 등을 고려하여 정확히 위치를 결정한 후 시행한다.

② 콘크리트 바닥 및 벽체를 관통하는 배관부분에는 콘크리트를 타설하기 전에 충분한 강도를 지닌 슬리브를 설치한다.

③ 상관은 환기가 양호하고 화기 사용 장소가 아닌 곳에 설치해야 한다.

④ 건축물의 벽을 관통하는 부분의 배관에는 보호관 및 부식방지 피복을 한다.

⑤ 건축물 내의 배관은 외부에 노출하여 시공한다. 그러나 부득이 매설 배관을 해야 할 경우에는 동관, 스테인리스관, 기타 내식성 재료로서 이음매가 없도록 설치해야 하며, 보호관으로 보호해야 한다.

⑥ 배관은 천장 및 공동구 등 환기가 잘 되지 않는 장소에는 설치하지 않는다.

⑦ 배관 이음부와의 이격거리(용접이음부는 제외)

- 전기계량기, 전기개폐기 : 60cm 이상
- 굴뚝(단열조치를 아니한 경우) : 30cm 이상
- 전기점멸기 및 전기접속기 : 30cm 이상
- 절연조치를 하지 않은 전선 : 15cm 이상

⑧ 배관에 나쁜 영향을 미칠 정도의 신축이 생길 우려가 있는 부분(노출배관 길이가 50m를 넘는 경우 등)에는 그 신축을 흡수할 수 있는 조치를 한다.

⑨ 전기적 부식의 우려가 있는 장소에 설치하는 배관에는 전기 부식을 방지하기 위한 조치를 한다.

⑩ 배관과 다른 시설물과의 사이에는 그 배관의 보수, 관리에 필요한 간격이 확보되어야 한다.

⑪ 내화구조 등의 구획 및 방화벽을 관통하는 관은 그 틈새를 불연성 재료로 채운다.

⑫ 입상배관 중 건축물 외벽에 노출된 배관은 건축물과 동일색상으로 하고, 바닥으로부터(2층 이상 건물의 경우에는 각 층의 바닥을 말한다) 1m의 높이에 폭 3cm의 황색 띠를 2중으로 표시해야 하며, 지워지거나 훼손되지 않는 도료, 스티커, 테이프 등을 사용해야 한다.

⑬ 입상배관의 주 밸브 전후에는 유지관리 등 밸브의 보수 및 교체가 용이하도록 플랜지를 설치해야 하며, 설치높이는 바닥에서 1.6m 이상, 2m 이하로 한다.

⑭ 세대 내부 가스배관 관경은 20mm로 한다.

⑮ 기타

- 입상관 상하부는 점검 및 가스 퍼지가 가능하도록 캡 또는 플러그로 설치한다.
- 세대 내 퓨즈콕은 배관에 별도의 부속을 사용하지 않도록 20A×8 규격의 제품을 설치한다.
- 지하에서 지상으로 노출되는 배관은 입상배관 주 밸브 하단까지 폴리에틸렌 라이닝강관으로 시공한다.
- 배관은 움직이지 않게 건물 벽에 고정시켜 설치하고 노출배관의 지지는 배관의 지지 방법에 따를 것.
- 배관은 기둥 대들보 등과는 평행하게 설치해야 하며 미관을 해치지 않도록 하되 점검이 용이한 곳에서 설치할 것.
- 입상관에 외부의 충격으로부터 방호가 필요하며 보호관을 설치할 경우 보호관 크기는 배관의 2단계 높은 것으로 그 길이는 지하 300mm, 지상 1,000mm 이내로 설치하되 상단부는 방수 조치할 것.
- 보호관(슬리브 포함)은 반드시 절단 가공되지 않은 수도용 아연도 강관으로 할 것.
- 수직배관은 3m 간격 또는 각층마다 지지할 것
- 수평배관의 지지간격은 다음과 같다.

ϕ32 이하 2M		ϕ40 이상 3M 이내	
관경	지지간격	관경	지지간격
20A	2M	80A	3M
25A	2M	100A	3M
32A	3M	150A	3M
40A	3M	200A	3M
50A	3M	250A	3M
65A	3M	300A	3M

- U볼트는 테프론, 고무 등의 절연재료를 부착한 것으로 할 것.
- 배관의 양끝 지지점은 가능한 한 관의 말단 가까이에 설치하되 용접부관 이음쇠에 설치하지 않는다.
- 밸브 및 수직관은 집중하중이 있는 근처에 지지점을 설정할 것.
- 수직배관이 끝나는 곳에서 50cm 이내의 수평배관에는 반드시 지지점을 설정할 것.

(4) 입상배관의 신축흡수

① 도시가스안전관리기준 통합고시 제2장 제15절 『배관의 신축흡수』 기준

② 입상관에 작용하는 열변위 합성응력을 별도 계산하지 않는 경우에는 다음 각 목의 방법으로 설치한다.

- 분기관은 1회 이상의 굴곡(90° 엘보 1개 이상)이 반드시 있어야 하며, 외벽(베란다 또는 창문 포함) 관통시 사용하는 보호관의 내경은 분기관 외경의 1.2배 이상으로 할 것
- 노출되는 배관의 연장이 10층 이하로 설치되는 경우 분기관의 길이를 50cm 이상으로 할 것
- 노출되는 배관의 연장이 11층 이상 20층 이하로 설치되는 경우 분기관의 길이를 50cm 이상으로 하고, 곡관은 1개 이상 설치할 것
- 노출되는 배관의 연장이 21층 이상 30층 이하로 설치되는 경우 분기관의 길이를 50cm 이상으로 하고, 곡관은 2개 이상 설치할 것

③ 분기관이 2회 이상의 굴곡 (90° 엘보 2개 이상)이 있고 건축물 외벽 관통시 사용하는 보호관의 내경을 분기관 외경의 1.5배 이상으로 할 경우에는 제2호의 나목 내지 라목의 규정에도 불구하고 분기관의 길이를 제한하지 않는다.

④ 곡관 3개를 설치할 경우 건축물의 하부로부터 4분의 1, 4분의 2 및 4분의 3의 지점

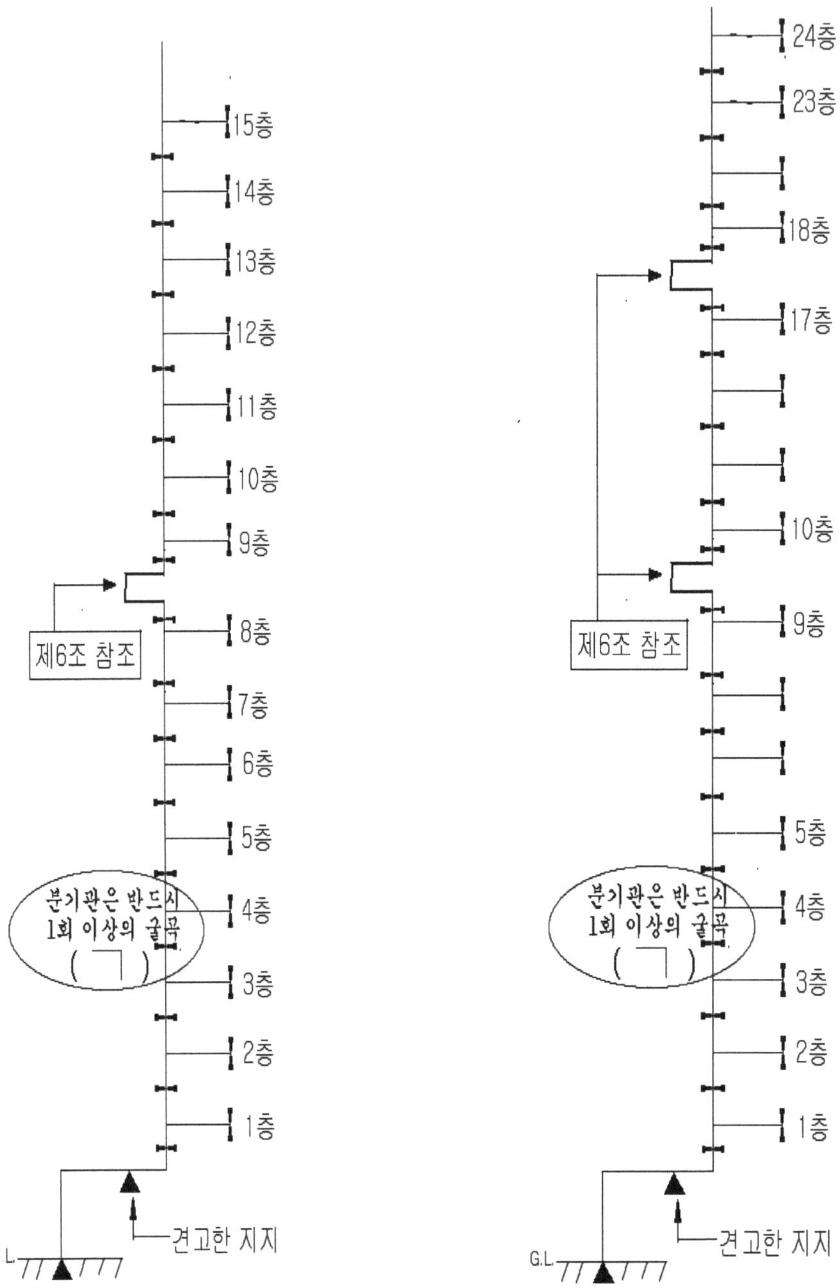

(a) 곡관 1개 설치(15층)　　(b) 곡관 2개 설치(24층)

그림 6-1 ▸ 곡관의 설치 위치의 예

⑤ 신축흡수용 곡관의 수평방향 길이(L)는 입상관 호칭지름의 6배 이상으로 하고, 수직방향 길이(L′)는 수평방향 길이의 1/2 이상으로 한다. 이때 엘보의 길이는 포함하지 않는다.

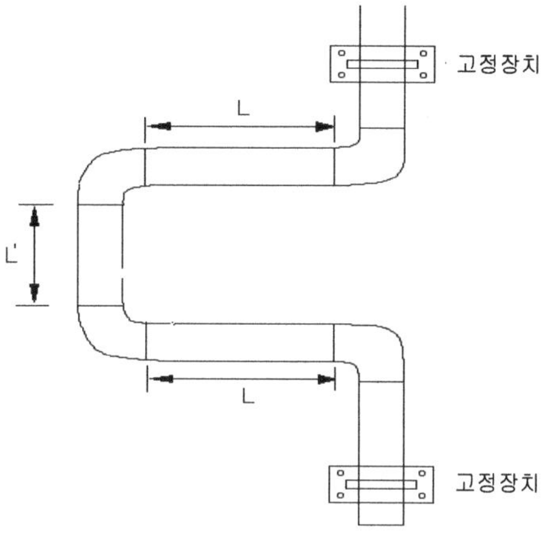

그림 6-2 ▸ 곡관의 규격

⑥ 입상관의 고정

- 입상관에 대한 고정장치는 도시가스사업법 시행규칙 별표6 제8호 가목(14)(나)의 규정을 따르되, Guide Type의 고정장치로 설치하고 그 외의 설치방법은 설계자의 시방서에 따른다.
  ※ 가이트 타입(Guide Type) : U볼트 등을 사용하여 입상관의 길이방향(Y방향)으로 신축이 가능하도록 지지하는 형태
- 입상관 하부에는 90° 엘보를 이용한 1회의 굴곡이 있어야 하며, 입상관의 자하중(自荷重)을 지지하도록 굴곡부 가로방향(수평부)의 배관에 대해서 견고히 지지한다.

(5) 매설배관

① 매설심도

- 배관의 매설깊이는 지면으로부터 도로 : 1.2m, 단지 : 0.6m 이상으로 한다.
- 배관의 매설 심도가 장애물 등으로 인하여 상부 횡단시 1.2m 이내가 될 경우 관 보호를 위한 케이싱 콘크리트 방호 등 적절한 보호조치를 취할 것.
- 지하매설시 상 · 하수도, 기타 매설관리의 이격거리는 평행시 30cm 이상
- 부동침하가 염려되는 곳은 모래를 채우거나 샌드백 등을 받쳐서 관을 부설하여야 하며 이때 관 2m당 1개소 이상을 받쳐서 하중이 집중되지 않도록 하고 이음부에는 과다하중 및 충격을 흡수할 수 있도록 부설할 것.
- 고압케이블 등과는 우회거리 1m 이상을 이격토록하고 방식 및 관 보호를 위한 케이싱 콘크리트 방호 또는 적절한 보호조치를 취할 것.

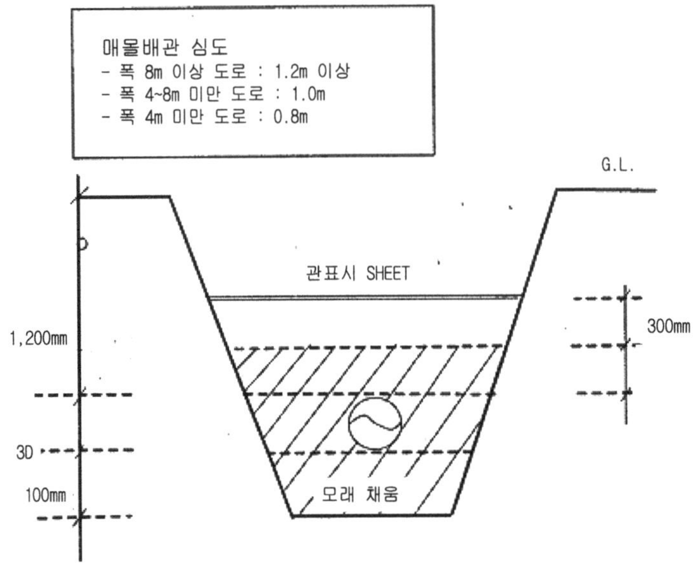

※ 폭 8m 이상 도로 기준일 때

- 관, 밸브 등의 설치시에는 손상을 입거나 물, 흙, 모래 등이 유입되지 않도록 유의하여야 하며 관의 도복장이 손상되었을 경우에는 반드시 방식 테이프 등으로 보수를 하여 배관할 것.
- 매설관리에는 도시가스 배관을 매설하였다는 사실이 나타나도록 규격의 보호표를 규정에 의하여 설치할 것.
- 지하에서 지상으로 노출되는 입상관은 지면에서 50cm 이상까지 PLP관을 사용한다.
- 배관의 온도변화 및 매몰된 배관 부위의 지반침하에 의한 배관의 수축 또는 변형을 흡수할 수 있도록 아래와 같은 장소에는 신축 흡수장치(Swivel joint)를 해야 한다.
  · 주지관에서 입상관 분기시
  · 기타 감독자 및 한국가스안전공사에서 필요하다고 인정하는 곳
- 매설하는 배관의 외경에 10cm를 더한 폭 이상의 보호포를 배관의 상단부로부터 40cm 이상 떨어진 직상부에 설치한다.
- 배관이 매립되는 부위는 바닥다짐을 한 후 관 하단 10cm, 관 상단 20cm 이상까지 배관 보호를 위한 모래 부설을 그림 6-2와 같이 하여 파손을 방지해야 한다.
- 도로매설 배관은 지면에서 배관의 매설위치를 확인할 수 있도록 배관길이 50m마다 1개 이상 라인마크를 설치하되, 주요 분기점, 구부러진 지점 및 그 주위 50m 이내에 설치한다.
- 배관을 매설할 때에는 부식 및 변형을 방지할 수 있는 충분한 조치를 취해야 한다. 되메우기 전 피복부 손상 여부를 확인하고 피복부가 손상된 폴리에틸렌 라이닝강관(PLP관)은 재사용하면 안 된다.
- 주 관로 배관이 구조물 등으로 인하여 우회가 불가피할 경우는 루프(loop)배관으로 시공한다.

그림 6-3 ▸ 모래부설

- 지하에 매설된 가스용 폴리에틸렌관 접합 전에는 접합부를 접합전용 스크레이퍼 등을 사용하여 다듬질해야 하며, 관의 직경이 상이할 경우의 접합은 관 이음쇠를 사용하여 접합해야 한다.
- 가스용 폴리에틸렌관의 매설 위치를 지상에서 탐지할 수 있도록 로케이팅 와이어(Locating Wire)를 설치해야 한다.
- 매설 배관의 설치시 배관의 기울기는 도로 등의 기울기를 따르고 평탄한 경우 1/500~1/1,000 정도의 구배로 시공하되, LNG 배관의 경우는 주 밸브가 있는 곳으로 하향 구배로 시공을 하여 시공 중에 유입된 수분을 밸브 주위의 드레인 밸브로 제거할 수 있도록 낮게 시공해야 한다.

② 수취기 설치

- 물이 체류할 우려가 있는 곳과 각 동별 말단에는 하향 구배를 주어 수취기를 설치한다. 단, 천연가스(LNG) 공급지역은 수취기를 설치하지 아니하고 동 주밸브가 있는 곳으로 하향 구배 시공한다.
- 물이 고이는 수취기 하부에는 지반침하를 방지하기 위하여 잡석과 콘크리트 등의 받침 지지대를 견고하게 설치한다.
- 설계도서에 명시된 개소 이외에 수취기를 추가 설치할 경우는 그 사유 및 위치, 기술검토 승인 여부 등을 검토한 후 조치해야 한다.
- 수취기 입관에는 밸브 및 플러그를 설치한다.
- 수취기 박스 및 뚜껑에는 잠금장치를 설치한다.

(6) 용접접합

① 용접방법은 아르곤 용접 방법으로 모재를 보호할 것.

② 맞대기 용접을 원칙으로 하며 용접봉은 규격품을 사용할 것.

③ 용접봉은 용접 층수 1에서 KS E 4316 2.0mm, 용접 층수 2,3에서는 KS E 4301 3.2mm를 사용할 것.

④ 용접시 관의 용접간격은 관경이 50~200A까지는 1.5~2.5mm를 300A 이상에서는 2.8~3.5mm를 유지할 것.

⑤ 절단작업은 기계절단을 원칙으로 한다.

⑥ BEVELING 작업은 기계작업으로 절단면을 깨끗하게 다듬질할 것.

⑦ 용접 전 용접표면의 녹, 기름, 페인트 등 유해한 것을 깨끗이 제거

⑧ 용접시 배관 끝부분은 무리한 힘을 가하지 않고 용접 후 잔류 응력이 생기지 아니하도록 할 것.

⑨ 배관의 진원도 등이 어긋날 경우가 있으므로 적절한 클램프나 지그 등을 사용하여 용접부위의 어긋남이 없도록 할 것.

⑩ 기포나 균열이 생기지 않도록 하고 만일 기포나 균열이 생겼을 경우 그 부위를 가우징하여 완전히 제거하고 재 용접할 것.

⑪ 가접할 길이 가접수 4개소로 하고 가접길이는 20mm 이상으로 한다.

⑫ 가접은 반드시 본 용접공이 행하여야 하며 가접장소는 관의 최상부 및 최하부는 기피할 것.

⑬ 기포가 발생하지 아니하도록 표면을 깨끗이 청소할 것.

⑭ 비, 눈, 강풍 등 옥외 용접에 지장을 초래할 우려가 있는 날씨에는 용접작업을 하지 아니할 것. 다만 별도의 방호시설을 갖춘 경우는 감독의 지시에 따라 누전 등 감전의 위험이 없도록 할 것.

⑮ 이음매가 있는 강관과의 용접은 이음매 사이가 관두께의 5배 이상의 되도록 용접할 것.

⑯ 다층 용접시에는 각층마다 슬래그를 완전히 제거한 후 다음 층의 용접을 할 것.

⑰ 두께가 다른 관과의 용접은 두께가 4배의 구배로 하여 두꺼운 관의 내면을 그라인더로 절삭한 후 용접할 것.

(7) 가스용 폴리에틸렌(PE)관 시공

① 배관시공

- 비올 때는 시공을 피하고, 부득이 시공을 해야만 할 때는 천막이나 기타 보호장비를 갖춘 후, 수분을 제거하고 융착 조건에 맞게 시공해야 한다.
- 폴리에틸렌(PE)관의 지하매설 후 지상 노출배관(PLP)과의 연결부에 절연부속(T/F : Transition Fitting)을 사용하여 수직으로 설치해야 한다. 다만, 지상배관과 의 연결을 위하여 금속관을 사용하여 보호조치를 한 경우에는 지면 위에서 30cm 이하로 노출 시공해야 한다.
- 배관 이음방법은 원칙적으로 전자식 열융착 이음으로 시공하되 75A 이상은 직관부 연결시에

자동식 맞대기 융착(Automatic Butt Fusion)을 원칙으로 한다.

- 자동맞대기 융착인 경우 Operator No, Job No가 확실히 표시된 융착 보고서를 제출해야 한다.

구 분	내 용	적용관경	비 고
자동식 맞대기 융착	맞대음(butt)융착	75A~300A	
전자식 열융착	소켓 융착 새들 융착	25A~200A 50A~150A	

- 가스용 폴리에틸렌(PE)관의 융찹작업은 면취, 가열, 가압, 냉각순으로 시공하며, 특히 냉각시간에 유의해야 한다.

구 분	작 업 순 서	비 고 (유의사항)
준 비	1. 융착기의 컨트롤 박스에 전원을 넣는다. 2. Operator No, Job No를 넣는다. 3. 관의 손상유무 및 관 내에 이물질이 있나 확인한다. 4. 접합하고자 하는 관경에 맞는 클램프를 장착한다.	· 외기온도 : −10℃~40℃ · 전 원 : AC 110V 확인
접 합 면	5. 관을 클램프에 물려 조인다.	· 면취기가 들어갈 공간을 확보할 것
	6. 면취기를 집어넣고 고정시킨다.	
	7. "Trim" 버튼을 누른다.	· 면취기 회전 및 클램프 자동진행
	8. 관 양면에서 균일한 테이프 모양으로 깎으면 "Trim" 버튼을 다시 누른다.	· 면취기를 정지 및 클램프 후진은 자동진행
	9. 면취기를 제거하고 관 내의 찌꺼기를 제거한다.	· 면취된 표면에는 손을 대지 말 것
관의 수평	10. "Check" 버튼을 누른다.	· 클램프 자동전진
	11. 확인 후 "Check" 버튼을 누른다.	· 클램프 자동후진
융 착	12. 열판을 집어놓고 고정시킨다.	· 열판온도 : 200℃~230℃
	13. "Join" 버튼을 누른다.	· 비드형성 및 융착은 컴퓨터가 자동처리
냉 각	14. 융착기가 완료 신호음을 울리면 클램프를 푼다.	· 냉각완료 전에 풀면 컴퓨터가 불량처리함

- 가스용 폴리에틸렌관의 굴곡허용 반경은 외경의 20배 이상으로 해야 한다. 다만, 굴곡반경이 외경의 20배 미만일 경우에는 엘보를 사용한다.
- 가스용 폴리에틸렌관의 주위온도가 40℃ 이상이 되는 장소에는 설치하지 않는다.

② 자동식 맞대기 융착방법

- 자동식 맞대기 융착은 관경 75A 이상의 직관부 이음에만 사용하며 모든 공정이 자동으로 컨트롤되고 검수가 가능해야 한다.
- 융착 방법 및 순서
- 전자식 열융착 방법
  - · 전자식 열융착 시스템은 컴퓨터 시스템으로 하되 소켓 융착은 25A~200A, 새들 융착은

50A~150A에 적용하며, 검수가 가능해야 한다.

· 용착방법 및 순서

구 분	작 업 순 서	비 고(유의사항)
준 비	① 융착기의 컨트롤 박스에 전원을 넣는다.	· 외기온도 : −10℃~40℃ · 전 원 : AC 110V 확인
	② Operator No, Job No를 넣는다.	
	③ 관 접속부에 이물질이 묻었는지 확인하고, 스크레이퍼로 깎아낸다.	· 관에 스크레이퍼를 끼워 2~3회 가볍게 돌릴 것
	④ 접합부위는 매직펜 등으로 금을 그어 표시한다.	· 관을 전자식 이음관의 중앙에 밀어 넣고 표시할 것
	⑤ 소형 클램프로 관을 고정시킨다.	· 융착도중 관의 흔들림 방지
융 착	⑥ 융착기의 접속 케이블을 이음관의 접속 커넥터에 연결한다.	
	⑦ 융착기의 확인판에 시공구간 번호 및 융착 소요시간 등이 표시되는지 확인	· 관경에 따라 컴퓨터가 자동으로 표시
	⑧ "Start" 버튼을 누른다.	
	⑨ 융착이 끝났는지 확인한다.	· 완료시 융착기에서 신호음 발생
냉 각	⑩ 접속커넥터를 떼어낸다.	· 방치시 신호음 연속발생
	⑪ 매직펜으로 이음관 위에 구간번호 및 완료 시간을 적는다.	
	⑫ 냉각시간이 지나면 클램프를 푼다. 시간을 적는다.	· 관경별로 냉각시키는 확인판에 자동 표시

(8) 건물 벽 관통부

① 관통부는 용접 등의 이음매 없도록 할 것.

② 관통부는 배관의 상황을 용이하게 확인할 수 있도록 가능한 한 노출배관으로 할 것.

③ 콘크리트 관통부에는 가능한 한 콘크리트 타설 전에 슬리브를 설치하도록 할 것.

④ 건축물과 배관의 절연 건물 내로 누수방지 및 건물 밖에서 가스가 누설하였을 경우 건물 내로 가스가 유입되지 않도록 건물의 벽관통부에 충진제를 사용할 것.

⑤ 건물 벽 전후의 가혹한 부식분위기에 대하여 충분한 방식 피복을 갖추도록 할 것.

⑥ 슬리브는 가스관의 규격보다 2단계 높은 것으로 하고 벽관통구는 4단계 높은 크기로 할 것.

⑦ 슬리브는 건물 내 외벽에서 각각 25MM를 연장한 길이로 할 것.

⑧ 슬리브와 배관사이에는 완충고무를 설치하여 균등한 간격을 유지하도록 할 것,

5) 각종 장비

(1) 가스차단장치

① 설치장소는 주관에서 분기되어 배관의 유지관리에 필요한 분기점 부근 (지하밸브 박스설치)

② 사용자의 소유 또는 점유한 토지에 이르는 50A 이상의 배관

③ 가스차단밸브의 종류는 볼 밸브

(2) 가스 누설자동 차단장치(ASV)

① 재료는 가스용품 검사합격품(한국가스안전공사)

② 전기용품은 전기용품 안전관리법에 적합한 것.

③ 가스누설경보기는 LNG형으로 일반용 계기부착 경보기 수신부를 설치할 것

④ 시공은 건물 설치시 외벽관통부에서 최단거리 및 유지관리가 양호한 곳.

⑤ 차단부는 각 사용자의 가스공급 주 배관에 설치할 것.

⑥ 집중 감시부를 설치하고 사용시설 전체의 이상 유무를 확인할 수 있는 구조일 것.

(3) 가스누설경보기

① 기능은 가스누설을 검지하여 경보를 수신부에서 울리는 것일 것.

② 가스농도가 폭발한계의 1/4 이하에서 작동하고 폭발한계의 1/200 이하에서 작동하지 아니할 것.

③ 수신기는 자동으로 표시등을 점등하고 주음향 장치에 따라 경보를 발하여 당해 가스의 누설이 발생한 지역을 자동으로 표시

④ 경보가 울린 후에는 주위의 가스농도가 변화되어도 계속 경보를 울리며 그 확인 또는 대책을 강구함에 따라 경보가 울리지 아니할 것

⑤ 담배연기 등 잡 가스에 경보가 울리지 아니할 것

⑥ 방폭형으로 수신부의 농도는 숫자 또는 지시바늘로 표시되는 구조일 것

⑦ 검지부는 연소기 천장에서 30㎝ 이내의 누설되어 체류하기 쉬운 곳

⑧ 경보부는 안전관리자 또는 히터사용자가 상주하는 곳

⑨ 출입구 등 외부 기류가 유동하는 곳, 환기구에서 1.5M 이내, 연소기의 폐가스와 접촉하는 곳, 증기, 물방울, 기름기 섞인 연기와 직접 접촉하는 곳, 주위온도 복사열에 의한 온도가 40℃ 이상이 되는 곳은 설치하지 않는다.

(4) 가스계량기

① 가스계량기는 계량법에 의한 검정에 합격한 것으로서 당해 검정의 유효기간 이내의 것이어야 한다.

② 가스계량기는 가스계량기 전용의 필터를 사용할 것. 다만 전용 정압기를 설치하여 정압기에 필터를 부착할 경우에는 그렇지 않다.

③ 가스계량기 용량 : 최대 소비량의 1.2배 이상의 용량으로 선정한다.

④ 가스계량기는 막식형 또는 터빈형으로 부착하여야 한다.

⑤ 가스계량기는 유지 관리, 검침, 교환 작업, 계량기의 규정에 의한 정기 점검시 또는 고장시에

지장이 없도록 할 것.

⑥ 가스계량기는 설치하기 전에 이상 없이 회전하는가를 확인할 것.

⑦ 입구와 출구가 다르지 않게 확인한 다음 접촉할 것.

⑧ 외력에 의한 무리한 힘이 가하여지지 않도록 배관할 것.

⑨ 플랜지면에 실링 콤파운드를 다량으로 바르면 플랜지를 조일 때 밀려 내려와서 계량기의 불통 원인이 될 수 있으므로 최소의 필요량으로 억제할 것.

⑩ 설치 장소는 건물외부의 경우 직사광선, 빗물을 받을 우려가 없는 곳의 격납함 내에 설치한다.

⑪ 건물내부는 화기를 취급하지 않고 환기가 양호한 곳에 설치한다.

⑫ 전기 설비와의 이격거리는 저압전선은 15cm 이상(보호조치 전선 제외)

⑬ 전기 콘센트와의 이격거리는 30cm 이상

⑭ 전기 개폐기, 전기 안전기, 전력 계량기와의 이격거리는 60cm 이상

6) 검 사

(1) 일반사항

① 검사는 외관검사, 방사선 검사, 칼라체크 및 기타 검사로 구분

② 배관용접부의 방사선 검사는 KS D-0845(방사선 검사 투관시험방법)에 의한다.

③ 방사선 검사 또는 육안 검사 등으로 결함이 판명된 곳은 절단 제거 후 또는 보수하고 재차 방사선검사에 합격하여야 한다.

④ 검사수량 및 검사부위는 용접부의 정량을 검사하여야 한다.(중압관)

(2) 외관 검사

① 용접이 완료되면 용접 비드 표면의 용접모양에서 균열, CRACKING, 언더컷, 오버랩 등 상태로 외관검사를 실시하여야 하며 불량개소는 완전히 수정하여야 한다.

② 슬래그, 스파크의 제거상태 등 외관검사를 실시하여야 하며 불량개소는 완전히 수정하여야 한다.

(3) 방사선 검사

① 방사선 검사방법은 KS D-0845(방사선 시험방법 및 투과사진의 등급분류방법)에 의하는 것으로 한다.

② 방사선 검사의 필름은 원판의 판정이 가능한 처치로 이루어진 것이어야 한다.

③ 방사선검사의 위치 선정 기준은 건물내 배관의 전 용접부, 지하매설, 배관의 경우 중(간)압 배관의 전 용접부, 전용배관의 피트 덕트 내의 전 용접부, 건축물 벽 관통부의 8M 사이의 전 용접부

④ 판정기준은 KS D-0845((방사선 시험방법 및 투과사진의 등급분류방법)에 의하여 2급 이상의 것을 합격 기준으로 한다.

⑤ 불합격의 경우에는 해당개소를 용접한 용접공이 당해 일에 시공한 용접개소의 전수 검사함을 원칙으로 한다.

⑥ 용접접합의 정도에 따라 감독이 지시하는 곳은 추가로 실시할 수 있다.

⑦ 불합격이 발생한 부분의 재검사에 소용되는 비용은 시공자 부담

(4) 완성검사

① 배관 및 부속설비의 설치 후에는 반드시 기밀시험을 실시할 것

② 배관 및 부속설비의 설치 후에는 사업법에서 정하는 바에 따라 내압시험을 행할 것.

③ 겸용 정압기 사용일 경우 정압기의 2차측 압력이 중간압 또는 저압이더라도 가스사용기기가 보일러 및 냉온수기일 경우에는 정압기의 1차측 압력과 같은 수준으로 기밀시험을 설치할 것.

④ 기밀시험은 공기 또는 불활성 가스(질소 등)로 할 것.

⑤ 기밀 및 내압시험은 자기압력 기록계에 의하여 2차에 걸쳐 기밀시험을 하여야 하며 그 시험압력은 최고 사용 압력의 1.1배 이상의 압력으로 할 것.

(5) 가스용 폴리에틸렌(PE)관의 접합검사

① 컴퓨터내 전류감지 자료를 이용하여 융착 부위의 상태를 확인하여 불량 시에는 재시공해야 한다.

② 일일시공 물량의 전 융착 부위는 일련번호를 부여하여 도면으로 작성하고, 검수자료와 도면을 제출해야 한다.

③ 검수보고서 작성

표지에는 시공명, 시공일자, 날씨, 외기온도, 융착방법(전자식, 자동식), 융착기 종류(전자식, 자동식), 시공업체명 등을 기재해야 한다.

④ 검수 자료

컴퓨터를 이용하여 인쇄된 검수자료와 도면상의 일련번호가 일치하는지 확인하여 “검수 데이터” 란 부착하여 제출해야 하며, 특히 전자식 열융착과 자동식 맞대기 융착을 잘 분류하여 일련번호를 확인해야 한다.

7) 도장과 표시

(1) 일반사항

① 노출배관은 페인트 도장으로 하여야 한다.

② 도장은 황색 또는 지정색 도색 후 3cm폭 노란색 이중띠를 부착한다.

③ 가스관에는 "LPG", "최고사용압력" 및 "흐름의 방향"을 표시한다.

④ 건물의 관통부를 통과한 부분 기타 도시가스 배관임을 쉽게 식별할 필요가 있는 소의 50A 이상 배관의 적당한 위치에 표시한다.

(2) 도장의 공정 및 방법

① 현장 용접부 및 운반시 또는 공사 중에 발생한 손상부분은 청소하고 와이어브러시 또는 적당한 방법으로 스케일, 슬래그, 녹, 먼지, 기타 유해 물질 등의 부착물을 완전히 제거하여야 한다.

② 방청도장은 1회칠 이상으로 하며 24시간 자연건조되도록 하여야 한다.

③ 방청도장을 마른걸레로 깨끗이 닦고 염화고무계 페인트로 2회 이상 색채도장을 하여야 한다.

④ 도장의 공정은 전처리 → 방청 도장 → 색채도장으로 한다.

8) 관내 청소

작업이 끝난 배관에는 기밀시험 전 지하 및 지상배관 전구간에 관의 종류에 따라 2~4kg/cm^2 이상의 압력으로 공기세척(Air Flushing)을 실시하여 이물질을 완전히 제거해야 한다.

① 노출배관 : 에어 플러싱(Air Flushing) 2회 이상

② 매설배관

- 100A 이상 구간 : 파이프 클리닝(Pipe Cleaning) 2회 이상
- 100A 미만 구간 : 에어 플러싱(Air Flushing) 2회 이상

9) 시험

(1) 내압 및 기밀시험

① 배관공사가 완료되었을 때에는 자기압력기록계로 2회 이상에 걸쳐 주지관, 입상관, 가정관, 동별로 반드시 기밀시험을 해야 하며, 입상관 및 가정관의 기밀시험은 경사 마노미터 등 계량법에 의한 검사품인 수주계로 실시한다.

② 내압시험은 최고사용압력의 1.5배 이상 기밀시험은 최고 사용압력의 1.1배 이상 또는 840mm H_2O 중 높은 압력 이상으로 한다.

③ 기밀시험의 봉입 가스는 불활성가스, 질소 등의 사용을 원칙으로 하되 공기압에 의한 기밀시험을 행할 시 온도계를 병설하여 온도에 따른 압력을 보정해야 하며, 시험 후 생기는 응축수를 충분히 제거해야 한다. 단, 가연성가스가 통과하였던 기존 배관은 공기압에 의한 기밀시험을 할 수 없다.

④ 기밀시험 및 압력유지 시간은 다음 표에 준한다.

종 류	최고사용압력	용 적	기밀유지시간
자기압력 기록계 (Recorder)	저 압 (0~1kg/cm^2)	1m^3 미만	30분
		1m^3 ~ 10m^3 이하	240분(4시간)
		10m^3 초과 ~ 300m^3 이하	24×V분(다만, 1,440분을 초과한 경우는 1,440분으로 할 수 있다 (24시간).

(2) 점화시험

① 한국가스안전공사의 시공 감리 필증 교부 후 가스 퍼지(Gas Purge)를 시키고 각 동 말단 최상부에서 점화시켜 이상 유무를 확인해야 하며, 입주시 매 세대에 대한 점화시험을 실시해야 한다.

② 공사중 화기를 취급할 경우 초기진화용 소화기 등을 비치하여 안전 및 화재예방에 철저를 기해야 한다.

③ 공동부분의 점화시험 및 최초 가스공급에 필요한 제 경비(가스포함)는 수급자 부담으로 한다.

(3) 배관봉인

모든 시험이 완료된 후 입주 전 밸브를 임의로 열지 못하도록 밸브를 잠근 후 봉인하여 안전관리를 해야 한다.

3 소형 가스설비

1) 소형 가스설비란

LPG 용기에서 고압의 가스가 압력 조정기, 배관, 가스계량기, 호스, 퓨즈콕(중간밸브)을 통하여 가스가 공급되는 것으로서 연소기가 파란 불꽃을 내면서 완전 연소하도록 부착되는 각종 부속품 및 기기를 총칭해서 소형 가스설비라고 한다.

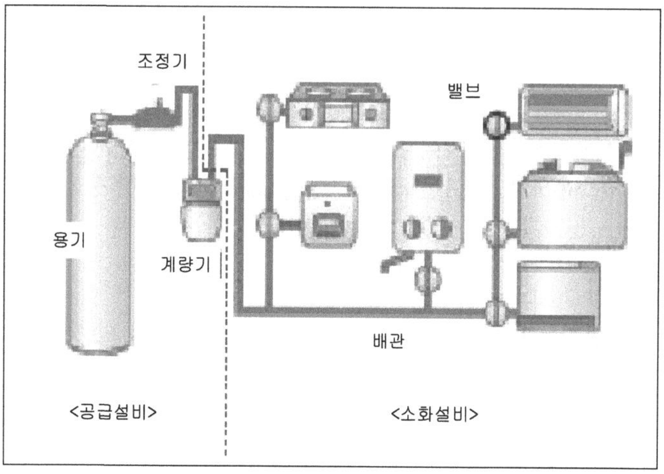

이러한 설비는 간단히 시공할 수 있는 것처럼 보여 무자격자가 시공하는 사례가 많은데, 대부분 설치기준에 적합하지 않는 등 불안전하게 설치하고 있어 사고의 위험이 따르므로 소형 가스 사용 시설 시공시에는 LPG판매점이나 도시가스관리대행업소에 의뢰하고, 가스보일러와 같은 시설의 시공은 한국가스안전공사가 실시하는 온수보일러 시공자 교육을 이수하고 행정관청에 등록한 업체에 의뢰하여야 한다.

2) 가스용기

가스용기는 고압가스를 충전 · 저장하여 이동할 수 있는 것으로서, LPG용기에는 가정용(13kg, 20 kg, 50kg 등)과 야외에서 주로 사용되는 납붙임 접합용기(부탄 캔이라고도 함) 등으로 분류되어 사용된다. 특히 가정용 가스용기는 직사광선을 받지 않고 통풍이 잘되는 옥외 용기 보관실에 설치하여야 하며, 화기(火氣)와의 거리는 최소한 8m 이상을 유지하여야 한다. 용기를 2개 이상 설치할 경우에는 "T"형 호스를 사용하면 위험하므로 반드시 용기 집합시설(용기집합장치, 자동절체기 등)로 설치해야 하며, 용기에 부착된 용기밸브는 왼나사이므로 왼쪽으로 돌리면 닫히고 오른쪽으로 돌리면 열리게 되므로 밸브를 취급할 때는 특별히 주의해야 한다. 또 다 쓴 빈 용기도 밸브를 반드시 잠가야 용기에 남아 있던 잔류가스가 새어나와 폭발할 위험이 있기 때문이다.

(1) 가스 용기의 종류

고압가스를 충전하여 저장하거나 이동하도록 제조된 용기는 제작방법에 따라 용접하지 않고 제조하는 이음매 없는 용기(Seamless Cylinder)와 강판을 성형한 후 용접하여 만드는 용접용기(Welding Cylinder)로 구분한다.

① 이음매 없는 용기

이음매 없는 용기는 산소, 수소, 질소, 아르곤, 천연가스와 같이 압력이 높은 압축가스나 상온에서 높은 증기압을 갖는 이산화탄소(CO_2) 등의 액화가스를 충전하는 데 사용한다.

② 용접용기

용접용기는 LPG, 프레온, 암모니아와 같은 상온에서 비교적 증기압이 낮은 액화가스를 충전하는데 주로 사용한다.

③ 초저온 용기

초저온 용기는 임계온도가 영하 50℃ 보다 낮은 액화가스를 충전하는 용기로서 단열재로 피복하여 용기 내의 가스온도가 상용 온도를 초과하지 않도록 조치한 용기이며 액화산소, 액화질소, 액화천연가스 등을 충전한다.

④ 납붙임 · 접합 용기

납붙임 또는 접합용기는 이동식 연소기용 부탄가스를 비롯하여 살충제, 화장품, 의약 품 및 도료의 분사제 등을 충전한다.

(2) 용기의 각인

고압가스 용기는 어깨부분(프로텍터)과 같이 보기 쉬운 곳에 아래와 같은 기재사항을 각인하고 용기의 외면에는 충전된 가스를 쉽게 알도록 규정된 색을 칠하며 충전가스의 명칭을 표시해야 한다. 단, 납붙임 또는 접합용기는 15㎜×15㎜ 크기의 필증을 부착하거나 인쇄한다.

① 용기제조사의 명칭 또는 그 약호

② 충전가스의 명칭
③ 용기의 번호
④ 용기검사 합격 년월
⑤ 내용적(기호 : V, 단위 : ℓ)
⑥ 용기의 질량(기호 : W, 단위 : kg)
⑦ 내압시험압력(기호 : TP, 단위 : kg/cm^2)
⑧ 최고충전압력(기호 : FP, 단위 : kg/cm^2)
⑨ 합격표시(바깥지름 10mm)

(3) 용기의 표시

가스의 종류	도색의 구분	가스의 종류	도색의 구분
LPG	회색	액화염소	갈색
수소	주황색	산소	녹색(의료용은 백색)
아세틸렌	황색	질소	회색(의료용은 흑색)
액화암모니아	백색	액화탄산가스	청색(의료용은 회색)

3) 압력조정기

압력조정기는 용기의 압력(0.7~15.6kg/cm^2)을 연소기에 알맞은 압력(가정용 : 230~330mmH$_2$O)으로 압력을 낮추어주는 기기로 조정기가 고장이 나면 공급가스의 압력이 높아져서 불완전 연소되거나 불이 꺼져서 가스가 누설되어 사고의 원인이 될 수 있다.

조정기는 용기와 직결되어 사용하거나 또는 용기에서 고압 고무호스(측도관이라고 함)를 이용하여 조정기에 연결하는 방법 및 용기 집합대에 연결하는 방법으로 설치 사용하여야 하고, 압력조정기는 연소기의 입구압력과 압력조정기의 공급압력이 일치하여야 하는데, 가스레인지의 옆면 명판에 가스사용압력이 280±50mmH$_2$O이라고 표기되어 있고 압력조정기의 윗면 또는 뒷면에 R-280이라는 숫자가 쓰여 있는 조정기가 부착되어 있으면 연소기와 압력조정기가 정확하게 설치된 경우이다.

또한, 압력조정기를 설치할 때는 입구측 배관을 청소하여 쇳가루, 먼지, 물기 등이 없게 한 후에 설치해야 하며, 한국가스안전공사 검사품 또는 KS품을 사용해야 한다. 압력조정기를 떼거나 부착하는 일은 반드시 가스 공급자가 해야 하며 임의로 압력조정기의 압력조정나사를 만지게 되면 연소기의 불꽃이 일정하지 않거나 가스누출의 위험을 초래하여 가스사고의 원인이 된다. 또한 압력조정기를 용기 보관실 내부에 설치하면 유지관리에 도움이 된다.

4) 가스계량기

가스계량기는 가스의 사용량을 측정하는 계기로 건식 및 습식 가스계량기가 있으나 도시가스 및 LPG에는 대부분 건식가스계량기를 사용한다. 가스계량기는 사용하는 가스에 따라 도시가스 및 LPG용 또는 겸용으로도 구분하고 있으며, 용량에 따라서 일반적으로 가정에서는 2호와 3호를 사용되고 있다. 가스계량기의 계량능력(최대유량)은 그 계량기의 호수와 같다. 즉 2호는 1시간당 가스유량이 $2m^3$를 흘려보낼 수 있는 능력을 갖춘 계량기라고 할 수 있다.

가스계량기는 정밀기기이므로 화기와 2m 이상의 이격거리를 유지하고, 환기가 잘 되는 장소에 설치하여야 한다. 그리고 지면으로부터 1.6~2m 높이에 수직 · 수평이 되도록 설치하고, 밴드 등으로 고정시킨다. 다만, 격납상자 안에 설치할 때에는 설치 높이에 제한이 없다.

5) 사용 자재

(1) 강관

배관용 탄소강관은 저압 및 중압 설비 중 노출 배관에 많이 사용 되며, 녹이 슬지 않도록 주의하여야 하고 흑관과 백관이 있다.

(2) 동관

이음매 없는 동 및 동합금관은 주로 저압 및 중압 배관에서 사용되며 강관과는 달리 이음매 없이 설치하는 경우에는 매몰하여 설치할 수 있다.

(3) 폴리에틸렌관(PE) 및 폴리에틸렌 라이닝강관(PLP)

내식성이 강해 지하 매설배관에 사용하며 폴리에틸렌관(PE)은 도시가스의 경우 사용압력이 $4kg/cm^2$ 이하인 배관에만 사용하도록 제한되어 있으며, 폴리에틸렌라이닝강관(PLP)은 주로 배관용 탄소강관에 내식성 재료인 폴리에틸렌(합성수지)을 피복한 것으로 땅속 매설배관에 주로 사용한다.

(4) 호스류

고압부에는 측도관, 트윈호스, 저압부에는 염화비닐호스, 금속 플렉시블 호스를 사용한다.

측도관은 용기와 배관 사이의 고압부에 사용하고, 트윈호스는 2개의 용기와 1개의 압력조정기 사이의 고압부에 사용한다. 금속 플렉시블 호스 및 염화 비닐호스는 중간밸브와 연소기 사이의 저압부에 사용된다.

(5) 밸브

① LPG 용기 밸브

용기용 밸브는 용기 내의 가스의 흐름을 열고 닫는 중요한 역할을 한다. 핸들을 시계바늘 반대 방향으로 돌리면 열리고, 핸들을 시계바늘 방향으로 돌리면 가스통로가 닫히게 된다.

용기밸브에 내장된 안전장치는 스프링식으로 용기 내의 가스압력이 올라가 용기가 파열되는 것을 방지하기 위한 것으로서 가스압력이 올라가면 자동으로 작동되어 용기 내의 압력을 외부로 방출하는 역할을 한다. 용기밸브의 충전구 나사는 왼나사이며, 충전 후에는 조정기를 이곳에 연결하여 사용하고 몸통에는 제조업자의 명칭 또는 약호, 기호(LPG), 내압시험압력(TP : kg/cm^2), 질량(W : kg), 검사 합격 년 월 등이 표시되어 있다.

② 볼밸브

핸들을 돌리면 스핀들에 접속된 볼(Ball)이 좌우로 90도 회전하면서 가스통로를 열고 닫는 것으로 볼모양의 디스크와 밸브몸통에 끼워져 있는 링 모양의 밸브시트 구면이 맞물려 기밀을 유지하게 된다. 조작시간이 짧고 유체의 저항이 적으며 핸들의 위치에 따라 개폐 여부를 쉽게 확인할 수 있다. 볼밸브의 구조는 시계바늘 반대방향으로 90도로 완전히 돌렸을 때 핸들방향과 유로의 방향이 평행이 되면 열리는 구조로 되어 있다. 배관 연결부는 나사식, 플랜지식, 용접식 등이 있는데, 가정용 시설의 중간밸브로 사용되는 것은 주로 나사식이다.

가스용 밸브는 가스용품으로 한국가스안전공사의 검사품 및 KS 규격표시 제품을 사용하여야하며, 몸통에는 제조자명 또는 그 약호, 가스흐름방향, 호칭지름(A호칭)이 표시되어 있고, 몸통 또는 핸들에는 제조번호(로드 번호), 용도, 품질보증기간, 개폐방향이 표시되어 있다.

(6) 가스차단장치

① 설치장소는 주관에서 분기되어 배관으로 유지관리에 필요한 분기점 부근(지하 밸브박스설치)

② 사용자의 소유 또는 점유한 토지에 이르는 50A 이상의 배관

③ 가스차단밸브의 종류는 볼 밸브

(7) 가스 누설 자동 차단장치(ASV)

① 재료는 가스용품 검사합격품(한국가스안전공사)

② 전기용품은 전기용품 안전관리법에 적합한 것

③ 가스누설경보기는 LNG형으로 일반용 계기부착 경보기 수신부를 설치할 것

④ 시공은 건물 설치시 외벽관통부에서 최단거리 및 유지관리가 양호한 곳

⑤ 차단부는 각 사용자의 가스공급 주배관에 설치할 것

⑥ 집중 감시부를 설치하고 사용시설 전체의 이상 유무를 확인할 수 있는 구조일 것

(8) 가스누설경보기

① 기능은 가스누설을 검지하여 경보를 수신부에서 울리는 것일 것

② 가스농도가 폭발한계의 1/4 이하에서 작동하고 폭발한계의 1/200 이하에서 작동하지 아니할 것

③ 수신기는 자동으로 표시등을 점등하고 주음향 장치에 따라 경보를 발하여 당해 가스의 누설이 발생한 지역을 자동으로 표시

④ 경보가 울린 후에는 주위의 가스농도가 변화되어도 계속 경보를 울리며 그 확인 또는 대책을 강구하여 경보가 울리지 아니할 것
⑤ 담배연기 등 잡 가스에 경보가 울리지 아니할 것
⑥ 방폭형으로 수신부의 농도는 숫자 또는 지시바늘로 표시되는 구조일 것
⑦ 검지부는 연소기 천장에서 30cm 이내의 누설되어 체류하기 쉬운 곳
⑧ 경보부는 안전관리자 또는 히터사용자가 상주하는 곳
⑨ 출입구 등 외부 기류가 유동하는 곳, 환기구에서 1.5m 이내, 연소기의 폐가스와 접촉하는 곳, 증기, 물방울, 기름기 섞인 연기와 직접 접촉하는 곳, 주위온도 복사열에 의한 온도가 40℃ 이상이 되는 곳은 설치하지 말 것

6) 배관설치공사

가스배관은 일반적으로 강관을 주로 사용하며, 시공시에는 건축물의 기초 밑이나 환기가 잘 되는 곳에 시공하고, 건축물 내의 배관은 단독피트(Pit) 내에 설치하거나 노출하여 시공하며 가스가 누출되더라도 체류하지 않도록 하여야 한다.

가스배관을 매몰하여 설치하는 경우에는 동관, 스테인리스 강관, 가스용 금속 플렉시블 호스와 같은 내식성 재료를 사용하여 설치하고 실내 바닥에 설치하는 배관은 사람이 다니다가 밟거나 부딪쳐서 배관이 손상되지 않도록 하여야 한다.

벽을 따라 설치된 배관은 움직이지 않도록 고정 장치를 하여야 하는데 관경이 13mm 미만인 배관은 1m마다, 13~32mm인 배관은 2m마다, 33mm 이상인 배관은 3m마다 고정 장치를 해야 하고,배관의 이음부는 가스가 누출되는 경우가 많으므로 전기계량기 및 개폐기와는 60cm 이상, 굴뚝, 전기점멸기, 전기접속기와는 30cm 이상, 전선과는 15cm 이상의 적정한 거리를 두어 전기 스파크 등에 의한 가스 폭발(화재)이 일어나는 것을 방지해야 한다.

특히 배관의 설계는 최단거리, 직선으로 하여야 하며, 배관의 굽힘은 가스압력 손실을 초래하고 배관의 이음새가 많은 것은 가스 누출의 원인이 되므로 굴곡부와 이음새가 많은 것은 좋지 않다. 또한 배관 공사를 완료한 후 사용자는 반드시 시공자와 함께 배관 등에서 가스가 누출되는지 기밀시험을 실시하여 이상이 없음을 확인한 후 가스를 공급 · 사용해야 한다.

7) 호스설치공사

금속 배관과 연소기를 연결하는 호스는 최소한의 길이로 연결해야 하는데, 호스의 길이가 길면 꼬여서 가스 흐름이 막힐 수 있고, 화기에 닿는 경우 녹아서 가스누출의 직접적인 원인이 될 수도 있으므로 길이는 3m 이내로 하고, 절대로 T형(호스의 중간에서 T형 연결쇠를 사용하여 다른 호스로 분리해서 2대의 연소기를 사용하기 위한 방법임)으로 연결하지 않아야 하며 T형으로 연결하면 외력에 의하여 호

스가 쉽게 빠질 수 있다.

그리고 배관과 호스의 연결에는 밸브 또는 콕이 사용되는데 이때에는 호스를 밸브 또는 콕의 연결부에 표시된 붉은 선까지 밀어 넣고 이 부위를 호스밴드로 꼭 조여서 가스가 누출되지 않도록 해야 한다.

연소기에서 발생되는 불꽃이나 화기에 의해 호스가 가열되어 손상되지 않도록 해야 하며, 호스의 연결부가 손상되면 호스의 끝을 3~4cm 정도 잘라낸 후 연결하고 새 호스밴드로 다시 조여 준다.

특히 호스밴드를 장기간 사용할 때에는 부식으로 인하여 이음부분이 이완되어 가스누출의 우려가 있으므로 주기적으로 연결부분의 부식상태를 점검하여야 한다.

4 시공감리

1) 개요

시공감리제도는 대구지하철공사장 가스폭발사고를 계기로 도시가스시설의 부실시공을 근원적으로 방지하기 위해 '95년 8월 4일 도시가스사업법에 관련규정을 신설하고 '96년 3월 11일 동법 시행규칙을 개정 · 공포함과 동시에 시행하여, 종전 일부(20~30%) 공정만을 검사했던 중간 및 완성검사 대신 도시가스사업자가 가스공급시설을 설치하거나 변경할 때 한국가스안전공사가 설치공정에 입회하여 적합 여부를 판정토록 하는 제도이다. 이러한 시공감리제도의 도입으로 매설심도 미준수, 용접결함 등의 부실시공 근절 및 적극적인 사고예방이 가능하게 되었다.

시공감리의 종류로는 상주시공감리와 일반시공감리가 있으며 법적인 근거조항은 다음과 같다.

① 가스공급시설의 설치공사 또는 변경공사를 하고자 하는 때에는 시도지사의 감리를 받아야 한다(법 제15조 제1항)

② 시공감리는 상주시공감리와 일반시공감리로 구분함(규칙 제23조제3항)

③ 시 · 도지사는 시공감리 권한을 한국가스안전공사에 위탁함(법 제45조 제2항)

④ 시공감리를 받지 아니하고 가스를 사용하는 경우에는 2년 이하의 징역 또는 2천만 원 이하의 벌금에 처함(법 제50조 제3호)

2) 상주시공감리

일반도시가스사업자 및 포항제철 등 「도시가스사업자외의 도시 가스공급시설 설치자」의 도시가스배관과 「사용자 공급관」의 설치 공사시 가스안전공사 시공감리원이 시공현장에 상주하면서 가스시설이 법규에 적합하게 설치되었는지를 검사하는 것으로 여기서, 사용자공급관이라 함은 공동주택, 오피스텔, 콘도미니엄 등에 가스를 공급하기 위한 공급관 중 가스사용자가 소유하이거나 점유하고 있는 토지의 경계에서 가스사용자가 구분하여 소유하거나 점유하는 건축물의 외벽에 설치된 계량기의 전단밸브(계량기가 건축물의 내부에 설치된 경우에는 그 건축물의 외벽)까지에 이르는 배관을 말한다.

3) 일반시공감리

자체적으로 시공감리를 하고 있는 「한국가스공사의 가스공급시설」과 「일반도시가스사업자」 및 「도시가스사업자외의 도시가스공급시설 설치자」의 가스공급시설중 위의 상주시공감리에 해당하는 배관을 제외한 공급시설에 대해서 주요공정만을 가스안전공사의 시공감리원이 법규의 시설기준에 적합하게 설치되었는지를 검사하는 것으로서 일반시공감리의 주요공정이라 함은 다음 공정을 말한다.

① 내압시험 또는 기밀시험을 할 수 있는 상태의 공정
② 배관길이의 20%에 대하여 매몰하기 직전의 공정 및 비파괴시험 공정
③ 저장탱크를 지하에 설치시 매몰하기 직전의 공정 등

4) 시공감리 절차

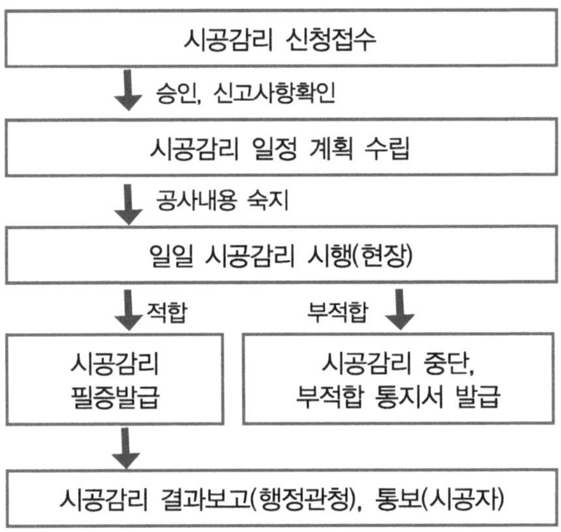

5 가스공사 시공확인 및 주요검사 항목

공 종	시공확인시점		주 요 검 사 항 목
가설공사	가설물 설치 후		1. 가설물 위치, 면적 및 해체시기 2. 화재예방대책 –안전표지판, 인화물질 보관소, 소화기
배관공사	배관공사 전	입상슬리브	1. 입상 슬리브 길이(바닥마감+50mm) 2. 방식도장(내·외부) 및 중심선 일치
		세대슬리브	1. 벽면과 이격거리 2. 슬리브 인출(마감 고려) 3. 슬리브 수평상태

배관공사	입상배관 완료 후	1. 라인별 배관경 2. 접합상태(용접, 나사) 3. 세대 분기배관 위치 4. 배관 고정상태 5. 방식 처리상태 6. 함류(양수기, 계량기, 지시부, 우수드레인 등)와 겹침 여부 7. 절연플랜지 연결위치
	세대배관 완료 후	1. 접합상태 -실 테이프, 가스배관용 컴파운드 2. 고정상태 -새들규격, 개소 3. 가스콕 위치(높이) 및 규격(20A×8) -화기와 이격거리 4. 배관 수직 · 수평상태 5. 슬리브 주위 마감상태
	가스미터기 설치 후	1. 검정 유효기간 2. 설치 높이(리+1.6~2m) 3. 수직·수평상태 4. 격납상자 설치장소 -직사광선, 우로 5. 이격거리(화기, 저압전선, 전기개폐기) 6. 가스미터기와 현관문의 접촉부위 안전조치
지하매설공사	터파기 전	1. 공종간 복합도 작성(지하매설물) -매설심도 -타 배관과 이격거리 -녹지·보도블록 매설 가능 여부 -수취기 및 밸브박스 위치 -겹치는 부분, 횡단부분 상세도
	배관 완료 후	1. 각 라인별 배관경 2. 배관접합부위 부식 방지 -PE 테이프 감기(50A 이하) -열수축 시트+적색 테이프(65A 이상) 3. 도로 및 구조물 통과부위 보호관 설치상태 4. 매설깊이 및 이격거리(상하수도, 케이블, 오 · 배수관, 구조물) 5. 수취기 위치 및 시공상태(구배) -LNG 공급지역 제외 6. 가스누설 경보라인 매설 및 배관상태 7. 지상 노출배관과 연결 -고정, 미관, 부속(T/F) 8. 이음방법 및 절차 9. 로케팅 와이어 설치상태
	되메우기 작업시	1. 상하부 보양상태(모래 채움, 보호포) 2. 취약지반 침하방지 조치상태 3. 되메우기 토양상태 4. 피복부 손상여부 확인 (PLP 재사용 금지)

내압 및 기밀 시험	배관 완료 후	1. 시험압력 및 유지시간 −내압 1.5배, 기밀 1.1배 −1m^3 미만 : 30분, 1~10m^3 이하 : 4시간 2. 기밀시험 사용가스 종류 −불활성가스, 질소, 공기 3. 기밀시험 전 전배관의 관내 청소상태
도장공사	도장 완료 후	1. 철재면 전처리 −녹, 슬래그, 위해성분 제거 2. 배관 및 지지금구의 도장방법 −강관, 지지금구, 플랜지, 철재 −방식테이프, 테이프 프라이머, 열수축 시트 타입
가스저장소 공사	구조물 완료 후	1. 화기와의 법정 이격거리 확보상태 2. 충전차량 진입의 용이성 −탱크와 구조물 벽간의 이격거리 −구조물 깊이와 탱크 높이 간 이격거리 −집수구 설치상태 −환기면적(갤러리) 확보 및 위치
	탱크 설치 후	1. 제작검사서의 적정성 2. 방식 도장상태 3. 절연방식(애노드)의 설치상태 4. 취수배관 설치상태
	배관 완료 후	1. 배관 및 도장상태 2. 각종 기기류의 위치 및 설치상태 3. 가스누설 감지센서 위치 및 설치상태 4. 관리소 내 가스누설 감지기 위치 및 설치상태 5. 가스롤리 위치 및 설치상태 6. 도로포장 후 라인마크 설치상태

Chapter 07 장비제작도면 검토 및 설치공사

1 장비제작도면 검토시 착안사항

1) 제작공정표

① 발주시기, 반입시기

② 중간검사, 완성검사 일정 등

③ 건축, 전기, 자동제어공사와 공정진행의 연계성 검토

④ 시운전 일정, 준공일정

2) 설계도서 검토

① 부하계산서

② 장비용량 계산서

③ 설계도면

④ 시방서

3) 제작도면 검토

① 제작시방서

② 제작도면

③ 현장 설치도면

4) 관련 공종 도면 검토 및 확인

① 건축 : 장비기초 규격, 장비 반입구, 설치장소, 작업일정 등

② 전기 : 동력(전압, 전류, 주파수, 기동방식 등)

③ 전기와 자동제어의 작업의 한계

5) 기타 사항

① 방진 : 스케줄 확인

② 방음 : 건축적, 기계적 방법 검토

③ 장비의 외부 마감도장 색상 검토

④ 예비부품(Spare Part) 검토

⑤ 시험성적서 검토

⑥ 인허가 사항 수행관계

- 보일러, 냉동기, 압력용기, 소방 등

⑦ A/S 및 장비간 호환성(모터 등)

⑧ 향후 시대적 변화와 부하 변동에 따른 용량 및 사용연료 검토

⑨ 장비사용 설명서 및 관리방법 검토

- 제작승인도 완료시 함께 제출

2 제작도면 검토 및 설치공사

1) 보일러

(1) 보일러 제작승인도면 검토사항

① 제작승인도 검토

설계도서와 제작업체가 제출한 제작승인 요청도를 비교 검토하여 설계도서대로 작성되었는지를 확인한다.

- 보일러 용량
- 상용압력 및 최고 사용압력
- 효율(87% 이상)

④ 송풍기, 공해방지기, 버너용량

⑤ 계산서(강도, 연관, 스테이, 전열면적)

⑥ 자동제어장치

⑦ 예비품 품목 및 수량

(2) 제작검사

① 자재검사

원자재 제조회사의 재료 표와 실제 사용되는 자재의 일치 여부를 확인한다.(두께, 관경, 재질 등)

② 중간검사

- 에너지관리공단의 각인검사 시행 여부
- 치수 및 내부검사
- 수압시험
- 용접상태
- 주요 부착물 취부상태

③ 완성검사

- 캐스터블(Castable) 및 내화벽돌 축조상태
- 버너, 안전변, 압력계, 온도계 구비상태
- 도장 상태
- 장비 반입구 크기를 고려한 반입 준비상태
- 인 · 허가 필증 구비서류 확인
  - · 용접 검사증
  - · 구조 검사증
  - · 형식승인서
  - · 주요자재 공인기관 시험성적서(내화벽돌, 캐스터블)

(3) 제출서류 목록

① 제작공정표

② 제작사양서(보일러, 컨트롤 패널, 송풍기, 집진기, 버너, 부속기기 등)

③ 계산서(보일러 강도, 구조, 전열면적, 열효율, 송풍기 용량, 집진기 등)

④ 설명서(보일러 검사, 설치, 보존, 안전 및 취급시 주의사항, 고장원인과 대책, 성능검사, 측정사항 및 측정방법, 버너취급 등)

⑤ 보일러 제작도(외형, 조립, 관제 기타 주요상세도 등)

⑥ 컨트롤 패널 제작도(회로, 조립, 부품 상세 등)

⑦ 송풍기 제작도(외형, 조립, 성능곡선도 등)

⑧ 집진기 제작도(회형, 조립 등)

⑨ 기타

(4) 보일러 설치공사

① 옥내설치 시공기준 : 에너지 이용합리화법 보일러 설치검사 기준 제2장 설치시공 기준 등

-보일러는 불연성 물질의 격벽으로 구분된 장소에 설치해야 한다. 다만, 소용량 보일러, 가스용 온수보일러 및 소형 관류보일러(이하 “소형보일러”라 한다)는 반격벽으로 구분된 장소에 설치할 수 있다.

-보일러 동체 최상부로부터(보일러의 검사 및 취급에 지장이 없도록 작업대를 설치한 경우에는 작업대로부터) 천장, 배관 등 상부에 있는 구조물까지의 거리는 1.2m 이상이어야 한다. 다만, 소형 보일러의 경우에는 0.6m 이상으로 할 수 있다.(그림 7-1과 같이 배치한다.)

-보일러 및 보일러에 부설된 금속제의 굴뚝 또는 연도의 외측으로부터 0.3m 이내에 있는 가연성 물체에 대해서는 금속 이외의 불연성 재료로 피복해야 한다.

-연료를 저장할 때는 계기를 육안으로 관찰하는데 지장이 없도록 충분한 조명시설이 있어야 한다.

-보일러에 설치된 계기들을 육안으로 관찰하는데 지장이 없도록 충분한 조명시설이 있어야 한다.

-보일러실은 연소 및 환경을 유지하기 충분한 급기구 및 환기구가 있어야 하며 급기구는 보일러 배기가스 덕트의 유효단면적 이상 이어야 하고 도시가스를 사용하는 환기구를 가능한 한 높이 설치하여 가스가 누설되었을 때 체류하지 않는 구조이어야 한다.

-보일러의 유지보수를 고려하여 연관 청소를 위한 보일러 전면의 공간을 연관길이 이상을 필히 확보해야 한다.

-보일러 기초공사 검토시에는 공기 예열기가 있는 보일러는 공기예열기 설치공간과 연도연결 방법 등을 고려하여 보일러 기초간격을 계획해야 한다.

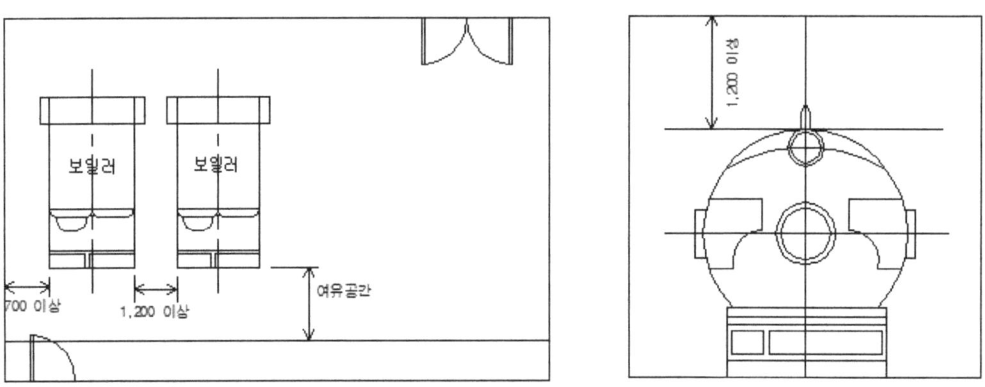

그림 7-1 ▸ 보일러 배치

* 소용량 보일러 : 전열면적 5㎡ 이하의 증기보일러 및 전열면적 18㎡ 이하이고, 정격출력이 50만 kcal/h 이하로서, 최고 사용압력 3.5kg/㎠ 이하인 온수 보일러(열사용 기자재 관리규칙 제35조 별표 10)

② 옥외설치 시공기준

보일러를 옥외에 설치할 경우에는 다음 조건을 만족시켜야 한다.

-보일러에 빗물이 스며들지 않도록 케이싱 등의 적절한 방지설비를 해야 한다.

- 노출된 절연재 또는 래깅(Lagging) 등에는 방수처리(금속커버 또는 페인트 포함)를 해야 한다.
- 보일러 외부에 있는 증기관 및 급수관 등이 얼지 않도록 적절한 보호조치를 해야 한다.
- 강제 통풍팬의 입구에는 빗물 방지 보호판을 설치해야 한다.

③ 보일러의 설치

보일러는 다음 조건을 만족시킬 수 있도록 설치해야 한다.

- 기초가 약하여 내려 앉거나 갈라지지 않아야 한다.
- 강구조물은 접지되어야 하고 빗물이나 증기에 의하여 부식되지 않도록 적절한 조치를 해야 한다.
- 수관식 보일러의 경우 전열면을 청소할 수 있는 구멍이 있어야 하며, 구멍의 크기 및 수는 강철제 보일러 형식 승인기준에 따른다. 다만, 전열면의 청소가 용이한 구조일 경우 예외로 한다.
- 보일러에 설치된 폭발구의 위치가 보일러 기사의 작업 장소에서 2m 이내에 있을 때에는 당해 보일러의 폭발가스를 안전한 방형으로 분산시키는 장치를 설치해야 한다.
- 보일러의 사용압력이 어떠한 경우에도 최고 사용압력을 초과할 수 없도록 설치되어야 한다.

(5) 배관의 설치

보일러 실내의 각종 배관은 팽창과 수축을 흡수하여 누설이 없도록 하고, 가스용 보일러의 연료배관은 다음에 따른다.

① 배관을 외부에 노출하여 시공해야 한다. 다만, 동관, 스테인리스강관, 기타 내식성 재료로서 이음매(용접이음매는 제외한다) 없이 설치하는 경우에는 매몰하여 설치할 수 있다.

② 배관과 굴뚝, 전기개폐기 및 전기콘센트와의 거리는 30cm 이상, 전기계량기 및 전기안정기와의 거리는 60cm 이상, 전선과의 거리는 15cm 이상의 거리를 유지해야 한다.

③ 배관의 고정

배관은 움직이지 아니하도록 고정 부착하는 조치를 하되 그 관경이 13mm 미만의 것에는 1m마다, 13mm 이상~33mm 미만의 것에는 2m마다, 33mm 이상의 것에는 3m마다 고정장치를 설치해야 한다.

④ 배관의 접합

- 배관을 나사접합으로 하는 경우에는 KS B 0222(관용 테이퍼 나사)에 의해야 한다.
- 배관의 접합을 위한 이음쇠가 주조품인 경우에는 가단 주철제이거나 주강제로서 KS 표시 허가제품 또는 이와 동등 이상의 제품을 사용해야 한다.

⑤ 배관의 표시

- 배관은 그 외부에 사용 가스명, 최고사용압력 및 가스 흐름방향을 표시해야 한다.
- 배관의 표면 색상은 황색으로 해야 한다.

(6) 보일러 급수장치

① 급수장치를 필요로 하는 보일러에는 다음 조건을 만족시키는 주펌프(인젝터를 포함한다.) 세트 및 보조펌프 세트를 갖춘 급수장치가 있어야 한다. 다만, 전열면적 12㎡ 이하의 보일러, 전열면적 14㎡ 이하의 가스용 온수보일러 및 전열면적 100㎡ 이하의 관류 보일러에는 보조펌프를 생략할 수 있다.

② 주 펌프세트는 동력으로 운전하는 급수펌프 또는 인젝트이어야 한다. 다만, 보일러 최고 사용압력이 2.5kg/㎠ 미만으로 화격자 면적이 0.6㎡ 이하인 경우, 전열면적이 12㎡ 이하인 경우 및 상용압력 이상의 수압에 급수할 수 있는 급수탱크 또는 수원을 수장치로 하는 경우에는 예외로 할 수 있다.

③ 보일러 급수가 멎은 경우 즉시 연료(열)의 공급이 차단되지 않거나 과열될 우려가 있는 보일러에는 인젝터를 설치해야 한다.

④ 2대 이상의 보일러에 대한 급수장치
1개의 급수장치로 2대 이상의 보일러에 물을 공급할 경우 이들 보일러를 1대의 보일러로 간주하여 적용한다.

⑤ 급수밸브와 체크밸브
급수관에는 보일러에 인접하여 급수밸브와 체크밸브를 설치해야 한다. 이 경우 급수가 밸브 디스크를 밀어 올리도록 급수밸브를 부착해야 하며 1조의 밸브 디스크와 밸브 시트가 급수밸브와 체크밸브의 기능을 겸하고 있어도 별도의 체크밸브를 설치해야 한다. 다만, 최고 사용압력 1kg/㎠ 미만의 보일러에서는 체크밸브를 생략할 수 있으며 급수가열기를 출구 또는 급수펌프의 출구에 스톱밸브 및 체크밸브가 있는 급수 장치를 개별 보일러마다 설치한 경우에는 급수밸브 및 체크밸브를 생략할 수 있다

⑥ 급수밸브의 크기 급수밸브 및 체크밸브의 크기는 전열면적 10㎡를 초과하는 보일러에서는 호칭 20A 이상이어야 한다.

⑦ 자동급수조절기
자동급수조절기를 설치할 때에는 필요에 따라 즉시 수동으로 변경할 수 있는 구조이어야 하며, 2개 이상의 보일러에 공통으로 사용하는 자동급수조절기를 설치해서는 안 된다.

(7) 응축수 탱크

① 탱크 내면은 고열 에폭시수지 도료(최고온도 150℃) 혹은 아연도금(Galvanizing), 알루미늄 메탈라이징(AL-Metalizing) 등으로 완전히 방청처리한다.

② 탱크 저위면은 펌프 흡입구보다 반드시 높게 한다. 펌프의 흡입높이는 수온이 높아짐에 따라 감소하고, 결국은 펌프의 흡입측에 있어서 압력을 가지고 밀어 넣지 않으면 안 된다. 표 7-2와 같이 수온에 따른 흡입높이를 검토하고 탱크 저수면은 필요한 높이만큼 펌프 흡입구보다 높인다.
예) 응축수 온도가 85℃일 때 탱크 저수위 면은 펌프흡입구보다 1.5m 이상 높여야 한다.

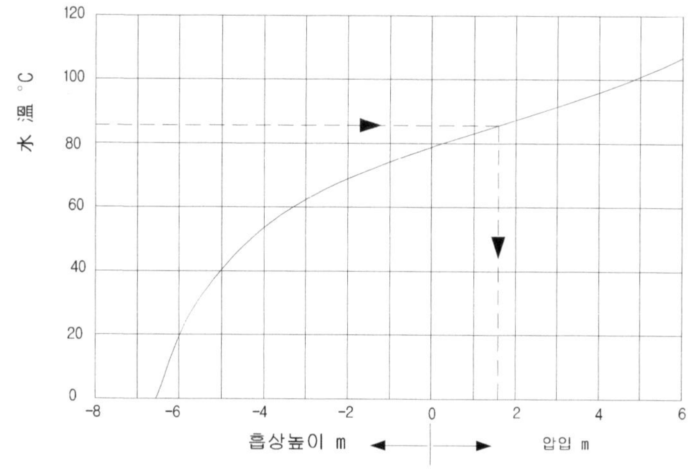

그림 7-2 ▸ 수온과 펌프의 흡상높이

(8) 연도

① 연도는 굴뚝 삽입부는 그림 7-3과 같이 내부의 내화벽돌까지 삽입한다.

② 2대 이상의 보일러를 동일 연도로서 연결한 경우는 보일러와 보일러 중간에 그림 7-4와 같이 신축이음을 설치한다.

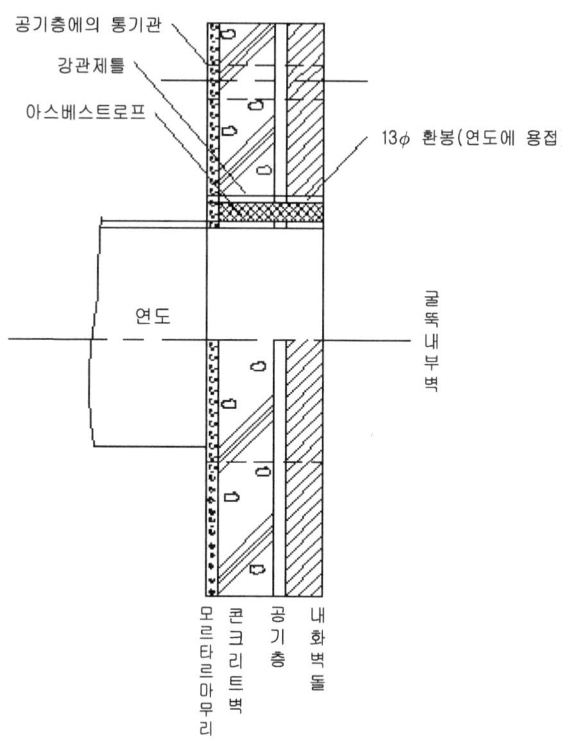

그림 7-3 ▸ 연도와 굴뚝 연결

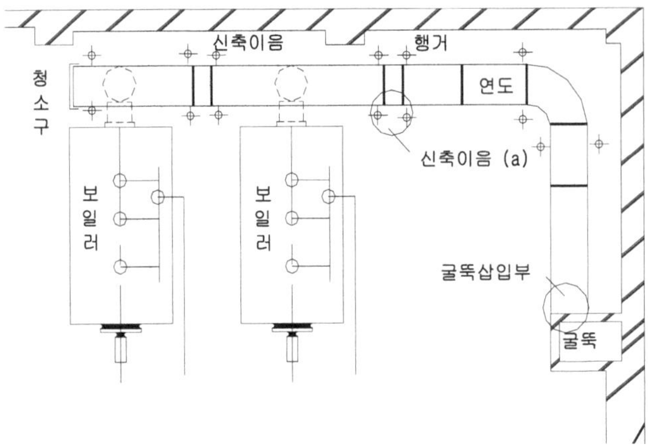

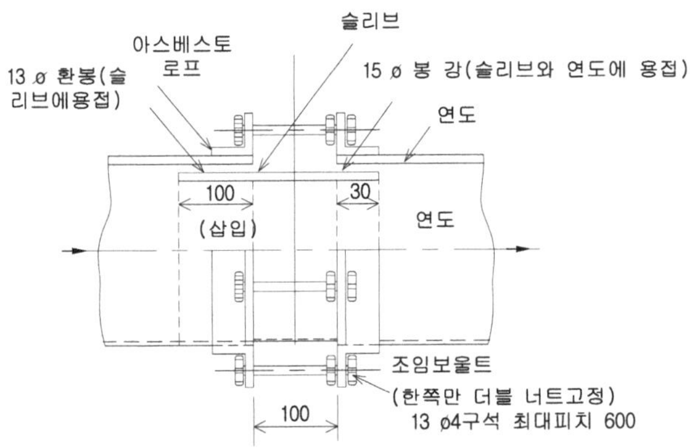

그림 7-4 ▸ 연도의 신축이음

③ 연도와 벽과의 간격은 그림 7-5와 같이 최소 300mm 이상 띄운다.

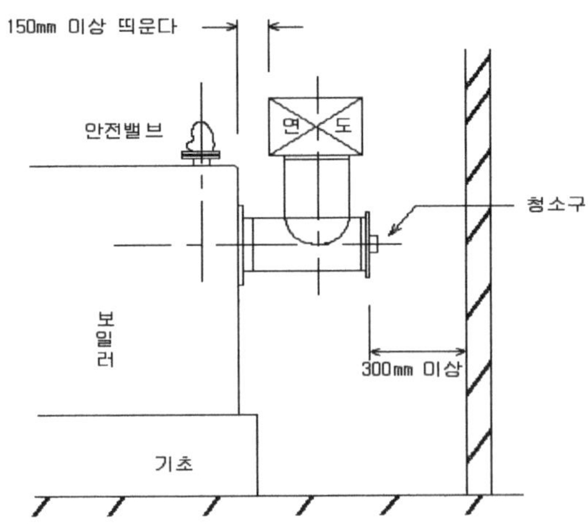

그림 7-5 ▸ 연도와 벽체 이격거리

④ 연도 지지간격은 일반적으로 2m 정도로 하고 덕트 행거 철물에 준해 보일러에 연도 중량이 직접 가해지지 않도록 지지한다.

⑤ 연도는 내부의 청소가 용이한 부분에 청소구를 설치한다.

(9) 전기와 협조 사항

① 역률 개선용 진상 콘덴서의 공사구분을 정한다.

② 현장 전선작업(Field Wiring)의 공사구분을 정한다.

③ 관련 장비에 대한 인터록(Interlock)에 대한 공사구분을 정한다.

(10) 인 · 허가 사항을 필하였는가

① 보일러 설치 검사

② 가스사용 검사

③ 공해방지시설 검사 등

(11) 보일러 검수결과 보고서

도면상의 장비번호

제조회사	형 식	Model NO.	제조번호	제조일자	형식승인번호

최대 증발량	전열면적	외형 치수(mm)	효 율
kg/h	m²	W H L	(%)
전 원	충전기용량	최고 사용압력	
V/ PH/ Hz	kw	kg/cm²	

송풍기	형식	SIZE	풍량	모터용량	수량
			CMM	HP	대
버너	형식	연료소비량	모터용량	착화방식	수량
		L/HR	HP		대
공기예열기	외형치수(mm)			전열면적	M²
부속품	안전밸브	유량계	수량계	인젝터	오일 예열기
	kg/cm²	mm	mm	mm	kw
	이코노마이저	보수공사	방진자재		
	유 무	유 무			
외관상태					
기 타					

확인자 의견:

공 사 명	
검 사 일 자	20 . . .
검 수 수 량	
검수 요 청 자	(인)
확 인 자	(인)

주 : 1. 수압시험 및 X-RAY 검사 확인서를 검수시 첨부할 것.
2. 검수시 동일규격(같은 사양)별로 작성할 것.
3. 현장 담당자는 반입제품에 표기된 명판내용을 확인할 것.

2) 냉동기

(1) 냉동기 제작도면 검토사항

① 제작공정표
- 중간검사일
- 반입예정일

② 제작사양
- 용량확인(부하계산서와 제작 도면의 냉방능력 확인)
- 냉수 및 냉각수의 입 · 출구 온도(설계도서와 일치 여부)
- 전기용량 설계도서와 일치 여부
- 방진의 적정성 여부(종류, 변위량, 위치, 계산서)
- 장비크기(장비 반입구 확인)
- 냉수 냉각수 유량 및 관경 확인

③ 중간검사
- 승인조건과 사양은 적합성 여부
- 사용자재

④ 반입 설치
- 제작도면과 일치 여부
- 타 공정과의 연계성(건축, 전기)
- 설치상태 : 방진 및 외관검사(도장, 단열 등)
- 연도크기 및 경로 확인

⑤ 시운전
- 냉수 및 냉각수 입 · 출구 온도
- 정격부하 및 가변부하시험
- 소음상태 확인
- 자동제어와 연계성 확인

⑥ 준공서류
- 성능 및 시험성적서
- 품질보증서
- 운전 및 유지보수 지침서

(2) 냉동기설치 공사

① 화기와의 거리

* 고압가스 안전관리법 시행규칙 제8조 : 고압가스제조 등의 시설기준 및 기술기준 ②항(고압가

스 일반제조의 시설기준 및 기술기준 별표 5)

가스설비 및 저장설비는 그림 7-6과 같이 그 외면으로부터 화기(그 설비 안의 것을 제외한다)를 취급하는 장소까지 2m(가연성 가스 및 산소의 가스설비 또는 저장설비 8m) 이상의 우회거리를 두어야 하며, 가스설비와 화기를 취급하는 장소와 사이에 그 가스설비로부터 누출된 가스가 유동하는 것을 방지하기 위한 시설을 설치해야 한다.

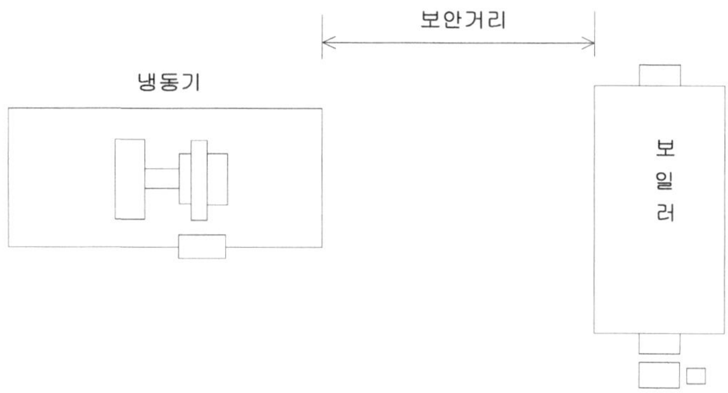

그림 7-6 ▸ 냉동기와 보일러의 보안 거리

② 냉동기의 유지보수를 고려하여 냉동기 전면의 공간에 그림 7-7과 같이 튜브길이 이상을 필히 확보해야 한다.

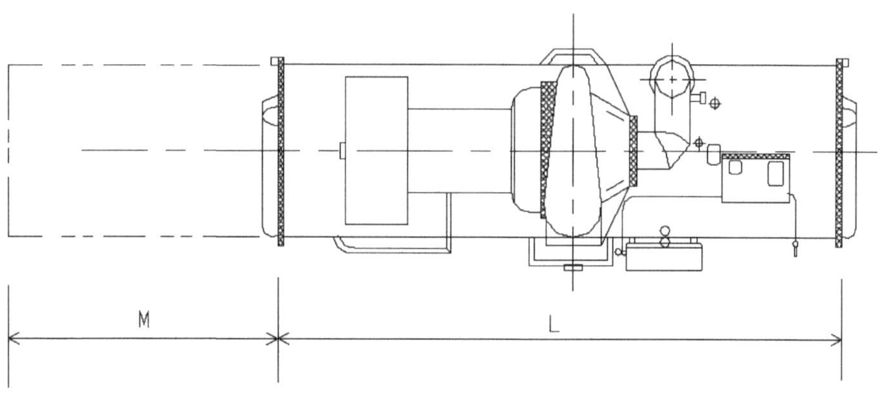

그림 7-7 ▸ 냉동기와 튜브 인출 공간

(3) 전기와 협의사항

① 역률 개선용 진상 콘덴서의 공사구분을 정한다.

② 냉동기의 1, 2차 전기공사 한계를 정한다.

③ 관련 장비의 인터록에 대한 공사구분을 정한다.

④ 터보 냉동기의 기동기반-전동기, 기동기반-조작기반간의 배관 및 배선공사는 기계실 바닥공

사 마감 전에 공사토록 한다.

⑤ 냉동기의 오일 히터는 항상 스위치를 ON시키도록 한다.

⑥ 발주 전 상기 내용에 대해 전기부서와 협의한다.

(4) 왕복식 냉동기 검수결과 보고서

도면상의 장비번호

<table>
<tr><td colspan="2">제조회사</td><td colspan="2">제조번호</td><td colspan="2">제조일자</td></tr>
<tr><td colspan="2"></td><td colspan="2"></td><td colspan="2"></td></tr>
<tr><td colspan="3">Model NO.</td><td colspan="3">냉 동 능 력</td></tr>
<tr><td colspan="3"></td><td colspan="3">kcal/H(USRT)</td></tr>
<tr><td colspan="3">압축기 제조회사.</td><td colspan="3">압축기 Model</td></tr>
<tr><td colspan="3"></td><td colspan="3"></td></tr>
<tr><td>냉매량</td><td>냉매충전량</td><td colspan="2">동 력 전 원</td><td>조작전원</td><td>배관, 배선</td></tr>
<tr><td></td><td>kg</td><td colspan="2">PH/ V/ Hz</td><td>PH/ V/ Hz</td><td></td></tr>
<tr><td>제어반</td><td colspan="2">응축기입출구 관경</td><td>증발기 입출구 관경</td><td>보호장치</td><td>방진자재</td></tr>
<tr><td></td><td colspan="2">mm, mm</td><td>mm, mm</td><td></td><td></td></tr>
<tr><td>기 타</td><td colspan="5"></td></tr>
<tr><td colspan="6">확인자의견</td></tr>
</table>

공 사 명	
검 사 일 자	20 . . .
검 수 수 량	
검수 요 청 자	(인)
확 인 자	(인)

주: 1. 검수시 동일규격(같은 사양)별로 작성할 것.
2. 현장담당자는 반입제품에 표기된 명판내용을 확인할 것.

3) 냉각탑

(1) 냉각탑 제작도면 검토사항

① 제작공정표
- 중간검사일
- 반입예정일

② 제작사양
- 용량 확인(냉동기 용량과 연계하여 확인)
- 유량 및 입·출구 온도(설계도서와 일치 여부)
- 전기용량 설계도서와 일치여부
- 방진의 적정성 여부(종류, 변위량, 위치, 계산서 등)
- 냉수·냉각수 유량과 관경 확인
- 냉각수 비산량에 따른 방지시설 검토

③ 중간검사
- 승인조건과 사양은 맞는지
- 사용자재

④ 반입설치
- 제작도면과 일치 여부
- 타 공정과 연계성(건축, 전기)
- 설치상태 : 방진 및 외관검사(도장 단열 등)

⑤ 시운전
- 냉각수 입·출구 온도
- 정격부하 및 가변부하시험
- 비산상태
- 소음 및 진동상태
- 자동제어와 연계성

⑥ 준공서류
- 성능 및 시험성적서
- 품질보증서
- 운전 및 유지보수 지침서

(2) 냉각탑 설치공사

① 냉각탑의 배치

냉각탑 설치시 주위와 탑체와의 간격은 그림 7-8과 같이 최소 간격을 유지해야 한다.

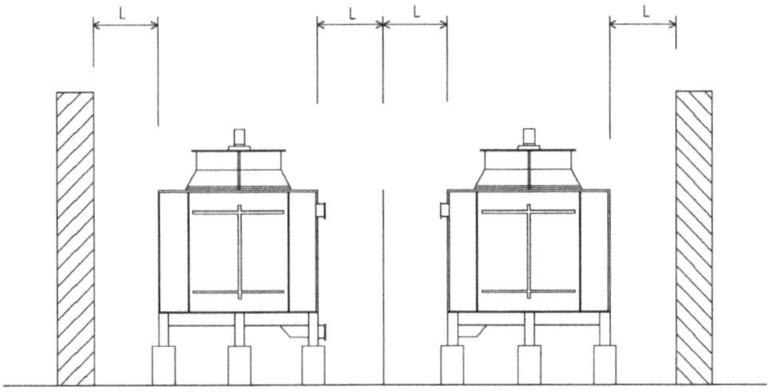

L치수	
100 R/T 이하	2.0m 이상
125~175 R/T	2.5m 이상
200~400 R/T	3.0m 이상
500R/T 이상	3.5m 이상

그림 7-8 ▸ 냉각탑의 배치

- L치수는 장애물이 완전히 메워진 경우이며 개구부가 있으면 개구율에 따라 L치수는 변화할 수 있다.
- 벽의 높이가 냉각탑보다 높을 경우 순환공기의 개순환을 방지하기 위해 후드를 설치한다.

② 냉각탑 설치장소 선정시 유의사항

냉각탑의 설치장소는 냉각탑의 성능과 수명, 효율에 직접 관계되므로 다음 조건에 맞는 설치장소를 선정해야 한다.

- 냉각탑 공기 흡입에 영향을 주지 않는 곳.
- 냉각탑 흡입구측에 습구온도가 상승하지 않는 곳.
- 송풍기 토출측에 장애물이 없는 곳.
- 토출되는 공기가 천장에 부딪혀 공기 흡입구에 재순환되지 않는 곳.
- 온풍이 토출되는 배기구와 멀리 떨어져 있는 곳.
- 기온이 낮고 통풍이 잘 되는 곳.
- 냉각탑 반향음이 발생되지 않는 곳.
- 산성, 먼지, 매연 등의 발생이 적은 곳.

특히 대량으로 매연을 흡입할 경우 냉각탑뿐만 아니라 냉각수관, 응축기 튜브까지 부식시킬 우려가 있으므로 주의해야 한다.

③ 냉각탑 설치시 유의사항

- 냉각탑 기초는 필히 도면을 참조하여 시공한다.
- 기초 하부의 지질은 균질해야 한다. 일부 암석이나 토양 위에 구축하게 되면 불균일하게 침하하여 냉각탑이 기울어질 수 있다.
- 기초 콘크리트의 상면은 요철이 없어야 하며 콘크리트가 충분히 경화한 후 기초볼트는 확실하게 고정해야 한다.
- 사전에 냉각탑 반입 가능 여부의 확인 및 설치장소를 미리 결정하고 배치도와의 이상 유무를 확인한다.

- 냉각탑의 상부가 반드시 위로 향하게 하여 운반한다.
- 운반 중 기기를 떨어뜨리거나 기기에 충격을 주지 않도록 주의한다.
- 로프와 케이싱 사이에 부드러운 물질을 넣어 미끄럼에 의한 손상되지 않도록 주의한다.
- 조립이 끝난 후 누락된 것이 없는지, 부속기기들이 견고하게 부착되었는지 확인한다.

④ 냉각탑 배관시 유의사항

- 배관경은 도면상에 기재된 관경에 맞추어 시공한다.
- 냉각수 펌프가 냉각탑 수조의 운전수위 이하에 설치되어 있는 것을 확인한 후에 배관 공사를 한다.
- 냉각탑 입구 배관에는 수량조절용 밸브를 설치한다.
- 배관의 중량이 냉각탑에 걸리지 않도록 냉각탑 이외의 장소에 지지한다.
- 냉각탑 운전수위보다 높은 위치의 배관 특히 수평배관은 짧게 한다.
- 펌프 운전시 공기가 들어가며 펌프 정지시 오버플로우의 원인이 된다.
- 2대 이상을 병렬하여 운전할 경우 수위를 동일하게 유지하기 위해 균압관을 설치하여야 한다.
- 반드시 오버플로우 또는 배수배관을 시공한다.
- 보급수 배관에는 밸브를 설치한다.
- 동절기 동결방지를 위해 배관 아래의 장소에 물을 뺄 수 있는 장치를 설치한다.
- 냉각탑 주위의 배관 도중에 공기가 차지 않게 냉각탑을 향해서 1/200의 상향 구배로 하고 공기는 냉각탑에 빠질 수 있도록 한다.
- 합성수지제의 냉각탑은 특히 탑에 배관을 접속할 때 무리한 배관으로 인한 배관의 하중이 냉각탑에 걸리지 않도록 주의한다.
- 냉각탑과 배관의 접속개소에는 방진을 고려하여 플렉시블 조인트를 사용하여 시공한다.

⑤ 냉각탑 배관

- 냉각탑이 높은 위치에 있는 경우 : 그림 7-9 참조
  초기 운전시 배관 내에 물을 가득 채운 후 운전을 한다. 운전중 감소하는 냉각수는 냉각탑 수조 내 볼탭의 작동으로 자동으로 보급된다.
- 냉각탑이 낮은 위치에 있는 경우 : 그림 7-10 참고
  냉각탑의 위치가 부하측 기기보다 낮은 경우 순환펌프를 정지하면 도중에 물이 유출되므로 순환 펌프와 냉각탑 사이에는 보조수조가 필요하다.

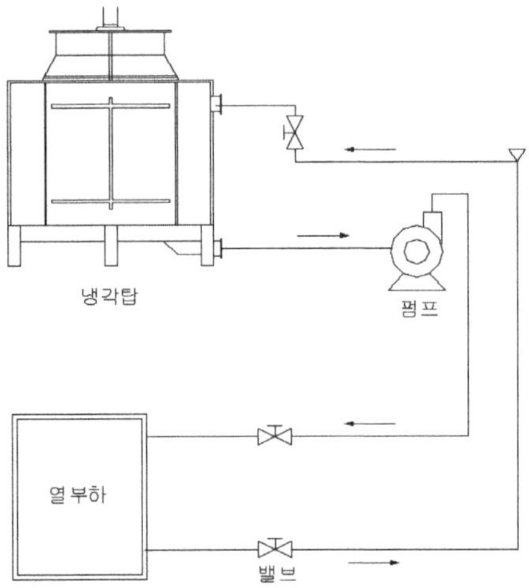

그림 7-9 ▸ 냉각탑이 높은 위치에 있는 경우

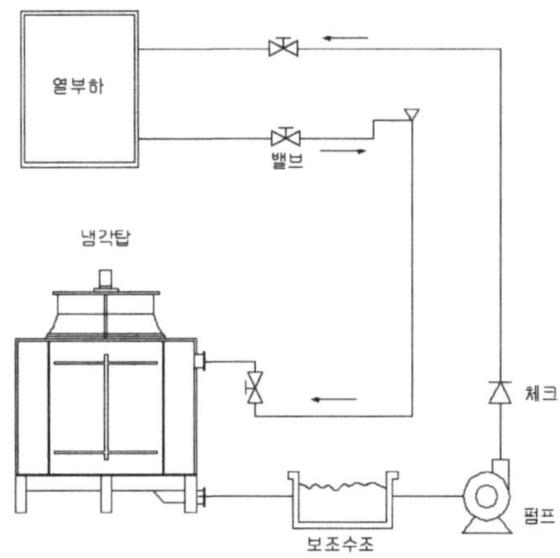

그림 7-10 ▸ 냉각탑이 낮은 위치에 있는 경우

- 냉각부하보다 냉각탑 용량이 큰 경우 : 그림 7-11 참조

  기기의 증설을 고려하여 냉각탑의 용량을 큰 것으로 설치할 경우 냉각수를 기기에 필요한 만큼만 순환시키므로 바이패스 배관을 한다.

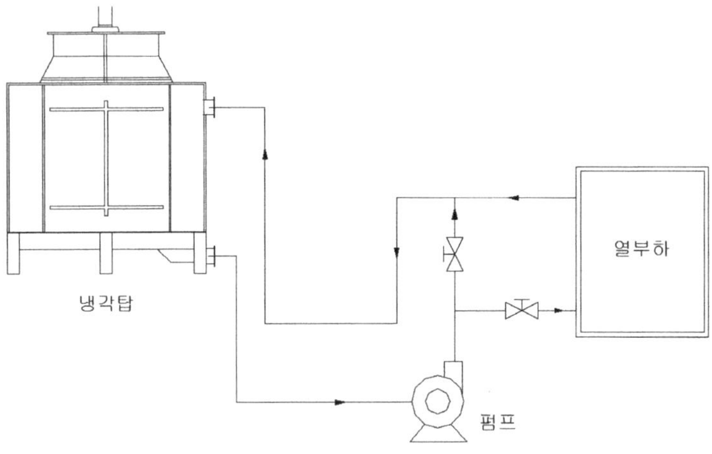

그림 7-11 ▸ 냉각탑 용량이 큰 경우

(3) 냉각탑 검수결과 보고서

도면상의 장비번호

<table>
<tr><td>제조회사</td><td>형 식</td><td colspan="2">Model NO.</td><td>제조번호</td><td>제조일자</td><td>납품일자</td></tr>
<tr><td></td><td></td><td colspan="2"></td><td></td><td></td><td></td></tr>
<tr><td colspan="2">용 량</td><td colspan="2">냉각수량</td><td>순환수량</td><td>조립상태</td><td>외관상태</td></tr>
<tr><td colspan="2">kcal/h</td><td colspan="2">LPM</td><td>LPM</td><td>양호 불량</td><td>양호 불량</td></tr>
<tr><td rowspan="2">송풍기</td><td>제조회사</td><td>Model NO.</td><td>SIZE</td><td>풍량</td><td>정압</td><td>회전수</td></tr>
<tr><td></td><td></td><td></td><td>CMM</td><td>mmAq</td><td>rpm</td></tr>
<tr><td rowspan="3">전동기</td><td>제조회사</td><td>형식</td><td>제조번호</td><td>절연구분</td><td>극 수</td><td>회 전 수</td></tr>
<tr><td></td><td></td><td></td><td>종</td><td>극</td><td>rpm</td></tr>
<tr><td>전원</td><td>입력</td><td>암페어</td><td colspan="2">기 타</td><td>외관상태</td></tr>
<tr><td></td><td>V/ PH
/Hz</td><td>kw</td><td>A</td><td colspan="2"></td><td></td></tr>
<tr><td rowspan="2">크 기</td><td colspan="6">외 형 SIZE</td></tr>
<tr><td colspan="6">₩</td></tr>
<tr><td rowspan="2">배관구경</td><td colspan="2">냉각수 입구</td><td colspan="2">냉각수 출구</td><td>오버플로</td><td>드레인</td></tr>
<tr><td colspan="2">mm</td><td colspan="2">mm</td><td>mm</td><td>mm</td></tr>
<tr><td>기 타</td><td colspan="6"></td></tr>
<tr><td colspan="4" rowspan="5">확인자 의견</td><td>공 사 명</td><td colspan="2"></td></tr>
<tr><td>검 사 일 자</td><td colspan="2">20 . . .</td></tr>
<tr><td>검 수 수 량</td><td colspan="2"></td></tr>
<tr><td>검수 요 청 자</td><td colspan="2">(인)</td></tr>
<tr><td>확 인 자</td><td colspan="2">(인)</td></tr>
</table>

주: 1. 검수시 동일규격(같은 사양)별로 작성할 것.
  2. 현장담당자는 반입제품에 표기된 명판내용을 확인할 것.

4) 공조기, 항온항습기

(1) 공조기(항온항습기) 제작도면 검토사항

① 제작공정표

- 중간검사일
- 반입예정일

② 제작사양

- 용량계산서(입 · 출구 온도, 유량, 유속 등)
- 공조기 종류의 일치여부(수직, 수평 등)
- 냉 · 온수 코일의 사용압력
- 규격 및 재질 확인, 외부 마감도장(색상, 도장방법)

- 방진방법의 적정성 여부(방진계산서)
- 공기여과방식(Pre Medium 등)
- 가습방법
- 코일 헤더의 재질

③ 구성

- 송풍기 : 임펠러 재질 및 강도, 베어링 규격
- 전동기 : 전원, 전류, 기동방식
- 코일 : 재질(KS D 3522 이음매 없는 인탈산 동관), 방열판은 알루미늄 등
- 케이싱 : 케이싱 재질, 단열, 흡음방법
- 댐퍼 : 재질 및 공기누설
- 공기여과기 : 세척가능 여부, 여과능력, 압력손실 값의 적정성
- 가습기 : 가습방법(온수, 증기), 사용압력, 분사압력 등
- 응축수받이 : 드레인판의 재질(STS 304 이상), 판 하부 단열(결로 방지)
- 방진 : 방진의 변위량, 선정의 위치 적정 여부

④ 중간검사

- 승인조건(재질 및 사양 등)과 일치한가
- 시험항목 : 풍량, 정압, 팬 밸런싱, 소음, 코일 수압시험

⑤ 반입설치

- 제작도면과 일치 여부
- 중간검사 지적사항 보완 여부
- 설치상태 : 방진 및 외관검사(도장, 단열, 흡음)

⑥ 시운전

- 송풍기 풍량, 정압, 소음 정격부하 및 가변부하시험

⑦ 준공서류

- 성능 및 시험성적서
- 품질보증서
- 운전 및 유지관리 지침서
- 예비품 리스트 : 계약서 및 시방서 확인(V벨트, 필터, 베어링, 기타 보수공구 등)

(2) 공기조화기 설치공사

① 공조실 공기조화기 배치 검토사항

배관 공간 확보, 코일, 필터, 풀리, 모터 교환 등의 공간을 고려하여 그림 7-12와 같이 검토해야 한다.

-D는 배관 공간을 고려해서 1.0m 이상으로 한다.

-G, E는 시공시 사람이 들어갈 수 있도록 최소 0.3m 이상 확보

-F는 송풍기의 풀리 교체를 위하여 0.5m 이상 확보

-배관 공간이나 토일 필터, 풀리, 모터 교환공간을 고려하여 다음과 같이 시공한다.

· D는 배관 공간을 고려하여 1.0m 이상으로 한다.

· G, E는 시공시에 사람이 들어갈 수 있도록 최소 공간을 0.3m 이상으로 한다.

· F는 송풍기의 풀리 교체를 위하여 0.5m 이상을 필요로 한다.

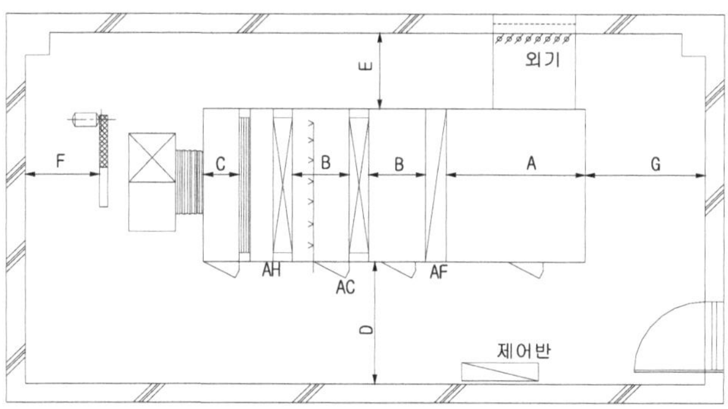

그림 7-12 ▸ 공조기 설치

② 공조실 바닥 드레인은 그림 7-13과 같이 깔때기(Funnel Drain)를 사용한다.

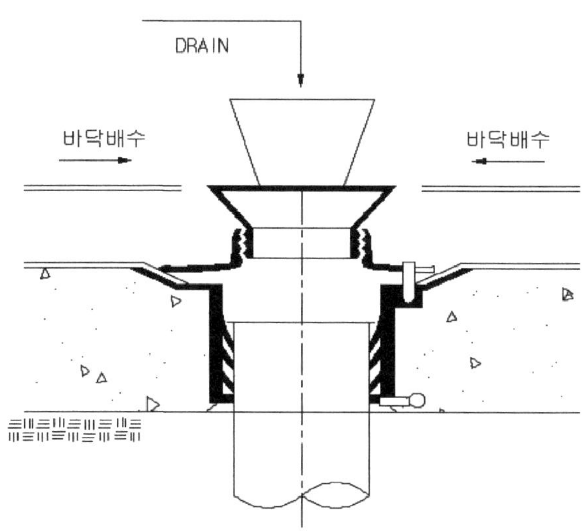

그림 7-13 ▸ 드레인

(3) AHU 검수결과 보고서

도면상의 장비번호

제조회사	형 식	Model NO.	제조번호	제조일자	납품일자
냉방능력	난방능력	냉 수 량	온 수 량	조립상태	외관상태
㎉/h	㎉/h	LPM	LPM	양호 불량	양호 불량

구분						
송풍기	제조회사	Model NO.	SIZE	풍량	정압	회전수
				CMM	mmAq	rpm
전동기	제조회사	형식	제조번호	절연구분	극 수	회 전 수
				종	극	rpm
	전원	입력	암페어	기 타		외관상태
	V/ PH /Hz	kw	A			

구분							
C/코일	ROW	Tube Size	핀 피치	입구관경	출구관경	전면면적	
		mm	개/인치	mm	mm	m^2	
H/코일	ROW	Tube Siz	핀 피치	입구관경	출구관경	전면면적	
		mm	개/인치	mm	mm	m^2	
방 진 자 재				재질	면적	두께	
					m^2		
기 타							

확인자 의견

공 사 명	
검 사 일 자	20 . . .
검수 수 량	
검수 요 청 자	(인)
확 인 자	(인)

주: 1. 코일 내압시험, 기밀시험은 제작시 실시한 시험성적서를 검수시 첨부할 것.
2. 검수시 동일규격(같은 사양)별로 작성할 것.
3. 현장담당자는 반입제품에 표기된 명판내용을 확인할 것.

5) 펌 프

(1) 펌프류 제작도면 검토사항

① 제작공정표

－중간검사일

－반입예정일

② 제작사양

-공급전압, 전류, 회전수, 기동방식

-임펠러 : 주철, 청동, 스테인리스 등

-케이싱 : 주물, 스테인리스

-패킹 : 그랜드패킹, 메카니컬실

-방진 : 배관 하중을 고려

-효율 : A+B/2 효율을 적용

③ 중간검사

-승인조건(재질 및 사양 등)과 비교

-시험항목 : 유량, 양정, 전류

④ 반입설치

-제작도면과 일치 여부

-중간검사 지적사항 보완 여부

-설치상태 : 방진 및 외관검사(도장)

⑤ 준공서류

-성능 및 시험 성적서

-품질 보증서

-운전 및 유지관리 지침서

-예비품 리스트 : 계약서 및 시방서 확인

⑥ 제출서류목록

-제작공정표

-장비 목록표

-설치지침, 시공방법 등이 포함된 제작시방서

-선택점(운전점)이 명확히 표시된 펌프성능 곡선도

-펌프 제작도면 : 각 부분의 치수, 재질, 필요한 설치공간 등이 표시되어 있는 도면

-한국산업규격 표시 허가증 사본

-펌프방진 베이스 도면 및 방진계약서

-기타

(2) 펌프 설치공사

① 일반펌프 설치시 유의사항

- 펌프를 설치할 장소의 작업조건을 면밀히 검토하고 부적당한 작업조건이 있을 때에는 즉시 시정하여 요구조건에 부합되도록 하고 제조업자의 설치지침서에 따라 지시된 곳에 펌프를 설치한다.
- 펌프의 운전 및 보수를 위한 작업공간이 확보되어야 하되, 제조업자가 권장하는 공간보다 적어서는 안 된다.
- 수평형 또는 수직형은 기초대가 휘거나 처지지 않도록 주의하여 기초 윗면에 수평 또는 수직으로 고정하고 기초볼트는 균등하게 조인다. 펌프와 모터의 연결주축은 정확하게 직선이 되도록 조정한다.
- 펌프에 밸브 및 관을 부착할 시에는 그 하중이 직접 펌프에 걸리지 않도록 충분히 지지된 상태에서 작업해야 한다.
- 펌프의 공급 횡주관에는 진동을 흡수할 수 있는 방진행거를 설치해야 한다.
- 펌프의 토출측에 충격 완화용 체크밸브를 설치해야 한다.
- 펌프의 흡 · 토출구에 플렉시블 조인트 또는 플렉시블 커넥터를 설치하여 배관의 진동 전달을 막아야 한다.
- 펌프축 중심 조절은 제조업자의 기술자 입회하에 실시하고, 시동하기 전에 윤활유를 급유한다.

② 입형 배수펌프(그림 7-14 참조)

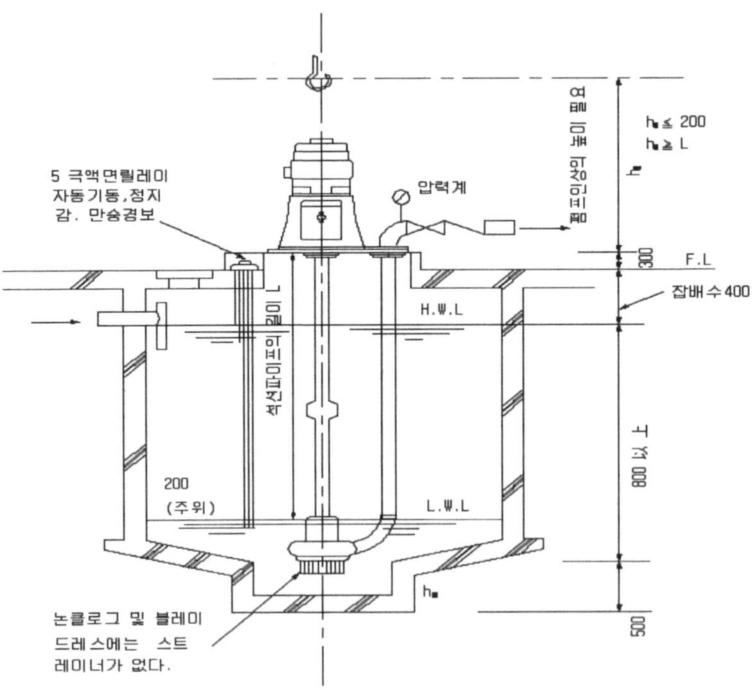

그림 7-14 ▸ 입형 배수 펌프 설치

- 펌프의 설치위치는 배수 유입구에서 떨어진 장소로서 점검이나 끌어올리는데 지장이 없는 곳으로 하고, 본체는 피트 벽면 및 바닥에서 200mm 정도의 간격을 잡는다.
- 펌프의 주축은 부득이한 경우를 제외하고 분해하지 않고 그대로 설치한다.
- 자재 발주시 집수정 깊이를 반드시 확인하여 샤프트 길이를 정한다.
- 기초콘크리트에는 끌어올림이나 끌어내릴 때에 지장이 없도록 충분한 크기의 구멍을 뚫는다.

③ 인라인 순환펌프 설치(그림 7-15 참조)

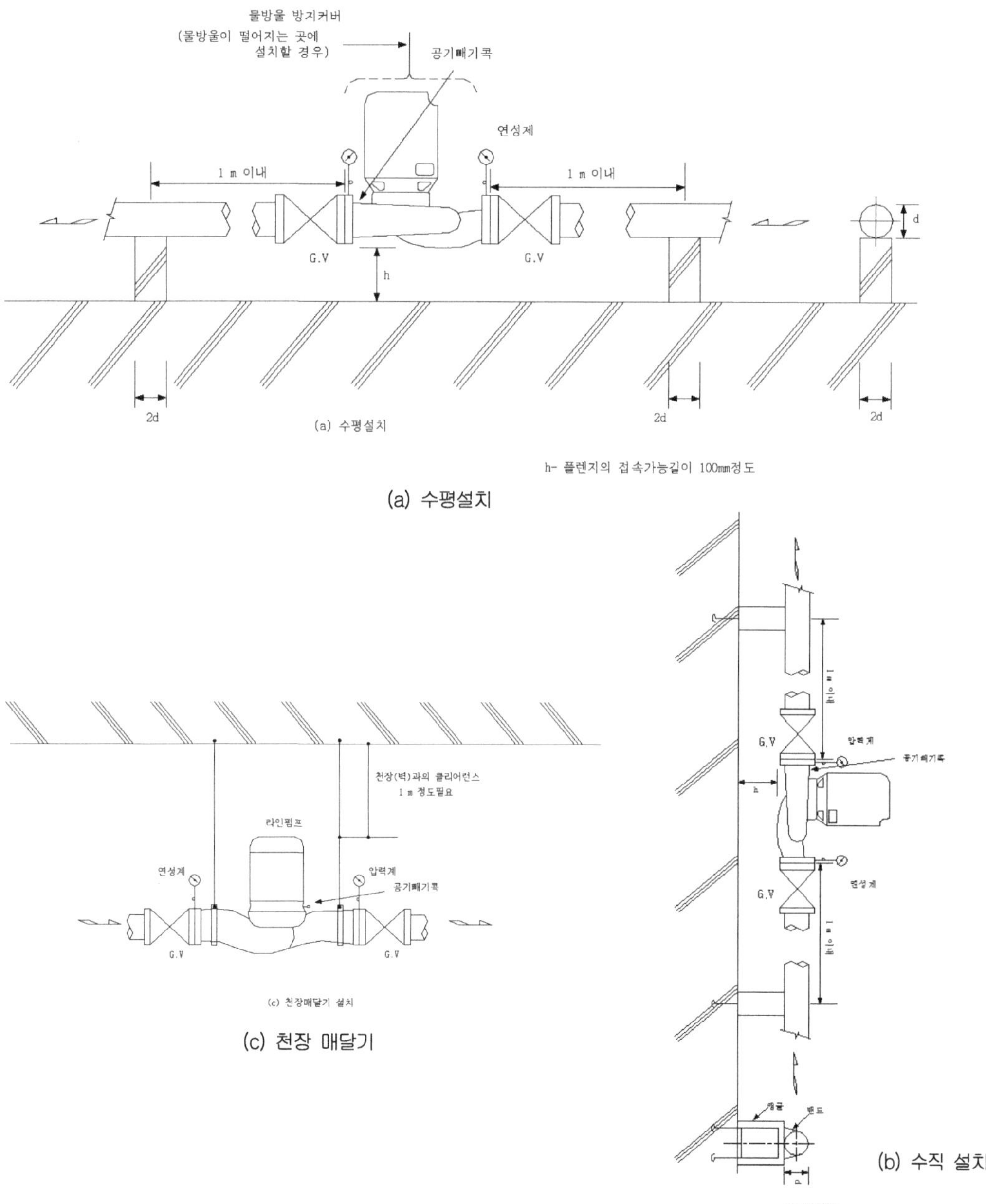

(a) 수평설치

(c) 천장 매달기

(b) 수직 설치

그림 7-15 ▸ 라인 순환펌프 설치

- 펌프설치는 배관의 직선구간에 펌프의 기초나 가대 없이도 설치가 가능하나 유지관리가 용이하도록 설치해야 한다.
- 모터는 고속회전에 따른 소음, 부품 마모 등을 고려하여 4극(1,750 rpm) 모터 사용을 원칙으로 한다.
- 배관은 펌프에 하중이 전달되지 않도록 견고하게 지지해야 하며, 펌프설치 부위에는 진동이나 흔들림이 없도록 고정해야 한다.
- 펌프설치 최하단부에는 배관 내의 물이 퇴수할 수 있도록 퇴수밸브를 설치해야 한다.

(3) 펌프검수 결과 보고서

도면상의 장비번호

<table>
<tr><td rowspan="4">펌 프</td><td>종 류</td><td>제 조 회 사</td><td colspan="2">형 식</td><td colspan="2">제조번호</td><td>제조일자</td></tr>
<tr><td></td><td></td><td colspan="2"></td><td colspan="2"></td><td></td></tr>
<tr><td>구경(입구*출구)</td><td>유량</td><td colspan="2">총양정</td><td>회전수</td><td>단수</td><td>외관상태</td></tr>
<tr><td>mm</td><td>CMM</td><td colspan="2">m</td><td>rpm</td><td>단</td><td></td></tr>
<tr><td rowspan="4">전동기</td><td>제조회사</td><td>형식</td><td>제조번호</td><td>절연구분</td><td colspan="2">극 수</td><td>회 전 수</td></tr>
<tr><td></td><td></td><td></td><td>종</td><td colspan="2">극</td><td>rpm</td></tr>
<tr><td>전원</td><td>입력</td><td>암페어</td><td colspan="3">기 타</td><td>외관상태</td></tr>
<tr><td>V/ PH /Hz</td><td>kw</td><td>A</td><td colspan="3"></td><td></td></tr>
<tr><td rowspan="4">부속품
(OX 표시)</td><td>방진자재</td><td>기초볼트</td><td>합플랜지</td><td>방 진</td><td>압력계</td><td>진공계</td><td>유면계</td></tr>
<tr><td></td><td></td><td></td><td></td><td></td><td></td><td></td></tr>
<tr><td>커플링</td><td>축이음
가이드</td><td></td><td></td><td></td><td></td><td></td></tr>
<tr><td></td><td></td><td></td><td></td><td></td><td></td><td></td></tr>
<tr><td>기 타</td><td colspan="7"></td></tr>
<tr><td colspan="8">확인자 의견</td></tr>
</table>

공 사 명	
검 사 일 자	20 . . .
검 수 수 량	
검수 요 청 자	(인)
확 인 자	(인)

주: 1. 검수시 동일규격(같은 사양)별로 작성할 것.
2. 현장담당자는 반입제품에 표기된 명판내용을 확인할 것.

6) 송풍기

(1) 송풍기 제작승인도 검토사항

① 제작공정표
 - 중간검사 예정일
 - 반입설치 예정일

② 제작사양
 - 송풍기 종류는 설계도서와 일치하는가(종류, 흡입방법, 토출구 방향)
 - 팬 : 풍량, 정압, 동력 등 설계사양과 일치 여부
 - 구성부품 : 재질 및 제작방법은 설계서와 일치하는가?
 - 방진은 적합하게 선정되었는가?

③ 중간검사
 - 송풍기 성능시험(KS 6311)기준에 의거한 입회 검사
 - 시험항목 : 정압, 동압, 전압, 동력, 회전수, 소음 및 진동 등

④ 반입 및 설치
 - 외관검사 : 도장상태, 명판
 - 설치상태(방진, 벨트장력 등)

⑤ 시운전
 - 정격전류, 풍량, 정압, 소음

⑥ 준공서류
 - 성능 및 시험성적서
 - 품질보증서
 - 운전 및 유지관리 지침서
 - 예비품 리스트 : 시방서 및 계약서 확인
  · V벨트, 보수공구 등

(2) 송풍기 설치공사

① 송풍기 설치시 유의사항
 - 송풍기의 수평은 원칙적으로 축을 기준으로 한다.
 - 송풍기와 모터측의 풀리 심내기는 외측면에 수평실 등을 대서 일직선상에 있는가를 확인한다.
 - 송풍기와 모터가 직결되어 있는 경우는 축심이 수평으로 일직선상에 있는지 검토한다.
 - V벨트의 긴장은 미끄러지지 않을 정도로 하고 너무 세게 긴장하지 않도록 한다.
 그림 7-16과 같이 V벨트의 아래쪽이 긴장되도록 모터의 위치를 조정한다.
 - 송풍기와 덕트의 접속에는 캔버스 이음을 사용해서 송풍기의 진동이 덕트로 전달되지 않도록 한다.

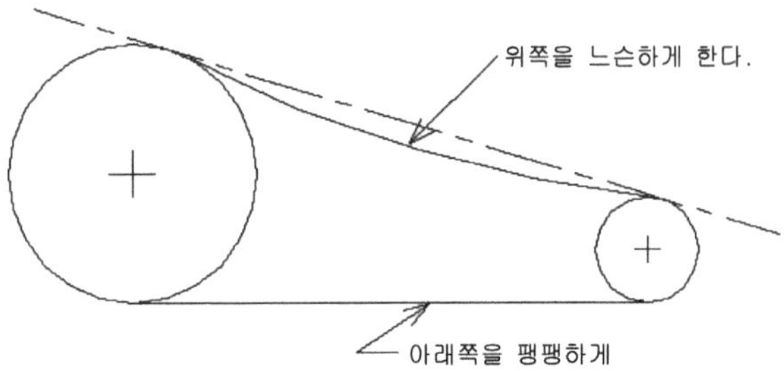

그림 7-16 ▸ V벨트 걸침법

② 송풍기 주위 덕트공사시 유의사항

- 캔버스 이음 : 송풍기와 덕트와의 연결부는 반드시 캔버스 이음으로 처리하며 캔버스 플랜지의 간격은 250mm를 표준으로 하고 캔버스의 폭은 플랜지 간격의 1.3배로 한다.

③ 송풍기 토출측 덕트의 시공

- 토출덕트에는 그림 7-17에 표시한 것처럼 4D 이상의 직관부를 설치하는 것이 바람직하다.
- 직관부분의 확대 변형 각도는 그림 7-18과 같이 15° 이내로 한다.

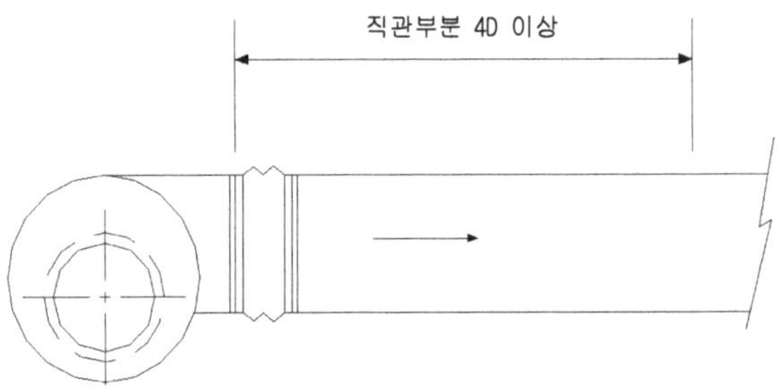

그림 7-17 ▸ 토출측에 직관부를 설치할 경우

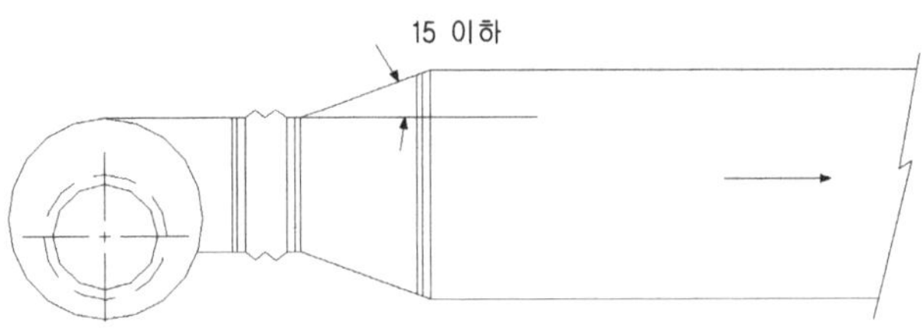

그림 7-18 ▸ 토출측에 지관부의 확대변형 각도

- 그림 7-19와 같이 송풍기 회전방향과 역방향으로의 굴곡이 있어서는 안 된다.

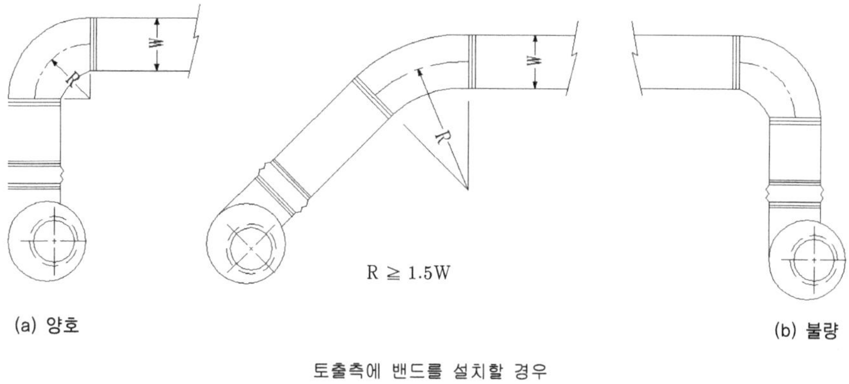

그림 7-19 ▸ 송풍기 회전방향과 굴곡

- 그림 7-20과 같은 방향으로의 굴곡은 5W 이상 간격을 두며 5W 이상 간격을 둘 수 없는 경우에는 가이드 베인을 설치하여 1~1.5D 이상의 거리를 둔다.

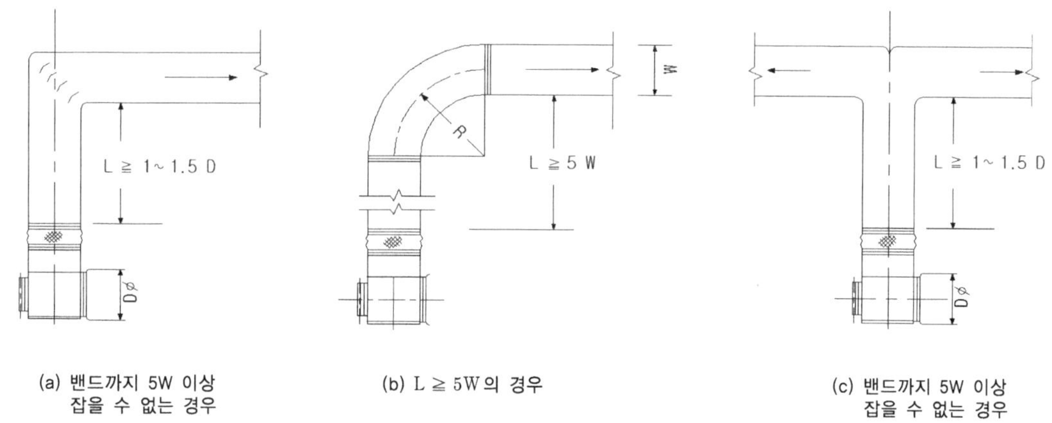

그림 7-20 ▸ 토출측에 밴드를 취한 경우

④ 흡입측 덕트

- 흡입구의 직각 밴드는 큰 정압손실의 원인이 되므로 그림 7-21과 같은 방법에 의한다. 부득이한 경우에는 아래의 그림에 따르지만 그 흡입측 덕트 단면적은 송풍기 흡입구 면적의 2배 이상으로 한다. 부압으로 수축되지 않도록 캔버스는 짧게 한다.
- 흡입구 부근에서 밴드가 생기는 경우에는 그림 7-22와 같이 한다. 만곡관은 편류를 일으키므로 가이드 베인을 넣어서 정류한다.

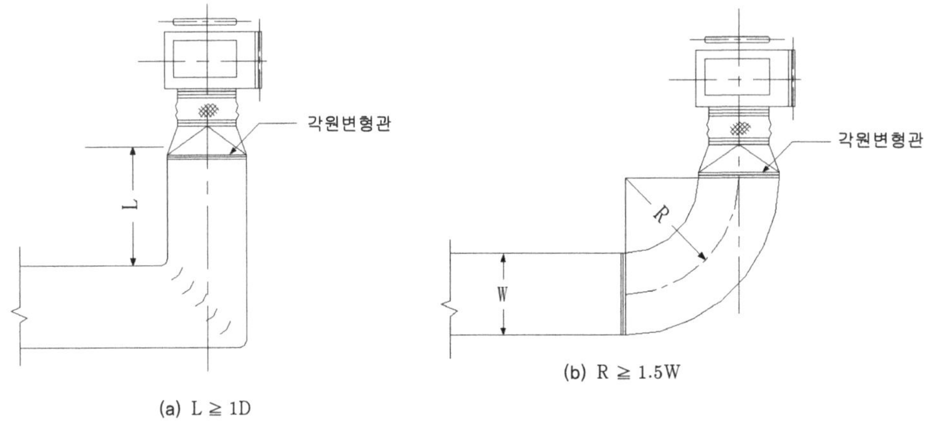

그림 7-21 ▸ 송풍기용 흡입측 덕트(일반적인 경우)

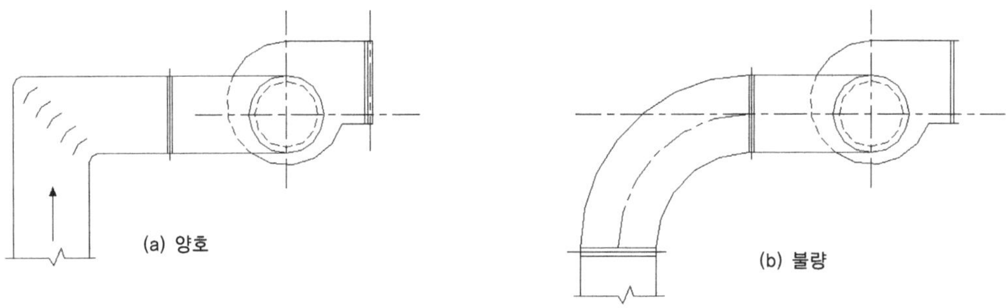

흡입구 부근의 밴드에는 가이드베인을 넣는다.

그림 7-22 ▸ 흡입구부근의 밴드가 생길 경우

-흡입구 직전에 확대, 축소관을 넣는 경우에는 그림 7-23과 같이 시공한다.

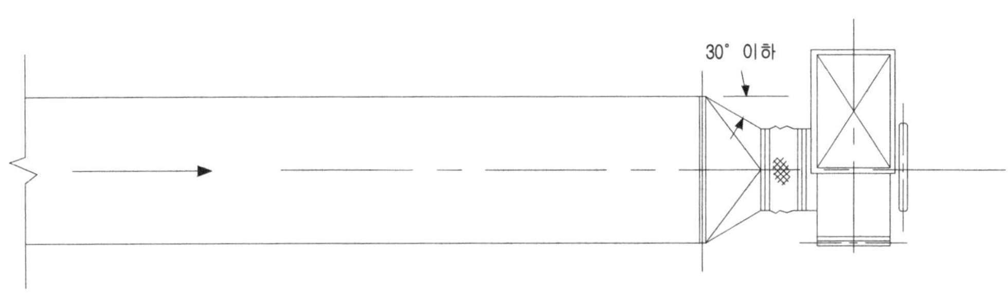

그림 7-23 ▸ 흡입구 직전에 확대 · 축소할 경우

-송풍기 노즐측에 볼륨 댐퍼를 설치할 경우에는 절반 정도 열렸을 때, 주덕트 저항을 줄이기 위해서 그림 7-24와 같이 평행형으로 설치한다.

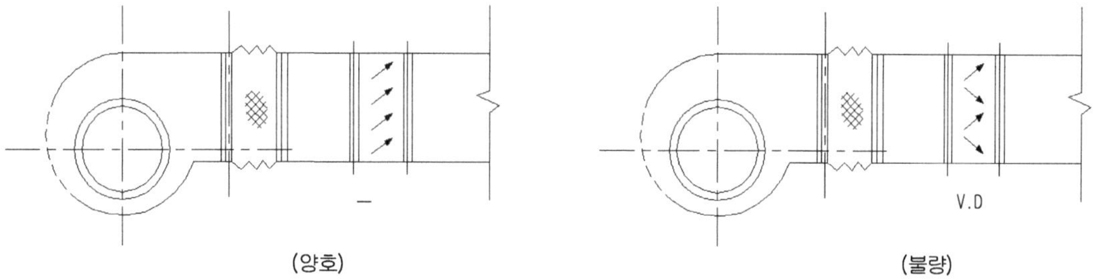

그림 7-24 ▸ 송풍기 토출측에 V.D를 설치할 경우

⑤ 공조실 덕트 공사시 유의사항

- 공기누설을 방지키 위하여 공조기 연결 플렉시블 조인트의 리벳팅시 시방의 피치에 의거하여 4.5A×65mm 피치의 간격으로 누설되지 않도록 시공한다.
- 입구 덕트 연결부는 난류와 저항 증가를 방지하기 위하여 급격한 방향 변환은 필요하다. 만약, 급하게 구부러지게 한 경우에는 가이드 베인을 설치한다.
- 급기측의 첫 번째 엘보 부분에서는 소음형 터닝 베인을 설치한다.
- 모든 입구와 배기덕트의 연결부는 플렉시블 캔버스를 사용하여 접속하고 캔버스의 재질을 확인한다.
- 토출구에서 구부러진 덕트부까지의 거리가 팬 직경의 1~1.5배 거리까지는 그림 7-25와 같이 덕트와 토출구 규격이 같도록 시공한다.

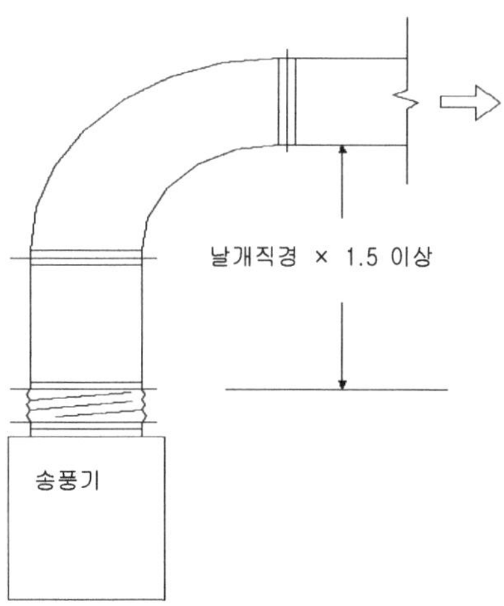

그림 7-25 ▸ 토출구와 덕트 규격

⑥ 공조실에 인접한 실의 소음처리 방안

- 소음방지를 위하여 기계실 벽체의 재질은 흡음 및 차음성이 좋은 것이 선택되도록 관계부서와 협조한다.

- 벽 또는 칸막이벽은 이중으로 시공한다.
- 기계실 출입문도 이중 문 또는 벽체에 준하는 차음성이 높은 구조로 기밀성을 유지한다.
- 벽체 관통하는 덕트나 파이프는 슬리브를 사용하고 슬리브와 덕트(또는 파이프) 사이를 흡음재로 충진하여 기밀성을 유지한다.
- 덕트가 벽을 관통하는 부분에는 소음기(Sound Attenuator)를 설치한다.
- 팬에 가깝게 설치된 토출구는 가능한 한 먼 위치에서 따서 토출 위치까지 끌어온다.
- 정숙을 요하는 실내 통과 덕트는 덕트 외부를 차음 처리한다.
- 공조실 내벽은 흡음 처리한다.

(3) 송풍기 검수결과 보고서

도면상의 장비번호

송 풍 기	종 류	제 조 회 사	형 식	제조번호	제조일자
	토출구 치수	흡입구 치수	풍 압	정 압	회전수	외관상태
	*mm	mm	cmm	mmAq	rpm	

전동기	제조회사	형식	제조번호	절연구분	극 수	회 전 수
				종	극	rpm
	전원	입력	암페어	기 타		외관상태
		kw	A			

부속품 (OX 표시)	방진자재	기초볼트	상대 플랜지	푸리	벨트	벨트 커버	카프링
동력전달방법	축직결	커플링	V벨트				
기 타							

확인자 의견

공 사 명	
검 사 일 자	20 . . .
검 수 수 량	
검수 요 청 자	(인)
확 인 자	(인)

주: 1. 검수시 동일규격(같은 사양)별로 작성할 것.
2. 현장담당자는 반입제품에 표기된 명판내용을 확인할 것.

7) 패키지 에어컨

(1) 송풍기 제작승인도 검토사항

① 제작 공정표
- 중간검사일
- 반입예정일

② 제작사양
- 제작사양과 설계사양의 용량 비교
- 종류 및 냉방능력, 난방능력 등 확인
- 배관방향 및 관경 확인
- 외형치수, 흡입 및 토출위치
- 전원, 소비전력, 운전전류 확인
- 컨트롤 패널 위치 및 기능 확인
- 팬 풍량, 정압 확인
- 필터 : 형식, 효율, 재질 등
- 안전장치 : 전기계통 : 압축기 과부하 보호장치
냉매계통 : 고압압력 스위치

③ 중간검사 (필요시 실시)
- 케이싱의 재질 두께, 도장방법 확인
- 모터의 구조, 형식, 절연등급 등
- 팬의 재질, 형식
- 안전장치

④ 납품설치
- 실외기는 통풍이 잘 되고 통행에 지장이 없는지 확인
- 실외기가 실내기보다 상부에 설치되는 경우 최대 10m마다 트랩 설치
- 트랩의 설치 위치는 압축기를 기준 냉매의 흡입관 또는 토출관측 가스관에만 설치

⑤ 준공서류
- 성능 및 시험성적서
- 품질 보증서
- 운전 및 유지관리 지침서
- 예비품 리스트 : 계약서 및 시방서 확인

8) 온풍기

(1) 온풍기 제작 승인도면 검토사항

① 제작공정표

- 중간검사 예정일
- 반입설치 예정일

② 제작사양

- 제작사양과 설계사양의 용량 비교
- 난방능력, 전원, 정격소비 전력, 연료 소모량
- 외형치수, 흡입 및 토출 위치
- 급, 배기구 연료 주입구 및 점검구 위치 확인
- 점화트랜스 : 형식, 규격 확인
- 송풍기 : 형식, 풍량, 전동기 출력 등 확인
- 제어장치 : 연소 제어, 송풍기 제어, 실온 제어, 과열방지기, 과전류 보호장치 등

③ 중간검사 (필요시 실시)

- 케이싱의 재질 두께, 도장방법 확인
- 모터의 구조, 형식, 절연등급 등
- 팬의 재질, 형식
- 안전장치

④ 납품설치

- 기계 설치시 수평상태
- 연도 설치 후 구배 적정상태

⑤ 준공서류

- 성능 및 시험성적서
- 품질 보증서
- 운전 및 유지관리 지침서

④ 예비품 리스트 : 계약서 및 시방서 확인

9) 온수탱크

(1) 온수탱크 제작승인도 검토사항

① 제작공정표

- 중간검사일
- 반입예정일

② 제작사양

- 도면 및 시방서와 일치 여부(재질, 두께, 보온 등)
- 배관과 접속되는 탱크의 관경 확인
- 제작업체 제작시방서도 검토
- 탱크 용량의 적정 여부 확인 : 부하계산서 검토
- 설치공간의 적정 여부 : 탱크 반입 공간, 유지보수, 튜브 인출 공간 확인
- 자체 순환용 대류펌프의 선정 적정 및 전원 확인 : 저장량을 1시간에 1.5~2회 순환 용량
- 제작업체 강도 및 코일 계산서 검토
- 열매체에 따른 코일의 재질 확인 : 보통 증기는 동관(CI 220T), 증온수는 STS 304, STS 316
- 온도계, 압력계, 센서 등 계기류 설치위한 소켓 규격 및 수량
- 안전밸브 규격 확인

③ 중간검사

- 승인조건(재질 및 사양 등)과 일치 여부
- 사용자재의 두께 및 표면상태 검사(제조자가 발행한 재료증명서 확인)
- 온수가열기인 경우 에너지 관리공단 각인검사 확인
- 수압검사

④ 반입설치

- 제작도면과 일치 여부 : 플랜지, 노즐 등 규격
- 용접상태 확인(육안검사, 비파괴검사) : 온수 가열기인 경우는 에너지관리공단에서실시하고 (구조검사중), 온수탱크인 경우는 공장 및 현장에서 감리자가 입회하여 용접상태 검사한다.
- 자체 순환대류 펌프 및 제어패널 설치상태 확인
- 보온 및 케이싱 시공상태
- 받침대 재질 및 도장 상태
- 압력계 확인 : 최고 사용압력의 1.5~2배 정도

⑤ 준공서류

- 성능 및 시험 성적서
- 품질보증서
- 운전 및 유지관리 지침서

(2) 온수탱크 설치공사

설치시 유의사항은 다음과 같다.

① 유지 및 보수를 위하여 튜브 인출공간을 충분히 확보한다.

② 급탕탱크는 벽면에서 300mm 이상 이격시킨다.

③ 급탕탱크와 급탕탱크 사이는 300mm 이상 이격시킨다.

④ 팽창관은 25mm 이상 사용한다.

⑤ 안전밸브는 내부의 압력이 최고사용 압력에 최고 사용압력의 10%를 가한 압력에서 작동하도록 한다.

⑥ 안전밸브는 용이하게 설치할 수 있는 위치에 용기본체 또는 부설 관에 부착하고 또한 밸브축은 수직으로 설치한다.

10) 팽창 및 응축수 탱크

(1) 팽창탱크 및 응축수 탱크 제작승인도 검토사항

① 제작공정표

- 중간검사일
- 반입예정일

② 제작사양

- 도면 및 시방서와 일치 여부 확인
  - · 재질, 두께, 내 · 외부 방청, 보온공사
- 접속되는 배관과 탱크 노즐의 관경 확인
- 탱크용량(규격)의 적정 여부
- 제작업체의 제작시방서 검토
- 접속구의 종류 및 수량 확인
  - · 팽창탱크 : 릴리프관, 통기관, 급수관, 오버플로 배수관 (개방형)
    보급수관, 급수관, 배수관, 공기보급관 (밀폐형)
  - · 응축수탱크 : 보급수관, 보일러급수관, 배수관, 오버플로관, 배기관, 환수관 및 온도계, 액면 제어장치
- 노즐의 설치위치의 적정성
  - · 팽창탱크 유효수량 확보, 급수관, 오버플로관, 배수관 각 노즐의 레벨 확인
- 탱크실 주변 배수설비 유무 확인

③ 중간검사

- 승인조건(재질 및 사양)과 일치 여부
- 탱크 제작 재질의 두께, 부식 여부 등 자재의 적정 여부
- 내부 방청의 시방과 일치 여부
- 탱크규격 및 노즐의 개수 및 구경 확인

④ 반입설치

- 제작도면과 일치 여부 : 플랜지, 노즐규격 등

- 용접상태 확인
- 중간검사시 지적사항 수정 여부
- 벽체장비와의 이격거리 확인
- 노즐 취부상태 및 게이지 설치상태
- 탱크 보온 및 케이싱 시공상태

⑤ 준공서류
- 성능 및 시험성적서
- 품질보증서
- 운전 및 유지관리 지침서

11) 헤더

(1) 헤더 제작 승인도 검토사항

① 제작공정표
- 중간검사일
- 반입예정일

② 제작사양
- 도면 및 시방서와 일치 질, 두께, 내·외부 방청, 보온공사
- 접속되는 배관의 관경 확인
- 유량계산에 의한 관경의 적정 여부
- 내압에 따른 스케줄 넘버의 적정 여부
- 온도계, 압력계, 안전밸브의 설치 유무 확인
  · 헤더의 사용압력이 보일러 최고 사용압력보다 낮은 경우는 안전밸브 및 감압밸브를 설치한다.
- 증기헤더인 경우는 트랩 설치를 위한 노즐의 설치 유무 확인
- 각 배관간 이격거리 적정 여부
- 보온 및 케이싱 공사는 시방 및 도면과 일치 여부
- 밸브핸들의 설치높이는 바닥마감 +1,200~1,300에 설치한다.

③ 인허가 사항
- 제조검사 : 비등점이 넘는 온도를 보유하며 안지름이 200mm 이상인 것
- 설치검사 : 제조검사를 필한 1종 압력용기
  · 내경 300A 이상인 증기헤더는 검사 대상임
  * 제1종 압력용기 : 최고사용 압력(kg/㎠)과 내용적(㎥)을 곱한 수치가 0.04를 초과하는 용기로서 이때 절대 압력이 380mmHg 이하의 압력을 받는 것은 대기압을 넘는 것으로 본다.
  * 제2종 압력용기 : 최고 사용압력이 2kg/㎠를 초과하는 기체를 그 안에 보유하는 용기로

· 내용적이 $0.04m^3$ 이상인 것.

· 동체 지름이 200mm 이상(단 해드는 300mm 이상)이고 그 길이가 1000mm 이상인 것

④ 중간검사

- 승인조건(재질 및 사양)과 일치 여부
- 헤드 제작 재질의 두께, 부식 여부 등 자재의 적정 여부
- 내부 방청의 시방과 일치 여부
- 헤드 규격 및 노즐의 개수 및 구경 확인
- 검사대상인 것은 구조검사증 확인

⑤ 반입설치

- 제작도면과 일치 여부 : 플랜지, 노즐규격 등
- 용접상태 확인
- 중간 검사시 지적사항 수정 여부
- 벽체 장비와의 이격거리 확인
- 배관 취부상태 및 게이지 설치상태
- 헤드 보온 및 케이싱 시공상태
- 차압밸브 설치 공간 확보상태

⑥ 준공서류

- 성능 및 시험성적서
- 품질보증서
- 운전 및 유지관리 지침서

12) 열교환기

(1) 열교환기 제작도면 검토사항

① 제작공정표

- 중간검사일
- 반입예정일

② 제작사양

- 도면 및 시방서와 일치 여부 확인
  · 재질, 두께, 내 · 외부 방청, 보온공사
- 열교환기의 용량검토 : 부하계산서와 제작사의 제작사양 비교검토
- 사용유량 및 온도조건 : 냉수, 증기용량 및 사용압력 등
- 열교환기에 관계되는 장비용량과 비교검토 : 펌프류, 가열코일, 사용유체 조건 등
- 용량의 확장성

③ 중간검사

- 승인조건(재질 및 사양)과 일치 여부
- 열교환기의 제작 재질의 두께, 부식 여부 등 자재의 적정 여부
- 내부 방청의 시방과 일치 여부
- 열교환기 규격 및 배관의 수량, 구경 확인

④ 반입설치

- 제작도면과 일치 여부 : 플랜지, 노즐규격 등
- 용접상태 확인
- 중간검사시 지적사항 수정 여부
- 벽체장비와의 이격거리 확인
- 배관 취부상태 및 게이지 설치상태

⑤ 준공서류

- 성능 및 시험 성적서
- 품질보증서
- 운전 및 유지관리 지침서

(2) 열교환기 설치공사

① 옥외설치 : 에너지이용 합리화법 압력용기 설치검사기준 등 제2장 설치, 시공기준

- 압력용기에 빗물이 스며들지 않도록 케이싱 등의 적절한 방지설비를 해야 한다.
- 노출된 절연재 또는 래깅에 방수처리(금속커버 또는 페인트 포함)를 해야 한다.

② 옥내설치

- 헤드 앞은 유지보수를 위한 튜브인출이 용이하도록 공간을 확보해야 한다.
- 압력용기와 천장과의 거리는 압력용기 본체 상부로부터 1m 이상이어야 한다.
- 압력용기의 본체와 벽과의 이격거리는 0.3m 이상이어야 한다.
- 인접한 압력용기와 거리는 0.3m 이상이어야 한다. 다만, 2개 이상의 압력용기를 가한 장치를 이룬 경우에는 예외로 한다.
- 유독성 물질을 취급하는 압력용기는 2개 이상의 출입구 및 환기장치가 되어 있어야 한다.

③ 설치상태

- 기초가 약하여 내려앉거나 갈라짐이 없어야 한다.
- 압력용기는 1개소 이상 접지되어 있어야 한다.
- 압력용기 본체는 바닥보다 100mm 이상 높이 설치되어 있어야 한다.
- 압력용기와 접속되는 배관은 팽창과 수축의 장애가 없어야 한다.
- 압력용기 본체는 보온되어야 한다. 다만, 공정상 냉각을 필요로 하는 등 부득이한 경우에는

예외로 한다.

- 압력용기의 본체는 충격 등에 의하여 흔들리지 않도록 충분히 지지되어야 한다.
- 횡형식 압력용기의 지지대는 본체 원둘레의 1/3 이상을 받쳐 주어야 한다.
- 압력용기의 사용압력이 어떠한 경우에도 최고 사용압력을 초과할 수 없도록 설치되어야 한다. 압력용기에 대한 안전변과 팽창관의 설치는 양호한지를 확인한다.

13) 방진공사

(1) 일반사항

① 방진운전하중에 대한 건물 구조 및 기초구조 적합 여부

② 장비선정에 있어 저 진동, 저소음의 기기 선정 여부 확인

③ 지진에 대한 고려 여부 확인

④ 배관 및 덕트의 지지, 벽 관통부의 방진처리 여부 확인

- 벽 관통부는 유리면, 암면, 고무 등 불연재로 삽입하여 소음, 진동을 차단

⑤ 스프링 방진장치가 설치되는 장비 입·출구 배관에는 플렉시블로 처리 여부

⑥ 실배치의 적정성 여부

진동의 발생원이 되는 기기는 가능한 저층 또는 지하층에 설치하고 정숙도를 요구하는 용도의 실과 기계실은 되도록 멀리 배치하고 배관, 덕트 등을 관통시키지 않으며 부득이한 경우에 방진지지 한다.

⑦ 공기체류가 발생하지 않도록 배관을 하고, 불가피할 경우 공기빼기 밸브설치

(2) 방진재료 선정시 검토사항

① KS 제품 유무와 도면 및 시방서 상의 규정과 일치 여부 및 방진조건에 적합한 재료 선정 여부

② 운전하중, 정적변위, 스프링 상수 등이 방진계산서와 일치 여부

- 부하계산서상의 방진 계산과 제작사의 방지계산서를 비교하여 제작사의 표준시방으로 충분한지 검토
- 지하실, 지면 등에 설치하는 스프링 방진기의 변위는 25mm 이상이고, 1층 이상의 층(하부에 실이 있는 경우)에 설치하는 정적 변위를 50mm 이상으로 한다.

③ 방진재료의 기계적 강도, 내구성, 내약품성, 소음의 절연성 등 검토

④ 각 장비별 시공되는 방진 재료의 적정 여부

- 펌프 : 부가하중식 방진 베이스+스프링 방진기
- 공조기 : 스프링 방진기+네오프렌 패드+수평밀림 방지장치
- 송풍기 : 스프링 방진기+스프링 행거
- 흡수식 냉·온수기 : 네오프렌 패드

–왕복동, 스크루식 냉동기 및 냉각탑 : 수직이동 제한 장치가 있는 스프링 방진기

(3) 방진시공

① 방진기는 정해진 제품이 사용되었는지 확인

–스프링 방진기일 경우에는 스프링 색상 확인

② 장비기초 콘크리트의 수평도 검사

③ 스프링과 기계장비의 고정상태

④ 설치장비의 수직, 수평시공은

⑤ 벽, 바닥 관통부의 방진처리 시공상태

⑥ 플렉시블 조인트 및 캔버스 시공상태

–플렉시블은 되도록 기기에 직접조립하고 중심편차가 뒤틀리지 않게 한다.

–볼트 · 너트는 균일하게 조인다.

⑦ 스프링 방진기가 설치된 기계장비 입출구 배관에 플렉시블 조인트 시공유무

⑧ 진동을 일으키는 기계장비의 고정이 건물구조물과 직접연결 유무 확인

–진동을 일으키는 기계장비의 고정은 건물구조물과 직접 연결시키지 않는다.

⑨ 방진시공 후 방진시험을 실시하여 결과보고서 검토

–효율, 정적변위, 진동분석치 등의 적정 여부

(4) 주요장비 방진 검토사항

① 냉각탑

–장비 수직수평상태 확인

–수직이동 제한장치가 있는 스프링 방진기 사용 여부

–스프링의 움직임에 방해되지 않도록 조여진 볼트 주위 및 하우징 스프링(Housing Spring)의 간격을 최소 13mm 정도의 간격을 유지한다.

② 공조기 및 송풍기

–스프링 방진기의 상 · 하부 하우징이 6~12mm 정도 이격되는지 확인

–장비의 수직수평 확인

–공조기 코일 파트에 네오프렌 패드 설치 유무

–공조기 수평밀림 방지기 시공유무 확인(소형 공조기는 제작업체와 협의)

–스프링 정적변위 확인

③ 흡수식 냉 · 온수기, 보일러

–장비 하부와 콘크리트 기초가 직접 접촉하지 아니하도록 네오프렌 패드 설치

④ 펌프

–정해진 방진기의 사용유무(스프링 색상 확인)

－방진 가대와 기초패드 사이 간격이 25~50mm 유지 여부
－부가하중 방식의 방진 가대 설치유무(콘크리트 타설 전)
－엘보 부분이 방진 가대 안에 포함 여부(Suction Defusor 중량계산 누락방지)

14) 승강기

(1) 승강기 제작 승인도 검토사항

① 제작공정표
－중간검사 예정일
－반입 예정일

② 사양
－제원
· 용도, 속도, 동력매체, 정지층수
· 전원, 제어방식, 운전방식
· 감속기 형식
－기계실내 기기
· 코일기 : 종류, 구동 도르래, 소음 및 진동
· 전동기 : 종류, 성능
· 제어반 : 종류, 재질, 제어방식, 장난 콜 소거기능, 역방향 호출 취소, 제어장치, 운전방식, 기타 보호방식, 도장 자동 착상장치
· 기타 : 지지 빔, 공용 받침대

③ 승강기 카
－승강기 바닥 : 재질, 방진

④ 승강기 카내 실 및 카 출입문
－벽판 및 문틀 재질, 천장 재질
－킥 플레이트, 핸드레일, 마감
－흡음재

⑤ 카내 설비
－조명설비, 위치표시 기능, 카 운전 조작판
－방송설비, 도착 예보공, 보수용 운전 조작반
－환풍설비, 지체부자유자용 부조작판

⑥ 승강장
－출입문 : 재질, 구조, 마감, 완충물, 흡음재
－삼방틀 : 재질, 마감, 막판

–카 문턱
–호출버튼 : 위치, 타입
–도어 인터록 스위치

⑦ 승강로
–가이드 레일 : 형식, 비틀림, 표면거칠기 설치범위
–와이어로프 : 재질, 안전계수, 파단강도, 방진
–카 가이드 슈
–배관
–균형추
–와이어 소켓 : 형식, 인장강도

⑧ 전원 케이블

⑨ 안전장치
–조속기 : 기능, 조속기 로프
–비상정지장치 : 타입, 정지거리, 동작
–완충기 : 위치, 종류 및 최소행정
–도아 개폐장치 : 기능, 내구성
–출입문 안전장치
–리미트 스위치
–전자 제동장치
–수동 조작 핸들
–역결상 검출장치
–경보발생장치
–비상정지 스위치
–인터폰
–과부하 방지장치
–전원 이상 보호장치
–정전시 조명장치
–출입문 잠금 스위치
–출입문 열쇠
–추락 방지판
–비상구
–음성 안내기능

⑩ 예비품 : 점검등, 수동 조작 절환용 열쇠, 출입문 열쇠, 수동조작 핸들, 표시등, 홀 위치 표시기,

상하향 버튼, 스패너 세트, 드라이버, 플라이어, 펜치, 몽키렌치, 손망치, 기름치개, 그리스 주입구, 공구박스

⑪ 감시반

⑫ 기타

- 중간검사 : 레일, 권상기 설치용 빔, 브래킷 등 주요공정
- 완성검사 : 안전 점검 필증
- 하자보수관련
- 시험성적서

Chapter 08 TAB 공사

1 일반사항

1.1 TAB 개요

TAB는 Testing(시험), Adjusting(조정), Balancing(평가)의 약어로 건물 내의 모든 공기조화 시스템에 설계에서 의도한 대로 기능을 발휘하도록 점검, 조정하는 기술로

① 공기 및 물 분배의 밸런싱

② 전체 시스템이 설계치에 도달할 수 있도록 조정

③ 전기 계측

④ 모든 장비와 자동제어 장치의 성능에 대한 확인

⑤ 소음 측정 등을 말한다.

- 시험 : 냉난방공기조화 시스템 및 장비의 성능을 평가하기 위하여 정밀계측기를 이용하여 온도, 습도, 압력, 유속, 유량, 공기량, 전압 및 전류, 회전수 등을 측정한다.
- 조정 : 정상적인 시스템 운전에서 성능과 효과를 최대한 발휘할 수 있도록 유량이나 풍량을 조절하는 작업을 말한다.
- 평가 : 설계치에 따라 분배시스템(주관, 지관, 유닛) 내에 적절한 유량이 흐르도록 배분한다.

1.2 TAB의 중요성

TAB는 장비의 효율저하를 방지하며, 공조설비가 최소의 운전비 및 유지관리 비용으로 가장 오랜 기간 동안 적절한 환경을 제공하는 기술이며, 그 필요성 및 실시 효과는 다음과 같다.

1) TAB의 필요성

(1) 장비의 용량 조정

장비의 용량은 설계자에 의해 산정되며 이를 근거로 하여 시방서를 가지고 제작자에게 발주를 하게 된다. 이때 설계 및 시공 상태에 따라 부여한 용량의 여유율에 상당한 차이가 있게 된다.
가장 일반적인 예로 펌프, 송풍기의 경우를 들면, 시스템의 정압손실 계산시 통상적으로 여유율을 주어 선정하게 되며, 실제적인 결과치는 덕트나 배관 시스템의 시공상태에 따라 계산치와 차이가 있게 마련이며, 이로 인하여 설계 용량과 달리 운전되는 경우가 허다하고, 대부분은 필요 유량보다 많이 흐르게 된다.

(2) 유량의 균형 분배를 위한 조정

배관이나 덕트의 설계시 규격 결정은 일반적으로 수계산으로 간이 데이터를 이용하여 간단한 방법으로 하고 있으며, 실제 운전시 배관이나 덕트에 자동 밸런싱 밸브(Auto Balancing Valve)나 CAV(Constant Air Volume) 유닛을 사용하지 않는 한 각 분기관에 설계 유량보다 과다 혹은 과소한 유량이 흐르게 된다. 이 경우 전 공조 구역이 적절한 온·습도를 유지할 수 없어 덥거나 추운 환경이 되므로 적절한 유량으로 조정할 필요가 있다.

(3) 장비의 성능 시험

발주한 장비는 당연히 설계 시방에 일치하는 성능을 가진 것이어야 한다. 그러나 시공 과정에서 현장 사정에 의하여 설치 및 운전 조건 등의 변화로 재성능을 발휘하지 못하는 경우가 있다. 이는 장비의 성능 점검을 하기 전에는 이러한 잘못을 알 수 없으므로 이의 시험을 통하여 성능을 확인할 필요가 있다.

(4) 자동제어 및 장비간의 상호 연결

현대식 건물에서 쾌적조건을 향상시키고 인력 절감을 위하여 최신 자동설비를 많이 사용하고 있으나, 자동설비는 각 센서(Sensor)와 조작기(Actuator) 간에 적절한 연결, 조정(Calibration)이 필수적인 요건이 되므로 이 계통의 정확한 점검이 없이는 원만한 자동제어가 되지 않으며, 최신의 고가 설비를 갖추고서도 적절히 사용치 못하고 수동 운전을 하게 된다.
즉 최신의 자동제어 설비가 설계 목적에 맞도록 자동으로 운전되기 위해서는 이 계통의 점검 및 조정이 필요하게 된다.

2) TAB의 효과

(1) 에너지 절감

과용량의 장비를 적정 용량으로 조정하여 운전하고, 덕트의 누기 등을 방지하여 필요 이상의 에너지 소비와 손실을 미연에 방지할 수 있고, 장비의 작동 성능을 원활하게 하여 최고의 효율로 운전함으로써 에너지를 절감할 수 있다.

(2) 사후 개보수 방지

설치된 장비의 역기능을 미리 밝혀내고 시공 및 설치상의 하자를 해결함으로써 개보수 및 비교체 등의 발생 소지를 미연에 방지한다.

(3) 공해방지를 통한 쾌적한 환경 조성

장비의 용량 과다 또는 과소로 인한 소음, 진동을 방지하여 이의 공해에서 벗어날 수 있다.

(4) 효율적이고 체계적인 건물관리

TAB를 함으로써 건물 내의 설치된 전체 기계 설비 시스템의 각 장비에 대한 용량, 효율, 성능, 작동상태, 운전 및 유지 관리자의 유의사항 등에 대한 종합적인 데이터가 작성되기 때문에 설비를 효율적이며 체계적으로 관리할 수 있다.

3) TAB 발주시기

TAB(Testing Adjusting and Balancing)의 업무는 공조설비 시스템의 성능 유지를 위한 하나의 공정으로서 종래에는 현장시공이 완료되는 시점에 투입하여 공조설비의 요소 및 시스템을 시험, 조정하여 설계 목적에 맞도록 하는데 주안점을 두었다.

TAB 수행시 발견된 설계, 시공 및 제작에서의 제반 문제점들은 원인을 분석하고 해결 방안이 제시되어 일부 개선되고 있으나 상당 부분에 대하여는 미 시공으로 인한 현장 여건이 맞지 않아 중요한 기능상의 문제인 경우에도 개선이 안 되고 있는 실정이다. 이러한 문제를 해결하기 위해 근래에 와서는 TAB 용역을 조기에 발주하여 TAB 수행자로 하여금 설계서, 장비제작 승인서 및 기타 기술적인 점검 업무에 적극 참여하여 TAB 수행시에 발견된 많은 문제점을 사전에 Feed Back하여 TAB 효과를 극대화하고 있다. 조기 발주시에 얻을 수 있는 부가적인 효과는 다음과 같다.

① TAB 측면에서의 설계도서 검토에 의한 예상 문제점 및 해결 방안 제시

　예) 풍량 조절 기능 체크 – 댐퍼위치, 개수, 종류 등 유량 분배기능 체크 – 밸브 종류, 위치, 성능, 팬 및 펌프 압력 관련 자료 체크 – 설계계산서 및 도면 소음 및 진동 방지 대책부분 체크 등

② 현장 시공도 검토 – TAB 관련 부분에 해당

③ 각종 장비 승인서 검토 및 의견 제시 – 성능 확보 부분에 해당

④ 덕트 누기 시험 입회

⑤ 시스템 시공 확인 및 점검 - TAB 관련 부분에 해당

⑥ 기타 기술 자문

4) TAB 수행 절차

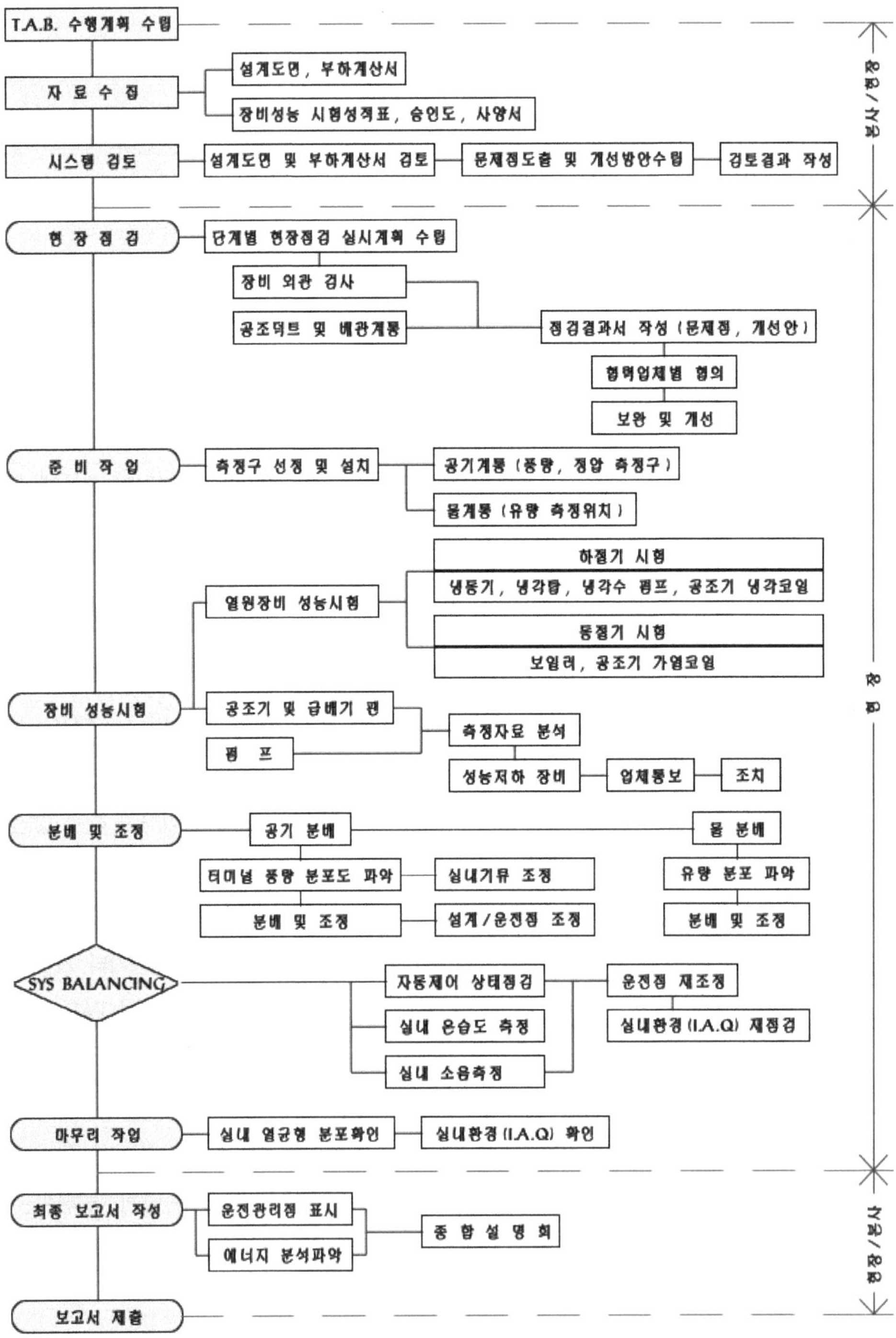

5) TAB 순서

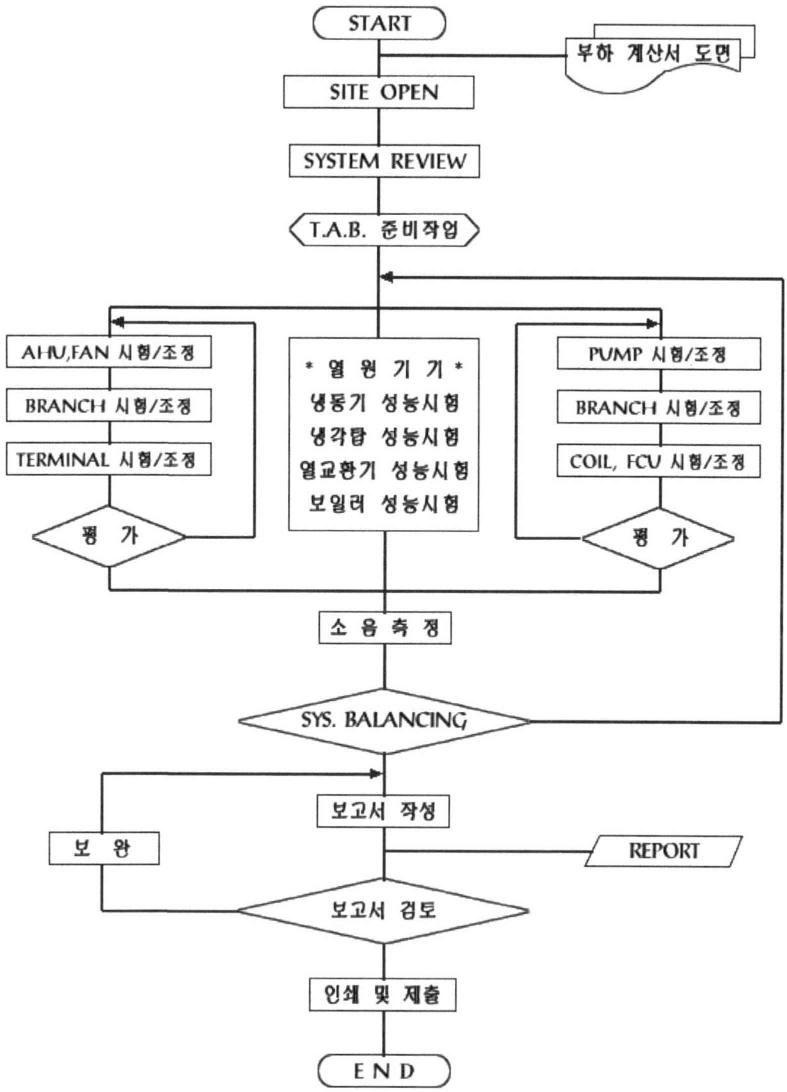

2 TAB 수행 업무

2.1 시스템 검토

TAB가 원활히 수행될 수 있도록 공기조화 설비에 관련되는 설계도면, 장비계산서 및 설계에 참고된 자료를 검토하여 예상되는 문제점이 장비발주 및 시공 전에 사전 조치 및 보완될 수 있도록 한다.

1) 도면 및 장비 계산서 검토

2) 부하 및 장비 계산서 검토

① 실별 부하 계산 검토

② 공조기 사양 검토

③ 팬 사양 검토

④ 냉동기 용량 검토

⑤ 냉각탑 용량 검토

⑥ 보일러 용량 검토

⑦ 펌프 사양 검토

⑧ 열교환기 용량 검토

⑨ 기타 공조 장비 사양 검토

3) 도면 검토

① 덕트 계통
- 덕트 크기 검토
- 풍량조절댐퍼 적정 위치 검토
- 그릴, 루버, 디퓨저 크기 검토

② 배관 계통
- 배관 크기 검토
- 정유량 조절밸브 용량 검토
- 공조기 드레인 배관 검토

③ TAB 관점에서의 잠재적 문제 인식 및 개선방안 수립
- 원활한 풍량 및 유량 분배 문제
- 소음 발생 문제
- 시스템 파악에 따른 문제점 도출 및 개선방안 수립

2.2 시스템 검토 수행

1) 열원장비 용량

냉방 및 난방부하를 담당하는 보일러, 냉온수기, 냉동기 또는 각종 개별 열원(PAC) 등에 대한 용량을 검토하여 설계된 장비가 당해 건물 또는 시설에 적용하였을 때 문제가 없는지를 파악한다.

(1) 냉난방 부하요소 적용기준 검토

부하계산시 적용한 기준이 당해 현장조건에 맞는지를 검토한다. 외기 온습도 조건, 바닥면적당 인원수, 조명부하 및 기기부하, 침입외기량 및 기타 부하 산정에 필요한 전반적인 사항을 포함하여 양식 R-1을 이용하여 검토서를 작성한다.

① 설계외기 온 · 습도 조건의 적합성

② 실별 온 · 습도 조건의 적합성

③ 실별 인원 및 인체 발열량 적용의 적정성

④ 조명 및 기타 기기부하, 실별 필요 환기량 등의 적정성

(2) 냉방 및 난방열원기기 용량검토

실별, 지역별 또는 시스템별로 구해진 냉난방 부하량을 근거로 선정된 냉동기, 보일러 등 열원기기의 용량산정의 적정성을 확인하며 배관부하, 예열부하 또는 동시 사용률 및 안전율 등 부가적인 요소가 현장요건에 맞는지를 아울러 양식 R-2를 이용하여 검토서를 작성한다.

① 냉 동 기 - 냉방부하량 및 선정용량

② 냉 각 탑 - 냉각능력 및 선정용량

③ 보 일 러 - 부하량 및 선정용량

④ 열교환기 - 부하량 및 선정용량

(3) 시스템별 냉난방 용량 검토

각 공조기 또는 패키지가 담당하는 시스템별 부하에 대한 해당 장비의 용량을 양식 R-3을 이용하여 검토한다. 그리고 각 시스템별 실내부하 및 외기부하의 적정성과 이를 처리하는데 필요한 풍량, 유량 등이 함께 검토되어야 하며 필요시 공기선도를 이용하여 냉각, 가열 또는 가습, 감습 과정이 합당하게 이루어질 수 있는지 검토하며 아울러 급기량, 외기량, 냉방부하, 난방부하 및 가습량 등을 확인한다.

① 실별 냉 · 난방 부하량(AHU, FCU) 집계

② 급기, 환기, 배기, 외기 풍량의 검토

③ 실내 가압량 및 환기횟수 검토

④ 현열비(SHF) 비교 검토

⑤ 냉방 혼합, 출구온도 검토

⑥ 냉각코일의 용량 및 유량 검토

⑦ 난방 혼합, 출구온도 검토

⑧ 가열코일의 용량 및 유량 검토

⑨ 가습량 검토

2) 공기분배 계통

실별 또는 시스템별에 필요한 급기, 환기 및 배기량이 사용 목적의 적정성을 확인하고 또한 공기 반송 계통인 덕트 시스템에 대하여 풍량 분배의 적정성과 주덕트 사이즈 선정이 합당한지를 검토한다. 아울러 송풍기 선정이 당해 시스템에 합당한지를 검토한다.

(1) 풍량분배의 적정성 검토

덕트 계통에서 풍량 밸런싱에 필요한 풍량조절 댐퍼가 적절한 위치에 설치되는지를 검토하며, 각 실별 및 시스템별에 필요한 급기량과 배기량을 검토하여 실내 공기압력 유지 및 공기분포 측면에서 문제가 없는지 파악하여 양식 R-4를 이용하여 검토서에 기록한다.

① 실내 기류 분포의 적합성
② 실별 밸런싱 계획의 적합성
③ 풍량조절 댐퍼 설치 유무 및 위치의 적합성
④ 말단기구의 적정성

(2) 주덕트 사이즈 검토

각 시스템별 주덕트의 경로에 의하여 덕트 크기를 검토한다. 덕트 풍속과 마찰저항이 적절한지에 중심으로 양식 R-5를 이용하여 검토서를 작성한다.

① 주덕트의 통과풍속 및 마찰저항

(3) 공조기 및 팬 용량 검토

공조기 및 각종 급 · 배기팬의 정압과 풍량 선정을 검토하고 기 선정된 동력, 팬 크기 및 형식이 당해 시스템에 합당한지도 아울러 확인하고 양식 R-6 · 1, R-6 · 2, R-6 · 3을 이용하여 검토서를 작성한다.

① 풍량, 정압, 동력
② 팬크기, 팬형식
③ 용도별 재질 및 기타

(4) 실별 환기량 검토

실 용도에 따른 적정 환기량이 확보되었는지를 검토한다. 특히 환기(Ventilation)가 중요시되는 주방, 화장실, 기계실, 전기실, 주차장 또는 정화조 등에 대하여 양식 R-7을 이용하여 검토서를 작성한다.

① 실별 필요 환기량 및 환기 횟수

3) 물분배 계통

각 시스템 또는 지역별에 필요한 유량이 적절히 분배되도록 배관계통이 구성되었는지를 중점적으로 검토한다. 여기에는 배관사이즈, 펌프 유량 및 양정의 적정성을 아울러 검토한다.

(1) 유량분배의 적정성 검토

각 터미널에서 필요한 냉수, 온수 및 증기량이 적절히 분배될 수 있는 밸런싱 기구가 배관계통에 설치되었는지를 검토한다. 당해 시스템이 정유량 또는 변유량 여부를 파악하여 시스템 구성에 합당한 밸브(차압변, 이방변, 삼방변 등)가 선정되었는지를 양식 R-8을 이용하여 검토서를 작성한다.

① 각 조닝별 유량분배의 적정성

② 유량조절기구 설치 유무 및 위치의 적합성

③ 유량조절밸브에 대한 기능의 적합성

(2) 주배관 사이즈 검토

각 시스템별 또는 구간별 주된 배관경로에 대하여 배관크기가 적절한지를 검토한다. 여기에는 일정 유속 범위와 마찰저항에 대하여 양식 R-9·1, R-9·2를 이용하여 검토서를 작성한다.

① 주배관이 통과 유속 및 마찰저항

(3) 펌프 용량검토

냉수 및 온수 순환펌프, 냉각수 순환펌프 및 각종 공조설비에 사용되는 펌프에 대하여 유량과 양정을 검토하고 종합적으로 동력 형식에 대하여도 양식 R-10·1, R-10·2, R-10·3, R-10·4을 이용하여 검토서를 작성한다.

① 유량, 양정, 동력

② 형식, 크기

③ 사용내압 및 기타

4) 소음 및 기타 부분

(1) 소음 전달예상 부위검토

송풍기, 펌프, 냉각탑, 냉동기 및 보일러 등 공조설비의 주된 소음 발생원에 대하여 소음 전달 경로와 이에 대한 방음 대책 등이 구비되었는지를 경험적 또는 개략적으로 추정하여 검토하고 또한 덕트 및 배관을 통한 소음전달 또는 발생부분에 대하여도 TAB 측면에서 나타나는 경험적 자료를 이용하여 양식 R-11을 이용하여 보고서를 작성한다.

① 장비발생 소음도 및 전달경로 확인

② 덕트 기구 통과 풍속의 적정성

(2) 자동제어 계통 검토

시스템별, 장비별 동작설명서가 구비되어 있는지 또는 합당하게 되어 있는지를 검토하고 배관 계통에 유량제어 목적으로 이용되는 자동제어 밸브에 대하여 그 밸브의 사이즈와 사용압력, 허용차압 등을 양식 R-12를 이용하여 검토서를 작성한다.

① 동작설명서의 적합성

② 자동제어 밸브의 사이즈, 사용압력, 허용차압의 적정성

(3) 기타 TAB 측면에서의 예상 문제점 검토

TAB수행시 자주 나타나는 문제점에 대하여 경험적 또는 이론적인 자료를 바탕으로 검토한다.

2.3 현장 점검

공조 설비의 시스템을 정확히 파악하고 검토한 후에 공조 시스템이 설계도서에 요구되는대로 시공되고 있는지 면밀히 점검하여 상이한 점이나 문제점이 발견되면 즉시 관련자와 협의하여 조치토록 한다.

1) 공조 장비 사양 조사 및 확인

2) 팬 계통 검사 및 확인

① 베어링의 윤활유 주입 상태

② 벨트 장력

③ 모터 고정 상태

④ 구동체 고정 및 조정 상태

⑤ 방진 기구의 설치 상태

⑥ 모터 풀리와 팬 풀리의 정렬상태 (Alignment)

⑦ 전원 계통 확인

⑧ 팬에 연결된 덕트의 상태검사

⑨ 팬 회전 방향 확인

3) 공기조화기

① 검사 및 확인은 2)항의 팬 검사 및 확인에 따른다.

② 외기 및 환기 도입부에서 급기팬 출구까지의 공기 흐름 상태를 검사

③ 필터의 청결 상태를 점검

④ 코일, 필터 및 댐퍼에서의 공기 누설을 검사

⑤ 응축수 제거 장치를 확인

4) 덕트계통 검사

① 외기댐퍼, 환기댐퍼 및 배기댐퍼의 작동상태
② 풍량조절 댐퍼와 방화 댐퍼가 완전 개방 위치에 놓여져 있는지 여부
③ 점검구 설치 및 누설 상태
④ 터미널의 설치 및 터미널 댐퍼의 완전 개방 여부
⑤ 피토 튜브의 측정(정압, 동압, 전압) 위치확인
⑥ 천장 구조물의 견고성 여부
⑦ 실내 건축구조가 공기 흐름을 방해 하는지 여부
⑧ 터닝 베인 및 덕트 연결부의 제작 공법 적합 여부

5) 펌프

① 펌프 설치의 기초 및 커플링 연결 상태
② 펌프 케이싱의 공기 배출
③ 방진 기구 설치 상태
④ 펌프의 회전 방향
⑤ 커플링 카바 고정

6) 냉동기 및 냉온수기

① 제작자가 시운전 및 검사를 수행할 때 용역 수행자는 입회하여 상태를 확인한다.

7) 열교환기

① 수량과 온도 측정을 위한 배관 시공 상태 확인
② 밸브의 개방 상태를 확인
③ 응축수 배출 배관 상태확인

8) 코일

① 코일의 배열이 공기 흐름을 방해하는지를 검사
② 배관 연결 상태 점검
③ 코일의 FIN 상태 확인
④ 코일내의 공기 빼기 확인
⑤ 응결수의 원활한 드레인 여부 확인
⑥ 풍량 조절 스위치의 위치별로 풍량 변동 여부 확인

9) 보일러

① 제작자가 시운전 및 검사를 수행할 때 용역수행자는 입회하여 그 상태를 확인한다.
② 급수 유량계의 작동 상태 확인
③ 연료 유량계의 작동 상태 확인
④ 연도의 배기가스 측정 홀 설치 확인

10) 배관 계통 검사

① 설계사양에 규정된 압력으로 수압 시험되고 내부 이물질 제거, 물 채움 및 공기빼기가 되었는지 확인
② 스트레이너가 청소되었는지 확인
③ 모든 밸브의 개폐상태가 적정한지 확인
④ 팽창 탱크의 수위검사
⑤ 배관 보온 상태 점검

2.4 공기분배계통 장비의 시험 및 조정 내용

1) 공기조화기(AHU)

① 필터 및 코일 차압시험
② 급 · 환기팬 풍량 측정 및 조정
③ 팬 정압 측정
④ 급 · 환기팬 모터 전류 측정
⑤ 급 · 환기팬 회전수 측정
⑥ 자동제어 시스템 확인 및 점검
⑦ 모터와 팬 풀리의 정렬 상태 확인

2) 팬(FAN)

① 풍량, 정압 측정
② 모터 전류 및 팬 회전수 측정

3) 패키지 공조기(PAC)

① 급기 풍량 측정
② 급기, 환기 온도 측정

③ 덕트 연결형은 FAN 정압 측정
④ 모터 전류 측정

4) 변풍량(VAV), 정풍량(CAV)

① 최대, 최소 풍량 측정
② 온도감지기에 의한 작동 시험
③ 독립압력(Pressure Independent) 시험 (공장시험)

5) 풍량 조절 댐퍼

① 댐퍼 전단 혹은 후단에서 동압(풍량) 및 정압 측정
② 적정 풍량 조정

6) 공기취출구

① 디퓨저의 풍량 측정 및 조정
② 기류 방향 조정

7) 덕트 풍량 분포시험

① 주 분기 덕트의 정압 분포 시험
② 정압감지기 적정 설치 위치 선정
③ 변풍량 시스템(VAV System)의 운전점 파악

2.5 물분배계통 장비의 시험 및 조정 내용

1) 냉동기

① 냉수, 냉각수 유량 측정
② 냉수, 냉각수 입, 출구 온도 측정
③ 응축기, 증발기 압력 손실 측정
④ 모터 전류 및 전압 측정
⑤ 성능 계산

2) 냉각탑

① 냉각수 유량 측정

② 냉각수 입구, 출구온도 측정
③ 입구 공기의 온도, 습도 측정
④ 팬 회전수(Sirocco Type) 및 전류 측정
⑤ 성능 계산

3) 보일러

① 급수 유량 및 온도 측정
② 연료 사용량, 압력 및 온도 측정
③ 연소용 공기 온도 측정
④ 배기가스 온도, O_2, CO, CO_2
⑤ 공기비 계산
⑥ 효율 계산

4) 펌프

① 단독 및 병렬 운전시 유량 측정 및 조정
② 입. 출구 압력측정(양정계산)
③ 펌프의 정수두압 측정
④ 모터 전류 측정

5) 코일

① 통과 풍량 측정
② 입 · 출구의 온 · 습도 측정(엔탈피 계산)
③ 냉수, 온수량 측정
④ 압력손실 수두 측정(입 · 출구 압력계)
⑤ 코일 압력 손실 측정(Air Side)
⑥ 성능 계산

6) 열교환기

① 온수 유량 측정
② 온수 입 · 출구 온도 측정
③ 증기 압력 측정
④ 유체의 압력 손실 측정(입 · 출구 압력계)

⑤ 성능 계산

7) 유량조절 밸브

① 각 분기 배관 유량 측정
② 설계 유량과 비교·검토 후 유량 조정

2.6 소음 측정

① 기계실의 소음측정
② 실내 암소음 측정
③ 장비 가동시 실내 소음 측정

2.7 마무리 작업

① 점검 또는 측정을 통해 문제 발생기 개선안 제시
② 공조 시스템의 운전 상황 최종 점검
③ 실내 온·습도 측정

2.8 종합 보고서 작성

1) 보고서 작성 목적

① 설비 개요의 기술
② 설계치와 측정치와의 비교 검토
③ 설계, 시공상태의 문제점 표출 및 대안 제시
④ 운전 작동기준 설정
⑤ 밸런싱 작업의 순서, 진행 및 결과를 기술

2) 보고서 작성시 유의사항

보고서에는 조정이 완료된 시스템에 관한 실제적이고 정밀한 설명이 포함되어야 한다. 그리고 보고서 내용의 설명에는 다음과 같이 설계평가, 문제점 제시, 자료의 기록이 포함되어야 한다.

① 설계는 관념상의 사고와 계산에 의한 창조적인 결과이므로 설계시험 및 조정된 자료는 설계도서와 비교할 수 있는 중요한 자료가 된다. 따라서 종합보고서는 추후 설계를 개선하는 기회를 제공하며 실제의 설비관련 공사에 영향을 미치는 예상하지 못한 요인들을 지적해야 한다.

② 시공 중 생략되었거나 미비점에 관한 지적이 있어야 하며 또한 이에 관한 개선안을 제시해야 한다.

3) 보고서 세부내용

(1) 용역 범위 및 내용

① 공기 및 물분배의 밸런싱

② 설계치를 공급할 수 있는 전체 시스템의 조정

③ 전기 계측

④ 모든 장비와 자동제어 장치의 성능에 대한 확인

⑤ 소음 측정

⑥ 보고서 작성

(2) 건물 개요 및 기능

① 건물개요

- 건물명
- 소재지
- 대지면적
- 건물 연면적
- 구조 및 형태
- 건축 연혁
- 건물 단면 및 기준층 평면도

② 건물 기능

- 용도별 기능
- 각실 배치도

(3) 용역기간 및 일정

용역수행을 위한 전체 일정을 표를 이용하여 제시하고 구체적인 용역일정은 1, 2, 3차로 구분 기록한다.

① 1차 시험

- 기간
- 시험내용 : 용역수행을 위한 준비작업

② 2차 시험

- 기간

– 시험내용 : 장비의 초기상태 측정작업

③ 3차 시험

– 기간

– 시험내용 : 장비의 최종 조정작업

④ 용역 수행의 기구조직

TAB 용역 수행에 참여한 인원구성에 관한 조직표를 작성한다.

⑤ 결과의 요약 및 분석

TAB 수행 결과를 정량적으로 요약 기술한 후 공기조화 부분에 대하여 에너지 사용처 및 사용방법에 근본적으로 문제가 되고 있거나 개선의 여지가 있는 부분 및 쾌적성 확보를 위한 항목을 조사검토 및 분석한 후 개선안을 제시해야 한다.

· TAB 결과 요약

대상 시스템의 항목에 대해서 정량적인 개선효과에 관하여 요약 기록하고 전반적인 문제 점 요인을 기록한다.

· 에너지 분석

공기조화설비에 관한 에너지 사용 실태를 TAB를 통하여 정밀하게 측정해서 에너지의 흐름을 효과적으로 유도하고 조정함으로써 불필요한 에너지를 절감하기 위하여 열원계통 냉·난방 열량, 팬 동력 및 펌프 동력 에너지 상태를 조정한 후 비교 분석한다.

⑥ 설비설계 개요

공기조화설비 공기분배 계통과 물분배 계통에 관한 제반 설비에 관하여 기술한다.

⑦ 측정범위, 방법 및 결과

측정방법에 의하여 필요한 물리량을 측정 후 설계자료 및 조정자료를 장비 유형별로 구분 집계하고 아래와 같이 분류하여 결과를 기술한다.

· 공기분배 계통

㉠ 공기조화기

㉡ 급·환기 및 배기팬

㉢ 터미널

㉣ VAV, CAV 유닛

㉤ 기타 장비

· 물 분배 계통

㉠ 펌프

㉡ 냉동기

㉢ 냉각탑

㉣ 열교환기

ⓜ 기타 장비

· 실내 온 · 습도 측정

· 소음 측정 : 주파수별 소음 및 암소음 측정

⑧ 문제점 및 특기사항

설비 설계 및 시공에 대한 관련기술 및 장비의 문제점을 파악하여 시스템별로 구분하여 원인과 조치결과를 기록한다.

⑨ 측정 기록지

첨부된 측정기록지 양식의 측정사항에 따라 각종 장비 및 해당 위치에서의 측정 자료를 기록한다.

⑩ 기타 사항

TAB 작업에 사용된 중요장비의 사진과 문제점 및 특기사항에 관련된 사진을 나열 설명한다.

4) 보고서 분석

(1) 보고서의 내용

① 설치된 시스템의 한계 내에서 규정에 의하여 시험되고 밸런싱되어진 시스템에 대하여 증명한다.

② 시스템이 시공업자에 의하여 어떻게 설치되어 있는지 정밀하게 설명한다.

③ 시스템이 어떻게 전체 시스템 밸런스의 완성하에 작동되는지 설명한다.

④ 측정된 모든 최종 수량에 대한 기록을 보존한다.

(2) 보고서의 사용방법

전체 시스템 밸런싱 보고서가 수행자에 의하여 작성 · 제출되는 경우, 밸런싱 작업의 완성은 시스템의 시공상태에 대한 실제적이고 정밀한 설명이 가능하다. 실제 작업조건에 대한 설명서로서의 보고서는 다음과 같이 세 가지 중요한 기능을 갖는다.

① 설계 평가

보고서는 실제로 시스템 운전상태를 설명하므로 시스템이 설계의도에 부합되는지를 설계자가 검토할 기회를 제공한다. 설계는 착상과 계산에 의한 창조적인 결과이므로 보고서는 설계목표 성취 여부의 구체적인 증명이다.

한편 보고서는 설계자가 앞으로 사업에 대한 설계의 질을 향상시키는 데 도움을 제공하며, 설계의 이익과 불이익을 판단할 수 있고, 공사에 영향을 미치는 예기치 않은 작업조건을 지적할 수 있다.

② 조건의 증명

– 시공 중 생략되었거나 실수된 부분에 대한 지적

– 시공의 품질에 대한 검증
– 설계도서와 일치하지 않는 조건에 대한 지적
– 온도조절 시스템의 검증

③ 데이터 기록
– 운전관리 요원에게 시스템과 장비의 일상운전 상태를 명시
– 운전관리 요원에게 장비의 부품 교환작업에 따른 허용 데이터의 사항 제시
– 빌딩 내의 정압상태 자료
– 향후 작업에 대한 참고서류 : 개 · 보수, 재조정, 에너지 사용 진단, 고장 발견 수리 및 정비

④ 보고서 해석
– 현장과 실험실 조건

현장 데이터와 제조사의 등급 사이에는 많은 차이점이 있다는 것을 이해하고 현장에서의 수집된 자료는 시험실에서 시행한 제조사의 등급과 동일하지는 않다. 그 이유는 다음과 같다.

· 실험실은 시험을 위하여 설계된 환경조건하에서 운영되며
· 실험실에서는 장비의 연결 및 배치는 정밀한 측정을 하도록 설계되어 있으나 현장에서는 그렇지 못하다.
· 실험실과 현장의 시험계측기는 그 목적과 우선 순위가 다르게 설계되어 있다.
· 계측기의 적용은 현장과 실험실에 있어서 반드시 일치하지 않는다.
· 실험실과 현장에서의 측정차가 다르며 주체가 다르다.
· 실험실에서는 각종 변수(전기적인 값 등)는 신중하게 조절되지만 현장에서는 쉽게 변할 수 있다. 한편 제조사의 등급과 현장에서 측정된 자료는 다음 사항으로도 다르다.
  ‣ 제조자의 자료는 엔지니어링 요소로부터 계산되며, 실험실에서 결정된 것과 같이 팬과 펌프의 등급은 시스템 효과에 의하여 수정된다.

– 장비 데이터

시스템의 밸런싱 보고서에 기록된 장비의 성능 측정치는 간혹 계산식에 의거한 제조사의 자료와 상이하여 의문이 제기되기도 한다. 실제 현장과 실험실 조건에 기준을 두어 계산된 효율들이 차이가 생기는 이유는 조건들이 동일하지 않은 이유는 다음과 같다.

· 팬 : 일반적으로 제조사의 성능표는 정상적인 조건하에서 성능을 나타내는 것이지만 현장의 불안정한 조건하의 성능을 나타내는 것은 아니다. 또한 설계 변경이나 시공과정 에서 당초의 계획 저항보다 높아져서 선정 때의 효율 여유율을 증가하여 팬의 특성곡선 상의 낮은 효율 운전 결과로 풍량 부족 현상이 발생한다.
· 펌프 : 현장 측정치의 압력 상승값으로 펌프 용량을 정확히 판정한다는 것은 곤란하다.
  ‣ 유량을 측정하는 기구가 아니다.
  ‣ 이 방법은 속도의 수주두를 무시한다.

- 압력 측정점이 표준시험 조건과 일치하지 않는다.
- 배관의 배열이 표준시험 조건과 불일치할 경우가 많다.
- 설치된 펌프의 등급은 일반적으로 확인된 실험실에서의 등급과 다르다.

· 코일 : 제조사의 코일 등급은 실험실에서 시험되기보다는 이론적으로 계산되는 경우가 많다. 따라서 현장 측정 자료와 달라질 수 있다. 만약 실험실에서 측정되었다고 해도 현장조건과 실험실 조건이 다른 경우가 있고 또한 코일의 물리적인 상태 다음과 같은 이유로 인해 실험실 측정치와는 다르다.

- 코일을 통과하는 공기의 흐름이 일정치 않다.
- 코일과 팬의 설치위치는 완전히 직선이 아니다.
- 핀(fin)은 완전히 튜브에 밀착되지 않는다.
- 코일의 팬에 이물질이 낀다.
- 튜브 내의 오염계수가 설정치보다 상회한다.
- 코일 입·출구의 공기온도가 층을 이루고 일정하지 않다.
- 덕트와 코일 사이에 공기누설이 있다.

· 냉동기 : 전체 시스템 밸런싱에 대한 절차는 일반적으로 가동되는 가치를 선정하기 위한 것이다. 냉동기의 효율시험은 전체시스템 밸런싱의 기능에 속하지 않는다.

· 유량계 : 현장에 설치된 유량계는 설치위치에 따라 실험실에서 측정되는 것과는 아주 다르다(예를 들어 코일이나 펌프에 너무 근접되어 설치된 경우) 계량에 사용되는 계기는 실험실의 계기와 같이 정밀한 것이 아니고 현장용이며 이러한 현장용 계기는 층류의 흐름에 있어서 정밀성을 유지한다.

· 유량에 대한 미분압력 : 각종 부품을 지나는 미분 압력에 의하여 현장에서 측정된 유량이 제작자가 제시한 자료와 일치하지 않는 경우가 많다. 이것은 측정된 자료가 틀리다거나 발행된 정보가 정밀하지 않다는 것만 의미하는 것은 아니다. 차이점은 항상 현 장에서 들어오거나 나가는 조건이 부품의 등급이 지워진 테스트 조건하에서와 같지 않다는 것이다.

· 전기사항 : 전동기에 대한 현장측정 전류나 전압으로 전동기 제동 마력을 정확히 결정할 수 없는 것이다. 그 이유는 계산에 필요한 자료 값을 정확히 알기 곤란하기 때문이다.

- 역률은 일반적인 방법으로 측정이 되지 않는다.
- 전동기 효율, 기계효율은 일반적으로 정확히 알 수 없다.

5) 보고서 검사

(1) 일반 사항

전체시스템 밸런싱 수행작업을 감독원에 의하여 검사되는 표준방법에는 두 가지 방법이 있다.

① 현장 측정 확인·검사

② 보고서 검사 절차

검사절차는 부적합한 전체 시스템 밸런싱에서 발주자를 보호하기 위하여 필요하다. 이들 검사절차는 품질표준을 맞출 때까지 검사와 밸런싱 작업을 반복하여 시행해야 한다.

(2) 검사 목적

현장측정 확인검사와 보고서 검사 절차는 다음 사항을 검증하기 위한 것이다.

① 보고서의 완전성

② 규정에 의하여 작업이 수행되었는지 여부의 판정

(3) 현장 측정 확인검사

현장검사는 전체 시스템 밸런싱 작업을 철저하게 확인해야 한다. 일반적으로 전체 시스템 밸런싱에 대하여 치밀하게 작업이 요구되는 내용은 품질표준에 맞추어 밸런싱 작업이 이루어지는지를 확인하는 일이다.

(4) 보고서 검사 절차

① 사무실 검사

– 현장검사 이전에 다음 검사절차를 수행한다.

· 전체 시스템 밸런싱 보고서를 검토한다.

· 보고서가 모든 부록과 수정 명령을 반영했는지를 점검한다. 보고서는 최근의 계약서를 기준으로 해야 한다. 측정된 자료는(적합한 한계 내에서) 설계 자료와는 달라진다는 것을 이해해야 한다.

② 현장 검사

– 현장 검사는 감독원이 입회해야 유효하다.

– 실격 판정

· 소음 측정을 제외한 모든 내용에 있어서 보고서 자료와 검사서 사이에 10% 이상의 오차에 대해서는 검사 절차가 실패한 것으로 간주한다.

· 소음 측정에 대한 보고서 자료와 소음 검사서 사이에 소리압력 수준이 3dB의 오차 는 그 항목에 대해서 검사 절차상 실격한 것으로 간주한다. 다만, 후미의 소음에 대한 오차는 고려되어야 한다.

· 추출된 항목이 10% 이상 실격되었을 때 전체 현장검사는 실격된 것으로 판정한다.

2.9 보고서작성 양식

냉난방 부하요소 적용기준 검토서

1-1. 외기 온습도 조건

구 분 / 계 절	건구온도 dB(℃)	상대습도 RH(%)	절대습도 x (kg/kg')	엔탈피 i (kcal/kg)	건물위치	검 토

1-2. 실내 온습도 조건

구 분 / 실 명	여 름			겨 울			검 토
	건구온도 dB(℃)	상대습도 RH(%)	절대습도 x (kg/kg')	건구온도 dB(℃)	상대습도 RH(%)	절대습도 x (kg/kg')	

1-3. 면적당 인원 및 조명 인체부하

구 분 / 실 명	면 적 당			인체 발생 부하		검 토
	인원산정 인/㎡	조명부하 W/㎡	기기부하 W/㎡	현 열 kcal/h · 인	잠 열 kcal/h · 인	

1-4. 냉난방용 환기횟수 (회/HR)

건 축 구 조	상 급 구 조	중 급 구 조	검토

1-5. 종합 검토의견

검토서 R-1

냉방 및 난방 열원기기 용량 검토서

용역명 : 열원기기 :

계 통	장 비 번 호	대 수	설계 용량 (㎉/h)	검토 용량 (㎉/h)	비 고
	합 계				

검토의견

검토서 R-2

시스템별 냉난방 용량검토서

1. 부하조건 시스템 번호 :

구 분	하계				동계				비 고
	건구온도	상대습도	절대습도	엔탈피	건구온도	상대습도	절대습도	엔탈피	

2. 부하계산결과

실 면적	실 체적	실내현열	실내잠열	실내전열	냉방단위부하	현열비	난방부하	난방단위부하	비고
냉방코일용량 (㎉/h)			난방코일용량 (㎉/h)			가습량 (kg/H)			

3. 풍량 | 급기온도차 : | 단위면적당 인원: | 외기기준:

1) 급기량

2) 외기량

4. 냉각코일

1) 실내부하 (㎉/h)

2) 외기부하 (㎉/h)

3) 냉각코일용량 (㎉/h)

4) 냉수순환수량 (lpm)

5) 출구공기온도 (℃.DB)

5. 가열코일

1) 혼합공기 (℃.DB)

2) 출구공기 (℃.DB)

3) 가열코일용량 (㎉/h)

4) 온수순환수량 (lpm)

6. 가습량

1) 가습량 (㎉/h)

검토의견

검토서 R-3

풍량분배 적정성 검토서

용역명 :

시스템 :　　　　　　　　　　도면번호 :

공기계통 흐름도

급기량	환기량	외기량	배기량	비 고	

풍량분배 장치검토 (VD, MVD 등)

말단기구 규격검토

실 명	기구풍량	수 량	합계풍량	기구크기	비 고

검토서 R-4

덕트 크기 검토서

용역명 :

시스템 : 도면번호 :

덕트구간	설계풍량 (CMH)	덕트 크기 (mm × mm)	덕트풍량 (CMH)	풍 속 (m/s)	마찰저항 (mmAq/m)	비 고

검토의견

검토서 R-5

팬 용량 검토요약서

용역명 :

장비번호	용 도	구 분	풍 량 (CMH)	정 압 (mmAq)	동 력 (kW)	팬 크기	팬 형식	비 고
		설 계						
		검 토						
		설 계						
		검 토						
		설 계						
		검 토						
		설 계						
		검 토						
		설 계						
		검 토						
		설 계						
		검 토						
		설 계						
		검 토						
		설 계						
		검 토						
		설 계						
		검 토						
		설 계						
		검 토						

검토서 R-6-1

팬 정 압 계 산 서

용역명 :

팬 번호						
용 도						
풍량(CMH), 정압(mmAq)						
	계수	동압	손실치	계수	동압	손실치
루버						
디퓨져						
그릴						
댐퍼 (F.D, V.D)						
앨보						
분기 (분류)						
분기 (합류)						
팬토출구 연결손실						
팬흡입구 연결손실						
직관덕트 (mmAq)						
직관덕트 (mmAq)						
필터 (PRE)						
필터 (MED)						
냉방코일						
난방코일						
소음기						
챔버						
기타 (그리스필터)						
합계 (FAN전압)						
동압 (mmAq)						
팬 정압						
안전율 (10%)						
총합계						
팬 정압선정 (mmAq)						

검토서 R-6-2

팬 풍량 검토서

용역명 :

장비번호	용 도	풍 량 (CMH)			비 고
		부하계산서	장비일람	취출구 합산	

검토서 R-6-3

실별 환기량 검토서

용역명 :

실 명	면적 (㎡)	천장고 (m)	체적 (㎥)	환기량(㎥/h) (Ventilation)	환기횟수 (회/h)	비 고

검토서 R-7

유량분배 적정성 검토서

용역명 : **도면번호 :**

시스템 :

배관 계통 흐름도

유량 검토

구간별						
유 량						

밸런싱 기구검토

검토서 R-8

주 배관경 검토서

용역명 :
시스템 :

구간	유량 (lpm)	설 계			검 토			비 고
		관경 (mm)	유속 (m/s)	마찰저항 (mmAq/m)	관경 (mm)	유속 (m/s)	마찰저항 (mmAq/m)	
1								
2								
3								
4								
5								
6								
7								
8								
9								
10								
11								
12								
13								
14								
15								
16								
17								
18								
19								
검토의견								

검토서 R-9-1

주 배 관 경 검 토 서

용역명 :

시스템 :

배관흐름도	번 호	장 비 명	유량 (lpm)	설 계		검 토		비 고
				관경 (mm)	마찰저항 (mmAq/m)	관경 (mm)	마찰저항 (mmAq/m)	
	검토의견							

검토서 R-9-2

펌프용량 검토요약서

용역명 :

장비번호	용 도	구 분	유 량 (lpm)	양 정 (mAq)	동 력 (kW)	형 식	사용압력	비 고
		설 계						
		검 토						
		설 계						
		검 토						
		설 계						
		검 토						
		설 계						
		검 토						
		설 계						
		검 토						
		설 계						
		검 토						
		설 계						
		검 토						
		설 계						
		검 토						
		설 계						
		검 토						
		설 계						
		검 토						

검토서 R-10-1

펌 프 양 정 계 산 서

용역명 :

펌프번호			
용 도			
유량 (lpm) / 양정 (m)			
배관경 (mm)			
단위마찰손실 (mmAq/m)			
배관길이 (m)			
부속손실 또는 엘보			
스트레이너			
체크밸브			
일반밸브			
합계길이 (m)			
손실수두 (mAq)			
냉동기			
공조기			
정유량 밸브			
자동밸브			
냉각탑 산수압			
냉각탑 높이			
헷다 손실			
열교환기			
합계손실 (mAq)			
안전율 (10%)			
총합계 (mAq)			
펌프선정양정 (mAq)			

검토서 R-10-2

펌 프 양 정 계 산 서

용역명 :

펌프번호			
용도			흐름도
유량 (lpm) / 양정 (m)			
배관경 (mm)			
단위마찰손실 (mmAq/m)			
배관길이 (m)			
부속손실			
엘보			
티 			
티 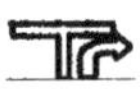			
스트레이너			
체크밸브			
밸브			
합계상당길이 (m)			
손실수두 (mAq)			
냉동기			
정유량, 자동밸브, 코일			
냉각탑산수압			
냉각탑높이			
헷다손실 또는 기타기기			
열교환기			
합계손실 (mAq)			
안전율 (10%)			
총합계 (mAq)			
펌프선정양정 (mAq)			

검토서 R-10-3

펌 프 유 량 검 토 서

용역명 :

장비번호	용 도	유 량			비 고
		부하계산서	장비일람표	터미널합산	
검토의견					

검토서 R-10-4

소음 발생 및 전달 예상부위 검토서

용역명 :

시스템 : **도면번호 :**

시스템 구성도

덕트 기구 통과 풍속 검토

실 명	기구종류	기구크기 (ND)	풍 량 (㎥/h)	풍 속 (m/s)	검 토

기타 발생소음 및 전달경로 확인사항

검토서 R-11

소음 측정기록 (1)

용역명 :

장비설치장소 : **측정 장비명 :** **측정장비 제작번호 :**

측정위치	공조장비 번호	장비 정지시(NC)			장비 가동시(NC)		
		스케일(A)	스케일(B)	스케일(C)	스케일(A)	스케일(B)	스케일(C)

비 고

작성일자 ____________________ 작성자 ________________ 확인자 ________________

소음 측정기록 (2)

용역명 :

	옥 타 브 밴 드 － 장 비 정 지										
측정위치	NC	올패스	63	125	250	500	1,000	2,000	4,000	8,000	16,000
공조장비 번호	옥 타 브 밴 드 － 장 비 가 동										
	NC	올패스	63	125	250	500	1,000	2,000	4,000	8,000	16,000

	옥 타 브 밴 드 － 장 비 정 지										
측정위치	NC	올패스	63	125	250	500	1,000	2,000	4,000	8,000	16,000
공조장비 번호	옥 타 브 밴 드 － 장 비 가 동										
	NC	올패스	63	125	250	500	1,000	2,000	4,000	8,000	16,000

	옥 타 브 밴 드 － 장 비 정 지										
측정위치	NC	올패스	63	125	250	500	1,000	2,000	4,000	8,000	16,000
공조장비 번호	옥 타 브 밴 드 － 장 비 가 동										
	NC	올패스	63	125	250	500	1,000	2,000	4,000	8,000	16,000

	옥 타 브 밴 드 － 장 비 정 지										
측정위치	NC	올패스	63	125	250	500	1,000	2,000	4,000	8,000	16,000
공조장비 번호	옥 타 브 밴 드 － 장 비 가 동										
	NC	올패스	63	125	250	500	1,000	2,000	4,000	8,000	16,000

비 고

작성일자 ______________________ 작성자 ________________ 확인자 __________________

자동제어 계통 검토서

용역명 :

시스템 : **도면번호 :**

시스템 구성도

동작설명서 적합성 검토

자동제어 밸브 검토

장비번호	밸브종류	밸브크기	유 량	C V	검 토 사 항	

기타

검토서 R-12

Chapter 09 오수처리시설공사

1 일반사항

① 오수처리시설은 시설 자체가 복잡하고 다른 구조물과는 달리 사용 후 보완공사가 대단히 어려움은 물론 시공의 질에 따라 처리수질이 크게 좌우할 수 있으므로 시공시 깊은 배려와 주의가 필요하다.

② 오수처리시설의 정밀한 시공을 위해서는 처리흐름은 물론 각 시설의 주요구성과 장비 등 시공시 필요한 내용을 충분히 숙지한 후 시공에 임하여야 한다.

(1) 오수분뇨 및 축산폐수의 처리에 관한 법률 (법 제2조)

① 오수 : 액체성 또는 고체성의 더러운 물질이 섞여 그 상태로는 사람의 생활이나 사업 활동에 사용할 수 없는 물로서 사람의 일상생활과 관련하여 수세식 변수, 목욕탕, 주방 등에서 배출되는 것을 말한다.

② 분뇨 : 화장실에서 수거되는 액체성 또는 고체성 오염물질(정화조의 청소에서 발생하는 오니를 포함)을 말한다.

③ 오수처리시설 : 오수를 침전, 분해 등 환경부령이 정하는 방법에 의하여 정화하는 시설을 말한다.

④ 단독 정화조 : 수세식 화장실에서 나오는 오수를 침전 · 분해 등 환경부령이 정하는 방법에 의하여 정화하는 시설을 말한다.

(2) 수질환경보전법 (법 제2조)

① 폐수 : 물의 액체성 또는 고체성의 수질오염물질이 혼입되어 그대로 사용할 수 없는 물을 말한다.

② 수질오염물질 : 수질오염의 원인이 되는 물질로서 총리령으로 정하는 것을 말한다.

③ 폐수배출물질 : 수질오염물질을 공공수역에 배출하는 시설물, 기계, 기구, 기타 물체로서 총리령으로 정하는 것을 말함, 다만, 해양 오염방지법 제2조 규정에 의한 선박 및 해양시설은 제외한다.

④ 수질오염방지시설 : 폐수배출시설로부터 배출되는 수질오염물질을 제거하거나 감소시키는 시설로서 총리령으로 정하는 것을 말한다.

2 오수처리계통도

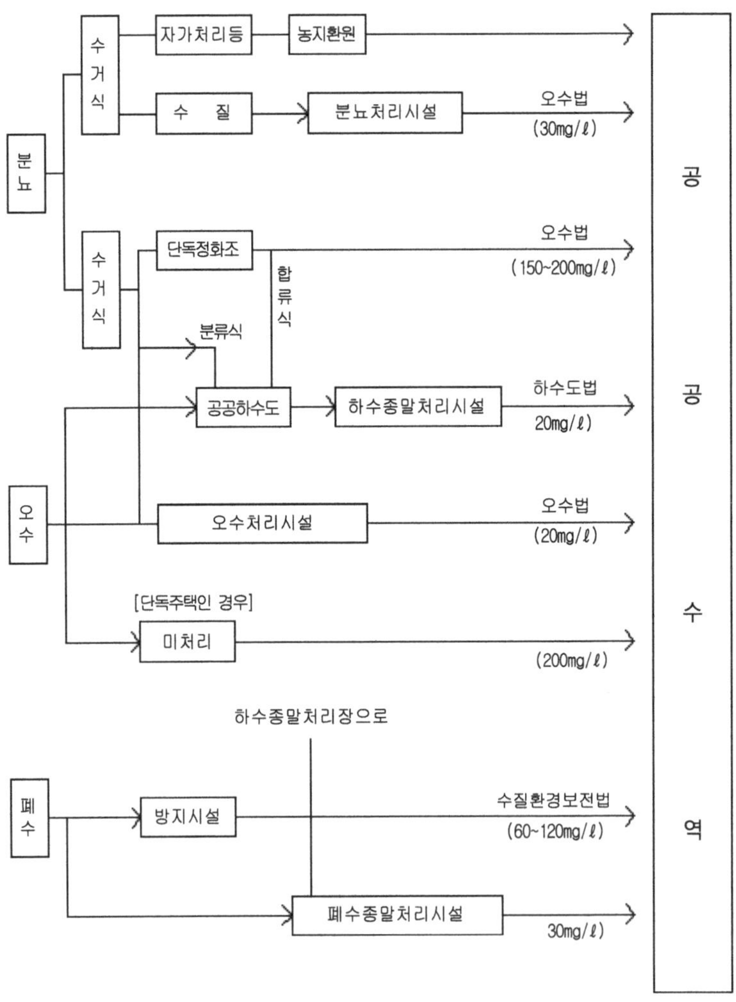

3 오수처리시설 및 단독정화조

1) 오수처리시설

(1) 설치대상

오수처리시설을 설치하여야 할 건물 및 설치 예외 경우는 법 제9조 및 시행령 제3조에서 규정

① 설치 대상건물 : 오수를 배출하는 건물

② 설치 예외 경우

- 오수는 하수종말처리시설 또는 폐수종말처리시설로 유입하여 처리하는 경우
- 기타 환경부령이 정하는 경우

(2) 설치기준(시행규칙 제15조)

① 오수처리시설의 규모는 오수처리시설을 설치하고자 하는 건물 기타 시설물에서 발생되는 오수를 모두 처리할 수 있는 규모 이상이어야 한다. 이 경우 오수 발생량의 산정은 환경부장관이 고시하는 건축용도별 오수발생량의 산정방법에 의한다.

② 구조물의 윗부분이 밀폐되는 경우에는 뚜껑(직경 60cm 이상)을 설치하되 뚜껑은 밀폐할 수 있어야 하며 잠금장치를 설치하거나 뚜껑 밑에 격자형의 철망 등을 설치하여 안전하게 설치하여야 한다.

③ 구조물의 천장 · 바닥 및 벽은 방수재료로 만들거나 방수재를 사용하여 누수되지 아니하도록 하여야 한다.

④ 구조물은 토압 · 수압 · 자체중량 기타 하중에 견딜 수 있는 구조이어야 한다.

⑤ 부식 또는 변형의 우려가 있는 부분에는 부식 또는 변형이 되지 아니하는 재료를 사용하여야 한다.

⑥ 발생가스를 배출할 수 있는 배출장치를 갖추어야 하고, 배출장치는 이물질이 유입되지 아니하는 구조로 하며 방충망을 설치하여야 한다.

⑦ 유입량이 변동되더라도 기능수행에 지장을 받지 아니하는 구조로 설치하거나 유입량을 일정한 수준으로 유지할 수 있는 시설을 설치하여야 한다.

⑧ 악취가 발산될 우려가 있는 부분은 밀폐하거나 악취를 방지할 수 있는 시설을 설치

⑨ 기계류는 계속하여 가동될 수 있는 견고한 구조로 하되 진동 및 소음을 방지할 수 있는 구조이어야 한다.

⑩ 오수배관은 폐쇄 · 역류 및 누수를 방지할 수 있는 구조이어야 한다.

⑪ 점검, 보수 및 오니의 청소를 편리하고 안전하게 할 수 있는 구조이어야 한다.

⑫ 방류수 수질검사를 위하여 시료를 채취할 수 있는 구조이어야 한다.

⑬ 구조물을 유리섬유강화플라스틱(FRP) 등으로 제작하여 설치하는 경우에는 다음과 같이 하여야

한다.

㉠ 기초공사는 지반 및 구조물 윗부분의 하중 등을 고려하여 구조물이 수평을 유지하고 내려앉거나 변형 또는 손괴되지 아니하도록 하여야 한다.

㉡ 지하수 등으로 인하여 구조물이 떠오르는 것을 방지하기 위하여 필요한 조치를 하여야 한다.

㉢ ㉠항 및 ㉡항의 조치를 위하여 필요한 경우에는 콘크리트 등으로 바닥 및 보호벽을 설치하여야 한다.

⑭ 기계 · 장비 등은 이를 직접 제작하거나 한국산업규격(KS)이 있는 경우에는 KS 표시허가를 받은 제품을 사용하여야 한다.

⑮ 전기제품 중 전기안전관리법에 의하여 형식승인을 얻어야 하는 경우에는 승인을 얻은 제품을 사용하여야 한다.

2) 단독정화조

(1) 설치대상

단독정화조의 설치대상 및 예외 경우를 법 제10조에서 다음과 같이 규정한다.

수세식 화장실을 설치하는 자는 단독정화조를 함께 설치하여야 한다. 다만, 다음 각호에 해당하는 경우에는 그러하지 아니하다.

① 오수처리시설로 수세식 화장실에서 발생되는 오수를 유입시켜 처리하는 경우

② 하수종말처리시설 또는 폐수종말처리시설로 수세식 화장실에서 발생되는 오수를 우수 · 오수 분류식 하수도를 통하여 유입 · 처리하는 경우

(2) 설치기준

시행규칙 제21조에서 규정하고 있으며 내용은 다음과 같다.

① 단독정화조의 규모는 처리대상인원을 기준으로 하여 산정한 규모 이상이어야 한다. 이 경우 처리대상인원의 산정은 산업표준화법에 의한 한국산업규격 KS F 1507(건축물의 용도별 정화조의 처리대상 인원 산정기준)에 의한다.

② 구조물의 윗부분이 밀폐되는 경우에는 뚜껑(직경은 처리대상인원이 10인 이하는 45cm 이상, 20인 이하는 50cm 이상, 30인 이하는 55cm 이상, 31인 이상은 60cm 이상)을 설치하되 뚜껑은 밀폐할 수 있어야 하며 잠금장치를 설치하거나 뚜껑 밑에 격자형의 철망 등을 설치하여 안전하게 하여야 한다.

③ 별표 3 제 3호 내지 제15호의 규정은 단독정화조의 설치기준에 관하여 이를 준용한다.

4 오수처리시설의 처리방법

오수분뇨 및 축산 폐수의 처리에 관한 법률시행규칙 제3조에서 규정하고 있는 호기성 생화학적 방법인 접촉산화 방법에 여과시설을 추가하여 설계적용

1) 오수처리 흐름도

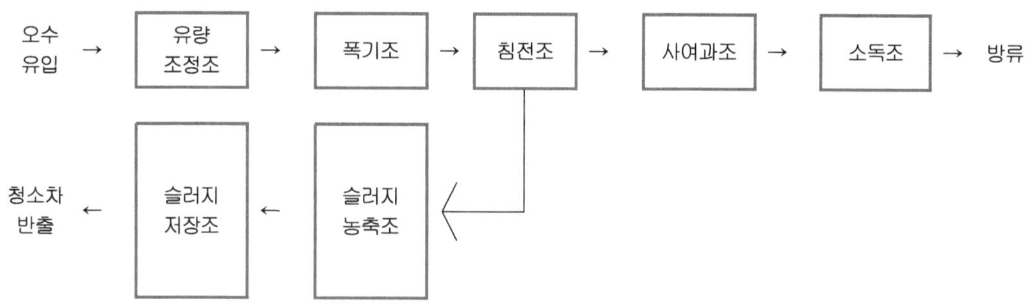

2) 방류수 수질기준

오수처리시설 및 단독정화조의 방류수 수질기준은 시행규칙 제9조에서 표 9.1과 같이 규정하고 있다.

표 9.1 방류수 수질기준

구 분		단독정화조	오수처리시설
특정지역	생물화학적 산소요구량 제거율(%)	65 이상	–
	생물화학적 산소요구량(mg/ℓ)	100 이하	20이하
	부유물질량(mg/ℓ)	–	20 이하
기타지역	생물화학적 산소요구량 제거율(%)	50 이상	–
	생물화학적 산소요구량(mg/ℓ)	–	20 이하
	부유물질량(mg/ℓ)	–	20 이하

토양침투처리방법에 의한 정화조의 방류수 수질기준은 1차 처리에 의한 부유물질이 55% 이상 제거되고, 1차 처리장치를 거쳐 토양 침투시킬 때의 부유물 질량이 250mg/ℓ 이하로 한다.

골프장에 설치된 오수처리시설의 방류수 수질기준은 생물화학적 산소요구량 10mg/ℓ, 부유물질량 10mg/ℓ 이하로 한다.

특정지역이란?

① 수도법 : 상수원 수취수시설로부터 유하거리 4km 이내의 상류지역, 상수원보호구역

② 환경정책기본법 : 특별대책지역

③ 수질환경보전법 : 특정한수질관리구역

④ 자연공원법 : 공원구역, 공원보호구역

⑤ 지하수법 : 지하수 보전구역

5 오수처리시설 설치공사

1) 착공 전 검토

(1) 발주된 오수처리시설의 적정성 검토

오수처리시설이 설치되는 지구, 입지여건, 민원예방 및 사업승인조건 등을 고려하여 일반지역과 특정지역으로 구분되어 처리수질기준이 다르므로 발주시 적용된 도면의 적정성을 충분히 검토하여 시행

(2) 오수처리시설 규모의 산정

오수처리시설에 유입되는 오수량과 농도는 환경부고시(제1997-85호)의 오수처리시설의 규모산정 방법 및 한국공업규격(KS F 1507) 건축용도별 처리대상인원 산정 기준에 의하여 다음과 같이 산정

① 오수처리시설의 규모 산정은 설치하고자 하는 건물, 기타 시설물에서 발생되는 오수량과 오수농도를 사전에 충분히 조사하여 조사된 자료를 이용

② 정확한 자료가 없는 경우에는 개개의 건축물에 대하여 충분한 조사 및 검토를 하여 표의 수치를 확인

분류	용 도	1일 오수량	BOD (mg/ℓ)	비 고
급식시설	주택시설, 의료시설, 점포시설, 학교시설, 사무소, 집회장시설, 오락시설, 자동차차고, 사회복지시설, 작업소, 역·버스터미널 등	15ℓ/급식	350	
주택시설	주택, 공동주택, 하숙, 기숙사 숙소	200ℓ/인	200	
숙박시설	여관, 호텔, 모텔, 콘도미니엄	300ℓ/인	200	1. 온천수는 포함하지 않음 2. 인원은 숙박객의 정원에 종업원을 가산한 것으로 함 3. 연회장, 결혼식장을 포함한 경우에는 그 용도의 부분면적에 대하여 20ℓ/m^2·일을 가산하고, BOD는 연회장은 300mg/ℓ 결혼식장은 200mg/ℓ으로 함
의료시설	병원	1,000ℓ/병상	300	1. 병상수가 300을 초과하는 부분에 대하여는 1,500ℓ/병상·일로 함 2. 외래환자의 오수량은 별도 가산함
점포	슈퍼마켓, 백화점, 시장	30ℓ/m^2	250	육류, 어류점의 바닥면적 합계가 연면적의 20% 이상을 차지할 경우에 오수량은 35ℓ/m^2·일, BOD는 300mg/ℓ로 함.
	식품접객, 조리판매업소	300ℓ/m^2	250	면적은 연면적의 20%로 함

학교시설	초등학교, 중학교, 고등학교 및 대학교	30ℓ/인 35ℓ/인 40ℓ/인	100	1. 인원의 산정은 학생의 정원으로 함 2. 직원은 100ℓ/인 · 일로서 실인원을 가산함
사무소	은행, 행정관청, 일반관청	15ℓ/m^2	100	
작업소 및 영화관	작업장, 공장, 연구소, 극장, 연예장, 체육관	40ℓ/인	100	인원 산정은 통상 근무자 수로 함
기타	목욕탕			
	당구장, 기원, 헬스클럽, 안마시술소, 골프연습장, 수영장, 볼링장, 탁구장, 스케이트장, 의원, 교회, 주차장, 이 · 미용실	15ℓ/m^2	100	

③ 건축용 주시설에 부시설이 있을 경우에는 그 부대시설 건축 용도의 오수량과 생물화학적 산소요구량을 적용 가산하되, 오수가 발생하지 않는 경우에는 오수처리시설의 오수량과 오수농도의 산정에서 제외함.

(3) 단지계획상의 오수 정화시설 배치 검토 사항

① 오수의 유입 및 유출에 대한 검토

② 환기관의 연결이 가능한 인근동의 위치 및 설치관로 지하의 매설물 검토

③ 관리실의 위치 및 소음을 고려한 출입문과 창문의 방향 검토

④ 슬러지 청소를 위한 슬러지 인발구의 적정성(차량접근 가능)

2) 공정표

(1) 공정표 검토시 확인사항

① 기초 시공 확인

② 구조체공사시 슬리브 배치 확인

③ 각 조의 웨어(Weir) E.L 확인

④ 방수공사 확인

⑤ 기자재 승인 요청일

⑥ 장비의 공장 검수일

⑦ 침전조 바닥 시공 확인

⑧ 배관공사 시공 확인

⑨ 기자재 현장 검수일

⑩ 비상경보 및 시스템 검수일

⑪ 유입 및 유출관로 확인

⑫ 각 조의 청소상태 확인

⑬ 오수 유입일

⑭ 시운전 기간

⑮ 인수인계 및 수질검사 확인

(2) 공정표

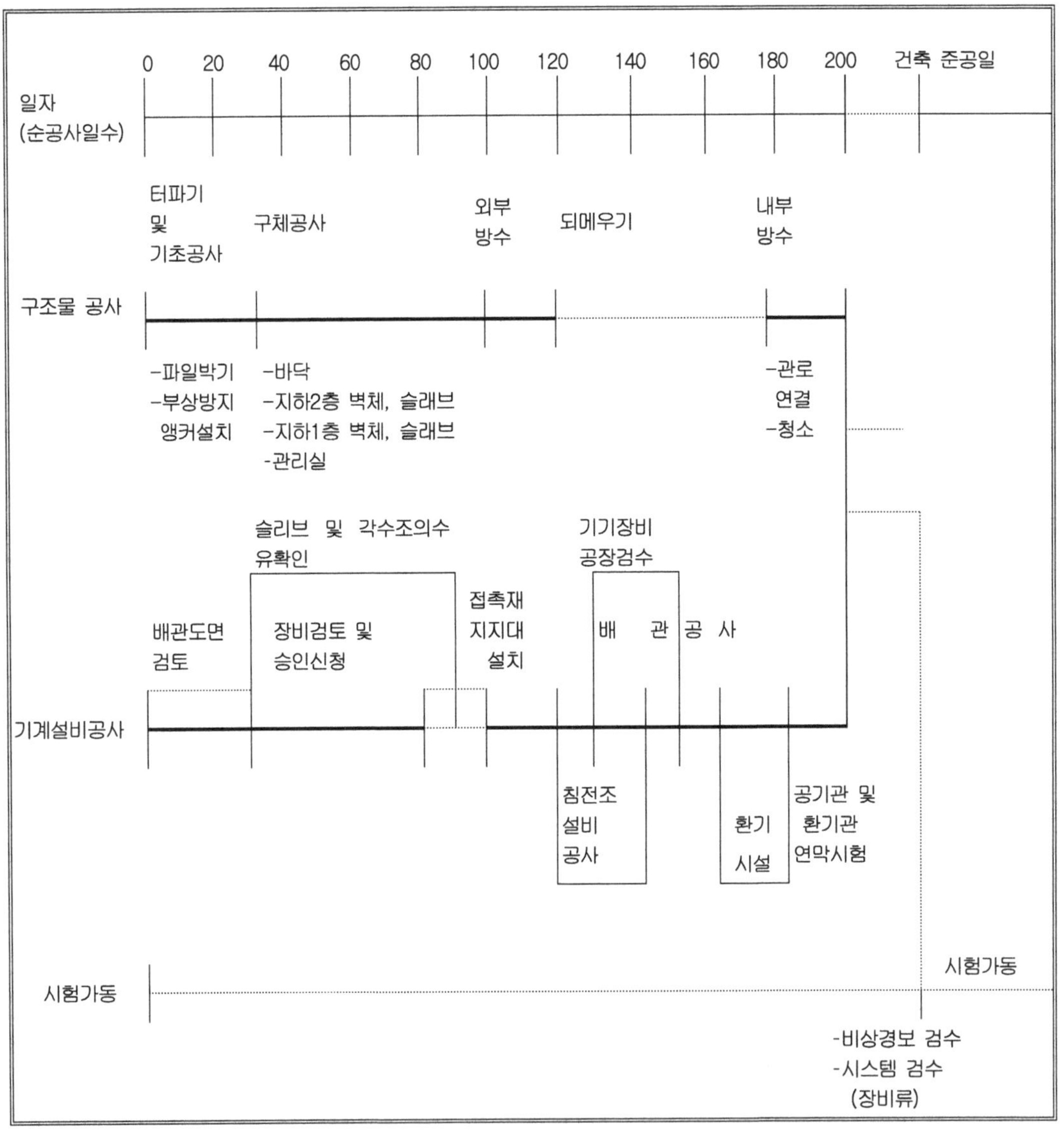

☞시운전기간(90일)
- 운전관리요령
- 사용장비요령 및 A/S
- 소요성 자재 및 비축필요성 자재 확인
- 수질검사 및 시험성적서

3) 슬리브 설치

오수 처리시설에서 배관의 종류는 오수관, 공기관, 슬러지관, 환기관 및 전선관이 있으므로 관의 종류에 따라 구체공사 전에 위치 검토와 배치 상태를 점검하여 슬리브 설치 개소 및 규격을 거푸집설치 공사와 병행하여 시행하여야 하며, 오수관, 슬러지관 및 공기관의 벽체, 바닥 및 천장 통과부분에 대한 위치표시는 전체 배관도에, 환기관은 공통 도면 중 환기 시설도에 표시되어 있고, 전선관은 전기감독과 사전에 충분한 협의를 거쳐 구체공사시 슬리브를 정확한 위치에 매설되도록 한다.

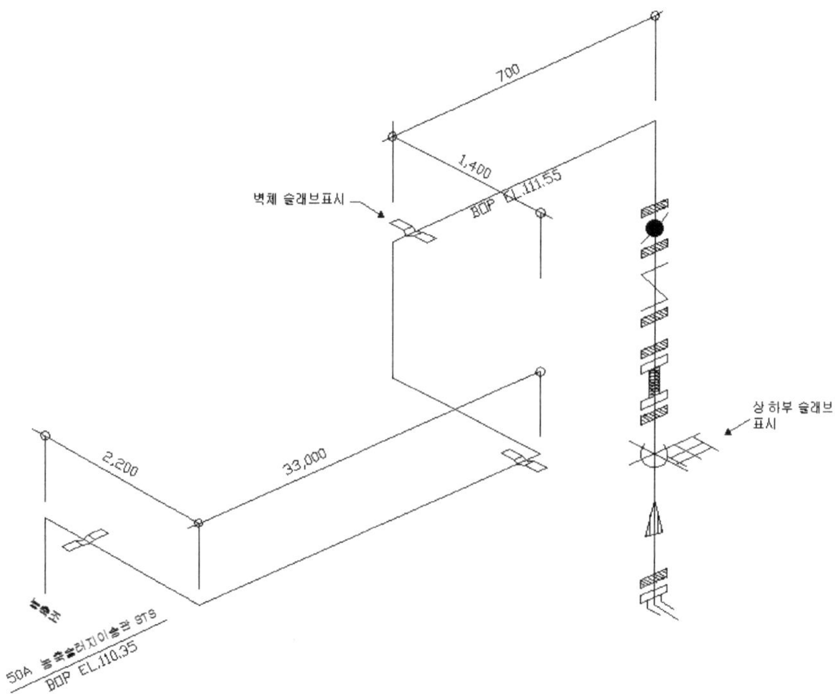

4) 시공 전 협의

① 터파기 작업을 시행하기 전에 각 공종의 책임자들이 회의를 개최하여 지하 구조물의 중복 여부, 연결 부위 등을 사전 검토하고, 상호조정 도면 작성 및 시공우선 순위를 정한 후 시공에 임해야 한다.

② 지자체의 하수종말처리장 설치 유무와 가동상태 및 가동예정시기를 입주시기와 연계 검토하여 오수처리시설의 설치 여부를 관련 부서와 협의 후 시공에 임해야 한다.

③ 수급인은 사업승인조건 또는 지자체 요구사항(오수처리시설의 규모, 정화방법, 방류수의 수질기준)이 설계에 제대로 반영되어 있는지를 검토하고, 적합지 않을 경우에는 그에 적합한 구조로 설계변경 해야 한다.

④ 인서트 플레이트 위치 및 규격, 배관슬리브 시공, 환기덕트 설치, 앵커철물매립 등은 건축, 전기, 설비 책임자와 사전협의 및 상호조정 도면 작성 후 시공해야 한다.

5) 주요 장비 재작도

① 중요 장비류(펌프, 송풍기, 교반기, 환기팬, 여과시설, 슬러지 수집기, 탈취기 및 탈취제 등)는 "②" 항의 제작도면 및 사양서를 작성하고 장비공사 설치 3개월 전에 제출하여 승인을 받아야 한다. 또한 펌프류, 송풍기 및 환기팬, 여과기 등은 반드시 제작과정 및 완성검사를 받고 현장에 반입하여야 한다.

② 제작도 및 사양서
- 제작공정표
- 장비 목록표
- 설치지침, 시동 방법 등이 포함된 제작시방서
- 계산서 : 효율, 용량, 구조, 강도 등
- 선택점(운전점)이 명확히 표시된 성능 곡선도
- data sheet
- 제작 도면 : 각 부분의 치수, 재질, 무게, 필요한 설치 공간 및 각 부품의 조립방법 명시
- 방진가대 및 베이스 도면
- 설명서 : 검사, 설치. 보존, 안전 및 취급시 주의사항, 고장원인 및 대책 명시

6) 시공도면

① 오수처리시설의 시공위치 및 인접시설물과의 공간관계(현장 여건 감안작성)

② 지침서, 배관재료, 설치규격, 설치위치 그리고 삽입물 등을 표시한 오수처리시설의 시공도면을 제출한다. 각종 재료의 접합과 앵커철물, 개구부 등의 상세도를 포함하며, 배관과 인접구조물 사이의 공유부분과 공간관계를 나타내야 한다.

③ 시공 전 협의에 따른 상호조정 도면(4. 참조)

④ 기타 감독자가 필요하다고 인정하여 요구하는 사항

7) 준공서류

(1) 준공 및 시설물 인수인계

수급인은 공사가 완료된 후에 다음과 같은 서류를 작성하여 준공검사원에게 제출하여야 한다.

① 준공도면

② 제반시험성적서 및 기록일지

③ 제반 인 · 허가 필증 사본

④ 장비설치, 매설 또는 외관상 확인 곤란한 주요부분에 대한 천연색 사진

⑤ 준공 청소 후 내부사진

(2) 유지관리지침

수급인은 다음과 같은 유지관리 자료를 작성하여 감독자 입회하에 인수자와 인수인계하여야 한다.

① 준공도면, 장비 카탈로그, 사후보수연락처, 소모성 부품목록, 제반시험성적서, 시운전일지 등

② 시스템의 가동, 정지에 필요한 유지관리지침서(생산업체, 모델번호, 보수규범, 일상적인 정비절차, 예상되는 고장 및 수리 방법 등)

6 시운전 및 준공

1) 시운전

(1) 시운전 요령

① 감독원의 입회하에 시운전을 시행

② 시험운전 중 시공자의 잘못으로 결함이 발생하여 시운전 기간을 연장하거나 부분적인 재시공을 필요로 할 때는 수급자 책임 하에 보상한다.

③ 오수정화시설이 시운전기간은 입주 후 2개월간으로 하며, 수급자는 시운전기간 동안 시운전에 필요한 기술을 보유한 기술자를 상주시켜 동시설의 성능 발휘 및 운전관리 요령을 관리인에게 교육시킬 의무를 지며, 동기간 동안 관리소장의 지휘를 받는다.

④ 시운전 일지를 비치하며 시운전일지에는 장비별 가동시간 운전상태 등을 기록하여 관리소장의 날인을 받도록 한다.

(2) 식종(Seeding)

① 입주 초기에 미생물의 생성 및 활성을 촉진하기 위하여 식종을 실시

② 식종제의 성분

식종제는 오수의 분해, 정화, 탈취력을 갖는 강력한 박테리아균 군에 그 박테리아의 생장에 필요한 영양분 등을 배합한 제품으로서 사전에 감독원의 확인을 받는 제품을 구입 사용

③ 투입량 및 방법

식종은 3일에 걸쳐 실시하되 매일 유입 오수량의 100PPM을 2~3회로 나누어 제1폭기조에 서서히 투입

☞ 투입량 계산 "예" (400톤 규모일 경우) : 40kg/일×3일=120kg

(3) 수질검사

① 수급자는 시운전기간 내에 공인시험기관의 방류수질 시험 성과표를 제출하여야 하며, 이때 시험성적의 결과치가 「오수 · 분뇨 및 축산폐수의 처리에 관한 법률」 규정에 의한 방류수질 기준에 적합하여야 한다.

② 수질검사용 시표채취는 일일 수질을 대표할 수 있는 시료이어야 하며, 채취방법은 환경오염 시험법(배출업소 시료채취방법 참조)에 준하여야 한다.

③ ①항의 수질기준이 적합하지 않을 때에는 원인분석 후 방류수질 기준에 적합토록 보완조치 하여야 한다.

2) 접촉폭기조의 관리

(1) 폭기상태의 보수점검

접촉폭기조의 상태, 즉 혼합액의 생상, 거품, 취기의 유무, 부유오니의 발생 상황을 중심으로 관찰한다. 접촉폭기조의 혼합액은 정상적인 경우 거의 침전조의 유출수와 비슷한 성상을 하며 부유성 오니가 적다. 부유오니가 유난히 많게 되어 활성오니법의 폭기조 혼합액과 같은 상태로 되는 경우는 유입부하가 크게 되어 청소의 시기에 이르렀거나 탈리오니의 이송이 충분치 않는데 그 원인이 있다.

(2) 접촉폭기조 역세시기

① 조 내의 부유오니 발생상황과 접촉재의 폐쇄상황을 조사하여 필요시에는 정기적으로 역세를 하여 잉여오니를 탈리시킨다.

② 역세를 시행하는 시기

- 접촉폭기조 내의 접촉제 상부수위가 상승하고 있다.
- 접촉폭기조 내의 부유물질 농도가 증가한다.
- 조 내에 흑색 부유오니가 보이고 부패취가 확인된다.
- 조 내에 거품이 다량 발생하고 처리수의 투명도가 저하한다.

3) 준공 및 인수인계

① 공사가 완료된 후에는 다음과 같은 서류를 작성하여 준공검사원에게 제출하여야 한다.

- 준공도면
- 기성 검사시 지적된 사항에 대한 처리결과
- 제반 시험성적서 또는 기록일지
- 제반 인 · 허가 필증 사본
- 주요부분에 대한 천연색 시공사진
- 준공, 청소 후 내부사진

② 시운전이 완료된 후에는 준공도면, 장비 카탈로그, 취급설명서, 사후보수 연락처, 소모성 물품 수록, 수질 시험과 공인기관의 시험성적표 및 시운전 일지 등을 입회하에 관리소장과 인수인계 하여야 한다.

Chapter 10 소 방 설 비 공 사

1 소방시설 도면 검토

1) 건축물

(1) 관련법규

① 건축법 제40조, 시행령 제56조, 건축법 시행령 제61조, 건축법 시행령 제46조, 시행규칙 제28조

② 건축법 시행령 제35조, 제90조, 시행규칙 제26조의, 제28조, 제10조

(2) 검토항목

① 건축물 개요

- 건축물의 용도
- 연면적
- 층별 바닥면적
- 구조물의 종류(내화구조 여부)
- 내장재료의 종류(불연재 여부)

② 방화구획의 적정 여부

③ 방화구획과 소방시설별 방호구획의 일치 여부

④ 피난시설의 적정 여부
  –특별피난계단, 비상용승강기 설치대상

2) 소방시설

(1) 관련법규

시행령 제28조~34조

(2) 검토항목

① 소화시설 적용의 적정 여부
  –법적 검토
  –기술적 안전성 검토

② 소방시설 면제에 대한 적용의 적정 여부 검토

③ 특수소화설비 적용의 적정 여부

3) 전기설비와의 검토사항

(1) 검토항목

① 소화시설 기준이 전기설비 기술기준에 적합한지의 여부(배선 등)

② 소화설비의 방호구역과 경보설비 및 기타 연동 설비의 방호구역과의 일치 여부

③ 소화설비용 가압송수장치, 팬, 기타 연동 제어장치, 셔터 등의 동력, 전원은 일치하는지의 여부

④ 자동식 소화설비와 경보설비와의 연동방식의 적정 여부

⑤ 방화문, 방화셔터, 배연댐퍼 등 자동 개폐장치와 감지기 등과의 연동장치와의 연계성의 적정 여부

2 소방시설 설치대상 검토

1) 옥내소화전 설비

(1) 관련법규

시행령 제28조, 제33조

(2) 소방대상물

① 연면적 3,000m^2 이상

② 지하층, 무창층, 4층 이상인 층 중 바닥면적이 600m^2 이상인 층이 있는 것은 전층

③ 근린생활시설, 위락, 판매시설, 숙박시설, 노유자시설, 의료, 업무시설, 통신 · 촬영시설, 공장,

창고시설, 운수자동차 관련시설 및 복합건축물로서 연면적 1,500m^2 이상, 지하층 무창층 4층 이상인 층 중 바닥면적이 300m^2 이상인 층이 있는 것은 전층

④ 공장, 창고시설로서 별표 4.(특수 가연물의 지정수량의 750배 이상을 저장 취급하는 장소)

(3) 면제

① 스프링클러 설비, 물분무 소화설비, 옥외 소화전설비, 동력 소방펌프설비가 설치된 경우 그 유효 범위 내의 부분 면제

② 옥외소화전, 동력 소방펌프에 있어서는 지상 1층, 2층 부분에 한하여 면제

2) 스프링클러 설비

(1) 관련법규

시행령 제28조, 제33조

(2) 소방대상물

① 관람집회 및 운동시설의 무대부
- 무대부가 지하층 · 무창층 · 4층 이상인 층의 바닥면적 300m^2 이상
- 그 밖의 층에 있어서는 무대부가 바닥면적 500m^2 이상

② 판매시설
- 층수가 3층 이하 : 바닥면적의 합계가 6,000m^2 이상
- 층수가 4층 이상 : 바닥면적의 합계가 5,000m^2 이상

③ 층수가 11층으로 여관 · 호텔 용도로 사용되는 층이 있는 것은 전층.

④ 아파트로서 16층 이상인 것은 전층

⑤ 반자의 높이가 10m 이상인 랙크식 창고 : 연면적 1,500m^2 이상

⑥ 공장 및 창고시설 : 별표 4(특수가연물) 지정수량의 1,000배 이상을 저장, 취급하는 것.

⑦ 지하가로서 연면적 1,000m^2 이상인 것.

⑧ 1호 내지 6호에 해당되지 아니하는 소방대상물(학교 또는 아파트, 냉동창고는 제외)의 지하 층, 무창층 또는 층수가 4층 이상인 층으로서 바닥면적이 1,000m^2 이상인 층

⑨ 1호 내지 6호 또는 8호에 해당하지 아니하는 소방 대상물(학교, 아파트 제외)로서 층수가 11층 이상인 것은 11층 이상의 층

⑩ 1호 내지 8호의 소방 대상물에 부속된 보일러실 또는 연결통로

⑪ 복합건축물로서 연면적 5,000m^2 이상인 것은 전층(주상복합 건물인 경우 제2, 4호 기준에 따른다.)

(3) 면제

물분무 소화설비가 설치된 경우 그 유효범위만의 부분 면제

3) 물분무소화설비 등

① 물분무 소화설비
② 분말 소화설비
③ 포소화설비
④ CO_2 소화설비
⑤ 할로겐 화합물 소화설비

(1) 관련법규

시행령 제28조, 제33조

(2) 소방대상물

① 공장 및 창고시설 : 별표 4 (특수가연물 지정수량의 1,000배 이상을 저장, 취급하는 것)
② 비행기 격납고
③ 주차용 건축물로서 연면적 $800m^2$ 이상인 것.
④ 차고로서 주차의 용도로 사용되는 부분의 바닥면적이 $200m^2$ 이상
⑤ 자동차 검사장 또는 자동차 정비공장 : 자동차를 상시 보관하는 장소의 바닥면적이 $200m^2$ 이상
⑥ 승강기 등 기계장치에 의한 주차시설 : 20대 이상 주차할 수 있는 것.
⑦ 전기실, 발전실, 변전실(가연성 절연유를 사용하지 않는 변압기. 전류차단기 등의 전선기기와 가연성 피복을 사용하지 않은 전선 및 케이블을 설치한 전기실, 발전실, 변전실은 제외)
–축전지실 · 통신기기실 · 전산실 : 바닥면적 $300m^2$ 이상

(3) 면제

차고, 주차장, 별표 4의 특수가연물을 저장 · 취급하는 소방대상물에 스프링클러설비를 설치한 경우에 그 유효범위 안의 부분이다.

4) 옥외소화전 설비

(1) 관련법규

시행령 제28조, 제33조

(2) 소방대상물

① 지상 1층 및 2층의 바닥면적의 합계가 $9,000m^2$ 이상인 것(동일 구 내에 그 이상의 건축물이 있는

때에는 그 건축물의 외벽 상호간의 중심선으로부터 수평거리가 지상 1층에 있어서는 3미터 이하, 지상 2층에 있어서는 5미터 이하인 것은 1개의 건축물로 본다)

② 지정문화재로서 연면적 1,000m^2 이상인 것.

③ 1호에 해당하지 않는 공장 및 창고시설로서 별표 4에서 정하는 수량의 750배 이상의 특수가연물을 건축물 밖으로 저장 · 취급하는 것.

(3) 면제

스프링클러 · 물분무 등 소화설비 또는 동력 소방펌프설비를 설치한 경우 그 유효범위 안의 부분 면제

5) 소화용수설비(상수도 소화용수설비, 소화수조)

(1) 관련법규

시행령 제31조, 제33조

(2) 소방대상물

① 연면적 5,000m^2 이상인 것

② 가스시설로서 지상에 노출된 탱크의 저장용량 합계가 100ton 이상인 것

③ 지상 1층 및 2층의 바닥면적 합계가 15,000m^2 이상인 것(동일구 내에 2동 이상의 건축물이 있을 경우 지상 1층은 3m 이하, 지상 2층은 5m 이내인 것은 1동의 건축물으로 본다)

④ 층수가 11층 이상인 것.

(3) 면제

① 아파트 및 가스시설은 제외한다.

② 건축법 58조 규정에 의한 비상급수시설이 시설기준에 적합한 경우, 이를 소화수조 또는 저수조로 갈음할 수 있다.

6) 제연설비

(1) 관련법규

시행령 제32조, 제33조

(2) 소방대상물

① 관람집회 및 운동시설 : 무대부 바닥면적 200m^2 이상인 것.

② 근린생활시설 · 판매시설 및 숙박시설 : 지하층 또는 무창층의 바닥면적이 1,000m^2 이상인 것.

③ 시외버스 정류장 · 철도역사 · 공항시설 · 해운시설의 대합실 또는 휴게시설 : 지하층 · 무창층의 바닥면적이 1,000m^2 이상인 것.

④ 지하가 : 연면적 1,000m^2 이상인 것

⑤ 특수장소에 (편복도 아파트 제외)에 부설된 특별피난계단 및 비상용 승강기의 승강장

(3) 면제

공기조화설비 등을 내무부령이 정하는 기준에 적합하게 설치한 경우 면제

7) 연결송수관 설비

(1) 관련법규 소방법

시행령 제32조, 제33조

(2) 소방대상물

① 층수가 5층 이상으로서 연면적 6,000m^2 이상인 것.

② 층수가 7층 이상인 것.

③ 지하층의 층수가 3층 이상이고, 지하층의 바닥면적의 합계가 1,000m^2 이상인 것.

(3) 면제

옥외에 연결송수구 및 옥내소화전 설비 스프링클러설비 또는 연결살수설비를 설치한 경우 그 유효범위 안의 부분

8) 연결살수설비

(1) 관련법규

시행령 제32조, 제33조

(2) 소방대상물

① 판매시설 : 바닥면적의 합계가 1,000m^2 이상인 것.

② 지하층 : 바닥면적의 합계가 150m^2 이상인 것.

③ 국민주택 규모(85m^2) 이하인 아파트의 지하층(대피시설로만 사용하는 것에 한함)과 학교의 지하층 : 700m^2 이상인 것.

④ 가스시설 중 지상에 노출된 탱크의 용량 30톤 이상인 것.

⑤ 제1호, 2호, 3호의 소방대상물에 부속된 연결통로 등.

※ 1호, 2호, 3호의 경우에 주요 구조부 내화구조일 때에는 욕실 · 화장실 · 전기실(보일러실은 제외) · 기계실 · 통신기기실 · 승강기승강로 · 리넨슈트 · 파이프 덕트 등의 면적은 제외한다.

(3) 면제

송수구를 부설한 스프링클러설비나 물분무 등 소화설비를 설치한 경우에는 그 설비의 유효범위 부분만 면제

9) 소화기구

(1) 관련법규

시행령 제28조

(2) 소방대상물

① 수동식 소화기 또는 간이 소화용구의 설치

- 연면적 33㎡ 이상인 것
- 지정문화재 및 가스시설

② 자동식 소화기의 설치

- 아파트로서 층수가 6층 이상인 것은 6층 이상의 층

(3) 면제

① 소화기구의 추가 및 감소하여 설치할 수 있는 기준 : 소방기술기준에 관한 규칙 제2, 3조 참조

② 아파트의 경우 16층 이상은 스프링클러 설치 대상으로 자동식 소화기 설치 제외

10) 피난기구

(1) 관련법규

시행령 제30조, 제32조

(2) 소방대상물

피난층 · 2층 및 층수가 11층 이상인 층을 제외한 모든 층에 설치해야 한다.

(3) 면제

피난설비를 설치해야 할 소방대상물에 있어서 그 위치, 구조 또는 설비의 상황에 따라 피난상 지장이 없다고 인정되는 경우 면제

11) 소방대상물의 완전구획 및 연결부분

(1) 관련법규

시행령 제25조

(2) 소방대상물

① 내화구조로 된 하나의 소방대상물이 개구부가 없는 내화구조의 바닥 또는 벽으로 구획되어 있는 경우에는 그 구획된 부분을 각각 별개의 소방대상물로 본다.

② 2 이상의 소방대상물이 통로·복도 또는 피트 등으로 연결되어 있는 경우에는 연결되어 있는 그 이상의 소방대상물을 하나의 소방대상물로 본다.

3 소화설비 도면 검토

1) 소화기구

(1) 설치대상

소방시설 설치대상(전 소방 대상물)

(2) 소화기구 설치기준

① 관련법규

기술기준 별표 1, 기술기준 별표 2, 3, 별표 4, 기준 2조 (영 28조)

② 검토내용

- 소방대상물별 장소별, 적응성 여부
- 소방 대상물별 능력단위 산정의 적정 여부
- 용도별 추가설치의 적정 여부
- 소화기 배치거리(보행거리 기준)
  - · 소형 수동식 : 20m 이내
  - · 대형 수동식 : 30m 이내
- 소화기구 설치높이 : 1.5m 이하
- 자동식소화기 설치 여부(6~15층 주방)

(3) 소화기 설치 감소

① 관련법규

기술기준 제3조

② 검토내용

소화기구의 설치감소의 적용 적정 여부

- 수동식 소화기
- 대형 수동식 소화기

2) 옥내소화전 설비

(1) 설치대상

① 관련법규

시행령 제28조

② 검토내용

소방시설 설치대상 참조

(2) 수 원

① 관련법규

기술기준 제5조

② 검토내용

－수원의 저수량 적정 여부

· 옥내소화전이 가장 많은 층의 설치 개수(5 이상시 5)×2.6㎥

－저수량 중 옥상고가수조 설치량 적정 여부

· 저수량의 $\frac{1}{3}$이상 옥상 설치

(3) 가압송수장치

① 관련법규

기술기준 제6조

② 검토내용

－펌프에 의한 가압송수장치

· 주펌프의 토출량(옥내소화전 설치개수×130LPM 이상)

· 주펌프의 양정(1개 층에 설치된 각 소화전의 방수압력이 1.7kg/㎠ 이상인지의 여부)

· 기동용 수압개폐장치의 적용 여부

· 충압 펌프의 적정 여부(유량, 양정)

－고가수조의 자연낙차압력을 이용한 가압송수장치

· 고가수조 높이의 적정 여부

－압력수조를 이용한 가압송수장치

· 압력세팅, 부대장비의 구비 여부

(4) 배 관

① 관련법규

기술기준 제7조

－배관재의 재질의 적정 여부(배관의 사용압력 파악)

- 관경의 적정 여부
- 펌프의 성능시험 배관의 적정 여부
- 송수구 설치방법의 적정 여부

(5) 옥내 소화전함

① 관련법규

기술기준 제8조

② 검토내용

- 소화전함 재질의 적정 여부
- 소화전함 내장기구의 적정 여부
- 소화전함의 설치간격, 위치의 적정 여부

(6) 전원 제어반 배선

① 관련법규

기술기준 제9조, 제10조, 제10조의 2

② 검토내용

- 상용 전원회로의 적정설치 여부
- 비상전원의 설치 여부
- 비상전원 설치장소의 적정 여부
- 제어반, 기능설치기준 적정 여부
- 배선선정의 적정 여부

3) 스프링클러 설비

(1) 설치대상

① 관련법규

시행령 제28조

② 검토내용

소방시설 설치대상 참조

(2) 수원

① 관련법규

기술기준 제13조 제5조

② 검토내용

- 폐쇄형 스프링클러 헤드 적용시

· 소방대상물별 기준개수×$1.6m^3$ 이상

· 기준개수 적용의 적정 여부

– 개방형 스프링클러 헤드 적용시 확보 수원의 적정 여부

③ 저수량 중 옥상 고가수조 설치량의 적정 여부(저수량의 $\frac{1}{3}$ 이상)

(3) 가압송수장치

① 관련법규

기술기준 제14조 제6조

② 검토내용

– 펌프를 이용하는 가압송수장치

· 주펌프의 토출량 적정 여부(헤드의 기준 개수×80리터 이상)

· 주펌프의 양정 산정의 적정 여부(최고위 헤드 낙차+마찰손실 수두+헤드의 방수 압력 환산 수두 이상)

– 기동용 수압개폐장치 적용 여부

– 충압펌프의 적정 여부(유량, 양정)

– 고가수조의 자연 낙차압력을 이용한 가압송수장치(고가수조 높이 적정 여부)

– 압력수조를 이용한 가압송수장치(부대장비, 압력세팅의 적정 여부)

(4) 방호구역

① 관련법규

기술기준 제15조, 제16조

② 검토내용

– 하나의 방호구역의 바닥면적 적정한가(3,000m^2 이내)

– 방호구역마다 유수검지장치 등의 설치되었는가

– 하나의 방호구역은 2개 층에 미치지 않도록 구분되었는가(단, 아파트의 경우 제외)

– 개방형의 경우 방수구역당 헤드의 개수는 50개 이하인가

(5) 배관

① 관련법규

기술기준 제7조, 기술기준 '별표 5', 제17조(기술자료 참고)

② 검토내용

– 배관재의 재질의 적정 여부(사용압력 고려)

– 관경의 적정 여부

– 스프링클러 설치 방식별, 적용의 적정 여부(건물규모, 용도, 주위조건 등을 고려)

(6) 음향장치

① 관련법규

기술기준 제18조 ①항, 제18조 ①항 3, 4호, 제18조 ③항, 제18조 ④항

② 검토내용

- 유수검지장치, 일제개방밸브의 감지기회로 작동시 음향장치의 적정 설치 여부
- 음향장치의 설치간격, 위치 적정 여부

③ 일제개방밸브 방식의 경우 감지기 회로의 교차회로 방식의 적용 여부

④ 수동 기동장치의 설치 여부

(7) 스프링클러헤드

① 관련법규

기술기준 제19조

② 검토내용

- 스프링클러 헤드의 설치 위치 및 설치간격의 적정 여부
- 폐쇄형 헤드의 표시온도의 적정 여부

(8) 송수구

① 관련법규

기술기준 제20조

② 검토내용

- 송수구 설치 위치의 적정 여부
- 송수구의 설치 수량의 적정 여부

(9) 전원 제어반

① 관련법규

기술기준 제22조, 제10조의 2

② 검토 내용

- 상용 전원회로의 적정 여부
- 비상전원의 설치 여부
- 제어반의 기능의 적정 여부
- 배선 선정의 적정 여부

(10) 기타

① 관련법규

기술기준 제23조 참조

② 검토내용

스프링클러 헤드의 설치누락 여부

4) 물분무소화설비

(1) 설치대상

① 관련법규

시행령 28조

② 검토내용

소방시설 설치대상 참조

(2) 수원

① 관련법규

기술기준 제25조

② 검토내용

－특수가연물 저장, 취급하는 소방대상물

· 바닥면적($50m^2$ 초과시 $50m^2$)당 $200l/m^2$ 이상 확보 여부

－차고 또는 주차장

· 바닥면적($50m^2$ 초과시 $50m^2$)당 $400l/m^2$ 이상 확보

－기타 설치장소에 따른 바닥면적당의 저수량 확보 여부

(3) 가압송수장치

① 관련법규

기술기준 제27조

② 검토내용

㉠ 펌프를 이용한 가압송수장치

－토출량

· 특수가연물 저장 취급하는 대상물 : 바닥면적당 10LPM 이상

· 차고 또는 주차장 : 바닥면적당 20LPM 이상

· 기타 설치장소에 따른 바닥면적당 토출량 확보 여부

－펌프의 양정(Hm)

· $H=h_1+h_2+h_3$ 이상인지의 여부

h_1 : 물분무 헤드 설계압력 환산수두(m)

h_2 : 배관의 마찰손실수두(m)

h_3 : 배관의 낙차(m)

㉡ 기동용 수압개폐장치 설치 여부

㉢ 충압펌프의 적정 여부(유량, 양정)

㉣ 고가수조의 자연낙차 압력을 이용한 가압송수장치(고가수조의 높이 적정 여부)

㉤ 압력수조를 이용한 가압송수장치(부대장비, 압력세팅의 적정 여부)

(4) 배관

① 관련법규

기술기준 제28조

② 검토내용

- 배관재질의 적정 여부
- 관경의 적정 여부(관내유속 3m/sec 이하)
- 일제개방밸브의 설치수량 및 담당구획 적정여부(1개당 유량 8,300 LPM 이하)

(5) 기동장치

① 관련법규

기술기준 제29조

② 검토내용

- 수동식 기동장치의 설치 여부
- 자동식 기동장치의 연동장치의 적정 여부(감지기 및 폐쇄형 헤드 작동에 의한 경보발령 가압송수장치, 개방밸브 작동)

(6) 제어밸브

① 관련법규

기술기준 제30조

② 검토내용

자동 개방밸브 및 수동 개방밸브의 설치 여부 및 설치장소의 적정 여부

(7) 배수설비

① 관련법규

기술기준 제32조

② 검토내용

차고 또는 주차장의 경우 배수시설의 적정설치 여부

(8) 전원

① 관련법규

기술기준 제33조

② 검토내용

-상용전원회로의 적정 여부

-비상전원의 적정설치 여부

-배선선정의 적정 여부

(9) 기타

① 관련법규

기술기준 제28조, 제34조

② 검토내용

-송수구 설치 여부 및 설치장소의 적정 여부

-물분무 헤드 선정 및 설치누락 유무

5) 포소화설비

(1) 설치대상

① 관련법규

시행령 28조

② 검토내용

소방시설 설치대상 참조

(2) 종류 선정

① 관련법규

기술기준 제35조의 2

② 검토내용

소방대상물의 종류에 적용되는 포소화설비 방식의 적정 선정 여부

(3) 수원

① 관련법규

기술기준 제36조

② 검토내용

㉠ 특수 가연물 저장, 취급하는 공장 또는 창고

-홈워터 스프링클러, 홈헤드 설비의 경우

· 헤드가 가장 많이 설치된 층(바닥면적)의 헤드가 동시에 표준 방사량으로 10분간 방사될 수 있는 양 이상

– 고정 포 방출설비의 경우

· 가장 많이 설치된 방호구역 안의 고정 포방출구에서 표준방사량으로 10분간 방사될 수 있는 양 이상

㉡ 차고 또는 주차장

– 호스릴 포설비, 포소화전 설비의 경우

· 방수구 설치개수(5개 이상시 5개)×$6m^3$ 이상

– 홈헤드설비, 고정 포방출설비의 경우

· 상기 1)호 ①항에 의한 양 이상

㉢ 위험물 옥외탱크 저장소(①+②양 이상)

– 고정 포 방출구 종류별 방출량×방사시간

– 방유제의 포소화방수구수 : (3개 이상시 3개)×$8m^3$

㉣ 비행기 격납고

(4) 제어반

① 관련법규

기술기준 제37조

② 검토내용

옥내소화전 제어반 설치기준 적용

(5) 가압송수장치

① 관련법규

기술기준 제38조

② 검토내용

㉠ 펌프를 이용한 가압송수장치

– 펌프의 토출량

· 포헤드, 고정 방출구 또는 이동식 포 노즐의 설계압력 또는 방사압력으로 표준 방사량을 방사할 수 있는 양 이상

– 펌프의 양정(Hm)

· $H=h_1+h_2+h_3+h_4$

h_1 : 방출구 설계압력, 노즐 방사압 환산수두(m)

h_2 : 배관의 마찰손실수두(m)

h_3 : 낙차(m)

h_4 : 호스의 마찰손실수두(m)

– 기동용 수압개폐장치의 적용대상 여부와 충압펌프 설치 여부

· 토출량 : 60 LPM 이하

· 양정 : 낙차(m)+20(m) 이상

㉡ 고가수조의 자연 낙차압력을 이용한 가압송수장치(고가수조의 높이 적정 여부)

㉢ 압력수조를 이용한 가압송수장치(부대장비, 압력세팅의 적정 여부)

(6) 배관

① 관련법규

기술기준 제39조

② 검토내용

– 배관재질의 적정 여부

– 관경의 적정 여부(관내유속 3m/s 이하)

– 송수구의 적정 설치 여부

(7) 포소화약제

① 관련법규

기술기준 제40조

② 검토내용

㉠ 저장탱크의 설치위치의 적정성

㉡ 저장량

– 고정포 방출구 방식($q_1+q_2+q_3$ 이상)

q_1 : 고정포 방출구에서 방출하기 위해 필요한 양

q_2 : 보조 소화전에서 방출하기 위해 필요한 양

q_3 : 송액관에 충전하기 위해 필요한 양

– 옥내포 소화전방식 또는 호스릴 방식

· $Q = N \times S \times 6{,}000\ell$ 이상

N : 호스 접결구 수 5 이상시 5개

S : 포소화약제 사용농도

– 포헤드 방식

· 하나의 방사구역 안에 설치된 포 헤드를 동시에 개방하여 표준 방사량으로 10분간 방사할 수 있는 양 이상

(8) 혼합장치

① 관련법규

기술기준 제41조

② 검토내용

포 혼합장치의 선정, 설치장소의 적정 여부

(9) 개방밸브

① 관련법규

기술기준 제42조

② 검토내용

자동, 수동, 선택밸브의 선정 및 설치위치의 적정 여부

(10) 기동장치

① 관련법규

기술기준 제43조

② 검토내용

-수동식 기동장치설치 여부

-자동식 기동장치 설치의 적정 여부(감지기, 스프링클러 헤드와의 연동 여부)

(11) 포헤드

① 관련법규

기술기준 제44조

② 검토내용

-포헤드는 포의 팽창비에 적합한 것인가

-포헤드의 종류별 설치수량의 적정 여부

· 홈워터 스프링클러 헤드 : 8㎡당 1개

· 홈헤드 : 9㎡당 1개

-소방 대상물별, 약제 종류별, 바닥면적당 방사량의 적정산정 여부

-포헤드 상호간의 거리의 적정산정 여부

(12) 고정 포 방출구

① 관련법규

기술기준 제44조, 기술기준 별표 6, 기술기준 별표 7

② 검토내용

–옥외탱크 저장소 탱크 종류에 적합한 방출구의 선정 여부
–설치수량의 적정 여부
–1분당 방출량과 방출시간의 적정 산정 여부

(13) 포소화전

① 관련법규

기술기준 제44조

② 검토내용

–포소화전의 설치 위치의 적정 여부
–방사 압력과 방사량의 적정산정 여부
–포소화전 설치간격 및 수량의 적정 여부

(14) 차고, 주차장의 경우

① 관련법규

기술기준 제44조

② 검토내용

–호스릴 포, 포소화전 설비의 방사압력, 방사량의 적정산정 여부(3.5kg/㎠, 300LPM 이상)
–호스릴 함, 호스함 설치 여부
–방수구 설치수량 및 배치의 적정 여부

(15) 고발포용 고정포 방출구

① 관련법규

기술기준 제44조

② 검토내용

–전역방출방식의 경우 방출량, 설치수량
–국소방출방식의 경우 방출량

(16) 전원 비상전원

① 관련법규

기술기준 제45조

② 검토내용

옥내 소화전설비 준용

6) 이산화탄소 소화설비

(1) 설치대상

① 관련법규

시행령 28조

② 검토내용

소방시설 설치대상 참조

(2) 저장용기

① 관련법규

기술기준 제47조

② 검토내용

–저장용기의 설치장소의 적합 여부

–저장용기별(저압식, 고압식) 부대기기 및 안전장치는 설치되어 있는지의 여부

(3) 소화약제의 저장량

① 관련법규

기술기준 제48조

② 검토내용

–각 방출방식별 CO_2 소화약제 저장량의 산정은 적정한지의 여부

· 전역 방출방식(가연성 액체, 가스 표면화재)

· 전역 방출방식(종이, 목재, 섬유 등 심부화재)

· 국소 방출방식

· 호스릴 방식(노즐 1개당 90kg 이상)

(4) 기동장치

① 관련법규

기술기준 제49조

② 검토내용

–수동식 기동장치의 설치수량, 설치장소, 음향장치 연동 등의 적정 여부

–자동식 기동장치

· 자동화재 탐지 설비와의 연동 여부

· 기동방식별 설치기준의 적정 여부 (전기식, 가스압력식, 기계식)

(5) 제어반

① 관련법규

기술기준 제50조

② 검토내용

제어반, 화재 표시반의 적정설치 여부(수신기내 내장시 수신시 기능부여 여부)

(6) 배관

① 관련법규

기술기준 제51조, 내무부 고시 1994-101호

② 검토내용

-배관재질의 적정 선정 여부(사용압력 고려)

-관경의 적정 여부(방출시간 고려)

-옥외가스의 주입구 설치대상인 경우 옥외가스 주입구의 적정 설치 여부

(7) 선택밸브

① 관련법규

기술기준 제52조

② 검토사항

설치장소와 설치수량의 적정 여부

-방호구역, 방호대상물별로 설치

-방호구역 외의 장소에 설치

(8) 분사헤드

① 관련법규

기술기준 제53조

② 검토내용

-방출방식별 분사헤드의 선정 및 설치수량의 적정 여부

-분사헤드 설치 금지장소의 적정 여부

· 사람이 상시 상주하는 장소

· 자기연소성 물질 취급, 저장장소

· 금속물질을 저장, 취급하는 장소

(9) 화재감지기

① 관련법규

기술기준 제54조

② 검토내용

-감지기에 의한 연동장치의 적정 여부(자동화재탐지설비 기준 참조)

(10) 음향 경보장치

① 관련법규

기술기준 제55조

② 검토내용

-자동식의 경우 감지기와의 연동 여부

-수동식의 경우 조작시 연동 여부

(11) 자동 폐쇄장치

① 관련법규

기술기준 제56조

② 검토내용

방호구역 개구부의 자동 폐쇄장치의 적정 설치 여부

-환기장치 정지

-덕트 및 통기구의 자동 폐쇄

-개구부의 자동 폐쇄

(12) 비상전원

① 관련법규

기술기준 제9조

② 검토내용

옥내소화전 기준

7) 할로겐화합물 소화설비

(1) 설치대상

① 관련법규

시행령 제28조

② 검토내용

소방시설 설치대상 참조

(2) 저장용기

① 관련법규

기술기준 제47조, 제59조

② 검토내용

-저장용기 설치장소의 적합 여부

-저장용기별(축압식, 가압식) 부대기기 및 충전비의 적정 여부

(3) 소화약제

① 관련법규

기술자료 참조 : 내무부 고시 제1995-28호

② 검토내용

-소화약제의 적정 선정 여부(청정소화약제의 적용 고려)

-청정소화약제의 종류 및 소화설비의 기술기준에 적합한지의 여부

· HCFC-124(FE-241)

· HCFC Blend A(NAF S-Ⅲ)

· HFC-23(FE-13)

· HFC-125(FE-24⑤

· HFC-227ea(FM-200)

· FC-3-1-10(CEA-410)

· IG-541(INERGEN)

(4) 배관

① 관련법규

기술기준 제61조, 제62조

② 검토내용

-배관지질의 적정 선정 여부(사용압력 고려)

-배관관경의 적정 선정 여부(기준저장량을 지정시간 내 방출 가능 여부 고려)

(5) 분사헤드

① 관련법규

기술기준 제62조

② 검토내용

방출방식별 분사헤드의 선정 및 설치수량의 적정 여부

-전역방출방식(30초 이내 방사 가능)

-국소방출방식(30초 이내 방사 가능)

-호스릴 소화설비(1분당 방사량 고려)

· 호스릴 적용 가능 여부

(6) CO_2 설비준용

① 관련법규

기술기준 제63조

② 검토내용

기동장치, 제어반, 옥외가스 주입구, 선택밸브, 자동화재감지장치, 음향경보장치, 자동폐쇄 장치, 비상전원은 CO_2 설비 참조

8) 옥외소화전 설비

(1) 설치대상

① 관련법규

시행령 28조

② 검토내용

소방시설 설치대상 기준 참조

(2) 수원

① 관련법규

기술기준 제72조

② 검토내용

－수원의 저수량 적정 여부

옥외소화전 설치개수(2개 이상시 2개)×$7m^3$ 이상

－저수량 중 옥상 설치량 적정 여부($\frac{1}{3}$ 이상)

(3) 가압 송수장치

① 관련법규

기술기준 제74조

② 검토내용

－주펌프의 토출량의 적정 여부(소화전 설치개수(2 이상시 ②×350LPM 이상)

－주펌프의 양정의 적정 여부

· $H(m)=h_1+h_2+h_3+25m$ 이상

h_1 : 낙차(m)

h_2 : 배관의 마찰손실수두(m)

h_3 : 호스의 마찰손실 수두(m)

③ 기동용 수압개폐장치 적용 여부

④ 충압펌프의 적정 여부(유량, 양정)

(4) 배관

① 관련법규

기술기준 제75조

② 검토내용

- 호스 접결부의 설치간격 및 수량의 적정 여부(40m 반경 유지)
- 배관지질의 적정 여부(매립배관의 부식 고려)

(5) 소화전함

① 관련법규

기술기준 제76조

② 검토내용

옥외 소화전함의 배치 및 설치수량의 적정 여부

- 소화전 10개 이하 : 5m 이내에 각각 1개 이상
- 11개 이상 30개 이하 : 11개의 소화전 분산배치
- 31개 이상 : 소화전 3개마다 1개 이상 배치

(6) 기타

① 관련법규

기술기준 제76조

② 검토내용

기타 소화전함 규격, 상용전원 및 비상전원의 설치 여부(옥내소화전설비 준용)

9) 소화용수설비

(1) 설치대상

① 관련법규

시행령 31조

② 검토내용

소방시설 설치대상 기준 참조

(2) 소화수조

① 관련법규

기술기준 제111조

② 검토내용

저수량의 적정 여부(연면적 기준산출) (연면적/기준면적)×20m^3 이상

– 기준면적

· 지상 1, 2층 바닥면적 합계가 15,000m^2 이상인 경우 : 7,500m^2

· 11층 이상인 건축물 : 12,500m^2

– 채수구의 설치수량, 설치위치, 규격의 적정 여부

– 흡수관 투입구 규격 및 설치수량의 적정 여부

(3) 상수도 소화용수설비

① 관련법규

기술기준 제112조의 2

② 검토내용

– 수도배관의 관경의 적정 여부(75A 이상의 수도 배관에 100A 소화전 접속)

– 소화전의 설치위치와 설치간격의 적정 여부(반경 140m 이내)

(4) 가압송수장치

① 관련법규

기술기준 제112조

② 검토내용

– 소화수조의 가압송수장치 설치 여부(최저 수면의 깊이가 4.5m 이상시 적용)

– 적용시에는 옥내소화전 펌프 설치기준 적용 여부

(5) 기타

① 검토내용

– 소화수조는 아파트 적용 제외

– 소화수조는 비상급수시설 저수조와 겸용 가능

10) 제연설비

(1) 설치대상

① 관련법규

시행령 32조

② 검토내용

소방시설 설치대상 기준 참조

(2) 제연구역

① 관련법규

기술기준 제114조

② 검토내용

- 제연구역의 면적이 1,000m^2 이내인지 여부
- 거실과 통로(복도)는 상호 제연구획 하였는지?
- 통로상의 제연구역 : 보행중심선 길이 40m 이내인지의 여부
- 하나의 제연구역은 40m 원 내에 포함되는지?
- 제연구획시 재료의 적합 여부(내화, 불연재)
- 제연경계설치방법의 적정 여부
  - · 제연경계의 폭 : 0.6m 이상
  - · 수직거리 : 2m 이내

(3) 제연방식

① 관련법규

기술기준 제115조

② 검토내용

연기배출 및 공기유입이 동시에 이루어지는 방식인지의 여부

(50m^3 미만시 인접통로 배출가능)

(4) 배출량 배출방식(팬의 풍량)

① 관련법규

기술기준 제116조

② 검토내용

- 거실 바닥면적 400m^2 미만의 경우
  - · 바닥면적(1m^2)당 1m^3/min 이상(최저 배출량 5,000m^3/h 이상)
  - · 통로배출방식의 풍량 산정의 적정 여부
- 바닥면적 400m^2 이상인 경우
  - · 제연구역이 40m 직경 이내인 경우 : 40,000m^3/h 이상(수직거리에 따라 다름)
  - · -40m 원을 초과하는 경우 : 45,000m^3/h 이상(수직거리에 따라 다름)

③) 예상 제연구역이 통로인 경우

- 보행중심선 길이 40m 이내인 경우 : 40,000m^3/h 이상
- 보행중심선 길이 40m 초과시 : 45,000m^3/h 이상

(5) 배출구

① 관련법규

기술기준 제117조

② 검토내용

제연구역의 바닥면적에 따른 배출구의 설치 위치, 수량의 적정 여부

(6) 공기유입방식 유입구

① 관련법규

기술기준 제118조

② 검토내용

- 유입방식의 적정 여부(자연, 강제 유입)
- 유입구의 설치높이, 설치간격의 적정 여부
- 공동예상 제연구역 내에 설치되는 유입구의 설치방법의 적정 여부
- 인접 제연구역, 통로에 유입된 공기를 유입하는 경우, 인접한 제연구역 화재시 자동폐쇄장치 설치 여부
- 유입구의 면적 및 구조의 적정 여부(풍속 : 5m/sec 이하, 하향 60도 이내)
- 공기유입구의 크기의 적정 여부(배출량 $1m^3$/min당 $35cm^3$ 이상)
- 공기유입 풍량은 배출량 이상으로 선정되었는지의 여부

(7) 배출기 및 풍도

① 관련법규

기술기준 119조

② 검토내용

- 배연팬은 배연용으로 적정한지의 여부(전동기 분리설치, 내열성 확보)
- 배출덕트의 재질, 단열, 두께의 적정 여부(내열, 내식 고려)
- 덕트의 규격 선정은 적정한지 여부
  - · 흡입측 풍도 풍속 : 15m/sec 이하
  - · 배출측 풍도의 풍속 : 20m/sec 이하
  - · 유입풍도 내의 풍속 : 20m/sec 이하

(8) 전원 및 기동

① 관련법규

기술기준 제120조

② 검토내용

-가동식의 벽, 댐퍼, 팬의 작동이 감지기와 연동하여 가동되는지의 여부

-수동기동장치의 설치 여부

(9) 기타

① 관련법규

기술기준 제121조

② 검토내용

-제연설비 설치 제외시 적정 여부 판단

-공조설비와 겸용시 제연설비 기준에 적합한지의 여부

(10) 특별피난계단, 승강기 승강장에 설치하는 제연설비

① 관련 법규

내무부 고시 1996-53호(기술기준 121조의 2와 관련)

② 검토내용

-전실 제연설비의 적용 여부 판단

· 11층 이상(아파트의 경우 16층, 갓복도식 아파트 제외) 지하 3층 이상인 계단 전실)

· 비상용 승강기 승강장

-제연방식의 적정 여부(급기 가압방식)

③ 제연구역 선정의 적정 여부

-계단실, 부속실 동시 제연

-부속실만을 단독 제연(피난 층에 부속실이 설치되어 있는 경우에 해당)

④ 급기량 산정의 적정 여부 틈새 누설량+방연풍속 유지시 보충량 이상

⑤ 과압 방지장치의 설치 및 적정 여부

⑥ 화재실로 유입된 공기의 배출방식의 적정 여부(화재실내 과압 방지)

⑦ 전실 급기방식의 적정 여부

부속실 제연시 동일 수직선상의 모든 부속실은 하나의 풍도에 의해 동시 급기되는지의 여부

⑧ 급기구 댐퍼의 적정 여부

⑨ 댐퍼 및 송풍기는 옥내감지기에 의해 작동되는지 여부

⑩ 수동기동장치의 설치 여부(급기, 배기댐퍼, 송풍기작동, 출입문 폐쇄)

⑪ 제어반의 설치 및 기능의 적정 여부

-비상용 축전지(1시간 이상 유지용량)

-급기댐퍼 개폐 감시, 원격조작

-배출댐퍼와 개폐기 감시, 조작

-송풍기 감시, 원격조작

−기타 연동장치 감시, 조작기능

⑫ 비상전원 설치 여부

11) 연결송수관설비

(1) 설치대상

① 관련법규

시행령 제32조

② 검토내용

소방시설 설치대상 참조

(2) 송수구

① 관련법규

기술기준 제123조

② 검토내용

−송수구의 설치수량의 적정 여부

−송수구의 설치위치 적정 여부(접근성, 노출 여부)

(3) 배관

① 관련법규

기술기준 제124조

② 검토내용

−관경의 적정 여부(100A 이상)

−습식배관의 적용 여부(31m 이상, 11층 이상인 경우 적용)

(4) 방수구

① 관련법규

기술기준 125조

② 검토내용

−소방대상물 층마다 설치되었는지 여부(아파트 1, 2층 및 피난층은 예외)

−방수구의 설치 위치의 적정 여부(계단으로부터 5m 이내)

−방수구의 방호 수평거리(각 부분) 50m(지하층 바닥면적 합계가 3,000m^2 이상시에는 25m) 이내인지의 여부

−쌍구형 설치범위의 적정 여부 : 11층 이상의 층(아파트, 스프링클러가 설치되고 방수구가 2개 이상 설치된 층은 제외)

(5) 방수기구함

① 관련법규

기술기준 제126조

② 검토내용

- 설치간격 및 위치의 적정 여부
  - · 3개 층마다 설치
  - · 방수구에서 보행거리 5m 이내 설치
- 기구함내 비치품(호스, 노즐)의 적정 여부

(6) 가압송수 장치

① 관련법규

기술기준 제127조

② 검토내용

가압송수장치의 설치대상 여부 및 설치방법의 적정 여부(건축물 높이 70m 이상시 설치)

12) 연결살수설비

(1) 설치대상

① 관련법규

시행령 제32조

② 검토내용

소방시설 설치대상 참조

(2) 송수구

① 관련법규

기술기준 제131조

② 검토내용

- 송수구의 설치 위치 적정 여부(접근성 양호, 노출된 장소)
- 송수구 설치수량의 적정 여부
- 개방형 헤드 사용시 : 각 송수구역마다 설치(내화구조시 선택 밸브 설치 가능)

③ 송수구역 일람표 설치 여부

④ 개방형 헤드 사용시 송수 구역당 살수 헤드의 수량은 적정한지 여부(10개 이하)

(3) 배관

① 관련법규

기술기준 제132조

② 검토내용

－배관경의 적정 여부

· 살수설비 전용헤드 사용시

· 스프링클러 헤드 사용시(별표 5 기준)

－폐쇄형 헤드 사용시 주배관의 접속방법의 적정 여부

· 시험배관의 설치 및 적정 여부

· 고가수조 또는 급수배관 연결 여부

(4) 헤드

① 관련법규

기술기준 제133조

② 검토내용

－헤드의 살수반경의 적정 여부

· 전용헤드 : 3.7m 이하

· 스프링클러 헤드 : 2.3 이하

－가연성 가스 저장 · 취급시설에 설치하는 헤드는 전용 개방형 헤드 사용원칙

13) 피난설비

(1) 설치대상

① 관련법규

시행령 제30조

② 검토내용

소방시설 설치대상 참조

(2) 피난기구의 적응성

① 관련법규

기술기준 별표 8

② 검토내용

소방대상물별 적응 여부

(3) 설치수량

① 관련법규

기술기준 제100조

② 검토내용

- 피난기구는 층마다 설치되었는지 여부
- 층별 설치수량은 용도별로 적정하게 산정되었는지 여부
  · 숙박, 노유자시설, 의료시설 : 500m^2 마다 1개 이상
  · 위락, 판매, 운동, 전시 관람시설 등 : 바닥 면적 800m^2 마다 1개 이상
  · 그 밖의 용도의 층 : 1,000m^2 마다 1개 이상

③ 용도별 추가하여 설치되는 피난시설의 적정 적용 여부

- 호텔의 객실별 : 피난밧줄 또는 간이 완강기 1개
- 아파트 : 공기안전매트 1개(관리실별)

(4) 설치 제외

① 관련법규

기술기준 제101조

② 검토내용

제외대상의 적정 적용 여부

(5) 설치감소

① 관련법규

기술기준 제102조

② 검토내용

감소대상의 적정 여부

14) 자동 화재탐지설비

(1) 설치대상

① 관련법규

시행령 제29조 ④항

② 검토내용

소방시설 설치대상 참조

(2) 경계구역

① 관련법규

기술기준 제82조 ①항, ②항, ③항

② 검토내용

- 경계구역 설정의 적정 여부

– 하나의 경계구역이 2개 이상의 건축물에 미치지 않는지의 여부

– 2개 이상의 층에 미치지 않는지?(500m^2 이하에서 2개층을 하나의 경계구역으로 설정가능)

– 하나의 경계구역 면적 : 600m^2 이하

– 한 변의 길이 : 50m 이하

– 지하구 : 길이 700m 이하

– 별도 경계구역 설정대상의 적용 적정 여부(계단, 경사로, 린넨슈트, 파이프 덕트 등)

– 자동식 소화설비와 연동되는 경우 소화 설비의 방사구역과 일치되는지의 여부

(3) 수신기

① 관련법규

기술기준 제83조 ①항, ②항, ③항

② 검토내용

– 수신기의 선정의 적정 여부

– 수신기 설치장소의 적정 여부

– 수신기의 기능 및 설치방법의 적정 여부

(4) 중계기

① 관련법규

기술기준 제84조

② 검토내용

– 중계기의 설치위치의 적정 여부

– 중계기의 기능의 적정 여부

(5) 감지기

① 관련법규

기술기준 제85조 ①항, ②항 ③항, ④항

② 검토내용

– 부착높이에 따른 감지기 선정의 적정 여부(20m 이상시 감지기 선정 고려)

– 연기감지기의 설치장소의 적정 여부

– 각 감지기의 설치장소의 적정 여부

– 감지구역(감지기 설치수량)

– 검출부의 접속감지기 수량의 적정 여부(검출부 수량)

– 감지기 설치위치의 적정 여부

– 감지기 설치제외 장소 적용의 적정 여부

(6) 음향장치

① 관련법규

기술기준 제87조 ①항, ②항

② 검토내용

- 주음향장치 설치위치, 적정 여부
- 직상발화 경보방식의 적용의 적정 여부(5층 이상 연면적 3,000m^2 초과시 적용)
- 지구음향장치의 설치위치, 설치간격의 적정 여부
- 음향장치의 구조 및 성능의 적정 여부

(7) 발신기

① 관련법규

기술기준 제88조

② 검토내용

발신기 설치장소 및 설치간격의 적정 여부

(8) 전원

① 관련법규

기술기준 제89조 ①항, ②항

② 검토내용

- 상용전원의 적정 여부(축전기, 교류저압)
- 축전기 설비의 용량의 적정 여부

(9) 배선

① 관련법규

기술기준 제90조

② 검토내용

- 각 회로별 배선의 선정 및 설치 방법의 적정 여부
- 전원회로의 배선 : 내화배선
- 그 밖의 배선 : 내화, 내열배선(감지기 상호간, 수신기와 감지기 간의 회로 제외)
- 종단저항의 설치위치의 적정 여부
- 감지기 회로 배선방법의 적정 여부(송 · 배선식)
- 하나의 공통선에 접속되는 경계구역의 수량의 적정 여부(7개 이하)
- 기타 배선방법은 전기설비 기술기준에 관한 규칙에 적합한지의 여부

15) 누전경보기

(1) 설치대상

① 관련법규

시행령 제29조 ③항

② 검토내용

소방시설 설치대상 참조

(2) 설치방법

① 관련법규

기술기준 제92조 1호, 2호, 3호

② 검토내용

- 경계전로의 정격 전류에 적합한 급수의 경보기 설치 유무
- 60A 초과 시 : 1급 누전경보기
- 60A 이하 시 : 1급 또는 2급 누전경보기
- 변류기 설치위치의 적정 여부

(3) 수신기

① 관련법규

기술기준 제93조

② 검토내용

수신기 설치위치 및 장소의 적합성 여부

(4) 전원

① 관련법규

기술기준 제94조

② 검토내용

- 전용회로 구성의 적정 여부
- 각 극의 개폐기 설치 여부
- 과전류 차단기 설치 여부(15A 이하)
- 기타 전원의 전기설비 기술기준에 관한 규칙에서 정한 것에 적정한지 여부

16) 자동 화재속보설비

(1) 설치대상

① 관련법규

시행령 제29조 5항

② 검토내용

소방시설 설치대상 참조

(2) 작동방식

① 관련법규

기술기준 제95조

② 검토내용

자동 화재탐지설비와 연동하여 소방관서로 전달되는지의 여부

17) 비상경보설비

(1) 설치대상

① 관련법규

시행령 제29조 ①항

② 검토내용

소방시설 설치대상 참조

(2) 음향장치

① 관련법규

기술기준 제87조 ①항 3호, 제87조 ②항 1, 2호

② 검토내용

- 지구음향장치의 적정 설치 여부(각층마다 수평거리 25m 이하가 되도록)
- 음향장치의 성능의 적정 여부

(3) 발신기

① 관련법규

기술기준 제88조

② 검토내용

발신기 설치높이 및 설치간격의 적정 여부

(4) 전원배선

① 관련법규

기술기준 제89조 ①, ②항

② 검토내용

– 상용전원의 적정성(축전지 또는 교류전압)

– 축전지 설비 용량의 적정 여부

– 전원회로의 배선 : 내화배선 유무

– 그 밖의 배선 : 내화, 내열배선

(5) 단독형 화재 경보기

① 관련법규

기술기준 제96조 ③항

② 검토내용

– 소방용 기계, 기구 검정합격품인지의 여부

– 설치장소 및 방호면적의 적정 여부(각 실마다 설치, 150m^2 마다 1개 이상)

18) 비상방송설비

(1) 설치대상

① 관련법규

시행령 제29조 ①항

② 검토내용

소방시설 설치대상 참조

(2) 설치기준

① 관련법규

기술기준 제97조

② 검토내용

– 확성기의 성능 및 설치방법의 적정 여부

– 음성입력 : 3W 이상

– 각층 설치 : 수평거리 25m 이내마다

– 음량조정기의 배선은 3선식 인지의 여부

– 조작부의 설치장소의 적정 여부

(3) 배선

① 관련법규

기술기준 제89조

② 검토내용

– 상용전원의 적정 여부(축전지, 교류저압)

－축전기 설비용량의 적정 여부

－전원회로 배선은 내화배선인지 여부

－그 밖의 배선은 내화, 내열배선 여부

(4) 음향장치

① 관련법규

기술기준 제87조 ①항

② 검토내용

지구음향장치의 적정 여부

－층마다 설치

－각 부분에서 음향장치까지 수평거리(25m 이하)

－직상발화 우선경보방식의 채용 여부

19) 유도등, 유도표지 및 비상조명등

(1) 설치대상

① 관련법규

시행령 제30조 ③항

② 검토내용

소방시설 설치대상 참조

(2) 종류의 선정

① 관련법규

기술기준 제103조의 2

② 검토내용

각 소방대상물별 설치해야 할 유도등, 및 유도표지 설정의 적정 여부

(3) 피난구 유도등

① 관련법규

기술기준 제104조 ①, ②, ③항

② 검토내용

－설치장소의 적정 여부

－설치높이의 적정 여부(1.5m 이상)

－조명도의 적정성(30m에서 식별 가능)

(4) 통로 유도등

① 검토내용

- 설치장소의 적정 여부
- 설치높이의 적정 여부 (1m 이하)
- 설치간격의 적정 여부(보행거리 기준)
  · 복도, 거실통로 유도등(20m 간격)
  · 각층 경사로 및 계단참 마다 설치
- 조도의 적정 여부

(5) 객석 유도등

① 관련법규

기술기준 제106조

② 검토내용

- 설치위치의 적정 여부
- 설치간격 및 수량의 적정 여부
- 조도의 적정 여부

(6) 유도표지

① 관련법규

기술기준 제107조 ①항, ③항

② 검토내용

- 설치장소와 설치간격의 적정 여부
- 유도표지의 규격의 적정 여부

(7) 유도등의 전원

① 관련법규

기술기준 제108조 ①항, ②항

② 검토내용

- 배선은 전용으로 축전지 또는 교류전압으로 구성되었는지 여부
- 비상전원의 용량의 적정 여부
- 점멸기가 설치되지 않았는지의 여부(3선식 배선인 경우에는 설치 가능)

(8) 비상조명등

① 관련법규

시행령 제30조 ④항, 기술기준 제108조의 2

② 검토내용

- 설치대상 여부의 판단
- 설치장소의 적정성 여부
- 조도의 적정 여부
- 예비전원의 용량과 부대기기의 적정 여부

(9) 설치제외

① 관련법규

기술기준 제108조의 3

② 검토내용

- 피난구유도 등을 설치하지 않는 장소 적용의 적정 여부
- 통로 유도등을 설치하지 않는 장소 적용의 적정 여부
- 객석 유도등을 설치하지 않는 장소 적용의 적정 여부
- 유도표지 설치하지 않는 장소 적용의 적정 여부
- 비상조명등 설치하지 않는 장소 적용의 적정 여부

20) 비상콘센트 설비

(1) 설치대상

① 관련법규

시행령 제32조 ④항

② 검토내용

소방시설 설치대상 참조

(2) 전원

① 관련법규

기술기준 제135조 ①, ②항

② 검토내용

- 상용전원회로의 분기방법의 적정 여부
- 비상전원 설치의 적정 여부
- 전원회로의 종류와 용량의 적정 여부
- 전원회로의 전압별 설치수량의 적정 여부
- 전압별 전원회로는 주배전반에서 전용회로로 구성되었는지의 여부

- 각층 분기부에 분기배선용 차단기 설치 여부
- 콘센트마다 차단기의 설치 여부
- 하나의 전용회로에 설치된 비상콘센트 수량의 적정 여부(10개 이하)
- 플러그 접속기의 접지 여부
- 각 부분과의 수평거(50m 이하)
- 설치높이(1m 이상, 1.5m 이하)

(3) 비상콘센트

① 관련법규

기술기준 제135조 ⑤, ④항

② 검토내용

- 11층 이상의 각층마다 설치 여부
- 절연저항, 절연내력 시험의 적정 여부

(4) 보호함

① 관련법규

기술기준 제136조 ①항, ④항

② 검토내용

- 비상콘센트 보호함의 설치 여부
- 적색표시등의 설치 여부

(5) 배선

① 관련법규

기술기준 137조

② 검토내용

- 전기설비기술기준에 적합 여부
- 전원회로 배선 : 내화배선
- 그 밖의 배선 : 내화 또는 내열 배선

21) 무선통신 보조설비

(1) 설치대상 적정 여부

① 관련법규

시행령 제32조 ⑤항

② 검토항목

소방시설 설치대상 참조

(2) 누설 동축케이블

① 관련법규

기술기준 제139조 ①항

② 검토내용

- 전파의 전송, 복사에 적합한 소방전용의 것인지의 여부
- 케이블은 설치장소 및 방법의 적정 여부
- 케이블 관 말에 무반사 종단저항의 설치 유무
- 케이블의 임피던스는 50Ω 이하로 할 것.

(3) 접속단자

① 관련법규

기술기준 제140조

② 검토내용

설치장소 및 설치간격의 적정 여부

(4) 분배기등

① 관련법규

기술기준 제141조

② 검토내용

- 설치장소의 적정 여부
- 임피던스 50Ω 사용 여부

(5) 증폭기

① 관련법규

기술기준 제142조

② 검토내용

- 전원의 적정 여부(축전지 또는 교류전원 옥내 간선)
- 배선의 전용설치 여부
- 표시등 및 전압계 설치 여부
- 비상전원의 설치유무와 전원용량의 적정 여부

4 소화설비 시공도 검토

1) 옥내소화전설비

(1) 설치 대상 여부

① 관련법규

시행령 제28조

② 시설기준

소방시설 설치대상 기준 참조

(2) 수원

① 관련법규

기술기준 등에 관한 규칙 제5조

② 시설기준

- 옥내소화전 설치 개수가 가장 많은 층의 설치 개수×$2.6m^3$ 이상인가?(옥내소화전이 5개 이상 설치된 경우에는 5개 기준)
- ①호 기준에 의한 유효수량 중 $\frac{1}{3}$ 이상이 당해 옥상에 설치되었는가?(옥상이 없는 건축물 또는 지하층만 있는 건축물은 옥상설치 제외)

(3) 가압송수장치

① 관련법규

기술기준 규칙 제6조

② 시설기준

- 주펌프의 토출량은 계산치 이상인가?
  - Q[LPM]=옥내소화전의 설치 개수(가장 많은 층 기준)×130l
- 충압펌프의 토출량은 60[LPM] 이하인가?
- 충압펌프의 양정 : H=최고위 호스접결구의 자연압+20m
- 펌프의 양정[H]는 계산치 이상인가?
  - $H=h_1+h_2+h_3+17m$

    h_1 : 낙차(펌프회전 중심으로부터 최상위의 소화전 방수구까지의 높이)

    h_2 : 배관의 마찰 손실수두(m)

    h_3 : 소방용 호스의 마찰손실 수두(m)

    17m : 소화전 노즐선단의 최소 방수압력($1.7kg/cm^2$) 환산수두
- 하나의 옥내소화전을 사용하는 노즐선단에서의 방수압력이 $7kg/cm^2$를 초과하지 않았는가?

(초과시 감압장치 설치)

-수원의 수위가 펌프보다 낮은 위치에 있을 경우의 가압송수장치

· 100l 이상의 전용 물올림 탱크가 설치되어 있는가?

· 펌프의 흡입측에 연성계 또는 진공계는 설치되어 있나?

-압력탱크의 용량은 100l 이상인가?

(4) 배관

① 관련법규

기술기준 규칙 제7조

② 시설기준

-배관재질은 배관용 탄소강 강관(KS D 3507) 또는 압력배관용 강관(KS D 356)이나 이와 동등 이상 강도 · 내식성 · 내열성을 가진 것인가?

-배관은 전용으로 설치되었나?

-펌프의 흡입측 배관에 스트레이너는 설치되었나?

-펌프의 토출측 배관의 구경은 유속이 3m/sec 이하가 될 수 있는 크기 이상인가?

-주배관 중 입상관의 구경은 50A 이상, 방수구와 연결되는 가지배관의 구경은 40A 이상인가?

-연결송수관 설비의 배관과 겸용할 경우 주배관은 100A 이상 가지배관은 65A 이상인가?

-펌프의 시험성능 배관은 토출측 개폐밸브 이전에서 분기되었나?

· 시험성능배관의 구경은 정격 토출압력의 65%이하에서 정격토출량의 150% 이상을 토출할 수 있는 크기 이상인가?

· 펌프 정격 토출량의 150% 이상을 측정할 수 있는 유량 측정장치를 설치하였나?

-릴리프 밸브(20A 이상)는 체크밸브와 펌프 사이에 설치되었나?

-개폐밸브는 개폐 표시형 밸브로 설치하였나?

(5) 송수구

① 소방펌프 자동차가 쉽게 접근 할 수 있고, 노출된 장소에 설치되었나?

② 송수구로부터 주배관에 이르는 연결배관에는 개폐밸브를 설치하면 안 된다.(연결 송수관 등 소화설비 겸용시에는 제외)

③ 송수구 가까운 부분에 자동배수 밸브 및 체크 밸브는 설치되었나?

④ 설치높이 : 0.5~1m 이하, 구경 : 65A(쌍구형 또는 단구형)

(6) 소화전 함

① 관련법규

기술기준 규칙 제8조

② 시설기준

- 함의 재질은 두께 1.5mm 이상의 강판제인가?
- 문짝의 면적은 0.5m² 이상인가?
- 방수구는 층마다 설치하고 소방대상물 각 부분까지의 수평거리가 25m 이하인가?
- 방수구의 설치높이는 바닥으로부터 1.5m 이하인가?
- 호스는 40A 이상으로 하고 소방대상물 각 부분에 유효하게 물을 방사할 수 있는 길이로 설계되었나?

(7) 전원

① 시설기준

- 비상전원의 설치 여부?
  - · 지하층을 제외한 층수가 7층 이상으로 연면적 2,000m^2 이상인 것.
  - · 지하층의 바닥면적의 합계가 3,000m^2 이상인 것.
- 비상전원(축전지설비, 자가발전설비)의 설치장소는 다음 기준에 적합한가?
  - · 점검이 편리하고 화재, 침수 등 재해로부터 안전한 장소인가?
  - · 옥내소화전설비를 20분 이상 유효하게 작동할 수 있는 용량인가?
  - · 상용전원 중단시 자동으로 비상전원으로 전환되는 구조인가?
  - · 설치장소는 다른 장소와 방화구획 되었나?
  - · 실내에 비상조명등은 설치되었나?

2) 스프링클러 설비

(1) 설치대상 여부

① 관련법규

시행령 제28조

② 시설기준

- 소방시설 설치대상 기준 참조

(2) 수원

① 관련법규

기술기준규칙 제13조

② 시설기준

- 폐쇄형 스프링클러 헤드인 경우
  - · 소방 대상물별 헤드의 기준 개수×1.6m^3 이상인가?
  - · 소방 대상물별 기준 개수는 소방기술기준 등에 관한 규칙 제13조 ①항 1호의 표를 기준으로 산정한다.

－개방형 스프링클러 헤드인 경우

· 최대 방수구역에 설치된 스프링클러 헤드 개수가 30개 이하일 경우 : 설치헤드 수×1.6m^3 이상인가?

· 최대 방수구역에 설치된 스프링클러 헤드 개수가 30개를 초과하는 경우 : 가압송수장치의 송수량(LPM)×20(분)[ℓ] 이상인가?

(3) 가압송수장치

① 관련법규

기술기준 규칙 제14조

② 시설기준

－정격 토출압력은 하나의 헤드 선단의 방수압력은 1kg/cm^2 이상 12kg/cm^2 이하인가?

－주펌프의 송수량은 계산치 이상인가?

· 폐쇄형 스프링클러 헤드인 경우 : Q[LPM]＝기준 개수×80[LPM]

· 개방형 스프링클러 헤드인 경우

헤드 수 30개 이하 : Q[LPM]＞＝설치 개수×80[LPM]

헤드 수 30개 초과 : Q[LPM]＝설치 개수×1kg/cm^2 방수압력 기준 80[LPM]

－충압펌프의 양정 : H＝최고위 살수장치(일체개방밸브)의 자연압＋10[m] 이상

(4) 폐쇄형 스프링클러 설비의 방호구역

① 관련법규

기술기준 규칙 제15조

② 시설기준

－하나의 방호구역의 바닥면적은 3,000m^2을 초과하지 않는가?

－하나의 방호구역은 2개 층에 미치지 않도록 설계되었나?

· 1개 층의 헤드 설치개수가 10개 이하일 경우는 3개 층 이내로 할 수 있다.

· 계단실형 아파트로서 하나의 계단으로부터 출입하는 세대수가 층당 2세대 이하인 경우 그 계단의 모든 층의 세대를 하나의 방호구역으로 할 수 있다.

· 복도형 아파트 등 그 밖의 아파트는 2개 층을 하나의 방호구역으로 할 수 있다.

－유수검지장치 등의 설치높이는 바닥으로부터 0.8m~1.5m 이하인가?

－유수검지장치 등을 실내에 설치시 출입문의 크기는 가로 0.5m, 세로 1m 이상이며, 출입문에 "유수검지 장치실" 표지는 부착되었는가?

(5) 개방형 스프링클러 설비의 방호구역

① 관련법규

기술기준 규칙 제16조

② 시설기준

- 하나의 방수구역은 2개 층에 미치지 않았는가?
- 방수구역마다 일제 개방밸브를 설치하였는가?
- 하나의 방수구역의 헤드의 수는 50개 이하인가? (단, 2개 이상의 방수구역으로 나눌 경우 하나의 방수구역의 헤드 수는 25개 이상으로 할 것)
- 일제개방밸브 설치는 4항 3), 4)호와 동일

(6) 배관

① 관련법규

소방기술기준 규칙 17조

㉠ 급수배관의 관경은 표 10-1과 같이 적합하게 설계되었나?

- (가)란은 폐쇄형 스프링클러를 설치하는 경우
- (나)란은 폐쇄형 스프링클러를 설치하고 반자 아래 헤드와 반자 속의 헤드를 동일 급수관의 가지관상에 병설하는 경우
- (다)란은 개방형 스프링클러 설치(30개 이하 설치시)하는 경우 폐쇄형으로 무대부 및 특수 가연물 취급(1.7m 이하)장소

표 10-1 급수배관 관경표

구분 / 급수관경	(가)	(나)	(다)
25	2	2	1
32	3	4	2
40	5	7	5
50	10	15	8
65	30	30	15
80	60	60	27
100	100	100	55
125	160	160	90
150	275 이상	275 이상	150 이상

㉡ 가지배관 배열은 토너먼트 방식이 아니어야 하며 한쪽 가지관에 설치되는 헤드의 개수는 8개 이하인가?

㉢ 습식 스프링클러 설비의 경우

- 교차배관은 수평으로 설치하고 최소 구경은 40A 이상인가?
- 청소구는 교차배관 끝에 40A 이상의 개폐밸브(앵글밸브)를 설치하였나?
- 하향식 헤드 설치시 분기점을 가지관 상부에서 회향식으로 배관되었나?

㉣ 일제개방밸브를 사용하는 스프링클러 설비의 경우

- 수평주행 배관은 헤드 쪽으로 상향으로 1/200구배 이상인가?
- 개폐표시형 밸브와 일제 개방밸브 사이의 배관은 다음 각목과 같은 구조로 되어 있나?
  - · 입상배수배관과 연결하고 동연결 배관상에는 개폐밸브가 설치되어있는가?
  - · 자동배수장치 및 압력스위치를 설치하였나?

㉤ 유수검지장치를 사용하는 스프링클러 설비의 시험 장치기준.

–유수검지장치에서 가장 먼 가지배관의 끝으로부터 연결 · 설치하였나?
–시험장치배관의 구경은 25A로 하고, 그 끝에는 개방형 헤드를 설치하였나?
–시험배관의 끝에 배수관은 설치되었나? (배수처리 용이한 장소 제외)
ⓗ 행거설치기준
–가지배관에는 헤드 설치지점 사이마다 1개 이상 설치되었나?
–교차배관에는 가지관과 가지관 사이마다 1개 이상 설치되었나?
–수평 주행배관은 4.5m 이내마다 1개 이상 설치되었나?
ⓢ 입상배수관의 구경은 50A 이상으로 설치되었나?
ⓞ 주차장의 스프링클러 설비는 습식 외의 방식으로 설계되었나? (상시 난방이나 동결의 우려가 없거나 동결방지 장치 설치시 제외)
ⓙ 배관재질은 배관용 탄소강관(KS D 3507) 또는 압력배관용 강관(KS D 3506)이나 이와 동등 이상의 강도, 내식성, 내열성을 가진 것인가?
ⓒ 펌프의 흡입측 배관에 여과장치(strainer)는 설치되었나?
ⓚ 펌프의 시험성능배관은 토출측 개폐밸브 이전에서 분기되었나?
–시험성능 배관의 구경은 정격토출압력의 65% 이하에서 정격 토출량의 150% 이상을 토출할 수 있는 크기 이상인가?
–펌프정격 토출량의 150% 이상을 측정할 수 있는 유량측정장치를 설치하였나?
ⓣ 릴리프 밸브(20A 이상)는 체크밸브와 펌프 사이에 설치되었나?
ⓟ 개폐밸브는 개폐표시형 밸브로 설치하였나?

(7) 스프링클러 헤드

① 관련법규

기술기준 규칙 제19조

② 시설기준

–스프링클러 헤드는 소방대상물의 천장 · 반자 · 기타 이와 유사한 부분에 설치되었나? (폭 9m 이하인 실내에서는 측벽에 설치할 수 있다.)
–스프링클러 헤드를 설치하는 천장 · 반자 등의 각 부분으로부터 하나의 스프링클러 헤드까지의 수평거리는 다음 기준에 맞는가?
· 부대부 · 특수가연물 저장, 취급장소 : 1.7m 이하
· 랙크식 창고 : 2.5m 이하
· 기타 소방대상물 : 2.1m(내화구조인 경우 2.3m) 이하

③ 무대부 또는 연소할 우려가 있는 개구부에는 개방형 헤드를 설치하였나?

④ 폐쇄형 헤드의 표시온도는 설치장소의 평상시 최고 주위온도에 따라 표 10-2의 기준에 맞게 설치되었나?

표 10-2 폐쇄형 헤드 표시온도표

설치장소 최고 주위온도	표 시 온 도
39℃ 미만	79℃ 미만
39℃ 이상, 64℃ 미만	79℃ 이상, 121℃ 미만
64℃ 이상, 106℃ 미만	121℃ 이상, 162℃ 미만
106℃ 이상	162℃ 이상

⑤ 스프링클러 헤드의 설치는 다음 방법에 적합하게 설치되었나?

- 헤드 주위에는 살수에 방해되지 않도록 반경 60cm 이상의 공간은 확보되는가?
- 헤드와 그 부착면과의 거리는 30cm 이하로 유지되는가? (천장 · 반자 등이 불연재료로 된 경우는 45cm 이하로 할 수 있다)
- 헤드의 반사판이 그 부착면과 평행하게 설치되었나?
- 측벽형 헤드, 연소 우려의 개구부, 기울기가 있는 천장에 헤드를 설치할 경우는 소방기술기준 등에 관한 규칙 제19조 ⑥항 5, 6, 7호 참조.

⑥) 소방대상물의 보와 가장 가까운 헤드의 설치높이는 표 10-3의 기준에 적합하게 설치되었나?

표 10-3 헤드의 설치높이

스프링클러 헤드의 반사판 중심과 보의 수평거리	헤드의 반사판 높이와 보의 하단 높이의 수직거리
0.75m 미만	보의 하단보다 낮을 것
0.75m 이상, 1m 미만	0.1m 미만일 것
1m 이상, 1.5m 미만	0.15m 미만일 것
1.5m 이상	0.3m 미만일 것

(8) 송수구

① 관련법규

기술기준 규칙 제20조

② 시설기준

- 지면으로부터 높이 0.5m 이상, 1m 이하의 위치에 설치되었나?
- 송수구 가까운 부분에 자동 배수밸브 및 체크밸브를 설치하였는가?
- 개폐밸브를 설치한 경우 개폐상태를 쉽게 확인 · 조작할 수 있는 옥외 또는 기계실 등의 장소에 설치되었는가?
- 구경 65A 쌍구형인가?
- 폐쇄형 헤드를 사용하는 경우 하나의 층의 바닥면적이 3000m^2 마다 1개 이상을 설치하였는가?

(9) 스프링클러 헤드의 설치 제외

① 관련법규

기술기준 규칙 제23조

② 시설기준

아래 장소에는 스프링클러 헤드를 설치하지 아니 할 수 있다.

- 계단실, 경사로, 승강기의 승강로, 파이프 덕트, 목욕실 · 화장실, 기타 이와 유사한 장소
- 통신기기실, 전자기기실, 기타 이와 유사한 장소
- 발전실, 변전실, 변압기, 기타 이와 유사한 전기설비가 설치된 장소
- 병원의 수술실, 응급처리실, 기타 이와 유사한 장소
- 천장, 반자가 불연재료로 되어 있고, 천장과 반자 사이의 거리가 2m 미만인 부분
- 천장, 반자 중 반쪽이 불연재료로 되어 있고, 천장과 반자 사이의 거리가 1m 미만인 부분
- 펌프실 · 기계실(보일러실은 제외), 물탱크실, 기타 이와 유사한 장소
- 아파트의 세대별 보일러실로서 다른 부분과 방화구획된 보일러실
- 현관 또는 로비 등으로서 바닥으로부터 높이가 20m 이상인 장소
- 냉장창고 또는 냉동창고의 냉장실 또는 냉동실

3) 옥외소화전 설비

(1) 설치대상 여부 및 관련법규

① 소방시설 설치대상 기준 참조

② 기술기준 규칙 제5관

(2) 수원

① 옥외소화전 설치개수(2개 이상 설치된 경우에는 2개)×$7m^2$ 이상인가?

② 1)호 기준에 의한 유효량 중 1/3 이상이 당해 옥상에 설치되었는가?(옥상이 없는 건축물 또는 지하층만 있는 건축물은 옥상설치 제외)

(3) 가압송수장치

① 주펌프 토출량은 계산치 이상인가?

· Q(LPM)=옥외소화전의 설치개수(2개 이상은 2개 기준) 350LPM

② 충압펌프의 토출량은 60LPM 이하인가?

③ 충압펌프의 양정은 호스접결구의 자연압+20m 이상인가?

④ 주펌프의 양정(H)계산치 이상인가?

· $H=h_1+h_2+h_3+25m$

h_1 : 낙차(펌프회전 중심으로부터 소화전 방수구까지 높이)

h_2 : 배관의 마찰손실 수두(m)

h_3 : 소방용 호스의 마찰 수두(m)

25m : 소화전 노즐 선단의 최소 방수압력(2.5kg/cm^3) 환산수두

⑤ 수원의 수위가 펌프보다 낮은 위치에 있을 경우의 가압송수장치

– 100 l 이상의 전용 물올림 탱크가 설치되어 있고, 15A 이상의 보급수 배관은 설치되어 있는가?

– 펌프의 흡입측에 연성계 또는 진공계는 설치되어 있는가?

⑥ 압력탱크의 용량은 100 l 이상인가? (기동용 수압개폐장치시)

(4) 배관

① 소방대상물의 각 부분으로부터 하나의 호스 집결구까지 수평거리가 40m로 설치되었나?

② 호스의 규격은 65A로 설치되었나?

③ 배관재질은 배관용 탄소강 강관(KSD 3507) 또는 동등 이상의 강도 · 내식성 및 내열성을 가진 것인가?

④ 배관은 전용으로 설치되었나?

⑤ 펌프의 시험성능배관은 토출측 개폐밸브 이전에서 분기되었나?

– 배관의 구경은 전격 토출압력의 65% 이하에서 정격토출량의 150% 이상을 토출할 수 있는 크기 이상인가?

– 펌프 정격토출량의 150% 이상을 측정할 수 있는 유량 측정장치를 설치하였나?

⑥ 릴리프 밸브(20A 이상)는 체크밸브와 펌프 사이에 설치되었나?

⑦ 개폐밸브는 개폐표시형 밸브로 설치하였나?

(5) 소화전함

① 시설기준

옥외소화전이나 그로부터 5m 이내에 소화전함이 설치되었나?

(6) 옥내소화전설비의 준용

옥외소화전설비의 소화전함의 규격, 상용전원 및 배선의 설치에 관하여 옥내소화전 설비의 규정을 준용한다.

4) 소화용수설비

(1) 설치대상 여부

① 관련법규

시행령 제31조

② 시설기준

소방시설 설치대상 표 10-4 기준 참조

(2) 소화수조

① 관련법규

기술기준 규칙 제111조

② 시설기준

- 소화수조는 소방펌프 자동차가 채수구로부터 2m 이내의 지점까지 접근할 수 있는 위치에 설치되었는가?
- 소화수조의 저수량은 연면적/기준면적×20m^2 이상 확보되었는가?

표 10-4 소화용수 설치기준

소방대상물의 구분	기준면적
지상 1, 2층 바닥면적의 합계 15,000m^2 이상	7,500m^2
11층 이상인 건축물	12,500m^2

- 흡수관 투입구의 크기는 한 변이 0.6m 이상(직경 0.6m)인가?
- 소요수량이 80m^3 미만인 것은 1개 이상 80m^3 이상인 것은 2개 이상의 흡수관 투입구를 설치하였나?
- 채수구는 구경 65mm 이상의 나사식 결합 금속구를 아래 표의 소요수량에 맞게 설치하였는가?

표 10-5 채수구 설치기준

소요수량	20m^3~40m^3 미만	40m^3~100m^3 미만	100m^3 이상
채수구의 수	1개	2개	3개

- 채수구의 설치높이는 0.5m 이상 1m 이하인가?

(3) 가압송수장치

① 관련법규

기술기준 규칙 제112조

② 시설기준

- 소화용수가 지면으로부터 4.5m 이상 지하에 있는 경우 다음 표에 맞게 가압송수장치를 설치하였는가?

표 10-6 가압송수장치 설치기준

소요수량	$20m^3$~$40m^3$ 미만	$40m^3$~$100m^3$ 미만	$100m^3$ 이상
1분당 양수량[LPM]	1,100	2,200	3,300

- 소화수조가 옥상 또는 옥탑부분에 설치된 경우 지상에 설치된 채수구에서의 압력이 $1.5kg/cm^2$ 이상일 것.
- 그 밖의 가압송수장치의 설치에 있어서 옥내소화전 가압송수장치 기준에 준한다.(6조 ①항).

(4) 상수도 소화용수설비

① 관련법규

기술기준 규칙 제112조의 2

② 시설기준

- 75mm 이상의 수도배관에 100mm 이상의 소화전을 접속하였나?
- 소화전은 소방자동차등의 진입이 쉬운 도로변 또는 공지에 설치되었나?
- 소화전은 소방대상물의 수평투영면의 각 부분으로부터 140m 이내가 되도록 설치되었나?

5) 제연설비

(1) 설치대상 여부

① 관련법규

시행령 제33조

② 시설기준

소방시설 설치대상 기준 참조

(2) 제연구역

① 관련법규

기술기준 규칙 제114조

② 시설기준

- 하나의 제연구역의 면적을 $1,000m^2$ 이내로 구획되었나?
- 거실과 통로(복도)는 상호 제연구획으로 할 것.
- 통로상의 제연구역은 보행중심선의 길이가 40m를 초과하지 아니할 것.(구조상 불가피한 경우 60m)
- 하나의 제연구역은 직경 40m 원내에 들어가는가?(구조상 불가피한 경우 60m)
- 하나의 제연구역은 2개 이상 층에 미치지 않도록 하였는가?

–제연구역의 구획은 보 · 제연 경계벽 및 벽으로 하고 다음 기준에 적합하게 구획되었나?
· 재질은 내화재 또는 불연재를 사용하였는가?
· 제연경계는 천장 또는 반자로부터 그 수직하단까지의 거리가 0.6m 이상이고 수직거리는 2m 이내인가?(구조상 불가피한 경우 2m를 초과할 수 있다.)
· 제연경계벽은 제연시 기류에 흔들리지 않는 구조이고, 가동식의 경우 급속히 하강하지 아니할 것.

(3) 제연방식

① 관련법규

기술기준 규칙 제115조

② 시설기준

–예상 제연구역에 대하여 화재시 연기배출과 동시에 공기유입이 될 수 있는 방식으로 설계되었나?

–배출구역이 거실일 경우에는 통로에 동시에 공기가 유입되는 방식으로 설계되었나?

(4) 배출량 및 배출방식(배연팬 풍량)

① 관련법규

기술기준 규칙 제116조

㉠ 거실의 바닥면적이 400m^2 미만으로 구획된 예상 제연구역에 대한 배출량(제연경계에 의한 구획은 제외)

–배출량은 바닥면적 1m^{2}당 1m^3/분 이상인가?

–예상 제연구역 전체에 대한 최저 배출량은 5,000m^3/h 이상인가?

–바닥면적이 50m^2 미만인 예상 제연구역을 통로배출방식으로 하는 경우에는 소방기술기준규칙 제116조 ①항 2호 기준에 적합한 배출량 이상인가?

㉡ 바닥면적 400m^2 이상인 거실인 예상 제연구역의 배출량

–예상 제연구획이 직경 40m원 안에 있을 경우의 배출량은 40,000m^3/h 이상인가?(제연경계로 구획된 경우 그 수직거리에 따른 배출량은 소방기술기준규칙 제116조 ②항 1호 표의 기준에 적합한가?)

–예상 제연구역이 40m원의 범위를 초과할 경우의 배출량은 45,000m^3/h인가?(제연경계로 구획된 경우 그 수직거리에 따른 배출량은 소방기술기준규칙 제116조 ②항 2호 표의 기준에 적합한가?)

㉢ 예상 제연구역이 통로인 경우의 제연량

–보행중심선의 길이가 40m 이내인 경우 40,000m^3/h 이상인가?

–보행중심선의 길이가 40m를 초과하는 경우 45,000m^3/h 이상인가?

- 제연경계로 구획된 경우 상기 ②항 표에 준한 배출량 이상인가?
- 2개 이상의 예상 제연구역을 동시에 배출하고자 할 때의 배출량
  · 공동예상 제연구역 안에 설치된 예상 제연구역이 각각 벽으로 구획된 경우에는 각 예상 제연구역의 배출량을 합한 것 이상인가?
  · 제연경계로 구획된 경우에 배출량은 각 예상 제연구역의 배출량 중 최대의 것으로 선정되었는가?

(5) 배출구

① 관련법규

기술기준 규칙 제117조

② 시설기준

㉠ 바닥면적이 $400m^2$ 미만인 예상 제연구역에 대한 배출구

- 벽으로 구획되어 있는 경우 배출구는 천장 또는 반자와 바닥 사이의 중간 윗부분에 설치되었는가?
- 제연경계로 구획되어 있는 경우 천장 · 반자 또는 이에 가까운 벽의 부분에 설치되었는가?(벽에 설치시 제연경계 하단보다 높은 위치에 설치할 것.)

㉡ 통로인 예상 제연구역. 바닥면적이 $400m^2$ 이상인 통로 외의 예상 제연구역에 대한 배출구

- 벽으로 구획되어 있는 경우 배출구는 천장 · 반자 또는 이에 가까운 벽의 부분에 설치되었는가?(벽에 설치시 바닥에서 배출구 하단과의 거리는 2m 이상일 것.)
- 제연경계로 구획되어 있는 경우 천장 · 반자 또는 이에 가까운 벽의 부분에 설치되었는가?(벽에 설치시 제연경계 하단보다 높이 위치에 설치할 것.)

㉢ 예상 제연구역의 각 부분으로부터 하나의 배출구까지 수평거리는 10m 이내가 되도록 설치되었나?

(6) 공기유입방식 및 유입구

① 관련법규

기술기준 규칙 제118조

② 시설기준

㉠ 공기유입방식은 다음 *1, *2 에 적합한가?

*1 – 유입풍도를 한 경우 강제유입 또는 자연 유입방식

*2 – 인접한 제연구역 또는 통로에 유입되는 공기가 당해 구역으로 유입되는 방식

㉡ 예상 제연구역에 설치되는 공기 유입구는 다음 기준에 적합한가?

*3 – 바닥면적 $400m^2$ 미만의 거실인 경우

· 바닥 외의 장소에 설치하고, 공기 유입구와 배출구간의 직선거리는 5m 이상 유지되었

는가?

*4 – 바닥면적 400m² 이상인 거실인 경우(제연경계에 의한 구획은 제외한다.)

· 바닥으로부터 1.5m 이하의 높이에 설치되었는가?

– 위의 *3, *4 항 외의 예상 제연구역(통로인 예상 제연구역 포함)인 경우

· 벽에 설치시에는 바닥으로부터 1.5m 이하의 높이에 설치되었는가?

· 벽 외의 장소에 설치시에는 유입구 상단이 천장 또는 반자와 바닥 사이의 중간 아래 부분보다 낮게 설치되었는가?

ⓒ 공동예상 제연구역에 설치되는 공기 유입구는 다음 기준에 적합한가?

– 벽으로 구획되어 있을 때는 (2)의 ②항에 의해 설치할 것.

– 제연경계로 구획되어 있을 때는 (2)의 ③항에 의해 설치할 것.

ⓓ 인접한 제연구역 또는 통로에 유입되는 공기를 당해 예상구역에 대한 공기유입으로 하는 경우에는 그 인접한 제연구역 또는 통로의 유입구가 제연경계 하단보다 높은 경우에는 그 인접한 제연구역 또는 통로의 화재시 그 유입구는 다음 각 호에 적합한가?

– 각 유입구는 자동폐쇄되는 구조일 것.

– 당해 구역 내에 설치된 유입풍도가 당해 제연구획부분을 지나는 곳에 설치된 댐퍼가 자동폐쇄되는 구조일 것.

ⓔ 예상 제연구역에 공기가 유입되는 순간의 풍속은 5m/sec 이하가 되도록 할 것.

ⓕ 공기유입구의 크기는 당해 예상 제연구역의 배출량 $1m^3$/분에 대하여 $35cm^2$ 이상이 되도록 설치되었는가?

(7) 배출기 및 배출풍도

① 관련법규

기술기준 규칙 제119조

② 시설기준

– 배출기와 배출풍도의 접속부분에 사용하는 캔버스는 석면 등 내열성이 있는 것을 사용하였는가?

– 배출기의 전동기부분은 분리하여 설치하고 배풍기는 유효한 내열처리를 하였는가?

– 배출풍도는 아연도 강판 또는 이와 동등이상 내열, 내식성의 재료로 사용하고, 강판의 두께는 표 10 – 7과 같이 적정한 것을 사용하였는가?

– 배출풍도는 내열성의 단열재로 유효한 단열처리를 하였는가?

– 배출기 흡입측 풍도 안의 풍속은 15m/sec 이하, 배출측 풍속은 초속 20m/sec 이하가 되도록 풍도 단면규격은 선정하였는가?

표 10-7 배출 풍도 재료기준

풍도 장변(직경)	강판 두께
450 이하	0.5mm 이상
450~750 이하	0.6mm 이상
750~1,500 이하	0.8mm 이상
1,500~2,250 이하	1.0mm 이상
2,250 이상	1.2mm 이상

(8) 유입 풍도등

① 관련법규

기술기준 규칙 제119조의 2

② 시설기준

- 유입풍도 안의 풍속은 20m/sec 이하가 되도록 풍도 크기를 선정하였는가?
- 옥외에 면하는 배출구 및 공기 유입구는 배출연기가 공기 유입구로 유입되지 않는 구조로 되어 있는가?

(9) 제연설비의 설치 제외

① 관련법규

기술기준 규칙 제121조

② 시설기준

- 자연배출시 제연설비 설치제외 조건은 다음 사항을 모두 만족시켜야 한다.
  - · 외기로 통하는 배출구 면적의 합계가 당해 제연구역 바닥면적의 1/100 이상일 것.
  - · 배출구의 각 부분의 수평거리가 30m 이내일 것.
  - · 공기유입이 공기유입방식 및 유입구 기준에 적합할 것.(자연유입방식일 경우 유입구 크기는 배출구 크기 이상일 것)
- 공기조화설비를 제연설비시설로 겸용할 경우
  - · 제연설비시설 기준에 적합할 것.
  - · 화재시 자동적으로 즉시 제연기능으로 전환될 것.
  - · 화장실, 목욕실 사람이 상주하지 아니하는 50m^2 미만의 물품창고로 사용되는 부분에 있어서는 배출구 공기 유입구의 설치 및 배출량 산정에서 제외한다.

6) 연결송수관설비

(1) 설치대상 여부

① 관련법규

시행령 제32조

② 시설기준

소방시설 설치대상 기준 참조

(2) 송수구

① 관련법규

기술기준 규칙 제123조

② 시설기준

- 연결송수관의 입상배관마다 1개 이상 설치되었나?(단, 하나의 건축물에 설치된 각 입상배관이 중간에 개폐밸브가 없이 상호 연결되어 있는 경우에는 건축물마다 1개씩 설치할 수 있다.)
- 송수구 부근의 배관 설치방법
  - · 습식의 경우 : 송수구, 자동 배수밸브, 체크밸브 순으로 설치되었는가?
  - · 건식의 경우 : 송수구, 자동 배수밸브, 체크밸브, 자동배수 밸브의 순으로 설치되었는가?
  - · 송수구는 65A 쌍구형으로 하고 설치 높이는 바닥으로부터 0.5m 이상 1m 이하의 위치에 설치되었는가?
  - · 송수구 부근에 개폐밸브 설치시 그 개폐상태를 쉽게 확인, 조작 가능한 옥외 또는 기계실 등의 장소에 설치할 것.
  - · 소방펌프 자동차가 쉽게 접근할 수 있고 노출된 장소에 설치할 것.
  - · 송수구 설치위치에는 "연결송수관 설비송수구" 표지를 부착할 것.

(3) 배관

① 관련법규

기술기준 규칙 제124조

② 시설기준

- 주배관의 관경은 100mm 이상인가?
- 지면으로부터 높이 31m 이상이거나 지상 11층 이상인 소방대상물은 습식설비로 할 것.
- 주배관의 관경이 100mm 이상인 옥내소화전, 스프링클러 · 물분무 소화설비의 배관과 겸용할 수 있다.

(4) 방수구

① 관련법규

기술기준 규칙 제125조

② 시설기준

㉠ 소방대상물의 층마다 설치되었는가?

다만, 다음 각호 1에 해당하는 층은 설치하지 아니할 수 있다.

– 아파트의 1층 및 2층
– 소방차의 접근이 가능하고, 소방대원이 각 부분에 쉽게 도달할 수 있는 피난층
– 옥내소화전이 설치된 소방대상물(집회장 · 관람장 · 판매시설 · 공장 · 창고시설 · 지하가는 제외)로 다음 각호에 해당하는 층
· 지하층을 제외한 층수가 4층 이하이고 연면적 6,000m^2 미만인 소방대상물의 지상층
· 지하층의 층수가 2 이하인 소방대상물의 지하층

㉡ 아파트 또는 바닥면적이 1,000m^2 미만인 층에 있어서 계단에서 5m 이내에 설치되었는가? (계단이 2 이상인 경우 그 중 1개의 계단)

㉢ 연면적 1,000m^2 이상인 층(APT 제외)에 있어서 각 계단으로부터 5m 이내에 설치되었는가?

㉣ 방수구로부터 그 층의 각 부분까지의 수평거리는 다음 기준거리 이내로 설치되었나?
– 지하가 또는 지하층 바닥면적 합계가 3,000m^2 이상인 것은 25m
– 1호에 해당되지 않는 것은 50m

㉤ 11층 이상의 부분에 설치하는 방수구는 쌍구형으로 설치되었나? 단, 다음 각 호에 해당하는 층은 단구형으로 할 수 있다.
– 아파트의 용도로 사용되는 층
– 스프링클러 설비가 설치되어 있고 방수구가 2개소 이상 설치된 층

㉥ 방수구의 호스 접결구는 바닥으로부터 0.5m 이상 1m 이하의 위치에 설치되었는가?

㉦ 방수구는 65A 이상의 전용 방수구인가?

(5) 방수 기구함

① 관련법규

기술기준 규칙 제126조

② 시설기준

– 방수구가 가장 많이 설치된 층을 기준하여 3개 층마다 설치하되 그 층의 방수구마다 보행거리 5m 이내에 설치되어 있는가?
– 기구함에는 길이 15m 호스와 방사형 관창을 다음 각목의 기준에 맞게 설치되었나?
· 호스는 방수구가 담당하는 구역의 각 부분에 유효하게 물이 뿌려질 수 있는 개수 이상을 비치하였는가? (쌍구형은 2배)
· 방사형 관창은 단구형 방수구는 1개, 쌍구형은 2개 이상 비치하였는가?
– 방수용 기구함에는 "방수용 기구함" 표지 부착.

(6) 가압송수장치

① 관련법규

기술기준 규칙 제127조

② 시설기준

-높이 70m 이상의 소방대상물에는 가압송수장치를 설치하였나?

-토출량 : 2,400l/분 이상일 것.

-당해층에 설치된 방수구가 3개 이상(방수구 5개 이상은 5개 기준인 것은 1개마다 800l/분을 가산한 양 이상일 것)

-펌프양정 : 최상층 노즐선단 압력이 3.5kg/cm^2 이상일 것.

-방수구가 개방될 때 자동 또는 수동 스위치 조작에 의해 기동될 것.

-그 밖의 가압송수장치 설치기준은 옥내 소화전설비의 규정을 준용할 것.

7) 연결살수설비

(1) 설치대상 여부

① 관련법규

시행령 32조

② 시설기준

소방시설 설치대상 기준 참조

(2) 송수구

① 관련법규

기술기준 규칙 제131조

② 시설기준

-소방차의 접근이 쉽고 노출된 장소에 설치되었나?

-구경 65mm의 쌍구형으로 설치되었나?(하나의 송수구역에 설치되는 헤드가 10개 이하인 것은 단구형으로 할 수 있다.)

-개방형 헤드를 사용하는 송수구의 호스 접결구는 각 송수구역마다 설치하였는가?(송수구역을 선택할 수 있는 선택 밸브가 설치되어 있고 송수구역의 주요구조부가 내화구조인 경우에는 그렇지 않다.)

-지면으로부터 0.5m 이상 1m 이하의 위치에 설치되었는가?

-송수구의 부근에는 송수구역 일람표를 설치하였는가?

-송수구 가까운 부분에 배관설치 기준

· 폐쇄형 헤드 사용할 때 : 송수구, 자동 배수밸브, 체크밸브의 순으로 설치되었나?

· 개방형 헤드 사용할 때 : 송수구, 자동 배수밸브의 순으로 설치되었나?

· 자동 배수밸브는 배관내 물이 잘 빠지는 위치에 설치되었나?

-개방형 헤드를 사용할 때 하나의 송수구역 내에 설치된 살수헤드의 수는 10개 이하가 되도록

하였는가?

(3) 배관

① 관련법규

기술기준 규칙 제132조

② 시설기준

– 연결살수설비 전용헤드 사용할 때 관경은 표 10–8의 기준 이상인가?

표 10–8 연결살수헤드 설치기준

하나의 배관에 부착하는 살수 헤드의 개수	1개	2개	3개	4개 5개	6개 이상 10개 이하
배관의 관경(mm)	32	40	50	65	80

– 스프링클러 헤드를 사용하는 경우에는 스프링클러 헤드 급수관 기준관경에 준하여 설치되었는가?

– 폐쇄형 헤드를 사용하는 경우 다음 기준에 적합한가?

· 연결살수설비 주배관은 옥내소화전 설비의 주배관 및 수도배관 또는 옥상에 설치된 수조와 접속되어 있는가?

· 위의 경우 연결살수설비 주배관과의 접속부분에는 체크밸브가 설치되어 있는가?

· 송수구의 가장 먼 가지배관의 끝부분에 시험배관을 설치하였나?

· 시험배관의 구경은 25mm로 하고 시험배관은 끝에는 물받이통 및 배수관을 설치하였는가?

– 개방형 헤드 사용시 수평 주배관은 헤드를 향하여 상향으로 1/100 이상의 구배를 주고 가장 낮은 부분에 자동 배수밸브를 설치하였는가?

– 가지배관은 토너먼트 방식이 아니어야 하며 주배관에서 분기되는 지점을 기점으로 한쪽 가지배관에 설치된 헤드의 개수는 8개 이하인가?

– 폐쇄형 헤드를 사용하는 배관의 규정은 스프링클러 설비의 배관규정에 준하여 적용한다.

(4) 헤드

① 관련법규

기술기준 규칙 제133조

② 시설기준

– 연결설비의 헤드는 전용헤드 및 스프링클러 헤드로 설치한다.

– 천장 또는 반자의 각 부분으로부터 하나의 살수 헤드까지의 수평거리

· 연결살수설비 전용헤드의 경우 3.7m 이하인가?

· 스프링클러 헤드의 경우 2.3m 이하인가?(스프링클러 헤드의 사용시에는 스프링클러 설비 규정을 준용한다.)

(5) 헤드 설치 제외

① 관련법규

기술기준 규칙 제133조

② 시설기준

- 판매시설(바닥면적 150m^2 이상인 지하층에 설치된 것은 제외)로서 주요구조부가 내화구조 또는 방화구조로 되어 있고, 바닥면적이 500m^2 미만으로 방화구획되어 있는 소방대상물 또는 그 부분에는 연결살수헤드를 설치하지 아니할 수 있다.
- 스프링클러 설비의 헤드의 설치 제외 규정(소방기술 등에 관한 규칙 제23조 ②항)각 1호에 해당하는 경우

8) 피난기구

(1) 설치대상 여부

① 관련법규

시행령 제30조

② 시설기준

소방시설 설치대상 기준 참조

(2) 피난기구의 적응성

① 시설기준

기술기준 등에 관한 규칙(별표 8)의 기준에 의해 적응하는 종류의 것으로 설치되었는가?

(3) 피난기구 설치개수

① 관련법규

기술기준 규칙 제100조

② 시설기준

- 피난기구는 다음 각호의 면적기준에 의해 1개 이상 설치되었는가?
  - · 숙박시설 · 노유자 시설 및 의료시설로 사용되는 층에 있어서는 그 층의 바닥면적 500m^2마다 1개 이상 설치
  - · 위락시설 · 관람집회 및 운동시설 · 판매시설 · 전시시설로 사용되는 층 또는 복합용도의 층(하나의 층이 시행령 별표 1의 1항 내지 제4항 또는 8항 내지 22항 중 2 이상의 용도로 사용되는 층을 말한다.)에 있어서 2층 바닥면적 800m^2마다 1개 이상 설치

· 1, 2호, 그 밖의 용도로 사용되는 층에 있어서는 그 층의 바닥면적 1,000m^2마다 1개 이상 설치

– 위의 규정에 의한 피난기구 외에 다음과 같이 설치해야 한다.

· 호텔 또는 관광숙박시설(콘도미니엄 제외)의 경우 : 객실(지하층 · 피난층 제외)마다 피난밧줄 또는 간이완강기를 1개 이상 설치해야 한다.

· 아파트의 경우(공동주택관리령 7조 규정에 해당하는 공동주택) : 하나의 관리 주체가 관리하는 아파트 구역마다 공기안전매트를 1개 이상 설치해야 한다.

(4) 피난기구 설치기준

(가) 시설기준

① 계단 · 피난구, 기타 피난시설로부터 적당한 거리에 있는 안전한 구조로 된 피난 또는 소화활동상 유효한 개구부에 고정하여 설치되었는가?

② 피난기구를 설치하는 개구부에 서로 동일 직선상이 아닌 위치에 설치되었는가?

③ 소방대상물의 기둥 · 바닥 · 보, 기타 구조상 견고한 부분에 볼트조임 · 매입 · 용접, 기타의 방법에 의해 견고히 부착되었나?

④ 4층 이상의 층에 피난사다리를 설치하는 경우에는 금속성 고정사다리를 설치하고, 당해고정 사다리에는 쉽게 피난할 수 있는 구조의 노대를 설치하였는가?

⑤ 완강기는 강하시 로프가 소방대상물과 접촉하여 손상되지 않도록 설치되었는가?

⑥ 완강기의 미끄럼봉 및 피난로프의 길이는 부착 위치에서 지면, 기타 강착면까지의 거리로 하였는가?

⑦ 미끄럼대는 안전한 강하속도를 유지할 수 있어야 하고 전락방지를 위한 안전조치는 되어 있는가?

⑧ 구조대의 길이는 피난상 지장이 없고 안전한 강하속도를 유지할 수 있는 길이로 설치되었는가?

(5) 피난기구 설치 제외 및 감소

(가) 시설기준

시설기준 규칙 제101조, 제102조 기준 참조

5 소방공사 감리업무

기계설비공사를 수행하다보면 소방공사의 감리업무 내용을 몰라서 고생을 많이 하는 바, 시공에 관련한 감리업무의 종류와 업무내용을 숙지하여 인 · 허가에 차질이 생기지 않도록 하여야 한다.

1) 소방공사 감리의 종류 및 방법

종 류	대 상	방 법
1. 상주공사 감리	연면적 3만m^2 이상의 특수장소(아파트 제외)에 대한 소방시설의 공사(소방용 이외의 용도와 겸용되는 비상방송설비 무선통신보조설비를 전기통신공사업법에 의한 전기통신업자가공사하는 경우는 제외)	1. 행정자치부령이 정하는 기간 동안 공사현장 에 상주 2. 소방시설이 설계도서대로 시공되도록 지도 3. 시공도서의 검토, 자재선정 지도 및 공사의 지도 확인 4. 시공계획 및 공사관리의 지도 5. 법이 이 영 법에 의한 명령 관계법령 및 행정자치부장관이 고시하는 감리기준에 적합하도록 시공지도 6. 공사감리에 필요한 기술인력 배치기준은 행정자치부장관이 고시한다.
2. 일반공사 감리	상주감리공사에 해당하지 아니하는 소방시설의 공사	1. 수시 또는 필요한 때에 현장방문 감리 2. 소방시설이 설계도서대로 시공되도록 지도 3. 시공도서의 검토, 자재선정 지도 및 공사의 지도 확인 4. 법이 이 영 법에 의한 명령 관계법령 및 행정자치부장관이 고시하는 감리기준에 적합하도록 시공지도

2) 소방감리업의 업무 한계

종 류	업 무 범 위
1급 소방공사감리업	소방공사감리 대상이 되는 모든 특수장소에 설치되는 소방시설공사의 감리
2급 소방설비감리업	- 아파트에 설치되는 소방시설공사의 감리 - 연면적 1만m^2 미만의 특수장소에 설치되는 소방시설공사의 감리 - 행정자치부령이 정하는 제조소 등에 설치되는 소방시설의 감리
3급 소방설비감리업	- 연면적 5천m^2 미만의 건축물에 설치되는 소방시설공사의 감리 - 행정자치부령이 정하는 제조소 등에 설치되는 소방시설의 감리

3) 소방공사 감리자 지정대상물

(1) 관련법

소방법 제61조의2, 같은 법 시행령 제40조의2 및 같은 법 시행규칙 제66조의 2에 의거한다.

(2) 지정대상물

① 소방공사 감리자 지정 대상물

- 소방공사감리업자를 지정하여야 하는 경우 : 건축허가 및 사용승인의 동의를 받아야 하는 연면적 1,000m^2 이상의 특수장소(종교시설은 2,000m^2)
- 소속공무원 또는 직원 중 소방설비기술사 또는 소방설비기사 자격을 가진 사람을 공사감리자로 지정할 수 있는 경우 : 국가, 지방공기업법에 의한 정부투자기관관리기본법에 의한 정부투자기관, 지방공기업법에 의한 지방공사 또는 지방공단 → 사전에 소방서장과 협의

② 소방공사감리 제외대상 : 다음 각각의 소방시설만을 설치하는 특수장소

- 소화기구(수동식 소화기, 자동식 소화기, 간이소화용구 : 소화약제에 의한 간이소화용구, 팽창질석 또는 팽창진주암, 마른모래)
- 비상벨설비, 자동식 사이렌 설비 및 단독경보형 감지기, 비상방송설비, 누전경보기, 자동화재속보설비, 가스누설경보기
- 피난설비 : 미끄럼대, 피난사다리, 구조대, 완강기, 피난교, 피난밧줄, 공기안전매트, 그밖의 피난기구
- 유도등, 유도표지
- 비상조명등
- 10층 이하의 아파트, 학교, 공공업무시설(국가 또는 지방자치단체의 청사에 한함), 냉동창고, 동·식물관련시설, 위생 등 관련시설, 교정시설, 시행령 제34조 제1항, 제3항 내지 제5항의 규정에 의하여 소방시설 적용의 특례에 해당하는 특수장소 소방시설의 일부에 대하여 특례를 적용하는 경우는 제외

Chapter 11 클린룸설비공사

1 클린룸설비 개요

1.1 클린룸의 정의 및 분류

분진입자 크기에 따라 분진수를 측정하여 청정도 즉 클래스(Class)를 등급별 규격을 정하여 체계화한 공간을 클린룸(Clean Room)이라 한다. 클린룸의 환경조건으로는 온도, 습도, 부유분진, 기류속도, 조도, 소음, 진동, 자장 등의 여러 요소가 고려되어야 한다. 클린룸의 종류에는 산업용 클린룸(ICR; Industrial Clean Room)과 바이오 클린룸(BCR ; Biological Clean Room)이 있다.

1) 산업용 클린룸(ICR)

최근 산업용 클린룸은 전자공업, 정밀기계공업 등 발달로 인하여 생산제품에 정밀화, 미소화, 고품질화 및 고신뢰성이 요구되고 있다. 전자공장, 정밀기계공장 등에서는 실내 부유 미립자가 제품의 생산에 불량을 초래하는 저해요소가 되어 제품의 신뢰성과 생산 원가에 막대한 영향을 미치므로 공장 전체 또는 중요한 작업이 이루어지는 부분에 대해서 필요한 청정한 환경이 유지되어야 하고, 필요에 따라서는 대단히 높은 청정상태가 요구되는 경우가 많다.

(1) 산업용 클린룸의 역사

2차 대전 중 미국의 군사 무기산업에서 시작되었으며, 전투기 등 비행물체의 오작동이 사람의 눈에 보이지 않는 아주 작은 미립자(0.5μm 이하)라는 사실이 밝혀지면서 산업 전 분야에 클린룸 연구 및 활용이 활성화되었다. 그로인해 초기 클린룸의 규격은 미국연방규격이나 미국 항공우주국(NASA)의 규격을 기준으로 하였다.

(2) 산업용 클린룸의 적용분야

① 전자제품 생산공장(Electronics FAB.)

- 반도체, LCD · LED 제작
- 컴퓨터 조립제작
- 자기디스크 및 테이프 제작

② 정밀기계 생산공장(Micro Machine FAB.)

- 광학렌즈, 필름 제조
- 시계, 카메라, 현미경 제작

표 11-1 산업용 클린룸의 필요 청정도

업 종	적 용	C/R Class
필름 제조	사진 감광유 제조	1 ~ 10,000
전자, 전기	반도체 소자, 직접회로, 전산기용 자기 테이프 제조	1 ~ 100,000
기기 공업	전산기 제조 공정, 전산기 사용실	100 ~ 10,000
요 업	정밀 세라믹 제조	100 ~ 10,000
인 쇄	정밀제판, 전자제판	1,000 ~ 10,000
합성수지	인공신장, 의약품용기, 수술용 장갑, 고급라텍스	100 ~ 10,000
정밀 기계 공업 가공	정밀자이로, 소형베어링, 광학렌즈, 정밀 유도장치	10 ~ 100
	소형계기, 시계, 유압제어기기, 베어링, 유체소자	100 ~ 10,000
	시계, 카메라, 액추에이터, 액체산소, 산소펌프기기	100 ~ 100,000
	비스코스 공정, 비닐시트, 합성지, 합피	100,000

2) 바이오 클린룸(BCR)

제약공장, 식품공장, 병원의 수술실 등에서는 제품의 오염 및 변질방지와 환자의 감염방지를 위해 무균에 가까운 상태가 요구된다. 일반 박테리아는 고성능 필터에 잡혀 제거되지만, 바이러스는 박테리아에 비해 아주 작기 때문에 그 자체만으로는 제거가 곤란하다. 그러나 대부분의 박테리아나 바이러스는 공기 중의 부유 미립자에 부착해서 존재하므로 공기 중의 미립자를 제거함으로써 세균류도 제거가 가능하다. 이러한 방법으로 제어하는 청정공간을 바이오 클린룸(Biological Clean Room) 이라고 한다.

(1) 바이오 클린룸의 적용분야

① 병원 수술실
- 공기 중의 세균 제거를 요하는 시설
- 무균 병실, 신생아실, 수술실 및 회복실

② 동물 실험실
- GLP(Good Laboratory Practice) 시설

③ 약품, 식품
- GMP(Good Manufacturing Practice) 시설
- 약품 생산 및 포장
- 무균 포장 식품

④ 의료기기 생산 공장(Medical Equipment)
- 인공심장 및 인공혈관
  (An Artificial Pump = Oxygenator amid an Artificial Vessel)

표 11-2 바이오 클린룸의 필요청정도

수술실	수술 종류	C/R Class
무균 수술실	· 인공관절수술 장기이식 수술(신장, 심장이식 등) 뇌신경 수술, 안과 수술(각막이식 등)	100
일반 수술실	· 비뇨기 수술, 산부인과, 흉부외과, 성형외과	100 ~ 10,000
감염 수술실	· 흉부외과(TB), 감염환자용(혈청간염, 녹염균 등)	10,000

3) 클린룸의 분류별 특성

산업용 클린룸과 바이오 클린룸의 분류별 특성은 다음 표 11-3과 같다.

표 11-3 클린룸의 분류별 특징

	산업용 클린룸	의학용 클린룸
제어대상	온도, 습도, 압력, 진동 등의 환경 조건	공기 중에 부유하는 세균, 미생물 등의 생물 미립자
적용부문	반도체, LCD, PDP 생산공장 정밀기계 및 정밀화학공장	제약공업, 기초 연구시설, 병원의 무균 수술실, 중환자실, 무균동물사육시설, 식음료, 제과, 제빵, 유제품, 화장품산업

1.2 클린룸의 공기청정도 클래스(Class)

클린룸의 클래스(Class)는 청정도를 나타내고, 한국의 클래스는 Class M1, Class M10, Class M100, Class M1,000, Class M10,000, Class M1,000,000, Class M10,000,000으로 표기한다. 각

청정도 Class가 대상으로 하는 입자크기 범위 및 상한농도는 다음 표 11-4와 같다.

표 11-4 입자 농도에 따른 공기청정도 클래스(개/m³)

입자크기 (㎛)	M 1	M 10	M 100	M 1,000	M 10,000	M 100,000	M 1,000,000	M 10,000,000
0.1	10	10	10	10	(10)	(10)	(10)	(10)
0.2	2	23	234	2,340	23,400	–	–	–
0.3	1	10	100	1,000	10,000	100,000	1,000,000	10,000,000
0.5	(0.34)	(3.4)	34	340	3,400	34,000	340,000	3,400,000
1.0	–	–	–	80	800	8,000	80,000	800,000
5.0	–	–	–	–	27	270	2,700	27,000
	0.1~0.3		0.1~0.5	0.1~1.0	0.2~5.0	0.3~5.0		

비고
1. 클래스 M 100~M 10,000,000은 각각 Federal Standard 209D의 클래스 1~클래스 100,000에 상당하는 것이다.
2. 상한농도는 대상입자 크기 이상의 입자농도를 나타내며 표 11-4에 나타낸 상한농도는 클래스 분류를 위해 정의한 것으로, 반드시 어떤 특정 상황에서도 발견되어야 하는 입자크기 분포를 나타내는 것은 아니다.
3. 괄호내의 수치는, 청정도 클래스를 평가하기 위한 대상입자 크기 이외의 입자 크기에 대한 값으로 참고값이며 표에 나타내지 않은 청정도 클래스 입자 크기 범위내의 상한 농도는 다음 식으로 구한다.

$$NC = N \times \left(\frac{0.3}{D}\right)^{2.1} \qquad (11.1)$$

여기서, NC : 입자크기 이상의 상한 농도(개/m³), N : 청정도 클래스, D : 입자크기(㎛)

1.3 Clean Room의 방식

클린룸의 기류형은 난류형 클린룸(Turbulent Flow)과 층류방식(Laminar Flow)으로 구분된다.

1) 층류방식

실내의 기류를 층류흐름으로 해서 오염원의 확산을 방지하고 그 배출을 용이하게 하는 방식으로 수직 층류형, 수평 층류형, 비층류형으로 분류한다.

(1) 수직 층류형 클린룸(Vertical Laminar Clean Room)

청정실 또는 청정 작업대 등에서 최종 에어필터를 통하여 여과된 공기가 층류 유동 형태로 천장에서 바닥면을 향해 흐르게 하는 방식으로 천장전면에 고성능 필터를 붙이고 바닥에는 격자면을 설치하여 전면 흡입하여 청정공기를 수직으로 흐르게 하는 방식을 말한다. 실내 공간에서 발생한 부유 미립자는 그 위치에서 곧 하류로 흘러 내려가 주위에는 영향을 주지 않기 때문에 초청정 공간 Class 100의 청정도 유지에 적합한 방식으로 취출풍속은 0.25~0.5m/sec이다.

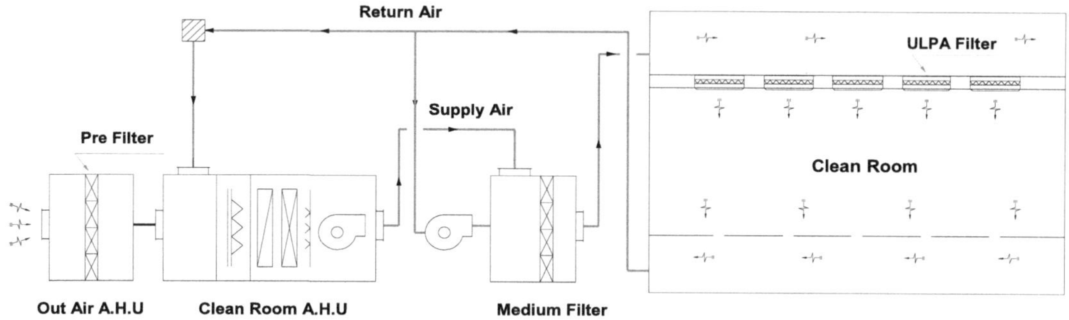

그림 11-1 ▸ 수직 층류형 클린룸의 공조방식

(2) 수평 층류형 클린룸(Horizontal Laminar Airflow Clean Room)

청정실 또는 청정 작업대 등에서 최종 에어필터를 통하여 여과된 공기가 층류 유동형태로 한쪽 벽면에서 마주보는 벽면을 향해 흐르는 청정실로써 그림 11-6과 같이 천정 전면에 설치된 HEPA Filter(고성능 분진제거용 필터)로 0.3m/sec 이상으로 토출된 기류는 바닥 전면에 설치된 흡기부 전면에 흡입된다 이때의 기류는 난류가 아닌 층류이므로 발생된 오염은 확산되지 않고 직접 흡수된다. 수평 층류 방식은 최고의 청정도를 유지할 수 있으므로 현재 고성능 반도체 제조에 주로 사용한다. 이 방식의 특징은 상류측의 작업의 영향으로 하류측에서는 청정도가 저하하는 것이다.

상류측에서는 Class 100 이하, 하류측에서는 상류측의 작업내용에 따라 Class 1,000 정도의 청정도를 얻을 수 있다. 취출풍속은 0.45m/sec 이상이다.

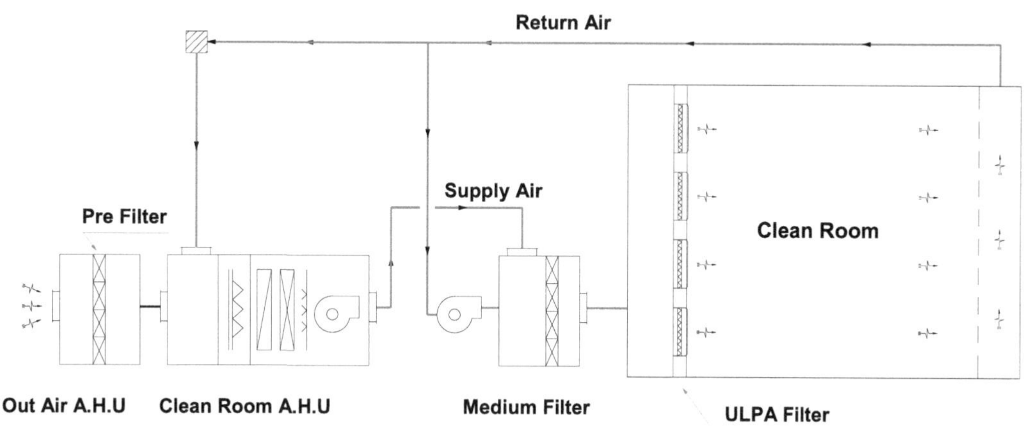

그림 11-2 ▸ 수평 층류형 Clean Room

2) 난류형 클린룸(Turbulent Airflow Clean Room)

청정실 또는 청정 작업대 등에서 최종 에어필터를 통하여 여과된 공기가 난류형태로 흐르면서 불균일하고 변칙적인 기류분포를 가지는 유동 형태의 청정실로 다음 그림과 같이 벽 전면에 설치된 헤파필터(HEPA Filter)에 의해 층류로 토출된 기류는 반대 벽 전면에 설치된 리턴그릴(Return Grill)에 리턴(Return) 되는 방식으로 0.5m/sec 이상의 속도로 토출되며 수직 층류형과 같이 공기량이 많기 때문에 Class 100~1,000 정도의 청정도를 갖는다. 기본적으로 일반 공조의 취출구에 헤파필터(HEPA Filter)를 부착한 방식으로 청정한 취출공기에 의해 실내오염원을 희석하여 청정도를 상승시키는 희석법이다.

청정도는 Class 1,000~100,000 정도를 얻을 수 있다. 환기횟수는 20~80회/hr 정도이고, 이 방식의 클린룸에서는 동일한 실내조건에서 실내 환기횟수를 80회 이상(예를 들어 100회/hr)으로 올린다 하더라도 청정도의 향상효과는 비례로 증가하지는 않는다.

국소 필요 구역에 Clean Booth를 설치하면 고청정도를 유지할 수 있다.

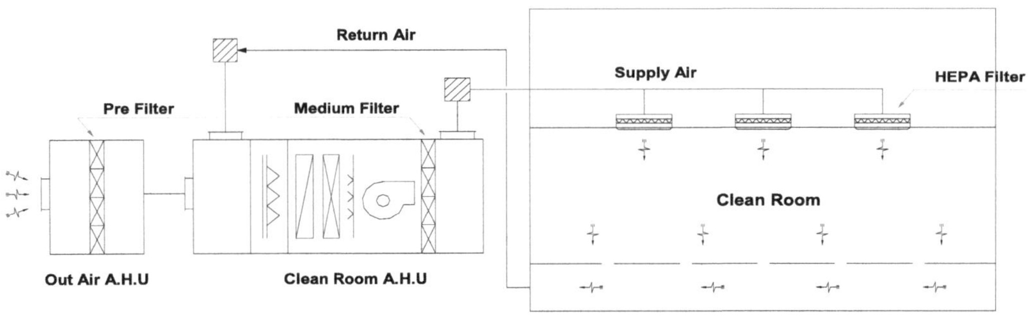

그림 11-3 ▸ 난류형 클린룸의 공조방식-바닥 순환방식(Return Floor Type)

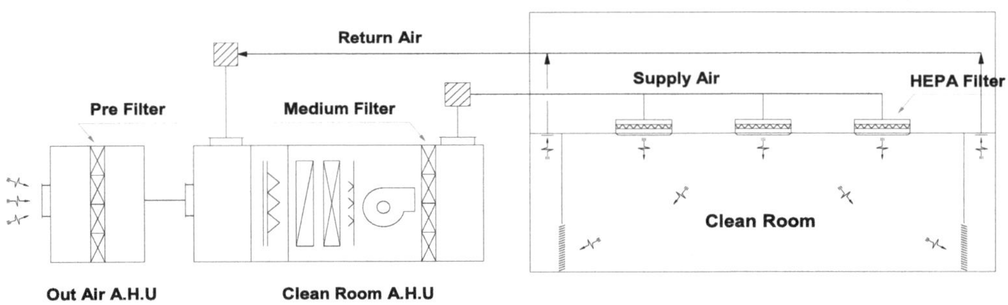

그림 11-4 ▸ 난류형 클린룸의 공조방식 벽면- 순환방식(Return Wall Type)

3) 오픈베이(Open Bay) 방식

(1) 방식 개요

올 다운 플로우(All Down Flow) 방식의 일종으로서 실내에 고청정 지역과 청정도가 떨어지는 지역(Service Area 등)이 섞여있는 경우에 초고성능 필터(ULPA Filter), 헤파필터(HEPA Filter) 또는 블라인드 패널(Blind Panel)을 청정도에 따라 배치함으로써 경제인 순환풍량을 확보하고 온습도 유지,

유연성(Flexibility) 등의 관점에서 유리한 고성능 청정 공간을 유지하는 방식이다. 순환계통에는 대형 순환팬(Axial Fan), 냉각코일(Cooling Coil), 중성능 필터(Medium Filter), 소음기(Sound Attenuator) 등이 설치되며, 국내외 대형 반도체 공장에 많이 적용되고 있다.

(2) 오픈베이(Open Bay) 방식의 특징

- 경년변화가 없어 안정화한 젤리상의 실러(Ael tope Sealer cone)를 사용하여 누기(Air Leak)를 최소화.
- 조명은 대전방지 아크릴 커버를 씌운 Tear Drop 형광등으로 형광등 높이를 낮추어서 난류구역 최소화.
- 알루미늄 프레임(Aluminum Frame)은 가늘고 가벼우나 충분한 강도를 지니고 있음.
- 프레임 가공은 전체공장에서 실시하므로 현장 시공공기가 짧음.
- 초고성능필터(ULPA), 헤파필터(HEPA), 마감패널의 조립에 의해 Class 1~1000의 클린룸을 자유롭게 설계.
- 감지기나 스피커는 알루미늄 몰드 바(Al Mould Bar)에 직접 설치하므로 천장면의 필터 설치면적을 최대화.

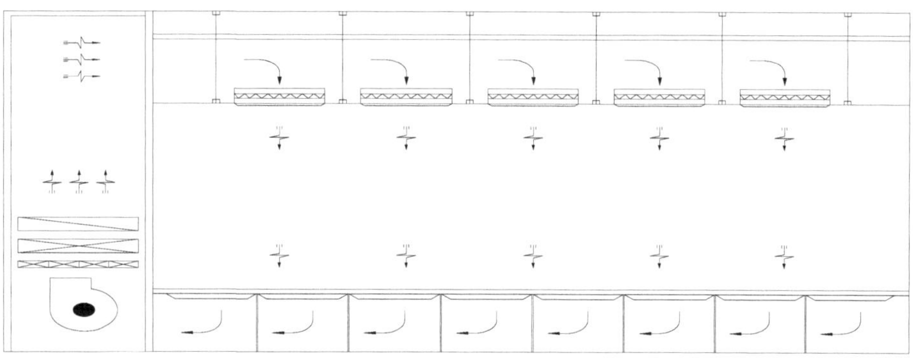

그림 11-5 ▸ 오픈베이(Open Bay) 방식 공조기류 흐름

4) 팬 필터 유닛(Fan Filter Unit) 방식

(1) 방식개요

순환계통은 오픈베이(Open Bay) 방식과 같이 전체 순환방식으로 경제적인 순환풍량을 확보할 수 있다. 각 초고성능 필터(ULPA) 또는 헤파필터(HEPA Filter)와 소형 순환 팬(an)을 조합한 FFU(Fan Filter Uint)가 다수 천장면에 설치되어 공기를 순환시킴으로써 오픈베이(Open Bay) 방식에 비해 순환계의 저항을 줄이고 소요 기계실면적을 줄일 수 있는 장점을 더 갖고 있으나 팬(Fan)의 수량이 증가하여 유지관리의 어려움과 천장내부가 가압(−)압이 되고 청정도가 다소 떨어지는 경향이 있다.

(2) 팬필터유닛(Fan Filter Unit) 방식의 특징

- 고청정도 유지에 비해 설비비 및 운전비가 비교적 저렴하다.
- 제조장치의 위치(Lay-out) 변경에 따른 유연성이 우수하다.
- 공조기계실의 면적을 작게 하고 건설공기를 대폭 단축할 수 있다.
- 작업을 정지하지 않고 제조장치의 교환이 가능하다.
- 향후 설비의 확장성이 좋다.
- 각종 청정도 구획을 자유롭게 위치변경(Change Lay-out) 가능하다.

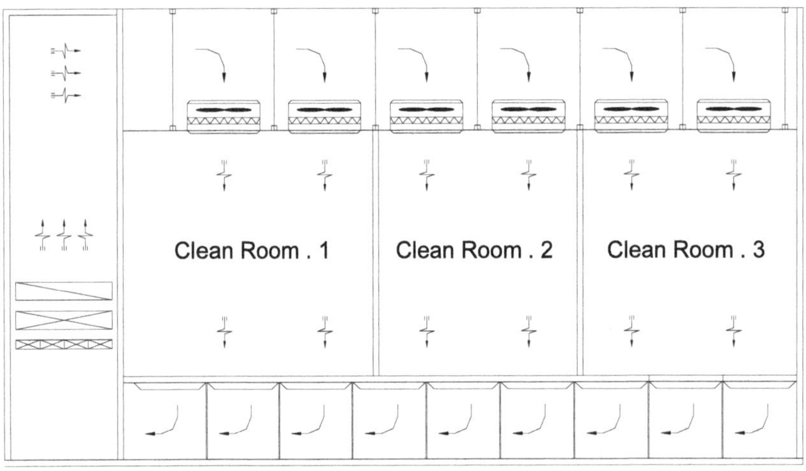

그림 11-6 ▸ FFU 방식의 공조 기류 흐름

1.4 클린룸 에어필터(Clean Room Air Filter)

1) 에어필터(Air Filter) 개요

(1) 에어필터의 사용범위

에어필터란 어떠한 유체(Air, Oil, Fuel, Water, 기타)를 일정한 시간 내에 일정한 용량을 일정한 크기의 입자로 통과시키는 기기를 말하며, 특히 대기 중에 존재하는 분진을 제거해 필요에 맞는 청정한 공기를 만들어 내는 것이다.

표 11-5 산업별 에어필터의 사용 범위

산업분야	사용 범위
원자력 산업	원자로 건물, 터빈건물, 폐기물처리 건물, 제처리 건물
반도체 공업	에칭공정, 표면처리, 금속공정, 연마조립, 보관, 포장
약품, 의약, 병원	제약 공장, 주사액, 앰플대입, 수술실, 신생아, 비열아실, 약제실, 병실
전자 공업 정밀 · 광학 기계 필름 공업	브라운관, 프린트판, 정밀전기계기, 전자시계, 로켓부품, 베어링, 자기테이프, 렌즈연마, 렌즈조합공정, 필름제조, 건조공장
식품업종	우란, 주류, 유산균 음료, 유제품, 병입공정, 마대, 식육가공

(2) 에어필터의 필터의 구조

① 외곽틀

외곽틀은 합관 또는 목분판이나 알루미늄 및 강판, 스테인리스강, 플라스틱류 등을 사용

② 여과재

여과재는 유리섬유(Glass Fiber) 부직포 등을 사용

③ 밀봉제

밀봉제는 여과재 팩(Pack)과 외곽틀 사이를 밀봉하는 재료로 우레탄계, 네오프렌계, 에폭시계 등의 자기소화성 밀봉제를 사용

④ 분리판

분리판 사용형태의 필터에는 알루미늄, 크라프트지(Kraft Paper) 등을 파형으로 성형하여 사용하거나 경우에 따라서는 플라스틱, 석면 등의 재료를 파형으로 성형하여 사용하며 분리판을 사용하지 않는 방식에서는 핫멜트(Hot-Melt)수지, 리본과 접착제를 사용하여 여재와 여재사이의 공간을 형성하도록 한다.

⑤ 개스킷(Gasket)

코르크류, 고무합성품류, 네오프렌계 스펀지류 등을 사용하고 있다.

⑥ 기타

특수 필터의 종류에 따라 각각 적합한 다른 종류의 재료를 사용한다.

(3) 에어필터의 포집효과

① 관성 충돌 효과(Inertial Impact Effect)

공기의 흐름을 타고 섬유에 접근한 입자는 자신의 관성에 의해 유선으로부터 벗어나 필터의 섬유에 충돌되어 포집되며, 입경(0.5μm 이상), 통과 속도가 클 때 효과가 크다.

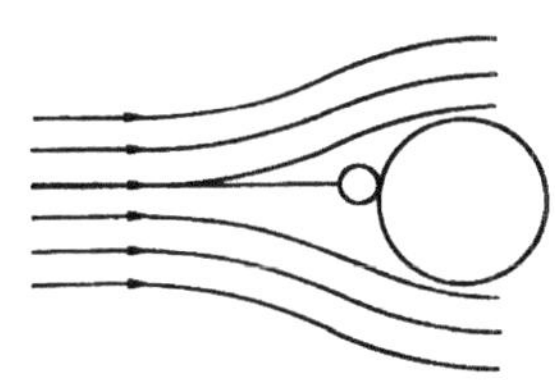

그림 11-7 ▸ 충돌 효과

② 확산 효과(Brownian Diffusion Effect)

작은 입자는 공기의 흐름과 관계없이 기류를 타고 여재사이를 통과 하는 큰 입자까지도 여재 사

이에서 이동거리가 길고 방향성이 없기 때문에 섬유에 걸려 포집되며, 입경(0.01~0.1μm), 통과속도가 작을 때 효과가 크다.

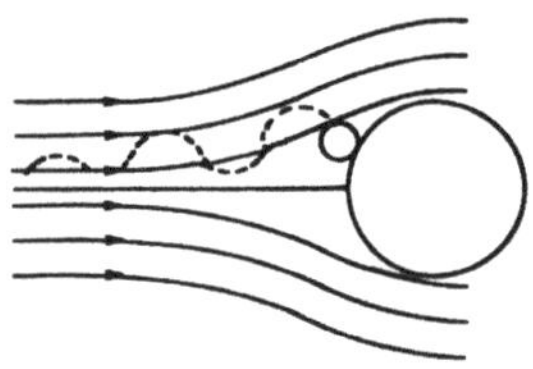

그림 11-8 ▸ 확산효과

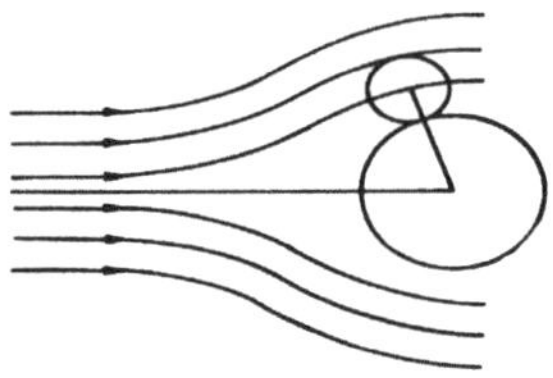

그림 11-9 ▸ 차단효과

③ 차단 효과(Interception Effect)

입자가 공기의 흐름을 타고 운동을 하고 있어도 입자에는 크기가 있기 때문에 필터의 섬유에 부딪쳐 포집되며, 입경(0.1~1μm 이상)대 섬유경의 비가 클 때 효과가 크다.

④ 에어필터(Air Filter) 선정시 유의사항

- 정압은 가급적 낮을 것. 팬(Fan) 마력의 비용(Cost)가 증가
- 정격풍량이 나오는지 살필 것
- 불규칙한 풍량이 증가하는 사항을 감안하여 적정한지 살필 것
- 높은 효율일수록 청정도는 높음
- 고효율의 필터(Filter) 앞에는 반드시 초진용 필터(Pre Filter)를 사용할 것
- 설치 공간이 가급적 작은 것에 유의할 것
- 필터(Filter)의 최종 저항치를 초과하여 사용하지 말 것
- 필터(Filter)를 선정할 때 필터 수명 측정기(Filter Life Gauge)를 사용할 것
- 필터(Filter) 선정시 경비만을 생각하지 말고 수명에 관한 경비를 생각할 것

2) 에어필터(Air Filter)의 종류

(1) 필터의 성능에 따른 분류

① 초진용 필터(Pre Filter)

비교적 입자가 큰 분진의 제거용으로 사용되며, 중성능 필터의 전단에 설치하여 필터의 사용기간을 연장시키는 역할을 한다. 초진용 필터의 성능은 중성능 필터의 수명을 좌우하므로 매우 중요한 역할을 한다. 또한 초진용 필터(Pre Filter)는 미세한 오염입자의 제거효과는 없으므로 중량법에 의한 효율을 기준으로 한다. 종류로는 세척형, 1회용, 무전원 정전방식, 자동권취형, 자동집진형 등 부직포가 있다.

② 중성능 필터(Medium Filter)

중성능 필터는 고성능 필터의 전처리용으로 사용되며 일반 건물의 공기조화기에는 최종 필터(Final Filter)로 널리 사용된다. 효율은 비색법으로 측정하며 65%, 85%, 95%가 주로 사용되며

여재의 종류는 바이오 시네틱 파이버(Bio synthetic Fiber), 유리섬유(Glass Fiber) 등이 있으나 최근에는 유리섬유(Glass Fiber)에 발암물질이 내포되어 있다고 전해져 바이오 시네틱 파이버(Bio synthetic)을 주로 사용한다. 종류로는 Multi, Cell, Bag, Slim-Type 등이 있다.

③ 고성능 필터(HEPA Filter)

분진입자의 크기가 비교적 미세한 분진의 제거용으로써 사용되며 주로 병원 수술실, 반도체 생산 라인의 클린룸 시설(ICR), 제약회사(GMP) 등에 널리 제작하여 사용한다. 필터의 측정은 D.O.P 법(계수법)로 측정하여 0.3μm 기준 99.97% 이상의 것을 고성능 필터라고 한다.

④ 초고성능 필터(ULPA Filter)

일반적으로 "절대필터(Absolute Filter)", "초고성능 필터(ULPA Filter)"라고 부르며, 이 초고성능 필터에도 굴곡이 있어서 겉보기에 면적의 15~20배 여과면적을 갖고 있으며 99.997%의 효율을 갖고 있다. 고성능 필터는 일반적으로 가스상 오염물질을 제거할 수 없지만 초고성능필터는 담배연기 같은 입자에 흡착 혹은 흡수되어 있는 가스를 소량제거할 수 있다.

⑤ 전기집진식 필터(Electric Filter)

하전된 입자를 절연성섬유 또는 플레이트에 집진하는 일반형 전기집진기(Charged Media Electric Air Cleaner)와 강한 자장을 만들고 있는 하전부와 대전한 입자의 반발력을 이용하는 집진부로 된 2단형 전기집진기(Ioinzing Type Electronic Air Cleaner)가 있다. 2단형 전기집진기는 압력 손실이 낮고 담배 연기 등의 제거 효과가 있다. 효율은 비색법으로 90% 이상이다.

표 11-6 필터(Filter)의 종류 및 특성

종 류	포집 효율	용도	형상
전처리 (PRE-Filter)	비색법 25%	전자부품, 병원, 식품제조 생산라인의 전처리용	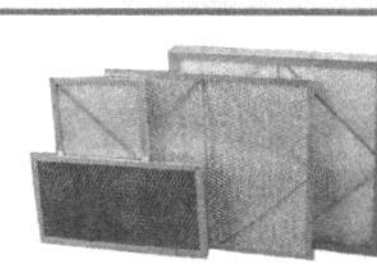
중성능 (Midium Filter)	60~90%	전처리 또는 헤파필터(Hepa Filter) 보호용	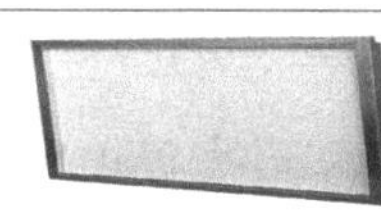
고성능 (HEPA Filter)	0.3㎛, 99.97%	클린룸 Class : 100~10,000	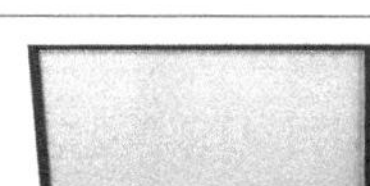
초고성능 필터 (ULPA Filter)	0.12~0.17㎛, 99.9999%	Gel, Tight Soal System에 이용, Class 1~10 이하	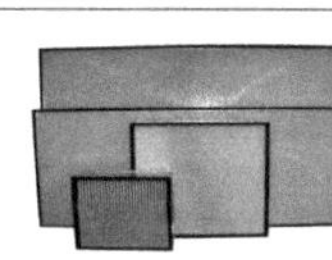
케미컬 필터 (Chemical Filter), 카본필터 (Carbon Filter)	초미량 가스에 대한 고효율제거 가능(1~3ppb)	SO_2, H_2(제거대상 가스에 대한 충진물 선택)	

(2) 여재의 교환방식에 따른 분류

① 자동권취형 필터(Auto Roll Type Filter)

자동권취형 에어필터는 일상의 순회점검 및 매월 정기적인 여재의 교체가 필요 없는 형식으로 자동으로 권취되므로 관리비가 적게 들고 연간 유지비용이 크게 절감된다. 용도 및 설치장소에 따라 내, 외장형 및 외부여재 교환형과 2차 필터를 조합한 형태로 구분되며 설치 면적에 의해 종형과 횡형으로 구분되어 목적에 맞게 선택의 폭이 다양하다.

② 패널 교환방식 필터(Panel Type(Cartridge) Type)

알루미늄 프레임(Aluminum Frame)에 부직포를 주재질로 하고 있으나 프레임(Frame) 및 여재의 선택에 따라 다양하게 제작이 가능하고 가장 널리 사용된다.

③ 여재교체형(Media Changed Type)

패널 방식(Panel Type)에서 여재만을 교체할 수 있도록 제작되었고 프레임(Frame)의 재질 선택에 따라 영구적으로 사용이 가능하다.

3) 에어필터의 시험방법

에어필터의 성능시험방법은 사용되는 분진 입자경, 사용목적, 구조, 성능에 따라 중량법, 비색법(면적법), 광산란법(DOP측정법, Particle Counter계수법)의 3가지 방법이 있다. 일반적으로 분진 입자경은 사용 장소 및 에어필터 종류에 따라 다르며 또한 상대평가에 있어서도 동일한 시험방법이어야 비교가 가능하기 때문에 모든 필터를 한 가지 종류의 포집효율 평가방법으로 표시하는 것은 매우 어렵다. 따라서 포집효율의 고저차이에 따라 시험방법을 선정하여야 한다.

(1) 중량법(AFI)

AFI(Air Filter Institute, 에어필터협회) 또는 ASHIRE의 특징은 시험장비가 AFI(Air Filter Institute, 에어필터협회)는 수직으로 되어 있고, ASHIRE는 수평으로 되어 있으며 분진 공급장치가 서로 다른 점이고 사용분진조성에 대해서도 미미한 차이가 나고 있다. 적용대상 분진의 입경은 $0.1\mu m$ 이상으로 되어 있고 일반공조용의 외기 및 실내공기중의 부유분진 포집용에 적용한다.

① 시험방법

필터 상류층으로부터 시험용 필터를 하류측에 절대필터를 설치하여 분진을 공급한 다음 시험용 필터와 절대필터의 중량차이로 측정하는 것이다

$$\text{중량법 효율} = \left(1 - \frac{G_2}{G_1}\right) \times 100\% \tag{11.2}$$

여기서, G_1 : 공급된 분진량(g)

G_2 : 절대 필터(Filter)가 포집한 분진량(g)

(2) 비색법(NBS)

시험 에어필터의 정격풍량으로 조정하고, 시험필터 상류에 표준분진을 투입하여 여재의 색깔변화를 비색계를 이용 비교 측정하여 효율을 표시하는 방법으로 1μm 이하 제진입자에 적용되며 중성능필터의 측정에 주로 사용한다.(ASHARE 52-76)

① 시험방법

시험용 필터를 상류, 하류측의 중간에 놓고 분진을 통과시킨 다음 빛을 투과시켜서 변색된 상당치를 측정하는 것으로,

$$\text{비색법 효율} = (1 - \frac{C_1}{C_2}) \times 100\% \tag{11.3}$$

여기서, C_1 : 상류측 분진농도 상당치

C_2 : 하류측 분진농도 상당치

(3) 계수법(DOP)

MIL Std-292에서 규정하였고 중량법, 비색법에서의 포집률이 100%가 되면 미립자에 대한 높은 포집률의 계산이 불가능하다. DOP(Di Octyl Phtalate) 에어졸의 제네레이터 용기에 넣고 열을 가하게 된다. 에어로졸은 증기화되고 이증기(DOP증기)는 가열된 기류 속으로 주입되고 혼합실로 보내지게 된다. 혼합실에서 DOP증기를 동반한 이 가열 공기는 실내온도 정도의 찬기류와 혼합되고 이것은 증기의 아주 작은 응축액으로 액화시킨다.

여기서 이물방울은의 크기는 혼합온도에 의해 조절되며 DOP 법에 있어 미립자의 크기는 혼합온도에 의해 조절되며 DOP 법의에 있어 미립자의 크기는 0.3μm를 만들도록 통제한다. 이들 미립자는 시험필터 상류쪽 기류 속에 주입되고 시험 중인 필터(Filter)의 입구, 출구측 농도는 빛 확산장치에 의해 측정된다.

사실상 DOP 방법은 미립자수에 의거하여 시험 필터(Filter) 입, 출구쪽 미립자 농도를 비교하는 것으로 계수법이라 부르고 있다.(적용 Filter = ULPA : 0.1μm, HEPA : 0.3μm)

$$\text{계수법 효율} = (1 - \frac{C_2}{C_1}) \times 100\% \tag{11.4}$$

여기서, C_1 : 상류측 분진농도 상당치

C_2 : 하류측 분진농도 상당치

(4) 압력손실 측정

에어필터에 공기가 통과될 때 발생되는 손실을 말한다. 즉 에어필터 입구 압력(P_1)과 출구압력(P_2)를 말한다. 일반적으로(mmAq : 수주(H_2O)) 또는 (Pa)로 표시되며 1 Pa = 1/9.8mmAq에 해당되

며 통상 통과하는 풍속의 증가에 따라 압력손실도 비례하여 증가한다. 또한 필터에 먼지가 포집되면서 압력손실이 증가하게 되고 제조업체에서 최종압력손실을 정해줌으로써 일반적으로 그 수치가 에어필터의 수명인 것이다.

수명과 관련된 압력손실의 결정은 에어필터의 설치 이후 송풍기의 효율 등을 고려하여 이때 Check 된 초기 정압의 3배 미만(이론적으로 2배 정도)이 적절하다고 볼 수 있다.

$$\text{압력손실(mmAq)} = P_1 - P_2 \tag{11.5}$$

여기서, P_1 : 입구 압력(mmAq)

P_2 : 출구 압력(mmAq)

(5) 필터의 누기 측정(Leak Test)

시험필터에 면풍속 0.4~0.5m/sec로 풍량을 조정하고 상류에 분진(DOP, 대기진, PSL, DEHS, 실리카 등)을 투입하면서 필터의 하류에서 분진 측정기(Particle Counter)를 이용 Probe를 일정 속도로 이동하면서 여재(Media)의 손상이나 필터 프레임(Filter Frame)과 여재의 접착상태를 확인 시험하는 방법(Scan Test법)이다.

(6) 필터(Air Filter)의 난연성 시험

에어필터(Air Filter)의 난연성 시험은 초진용 필터(Pre Filter) 여재의 대부분이 Polyester(일부 Nylon)를 주원료로 하는 부직포이기에 난연성 시험에 대해서 무시할 수 없는 에어필터(Air Filter) 기준 시험방법 중의 하나이다.

1.5 클린룸 부속장치

1) 에어샤워(Air Shower)

에어샤워의 설치목적은 클린룸에 사람이 들어갈 때나 물건이 반입될 때 실내에 들어가기 전에 20 m/sec 이상의 풍속을 갖춘 청정 제트에어(Zet-Air)에 의해 의복 표면에 부착해 있는 입자를 불어 날려 보내고 흡입부분(Return)에 필터를 설치하여 분진(Particle)을 제거하는 원리이며, 설치위치로는 클린룸 입구나 청정도를 달리하는 실(Room) 사이에 설치한다. 에어샤워의 종류는 대인용(Personal type Air Shower)와 대물용(Industrial type Air Shower)가 있으며 내부에는 에어샤워링(Air Showering)시간을 조절할 수 있도록 타이머(5~30초)를 부착되어져야 하고 입실과 함께 가동하며 인터록(Inter Lock)을 설치하여 에어샤워(Air Shower)를 하지 않고는 입실할 수 없도록 설비되어야 한다.

(1) 대인용 에어샤워(Personal type Air Shower)

양 측면의 내부에 헤파필터(HEPA Filter), 팬(Fan)이 내장되어 있고, 양측면에 설치된 많은 노즐

(Nozzle)에서 25m/sec 이상의 속도로 토출된 청정공기로 신체 전체를 세정하며, 그 기류는 하부 양측면에 설치된 초진필터를 통하여 헤파필터(HEPA Filter)로 재여과되는 방식으로 되어 있다.

(2) 대물용 에어샤워(Industrial type Air Shower)

클린룸 내에 물품을 반입할 때 사용하는 것으로 비교적 크며 그 기능은 대인용과 동일하다.

(3) 에어샤워가 공통적으로 갖추어야 할 사항.

① 측면 내부에 팬이 내장되어 있고, 측면에 설치된 많은 노즐에서 20~30m/sec 정도로 토출되는 청정공기로 몸 전체를 청정하게 하며, 기류는 하류측에 설치된 전처리 필터를 통과하여 헤파필터에서 재여과되는 방식으로 되어야 한다.

② 헤파필터는 99.97%(0.3μm) 이상의 효율을 가진 것을 사용한다.

③ 분진이 떠도는 것을 방지할 수 있도록 하여야 한다.

④ 작업자가 에어샤워 내에 들어갔을 때만 공기가 분사되고, 일정시간(10~30초) 경과 후 자동으로 꺼지도록 한다.

⑤ 작업자가 청정실로부터 에어샤워를 통하여 나오는 경우는 팬이 작동하지 않는 구조이어야 한다.

⑥ 신발 바닥에 부착되어 있는 먼지를 제거하기 위한 접착 매트를 바닥에 부착한다.

⑦ 에어샤워 내의 압력은 청정실 내의 압력보다 낮도록 하여 에어샤워 내에서 발생된 먼지가 청정실 내로 유입되지 않도록 한다.

⑧ 작업자의 출입이 용이하여야 한다.

⑨ 입 · 출구 문은 자동 또는 수동으로 여닫되 동시에 개방되는 것을 방지하기 위하여 문 인터록(Door Interlock) 또는 경보장치가 되어 있어야 한다.

⑩ 입 · 출구 문은 비틀림이 없는 견고한 구조이어야 한다.

⑪ 정전 시에는 입 · 출구 문을 수동으로 여닫을 수 있어야 한다.

⑫ 입 · 출구 문은 내부가 보일 수 있는 구조로 한다.

⑬ 에어샤워 내부는 오염입자가 발생되지 않는 재질로 만들어져야 한다.

⑭ 헤파필터의 교체 여부를 알기 위한 차압계가 부착되어야 한다.

⑮ 보수 및 필터의 교체가 쉬운 구조이어야 한다.

⑯ 발생 소음은 입 · 출구문 밖 1.5m 지점에서 75dB(A) 이하를 원칙으로 한다. 단, 구체적 소음 기준치는 구매자와 제작자의 약정에 따라 조정할 수 있다.

2) 패스박스(Pass Box)

패스박스는 청정도가 서로 다른 존과의 경계에 설치하여 사람이 출입하지 않고 물품의 출입을 가능케하여 오염공기의 유입이나 청정공기의 유출을 막는 장치입니다.

① 패스박스를 통과하는 물건이 걸리지 않는 적당한 크기이어야 한다.

② 청정실 내외의 작업자 간의 의사소통을 위하여 패스박스 양측에 인터폰이나 부저를 설치할 수 있다.
③ 패스박스 양측문이 동시에 열리는 것을 방지하기 위하여 인터록(Interlock) 장치를 설치하여야 한다.
④ 패스박스를 벽에 고정할 수 있는 장치가 있어서 벽에 견고히 고정할 수 있어야 한다.
⑤ 패스박스 내부는 오염입자가 발생되지 않는 재질로 만들어져야 한다.
⑥ 패스박스의 문은 다른 실이 보일 수 있는 구조로 한다.
⑦ 문(Door) 전면의 유리 크기를 최대화하여 내부에 물건의 유무, 확인이 쉽도록 하여야 하고 알림 장치(Buzzer Signal)에 의한 물건의 반입을 알릴 수 있는 구조이어야 한다.

3) 헤파박스 유닛(HEPA Box Unit) & 헤파필터(HEPA Filter)

(1) 헤파박스 유닛(HEPA Box Unit)

헤파필터를 내장하기 위한 박스로 급기 덕트(Supply Duct)와 플렉시블 덕트(Flexible Duct)로 연결되며 난류형 클린룸에 청정공기를 공급하는 기기로 헤파박스 자체에 에어록이 생기지 않도록 기밀을 유지하여 제작되어야 한다.

(2) 헤파 필터(HEPA Filter)

무진, 무균 공기를 얻기 위해서 미립자를 여과 청정 시켜서 클린룸에 보내는데 중요한 역할을 한다. 재질은 0.3μ~0.8μ의 유리섬유로 조성되고 여과 효율은 0.3μ~0.5μ의 입자를 계수법에 의해 99.97~99.99% 이상 제거해 주는 것으로 한다. 정격풍량은 25.4mmAq 이하의 압력 손실로 먼지를 전부 제거하는 것이다. 이 필터는 고가이므로 1 내지 2단의 초진용 필터(Pre-Filter)를 사용하여 헤파 필터의 수명을 2~4년으로 연장 유지하고 있다.

4) 팬 필터 유닛(Fan Filter Unit)

팬 필터 유닛은 클린룸 천장에 설치되어 최종적으로 공기를 필터링시키는 장비로서 Class 1~Class 100 등의 고청정룸에 적용한다. 팬 필터 유닛은 규격화되어 제작된 유닛Unit)을 클린룸 천장면에 자유롭게 설치할 수 있는 구조로 되어 있으며, 반도체 공정의 고청정을 요구하는 슈퍼 클린룸에 적용되고 있으며, 제조라인의 부분 청정도를 필요로 하는 라인에도 적합하다.

5) 블로어 필터 유닛(Blower Filter Unit)

헤파 필터 유닛에 소형 블로어(Blower)가 내장되어 있으며 덕트(Duct) 연결 방식 및 자체순환 방식이 있다. 기류확산용 타공판(Punching Plate)을 채용하여 청정화 효과를 높이는 방법도 있다.

6) 클린 부스(Clean Booth)

청정 작업실의 일부를 고청정화할 필요가 있는 경우, 즉 HEPA Filter 및 Fan Unit를 상부에 설치하고 둘레에는 비닐커튼 등으로 처리한 무균, 무진 Booth이며, Filter를 통하여 여과된 청정공기를 수직 층류 및 난류식으로 하여, 내부에 양압을 유지하여 하부의 주위로 배기시켜 Class 100~1,000의 청정도를 유지하는데 목적이 있다.

① 정숙한 운전을 위해 저소음의 팬(Fan)을 설치하여야 한다.
② 정전기에 의한 분진(Particle)의 흡착을 방지하기 위해 정전기 방지 비닐 보호막(Vinyl Curtain)을 사용하여야 한다.
③ 클린부스 토출구의 토출 풍속은 0.3~0.5m/s로 항상 유지하여야 한다.

7) 클린 벤치(Clean Bench)

작업 테이블 상의 공간을 국부적으로 수평층과 수직층 기류에 따라 청정을 행하는 장치로써 청정구역이 적어 작업자의 접근에 따른 영향이 거의 없기 때문에 완전한 청정환경을 얻을 수 있다.

수평 층류는 소규모 작업에, 수직 층류는 대규모에 사용된다. 클린벤치(Clean Bench)는 각종 실험실, 연구실, 병원, 반도체 조립 등 고청정도가 요구되는 국부적인 공간에서 일련의 작업을 하기 위한 테이블(Table)로서, 기류와 사용방법에 따라 수평 층류형, 수직 층류형, 무진동형 등이 있으며, 주요 사용 용도는 다음과 같다.

① 무진, 무균 공기만을 필요로 하는 경우
② 무진, 무균 공기를 필요로 하며 작업대 내에서 발생하는 유해 가스 등을 배기시켜야 하는 경우
③ 무진, 무균을 필요로 하되 작업자가 오염되지 않고 유해물질이나 병원성 세균을 취급할 경우

8) 차압조정 댐퍼(Relief Damper)

차압조정 댐퍼는 클린룸 실내의 압력을 일정하게 유지하고 공기의 흐름 방향을 제어하며 실내외 또는 인접룸과의 공기차압을 제어하는 기기로써 실외의 오염공기가 클린룸을 오염시키는 것을 방지한다.

9) 클린 록커(Clean Locker)

클린룸 내부에서 사용한 무진복을 사용 후 보관하여 무진복 외부에 부착된 먼지를 보관 중 제거하고 먼지부착 방지의 목적으로 클린룸의 전실인 스막룸(Smock Room)에 설치

2 클린룸설비 시공

2.1 시공 전 준비사항

클린룸 시공시의 최대의 목표는 청정구역으로 공기오염 물질의 유입을 방지하는 것이다. 클린룸의 상태를 최상으로 만들기 위하여 청정구역을 시공단계부터 분리시켜 관리하고 의복 및 사람의 움직임을 통제해야 한다.

1) 클린룸 공정

Clean Room 공사는 특별한 규정은 정해져 있지 않지만 시공의 진행, 공정흐름, Project의 특성에 따라 대략 13단계의 절차로 진행되며, 각 유관 공정과의 긴밀한 협조가 요구된다.

(1) 건물 구조물(Building Shell)의 완성

- 지붕 및 외벽 골조 구조물 완료
- 콘크리트 타설 및 내부 공조실 구조물 완성
- 클린룸 내부 기둥(Sub Column) 설치
- 공조실 및 변전실 기계 장비의 기초(Foundation) 설치
- 콘크리트 타설 전 공조배관 배관 및 공조 덕트 슬리브(Sleeve) 설치
- 방수 및 누름모르타르 설치 완료

(2) 가설공사 및 Epoxy(Painting) 공사

- 클린룸 공사 중 청결유지를 위한 보양 작업 실시
- 클린룸 출입 통제를 위한 가설 시설물 설치
- 내·외부 가설 조명 및 통기설비(Ventilation) 설치
- 에폭시 페인팅(Epoxy Painting)실시
- 공조실 및 변전실 바닥에 1차 도색(Painting) 실시
- 가설 제작장(Duct Shop)에서 공조 덕트 제작 시작
- 액세스 플로어 하부 지지용 구조물인 스퀘어 빔(Access Floor Square. Beam) 설치
- 화재방지 시설 확보
- 안전시설 확보(동선 확보)
- 전문통제, 안전요원 배치
- 우천 및 누수대비 시설 확보(긴급배수시설)

(3) 클린룸 외벽 및 공조 기계실 HVAC 공사

- 클린룸 외벽 골조공사
- 클린룸 하부의 골조 프레임(Frame) 설치공사
- 공조실 내부의 전선 케이블 트레이(Cable Tray) 설치 및 케이블(Cable) 포설
- 변전실 케이블(Cable) 및 티알(TR) 설치
- 공조 덕트 및 덕트 관련 기구설치
- 전공정 내 · 외부 Opening 규격 확정
- 공조기 기초패드 및 공조기 설치
- 공조메인배관 설치/공조메인덕트 설치
- 클린룸 내부 분진 발생공정 선행(용접, 중량물설치, 파쇄, 작업 등)
- 기타 Utility 관통 Sleeve 및 고정 철물 설치
- 외벽 Clean Panel 설치(청정구역 확보)
- Caulking 및 Touch-Up
- 바닥 보양 합판 철거

(4) 클린룸 천장(System Ceiling)공사

- 천장골조 및 브래킷작업
- Main C형강 및 SUB C형강 설치
- 전산볼트 및 상부앵글 지지물 보강작업
- 누수위험공정 1차 기밀 Test 실시(Utility, Fire 등)
- 천장내부 메인 배관 및 공조덕트 설치(공조, Utility, 소화 등)
- 등 보강 및 전기 Tray 설치
- 풍도 칸막이 및 골조 설치
- C/R Ceiling Panel 설치
- Flashing 공사

(5) 1차 대청소(Cleaning)

- 모든 잔여자재 반출
- 시설물 임시 보양 조치 후 청소준비
- 클린룸 천장, 벽, 바닥 청소(진공청소기, 클린페이퍼, 알코올 등)
- 선행공정 보양조치
- 클린룸과 직접 노출부분은 코킹 및 보양조치
- 해당 전공종 동시 청소 실시

(6) 내장 공사/ A.F 설치/ Utility 공사

- 바닥(A/F, Panel 설치)
- 천장(Module Bar Caulking 및 Leak Test)
- Cable 설치 및 등기구 설치
- C/R 복도 Panel 및 Door 설치
- C/R 내부 Bay Panel 설치 및 복도 Panel과 Door 설치
- Access Floor 하부 콘센트 인터폰 · 전화 배관
- 일반 Utility공사(Hume Duct/PCW/CDA/Vac/Drain)
- 전기 LM Panel 설치
- Access Floor 하부 전등 및 감지기 배관

(7) 공조기 시 운전

- 덕트/배관 연결 마감 : 기밀시험 완료
- 기구류 설치 완료
- 전기결선 및 수전공급(자동제어 포함)
- 냉온열원 공급준비(동 · 하절기 일정조정)
- 공조기 프리필터 설치(내부순환용)
- 클린룸 내 양압 유지
- 내부 작업자 클린룸 입실교육관리
- 무진복 착용(B급)
- 클린룸 내 전체 Cleaning 실시

(8) C/R 장비 설치

- Auto Door 설치
- Air Shower, Pass Box 설치
- Filter 설치(장비 반입구)
- Utility Main Work(부속장치류)

(9) 2차 Final 대청소(Cleaning)

- 천장 속 : FFU 상부, 앵커 및 지지철물, 배관, 덕트류
- A/F 상 · 하부
- 공조기 및 덕트 내부 : 클린페이퍼, 진공청소기 등
- 클린룸 벽체 및 바닥 : 알코올 사용
- 공조기 가동(오염공기 제거) : 초성능 · 중성능 필터 설치

- 클린룸 내부관도 및 시설물 청소

(10) Filter 설치

- Filter 설치
- Smock복 착용(A급) : 무진화, 무진장갑, 무진모자, 마스크 등

(11) Utility 공사

- Bulk/Toxic Gas 공사
- D.I 배관공사
- CDA, PCW, P-VAC, H-VAC
- 배기시설(열 · 산배기 등)

(12) C/R Test 및 Certification

- 공조기 운전 : Damper 개도율 조정
- 온도, 습도 체크
- 소음, 진동, 정전기 체크
- 기류 및 풍량 체크
- 파티클(particle) 체크
- 생산용 Smock복 착용
- 청정도 체크
- TAB 일체

(13) C/R Turn Over

- 생산 장비 입고 및 설치
- Hook-up

2) 청정관리 계획수립

클린룸 제조공정에서 환경적인 측면이 매우 중요시되고 있으며 특히 제품의 수율 향상 및 신뢰성 향상에 분진(Particle) 및 오염입자는 불량에 직접적이고 가장 큰 영향을 미친다. 따라서 클린룸의 건설 단계부터 모든 먼지 오염에서 보호되어야 하며 이것은 클린룸 건설공사의 기본이며 프로젝트 성공 여부의 중요한 핵심이라 하겠다.

(1) 주요 청정관리 항목

① 가설 및 보양

[1차 공정]

- Clean Room 외부먼지 유입 방지용 합판 및 Vinyl 보호막 설치

- Clean Room 하부 Utility Area 바닥오염 및 손상방지 보양
- Clean Room 상부 Access Floor 보양
- 임시 편의시설(휴게실, 화장실)설치
- SQ-Pipe 보양
- C/R 내 환기용 가설 Fan 설치
- 통제실 설치
- 청정관리를 위한 일체의 가설공사

[2차 공정]

- C/R상부의 천장 콘크리트면 덮개(Upper Ceiling) 및 시설물 설치공사와 C/R하부 Epoxy공사 진행을 위해 Sub-Beam 상부에 합판 패널을 설치
- 가설 합판 설치 시 외벽골조 위치를 확인하여 외벽골조 마감벽체보다 각재 및 합판을 돌출시키지 않도록 시공
- C/R 외부분진 유입 방지용 합판 및 비닐보호막 설치
- 분진 보호막 설치용 수직 및 수평각재(45×90)을 1,200mm 간격으로 설치
- 출입구 Door는 필요에 따라 양개 또는 편개로 구분하여 설치(자재반입 고려)
- 대형 자재 반입구(3500×3000) 가설 Door는 처짐을 방지하기 위하여 문 하부에 바퀴를 달아 그 하중을 지탱
- 가설 Door는 상단에 스프링이나 고무밴드를 설치하여 입·퇴실시 자동으로 닫힐 수 있도록 조치
- 부득이 C/R 내에서 절단하는 경우에 분진확산을 방지하는 조치를 한 후 작업하고, 작업 후 즉시 진공청소기로 발생된 분진을 신속히 제거
- Clean Room 하부 Utility Area Epoxy 바닥오염 및 손상방지용 비닐장판 보양
- 하부 개구부는 보양합판 등으로 막아 안전사고에 유의
- 바닥 및 기시공품의 훼손방지를 위해 B/T작업대는 우레탄 바퀴를 사용하고 모서리를 아트론으로 보양
- 강도가 약한 그레이팅 패널 위에는 보양합판을 배치하여 렌탈이나 B/T 이동시 훼손을 방지
- C/R 상·하부 벽 Panel은 보양
- C/R 내 벽패널에 자재를 기대어 놓거나 벽패널 주위에 자재적치를 금한다.
- C/R 출입계단 바닥장판 보양 및 난간대 아트론 보양
- 페인트 도장을 하여 합판에서의 분진발생 방지
- C/R 내에서의 작업시 분진발생 방지를 위한 비닐막을 설치

② 클린룸 출입 통제

- 클린룸 주출입구 통제실 설치운영 및 통제관리(Air Compressor, 신발털이 비치)

- 클린룸 내 · 외부 환경통제
- 클린룸 청정환경 패트롤 운영
- 작업동선 및 방향표시
- C/R 출입 동선을 최소화
- 입구에 신발장(실외화, 실내화용)을 배치
- 관리통제요원을 배치 C/R 출입관리 대장작성
- 공정 진행에 맞는 Smock착용 집기시설 준비
- Smock 소모품(마스크, 비닐장갑, 제진장갑, 속모자) 진열대와 수거함을 배치(공정진행별)
- C/R 출입 동선 적재적소에 환경, 안전안내 표지판을 부착

③ 작업간 청정 관리

- 클린룸 상 · 하부 청정유지관리
- Clean Zone과 외부 기계실, 전기실 청정관리
- Power Plant 지역 환경관리
- 청정관리 용품 확보(Smock, Clean Mat, Wiper)
- 유해가스 및 오염공기 제거관리
- 방화시설 및 작업 안전시설확보

④ 작업인원의 교육

- 청정교육실시(전 근로자 대상)
- Clean 교육 이수 후 출입증 발급
- 위험예지교육/훈련(화재 및 비상발생시)
- Clean Room 특성에 따른 안전교육 실시
- 신규근로자 현장특성 및 동선교육
- 시청각 교재 및 위반 사례 공유
- Smock복(무진복) 착용방법 등
- Hook-Up 공사 시 Clean Room내 행동요령 교육

(2) 단계별 주요관리 내용

① 초기단계

- 먼지 유입 방지시설(합판 및 보호막) 통제실 설치
- 출입 근로자 청정 교육(이수 후 Clean Room 출입증 발급)
- Clean Room 상부 SQ-Pipe 위 합판 및 비닐장판 보양
- Epoxy 공사 완료 후 보양관리(바닥, 기둥, 벽)
- Utility 시설물 보양

- 가설 Shop 및 C/R내 Fan설치(Epoxy Gas 및 분진 외기 배출용)
- 임시 흡연실, 탈의실, 신발장 설치
- 진공청소기, 빗자루 등을 이용한 분진 제거작업 실시
- 분진유입방지 비닐보호막 및 입구 출입문 개폐상태 관리
- 기계실측 바닥 청소 시 분진발생 방지(톱밥청소)
- 통제원 배치(출입인원 관리, 복장착용상태, 인화성 물질, 분진발생 작업관리 및 통제)
- 자재 오염방지 관리상태 및 반입자재 청소관리상태 확인
- 신발장, Clean Booth 흡연실, 탈의실 관리
- A/F하부 SQ-Beam 보양 및 가설 Door 설치

② 중기단계

- Access Floor 비닐 장판 보양
- Clean Room 상부 및 Sub Fab 청정관리
- C/R 분진 유입 방지시설 지속적 유지관리
- 진공청소기를 이용한 청정관리
- Site 청결유지 관리
- 기시공품 파손 방지 보양작업
- 공조기 가동 전 cleaning
- 클린룸 청결요원 고정배치
- 작업자 B급 SMOCK 착용
- 실내화, 방진복 착용상태 통제
- 절단 및 분진발생 작업 통제(필요시 충분한 보호막 시설 후 시행)
- 지정된 출구 이용
- 작업시 발생된 잔여물 즉시 반출
- 각종 시설물, 진공청소기, 물걸레이용 청소

③ 말기단계

- Access Floor 위 Vinyl 보양 장판 제거
- Filter 설치 전 전체 Cleaning
- House Vacuum을 이용한 Cleaning 관리
- 천장속, 벽체 상부, 설비시설, Duct, Cleaning 실시
- Clean 용품 비치, 관리
- A급 Smock 착용(방진화, 방진복, 방진모)
- DI수, 알코올 이용청소
- 출입자 입실 관리(출입증 패용)

- 시설 통제원 배치
- C/R 통제사항(클린룸작업 준수사항 숙지)
- 모든 출입자 청정 교육 후 입실
- 준공청소

④ 정리단계

- 출입자 특별 청정교육 실시
- Hook-Up 공사 근로자 특별교육(Utility 사고)
- 자재 반출입 Cleaning 관리
- A급 Smock착용(Vinyl Gloves, Masks, 방진화, 방진복, 방진모)
- House Vacuum을 이용한 진공청소
- Clean Paper를 이용한 환경관리
- 주동선 출입구에 Clean Mat를 설치(분진유입방지)
- Clean Room 입실요령 교육
- 불필요 시설물 철거, 정리
- 운영관리 인계 준비(시설운영관리)

3) 에폭시 페인트(Epoxy Paint) 공사

에폭시 도료는 에폭시/폴리아미스 수지를 주성분으로 한 액형 도료로 내약품성, 내수성, 내알칼리성, 내마모성 및 우수한 부착성을 가지고 있다.

따라서 고도의 발진성을 요하는 Clean Room 및 부속실의 콘크리트 및 기타 소재를 보호하고 청결을 유지하며 특히 마감으로 노출되는 부위는 대전방지효과를 거둘 수 있도록 전도성 에폭시를 사용하여 분진미립자가 신속히 탈착 배출되도록 하여야 한다.

(1) 에폭시의 특성

① 에폭시계 화합물로 강인한 도막형성

② 내유성, 내수성, 내충격성, 내마모성, 내알칼리성, 내약품성

③ 반전도성($10^{6\sim8}\Omega$) 대전방지 기능

④ 스파크 현상 방지

⑤ 기존 콘크리트 마감 시 생기는 마모 또는 충격에 의해 생기는 분진 방지

⑥ 청결로 인한 정서 안정 및 제품 생산성 향상

표 11-7 Clean Room 에폭시 시공의 차이점

항 목	일반 시공	Clean Room 공사 시공
표면처리	· 최종 마감면만 미려하게 처리 · 이물질 제거 · 진공청소	· 이물질 제거 · Shot Blasting(바닥 공사 시) · 진공청소(분진 제거)
Primer	· Primer 1회 도포	· Primer 2회 도포 (충분한 도막 형성 및 부착력 증대 목적)
Putty	· 접착력, 신축성이 떨어짐 (아크릴 Putty 사용)	· 소지와의 부착성, 내수, 내유 · 내충격성 우수 · 바닥 : 에폭시 Putty, 아크릴 Putty · 기둥, 벽, 천장 : 아크릴 Putty(내 · 외부용)
Epoxy Coating	· 내유, 내수, 내산, 부착성 양호 · Epoxy주성분+휠라	· 일반 Epoxy의 장점에 내알칼리 · 내약품성 내마모성이 요구 · Epoxy 주성분
무용제 Type Epoxy	· 휠라 마모 시 가루발생 · C/R 청정도에 영향	· 내마모 내충격성이 뛰어남 · 먼지 및 분진 발생 없음(청정도 우수)
대전방지용 Epoxy	· C/R에 부적합 · 카본 입자 반도체 Chip에 부적합	· C/R에 적합 · 대전 방지효과 우수, 스파크 현상 방지

(2) 단계별 시공특징

① 표면처리 : 이물질 제거, Shot Blasting, 진공청소기(분진 제거)

② Primer : Primer 가로, 세로 2회 도포(충분한 도막형성 및 부착력 증대목적)

③ Putty : 소지와의 부착성, 내수 · 내유 · 내충격성 우수(Epoxy Putty+아크릴 Putty, All Putty 작업

④ Epoxy Coating : 내알칼리 내약품성, 내마모성 요구

⑤ 무용제 Type Epoxy : Epoxy 주성분, 내마모 내충격성이 뛰어남, 먼지 및 분진발생 없음

⑥ 대전방지용 Epoxy : Clean Room 적합, 대전방지효과 우수, 스파크 현상방지

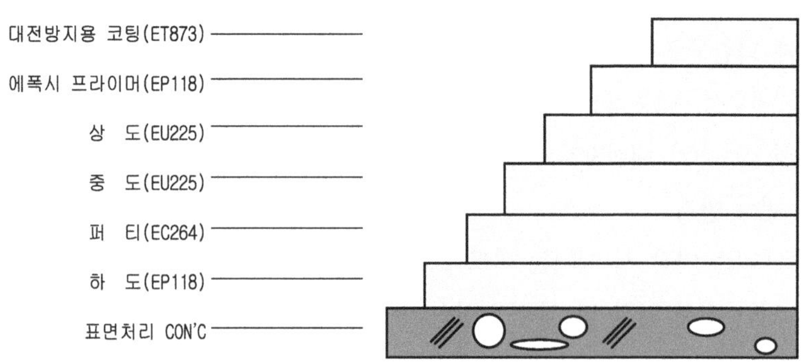

표 11-8 에폭시 부위별 도장 사양

구 분	규 격	Sub Clean FAB		Sub Structure		C/R
		바닥	벽체	상부바닥	옆면, 하부	벽체
하도(PRIMER)	DNY 200	2회	2회	2회	2회	2회
중도(PUTTY)		#	2회	#	2회	2회
중도(COATING)	DHDC-2640	#	2회	#	2회	2회
중도(무용제)	DHDC-6000	1회	#	1회	#	#
대전방지용	DHDC-9600	500㎛	100㎛	500㎛	100㎛	#
도장횟수		5회	7회	5회	7회	6회
도막두께		3.5mm		3.5mm		
색상		황색	황색	황색	황색	황색

(3) 에폭시 시공

① 시공 전 확인사항

- 콘크리트 표면 및 건조상태 : 압축강도(210kg/cm^2 이상), 함수율(6% 이하)
- 도장조건
  - · 온도조건 : 최적온도 15℃~32℃(4℃ 이하 43℃ 이상 도장불가)
  - · 습도조건 : 최적습도 40%~80%(고습도 용제증발억제)
- 도장준비 : 다액형 도료 고속교반기(1,000~1,500rpm) 이용하여 혼합비 준수 혼합
- 도장방법 : Inspection Sheet 의한 정밀도장

② 단계별 시공방법

Clean Room공사시 에폭시 시공공정은 기본적으로 표면처리, 하도, 중도, 상도, 에폭시프라이머, 대전방지코팅의 6단계로 진행됨으로 각 단계별 작업절차와 벽, 기둥, 보 등의 시공조건을 감안하여 진행한다.

표 11-9 단계별 시공 순서

구분	시공방법	기능	사용 공구 및 장비
표면처리	· CON'C 완전양생(21℃ 30일) · 틈새, 홈, Putty(EC264) 메꿈 · CON'C 표면처리(Shot Blasting) · 그라인딩 작업(바닥면 레이턴스 등 오염물 제거 위해)	· 에폭시 부착력 증대 · 에폭시 Clack 방지	· 샌드 블라스팅 · 다이아몬드 휠그라인딩
하도(2회)	· 프라이머 2회 도장	· 소지강도 보강, 부착성 향상	· 롤러, 붓
중도(1회)	· EU225도포	· 내마모성, 내충격성, 기계적 물성 우수	· Reak, 헤라
상도(1회)	· 중도 도장 후 20℃ 36시간 후 EU225 한 번 더 도포	· 내마모성, 내충격성, 기계적 물성 우수	· Reak, 헤라
에폭시 프라이머(2회)	· 상도 후 36시간 후 도포	· EU225와의 부착력 증대	· 스프레이, 롤러
대전방지용 코팅(3회)	· 에폭시 프라이머 후 36시간 후 도포	· 대전방지 효과	· 스프레이, 롤러

① 콘크리트 골조 표면 처리

- 접착력 강화를 위하여 Laitance, 먼지, 모래, 기름 및 불순물을 완전히 제거한 후 표면의 들뜸을 방지하고 부착강도를 높여주기 위하여 Shot Blasting 작업을 한다.
- 콘크리트 표면의 오염물질은 에어리스, 진공청소기, 붓 등을 이용하여 완전하게 제거한다.
- 돌출 부위는 그라인더 등을 이용 · 파괴하여 평활하게 하며, 파손된 곳은 Epoxy Putty로 메워 주어야 한다. 균열이 있는 부위는 V자형으로 커팅을 하고 Epoxy Grouting으로 처리하여야 한다.

② Primer 도포

- 표면처리가 끝난 후 Primer 도포를 위하여 콘크리트 모체 함수율을 습도 측정기 또는 RE필름을 이용하여 수분 함수율 6% 이하, 상대습도 85% 이하일 때 주제 및 경화제의 비율을 2 : 1로 혼합하여 1차 Coating을 한다.
- 습도 측정 및 상대습도가 시공조건에 적합하면 주제와 경화제를 혼합 고속교반기로 3~4분간 교반하여 가로 1회 시공 후 12~18시간 경과 후 충분한 양생을 시킨 후 세로 1회를 시공한다.

③ 1차 Epoxy Putty 작업

- Epoxy Primer 도포 후 20℃에서 24시간 경화 후 소지면의 크랙 또는 갈라진 곳은 V자형으로 Cutting하여 Epoxy 수지모르타르로 채워주거나 또는 그라우팅을 하여 완전하게 메워주고 바닥의 미세한 기포는 #220번 사포로 사상작업을 한다.
- 작업 중 주위온도는 10℃ 이상 유지한다.

④ Epoxy Coating 중도

- Epoxy Putty 완료 후 20℃에서 24시간 경화 후 양생상태를 확인하고 거친 부위 및 기포발생 부위를 샌딩작업 후 진공청소기를 사용하여 분진 및 먼지를 완전히 제거한다.
- 작업 중 주위온도는 5℃ 이상 유지 상대습도 58% 이하 시 Coating을 한다.
- 충분한 환기 및 외부로의 분진유입을 억제하여 표면에 분진 부착을 방지한다.

⑤ 2차 Epoxy Putty 작업

중도 Coating 완료 후 양생상태를 확인하고 부분적 Putty 먹임 및 Sand Paper 작업을 하되 발생 분진을 진공청소기를 이용하여 청결을 유지한다.

⑥ Epoxy Coating 상도 1차

전회 Epoxy Coating 완료 후 20℃에서 16시간 경과 후 양생상태를 확인하고 혼합된 에폭시를 중도 도장과 동일한 방법으로 도장한다.

⑦ Epoxy Coating 상도 2차

전회 Epoxy Coating 상도 1차 완료 후 20℃에서 16시간 경과 후 양생상태를 확인하고 혼합된 Epoxy를 상도 1차 도장과 동일한 방법으로 도장한다.

⑧ 대전 방지용 Epoxy Spray 1차

- 상도 Coating 상도 완료 후 20℃에서 36시간 경과 후 주제 및 경화제를 혼합하여 주위온도

4℃ 이상 상대습도 90% 이하에서 도장한다.

– 매끈한 외관 및 규정 저항치($10^{6\sim8}\Omega$) 유지를 위하여 분진 및 이물질 유입에 특히 유의하고 반드시 Air Spray로 도장한다.

⑨ 대전 방지용 Epoxy Spray 2차

– 대전 방지용 Epoxy Spray 1차 완료 후 20℃에서 최소 24시간 경과 후 대전 방지용 Epoxy Spray 1차와 동일한 방법으로 도장한다.

– 시공완료 7~10일 경과 후 바닥, 천장, 벽의 가로, 세로 3m 간격으로 전도성 상태를 측정하여 기준치에 적합한가를 확인하여야 한다.

(4) 품질 고려사항

① Eopxy 도장면 상태 검사

– 도장면의 유분제거 : 철제면은 블라스트 세정액 사용 콘크리트면은 희석제 적신 헝겊 사용

– 도장면의 오염물 부착물 제거 및 녹제거

–콘크리트 크랙부분, 오염부분은 보수, 평탄 작업 후 프라이머 실시

– Eopxy 작업전 콘크리트 모체 함수율 Test : 현장에서 Tester로 실시(모체 표면 함수율 6% 이하일 것)

– Eopxy 표면 강도 Test : 표면강도 300kg/cm^2 이상일 것

– Eopxy 도장 전 온도, 습도, 안개, 바람상태 등을 확인 후 실시

– 2액형 도료의 경화제 사용 및 경화제 혼합비율 철저히 확인 후 실시

– Epoxy 도장시 외부 노출 부위에 분진 유입 방지막을 설치 후 실시

– Epoxy 도장 완료 후 바닥 및 벽체에 파손 방지를 위하여 보양한다.

– 전도성 저항 Test : 현장에서 Tester로 실시

– 1회 도포 시 필요한 양만 배합하여 시공한다.(작업시간 20℃에서 5시간)

(5) 에폭시 소재별 특성

① 코레폭스 프라이머 / 실러(EP118)

– 특성

에폭시 / 폴리아미드 수지의 2액형 도료로서, 내약품성 및 내수성이 뛰어나고 소지와 후속도장의 부착력 증강, 콘크리트 표면강도 증강

– 용도

· 반도체, 전자산업, 제약, 정밀기기 공장 등 기타

· 고도의 방진성을 요구하는 바닥용 하도 프라이머

– 일반적 성질

· 마감상태 : 유광 및 투명

· 건조시간 : 경화건조 5℃ : 36시간, 20℃ : 12시간, 30℃ : 10시간

· 인 화 점 : 주제(PTA) : 1℃(밀폐식), 경화제(PTB) : 28℃(밀폐식)

– 도장사양

표 11-10 코레폭스 프라이머 도장 사양표

항 목	내 용
표면처리	소지표면의 먼지, 수분, 유분, 오물제거 20℃ 상대습도 80% 이하 28일간 양생
도장조건	온도 이슬점보다 3℃ 이상, 상대습도 85% 이하
배합비 및 가사시간	주제 : 경화제=1 : 1, 가사시간 20℃=8시간

② 코레폭스 필러(EC264)

– 특성

에폭시 수지를 주성분으로 한 2액형 필러로서 샌딩성 및 부착성, 내유성, 내수성 및 내충격성이 우수하고, 후속도장 도료의 흡수가 적다.

– 용도

건축용 콘크리트, 시멘트 몰탈 등의 틈, 갈라짐 및 패인 부분의 매움재로 활용

– 일반적 성질

· 마감상태 : 무광, 회색

· 건조시간 : 경화건조 5℃ : 7일, 20℃ : 48시간, 30℃ : 40시간

· 인 화 점 : 25℃(밀폐식)

– 도장사양

표 11-11 코레폭스 프라이머 도장 사양표

항 목	내 용
표면처리	블라스팅, 칩핑, 그라인딩으로 레이턴스 제거 20℃ 상대습도 80% 이하 28일간 양생
도장조건	온도 이슬점 보다 3℃ 이상, 상대습도 85% 이하
배합비 및 가사시간	주제 : 경화제=5 : 1, 가사시간 20℃=4시간

③ 코레폭스 F.C(EU254)

– 특성

폴리아미드 경화형 에폭시 수지 주성분의 2액형 도료로서 내마모, 내충격이 우수한 도막형성으로 가솔린, 디젤유, 윤활유, 식물유 등에 강함

– 용도

내부 콘크리트용 바닥재 중도

– 일반적 성질

· 마감상태 : 반광, 회색, 녹색, 적갈색, 기타 색상은 주문에 의함

· 건조시간 : 경화건조 5℃ : 25시간, 20℃ : 12시간, 30℃ : 8시간 건조한다.

· 인 화 점 : 25℃(밀폐식)

– 도장사양

표 11-12 코레폭스 F.C(EU254) 도장 사양표

항 목	내 용
표면처리	블라스팅, 칩핑, 그라인딩으로 레이턴스 제거 20℃ 상대습도 80% 이하 28일 양생
도장조건	주위온도 5℃ 이상 상대습도 85% 이하
배합비 및 가사시간	주제 : 경화제=3 : 1, 가사시간 20℃=8시간

④ 코레폭스 F.C(EU225)

– 개요

에폭시 수지를 주성분으로 한 자체평활(Self-Leveling)형 바닥재로서, 심한 기계적 마모 환경에서도 내구력이 우수하다.

– 용도

실험실, 원자력 발전, 병원, 전자, 화학, 제약공장의 바닥재

– 일반적 성질

· 마감상태 : 유광, 회색, 녹색, 기타색상은 주문에 의함

· 건조시간 : 경화건조 10℃ : 48시간, 20℃ : 36시간, 30℃ : 24시간

· 인 화 점 : 주제 및 경화제 38℃ 이상(밀폐식)

– 도장사양

표 11-13 코레폭스 F.C(EU225) 도장 사양표

항 목	내 용
표면처리	유분 및 그리스 완전제, 블라스팅, 칩핑으로 레이턴스 제거 20℃, 상대습도 80% 이하 28일간 양생
도장조건	주위온도 10~28℃, 상대습도 85% 이하
배합비 및 가사시간	주제 : 경화제=3 : 1, 가사시간 20℃=90분

⑤ 엘레코트(ET873)

– 개요

에폭시 폴리아미드 수지를 주성분으로 한 2액형 도료로서 대전방지 및 내약품, 내수, 내마모성 및 부착성이 뛰어나다.

– 용도

· 전자, 전기, 컴퓨터, 반도체 및 전자부품 제조업체

· 가연가스, 유기용제 취급 장소

· 클린룸, 무균실, 수술실 등 고도의 방진성을 요하는 장소

– 일반적 성질

· 마감상태 : 반광, 흑색

· 건조시간 : 경화건조 10℃ : 48시간, 20℃ : 24시간, 30℃ : 18시간

· 인 화 점 : 28℃ 이상(밀폐식)

– 도장사양

표 11-14 엘레코트(ET873) 도장 사양표

항 목	내 용
표면처리	블라스팅, 칩핑, 그라인딩으로 레이턴스 제거 20℃ 상대습도 80% 이하, 28일간 양생
도장조건	주위온도 4℃이상, 상대습도 85% 이하, 이슬점보다 3℃ 이상
배합비 및 가사시간	주제 : 경화제=3 : 1, 가사시간 20℃=5시간

⑥ 에폭시(Epoxy) 레진 모르타르

– 레진모르타르의 특성

내충격성, 내마모성, 내약품성 및 부착력이 우수한 레진에 무색 또는 착색모래를 혼합하여 흙손 또는 기계 미장하는 수지 모르타르로서 이음매가 없으며 표면의 평활도를 유지하는 내구성 바닥 마감재로 주로 사용하며 주요 특성은 다음과 같다.

· 자유로운 바닥 두께의 조절가능, 이음매가 없으며 표면의 평활도를 유지하는 내구성 바닥재

· 미끄럼 방지 및 방수 역할

· 연결부분이 없으므로 오염물질 제거(청소) 용이

· 압축강도가 높으므로 중하중물을 취급하는 곳에 적합

· 내약품성(산 · 알칼리 · 용제)이 뛰어남

· 유지보수가 쉬움

– 주요용도

· 화학공장, 식품공장, 실험실 등 내약품성을 요구하는 곳

· 내마모성, 내 충격성, 미끄럼 방지를 요하는 곳
· 실내 바닥의 미관 상태를 요구하는 곳
· 냉동 및 냉장창고
· 중 하중물을 취급하는 공장이나 창고
· 지하주차장 등

– 레진모르타르 바닥재의 구성

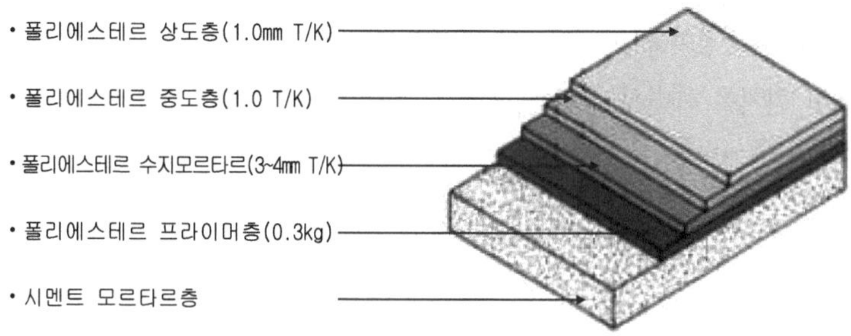

– 시공순서

· 바탕처리

㉠ 소지는 충분히 양생되어야 한다.(20℃기준, 30일 이상 양생)

㉡ 소지표면의 Latiance, 먼지, 유분 등 기타 오염물은 완전히 제거하여야 한다. (Blasting, Chipping, Diamond Wheel Grinding 또는 10% HCl 산세척 등)

㉢ 적합한 pH값 기준은 pH7~9이다.(함수율 6% 이하)

㉣ 틈새나 홈은 에폭시 퍼티로 메워주며, Crack이 심한 부분은 에폭시 레진모르타르로 보수하고 신축줄눈은 도장 완료 후 Cutting하고 Sealing한다.

㉤ 벽면과 바닥이 접한 부위 등의 가장자리는 V–Cutting한다.

– 도장사양

표 11–15 레진모르타르 도장 사양표

구분	제품명	도막두께	도장방법	색상	비 고
하도	코레폭스 프라이머/실러 EP118	50μ	B.R.S	투명	소지 강도보강 및 부착성 향상을 위한 프라이머
중도	코레폭스 칼라 모르타르	100μ	R.S	유광,	마모나 충격의 견딤성
	ER2230-Color			모든 색	내약품성 및 기계적 물성이
	코레폭스 칼라 모르타르 ER2230-Color+Silica Sand	5,000μ	흙손		우수한 모르타르형 바닥재
상도	코레폭스 톱코트 ET566	50μ	S	모든 색	부착성, 내마모성, 내약품성 등이 우수한 마감재

* 제품명은 특정 회사의 제품성능과 관계가 없음.

– 도장방법

· 도장 및 경화시 주위온도는 10℃ 이상이 적합하며, 수분의 응축을 피하기 위하여 표면 온도는 이슬점보다 2.7℃ 이상이어야 한다.

· 각 도료는 도장하기 전, 주제와 경화제를 표준 비율에 따라 고속 교반기(RPM 1,000~1,500)로 약 4~5분간 충분히 교반하여 사용한다.

· 중도 혼합도료와 Silica Sand를 1 : 1로 혼합하여 Semi-Leveling 공법으로 시공할 수도 있다.

· 중도 수지는 경화불량, 물성저하 및 기포가 발생될 수 있으므로 희석하지 않는다.

· 충분한 환기를 하면서 작업을 행하고 밀폐된 공간에서의 작업 시 반드시 호흡기 보호장구를 착용하여야 한다.

· 옥외 노출 시 Epoxy 도료 특성상 변색 및 Chalking 현상이 발생될 수 있으므로 유의하여야 한다.

· 각 도료는 양생 시간을 준수하여 시공한다.

2.2 클린룸(Clean Room) 내장 공사

1) 클린 파티션(Clean Partition) 공사

Clean Partition 공정은 클린룸을 형성하여 외부로부터 실내의 공기를 오염시키는 오염원을 차단하고 Particle(미립자)의 축적을 방지하여 주는 공정을 말한다. 또한, Zone을 구획하여 줌으로서 반도체 및 전자제조 Process 시설에 대한 청정 공간을 제공함으로 고청정을 위한 제조공간 확보와 장래의 변화에 대응할 수 있는 경제적이고 실용적인 시설 확보가 중요하며 자재선정은 아래 조건에 따른 엄격한 선정이 필요하다.

① 표면(Surface)의 내마모성
② Partition의 흡착성이 낮고 비발진성
③ 열전도율 등 열적 성능이 우수한 것(열절연성)
④ 정전장해를 일으키지 않을 것
⑤ 내약품성이 뛰어난 것
⑥ 흡수성이 좋은 것
⑦ 타 재료와 접합이 용이하고 가공이 쉬울 것
⑧ 임의의 형으로 성형될 수 있는 재료일 것
⑨ 재료에 있어 균질할 것
⑩ 해체 이동 설치가 용이한 구조로 할 것

(1) 단계별 시공순서

단계별 시공순서는 표 11-16과 같이 제1단계로 클린룸 외벽 골조, 2단계로 천장 A/F하부 골조 및 Partition, 3단계로 Partition 마감 및 Flashing 공정으로 이어진다.

표 11-16 단계별 세부공정표

단계	주요공종	세부공종	비 고
제 1 단 계	1. Steel Structure 공사	① C/R 외벽 골조 및 Partition 설치 ② Plenum 풍도 Frame 설치 ③ Upper Ceiling Panel 설치 ④ Plenum 풍도 Panel 및 Flashing 설치 ⑤ Floor Base 각 Pipe 설치 ⑥ Dry Coil Shaft Partition Frame 설치	Clean Room을 중심으로 Ceiling 속 및 Floor외벽에 Steel 골조를 설치 Ceiling 공사 및 외부차단을 위한 Structure 형성단계
제 2 단 계	2. 천장 속 외벽, A/F 하부 Partition 공사	① Dry Coil Shaft Partition 설치 ② Sub Fab 풍도 Frame 설치 ③ C/R 외벽 S.G.P Panel 마감 ④ Sub Fab 풍도 Panel 및 Flashing 설치 ⑤ 외곽 Door 설치 공사 (a) 장비반입구 Door (b) C/R 계단실 Door (c) 외벽 Pocket Door (d) 외벽 Auto Door ⑥ 부속 Clean Room Panel 설치 ⑦ Base Sq-Pipe 위 Sus Cap 설치 ⑧ 각종 Opening 타공 및 마감	공조기 가동을 위한 Clean Room 외부 벽체 형성 및 Particle의 유입을 방지하기 위한 Panel 설치 단계
제 3 단 계	3. Partition 마감 공사	① 외부 Panel 설치 ② L.M Panel 주변 Panel 설치 ③ 전실 주변 Panel 설치 ④ Access Floor 하부 2차 Flashing 설치 ⑤ 외벽 Auto Door 설치 ⑥ 내부 Bay Partition 설치 ⑦ 내부 Bay Door 설치 ⑧ St'l Window 설치 ⑨ Acryl 설치 ⑩ Door Hardware 설치	

(2) 시공 방법

① 제1단계 : Structure Work

㉠ C/R 외벽 골조 및 Partition 설치

- Line Marking을 바닥(하부), Beam(상부), Column(중)의 순으로 한다.
- St'll Runner(102×30×1.0T) 설치
- SQ-Pipe를(100×50×3.2T) 수직으로 @600 설치하며 Frame를 구성한다.
- St'll Runner와 SQ-Pipe를 조립식(Bolt)으로 고정한다.

- Runner와 Con'c 바닥 SQ-Pipe와 Pipe의 겹치는 부분은 Caulking 처리
- 내부 12T G/S 두 겹 설치(Screw @300) 후 12.6T S.G.P 취부(Screw @450), 외부 12T G/S 두 겹 취부 후 12.6T S.G.P를 설치(생산공정별 spec 조정)
- S.G.P와 S.G.P의 상 · 하부 Joint 부분은 Caulking으로 밀실하게 처리
- 오염 구역과 청정구역을 격리시켜주는 벽체로서 기밀이 중요함

㉡ Plenum 풍도 Frame 설치
- 구조물에 Line Marking을 한 후 SQ-Pipe(100×50×3.2T)을 Epoxy Paint을 3회 Coating 후 Frame설치
- Bracket 설치는 ϕ9 Strong Anchor Bolt로 Angle(75×75×6T)을 고정시킨 후 SQ-Pipe(100×100×3.2T)를 만들어 이미 구성된 Frame에 Welding 고정
- 접합방법은 All Welding으로 하고 Welding 부위에도 필히 Brushing 후 Epoxy Touch up을 하고 SQ-Pipe 단부에는 반드시 St'l Cap을 막아 분진발생을 방지한다.

㉢ Upper Ceiling Panel 설치
- H-Beam(350×175×7×11)에 40T Panel을 Hilti로 고정한다.
- Panel간 Joint 부분에 Back-up재를 넣고 Caulking하여 밀실하게 한다.
- T-Beam(100×100×5.8×8@ 2,400)에 AL Angle(30×30×2.0T L : 1,500)로 보강
- T-Beam(100×100×5.8×8@ 2,400)과 Panel 간 접합 부분에 Caulking 처리

② 제2단계 : 천장속, 외벽, Access Floor 하부 Partition 공사

㉠ Dry Coil Shaft Partition 설치
- Line Marking을 바닥(하부), Beam(상부), Column(중)의 순으로 한다.
- St'l Runner(102×30×1.0T) 설치
- SQ-Pipe를(100×50×3.2T) 수직으로 @600 Frame을 설치한다.
- St'l Runner와 SQ-Pipe를 조립식(Bolt)으로 고정한다
- Runner와 Con'c 바닥 SQ-Pipe와 Pipe의 겹치는 부분은 Caulking으로 밀실하게 처리한다.
- 내부 12.6T S.G.P 취부, 외부 S.G.P 취부(Screw @450) G/S 취부는 12T G/S를 Screw @ 300으로 취부한다.
- S.G.P와 S.G.P의 상 · 하부 Joint 부위에 Caulking으로 밀실하게 처리한다.
- 오염구역과 청정구역을 격리시켜주는 벽체로서 기밀시공을 요한다.

㉡ Sub Fab 풍도 Frame 및 Panel 설치

㉢ 외곽 Door 설치
- 장비 반입구 Door

  장비의 최대 Size를 감안하여 대형 Door를 제작 설치하여 내부 Tour가 가능하도록 Fix-

창을 두고 준 벽체의 성격을 가지고 있으므로 Frame 자체에 Gasket를 설치 Door와 Frame의 기밀을 유지하여 Air의 흐름을 차단 한다. 필요에 따라 장비의 Cleaning이 필요하므로 이때에 발생되는 양압에 대비하여 Door 자체에 Relief Damper의 설치가 가능하다.

– Auto Door 설치

Clean Room의 특성상 Frame과 Door의 재질은 비전도성인 Sus를 사용하며 Tour창은 비전도성 Acryl를 삽입하고, 기계 장비류는 분진 발생이 최대한 억제되는 재질을 사용하여야 한다. 특히 Belt 및 풀링은 내마모성이 강하고 작동시 분진이 거의 발생되지 않는 우레탄 계통의 재질을 선택해야 한다.

㉣ 각종 Opening 타공 및 마감

– Clean Room 내 · 외부를 관통하는 Duct, Utility Pipe, 각종 Gas Pipe, 전기 Cable 주위에 대한 기밀성과 진동에 의한 피해를 막기 위하여 특별한 관리가 요구됨

– 소형 Opening의 경우 : ϕ100까지의 각종 Opening(Gas Pipe, 전선 Pipe)은 Size에 맞게 Hols를 사용하여 Opening 관통물을 설치 후 Caulking으로 기밀하게 유지

– 대형 Opening의 경우 : ϕ200~2,000 이상의 각종 대형 Opening(Duct, PVC Duct, Utility, Damper 등)의 경우 Marking된 부위를 직소기를 이용 절단 후 Caulking 마감

③ 제3단계 : Partition 마감 공사

기본 시공순서는 C/R내 Center를 기준으로 하여 설치하며 대형일 경우 A, B Part 구분하여 진행하며 상부작업 후 하부 작업 순으로 한다.

㉠ 마감순서는 다음과 같다.

– 외벽 Panel 설치

– Upper Ceiling 설치

– 상부골조 및 상부풍도 설치

– 하부골조 및 풍도 설치

– 부속 C/R Panel설치

– C/R 칸막이 설치

㉡ 내부 칸막이 설치 순서는 다음과 같다.

– Line Marking

– Base, Ceiling, Wall Channel 설치

– Panel 설치

– Al Joiner 설치

– Paner 설치

– Door Frame 설치

- 마무리 Panel 실측
- 공장제작 설치
- Door 설치
- Hardware 설치

(3) 품질 고려사항

① 정리정돈 및 청결 상태 유지
- 자재는 청결을 유지하도록 분진을 제거한 후 현장에 투입
- 외부에서 절단 가공하여 현장에 반입(분진발생물은 가공실 이용)
- 자재, 조립 시공시 발생하는 먼지제거를 위해 분진방지막 설치
- 먼지제거를 위해 휴대용 진공청소기를 투입하여 발생된 먼지는 즉시 제거
- 소형 공구나 자재는 정해진 장소와 공구함을 이용

② 정밀시공, 기밀시공
- 재질이 다른 접착부분 코킹 철저
- Duct, Cable, Pipe 등 벽체 통과부분 기밀 철저
- Door의 틈새 밀실 시공
- Panel Joint 코킹 철저
- Channel과 구조체의 접합부분 밀실 시공
- Access Floor와 Sus Cap의 Joint 간격 최소화
- Access Floor와 Sus Cap의 Level은 ±2m 이내
- Pipe의 뒤틀림재 사용금지
- Pipe와 Sus Cap의 규격 최소화 유도
- 기둥주위 Pipe(Base)의 각도, Level 정밀시공
- Panel과 장비와의 Open 부위의 기밀유지
- 각종 각 Pipe는 녹 제거와 Epoxy 도장 후 반입
- Panel간 Joint 처리의 턱이 생기지 않도록 주의
- 벽체와 천장 Panel 수직 · 수평 줄눈 균일 시공
- Panel 설치 후 보양조치 철저

2) 클린룸 천장(System Ceiling)공사

System Ceiling이란 Clean Room 내 Plenum의 일정높이를 초고성능 Filter로 차단 후 Ceiling을 형성하여 클린룸 내의 Air를 Circulation시킴으로써 클린룸 내의 Particle을 Filter에서 포집하여 초청정 Clean Room을 형성하는 것을 말한다.

(1) 개 요

최근 반도체 LCD. 전자산업의 발전에 따라 시공방법에 혁신적인 개선이 요구되고 있는바 최근에는 Maintenace 용이점에 중점을 두고 있다.

생산 중에도 개별 Maintenace가 가능하게 한 FFU(Fan Filter Unit) Type의 적용과 중요생산 시설 부분만 고청정화를 유지시킬 수 있는 국소청정 시스템이 적용되고 있다.

(2) Insert 설치작업

Insert는 System Ceiling FAB 상부의 모든 하중을 받는 지점이기 때문에 일정한 하중(1,000kg) 이상을 유지해야 한다.

① Insert 설치 작업 요령

- FAB내 중심선을 확인하여 도면에 의한 Marking을 한다.
- Main방향으로는 2,700mm 간격으로 Marking, Sub 방향으로는 1,800mm 간격으로 Marking하되, 현장 여건에 따라 조절한다.
- 철골 Truss의 Leveling이 일정한가를 확인한 후, Insert를 설치한다.
- 철골 Truss의 구조이므로 용접 Type에 의해 작업에 임한다.
- 기타 부속 Clean Room은 Slab의 구조이므로 Anchor Type에 의해 작업에 임한다.

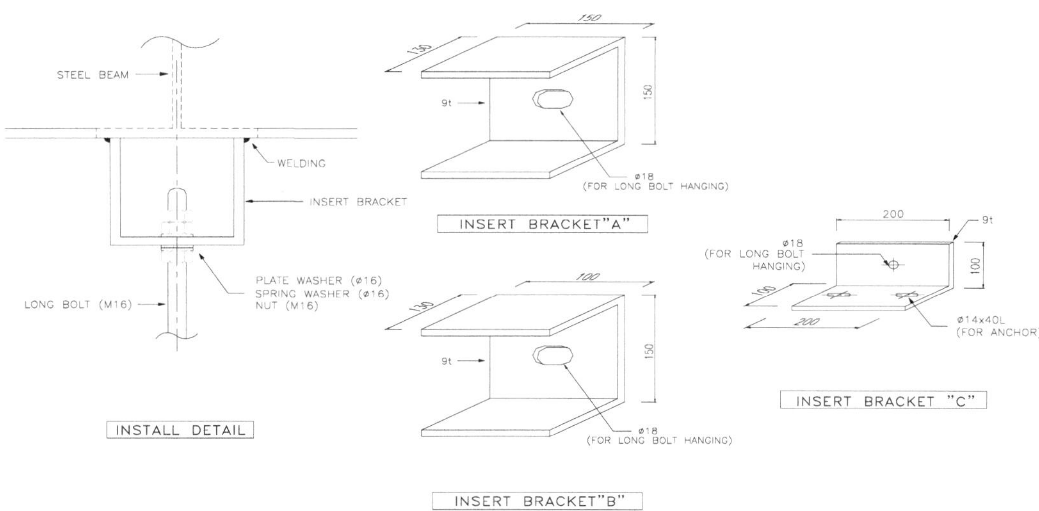

그림 11-10 ▸ Insert Detail

② M16 Bolt 설치 작업

- Beam Clamp 혹은 Channel Nut, Bolt를 설치하고 Double Nut로 고정한다.
- 전산 Bolt의 하부 Nut를 Leveling 후 Double Nut로 고정한다.
- 먼지나 이물질이 묻지 않도록 비닐봉지로 보양한다.

- Bolt의 휨이 없도록 설치한다.
- Leveling은 Channel 설치하기 전에 Channel Nut를 이용하여 본다.
- Bolt는 Beam Clamp에 Nut로 조인다.

③ C/Channel 설치작업

M8 Rod 및 Mould Bar를 설치하기 위한 전산 Bolt를 이용하여 설치하는데 목적이 있으며 설치 순서는 아래와 같다.

- 조립 전 Size를 Check.(Main : 100×50×20×3.2t, Sub : 75×45×15×2.3t)
- 외관 검사를 실시한 후 이물질은 에틸알코올을 사용하여 Cleaning한다.
- 긁힘, 먼지 부착 여부, 휨, 뒤틀림 여부를 확인한다.
- 검사가 끝난 후 부재를 조립대에 얹어 놓은 후 부재 사이에(18×18) SQ-Pipe, Bolt, Nut, Bracket을 이용해 견고하게 조립한다.
- 조립 Size는 Standard를 4,800mm로 하되, 연결 Point에서 걸리는 부분은 4,200mm로 대체하고 M8전산 Bolt의 겹침을 방지하기위하여, 600mm 배수로 조립하고, 조립시 Channel의 보호를 위해 고무망치를 사용한다.
- 조립이 끝난 후 C/Channel Set는 5 Set를 1면으로 하여 적재하되, 면 접촉 부위는 반드시 Wood 또는 Pad로 분리되어져 운반 시 마찰에 의한 손상이 발생하지 않도록 조치
- 현장 반입시에는 반드시 우천을 피하고 비닐 등으로 보양 후 반입한다.
- Crain 양중시 Wire Rope에 의한 외관 및 피막 손상을 방지하기 위하여 반드시 부직포, 면, 밧줄 등을 사용하여 양중한다.

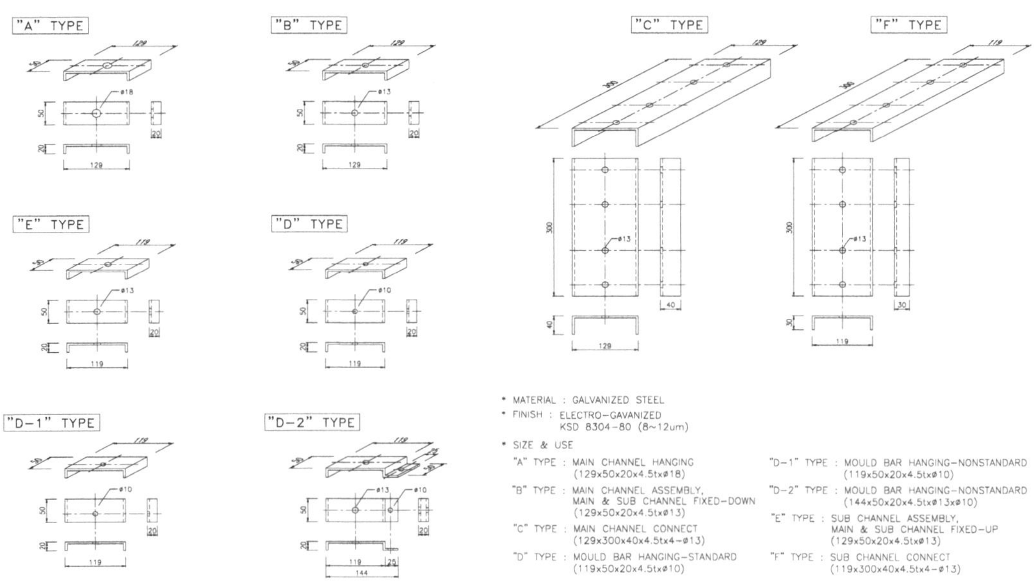

그림 11-11 ▸ Channel Braket 상세도

④ 몰드바(Mould Bar) 설치 작업

- System Ceiling 시공 중 가장 중요한 공정으로 Filter(FFU)를 설치하기 위한 틀을 조립설치하는 단계로서 아래와 같은 순서로 진행된다.
- 피막 처리는 탈지 → 에칭 → 중화 → 전해 → Sealing → 수제건조의 공정을 거쳐 표면을 무광처리한다.
- 가공 작업이 끝난 Mould Bar는 반드시 Air Compressor로 내부의 이물질을 완전히 제거한 후 Vinyl Lap으로 보양처리한다.

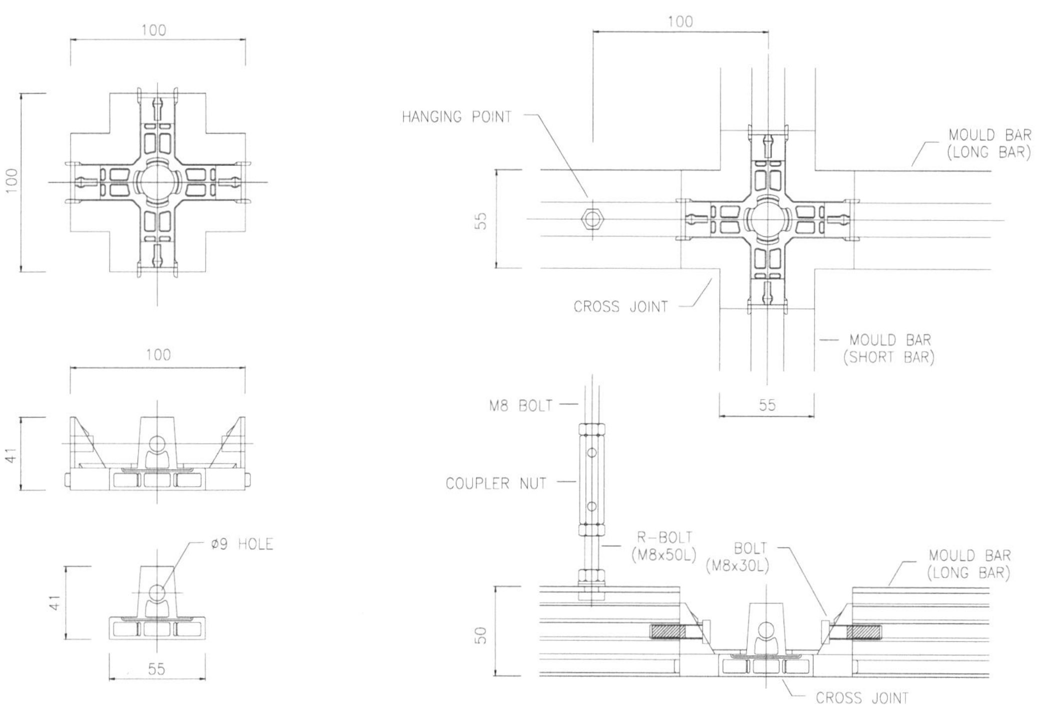

CROSS JOINT DETAIL　　JOIN PART DETAIL

그림 11-12 ▸ 크로스(Cross) 상세도 및 접속상세도

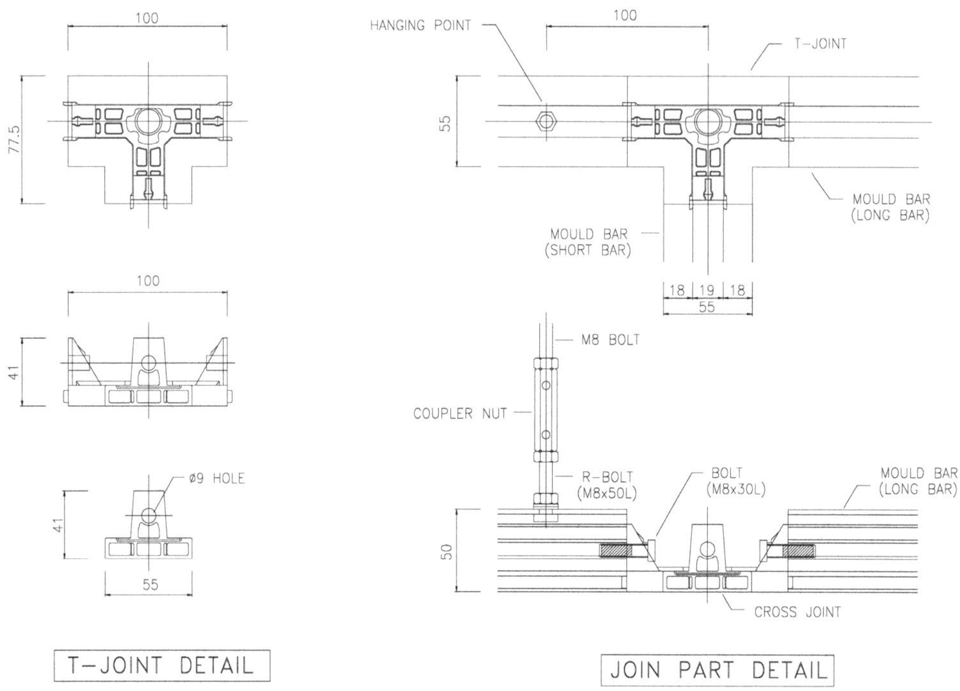

그림 11-13 ▸ 티(Tee) 상세도 및 접속상세도

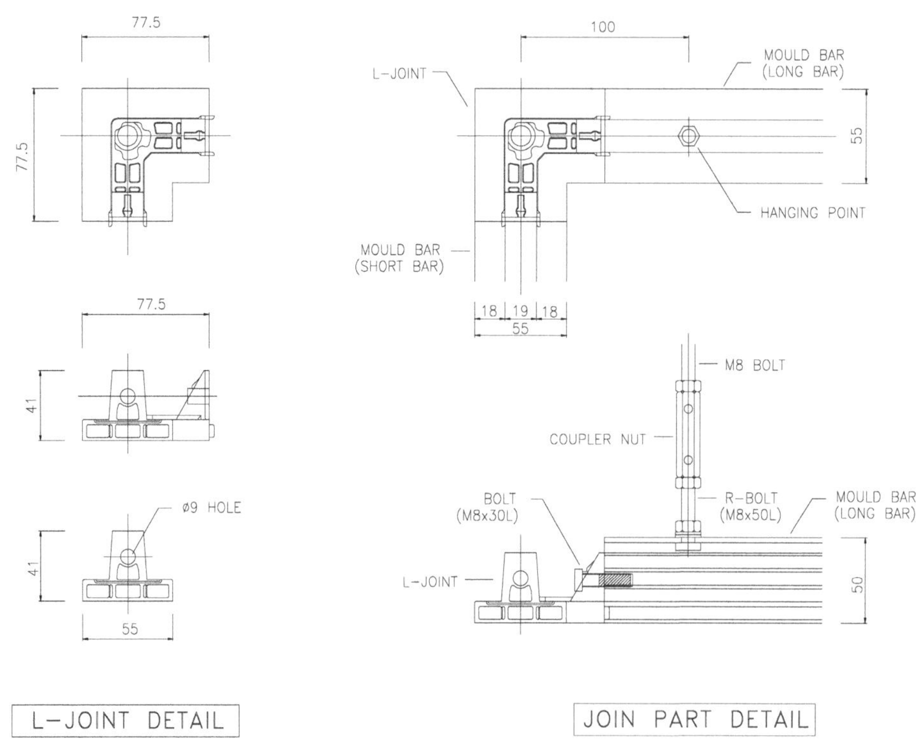

그림 11-14 ▸ 엘(L) 상세도 및 접속상세도

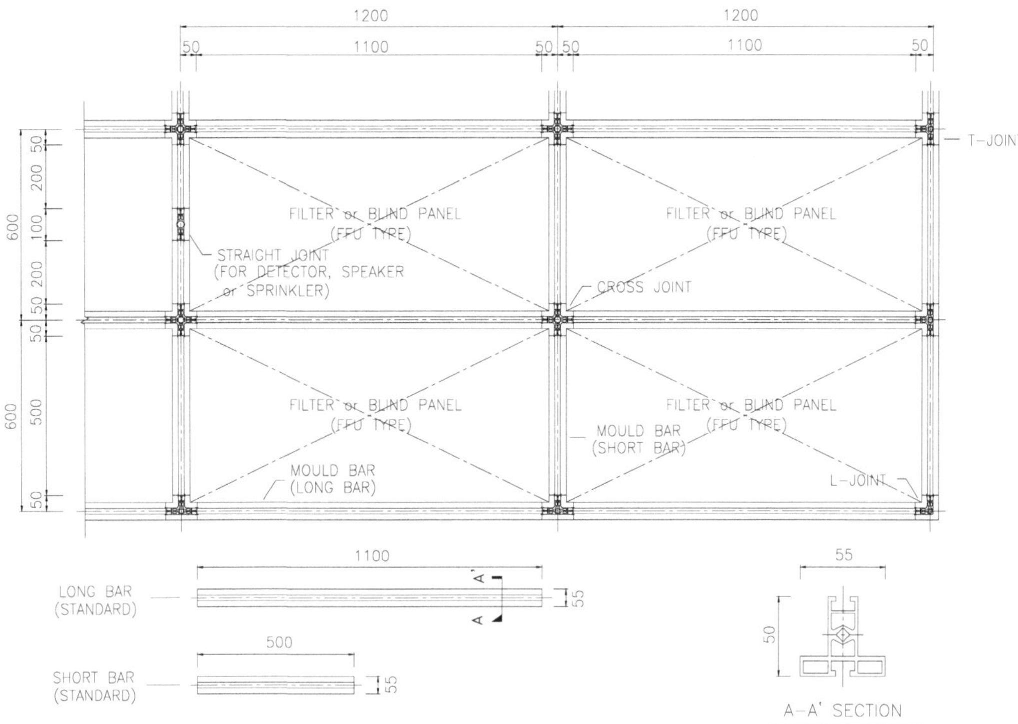

그림 11-15 ▸ Module Bar 부분 상세도

· 조립된 Bar Unit를 설치 위치로 운반 시 Bar의 뒤틀어짐이 없도록 유의한다. 현장 적재 시 휨 발생을 억제하기 위하여 단바로 수직 적재하도록 한다. 2인 1조로 운반 적재하고, 2인 1조로 설치한다.

· Mould Bar와 Die-Casting을 맞추어 빈틈이 생기는지를 육안으로 확인한다.

· Mould Bar의 Hanging은 장바 Cross에서 100mm 지점에 Hanging하도록 한다. Hanging은 중길이 Bolt를 고정한 상태에서 조립된 Bar의 R-Bolt를 홈에 체결하도록 한다.

⑤ FILTER, FFU 설치 작업

- Clean Room에 있어서 가장 중요한 것은 Filter의 보호를 통해서만 청정도가 유지되기 때문에 세심한 주의를 요함
- Filter의 보관은 자주 이동하지 않도록 오래 보관할 수 있는 장소를 선택
- Filter 설치방법 사전숙지
- Filter 상부는 절대로 중량물 적재 금지
- Filter의 운반 시 Box의 높이는 3단 이하로 하여야 하고 세워서 Packing 하여야 한다.
- Box 해체 후 Media에 상처가 있는지를 육안으로 철저히 검사하여야 한다.
- AL-Mould Bar에 부착될 개스킷이 올바르게 접착상태 확인
- FAB 내부로 반입할 때 Filter의 Frame을 알코올로 Cleaning 후 반입

3) 액세스플로어(Access Floor) 공사

Access Floor 공사는 Clean Room 에서 바닥을 형성하는 구조물의 역할로 위로는 생산장비가 놓여지고 Perforated Panel, Grating, Blind Panel 등으로 구성되어 있다. Floor는 Clean Room 생산시설의 바닥보강용, 공기의 통과, 기류제어에도 중요한 역할을 하며 개구율과 전기저항을 고려하여 설치하여야 한다.

(1) Access Floor 구성

① 구성 및 형태

- 하부 콘크리트(Sub-Beam) 또는 Steel 구조물
- Support Beam(SQ. Pipe 내 무수축 모르타르 충진 H-Beam)
- Pedestal Set
- Floor Panel
  - · Steel Panel
  - · Steel Concrete Panel
  - · Wood Core Panel
  - · Aluminum Panel
  - · Grating Panel
  - · Air Shutter(Steel Damper)
- Conductive Tile

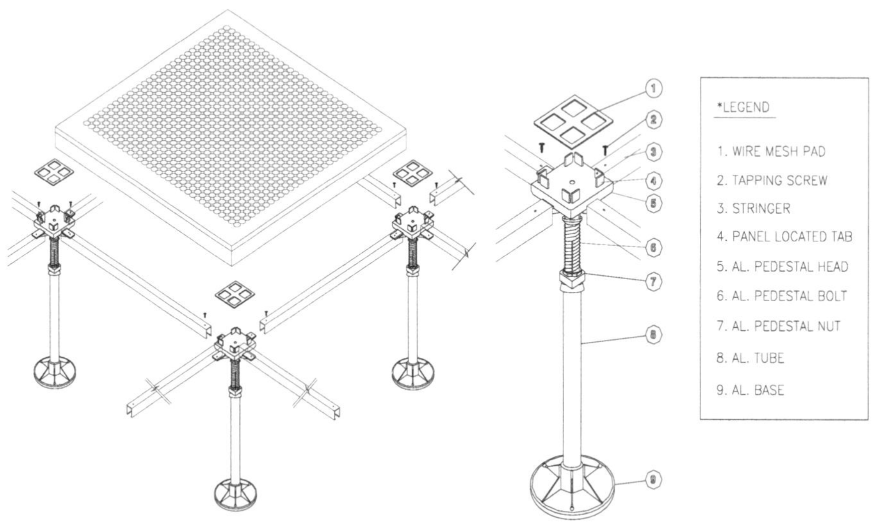

그림 11-16 ▸ Access Floor 상세도

② 주요 구성 자재

㉠ 블라인드 패널(Blind Panel)

Solid Panel이라고도 하며, Blind Panel은 표면에 공기구멍이 없는 형태로 극대 하중이 요구되는 장소에 사용되며 격자형 구조로 이루어져 힘의 분산을 극대화시켜 주는 장점이 있어

반도체 Clean Room의 특수 장비에 대한 하중 능력이 우수하다.

또한 자재의 색상과 마감재의 다양성으로 표면 마감재는 PVC계열의 전도성 타일 및 대전방지 타일을 사용하기도 한다.

㉡ 퍼포레이티드 패널(Perforated Panel)

Perforated Panel은 공기량의 조절이 필요한 지역에 설치되며, 블라인드 패널에 넓이와 크기가 정확하게 제작된 표준 구멍이 천장에서부터 바닥까지 공기가 원활하게 흐르도록 그 역할을 해주며 Damper 부착으로 공기의 양을 자유롭게 조절할 수 있다.

전도성 타일 마감 및 대전 방지 타일을 사용한다.

㉢ 그레이팅 패널(Grating Panel ; AHG-604)

Grating Panel은 한류 공기의 방지나 특수 기계 발열에 따른 과열 방지 장소에 설치하며, Panel표면의 공기구멍이 8각형 및 격자형태로 구성되어 있으며, 가공이 없이 Panel 그 자체로 50% 정도의 높은 개구율을 갖고 있어 별도의 마감 타일이 필요 없고, Epoxy 헤머톤 도장 및 니켈도금 등의 다양한 코팅이 이루어지며, 이 역시 Damper의 부착으로 공기의 양을 자유롭게 조절할 수 있다.

㉣ Air Shutter(Aluminum Damper)

Clean Room 내부의 기류 조정을 위해 Access Floor 하부에 설치하며 클립을 이용하여 부착한다. Air Shutter는 일반적으로 Perforated Panel 개구율을 10단계로 구분하여, Dial을 돌려서 조정한다.

Access Floor 절단판의 크기가 1/3 이상일 경우는 Damper도 현장 가공에 의해 설치가 가능하다.

(2) 제작 및 시공

① Non Shrink Grout(무수축 모르타르)

㉠ Embeco Grout

Embeco Grout는 각종 Grout 공법 분야 중에서 기계나 구조물의 간격을 충진 접합하여 상부 구조물의 정하중 및 운전에 의하여 발생하는 동하중을 하부 구조물에 균일하게 전달하는 것이 필요한 곳 등에 쓰이며 특히 공기단축을 목적으로 한 긴급공사 또는 Clean Room Access Floor 하부 Steel Beam 내부 충진용으로 상당히 유효한 재료이다. 연성 및 점성, 유동성이 우수하고 수평하중에 대하여 충분히 견디는 강도를 얻을 수 있고, 조기 강도가 크며 장기간에 걸쳐 안정된 고강도를 갖는 특성이 있다.

㉡ 용도

무수축성, 조강성, 고강도성 및 내구성 등이 요구되는 각종 기계설치공사, 토목공사, 건축공사 등의 넓은 분야에서 그 성능이 유효하게 발휘된다.

- Clean Room Access Floor 하부 Beam 내부 충진재(Steel Pipe)
- 반도체 공장 각종 기계기초 Grouting용
- 터빈, 블로어, 콤프레셔, 발전기 등의 설치용 주입 Grout
- 철골주, 강골주 등의 건축 구조물 설치용 주입 Grout
- 공조기 및 각종 기계 설치시(진동기계) 방진기초 하부 Grout

ⓒ 시공 상의 주의사항

- 주입시공시 기초 콘크리트는 건조한 것으로 충분히 흡수시켜줄 것
- 혼합한 Grout는 빠르게 한쪽에서 다른 쪽으로 Grout가 유출할 때까지 연속적으로 주입할 것
- 형틀은 Grout를 한쪽에서 주입하여 다른 한쪽으로 내보내는 구조로 견고하게 조립할 것
- 시공 후 무수축 부분은 젖은 포 등으로 덮고, Grout 경화 후에는 보통 모르타르로 피복양생하여야 하며, 만일 시공상 보통 모르타르로 피복양생이 안 되는 경우에는 피복 양생제를 사용할 것

ⓓ Steel 각 Pipe내의 Grout 시공요령

- Steel 각 Pipe 내부를 청소한 후 수직으로 세운다.
- Steel 각 Pipe의 하부는 End Cap으로 용접 밀봉한다.
- 1포 당(25kg) 사용 물량은 1.4~4.7ℓ로 오염되지 않은 순수한 물을 사용 회전식 Screw Mixer를 사용 60초간 Mixing한다.
- V-로트를 이용 신속히 Steel Beam 내부에 충진시킨다.

② SQ-Beam 설치

ⓐ Steel Pipe 내 Non Shrink Mortar 충진

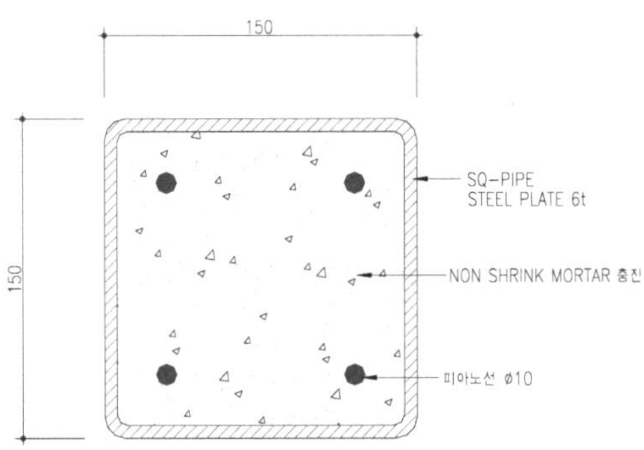

그림 11-17 ▸ Mortar 충진 상세도

ⓑ 표면 Epoxy Painting

ⓒ 용접 부도장

- 용접완료 후 Slag 및 Spatter를 제거한다.
- Beam 표면 도장과 동일한 Epoxy로 Touch-UP Repair를 한다.
- 용접과 Epoxy Painting Repair가 끝난 후 용접부 Joint Beam, Joint Support Beam, Silicon Caulking을 하여 분진의 유입, 및 발생을 막는다.

③ Access Floor 설치

㉠ 기준선 잡기

- 클린룸 전체에 대한 Level Check를 한다.
- Level Check 한 치수의 평균점을 찾아 한 지점에 기준점 설치
- 실을 띄운 다음 가로, 세로 대각의 치수를 확인
- Pedestal Point 위치에 600 간격으로 먹줄 작업

④ 전도성 타일(Conductive Tile) 시공

㉠ 시공개요

전도성타일(Conductive Tile)은 Clean Room Floor 의 시공법의 하나로 일체형으로 Unit화된 Access Floor와는 달리 바닥 콘크리트 표면에 접착제를 바른 후 일정 규격의 Tile을 콘크리트 표면에 부착시키는 공법으로 Clean Room 내부의 정전기 발생을 억제하기 위하여 설치하는 공법이다.

㉡ Tile 시공 순서

- 바닥면은 완전하게 양생되어 있어야 한다.(일반적으로 모르타르의 수분율 8%이어야 하며, 수분율 8%가 될 조건은 상온 25℃ 상태에서 콘크리트 타설 후 3주간 양생하고 그 위에 모르타르를 타설한 후에 나타나는 수치이다.)
- 바닥면은 평탄해야 한다.(기준 : 3m에 3mm 정도의 평활도 유지) 불규칙한 시공면은 시공이 어려울 뿐만 아니라 사용시 Tile의 표면에 불규칙한 상태가 그대로 나타나기 때문에 바닥에 금이 간곳이나 불규칙한 표면은 바닥 마감재로 처리하여 평편하게 해야 한다.
- 바닥에 열이 가해지는 장소는 그 온도가 30℃를 넘지 않도록 하여야 한다.(시공 시부터 3일간 동일한 온도를 유지시켜야 한다.)
- Tile과 접착제는 시공 전 24시간 상온으로 유지되어 있는 시공장소에 보관하고, 시공 후에도 48시간 동안 상온으로 유지시켜 주어야 한다.
- Tile 시공한 직후 중량 80kg의 Roll로 Tile 전체를 골고루 눌러 주어야 한다.
- 1차 Roll안착 작업 후 1시간이 경과하면 동일한 Roll을 이용하여 2차 안착 작업을 실시한다.
- 만약 2차 안착작업 후에도 Tile의 가장자리가 들떠 있을 경우에는 들떠 있는 부분에 대하여 Roll로 3차 안착작업을 실시하고 그 부분에는 다른 중량물을 올려놓아 완전히 접착될 수 있도록 조치를 취해야 한다.

ⓒ Tile의 관리

전도성타일(Conductive Tile)은 정전기 제거를 목적으로 시공되므로 현장 유지 및 관리에 주의하여야 한다. 특히 왁스를 사용할 수 없기 때문에 Tile이 시공된 장소의 입구 부분에는 신발 털이 시설을 설치하고 Tile이 설치된 장소에서만 사용할 수 있는 전용 신발을 비치하여 바닥이 오염되지 않도록 주의하여야 한다.

또한 바닥에 먼지가 많이 있거나 다른 이물질에 의하여 오염될 경우 전도성이 약화되므로 바닥상태를 항상 깨끗하게 유지하여야 한다.

4) 코킹(Caulking) 공사

(1) 코킹(Caulking) 시공 목적

접합부의 틈새(Joint)와 물리적 외력에 의해 갈라진 틈 사이, Expansion Joint 등과 같이 신축이 예상되는 곳의 수밀, 기밀, 방수, 방충, 방진 등의 기능을 발휘하고 Sealant 고유의 접착력과 탄성을 이용하여 부재를 고정시키는 공정을 말함.

Clean Room에서는 각종 부재의 틈새, Openning, GAP 등의 모든 틈새(Joint)를 Sealing화하여 분진발생의 억제와 Clean Room으로 유입되는 Particle, 흄(Hume), Gas 등의 유입을 방지하기 위한 용도로 사용되고 있다.

(2) 주요자재 특성 및 종류

① 제품의 특성에 의한 분류

실런트와 코킹재는 제품특성에 의해 탄성 및 접착성 등이 우수한 제품은 실런트, 물성이 떨어지는 제품은 코킹재로 구분되지만 일반적으로 움직임이 있는 조인트에 적용되는 대부분의 재료를 실런트라고 한다.

- 실런트(Sealant) : 신축 허용률이 ±10% 이상 요구되는 제품
  (Silicon / Modified Silicon(변성), Poly-Sulfide / Poly Urethane)
- 코킹(Caulking) : 신축 허용률이 ±10% 이하인 제품을 총칭
  (Caulking Compound계 / Butyl계 / Acryl계열)

② Sealant의 3대 기능요소

Sealant가 각종 접합부의 수밀, 기밀성을 확보하는 기능을 발휘하기 위해서는 다음의 3가지 요건을 만족시켜야 한다.

- 부재와 부재를 방수적으로 연속시킬 수 있는 성능(수밀, 기밀성 유지)
- 작업성(Extrudability, Gunnability), 접착성(Adhension Property)
- 완전 경화된 도막이 접합부의 움직임에도 파열, 박리되지 않는 성능
- 탄성(내성 Monement), 조인트의 움직임 감당

– 옥외의 자연 조건 하에서 내구성을 유지하는 성능
– 내후성, 내한, 내열성
– 내수, 내약품성(내성)

③ Silicon Sealant의 특성

Silicon은 규소와 산소가 서로 결합된 무기성의 골격을 가지고 이 규소에다 주로 탄소와 수소로 된 유기기가 붙어 있으므로 수정과 같은 무기물과 파라핀과 같은 유기물이 합한 분자라고 말할 수 있다.

Silicon은 열에 강하고 방수 작용을 하고 온도에 의해 그 특성이 조금밖에 변하지 않는다. Silicon Sealing은 이러한 Silicon의 대표적인 성질을 가진 Silicon 고무의 종류로서 1만 배 정도로 확대하면 스프링 모양의 구조를 관찰할 수 있고 이것이 늘고 줄고 함으로써 고무 모양의 탄성이 얻어진다.

Silicon Sealing재는 1성분형과 2성분형의 두 가지가 있는데, 모두 경화 전에는 비유동성의 Paste 모양으로 1성분형은 공기 중의 수분에 닿으면 상온에서 경화가 시작되고, 초산 등의 반응 부생성물을 방출하면서 표면부터 내부로 향해 굳어져 가는 타입으로 그의 반응 부생성물의 종류에 따라 산형과 무산형으로 구분되어 있다. 2성분형은 주제와 경화제로 되어 있어 양자를 혼합함으로써 균일하게 경화하는 성질을 갖는다.

Silicon Sealing재는 크게 1성분형과 2성분형으로 분류되며 1성분형은 Cartridge Type과 같이 경화제와 Base Polymer가 이미 하나의 용기에 함유되어 있어 현장에서 즉시 사용할 수 있도록 포장된 제품을 말하며 2성분형은 경화제와 Base Polymer가 별도의 용기에 포장되어 있어 사용 전 혼합하여 사용하는 제품을 말한다.

표 11–17 Sealant 분류표

성분별 분류	계열별 분류	Type별 분류
1성분형	Silicon계	습기 경화 Type
	Acryl계	습기 경화 Type
2성분형	Modified Silicone계	반응경화 Type
	Poly Sulfide계	반응경화 Type
	Poly Urethane계	반응경화 Type

Silicon Sealing재의 접착력을 최고도로 발휘하기 위해서는 소재에 의한 Primer의 선택이 필요하다. Primer는 단지 세정제만이 아니고 보다 강력한 접착력을 얻기 위해서 사용하는 화학결합재인 까닭에 그 사용 전에는 시공방법 및 특성을 반드시 확인하여 적정한 처리를 하여야 한다.

표 11-18 Primer의 종류별 용도 및 특성

Type	탈옥심형	중성형
제품개요	· 탈옥심 경화형의 비흐름성 Silicon Sealant	· 1액형중성 경화형 Silicon Sealant
용 도	· Panel+Panel · Panel+Column · Panel+access Floor · Gypsum+Column · Bracket류 주위	· SQ-Beam Joint · 각 Pipe Frame
특 성	· Primer 없이 우수한 접착력 발휘 · 우수한 내후성(자체 변색 없음) · 부식성 부산물 없음 · 우수한 절연성 · −55~200℃의 넓은 온도 범위에서 사용가능	· Primer 없이 우수한 접착력 발휘 · 50%의 수축, 팽창을 견딜 수 있는 중 모듈러스 · 우수한 내후성 · 우수한 내열, 내한성(−55~150℃) · 우수한 저장 안정성
물 성	(경화 전) · 경화형태 : 탈옥심형 · 외관 : 페이스트상 · 표면경화시간 : 30분 · 완전경화시간 : 7일 (경화 후) · 경도 : 30(Shore A) · 인장강도 : 220PSI · 신율 : 350% · 비중 : 1.03 · 절연파괴강도 : 20KV/mm · 사용 온도 : −55~200℃	(경화 전) · 경화형태 : 중성형 · 외관 : 페이스트상 · 표면경화시간 : 1~2시간 · 완전경화시간 : 7~14일 (경화 후) · 경도 : 25~40(Shore A) · 인장강도 : 10~20kg/㎠ · 신율 : 350~550% · 비중 : 1.40 · 움직임허용치 : ±50% · 사용 온도 : −55~150℃

(3) 시공 목적 및 방법

시공 목적은 줄눈에 대하여 수밀성, 기밀성을 유지하고 특히 최근의 경향에서는 시공대상물의 복잡화, 바탕재료의 다양화, 마감면의 미적 요구의 증가에 대한 만족을 목적으로 한다.

① 주요 결함 발생의 원인 및 현상

조인팅(Jointing) 결함은 일반적으로 Sealant가 조인트의 양면에 충분하게 접착되지 않아서 생기는 접착불량(Poor Adhesion)과 Sealant 자체가 찢어지거나 균열이 생기는 응집파괴(Cohesion Failure)가 그 주요 원인이다.

표 11-19 Sealant 결함의 원인과 현상

현상	발생부위	주요 원인
접착불량 (Poor Adhesion)	건축물의 Sealing	· Primer를 도포치 않았거나 부적당한 Primer를 사용 · Alkali 소지 면의 불충분한 처리(Concrete의 경우) · 젖은 소지면 · 유분(油分), Tar, 역청질 등에 의해 오염된 소지 · Oil & Wax 성분이 함유된 BACK-UP ROD의 사용
	창호 Frame 주위 Sealing	· Primer를 도포치 않았을 때 · 양극산화 처리된(Anodized) 알루미늄이 충분히 세정되지 않았을 경우나 Glass에 Wax, Putty 등이 오염되었을 때 · 젖은 소지면 사용
응집파괴(Cohesion Failure)		· Primer를 도포치 않았을 때 · 양극산화 처리된(Anodized) 알루미늄이 충분히 세정되지 않았을 경우나 Glass에 Wax, Putty 등이 오염되었을 때 · 젖은 소지면 사용

② 시공 방법

- Sealant, Primer, Back-Up재, Masking Tape, 청소제, 시공 공구 등의 SPEC 확인.
- 줄눈치수의 적절성과 콘크리트, 모르타르, 도장 등은 타설 또는 도장 후 충분한 양생기간 확인
- 피착면에 Sealant의 접착을 저해할 위험이 있는 기름, 도료, 녹, 모르타르 찌꺼기, 먼지 등이 있을 경우에는 이것을 제거 후 충분히 건조시킴.
- Back-Up재를 사용시 Back-Up재로부터 일어나는 분진을 막기 위한 보양조치.
- 피착면 외에 Sealant재 등으로 오염을 방지하며 줄눈의 양쪽 가장자리선을 깨끗이 나타내기 위해 사용한다. 사용 Tape는 피착제가 피착면에 묻지 않아야 하고 용제 등에 의해 변화되지 않는 것으로 해야 한다.
- Caulking Gun에 Nozzle의 장착하여 시공하며 Nozzle의 형은 원통형, 파형이 있으며 줄눈의 폭에 맞는 규격의 Nozzle을 장착한다.
- Caulking 재가 줄눈의 심부까지 충진되도록 압력을 주어가며 일정한 속도로 충진한다. 충진 시에 기포가 생기지 않도록 주의를 요하며, 줄눈의 교차 부분은 먼저 진행방향으로 계속 충진하고 양쪽 가장자리 에서부터 충진한다. 줄눈의 끝부분은 끝부분에서 약 20cm 전방에서 충진을 중지하고 끝부분에서 반대 방향으로 충진하여 연결한다. 충진 줄눈이 상부는 약간 두껍게 충진한다. Caulking Gun은 이동방향으로 약간 경사지게 하여 시공한다. 연결되어 시공하는 부분은 약간 두껍게 시공한다. 줄눈 크기가 큰 것은 2회 시공함이 좋다. 2회 시공시에는 1회 시공분 코킹이 완전 경화된 후에 시공한다.
- 마무리 작업

  Caulking용 칼로 코킹작업 부위를 눌러 피접착면과의 접착이 충실치 못한 부분의 접착 및 혼입공기의 비출, 미관정리, 일정두께의 피착면을 얻는데 필요한 작업이다. 마무리 작업 중 기포가

생기지 않도록 주의를 하며 최종 마무리 작업은 1회로써 끝낸다.

– 마무리 작업이 끝나면 바로 Masking Tape을 45~60° 의 각도로 제거하며, Tape 제거 후 남은 Caulking은 칼로 제거한다.

– Caulking 완료 후 완전 경화시까지 양생기간 표시한 경고문을 부착하여 이물질부착 및 손상, 오염 등의 피해가 없도록 주의한다.

5) 무진기기 설치 공사

Clean Room에 인원 입실 및 물품 반입, Zone별 차압 제어, 그리고 기타 부속 Clean Room 청정도 유지를 위하여 Air Shower, Pass Box, Clean Unit, Relief Damper, Blower Filter Unit 등을 설치하여야 한다.

① 에어샤워(Air Shower)

㉠ 개요

Clean Room 내부로 인원이 입실시 외부로부터의 오염을 제거함을 주목적으로 Clean Room에 입실 전 가지고 들어가는 물품이나 입실자의 의복에 부착된 먼지, 균등을 노즐을 통한 초고속 공기의 부사로 제거하는 장치이다. Air Shower는 직접적인 오염 제거 외에 Clean Room 입 · 퇴실 시 Door를 개방하여 발생할 수 있는 오염의 유입 및 청정공기의 손실을 "Air Lock", 즉 전실 개념의 구조로 그 오염 및 손실을 최소화할 수 있는 장치이다.

㉡ 설치 방법

– Air Shower 반입 시 사양과 방향을 확인하여 반입.
– Air Shower의 설치 위치를 파악하고 반입동선에 장애물은 없는지 확인.
– 입고된 Air Shower의 치수, 전원, Door의 방향, 색상, 외관상태 등을 확인.
– 설치 위치의 바닥면(Access Floor)이나 벽면(Partition)에 표시.
– Door의 입 · 출구 방향을 확인(유지관리, 점검 고려)
– 기기 설치 시 수평 · 수직 Level을 맞춘다.
– Unit간 조립이 현장 작업일 경우 조립작업을 수평Level과 병행하여 작업.
– Air Shower의 내부 Sealing은 출고 시 처리되어 있으나, 현장 조립일 경우에는 Unit간 조립 후 Sealing 처리.
– 설치 완료 후 바닥이나 벽면 틈새는 Sealing이나 Mould로 마감 처리.
– 충격에 따른 도어의 뒤틀림 현상이 발생하지 않도록 주의.
– 기기에는 Filter, 전기기기, 아크릴 등이 내장되어 있으므로 충격이 가해지지 않도록 설치 시 주의.

② 패스박스(Pass Box)

㉠ 개요

Clean Room의 벽체에 설치하여 물품 반입 시 발생하는 오염을 최소화하여 고청정을 유지하기 위한 장치이다. Pass Box의 기능은 Air Shower와 유사하고 인터록이 되어 있어 클린룸 간의 공기 교차를 방지하고 물품 반입량과 크기에 따라 Type을 결정한다.

㉡ 설치 방법

- Pass Box 반입시 사양과 방향을 확인.
- Pass Box의 설치 위치를 파악하고 반입동선에 장애물은 없는지 확인.
- 입고된 Pass Box의 치수, 전원, Door의 방향, 색상, 외관상태 등을 확인.
- 설치 위치의 바닥면(Access Floor)이나 벽면(Partition)에 표시.
- Door의 입 · 출구 방향을 확인.
- 기기 설치시 수평 · 수직 Level을 맞춘다.
- 설치 완료 후 바닥이나 벽면 틈새는 Sealing이나 Mould로 마감 처리.
- 설치한 기기에 부품의 파손 또는 위치 이동을 하지 않는다.
- 기기에는 Filter, 전기기기, 아크릴 등이 내장되어 있으므로 충격이 가해지지 않도록 설치시 주의.

③ 클린유닛(Clean Unit)

Clean Unit는 HEPA Filter와 Fan을 취부하고 코일을 내장하여 Package형으로 제작한 공기청정기이다. Class 1,000 정도의 청정도 유지를 요구하는 Clean 계단에 설치하여 실내의 청정도 및 온도를 일정하게 유지하는 장치이다.

용도에 따라 냉수와 냉각코일을 내장하여 적정온도를 유지시킬 수 있는 구조로 되어 있다.

④ 차압댐퍼(Relief Damper)

Clean Room의 정압을 일정하게 유지하고 공기의 흐름 방향을 제어하며 실내 · 외 또는 인접실과의 공기 차압을 제어하는 기기로 실외 오염공기가 Clean Room을 오염시키는 것을 방지하는 기기이다.

- 클린룸의 전체 풍량을 고려한 정압과 배기량을 산정 설치.
- Relief Damper의 설치 위치를 파악하고 벽체 Open 치수를 확인.
- 발주 전 Relief Damper의 치수, 색상, 외관상태 등을 확인.
- 벽체설치 위치는 출입동선 및 실의 동선을 구분하여 선정.
- 충격에 따른 Damper의 샤프트 뒤틀림 현상이 발생하지 않도록 주의.

⑤ 클린부스(Clean Booth) : 국부 청정실

클린부스(Clean Booth)는 청정공간이 필요한 곳에 국부적으로 설치할 수 있으며 팬필터(Fan Filter) 혹은 F.F.U(Fan Filter Unit)를 통해 유입된 공기가 수직층류, 난류방식으로 취출되므로 요구되는 청정도를 얻을 수 있는 설비를 말함.

청정도는 클래스(Class) 100~100,000까지 요구하는 환경구현이 가능하며 유닛(Unit)의 조합에 의하여 넓은 범위까지 청정도가 가능하여 전자정밀 기계의 무진공간과 의약품 및 식품들의 충진, 포장과 같은 무균공간에 적합한 장비라고 할 수 있다.

⑥ 블로워 필터 유닛(Blower Filter Unit)

㉠ 개요

Blower Filter Unit는 Filter Unit에 소형 Blower가 부착되어 있으며 Duct 연결 Type 및 자체순환 Type이 있고, 기류확산용 펀칭플레이트를 채용하여 Clean Room의 청정도를 유지시키는 장치이다. Class 1,000~10,000 정도의 청정도 유지를 요구하는 부속 Clean Room 천장에 설치하고 Reture Air는 바닥 Access Floor 또는 벽체 Reture Area에 형성 공기를 순환시켜 청정도를 유지한다. Duct 연결 Type의 경우 공조기로부터 Make Up된 공기를 취출하고 청정도 및 온·습도 유지에 필요한 풍량을 순환시킨다.

㉡ 설치 방법

- Blower Filter Unit 반입시 사양과 수량을 확인하여 반입한다.
- Blower Filter Unit의 설치위치를 파악하고 설치위치 Open 치수를 확인한다.
- 입고된 Blower Filter Unit의 치수, 전원, 색상, 외관상태 등을 확인한다.
- 설치위치에 Duct, 전기Tray 등의 간섭 여부를 확인한다.
- Control Panel 위치를 파악하고 바닥면에 표시한다.
- 천장슬래브에 별도앵커링 후 Support를 설치하여 운전 중 진동이 천장 Panel에 전달을 최소화한다.
- 설치 완료 후 천장 Panel면과 Sealing으로 마감 처리하고 Filter 설치 후 펀칭플레이트를 설치한다.

2.3 클린룸 유틸리티(Utility) 공사

1) Utility 개요

① Utility란

Utility란 Clean Room 내부의 생산장비 및 지원 System이 정상적으로 운전될 수 있도록 공급되어지는 매체를 말한다.

- 직접적인 생산영향 : Gas, Chemical, DI
- 간접적인 생산영향 : Exhaust Drain, PCW, Vacuum, 시수, 공수

② Clean Room Utility의 종류

Utility System은 Bulk Gas, Process Gas, Chemical, Vacuum, Water(DI, PCW, 시공수)

Exhaust, Drain, Support, Purge Gas System 등으로 구성되며 생산장비의 요구에 대응하도록 System을 구성한다.

③ Utility 공급 조건 및 재질

생산 제품에 직접 영향을 미치는 U/T System은 High Purity 및 내화학성을 요구하므로 SUS 316L EP/BA 및 PVDF/PFA와 같은 고순도 자재를 사용하며, 생산장비 구동 및 제품에 간접적인 영향을 미치는 U/T System은 SUS 304, PVC 등과 같은 재질로 구성한다.

2) 장치 냉각수(Process Cooling Water)

(1) System 개요

공정용 냉각수 계통은 생산설비에 공급되는 18℃ 고순도의 냉각수를 Circulation하는 System으로 잠시도 공급중단 되어서는 안 되는 중요한 Utility이다.

생산설비마다 요구되는 수압이 각각 상이하여 고압(H.P)과 저압(L.P)으로 대별하여 운용하고 있다.

고압 및 저압 냉각수 Process는 Cleam Room 사용장비만 사용하고 공정은 동일하게 되어 있으며 각 생산장비에 공급한 냉각수는 장비의 열을 회수하여 23℃로 배출되며 순환펌프에 의해 고압계통 4~6kg/cm^2, Ion Implanter 계통 5kg/cm^2, Furnace 계통 3kg/cm^2되어 Particle을 완전제거 하기 위하여 5 Micron Filter를 통과한 후 각 생산장비에 보내어진다. 또한 Supply, Return Line에 일정한 차압을 주기 위하여 Pressure Control Valve가 있어 고압 : 5kg/cm^2 저압 3kg/cm^2 Setting 조절하게 되어 있다.

(2) 주요 장비 사양

① 펌프(Pump)

급수 방식에 사용되는 펌프는 모두 다단 터빈 펌프(Turbine Pump) 또는 다단 볼류트 펌프(Volute Pump)가 쓰인다.

이 펌프의 각 구경에 대한 양수량과 효율의 개략값을 다음 표로 표시한다.

이것은 참조용이므로, 메이커에 따라 수량이나 효율이 다를 수 있음으로 설계시에는 메이커의 카탈로그의 성능표를 참조해서 적정값을 구한다.

표 11-20 펌프의 사양

구경(A)	수량(ℓ/min)	효율(%)	구경(A)	수량(ℓ/min)	효율(%)
40	200 이하	35~50	125	1,300~2,000	50~65
50	200~320	45~60	150	2,000~3,200	55~65
65	320~500	50~60	200	3,200~5,000	55~70
80	500~800	50~60	250	5,000~8,000	55~70
100	800~1,300	50~65	300	8,000~12,000	55~70

② 열교환기(Exchanger)

Process Cooling Water Line 상에는 협소공간에 열효율이 좋은 Plate식 열 교환기를 사용하도록 한다.

Plate식 열교환기란 유로 및 강도를 고려하여 凹凸(요철)형으로 프레스 성형된 전열판을 포개서 기기 유체가 흐르게끔 한 구조의 열교환기이다.

전열판은 분해할 수 있으므로 청소가 완전히 되고 보관 점검이 쉬울 뿐만 아니라 전열판매수를 가감함으로써 용량을 조절할 수 있다.

전열판을 개방할 수 있는 형식의 것은 고무나 합성수지 개스킷을 사용하고 있으므로 고온 또는 고압용으로는 적당치 않다.

액체와 액체와의 열교환에 많이 사용되며 한계 사용압력 및 온도는 각각 약 5kg/cm^2, 150℃이다. 개스킷을 사용하지 않고 용접 또는 납땜으로 일체로 제작된 것은 온도의 제한이 완화되지만 전열면의 점검이나 청소를 할 수 없으므로 오염성 또는 오염이 심한 유체에는 사용할 수 없다.

③ Filter

- 형식(Type) : 카트리지 타입(Cartridge Type)
- 유속(Flow Rate) : 장치 설계 용량에 따라 적용
- 운용 수(Treated Water Quality) : 30μm, 90% 이상 제거
- 재질(Housing Material) : SUS 304

(3) PCW 배관의 시공

① 자재의 취급

- 모든 입고자재는 SUS304 KSD3576 SCH10으로 사용한다.
- 모든 입고자재는 파손 및 오염 유무를 확인한다.
- 자재는 Cleaning 후 양단 끝부분을 캡으로 막은 상태로 보관한다.
- 보관 장소는 2차 오염이 되지 않게 습기가 없으며 청결한 곳에 보관한다.
- Pipe의 Cutting은 전용 Cutter를 사용하고 큰 Size의 관은 수동 Cutting한다.

② 배관 Spool 제작

- Pipe는 세정작업을 실시한 Cleaning된 자재만 사용.
- Spool 제작은 사전 SHOP DWG에 의한 정교함을 요함으로 수시 확인 필요.
- Spool SHOP DWG은 사전승인과 자재의 Loss가 최소화될 수 있도록 절단제작.

③ 배관 Spool의 용접

- Shop Welding은 많은 수량의 노즐이 있으므로 Purge에 주의를 요하며, Gas의 누출될 부위가 많으므로 밀폐를 철저히 한다.
- 용접 전에는 충분한 Purge를 실시하여 내면 산화방지 및 Bead 현상에 만전을 기한다.

- Purge Gas는 N2를 사용하고 용접 중 차단되는 일이 없도록 주의를 요한다.
- 용접 전 Pipe 내면을 확인하여 이물질을 제거한다.
- 용접 후 이물질의 혼입을 방지하기 위해 Capping을 철저히 한다.
- 용접 후 산화막은 SUS Brush로 깨끗이 제거한다.

④ 배관의 이동 및 보관

- Spool을 운반 할 시에는 보양 조치와 이동하기에 적당한 장비로 운반한다.
- 운반 시 Spool 표면의 손상에 주의하여 운반하고 적재 장소는 항상 청결하게 관리한다.

3) 벌크 가스 배관(Bulk Gas Piping)

(1) Bulk Gas 개요

Bulk Gas의 용도는 다양하며 무색, 무취, 무미, 그리고 화기나 공기에 접촉시 폭발할 수 있는 위험성 Gas들이 있으므로 취급관리에 특히 주의를 기울여야 하며 전문가 및 시공경험이 풍부한 사람에 의한 작업이 이루어져야 사고의 예방과 품질을 확보할 수 있다.

(2) 주요 장치 사양

① System 구성

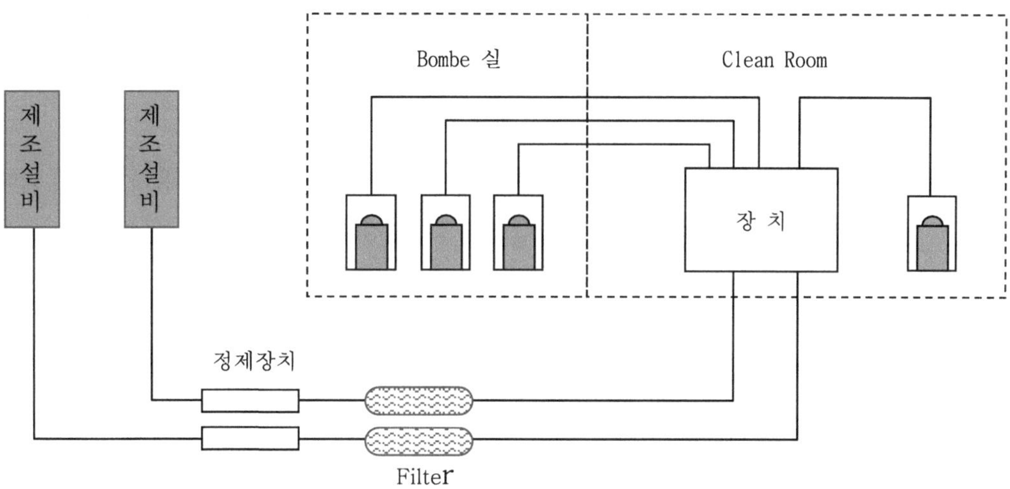

그림 11-18 ▸ Bulk Gas System

㉠ 액화 저장 탱크(Liquid Storage Tank)

액화저장탱크는 초저온 액화 가스인 액화 산소, 액화질소, 액화 아르곤 등을 액체 상태로 운반하고, 별도 설치한 기화기로 기화시켜 소정의 압력, 유량으로 가스를 공급할 수 있는 매우 편리하게 설계되어진 용기로 내부구조는 저온 취성에 강한 스테인리스강(SUS 304), 외조는 저탄소강(SS41)을 사용하고 내 · 외조의 공간은 고진공(Super Insulation) 단열로 시공하여 외부로 부터의 열 침입을 극소로 하여 액화가스의 증발을 막는 구조로 되어 있다. 용기의 상부에는 조작에 필요한 밸브, 계기가 부착되어 있고 핸들링(Handling)에 의해 보호되어 있으며 주요 부속류는 아래와 같다.

– 승압 조정 밸브(Pressure Building Regulator)
  용기의 내부 압력을 설정 압력으로 일정하게 유지시키고 설정 압력이 되면 자동적으로 승압을 차단하는 밸브이다.(통상 설정 압력 : 7.0kg/cm^2 G)
– 감압 조정 밸브(Economizer Regulator)
  용기의 압력을 일정하게 유지시키기 위해 내부 압력이 설정 압력 이상으로 상승하면 감압 조정기의 작동으로 용기 상부의 가스를 배출시키므로 용기 내의 압력을 항상 일정하게 유지시켜 주는 밸브이다.(통상 설정 압력 : 8.0kg/cm^2 G)
– 승압 밸브(Pressure Building Valve)
  승압 조정 밸브를 작동 또는 정지시키기 위한 밸브이다.
– 상부 충전 밸브(Upper Fill Valve)
  승압 조정 밸브를 충전 시 상부로 충전하기 위한 밸브이나 사용량이 5m^2/H 이하인 경우에는 이 밸브를 사용함으로써 기상부의 가스 사용이 가능하다.
– 하부 충전 및 액취출 밸브(Lower Fill and Withdrawal Valve)
  액화 가스를 용기의 하부로 충전할 경우와 사용시에 기화기에 연결하여 하부로부터 취출되는 액을 기화하여 가스로 사용한다.
– 가스 방출 밸브(Gas Vent Valve)
  액화 가스의 충전 시 용기 내부 압력의 상승을 방지하고 또 사용 시 용기 압력이 과다하게 상승되었을 경우 이 밸브를 열어 압력을 강하시킨다.
– 내조 안전밸브(Safety Relief Valve)
  스프링식 자동 안전밸브로서 용기 내조 기상부에 부착되어 용기 내의 압력이 과다하게 상승된 경우 작동하여 압력을 강하시키므로 용기가 파열하는 등의 위험을 방지하여 준다.(작동 압력 : 18kg/cm^2 G)
– 내조 파열 안전판(Container Bursting Disk)
  내조 기상부에 연결하여 용기의 압력이 과다하게 상승되어도 내조 안전밸브가 작동하지 않을 경우에 본 안전판이 파열됨으로써 용기의 파열을 방지해 주는 이중 안전장치이다. 이 안전밸브는 한 번 작동하면 내조압력이 0 kg/cm^{2}까지 방출되며 용기의 내부 압력이 대기압 상태에서 파열판의 교체 수리가 가능하다.
– 액면계(Liquid Contents Gauge)
  내부의 액화가스의 양을 지시하여 준다.(Float식)

– 압력계(Pressure Gauge)

용기 내의 기상부의 압력을 지시한다.

– 배기 및 진공부 안전밸브(Evacuation Spud & Safety Device Vacuum)

내 · 외조 간은 고진공(Super Insulation)으로 이루어져 있어 취급 부주의 등으로 인한 진공 파괴시 진공 흡입구로 사용되며 또 내조의 이상으로 가스 누설시나 진공 파괴시에 외조를 보호해 준다.

㉡ 기화기(Vapolizor)

– 액체로 압축되어 있는 Gas를 기화시키는 장치

– 일반적으로 알루미늄으로 제작하며 Al-Fin이 부착되어 열교환이 잘되는 구조로 되어 있다.

㉢ 정제장치(Purifier)

– 정제장치(Purifier)의 원리

– Gas 제조방식

· 열분해 공정

분자량이 큰 탄화수소 원료를 고온 800~900℃로 분해하여 10,000㎉/Nm^3 정도의 고열량 가스를 제조하는 방법

· 접촉 분해 공정

촉매를 사용해서 반응 온도 400~800℃에서 탄화수소와 수증기를 반응시켜 CH_4, C_2H_4, C_3H_6 등 저급 탄화수소로 변환하는 공정

· 부분 연소 공정

촉매를 사용 CH_4, H_2, CO, CO_2로 변환하는 저압 제조법

· 수소화 분해 공정

고압/20~60기압, 고온/700~800℃에서 C/H비가 큰 탄화수소를 수증기 흐름 중에서 분해시키는 방법

· 대체 천연가스 공정

수소를 첨가하거나 수소화 분해 방식, 탄소를 제거하는 방법

– Gas 정제시 각 불순물에 따른 영향

· H_2O

가스의 압력을 상승시키며, 냉각에 의한 물, 얼음, 물과 탄화수소의 수화물이 생성되어 배관 내에 부식을 조정하고 밸브의 작동을 폐쇄한다.

· 나프탈렌, 타르, 먼지

배관 정압기, 기구의 노즐에 부착되어 그 기능을 저하시킨다.

· 황, 질소화합물

연소에 의한 아황산가스, 아초산이 발생하여 인체나 가축에 피해를 주고 가스 기구 등의

기물을 부식시키며, 배관 정압기 등의 공급 설비를 부식시킨다.

· 산화질소(NO)고무

NO는 가스 중 산소와 반응하여 NO_2로 되고 이것은 불포화 탄화수소와 반응하여 고무를 생성하게 되어 배관, 정압기 등의 공급 설비 및 노출 기구 등에 부착하여 그 기능을 저하 시킨다.

㉣ 필터(Filter)

– 구조

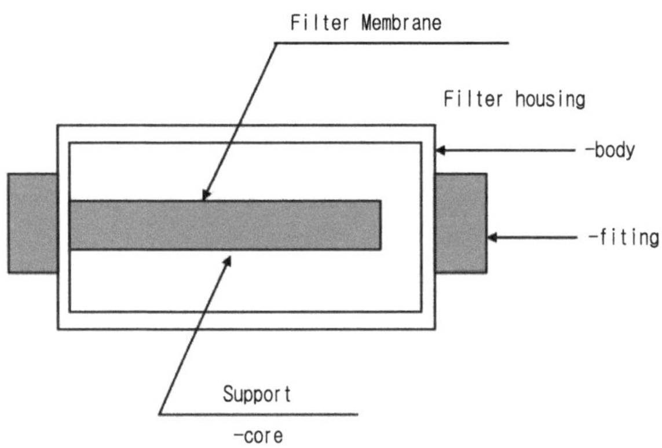

– Gas Filter의 Type

- Plastic Membrane Filter
  - · Ptfe Membrane
  - · PVDF Membrane
  - · Polysulfone Membrane
- Sintered Metal Filter
  - · SUS 316L
  - · Nickel
- Metal Fiber Filter
- Ceramics Filter

㉤ Regulator(압력 조정기)

기화된 Gas의 압력을 필요한 압력으로 조정하는 Valve의 종류

㉥ Flow-Meter(계량기)

Gas별, Zone별로 구분해서 사용량을 Check하기 위한 장치

(3) Bulk Gas 배관의 시공

① 자재의 취급

- 자재의 크기, 자재 파손 여부/수량, 포장상태, Cap의 밀봉 여부
- Maker/Model/수량 Check, Mill Sheet, 검사시험 성적서의 확인
- 크기, 자재파손 여부/수량, 포장상태, CAP 의 밀봉 여부 등의 외관 검사
- 재료(관, Fitting, 밸브류, 부품)는 옥내에 보관한다.
- 보관장소는 먼지가 적고 습도가 낮은 장소로 한다.
- 재료, 부품은 사용 직전까지 개봉하지 않는다.
- 세정 후는 반드시 비닐 포장한다.
- 배관재료 등은 타 금속에 접촉되지 않도록 한다.
- 개봉은 제작 또는 사용직전에 행한다.
- CLASS 1,000 이상이 유지되는 Area에서는 Cap은 그대로 둔 채 비닐만 제거한다.

② Pipe 절단 및 세정

- 1차 세정
  - · Electro Polishing, Chemical Polishing, Bright-Annealing급 이상의 자재가 입고되었을 시는 1차 세정을 생략한다.
  - · 1차 세정순서는 CCl_4(사염화탄소)세정 – 산세정 – 수세정 – 고압수세정 – 건조
- 절단
  - · 도면(Drawing)을 기준으로 제작하기 위하여 Pipe와 Tube를 절단한다. 사용되는 장비는 G.F Cutting M/C, Tube Cutter 만을 사용하며 고속절단기 등은 절대로 사용 할 수 없다.
  - · Pipe의 경우 수동용접이기 때문에 절단 후 Beveling 작업을 동시에 행한 후 Cutting Rib는 줄로서 제거함.
  - · Thickness가 얇은 Tube의 경우 자동용접이기 때문에 Beveling 가공을 할 필요가 없으나 End Facing Tool로서 직각으로 면가공하고, Cutting할 때 발생하는 Edge부의 Burr는 Remear로 제거한다.
  - · End Facing Tool은 깎아 낸 부스러기를 Cutting 밖으로 밀어낼 수 있는 Type을 사용한다.
  - · 진동 Cutter는 회전식으로 하고, 절대로 고속 Cutter는 금지한다.

③ Spool 제작 및 Welding

- 용접 작업 전 준비 사항
  - · Welding Shop에 입고된 자재는 Welding 전에 Shop DWG과 재확인
  - · 모든 Shop은 클린룸을 유지하여야 하며 작업자는 Smock 및 청정장갑을 착용하고 절대로 맨손으로 관재를 만져서는 안 된다.(청정도 Class 100유지)
  - · 작업 개시 전에 필히 Test Piece를 샘플용접(SAMPLE W/D)해서 상태를 확인 후 용접을 시

행한다.

– 용접작업간 유의사항

· Welding시 Purge용 가스는 N_2 Gas나 Ar Gas 양쪽 다 가능하지만 Cost 면에서는 N_2 Gas가 유리하고 Quality 면에서는 Ar Gas가 우수하다.(B.A나 E.P Grade 자재는 Ar Gas(99.995%)를 사용한다.)

· Purge용 가스의 Flow양은 관의 Size에 따라서 조정하며, 0.02μm 이하의 Filter로 여과한다. 또한 산소농도를 측정해 1PPM 이하인 것을 확인한다.

· 용접 시 굴곡을 없애기 위해 1″~2″는 120° 간격, 2″ 이상은 90° 간격으로 Tracing을 한다.

· 용접개소의 외면 산화막은 SUS Brush로 완전하게 제거한다.

· 바람이 1m/sec 이상일 경우 Sealing Gas 불량이 일어나기 때문에 작업을 중지한다.

· −10℃ 이하에서는 냉각 속도가 크게 되므로 작업을 중지한다.

· 습도 90% 이상인 경우(우천 시) 모재 내부에 Moisture가 형성되므로 Sealing에 주의한다.

· Field Welding 시 먼지가 많이 발생하는 장소에서는 작업을 중단한다.

– Automatic Welding (Orbital Welding)

· Automatic Welding 방법은 Welding M/C에 따라 그 방법이 조금씩 다를 수 있으나 기본적으로 용접봉을 사용하지 않고, 모재를 용융시켜 접합하게 된다.

· 용접기의 사용 전압과 인입 전압을 확인하고 모재 Size에 따른 용접기 Part(Weld Header, Collector)를 준비한다.

· 사용 전 · 후 용접기 상태의 이상 유무를 점검하는 것이 필요하며, Head에 이물질이 흡착하게 되면 용접 불량이 발생되므로 주의한다.

· 절단요령과 같이 Edge부의 End Finishing에 주의하고 이때 관내부가 오염되지 않도록 주의한다.

– 용접 후 처리

· 용접부위가 식을 때까지 Sealing Gas Flow시켜 산화를 방지하고 이때 가스의 압력을 높이지 않는다.

· 모재의 온도가 200℃가 될 때까지 Back Seal Gas를 Flow 시키도록 되어 있으나 현장 여건상 측정이 불가능하므로 용접부가 식을 때까지 Flow시킨다.

· 운반이나 작업 중 다른 금속과 접촉하지 않도록 주의하고 JIG 등 Pipe와 접촉하는 공구들은 Stainless로 제작하여 사용한다.

④ 제작 Spool 밀봉작업 및 보관

– 현장 C/R Room 내에서 조립한 Spool이나 가공한 Header Tee관의 각 말단에 비닐을 밀봉한 다음 비닐 포장하여 현장에 반입한다.

- 장갑을 착용하고 Spool을 맨손으로 잡지 않으며 손상되거나 변색, 찢어진 장갑은 즉시 새것으로 교체.
- N_2 Purge Valve를 개방한다.
- 밀봉용 TAPE은 3M Tape을 사용하는 것을 원칙으로 한다.
- 용접이 끝난 후 바로 PVC Cap이나 비닐로 밀봉한다.
- Gas Line별 Numbering을 하고 Sticker를 붙여서 순서가 뒤바뀌는 일이 없도록 한다.

⑤ Clean FAB 설치작업
- 클린룸에서의 Support 자재는 SUS, AL 또는 Steel에 용융도금한 것을 사용하고 용접 시 지장을 주지 않을 정도의 간격을 유지한다.
- 일반배관 및 Duct 등 관련 설비 작업 시 용접불꽃에 의한 훼손이 없도록 주의한다.
- Support시공이나 바닥, 벽 등의 타공정 진행에 따른 작업일정을 조정한다.(오염방지)
- Packing 되어 있었기 때문에 용접 시작 전에 Prepurge시간의 5배 이상(10분 이상)의 Purge를 한 후 용접을 실시한다.
- 전 Line이 설치된 후에도 Purge Gas를 24시간 Flow시키며 관말부에 Vinyl Chamber를 설치하여 Particle의 유입을 방지한다.
- 포장재의 파손에 유의하며 금속류와의 접촉을 금한다.
- 반드시 2인 이상이 운반하여 배관 양끝이 다른 구조물에 부딪혀 파손되는 일이 없도록 한다.

⑥ 압력 & 누기 테스트(Leak Test)
- 모든 설비의 설치가 완료된 후 Sealing Gas의 압력을 $5kg/cm^2$으로 높이고, 모든 설비의 이음부분을 Check한다.
- Leak 발견 시는 Repair 작업을 실시하고 재확인한다.
- Check가 끝난 후 High Purity N_2 Gas를 사용 압력의 1.2배로 가압하여 24시간 유지한다.
- 세정된 Test용 Pressure Gauge를 사용하여 이상 유무를 확인 · 판정한다.

⑦ 순도 테스트(Purity Test)
- H_2O/O_2/Particle 측정
  · Purge Gas 공급점과 배관을 종단 부근에서 측정하여 규정된 조건을 맞춘다.
  · 측정치가 범위에 들지 않을 경우 Purge 및 Hammering을 반복한 다음 다시 측정한다.
  · 재측정 한 결과도 범위 내에 들지 않을 경우 다시 측정한다.
  · 측정치가 범위 내에 들 때까지 반복한다.

4) 화학약품 배관(Chemical Piping)

(1) 화학약품의 개요

Chemical 중앙공급 장치는 Clean Room에 설치되어 있는 Wet Station 및 CMP Zone에

Chemical을 필요한 양 만큼 안전하게, Wet Station 및 CMP Zone 이 요구하는 것에 따라 자동적으로 Cleaning된 Chemical을 공급하는 것을 목적으로 설계 제조된 System을 말한다. Chemical을 자동 공급함으로서 약품의 운반 과정에서 발생할 수 있는 사고를 예방하며, Clean Room에 Chemical을 공급 시에 Particle 발생 및 안전을 고려한 특별한 주의가 요구된다.

(2) 주요장치 사양

① Clean Unit(Chemical 공급장치)
② Filtering Unit(여과 장치)
③ Tank(Chemical 저장고)
④ Control System(Relay Box)
⑤ Monitoring System
⑥ Chemical 배관
⑦ Valve Box

(3) 화학약품 공급의 동작원리

- Clean Unit에 설치된 Diaphragm Pump에 의해서 Filter를 통해 탱크에 공급되고 탱크가 가득 채워지면 N_2에 의해서 자동적으로 가압된다.
- Clean Room 에 설치되 Wet Station에서 Chemical의 공급 신호가 오면 Filter System에 있는 Air Operated Valve가 자동적으로 열리고 N_2 압력에 의해서 Chemical이 자동적으로 공급된다.
- Chemical 공급 Line에는 2대의 Tank와 연결되어 있으며, 한대의 Tank가 비면 자동적으로 2번째의 탱크로 바뀌어 연속적으로 공급하게 된다.
- 빈 Tank에는 Diaphragm Pump가 자동적으로 작동해서 탱크를 채워주게 되므로 탱크 2대가 동시에 비는 적은 없다.

(4) 화학약품 배관 설계시 유의 사항

① Unit 제작 시 고려사항

- 각 Unit는 Pump, Filter, Supply Tank 등을 내장하여 일체형의 구조로 견고하게 제작한다.
- 각 Unit는 Source Drum / Pump, Filter, Piping / Supply Tank / Control Panel & Touch Screen으로 4개의 실로 구획하여 상호 격벽이 되도록 제작한다.
- 각 Unit의 전면부 폭과 높이는 가능한 동일한 규격으로 제작한다.(규격은 사양 협의 시 결정함)
- 계측기, Source Drum / Pump, Filter, Piping / Supply Tank실 등 일상 점검을 필요로 하는 부분은 Door를 개·폐하지 않아도 장치 내부 상태를 확인할 수 있도록 투명 PVC로 창을 설치한다.(단, Solvent류는 Auto Fire Damper로 설치함)
- 각 Unit의 실별 Exhaust는 상부가 서로 통하도록 하여 1개의 Damper로 처리하도록 한다.

- 각 Unit의 배기라인에는 Damper & Manometer를 부착하고 Interlock을 설치한다.
 (단, Solvent류는 Auto Fire Damper로 설치함)
- 각 Unit의 하단에는 Drain Pan을 설치하고 용도에 적합한 Leak Sensor를 설치한다. Source Drum Cabinet 상부에는 HEPA Filter를 설치하여 Class 100 at 0.3μm 이상의 청정도가 유지 되어야 한다.(Class Room의 청정도는 Class 10,000 at 0.3μm 기준임)
- Source Drum Cabinet 상부에는 형광등을 설치하고 형광등의 교환이 용이한 구조로 한다. (Acid / Alkali / Slurry : 방수형, Solvent : 방폭형)
- Source Drum Cabinet 하단에는 Drum Change가 용이하도록 Roller를 설치하고 수납 Drum은 움직이지 않도록 고정장치를 설치하여야 한다.(Roller 상단 높이는 바닥에서 100mm 이내로 제작함)
- Bar-Code Reader를 설치하여 Chemical의 사용량 관리가 가능하여야 한다.
- Chemical Change시 작업자의 실수를 예방할 수 있도록 구성하여야 한다.
- 각 Unit는 안정성을 특히 중시하여야 하며 보수 작업성도 용이한 구조로 제작하여야 한다.(규격을 사양 협의 시 결정함)

② 배관 설계 및 설치 시 고려사항

- 각 Unit별 내부 배관은 최대한 압력 손실이 적도록 설계한다.
- 각종 배관에 연결되는 계측기 및 연결용 부속품 중 지정되지 않은 품목은 25M DRAM Grade 이상에 적용 가능한 것을 사용하여야 한다.
- 각 Unit별 공급 배관의 Out-Let Line에는 FAB공급 배관 내에 있는 Chemical을 Drain할 수 있는 Valve를 설치하고 Drain Port에 연결한다.
- Filter Inlet & Outlet에는 사용 Chemical에 적합한 재질의 압력계를 설치하여 Filter 차압 관리가 용이하도록 하여야 한다.
- Final Filter Outlet Line에 Flow Meter를 설치하여 순간 유량 및 적산 관리가 가능하여야 한다.(단, 유량계는 재질이 해당 Chemical에 적합하고 정확성이 검증된 것이어야 함)
- Final Filter Outlet Line에 Sampling Port를 구성하여 Sampling Area는 장치 전면부나 후면부에 위치토록 한다.(Drain, 배기 Line 구성)
- 배관기기 조작 Switch류는 명판을 부착하고 배관에는 Flow 방향을 표시한다.
- Piping Material 선정 시 산 · 알칼리는 2중배관(내부 : PFA Tube, 외부 : Clean-PVC)
- Solvent : SUS 316L EP Pipe
- Branch Tee, Valve 설치 Point는 Leak Box, Leak Sensor을 설치한다.
- Support Material 선정 : SUS304, Support 간격 : 1.2m당 1Point

5) 유독성 가스(Toxic Gas)

(1) 유독성 가스의 개요

용기에 충진된 가스로서 공장 내 별도의 구획된 Gas Cabinet Room에 각 종류의 Gas 특성에 맞는 Cabinet으로부터 FAB에 배관으로 공급되면 VMB를 통해서 각 장비로 공급되며, 제품의 순도가 99.999%~99.9999% 이상이 되는 Carrier Gas, 혼합가스의 분석 정밀도가 ±10% 이내의 초정밀 혼합가스 등이 있다. 주용도는 전자 반도체 및 LCD. VLSI 등에 사용되며 Silicon계, 비소계, 인계, 붕소계, 금속수소화물, 할로겐화물, 할로겐탄수화물, 금속 알칼리화합물, 질소산화물, Carrier 가스 등으로 구분된다. 가스 특성으로 가연성, 폭발성, 유독성, 부식성인 것들이 취급 시나 Piping 공사 시에 특별한 주의가 요구된다.

(2) 주요 장치 사양

① 가스 캐비닛(Gas Cabinet)

㉠ 개요

Toxic Gas의 Leak에 대한 Monitoring 및 Shut-Down에 대비한 System 구축으로 독성 가스 및 가연성 가스의 원활한 공급을 위한 것이다.

㉡ 구성

- 공기 유입구
- 이중 철판문
- Stainless Steel 잠금장치
- Accessory 주머니
- 유압식 문 잠금장치

㉢ Gas Cabinet 상세사양

- Gas Cabinet Controller의 구성
- Auto Change System 구성
- Auto Purge System 구성
- 문제 발생 시 Manual로 Valve를 조작 가능토록 Manual Panel내장
- 순간 정전 시 Back-up기능 구성
- 주변 시설에 의한 영향이 없도록 구성
- Gas Cabinet의 모든 이상 상태가 자체 진단되면 Touch Screen상에 Display
- Gas의 공급 등 각종 Status를 표기
- 이전 상태의 정보를 수시로 줄 수 있도록 구성(Min 10 Event)
- Operation Mode 및 Mainlenance Mode Password 구분
- Error 사항에 대한 자동 저장기능

– Gas Cylinder시 Continuous N_2 Purge 기능
– Auto Purge 및 Cylinder Change시 Process Down이 없도록 구성하며, Pruge시 Cycle Purge에 대한 기능을 첨부한다.
– Controller부는 외부의 공기가 쉽게 유입될 수 없도록 가능한 범위 내에서 밀폐시킨다.
– 경광등을 장착하여 Alarm 발생 시 발생 Cabinet의 위치 식별이 용이하도록 한다.

② Gas Piping

배관 설치시 고려사항은 다음과 같다.

– 장비별 요구하는 Gas를 정확히 공급해 주어야 한다.
– 다른 U/T Line에 간섭을 받지 않는 곳으로 Route를 잡는다.
– Gas Leak시 위험 확산 방지를 위한 안전대책이 필요하다.
– 부식성, 인화성, 폭발성 가스는 이중배관(Jacat Line)방식과 Protection Duct 안에 인입시키는 두 가지 방법이 있다.
– Protection Duct는 SUS(3t)로 하며 정교한 마감처리를 할 수 있도록 하고, Duct 말단 부위에 일정한 배치로 Exhaust 통로를 만들어 Toxic Exhaust로 배기될 수 있도록 한다.

③ VMB(Valve Manifold Box)

– Gas의 성분별로 구분하여 해당 장비 하부(Clean Sub Fab)에 설치하여 안전하고 원활한 Manifold를 하기 위함.
– E/T, T/F, Photo Zone 에는 Culum 1.5M 상부에 부착하며, D/F Zone은 VMB Rack을 설치하여 C/R 바닥에서 0.9m 정도 높이에 설치한다.
– N_2 Purge를 필요로 하므로 PN_2를 공급한다.

6) 초순수(D.I Water)

(1) 초순수의 개요

종래의 순수 제조기술은 이온교환처리를 중심으로 한 것으로 이것에 전처리로써 여과공정, 후처리로써 정밀 여과공정을 덧붙이고 있다.

전기 비저항이 약 0.2M Ohm at 25도 이상의 것을 순수라 하고, 특히 10~15M Ohm 이상이 되면 초순수라고 할 수 있다. 그러나 오늘날의 초순수는 전기 저항치가 적어도 16M Ohm 이상이어야 하며, 일반적으로 반도체 공장의 기준은 18M Ohm이다.

물속에 포함된 불순물로서는 5가지 종류(Category)로 대별할 수 있다.

① Dissolved Solids

Active Ions : Ca, Mg, Na, K, Fe, Mn, NH_3, S, N_2, Ci 등

② Suspended Solids : Clay, Silt, Sand Iron Oxides

③ Organic : Animal and Vegetable Matter, Oil and Sewage

④ Micro Organisms : Bacteria, Viruses, Fungi 등

⑤ Dissolved Gases : O_2, N_2, CO_2, CH_3OH, NH_3, SO_2 등

초순수란 이러한 물속에 포함되어 있는 불순물을 여러 가지 처리공정을 거쳐 완전히 제거한 화학분자식 자체의 H+OH의 H_2O로써 식품제조, 의약품제조, 전자산업, 반도체산업 등에 널리 사용된다.

(2) 주요 장치 사양

① 중력식 여과 장치 : SF(Sand Filter)

원수(공업용수) 중 입자성을 가지고 있는 탁질을 제거하기 위한 장치를 밀폐된 용기 내에 하부 집배수장치를 만들고, 그 위에 지지대를 깔고 여재(Anthracite, Sand)를 충진하여 원수가 미세한 다공질의 여재층을 통과시켜 현탁물질을 함유한 탁질을 제거하고, 여재층에 남는 현탁물질을 역세 조작하여 드레인(Drain)시킨다.

② 활성탄 여과 장치 : AC(Activated Carbon Filter)

활성탄 여과 장치는 AC와 동일 장치 무수히 많은 미세공을 갖고 있는 다공질의 활성탄은 표면적이 대단히 넓기 때문에 흡착 능력이 대단히 우수하다.

이 흡착력을 이용하여 유기물의 제거 및 탈취, 탈색하는 장치이다. 수중의 냄새나 색상의 원인이 되고 있는 유기물의 흡착 제거와 동시에 다른 비전해질 현탁물(이온성의 용해 물질)의 제거를 위해 활성탄 여과 장치가 필요하다.

③ 이온 교환 장치 : 2B3T(2BED 3 Tower : SC+DG+WA/SA)

– 강산성 양이온 교환 장치 : SC(Strong Cation Ion Exchanger)

수중에 이온화되어 있는 불순물 중에서 양이온(N_2, K, Ca, Mg, Fe, Ar 등)은 강산성 양이온 교환수지와 반응하여 흡착하고 수소이온을 방출한다.

– 탈기 장치 : DG(Degasifier)

탈기는 수중에 용존하는 기체성분 중 탄산가스, 암모니아 가스 등의 성분 제거를 목적으로 한다. 이 장치의 목적은 CO_2를 제거하여 후단의 WA/SA, MB 등의 Ion물질을 제거하여 부하를 줄여 준다.

– 약/강 염기성 음이온 교환장치 : WA/SA(Weak/Strong Ion Exchanger)

수중에 이온화되어 있는 불순물 중에서 음이온(Cl, SO_4, CO_3, HCO_3, $HSiO_2$, NO 등)은 염기성 수지와 반응하여 흡착하고 수산화 이온을 방출한다. 양이온 교환 장치에서 발생한 수소 이온과 결합하여 물로 변하여 균형을 이룬다.

④ 자외선 산화 장치

UV-OX(Ultra Violet-Oxidation) 2B2T에서 처리된 물에 H_2O_2(과산화수소)를 주입시켜 UV-OX Tank 내에서 자외선을 조사시켜 유기물(TOC)를 분해, Air Mixing 하여 CO_2로 치환, 제거한다.

⑤ 보호 Filter : Guard/Pre Filter

후단의 장치를 입자성 불순물로부터 보호할 목적으로 설치

– Guard Filter(5μm FILTER)

H_2O_2 Absober의 활성탄의 유출을 방지하려는 목적으로 설치

– Pre Filter((1μm FILTER)

R/O(역삼투압 장치)전단에 설치하여 R/O Module을 보호하기 위해 설치

⑥ 혼상식 이온 교환 창치 : MB(Mixed Bed)

양이온과 음이온을 제거하는 수치를 한 Tower에 혼합하여 설치한 이온교환 장치이고 특성은 상기의 2B3T 이온 교환 장치와 같다.

⑦ 자외선 살균 장치 : UV–Sterilizer

자외선 살균 장치란 강력한 살균 작용을 보유한 자외선이 빛 속에 포함되어 있는데, 이를 이용하여 수중의 박테리아, 일반 세균 등을 살균 제거하는 장치이고, 100% 제거하기 보다는 증식을 일시적으로 방지하는 역할을 한다.

⑧ 열교환기 : Heat Exchanger

DI System의 각종 처리 장치의 효율이 좋은 상태로 유지하기 위해 물의 온도를 유지시키는 장치이고, Polishing System의 열교환기는 Clean Room 공급온도(25℃)를 유지하는 것이다.

⑨ 역삼투압 장치 : NO.1,2 R/O(Reverse Osmosis)

역삼투압법이란 농도차가 있는 용액을 탄투막으로 격리시키면 희박용액은 농축용액으로 바뀌는데, 이 현상을 삼투현상이라 하고, 용액의 이행이 멈춘 용액의 위치차를 삼투압이라고 한다. 이를 농축용액측에 삼투압이상의 압력을 가하면 역으로 농축용액측의 용매(물)만이 희박용액측으로 이동하게 된다. 이를 역삼투압현상이라고 한다. 이 현상을 이용하여 연속적으로 고압(15kg/cm^2) R/O장치에서는 Particle, 유기물(TOC), 이온 성분 등의 제거가 가능하다.

⑩ 진공 탈기 장치 : HE–VDG(High Equilibrium Vacuum Degasifier)

수중의 용존산소(DO)를 제거하려는 목적으로 설치된 장치로 물과 접한 공기를 강한 진공상태로 만들고 N_2 Gas를 주입하여 수중의 산소가 배출되면서 DO(용존산소)를 제거한다. 일반 수중에 녹아있는 산소의 양은 3ppm 정도인데 이를 5ppm 이하로 탈기시킨다.

⑪ TOC 분해장치 : TOC-UV

수중의 TOC(유기물)을 자외선을 이용하여 분해시키는 장치로 DI System에서는 두 종류의 자외선 파장을 이용하는데, 살균을 목적으로 하는 것과 TOC 분해목적으로 하는 것이 있다.

· 185nm : TOC 분해용 파장

· 254nm : 살균용 파장

⑫ Anion/MB Polisher : 음이온/혼상식 이온 교환 장치

이온 교환 장치는 전처리 System의 2B3T, Make–Up System의 MB장치가 있고, Polishing에서 최종적으로 한 번 더 이온성분을 제거하는데 이를 Polisher라 칭한다.

⑬ 한외여과막 Filter : UF(Ultra Filter)

R/O가 탈염기능을 갖는데 비해 UF는 여과 기능을 주로하며, 미생물의 제거효과가 크고 제거된 미생물 및 미립자는 농축수를 통해 계외로 배출되므로 미생물의 증식이 없다. 주로 DI System 최종 말단에 설치한다.

(3) 초순수(D.I Water) 제조 공정

① 전처리 공정

㉠ 개요

원수(공업용수) 중의 탁질 (DILT, 유기물, 금속수화물)을 제거하여 Make-Up System으로 이송한다.

㉡ 원리

– 응집투과기(SF)

원수(공업용수) 중의 큰 이물을 사층에 걸러지고 작은 이물은 사립표면 혹은 기부착된 Flock에 흡착되어 제거된다. 내부의 여재로는 지지층, 조립사층, 세립사층, 무연탄(Anthracite)이 채워져 있다. 투과기로 공급되는 원수(공업용수) 입구에는 NaOCl, PAC을 주입하고 중화조(Linemixer)에서 교반 후 응집투과기(SF) 탑내로 압송하여 수중의 탁질을 제거한다.

– 역세공정

· 표면세정

무연탄(Anthracite) 표면에 잔류하는 탁질은 통수시간에 따라 축적 · 경화된다. 축적된 탁질 표면을 수압으로 무연탄 표면으로부터 분리 배출한다.

· 역세

상향류로 여재를 역세정하는 것으로 여재 중에 잔류된 탁질을 부상 분리하여 배출하는 것이다. 역세 수량이 과다하면 무연탄이 부상하여 배출되므로 무연탄 부상 위치 확인하여 적당한 역세 수량을 설정한다.

· 침정

역세에 의해 부상한 여재가 제 위치로 안정될 때까지 통수를 대기한다.

· 세정

하향류로 통수를 행하고 아직 잔류하는 탁질의 누수가 안정될 때가지 배수를 계속한다.

㉢ Heat Exchanger

전처리수의 온도가 저하되거나 상승할 경우 그 온도를 일정수준으로 유지하기 위하여 냉각 또는 가열한다. 열매로는 Steam과 냉수를 사용한다. 일반적으로 전처리수의 유지 온도 4℃ -35℃ 이내를 유지한다.

② 전처리(Make-Up) 공정

㉠ 개요

1차 전처리된 처리수를 순수(Pure Water, 10 MΩ cm 이상)로 제조하기 위한 공정, 이때 최종 공정으로 자외선(UV) 살균하여 순수의 생균, 유기물을 사멸 · 분해하기도 한다.

㉡ 전처리 시스템(Make-Up System) 공정

– AC(Activate Carbon Filter)

원수 중에 함유되어 있는 잔류 염소나, SF 입구에서 주입된 NaOCl이 전처리 집수조 내에 잔류하고 있다면 MB수지에 악영향을 미치게 된다. 그렇기 때문에 AC에서 전처리 집수조 내의 NaOCl 등을 흡착함이 수지를 보호한다. 탑 내에 활성탄을 충진하고 그 활성탄의 흡착현상을 이용하여 수중의 불순물과 H_2O_2, NaOCl 등을 제거한다. 통수시간에 층 상부에 고형분이 축적되어 압손이 증가하면 주기적으로 역세가 필요하다.

– MB

Reclaim(진도율 850㎲/㎝ 이하, TOC 1 PPM 이하) 및 전처리된 원수(공수)를 음이온, 양이온 교환 수지로 이온을 교환하고 또한 CO_2 등을 제거하여, 1차 순수 설비에 공급되는 System으로 DG탑, WA/SA탑으로 구성되며 처리수 수질은 약 0.1MΩcm 이상이다.

일반적으로 SC(Strong Cation) → DG(Degasifier) → WA(Weak Anion)/SA(Strong Anion)의 단상식 Anion수지로 교환하고, 또한 용존되어 있는 CO_2는 탈기탑에서 제거하여 System 후단의 R/O, MB의 이온부하를 줄인다. SC는 염산으로 재생하고 Anion 수지는 WA/SA의 순으로 가성소다로 동시 재생한다.

– UV Sterilizer(1), Heat Exchanger, Prefilter

MB 처리수의 생균, 유기물을 사멸 분해하여 다음의 RO막을 보호한다.

– Heat Exchanger

운전 중 가열, 냉각된 처리수의 수온을 일정하게 유지한다.

–Prefilter

MB탑의 Trouble로 인해 내부 수지가 유출되었을 경우 후단의 RO 장치를 보호하고 1 μm 이상의 미립자를 제거한다.

– R/O Unit

고압 Pump와 R/O Module (역삼투압)으로 구성되어 있다. R/O Feed Water는 고압 Pump에서 가압되어 R/O Module에 공급되어진다. 전해질과 저고분자 유기물 등을 제거한 투과 수화 제거된 물질(농축수)로 장치에는 비저항계, 유량계, 압력 Switch, 압력계 등이 장착되어 있고, 막면의 부착물이 증대하면 운전 압력, 차압의 상승, 투과수량의 감소, 수질의 저하 등의 장애가 발생하기에 장기적으로 막 Cleaning이 필요하다

– HE-VDG

R/O 처리수는 HE–VDG에서 최종적으로 DO 등 용존 Gas를 제거한다. VDG 내에는 진공

Pump로 유입수의 포화증기압이 되도록 흡입하고, 유입수는 탑하부로 분산되어 용존 Gas의 분압을 떨어뜨리게 된다. 탈기된 유입수는 탑하부에 체류되어 이송된다.

③ 초순수 후처리 시스템(DI Polishing System) 원리 및 구조

㉠ 개요

Make-UP 공정에 의해 제조된 순수를 18MΩcm 이상으로 처리하기 위한 공정

㉡ 후처리 시스템(Polishing System) 공정

- Pure Water Tank

Make-UP System으로부터 이송된 1차 순수를 최초로 저장하는 Tank이다 Tank 내부는 외기접촉을 막기 위해 N_2 Gas로 Sealing하고 또한, 양압, 음압으로 Tank의 파손을 Breather V/V 부착되어 있다. Diaphragam식 Level Sensor가 장착되고 만수가 되면, 이송된 1차 순수는 Pure Water Relay Tank(SUB Pure Water Tank)로 순환된다.

- Prefilter

System 후단의 NO_2 R/O의 막보호를 위해 입경 1μm 이상의 미립자를 제거한다.

- UV-Sterilizer

수중에 자외선을 조사하여 수중의 생균, 유기물을 사멸, 분해시킨다.

-NO_2 R/O Unit

고압 Pump와 R/O Module(역삼투압)으로 구성되어 있다. R/O Feed Water는 고압 Pump로 가압되어 R/O Module에 공급되고 전해질, SiO_2나 저고분자 유기물 등을 제거한 투과수와 제거된 물질(농축수)로 분류된다. 투과수는 Pure Water Relay Tank로, 응축수는 Pre-Trea Ted Water Pit로 공급되어 재이용된다.

장치에는 비저항계, 유량계, 압력 Switch, 압력계 등이 장착되어 안전 운전이 가능하지만 사용시 막면에 부착물이 증대하여 운전 압력, 차압의 상승, 투과 수량의 감소, 수질의 저하 등의 장애 발생되기 때문에 정기적으로 막 Cleaning이 필요하다.

- Pure Water Relay Tank

1차 순수의 최종 저장조 Tank로 NO_2 R/O 처리수를 저장한다. 이때 N_2 Gas에 의해 Seal 되어 대기로 인한 수질 저하를 방지한다.

- Heat Exchanger

초순수의 연속 순환으로 인한 수온 상승을 방지 및 초순수 장치의 열살균 작업시 순환수온 상승을 위하여 설치한다.(25℃~80℃ 정도의 수온)

- TOC-UV

수중에 UV(자외선)을 조사하여 수중의 유기물(TOC)을 유기산으로 변화시킨다. 그 유기산을 후단의 OR Polisher에 의해 Ion 교환 제거함으로써 초저 TOC농도의 순수를 제조한다.

- OR Polisher

NO_2 R/O 처리수는 OR Polisher에서 Ion 교환하여 비저항값을 15MΩcm 이상으로 올린다. OR Polisher는 Tower식으로 장치 내의 수지는 재생하지 않고, 정기적 비정기적으로 수지를 교환한다.

- Polisher

  UV통과수는 Polisher에서 최종적으로 Ion교환하여 비저항을 18MΩcm 이상으로 높이게 된다.

- UF(Ultra Filreration)

  이 특수 얇은막(Membrane Filter)은 초순수 장치 말단에 설치하여 미세한 미립자나 배관 내에서 발생되는 미세립자, 잔 박테리아 미립자 등을 Filtering한다.

(4) 초순수(D.I) 시공

① 자재의 취급요령

- 1차 Support설치 후 2차 Support는 D.I수의 운동량에 따라서 진동이 많은 배관이므로 방진 Hanger를 필히 한다.
- PVDF배관 재질이 유동성 및 Flexibility가 많은 배관재이므로 Tray를 사용하여 배관수평 및 수직도를 보완해준다.
- TRAY는 아연도금된 상태로 반입되며 반입 전 충분히 Cleaning을 한다.
- 모든 자재는 외부 Bag포장이 유지된 상태로 운반한다.
- 모든 자재는 자재 당 2m 이상시 2인 1조로 운반한다.
- Cross Contamination이 일어나지 않도록 금속류와의 접촉을 금한다.
- 전실에서 외부 Bag을 벗겨내고 사용 직전에 내부 Bag을 개봉한다.
- PVDF 전용의 청정한 공구를 사용하되, 모든 공구를 작업 시작 전에 IPA로 세정하고, DI Water로 2차 세정한 다음 질소를 사용하여 송풍 건조한다.
- 모든 PVDF Pipe의 Cutting은 Plastic 배관 Clean Shop의 Cutting Shop에서 하며 복장은 무진복 착용.
- Pipe는 Wheel타입 Plastic Pipe Cutter를 사용하여 절단한다. Wheel을 수시로 교환하여 Pipe원형의 찌그러짐이나 Pipe단말의 변형을 방지한다. 톱은 사용할 수 없다.
- Pipe 또는 Tube의 내 · 외부에 있을 수 있는 거스러기(Burrs), 쇠부스러기(Chips), 줄밥(Filings) 또는 기타 잔재를 제거한다.
- Hot DI Cleaning 후 Purity Check

7) Exhaust Duct

Exhaust Duct 란 오염된 실내공기를 실외로 배기시키는 것으로서 연계된 장비로서는 Scrubber를 사용하여 대기오염 법적 규제치 이하로 처리하는 것이다.

(1) 배기가스의 종류

① Toxic : 가연성, 발화성 가스로서 SiH_4, Si_2H_6, SiH_2Cl_2, AsH_3, BF_3, WF_6, NH_3, NF_3.

② Acid : 부식성 가스 및 유해성 Chemical로 H_3PO_4, H_2O_2, H_2SO_4, NHO_3, HCl, BCl_3, Cl_2, CHF_3.

③ Organic : 인화성 및 유독성 가스로서 IPA, HMDS, DEV, Methanol 등임.

배기가스는 화학적 성질에 의해 인체 및 환경에 유해한 독성, 가연성, 불연성, 부식성 및 질식성 가스를 FAB에서 사용 후 방출한다. 이에 적합한 1차 Scrubber로서는 다음과 같다.

㉠ Wet Type : 용매를 사용하여 가스를 용해 · 흡수시켜 정화된 가스를 대기방출

㉡ Dry Type : Zeolite, Resin, Activated Carbon 등을 사용하여 흡착처리

㉢ Burn Type : 열을 가해 분해시키는 방식으로 가연성 가스 및 열분해성 가스의 처리를 사용하여 1차 처리 후 2차 Scrubber로 처리 후 대기방출 시킨다.

(2) 배기 덕트의 사양

① 덕트의 재질

- SUS 304

Toxic 및 Solvent에 적용하였으며 덕트의 이음은 Flange Type으로 SUS Angle 40×40×5T를 적용한다. 이음부위의 패킹은 테프론 패킹을 사용하여 Leak 및 부식을 방지하도록 한다.

- Galvanized

H/G의 단순 열배기에 적용하여 Cost를 낮추며, 이음부위는 도금앵글을 사용하여 내구성을 강화한다. C/R내의 냉방공기와 열배기의 고온에서 발생하는 표면결로를 방지하기 위하여 분진 발생률이 적은 가공아티론 보온재를 사용한다.

- PVC

Acid, Alkali & Ammonia와 같은 PH값이 비교적 큰 가스에 적용하며 이음부위는 Flange Type과 PVC Welding으로 Leak를 최대한 줄이도록 한다.

- FRP

Acid, Alkali & Ammonia와 같은 PH값이 비교적 큰 가스에 적용하는 PV재와 동일하게 적용하며 내구성이 우수한 관계로 외부로 통하는 Air Chase에 적용한다. 마감처리는 레진처리로 가공하여 이음 부위의 Leak를 최소화할 수 있도록 시공한다.

② 배기덕트 정압 및 풍속

- 배기의 경우 0.1mmAq~0.08mmAq 범위에 적용한다.

– 풍속 : Mortor측 덕트 10~15m/s
Main Duct의 경우 5~8m/s
Sub Main Duct의 경우 5~8m/s

배기덕트는 생산공정에 필요한 청정도에 영향을 미치는 부분을 최적화하기 위하여 재질 선정, 도장처리(무정전), 재질의 청결 및 반입과정에 중점을 두어 시공계획하여야 한다.

– 공장제작 및 반출
- · Micro CNC Control에서 제작할 덕트의 Seam, Joint, 길이, 규격, 수량 등을 입력한다.
- · 함석의 평판작업(Straighting), 보강작업(Beading), 귀따기(Notching), 절단작업(Shearing)을 수행한다.
- · 절곡작업(Bending)을 통하여 지정한 대로 "ㄴ", "ㄷ", "Warp" 형태로 덕트를 완성한다.
- · 완성된 덕트는 제품검사를 통하여 IPA 1차 세정 후 비닐포장한다.
- · 덕트에 손상이 가지 않도록 적재 및 운반과정에 주의를 요한다.
- · 투입된 덕트는 비닐 포장을 제거하고 IPA(이소프로필알코올)로 세정한다.
- · 세정시에는 면종류의 헝겊을 사용한다.
- · 세정은 덕트 외부와 덕트 내부를 동일하게 세정하여 분진을 제거한다.
- · 2차 IPA세정 후 비닐보양 후 FAB입구로 이동한다.
- · 이동시 덕트에 손상이 가지 않도록 주의하며, 고층으로 이동시 사다리차 등을 이용한다.

2.4 냉열원 및 공조장비 설치공사

1) 기초(Foundation) 공사

(1) 콘크리트 배합

① 철근 콘크리트의 배합은 건축공사 표준 시방서에 따른다.
② 무근 콘크리트의 배합은 용적배합으로 한다.

(2) 콘크리트 부어넣기 및 양생

콘크리트를 부어 넣을 때에는 철근, 관류, 매입 철물 등이 이동하지 않게 고정하고 콘크리트가 고루 미치도록 넣는다.

부어 넣은 후에는 비, 바람, 직사관선, 급격한 건조 및 환기의 영향을 받지 않도록 적절히 양생한다.

(3) 장비의 기초

장비의 기초는 장비 제조회사의 기초도면 치수에 의하여 앵커 볼트의 위치를 고려하여야 한다.

(4) 거푸집의 조립 및 철거

콘크리트의 위치 보양과 규격을 정확히 유지할 수 있도록 조립하여 하중에 대하여 충분한 강도를 발휘할 수 있을 때까지 그대로 두고 구조물에 충격이나 진동을 주지 않도록 철거하여야 한다.

2) 펌프의 설치

(1) 펌프 설치시 유의 사항

냉각수, 냉수, 온수 및 보일러 급수 펌프가 있으며 예비 펌프가 있을 경우 교대 운전할 수 있는 셀렉터 스위치(Selector Switch)를 부착한다.

(2) 재료 및 구조

① 전동기와 직결되거나 축이음으로 연결된 수평형 펌프를 부착한 것으로 펌프본체는 KSD4301(회축이음), 임펠러 및 안내 임펠러깃은 KSD-6002(청동 주물) 또는 KSD-4301(회주철물)에 따른다.

② 펌프는 서징 포인트가 없고 유류가 혼입되지 않는 구조로 하며 회전부분은 운전이 균형되고 원활하여야 하며 각부의 진동과 소음이 적은 것으로 한다.

③ 온수펌프의 주축은 스테인리스 강봉으로 하고, 베어링 부분은 온수의 온도에 의한 장애를 받지 않고 운전 상태 있어서 운전이 원활하고, 각부의 진동이 경미하고 이상음이 없으며, 온수에 유류가 섞여 들어가지 않는 구조로 한다.

(3) 펌프의 시공

① 펌프의 기초는 콘크리트조로 하고 기기에 필요한 강도와 수압면을 가지며, 지지력이 있는 바닥과 지반면에 축조하여 진동에 대하여 안전하도록 정확하게 설치한다. 표면은 모르타르 바르기로 하고 설치면은 수평으로 마감하며, 기기의 기초 볼트용 구멍을 정확하게 설치한다. 또한 기초는 윗면 주위의 배수홈에 배수구를 설치하고 호칭지름 25mm 이상의 배관으로 배수관에 간접 배수한다.

② 펌프의 공통 베드마다 기초 위에 수평으로 설치하고 축심을 정확하게 조정한 다음 기초 볼트 구멍에도 모르타르를 채워 충분히 굳은 다음에 균등하게 조여 고정시킨다.

③ 배관시에도 그 하중이 직접 펌프에 걸리지 않도록 지지한다.

④ 방진 이음과 진동 기초에 대해서는 도면에서 본시방서의 해당항목에 따른다.

(4) 시험 및 검사

펌프의 시험 항목은 다음의 해당사항에 따라 진행한다.

① 원심펌프 및 축류펌프의 시험 및 검사방법

② 펌프 토출량 측정방법

③ 보일러 급수용 원심펌프의 시험 및 검사 방법

④ 펌프본체의 수압 시험치는 최고 토출압력(운전 범위에 있어서 최고양정+최고투입압력)의 1.5배

이상(단, 최저압력 1.5kg/cm^2)으로 한다. 기타 펌프도 이에 준한다.

3) 송풍기의 설치

(1) 설치시 유의사항

① 평형시험기에 의하여 정적 평형과 동적 평형이 잘 조정된 것으로서 운전 시에 소음과 진동이 적고 소정의 성능을 갖는 것으로 한다.

② 제작시의 변형 및 부정형 등이 없고 충분한 강도를 가지며, 적정한 베어링을 사용한다.

③ 송풍기 제작자는 설치 및 각종 인·허가 사항에 대하여 책임을 진다.

④ Fan은 사용조건에 따라 특정시방, 부품의 위치, 부식방지, 화재, 그 밖의 위험사항을 충분히 검토한 후에 선정한다.

⑤ Fan은 사용되는 시스템에서 공기저항과 시방에 명시된 충분한 양의 공기를 공급할 수 있는 것이어야 한다.

⑥ Fan Motor는 Drive Pulley와 함께 정숙하고 역학적으로 안정되고 Motor의 무게 100kg당 균형편차가 40g/cm 보다 크지 않도록 하여야 한다. 성능시험은 회전속도 평균 0~100%까지 행한다. Motor와 Pully는 규정치 보다 더 정밀하게 제작되고 운전 시 정숙한 운동이 되어야 한다.

⑥ 특별한 시방이 없으면 Fan은 연속 가동되는 Type으로 설계 제작되어야 한다.

⑦ 모든 Fan에는 그 Fan의 특성과 회전방향, 속도, 마력, Pully와 Belt의 규격 윤활유의 종류, 그 밖에 필요사항을 기록한 명판을 보기 쉽고 접근이 용이하며 손상의 우려가 없는 곳에 견고하게 부착시킨다.

⑧ Casing, Impeller, Shaft와 Belt Guard의 제작 후 깨끗이 청소하고 녹방지용 페인트나 그 밖의 승인된 방법에 의하여 2회 Coating 실시한다.

⑨ Centifigual Fan은 도면에 명시된 것과 같은 일반적인 사양에 의해 공급된다.
Fan Wheel과 Housing은 아연도 철판 또는 이와 동등한 내식성을 가진 재료로 한다.
모든 Centifigual Fan특정사양이 없는 경우에는 V-Belt 구동방식으로 제작한다.

⑩ 모든 V-Belt는 회전체와 손쉽게 분리하거나 정비할 수 있어야 하고 6mm Mesh Steel Guard로 보호되어야 한다. Beltguard는 회전축의 끝에서 회전속도계에 의해서 회전수를 Check할 수 있도록 측정 Hole이 있어야 한다.

⑪ Belt Drive는 회전기와 회전체 양쪽의 Lock Pully에 대한 승인을 받은 후 양쪽을 연결 고정 시킨다.

⑫ Motor의 회전속도는 특별한 요구 사항이 없는 한 1800RPM을 초과해서는 안 된다.

⑬ 중요한 진동 절연장치는 금속 스프링을 사용하고 스프링 바닥과 위에 8mm 이상의 홈이 파여진 Neoprene Pad를 2개 붙인다.

⑭ 방진 스프링의 폭과 높이의 비율은 휨하중 이하의 상태에서는 그 비율이 비슷하다. 설치는 충분

한 높이와 간격을 확보하여 기계가 심하게 진동하는 것을 방지하여야 한다. 각 Fan에는 최소 6개 이상의 Spring Mount를 설치하여야 한다. 설치는 검사와 보수에 용이하게 하고 잘 보이는 곳에 설치한다. 설치 시 정하중 상태에서 가대의 기초 아래로 20mm 이상의 탄력을 가져야 한다.

⑮ 스프링의 허용하중은 운전시의 하중보다 50% 이상의 하중에 견딜 수 있어야 한다. 이 상태에서 스프링의 탄성계수를 초과해서는 안 된다.

(2) 원심 송풍기의 설치

① 원심송풍기는 터보형, 다익형 및 한계부하형 등으로 나뉜다.

② 케이싱은 강판재 또는 기타 필요한 강도를 가진 재료로써 변형과 진동이 없으며 접합부에서 공기가 새지 않도록 용접 또는 리벳팅에 의하여 견고하게 정형 보강된 것으로 설치와 운전에 지장이 없는 구조로 한다.

③ 임펠러 깃은 강판재 또는 기타 필요한 강도를 가진 재료로써 변형과 진동이 없으며 접합부에서 공기가 새지 않도록 용접 또는 리벳팅에 의하여 견고하게 정형 보강된 것으로써 설치와 운전에 지장이 없는 구조로 한다.

④ 임펠러 깃은 강판재 또는 기타 필요한 강도를 가진 재료로써 일정한 곡면으로 정밀하게 정형 제작하여 임펠러 보스에 용접 리벳팅 볼팅 고정 또는 기타 방법으로 주판과 측판에 견고하게 부착한 것으로써 운전시에 변형을 일으키지 않는 충분한 강도를 가진 것으로 한다.

⑤ 축은 충분한 강도를 가진 것으로 하고 베어링은 Radial 및 Trust 하중에 충분히 견딜 수 있고 장시간의 연속운전에도 지장이 없는 것으로 한다.

⑥ 전동기는 KS 제품으로 하고 별도의 지시가 없는 한 옥내는 방적현, 그리고 옥외는 전폐옥외형으로 한다.

(3) 축류 송풍기

① 케이싱과 프레임은 강판 또는 기타 필요한 강도를 갖는 재료로 제작하고 설치에 지장이 없는 구조로 한다.

② 임펠러 깃은 강판 또는 기타 필요한 강도를 갖는 재료로써 매끈한 소정의 곡면으로 정밀하게 제작하여 고속운전에 견딜 수 있는 것으로 한다.

③ 축은 원심 송풍기의 해당사항에 따른다.

(4) Air Curtain

① 케이싱은 강판재 또는 기타 필요한 강도를 가진 재료로써 변형과 진동이 없으며 접합부에서 공기가 새지 않도록 기밀이 유지 되어 있어야 하고 설치와 운전에 지장이 없는 구조로 한다.

② 축은 충분한 강도를 가진 것으로 하고 베어링은 레이디얼 및 트러스트 하중에 충분히 견딜 수 있고 장시간의 연속운전에도 지장이 없는 것으로 한다.

③ 팬 토출풍속은 13.5m/sec 이상이어야 하고 풍량은 Air Curtain 길이당 32.5CMH 이상이어야 하며 소음이 적고 Control Box를 구비하여야 한다.
④ 벽체에 견고히 고정시킬 수 있는 구조이어야 한다.
⑤ 외부는 기본적으로 방청도장 2회를 실시한다.

(5) 송풍기의 설치 및 고정

① 바닥 설치형일 때는 콘크리트 기초 또는 형강재 가대 위에 직접 고정하거나 방진재를 사용하여 방진구조 위에 설치한다.
② 천장걸이형일 때는 송풍기의 운전 중량에 충분히 견딜 수 있는 구조와 강도를 가진 형강재 가대 또는 앵커 볼트를 건물의 구체에 견고히 고정 시키고 송풍기를 설치한다. 방진재의 사용 지시가 있을 때에는 방진재를 사용하여 진동의 전달을 방지한다.
③ 축류 송풍기를 풍도에 설치할 경우 형강재 가대를 풍속도에 넣고 견고하게 고정 시킨다.
④ 방진재를 사용할 경우 방진재의 특성과 개수는 기기의 진동수, 운전시의 중량, 진동 전달 등을 고려하여 결정한다.
⑤ 풍도와 접속하는 송풍기의 흡입측과 토출측에는 플렉시블 이음을 설치한다.

4) 공기조화기(Air Handling Unit)

(1) 공기조화기의 구조

공가조화기는 송풍장치, 공기냉각장치, 가습장치, 및 케이싱, 그리고 공기 혼합 부분, 기타 부속 등으로 구성되며 가열, 가습, 냉각 및 감습 등의 기능을 발휘하는 것으로 한다. 또한 공기 여과기를 갖추어 공기를 제진한다. 공기조화기는 진동 및 소음이 적고, 소정의 능력을 충분히 발휘하는 것으로 한다. 또한 송풍기의 흡송측에는 측정구를 설치하고 각 케이싱 섹션에는 점검구를 붙이고 크기는 400W×500H 이상으로 하며 코일섹션측의 점검부는 들여다보는 창을 붙인다. 팬케이싱은 소제구를 붙이고 드레인관은 25A로 한다.

(2) 공기조화기의 조립

① AHU는 공기 냉각 코일, 가열코일 공기여과기, 송풍기 및 전동기 등의 주요부와 이들을 내장하는 케이싱으로 구성되며 필요에 따라서 가습기 및 엘리미네이터 등을 설치하고 종류, 형식, 호칭, 구조, 재료 및 치수 등은 형식기준에 따른다.
② 필타실에는 마노메타(0~50mmAq)를 붙인다.
③ 가습기의 설치
- 가습기에는 증기분무식(SUS 제2중관)을사용하며, 증기를 분무하는 가습기는 SUS제로 타공 흔적이 없는 천공 부위에서 증기를 분출시키는 것으로 응축수를 분출시키지 않으며 공기와의 혼합이 잘되는 구조로 한다.

- 증기 방출형으로서 기수 분리기, 메니폴드, 증기 트랩, 스트레이너로 구성하며, 자동제어 밸브를 범용성 있게 부착할 수 있는 구조로 한다.
- 메니폴드는 이중재킷으로서 내식성이어야 한다.
- 기수 분리기는 내식성 자재로써 건조된 증기를 공급하여야 한다.
- 증기 트랩은 응축수를 연속 배출하여야 한다.

④ 단열재는 원칙적으로 유리면 보온재 40K 이상의 것을 사용하며, 결로가 생기지 않는 두께로써 최소 25mm 이상으로 하고 그 표면은 섬유질이 비산하지 않도록 난연성의 재료로 표면처리하거나 글라스 크로스로 피복한 것으로 한다.

⑤ 공기조화기는 Single 또는 Multi Zone Type으로 수직형 또는 수평형과 복합형으로 된 것이 있으며 설치장소나 그 밖의 상황을 고려하여 적당한 형식의 것을 사용한다.

⑥ Coil Section, Filter Section, Mixing Box와 그 밖의 모든 부분을 견고한 철재구조 위에 단단히 볼팅하여야 한다.

⑦ 각 부분마다 공기가 새지 않는 구조로 점검문을 설치하여야 한다.

⑧ Filter나 Wet Coil의 면풍속은 2.5m/sec Dry Coil의 면풍속은 3m/sec를 초과해서는 안 된다.

⑨ Casing Plate 는 Clean Room 이나 그 밖의 용도에 견딜 수 있고 Casing은 20 Micron 이상의 Melamine Resin 소부도장 마감을 한다. Coil Section과 Fan Section은 32kg/cm^2 이상의 Glass Wool 50mm 두께로 보온을 한다.
Clean Room용 공조기와 외기공조기의 보온재는 2중 Casing의 내부에 삽입 하도록 한다.

(3) 공조기 내부 송풍기 설치(Fan Section)

① 회전축은 정밀하게 가공된 견고한 철강재이어야 한다.

② 축의 개구부는 Ring Type의 Seal로 견고하게 Sealing해야 한다.

③ 외기 및 Clean Room용 Fan은 양흡입 Centrifugal Fan을 사용하고 Blade는 Air Foil Type의 과부하가 걸리지 않는 특징의 것을 사용한다.

④ Fan 가능한 한 최대의 성능을 낼 수 있는 것을 선정하고 최소일 때의 효율이 65%인 것을 선정한다.

⑤ 전 Motor는 V-Belt, Pulleys, Belt, Guard와 조정 가능한 Slide Rail을 갖춘 것이어야 한다.

⑥ 모든 Fan은 좋은 품질에 수명이 길고 주유가 필요 없는 Bearing에 공기 역학적인 균형과 정숙한 운전을 할 수 있어야 한다.

⑦ Fan Section은 Spring 방진가대를 설치하고 덕트나 그 밖의 부분과 연결되는 부분에는 양면에 PVC Coating된 Canvas 이음을 하여야 한다.

⑧ 보온재(32K Glass Wool)는 전부 PVC Coating된 석면포로 Cover하고 다공판으로 내부 Casing을 하여 고정시킨다.

(4) 코일부 설치(Coil Section)

① 모든 코일은 10kg/cm^{2}의 압력에 견딜 수 있어야 한다.

② Clean Room용은 Copper Tube/Copper Fin으로 하며 기타 공조용은 Copper Tube/Aluminum Fin으로 한다. 단, Flesh Air의 Pre Heating Coil은 Non Freeze Type으로 한다.

③ Humidifier는 Dry Injection Type으로 한다.

④ Drain Pan은 STS 304 1.6mm를 사용하고 내부에 20Micton 두께의 Epoxy Resin Coating을 하여야 한다. Drain 바닥에는 Glass Wool 32kg/㎥에 50mm 두께를 갖는 보온재로 보온되어야 한다.

(5) 필터부 설치(Filter Section)

① 외공조기에는 면풍속 2.5m/s일 때 집진효율 70% (AFI)의 Pre Filter와 집진효율 90%(NBS)의 효율을 갖는 Midium Filter를 사용한다.

② 청정도 Class 10,000 이하의 Clean Room 공조기에는 집진효율 70%(AFI)의 Pre Filter와 집진효율 60%(NBS)의 효율을 갖는 Midium Filter를 사용한다.

③ 일반실의 공조기에는 집진효율 70%(AFI)의 효율을 갖는 Pre Filter만 부착한다.

④ Midium Filter급 이상의 Filter가 설치되는 곳에는 차압계를 설치한다.

(6) 공기여과기(Air Filter)

① 중성능 Filter

중성능 필터는 유닛형으로서 집진효율이 NBS(비색법) 90% 이상의 성능을 가지며 압력 손실이 적고 풍량이 가변에 따른 효율 및 여재의 진동상태가 전혀 없는 것이어야 한다.

② 구성 및 재질

- Filter는 몸체가 아연도 강판 0.4t로써 Air Flow 방향에 턱걸이가 있어야 하며 여재와 여재 사이에는 알루미늄 세퍼레이터가 지지되어 높은 풍속에도 견딜 수 있어야 하며 뒷면에는 아연도강선이 대각선으로 모두 고정되어 Filter의 견고성을 높여주어야 하고 전체의 중량은 8.5kg 미만이어야 한다.
- Frame : 외각케이스는 아연도 강판 0.4t로서 몸 전체가 구성되어야 하고 세퍼레이터는 알루미늄이라야 한다. Frame 자체는 완전한 조립형으로써 용접 및 리벳팅으로 처리해서는 안 되며 완제품 자체가 손으로 좌우를 일정한 힘을 가하여 흔들리지 않는 견고성을 유지해야 한다.
- 여재 : Glass Fiber로서 121℃까지 사용할 수 있는 제품이어야 하고 난연성, 방수성, 방습성을 갖으며 여재 면적은 9.72m^2 이상이어야 한다.

5) 터보식 냉동기의 설치

(1) 냉동기의 구조

터보 냉동기는 밀폐형 원심식 압축기, 전동기 동력 전달 장치 등의 주요부분과 추기회수장치, 풍량 조절장치, 냉수자동 온도 조절 장치, 기타 부속 장치로 구성한다.

(2) 부품별 요구조건

① 압축기

터보식 압축기는 고성능 1단 혹은 2단 밀폐형 압축기로써 정적평형 및 동적 평형이 잘 잡혀 있으며 윤활장치가 완전하고 누설되지 않는 축봉장치(밀폐형인 것은 제외)를 갖춘 것이어야 한다. 용량 조절 장치를 갖는 경우에는 압축기와 가이드 베인 입구조절이 가능하거나 디퓨저 조절이 가능하며(100%~10%까지 제어) 경부하 기동 장치를 갖추고 기능이 확실하여야 한다. 냉매가스 흡입구 측에는 필요에 따라서 거품이 생기는 것을 방지하기 위하여 정지 시에도 운전되며 온도감지기에 의하여 제어되는 전기히터를 설치한다.

② 동력 전달 장치

동력 전달 장치를 갖추어야 하는 기계의 전동기 직결형에는 플렉시블 커플링을 사용하고 V-Belt 구동형에 있어서는 V-Belt에 의하여 원활하고 효율이 좋은 동력전달이 가능한 것으로 한다. V-Belt 구동형인 경우에는 반드시 안전용 벨트 커버를 설치한다.

③ 응축기

수냉식 원통다관형 응축기의 동체는 강판 또는 강관재로서 내부(냉매측)는 산세척 기타 처리 방법에 따라 녹을 제거한 다음 방청 처리하여야 한다. 끝부분에는 수실을 두어 관의 청소가 가능한 구조로 한다. 관은 이음매 없는 동 및 동합금관으로 나관 또는 핀붙이관(Finned Tube)의 양끝에서 관판에 밀착시킨다. 수액기를 별도로 설치하지 않는 경우에는 운전하는데 지장이 없는 정도의 용적을 동체 내부에 확보하여야 한다.

또한 동체에는 안전밸브(또는 가용 전) 수실에는 공기 및 물빼기 밸브, 냉매 출구측에는 스톱밸브 액면계 및 필요에 따라 검사창 등을 설치한다. 서멀 이코노마이저 사이클 효율을 증대를 위하여 설치한다.

④ 수냉각기

증발기는 압축기 입구로 액냉매가 넘어가지 못하도록 되어야 하며 소정의 운전 조건에 있어서 충분한 냉각 능력을 갖는 것이어야 한다.

⑤ 냉매 수액기

불응축 가스가 액관계에 흡입되는 일이 없이 냉매액을 분배하는 구조로서 냉매액 출입구 밸브, 안전밸브(또는 가용전) 및 액면계를 갖추어야 한다. 본체는 강관 또는 강판을 용접 가공한 원통형으로 하고 내용적은 운전 및 유지 보수에 지장이 없도록 충분한 용량으로 한다.

⑥ 기름 분리기

본체를 강판제 원통형으로 하고 토출 가스 중에 들어 있는 기름방울을 관성식, 여과식 또는 중력식으로 분리하여 분리된 기름은 자동적으로 크랭크실로 들어가는 구조로 한다.

⑦ 냉매건조기

강제 또는 동제의 외통 내에 건조제를 충진한 다공통을 내장한 것으로서 그 작은 부스러기가 냉매와 함께 유출하지 않는 구조로 한다.

⑧ 냉매 여과기

강제 또는 동제의 외통 내에 내식성 걸음망으로 덮어씌운다. 공통을 내장한 구조로 하고 그 기능을 충분히 발휘하는 것으로 한다.

⑨ 냉매전자밸브

사용하는 냉매에 적합한 것으로써 냉매유량에 따라서 적당하게 선정된 오리피스 구경을 가지며 기능이 확실하고 소음이 적은 것으로 한다.

⑩ 냉매 글로브 밸브

원칙적으로 본체는 동합금제 팩레스형 또는 특수 주철재 등의 시일캡을 갖는 팩형이어야 한다.

⑪ 안전장치

- 압축기 유압의 고저에 의하여 동작하는 유압 릴레이를 부착하여야 한다.
- 응축기 냉매온도의 과도한 상승에 의하여 동작하는 릴레이
- 증발기 냉매온도의 과도한 저하에 의하여 동작하는 릴레이
- 냉수가 과냉각되었을 때 동작하는 온도 릴레이
- 냉수 및 냉각수의 단수시에 동작하는 단수 릴레이(또는 냉수 및 냉각수 펌프와의 인터록 회로)
- 전동기의 관전류 과전압 저전압에 의하여 동작하는 릴레이

⑫ 방진장치

콘크리트 위에 장비 설치를 하는 장빈 스프링을 설치하여야 한다,

⑬ 오일펌프

압축기가 운전되지 않을 시에도 수동운전을 할 수 있도록 별도 스위치를 설치하여야 한다.

(3) 냉동기의 설치

① 냉동기의 설치는 고압가스 안전관리법, 기차 관련법규에 따라서 운전 유지보수 및 안전상 지장이 없도록 냉동기 공급자는 시공하고 각동 인허가 업무를 수행하여야 한다.

② 콘크리트기초 또는 강제 기초위에 수평으로 설치하며 방진장치를 갖는 경우에도 동일한 방식으로 시공한다.

③ 냉동기에 접속하는 냉각수 및 냉수 배관에는 방진효과가 높은 플렉시블 이음을 설치한다.

④ 냉동기용 보호 릴레이함 등 진동에 의하여 작동에 저해가 될 염려가 있는 것은 방진을 고려하여

설치한다.

(4) 시험 및 검사

① 고압가스 안전관리법에 의한 내압시험 및 기밀시험에 합격하여야 한다.

② 수냉각기 및 응축기의 수축에 대한 수압시험은 원칙적으로 최고사용압력의 2배의 압력으로 시험하되 그 값이 10kg/cm^2 G 미만일 경우 10kg/cm^2 G로 한다.

③ 소정의 운전조건 및 동력소비량에 있어서 소정의 냉동능력 및 용량조절기능을 만족시켜야 한다.

④ 안전장치의 동작이 확실한 것이어야 한다.

⑤ 소음 및 진동에 대한 시험 및 검사에 합격하여야 한다.

6) 냉각탑(Cooling Tower)의 설치

(1) 대향류형 냉각탑의 구성 및 설치기준

탑본체, 수조, 송풍기, 전동기 부속품 등으로 구성되며 운전시의 소음, 진동, 및 물방울의 비산이 적고 초저소음형으로서 소정의 성능을 갖는 것으로 한다.

① 본체

- 본체는 유리 섬유 강화 폴리에틸렌 수지판, 경질염화 비닐판 또는 두께 3.2mm 이상의 강판에 수지 코팅을 한 것으로 한다.
- 수 분배 장치는 강제에 수지 코팅을 한 것 또는 합성수지제로 하고 내부의 점검 및 청소가 용이한 것으로 한다.
- 공기 흡입구에 설치하는 루버 또는 금속망은 본체와 같은 재료 또는 강제에 수지 코팅을 한 것으로서 공기의 유통을 고르게 할 뿐만 아니라 외부에 물을 비산시키는 것을 방지한다.
- 충진재는 충분한 경년변화에 견디는 것으로써 통과유량의 유동저항이 적고 낙하 물방울을 균일하게 분배하는 모양 및 구조로 한다.

② 물탱크

- 유리섬유 강화 폴리에틸렌 수지판 경질염화 비닐판 또는 두께 3.2mm 이상의 강판에 수지코팅을 한 것을 설치한다.
- 수조는 각형으로 배수관 오버 플로우관, 급수관, 기타 필요한 접속구를 설치하고 흡입구에는 내식성 금속제 금망 또는 수지제 슬릿형의 것을 사용한다.

③ 송풍기

- 평형시험기에 의하여 정적 평형과 동적 평형이 잘 조정되는 것으로서 운전시에 소음과 진동이 소정의 성능을 갖는 것으로 한다.
- 케이싱과 프리임은 강판 또는 기타 필요한 강도를 갖는 재료로 제작되고 설치에 지장이 없는 구조로 한다.

- 임펠러 깃은 강판 또는 기타 필요한 강도를 갖는 재료로써 매끈한 소정의 곡면으로 정밀하게 제작하여 고속 운전에 견딜 수 있는 것으로 한다.
- 축은 충분한 강도를 가진 것으로 하고 베어링은 레디얼 및 트러스트 하중에 충분히 견딜 수 있고 장시간의 연속운전에도 지장이 없는 것으로 시공 중에도 적당한 탄력성이 있는 재료이어야 한다.
- 여러 가지 시일재 중에 실리콘 시일재가 가장 많이 사용되고 있다. 시일재의 선정시공 부분 시공법 등을 검토하여야 하고 덕트의 계통 대상실의 그레이드 등을 조사하여 재료를 선정한다.
- 덕트 생산기기와의 접속을 플렉시블 이음을 사용하여 하는데 접속간격은 2m 이내로 한다.

(2) 냉각탑의 설치

① 냉각탑의 표면 모르타르로 마감한 콘크리트 기초 또는 형강재 가대 위에 자중, 적설, 풍압, 기타 진동에 대하여 안전하고 충분히 견디도록 정확하게 설치한다.
② 냉각탑의 설치 위치는 풍향 및 장애물을 고려하여 선정하고 냉각탑에서의 배기 및 소음이 주위의 거주 지역에 악영향을 미치는 일이 없도록 배려한다.
③ 냉각탑 주위의 배관은 그 중량이 직접 본체에 걸리지 않도록 지지한다.
④ 밸브를 부착할 때에는 반드시 전폐의 상태에서 부착한다.
⑤ 운전에 앞서서 배관 중의 스케일 용접 부스러기 먼지 등을 제거하지 않으면 안 된다.
⑥ 방진장치는 설계도 또는 감독의 지시에 따라 부착한다.
⑦ 방진 이음(플렉시블 조인트)의 부착 위치는 본체와 밸브의 사이로 한다.
⑧ 기초표면은 모르타르를 칠하고 설치면은 수평 끝맺음으로 하고 기기의 앵커 볼트용의 구멍은 정확히 시공한다.

(3) 시험 및 검사

① 설치완료 후 만수 시험 및 시운전을 하여 유무를 확인한다.
② 수분배 장치에서 흘러내리는 물은 충진물의 표면을 고르게 흐르고 본체 밖으로 물의 비산이 적은가를 확인한다.

7) 공조설비의 방진

(1) 방진설비 개요

방진의 중요한 목적은 건물구조물에 소음 및 진동 전달을 최소화함으로써 건물과 기계장치의 수명을 연장하고, 진동공해를 인한 각종 피해를 방지함에 주된 목적이 있다.

① 기계실 및 공조실에서의 진동을 일으키는 모든 기계류, 장비류, 덕트 및 파이프 배관 장치 등은 건물의 구조물과 직접 연결되지 않도록 방진스프링 행거나 방진스프링 마운트를 설치함을 원칙

으로 한다.

② 일반적으로 최하부 바닥층(또는 주차층)의 방진기는 최소 25mm 이상의 정적변위를 가져야 하고 최하부 바닥층을 제외한 층은 최소한 50mm 이상의 정적변위를 가져야 한다.

③ 스프링을 사용한 방진기는 부식방지 및 기기의 수명연장을 위하여 도장 전처리(Shot Blasting or Sand Blasting)를 수행한 후 소부도장 또는 분체도장을 하여야 한다.

④ 방진기에 사용되는 코일스프링은 방진재의 특성을 좌우하는 중요한 부품이므로 재질 및 규격은 반드시 KS D 3701(스프링강재에 대한 규격), KS B 2402(열간성형압축 코일스프링), KS B 2403(냉간성형압축 코일스프링)에 준한 제품을 사용하여야 한다.

(2) 각 장치별 방진 사양

① 공조기, 송풍기 방진

㉠ 바닥설치 장비의 방진

- 공조기 및 송풍기 방진장치는 스프링정적변위를 육안으로 확인할 수 있는 KS B 1563 방진스프링 마운트 또는 하우징 타입(2SMB Type) 방진스프링 마운트를 사용하여야 한다.
- 분리형일 때 코일 및 휠타파트에는 20mm 두께의 정적변위가 최대 7mm인 Neoprene Pad를 사용하며, 직하층 및 인접실에 저소음 · 저진동이 특별히 요구되는 경우에는 낮은 고유진동수의 특성을 지닌 코일스프링과 Neoprene Pad가 접목된(SPM Type) 제품을 사용하여야 한다.
- 스프링 사용하중 구별은 스프링의 외부 색상 및 별도의 표시로서 구별되어야 한다.
- 기초 콘크리트 패드와 접촉되는 하부 하우징에는 KS M 6617 방진고무용 고무재료인 6mm 두께의 네오프렌 패드가 부착되어 기초 콘크리트와 격리시켜야 한다.
- 방진스프링 마운트는 장비의 높낮이를 조절하기 위한 Leveling Bolt가 부착되어 있어야 한다.
- 공조기가 팬박스 분리형일 때 공기흐름의 반대방향으로 발생되는 밀림 힘이 장비무게의 5%를 초과할 때는 수평밀림 방지기를 장비의 중앙선에 대칭으로 설치하여야 하며, 장비의 진동이 코일부분에 전달되지 않도록 Canvas Flexible을 설치하여야 한다. 단, 방진스프링 마운트가 다축방향의 공용성으로 수평진동을 제어하는 기능이 있을 때는 필요치 않다.
- 송풍기의 경우 일반적으로 방진가대는 사용치 않으나 저속형(Low RPM)인 경우는 장비의 진동진폭을 감소시키기 위해 방진가대를 설치하여야 한다.

㉡ 천장설치 장비의 방진

천장설치형 팬은 진동과 소음을 효과적으로 차단할 수 있도록 50mm 이상의 방진 스프링 행거(YSH Type)를 설치한다.

② 냉각탑의 방진

- 냉각탑 장비의 방진장치 설치 시 자체하중과 운전하중이 특히 상이할 때에는 수직 이동제한 장치가 있는 제한형 방진 스프링 마운트(SLM Type)를 설치하여야 한다.
- 대향류형 냉각탑은 다리부분에 하중이 집중되어 장비파손의 위험이 있으므로 200R/T 이상의 용량은 일체형 Frame을 이용하여 설치하여야 한다.
- 제한형 방진스프링 마운트는 스프링의 움직임에 방해되지 않도록 상 · 하부 케이싱이 최소 13mm 정도의 간격을 유지하여야 한다.
- 기초 콘크리트 패드와 접촉되는 하부 하우징에는 KS M 6617 방진고무용 고무재료인 6mm 두께의 네오플랜 패드가 부착되어 기초 콘크리트와 격리시켜야 한다.

③ 펌프의 방진

- 펌프의 방진스프링 마운트는 개방형 또는 밀폐형 스프링 마운트(KS B 1563)로서 방청처리가 된 제품이어야 한다.
- 스프링의 정적변위를 육안으로 확인할 수 있어야 하며, 하중은 스프링의 색상 또는 별도의 표시로서 구별되어야 한다.
- 펌프 운전 시 관성력에 의한 Rocking현상 또는 무게중심 상승에 따르는 장비의 불안정 등을 감소시키기 위해 부가하중식 방진가대를 사용한다.
- 부가하중식 방진가대 사용 시에는 상기 언급한 방진스프링 마운트를 가대에 장착하고 가대 내부에 콘크리트를 타설하며, 펌프와 가대를 일체화하기 위해 특정지점에 앵커볼트를 콘크리트 속에 심어 양생시킨다.
- 콘크리트가 양생된 후 앵커볼트와 Pump Base의 볼트 구멍이 일치되도록 가대 위에 올려놓고 너트로 조여 고정시킨다.
- 일반적으로 볼트조립형 부가하중식 가대의 높이는 200mm로 한다.

④ 냉동기 방진

- 냉동기, 냉 · 온수 유닛, 보일러는 장비 하부와 콘크리트 기초와 직접 접촉되지 않도록 네오플랜 패드를 설치하여야 한다.
- 네오플랜 패드는 20mm 두께의 정적변위가 최대 7mm인 것을 사용하며, 장비 용량별로 Size를 구분해서 제작 · 설치한다.

⑤ 수충격 방지기

- 소화 · 급수 및 온수 배관에서 유속의 급변으로 인하여 발생하는 수충격 현상(Water Hammer)으로 인한 배관의 진동 및 소음의 발생을 방지하기 위해 적절한 수충격 방지기를 설치하여야 한다.
- 소형 위생배관의 적용으로는 SNM형, 소화설비 유압기기 송유관 등에는 SNK형을 설치하며 수충격 방지기는 배관의 말단부나 유속이 급변하는 곳에 설치한다.

- SNK 수충격방지기의 설치장소는 펌프상단 및 관말에 설치하는 것을 원칙으로 하고 알람밸브 상단 및 각층 관말에도 설치하는 것이 바람직하다.
- 수충격방지기가 설치된 배관에는 보수 및 교체를 위하여 게이트 밸브를 설치한다.

⑥ 입상관의 방진

- 입상관 내를 흐르는 유체의 온도변화에 따른 수축 및 팽창으로 인한 응력과 움직임, 그리고 유체의 맥동 등에 의한 진동을 효과적으로 방지하기 위해서는 고정용 입상관 방진고무와 개방형 스프링 마운트를 사용하여야 한다.
- 입상관의 배관중량을 지지하고 관의 신축에 따르는 움직임을 효과적으로 방지하기 위한 Anchor 및 Guide는 입상관에 Rise Clamp를 용접하고, 볼트를 연결함으로써 이루어진다.
- Rise Clamp 양단 끝부분에는 고정용 입상관 방진고무 또는 방진스프링 마운트를 용접, 볼트로 연결하여 설치한다.
- 건물의 구조체에 진동전달요인을 효과적으로 방지하고 배관의 상하 수축, 팽창 시 발생하는 진동을 원활하게 흡수할 수 있도록 방진스프링의 변위량이 50mm인 개방형 방진스프링 마운트를 설치하여야 한다.

⑦ 수평배관 및 덕트의 방진

- 기계실의 파이프, 공조실의 덕트 등에는 음의 차단과 진동의 흡수를 목적으로 SH방진스프링 행거(KS B 1561) 또는 방진고무 행거를 일정간격으로 설치한다.
- 방진스프링 행거 설치 시에는 Plate와 볼트를 끼워 운전하중 시의 정적 변위만큼 압축시킨다.
- 파이프나 덕트를 지지하기 위해 Pipe Ring, Pipe Clamp를 설치하여 행거하부의 Rod와 연결한다.
- 파이프나 덕트 배관의 높이는 행거 내의 상 · 하부 Rod에 접속된 볼트와 너트를 조절한다.

⑧ 플렉시블 커넥터(Flexible Connector)

- 펌프의 흡입 및 토출측 배관, 냉각탑 등의 배관 연결 시, 기기에서 발생하는 진동이 배관을 타고 건물 전체에 전달되지 않도록 플렉시블 커넥터를 설치하여야 한다.
- 플렉시블 커넥터 중간부분에 내압에 대한 변형을 방지하기 위한 보강링이 부착된 (YQ Type) 제품을 사용하여야 한다.
- 플렉시블 커넥터의 재질은 합성고무(Neoprene계) 또는 3중 합성고무(Epdm)로서 최대유연성과 고온(120℃) 고압(Max. 30kg/cm^2), 내마모성, 내오존성 및 내열성에 강한 특성을 지니고 있어야 한다.
- 일반 급수관에 있어서는 Neoprene재질의 플렉시블 커넥터를 사용하며 고온수용 배관에 있어서는 3중 합성고무 재질의 플렉시블 커넥터를 사용하여야 한다.
- 플렉시블 커넥터설치 시 배관 내 수압이 10kg/cm^2 이내인 경우 200A 이상, 20kg/cm^2 이내인 경우 125A 이상의 배관에서는 플렉시블 커넥터의 과대한 팽창 및 축을 제어하기 위한

Control Unit를 설치하여야 한다.

⑨ 플로팅 플로어(Floating Floor ; Jack Up System)

㉠ 플로팅 플로어의 구성

플로팅 플로어구성은 기초 Slab, 탄성체(Elas Pad - Type)와 최소 100mm 두께의 철근콘크리트구조로 이루어져야 한다.

㉡ 재료

- 탄성체 - 정적 변위는 8.0mm를 넘지 말아야 하고, 동적주파수는 10Hz를 초과하지 말아야 한다.
- 플로팅 플로어의 주변 콘크리트와의 접촉은 최소 10~20mm 이상의 아이소핑크 보드판으로 격리시키고, 최종 마감은 유연성 재질의 코킹 컴파운드로 마감처리하여야 한다.

㉢ 플로팅 플로어의 설치

- 탄성체(Elas Pad)가 설치되는 바닥의 콘크리트 표면은 깨끗하고 수평을 유지하여야 하며, 건조된 상태에서 시공을 해야 한다. 바닥 슬리브의 방습 및 방수를 위해 방수층을 형성한다.(건축공사분)
- 배수구, 파이프 및 덕트는 주위 여건을 고려하여 미리 슬리브(Sleeve)를 설치한다.
- 플로팅 플로어의 모든 주변벽과 기둥 주위에는 높이 140mm, 두께 20mm의 Perimeter Isolation Board(Isopink)를 단단히 접착시킨다.
- 승인 도면에 나타난 간격에 맞추어서 탄성체(Elas Pad - Soft Type)를 설치한다. 이 때 틈새 부위는 Tire Chip을 이용해서 완벽히 Sealing한다.
- 0.08 mm 두께의 폴리에틸렌 비닐 2겹을 전체 Floor에 걸쳐 깔고 비닐의 이음재는 OPP테이프로 접합시키며, Isopink 상부를 덮을 수 있도록 충분히 깔아 놓는다.
- 탄성체(Elas Soft Type) 위에 Wire Mesh를 설치한다. 이때, 방수용 비닐이 손상되지 않도록 주의한다.
- 압축강도 210kg/cm^{2}의 콘크리트를 한 번에 타설하며 타설 후 콘크리트 표면을 다듬어 수평을 유지한다.
- 콘크리트 타설이 끝난 후 최소한 7일 이상 양생을 시킨다.
- 주변 격리 보드판과 비닐을 잘 마감한 후 폭 20mm, 두께 10mm의 실런트 Caulking작업을 한다.

부 록

1. 하자유형 및 대책

2. 예정 공정표

3. 시공상세도

01 하자유형 및 대책

1 배관공사 하자유형

1 PVC 배관누수

1) 발생요인

① 바닥성형 슬리브 수직설치 불량으로 접속배관의 연결단면이 타원으로 확대되어 접속상태가 불량
② 접합개소의 정확한 삽입길이 불량
③ 고무링의 찌그러짐 상태에서 시공하여 고무링 이탈
④ 연결부위 면처리 소홀, 오·배수관 훼손 및 파손

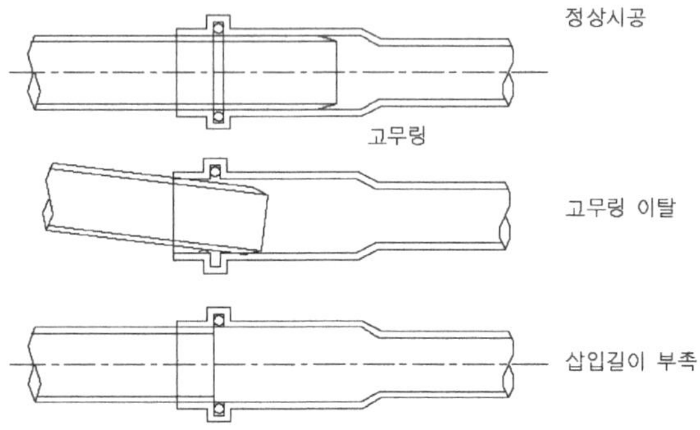

2) 예방대책

① 방수공사 전에 성형 슬리브 상태 점검하여 위치 및 수직설치 여부 확인
② 조립 후 상태균열 여부 확인
③ 시공 전 삽입길이 표시 후 시공토록 교육 및 확인
④ 통수시험은 계단별 또는 층별로 시행하되 사전에 반드시 상층부에서 하층부로 이동하며 누수 확인

2 기기류 연결배관 누수

1) 발생요인

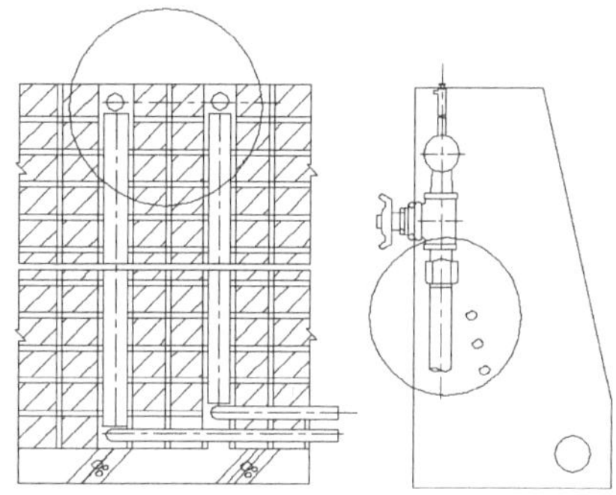

① 급수, 급탕 혼합가랑 주위배관 고정 불량으로 인한 흔들림.
② 나사 가공 불량
③ 배관과 기기와의 수평, 수직 불량상태의 결합
④ 배관접합제 사용 불량

2) 예방대책

① 초기에 접합제를 사용치 않은 상태로 조립하여 테스트 시행
② 무성의한 시공으로 기인한 사항으로 기능공 교육강화
③ 세대별 체크리스트에 의한 통수시험

3 수전류 누수

1) 발생요인

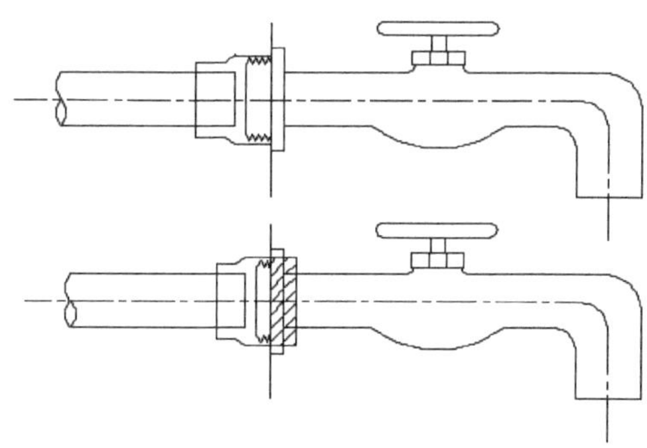

① 어댑터 나사부위 이물질 청소 불량
② 어댑터 마감면 돌출로 절단 제거시 수전 접속길이 부족
③ 어댑터 고정 불량(고정상태가 불량한 상태에서 수전을 과도하게 조일 경우 용접으로 연화된 상태에 있는 어댑터와 동판 이음부위 파손)

4
난방코일 관경 축소 및 막힘

1) 발생요인

① 동관시공 후 찌그러짐, 밸브작동 불량(개 · 폐상태)

2) 예방대책

① 동관시공 후 후속공정인 미장공사 조속 시행

② 밸브성능 체크

5
난방코일 배관연결 불량

1) 발생요인

① 리듀서 접속부위 과다 삽입(그림 참조)

2) 예방대책

① 코일가공도 작성시 시공치수 기입

② 용접 전 재단 가조립 상태에서 삽입길이 수시 확인

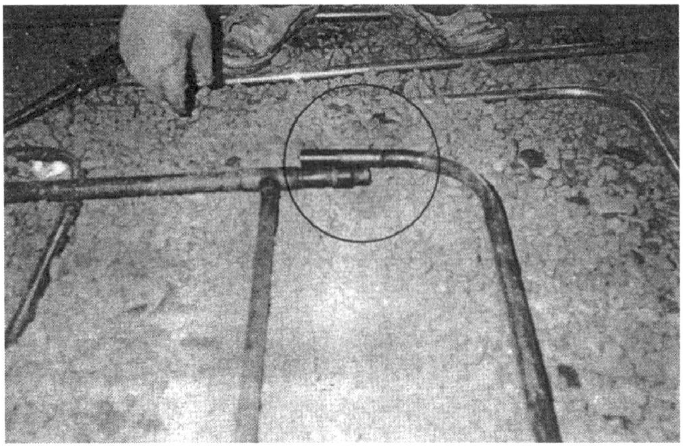

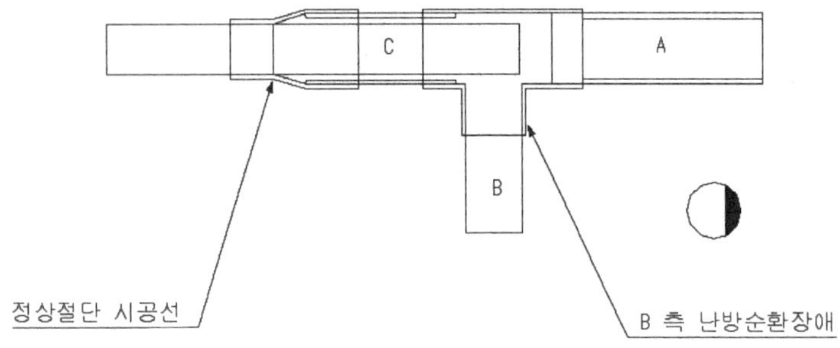

6
난방배관 시공도 작성시 고려사항

1) 패널구획의 평형배열

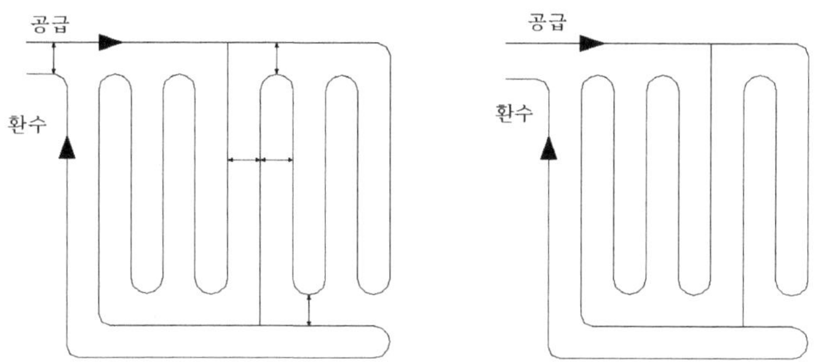

(양호) (불량)

2) 난방공급관을 북측으로, 환수관을 남측으로 배열

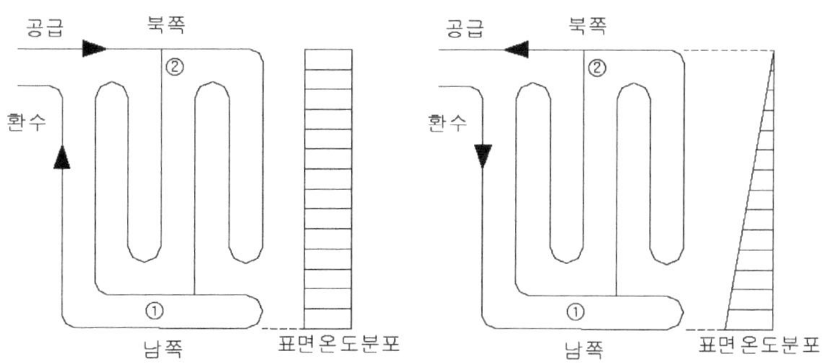

(양호) (불량)

3) 배관내 공기잠적

① 옥상분기관 부위

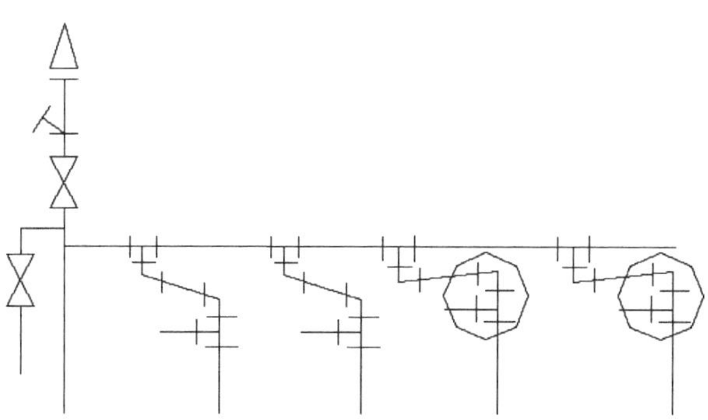

〈O〉 〈O〉 〈X〉 〈X〉

② 헤더부위

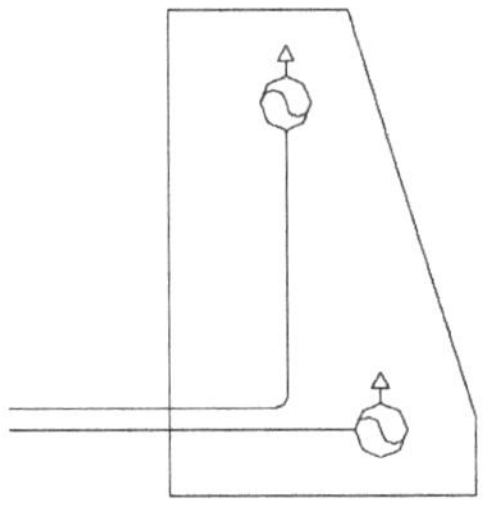

(양호)

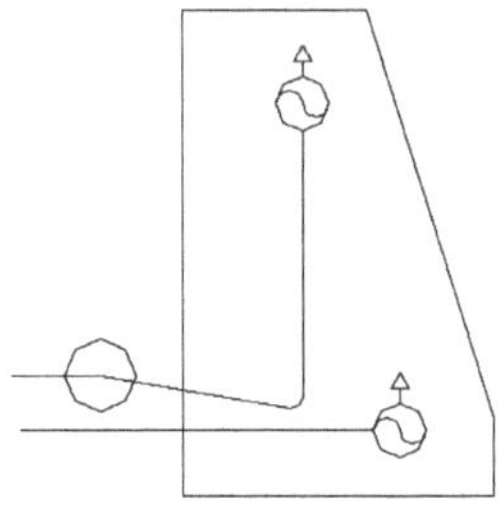

(불량)

③ 패널부위

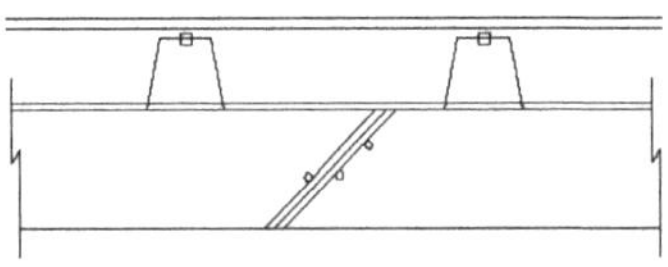

(양호)

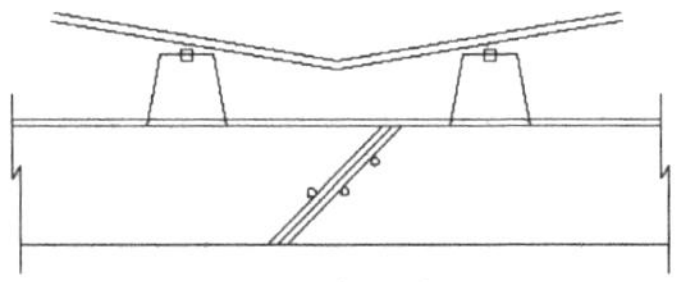

(불량)

4) 용접개소 최소화 및 접합방법 검토

① 시공도 작성시 단관접속으로 인한 용접개소를 지양, 특히 헤더부위는 배관접속 및 부속접합방식을 면밀히 검토하여 역구배, 용접개소 과다, 누수 등의 하자가 발생하지 않도록 시공에 유의해야 한다.

5) 시공도 승인 후 코일 수급요청

① 난방코일 시공도가 확정된 후 시공업체에서 시공할 물량을 집계하여 수급 요청해야 하며, 시공도 작성 이전에 선납품하여 시공할 경우 단관 개소가 많이 발생할 우려가 있다.

7 급수펌프 토출측 플렉시블 조인트 파손

1) 하자발생 원인 및 문제점

① 원 인

－수직배관 축심 불일치

－배관 자중

② 문제점

- 플렉시블 조인트 상 · 하배관의 축심 불일치로 인하여 펌프가 정지할 때마다 발생되는 충격압력으로 파손
- 배관 자중의 직접전달로 인한 파손

2) 대책

① 플렉시블 조인트를 수직으로 설치하여 배관과 축심을 일치시킬 것

② 배관 자중이 펌프에 직접 전달되지 않도록 수직배관 직상단에 방진행가 설치 또는 수평가대 U볼트 고정 철저(고정점을 수직관에 근접하여 설정)

8 세대 급탕공급 불량수

1) 하자발생 원인 및 문제점

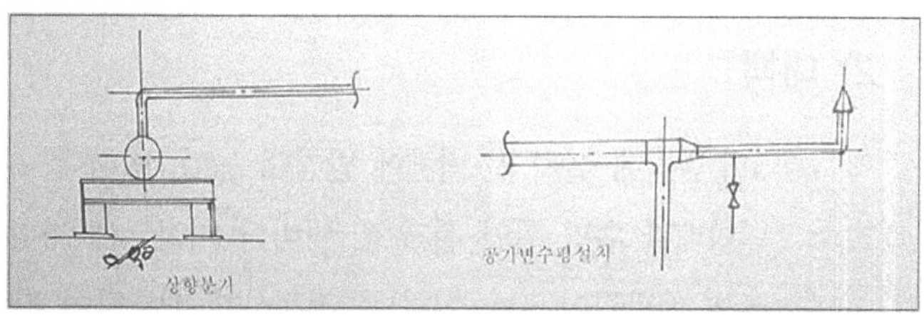

① 원 인
- 옥상 횡주관 구배 불량
- 옥상 횡지관 분기 불량
- 옥상 횡주관 및 입상관 자동 공기변 설치 불량

② 문제점
- 옥상 횡주관 역구배 시공으로 인한 공기잠적
- 옥상 횡지관 상향분기로 인한 공기잠적
- 자동 공기변 수평설치로 인한 공기잠적

2) 대책

① 배관 구배 및 횡지관 하향분기를 감안하여 공용가대 설치

② 옥상 횡주관 및 입상관 자동 공기변은 반드시 환탕관 직상대에 설치

③ 자동공기변을 부득이하게 수평으로 설치할 경우에는 처짐이 발생치 않도록 보완조치한다.

④ 옥상 횡지관은 반드시 하향분기 시공

9
세대 난방 불량

1) 하자발생 원인 및 문제점

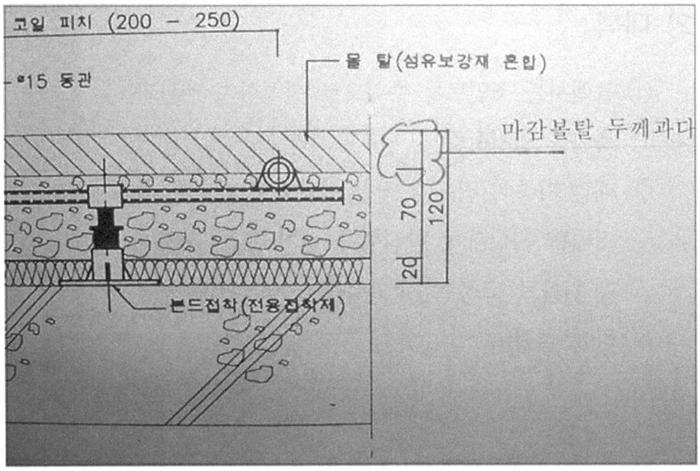

① 원 인

- 배관 내 공기잠적
- 방바닥미장 모르타르 두께 과다
- 존별 배관길이 불균형

② 문제점

- 코일배관 수평 불량으로 인한 공기잠적으로 난방수 순환 불량
- 방바닥 미장두께 과다(설계치수 25㎜)로 난방온도 저하
- 존별 배관길이 불균형으로 인한 난방 불량

2) 대책

① 코일받침대 설치 전 벽체에 받침대 높이, 방바닥 마감선, 마감 +30㎜선 등 3개선을 표시하여 난방배관 수평 확인 철저 및 방바닥 미장두께 과다 방지

② 존별 배관길이(50m 이하)를 적정하게 배분하여 각 실별 난방 불균형 해소

10
세대 오배수관 누수

1) 하자발생 원인 및 문제점

① 원 인

- 불량자재 사용
- 통수시험 미실시
- 싱크배수관 파손방지 조치 미흡

② 문제점

- 자재검수 소홀로 불량자재가 반입 시공됨으로써 배관누수 발생
- 보온 전 통수시험 미실시로 인한 배관누수
- 싱크배수관 보양조치 미흡으로 배관파손

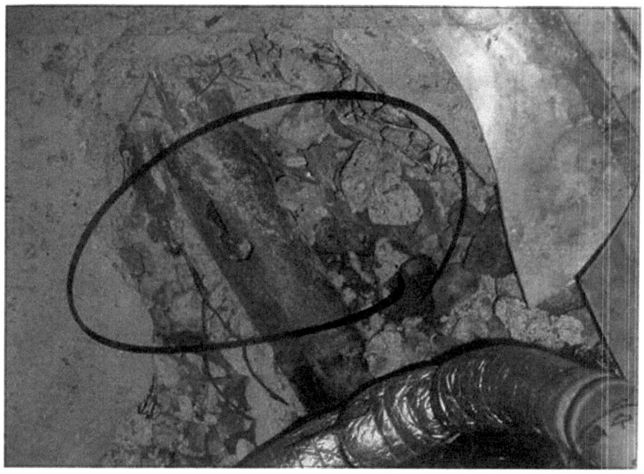

2) 대책

① 자재 반입시 검수를 철저히 하여 불량자재 반입 차단

② 오 · 배수 배관 시공시 허브 부위 진원 여부, 삽입길이 표시, 고무링 삽입, 자재파손 여부, 컷 부위 거스름 제거상태 등을 철저히 확인하여 배관을 하고, 보온 전에는 반드시 통수시험을 실시해야 한다.

③ 싱크배수관은 배관완료 즉시 파손방지 조치를 취해야 한다.

11

개별 보일러실에 인접한 침실 누수

1) 하자발생 원인 및 문제점

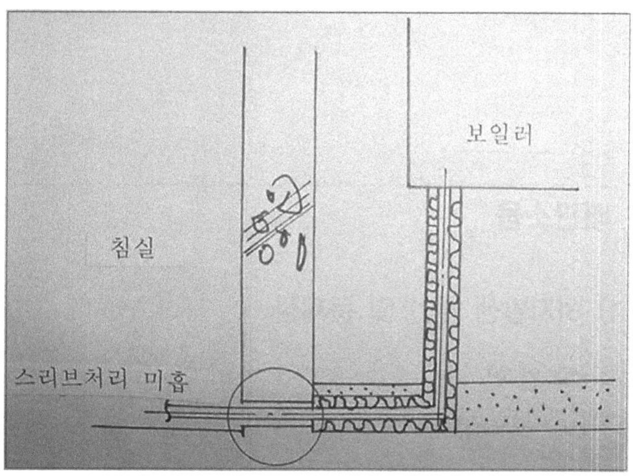

① 원 인

- 배관과 슬리브 사이 틈새처리 미흡
- 발코니 방수처리 미흡

② 문제점

- 배관과 슬리브 사이의 틈새처리 미흡으로 물이 침실로 침투
- 공종간 선후시공이 명확하게 이루어지지 않음으로 인한 방수층 파손으로 물이 침실로 침투

2) 대책

① 슬리브 관통부위 배관보온재를 제거하고 틈새를 양 채움 및 코킹처리를 완벽하게 실시
② 공종간 선후시공을 명확하게 구분하여 슬리브 주위 방수층 파손을 방지

12
동별 급탕공급 불량

1) 하자발생 요인 및 문제점

① 원 인
-방청제 과다 투입
② 문제점
-판형 열교환기 주변에 설치된 디스펜서 내의 방청제가 급탕사용량이 적은 심야에 열전달로 인하여 용해되어 판형 열교환기 판에 막을 형성, 판형 열교환기 열효율을 감소시켜 급탕공급이 원활하지 못함.

2) 대책

① 디스펜서를 판형 열교환기로부터 최대한으로 이격시켜 설치
② 판형 열교환기를 해체하여 판에 부착된 약액 제거
③ 디스펜서를 장시간 사용하지 않는 경우에는 방청제 용해를 방지하기 위하여 퇴수처리

13
배관소음

1) 하자발생 원인 및 문제점

① 원 인
-신축접수 마찰
-슈와 가대마찰
-과도한 U볼트 조임

② 문제점

-신축접수의 외통과 벨로즈에 연결된 리브 접촉에 의한 소음

-슈와 가대 사이 미끄러짐에 의한 마찰음

-U볼트를 과도하게 조여 배관의 팽창, 신축에 의한 소음

2) 대책

① 신축접수설치시 수직과 수평을 정확하게 시공

② 배관의 신축시 좌굴이 발생치 않도록 배관과 신축접수의 축심을 일치시키고 신축접수 상하에 가이드를 설치

③ 신축접수 외통과 벨로즈 사이에 그리스나 마찰을 줄일 수 있는 용제 주입

④ 슈와 가대 사이에 고무패드를 삽입

⑤ U볼트나 관 주위에 고무패드를 사용하여 적절하게 조임을 한다.

14 동 입구 플렉시블 커넥터 파손

1) 하자발생 원인 및 문제점

① 원 인

-체결용 볼트에 의한 파손

-배관과 플렉시블 커넥터의 축심 불일치로 인한 파손

-부적합한 규격의 제품 사용

② 문제점

-체결용 볼트 머리를 고무튜브 반대쪽으로 설치하여 배관 수축시 볼트에 의한 파손

-불일치로 인하여 배관의 팽창, 수축에 의한 파손

-적정 압력의 제품 미사용 및 조절대 없는 제품 사용으로 인한 파손

2) 대책

① 체결용 볼트 머리를 고무 튜브쪽으로 설치

② 축심 불일치 상태에서 무리한 연결을 하지 말 것.

③ 적정 압력의 제품과 조절대가 부착된 제품을 선정하여 시공

④ 내압이 걸린 상태에서 볼트와 고무 튜브의 접촉 유무 확인 철저

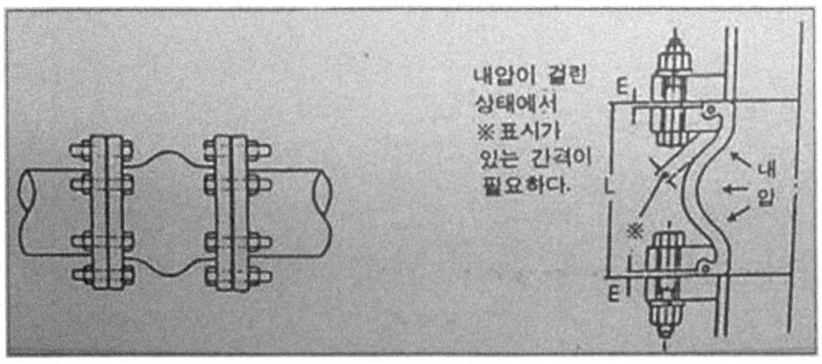

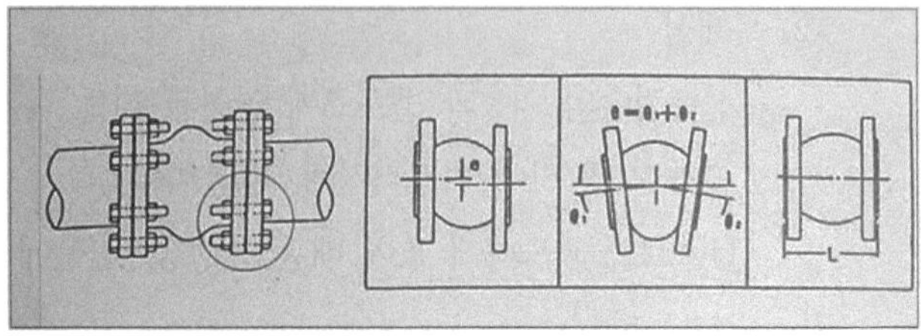

15
PVC 배관부식

1) 하자발생 요인 및 문제점

① 원 인

- 배관내 이물질 고착
- 젖은 보온재 사용 및 방청도장 미흡
- 청관재, 방청재 투입 미흡
- 배관내 공기 과다체류

② 문제점

- 배관내 이물질 고착으로 인한 내부 부식
- 젖은 보온재 사용 및 방청도장 미흡으로 인한 외부부식
- 청관재 또는 방청재 투입시기 및 투입량의 부적절로 인한 내부부식

2) 대책

① 배관내 이물질 고착방지를 위하여 수시로 관수를 드레인 조치

② 젖은 보온재 사용을 금하고, 보온 후에는 젖지 않도록 보호조치

③ 보온 전에 방청도장을 철저히 할 것

④ 청관재 또는 방청재를 설계기준에 의거 적기에 적정량을 투입

⑤ 외부부식 방지를 위하여 기계실 및 공동구 급기팬을 수시로 작동하여 습기를 제거

⑥ 배관내 공기를 자동 또는 수동 공기변을 사용하여 수시로 배출

16
급탕 신축접수 누수

1) 하자발생 원인 및 문제점

① 원 인

-부식 및 배관 불량

② 문제점

-수질관리 미흡 및 젖은 보온재 사용으로 인한 부식

-신축접수 상하 배관의 축심 불일치로 인한 편심 마모

2) 대책

① 방청재 투입량 및 투입시기 적기 이행

② 젖은 보온재 사용을 금하고, 보온 후에는 젖지 않도록 보호조치

③ 신축접수 상·하 배관의 축심 일치 여부를 반드시 확인한 후 신축접수를 설치하여 신축, 팽창에 따른 삽입부 마모로 파손되는 것을 방지

④ 신축접수 상·하에 가이드를 설치하여 신축접수와 입상관의 축심이탈을 방지

2 위생기구 설치공사 하자유형

1 양변기 벽체 이격거리 불량

1) 발생요인

① 배수관 성형 슬리브 위치 불량(특히 측세대 벽체마감 검토 소홀)

② 조적기준선 이동

2) 예방대책

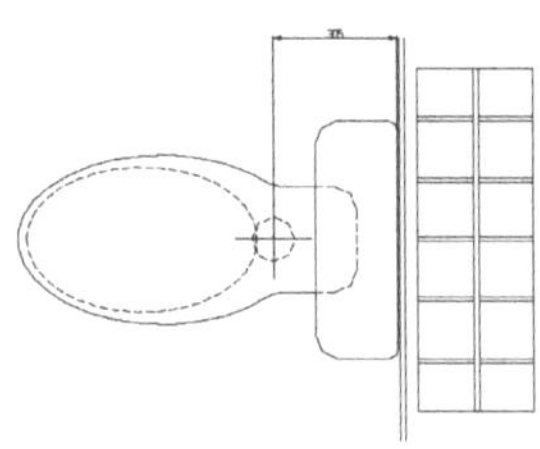

① 배수관 성형 슬리브 설치시 내부건축 마감치수 고려

-양변기 배수관 벽체 이격거리 : 305mm(메이커마다 상이)

-슬리브 중심선에서 회전 반경 : 400mm 유지

② 건축 조적벽 정밀시공

2 세면기 급수, 급탕 배관간격 불량

1) 발생원인

① 세면기 관붙이형 앵글밸브가 세면기 중심에서 과다하게 이격되어 연결 불량

② 위생도기류 시공도면 작성 소홀로 세면기 위치조정

③ 세면기 트랩 및 PVC배수관 연결부위 패킹 누락

2) 예방대책

① 위생도기류 시공도면 작성시 견본배치 후 시공도면 치수 확정

② 화장실 벽체마감 고려한 설치도 작성

③ 세면기 P트랩 및 PVC배관 연결부위 패킹 확인

3 세면기 고정 불량

1) 발생요인

① 세면기 브래킷 고정용 앵커위치 선정 불량(타일 중심선 부위)

② 기능공의 성의 없는 시공

2) 예방대책

① 타일붙이기 작업시 세면기 브래킷 고정 부위 모르타르 전면시공

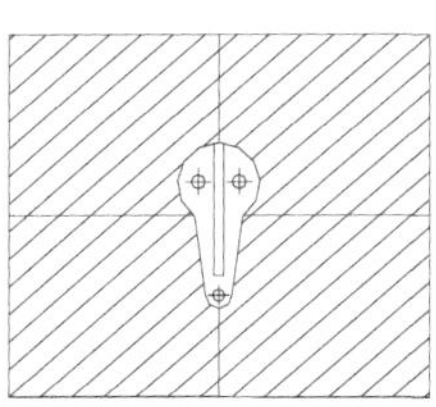

(브라켓 설치부위)

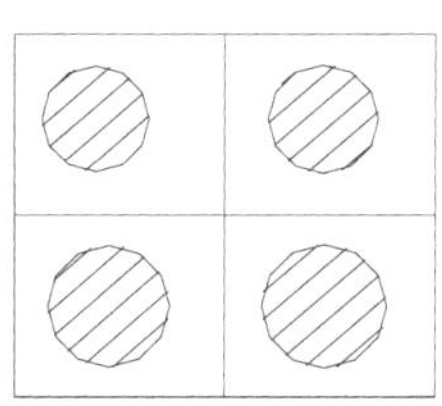

(기타 부위)

4
앵글밸브 연결배관 과다 매립

1) 부실내용

동관 엘보가 벽체에 과다 매립되어 앵글밸브 연결시 접속길이 부족

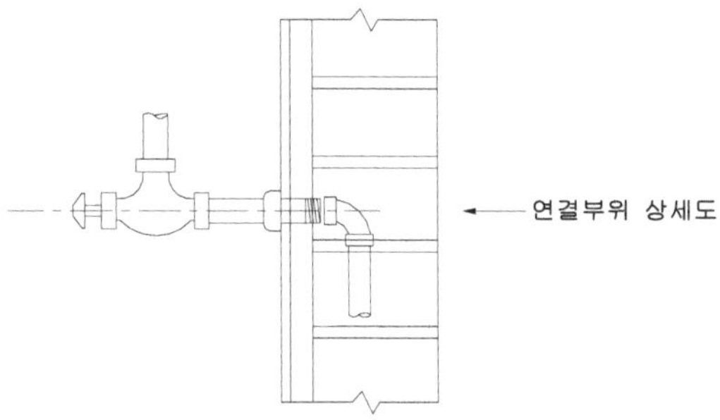

2) 예방대책

① 동관 엘보가 조적 마감선에 일치하도록 시공

3) 시공도 작성시 유의사항

① 화장실 전등, 세면기 및 화장경 중심 일치

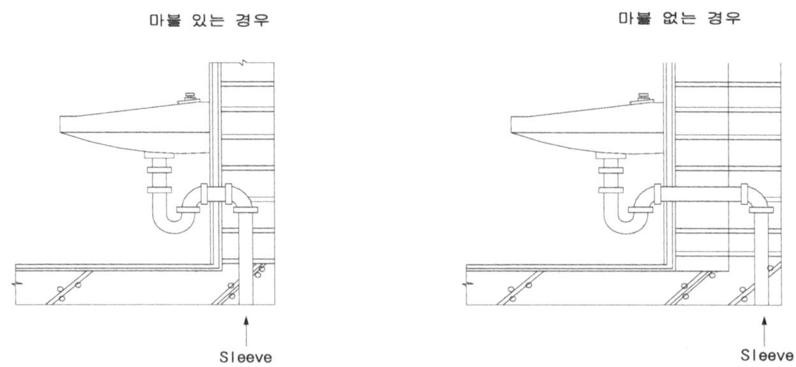

② 세면기 배수관은 타일마감선에서 5cm 이상 돌출되도록 시공도 작성

5 휴지걸이 위치 부적절

1) 하자발생 요인 및 문제점

① 원 인

-시공도 작성 미흡 및 견본시공 미실시

② 문제점

-시공도 작성 미흡 및 견본시공 미실시로 휴지걸이 위치 부적절

2) 대책

① 시공도 작성시 위생기구 및 액세서리 위치를 정확하게 선정

② 욕실 크기에 따라 양변기와 측벽간의 이격거리가 상이하므로 현장 여건을 감안하여 휴지걸이 위치를 선정

③ 견본시공을 반드시 실시하여 양변기 사용시 신체적 접촉이 없고 사용이 편리한 위치를 선정

3 기타 공사 하자유형

1 공기조화기 응축수 배관의 p트랩 설치

1) 시공상태

① 공기조화기 응축수 배관의 트랩은 냉방시 냉수코일에서 생긴 응축수가 드레인 배관을 통해 배출되지 못하고 공조기 내부를 통해 공조실 바닥으로 물이 넘친 경우임(오른쪽 그림 참조)

② 응축수 누수경로 : 냉수코일 응축수 발생→배수 바닥판 넘침→S.A. FAN PART→공조실 바닥

주) 점선은 배수바닥판이 정(+)압인 경우

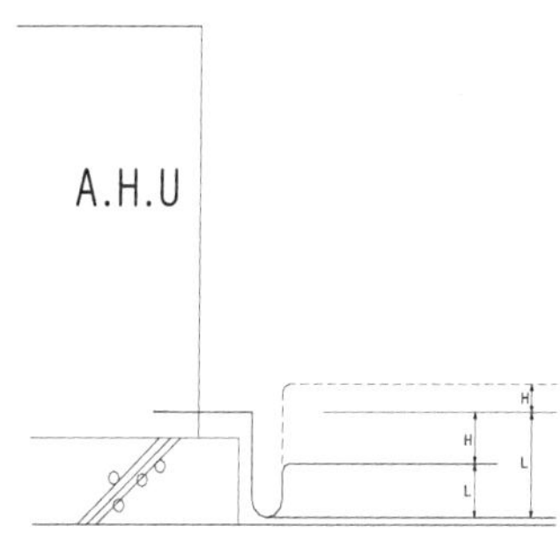

(그림)

2) 개선대책

① 공조기 응결수 배수트랩 설치

② 공조기 배수 바닥판에서의 압력이 부(−)압이 걸리므로 응축수가 공조기로 역류되지 않도록 봉수깊이 L과 H를 확보한다.

③ L과 H는 다음과 같이 결정한다.

배수판 내부압력을 P_1, 대기압을 P_2 라 하면 내와 압력차 $h=P_1-P_2$,

$L \geqq \frac{h}{2}\times 1.25$ (최저 50mm) $H \geqq h\times 1.25$(FAN 운전 배수배출)

3) 시공시 점검사항

① 배수 바닥판의 구배는 배수구측으로 경사져 있는지?

② 배수트랩의 높이는 설치규격에 맞는 높이인지?

③ 공조기의 파트별 연결은 충분하게 밀폐되어 있는지?

④ 공조기의 크기는 제작사의 표준 크기로 설치되었는지?

⑤ 엘리미네이터는 설치되어 있는지? (코일 전면풍속>2.5m/sec 경우는 필수)

⑥ 배수바닥판 부분이 부압인지 정압인지의 여부?

2 FCU 설치

1) 시공상태

① FCU 설치문제 : FCU 토출구와 건축마감 그릴의 위치가 일치되지 않아 케이싱 내부에서 단락(Short Circuit)현상으로 냉 · 난방 불량 예상

② FCU 배관 보온문제 : FCU용 공급, 환수관 밸브에 보온 불량으로 결로현상 발생

③ FCU 횡주관 공기 처리문제 : FCU 횡주배관에 장애물(BEAM) 통과시 루프가 형성되어 루프 상단부에 공기가 차서 순환불량이 발생

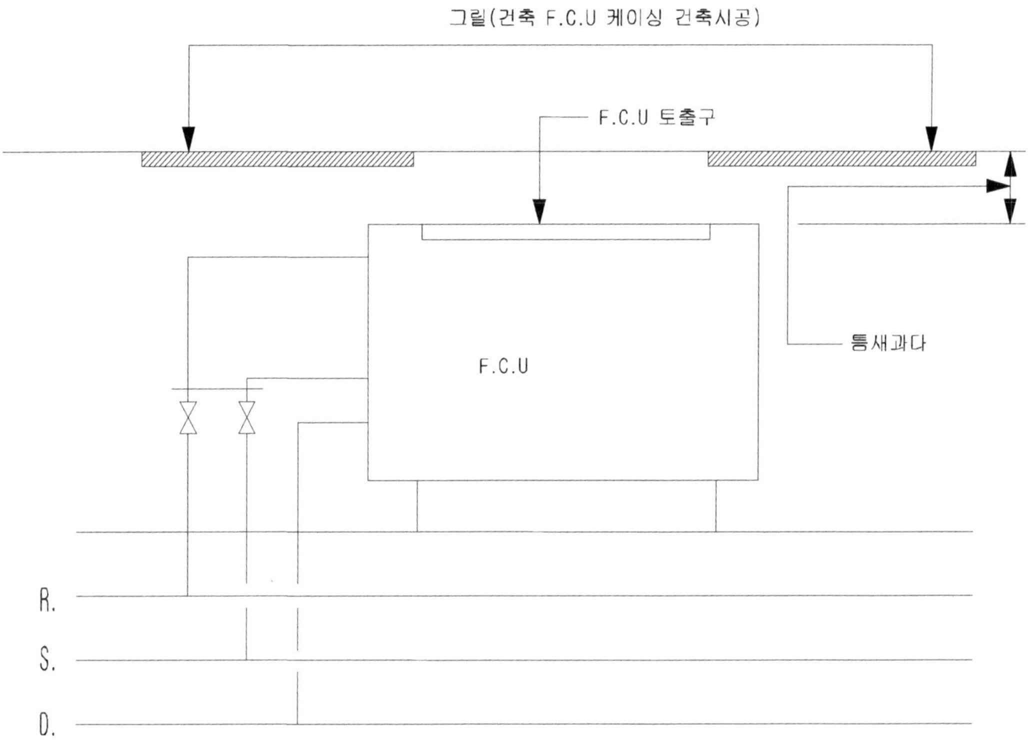
그릴(건축 F.C.U 케이싱 건축시공)
F.C.U 토출구
통새과다
F.C.U
R.
S.
D.

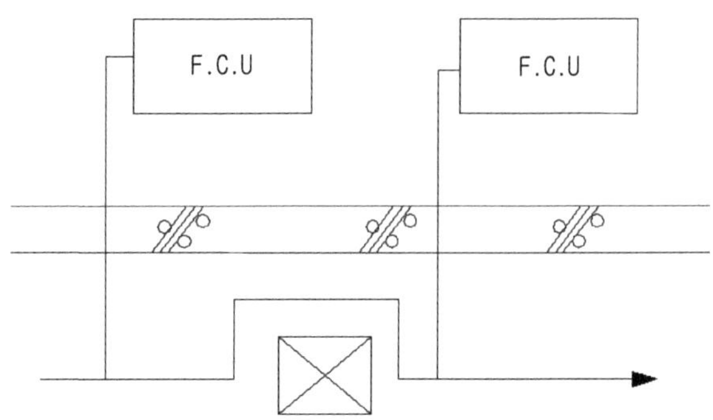
F.C.U
F.C.U

2) 개선대책

① FCU 설치

- FCU 배관 전에 건축담당자와 협의하여 케이싱 규격, 그릴 위치 등을 결정한다. 환기 인입구조 충분히 확보되도록 케이싱 하단부 개구상태 확인(건축과 협의)
- 시공중 부득이 그릴의 위치 등이 변경될 경우 FCU 위치 수정은 필연적이므로 FCU 연결배관은 FCU용 플렉시블 관을 사용한다. (반드시 FCU 토출구와 그릴은 일치되도록 한다.)
- FCU 토출구와 마감 그릴은 밀착되도록 시공하여 (FCU 높이 조정 또는 덕트 연결) FCU 송풍공기가 100% 실내로 토출되도록 한다.

② FCU 배관보온

- FCU배관(케이싱 내부배관 및 밸브 포함)은 결로 방지를 위하여 보온 처리한다.

③ 상기 3항의 경우 루프 상단에서 분기하고 FCU에 연결(점선부분)하여 공기의 배출이 가능하도록 한다. (그림 참조)

3
FCU 배수 슬리브에서 역류

1) 시공상태

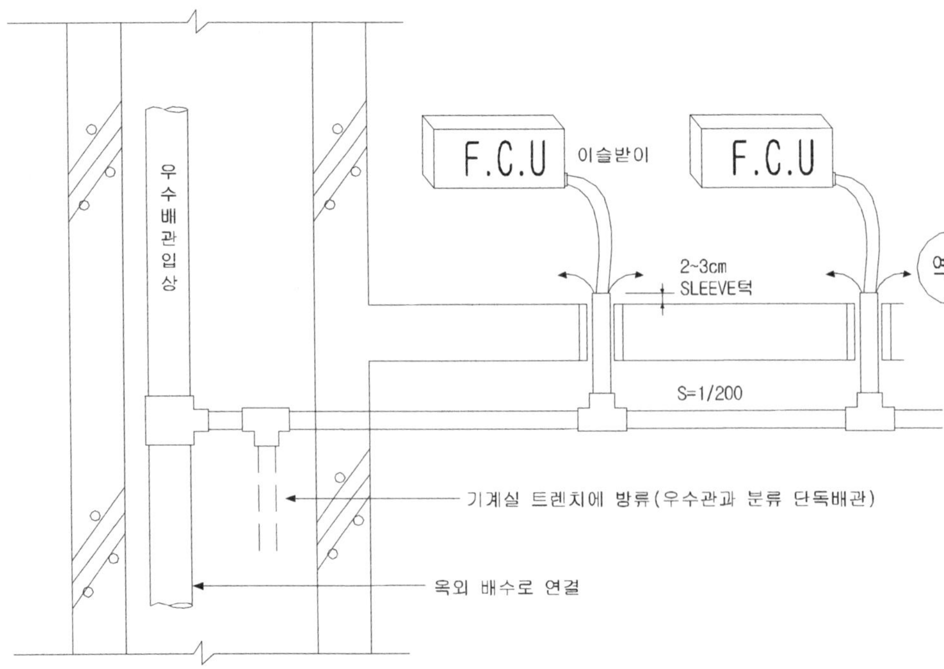

FCU 배수관을 우수배관 입상에 연결함으로써 집중 호우시 우수 배수배관으로 내려가는 물이 FCU 배수배관을 통하여 역류되어 FCU 배수 호수와 배수배관의 연결 부위를 넘쳐 바닥이 침수된 경우임. (그림 참조)

2) 개선대책

① FCU 배수배관은 반드시 우수 배수배관과 분류하여 기계실 집수정까지 연장배관한다.(설계도면에 우수 배수배관과 연결되게 표시되어도 분리한다.)

② FCU 배수배관은 흐르는 방향으로 1/200 구배를 준다.

③ FCU 배관의 슬리브는 바닥 위로 2~3cm 올라오게 시공한다.

④ FCU 배수 호수와 배관의 연결부위는 반드시 코킹한다.

⑤ FCU 배수배관은 배수 바닥판에 물을 부어 시공시 흐름상태를 반드시 확인한다.

4 헤더간의 차압배관의 공기처리 설치

1) 시공상태

① 공급과 환수헤더 간의 차압배관에 공기빼기 밸브가 없어 공기가 배출할 수 없는 경우 발생(그림 참조)하여

-공기의 체류로 인한 가동시 배관내 소음이 발생하고,

-차압변의 원활한 작동이 곤란하다.

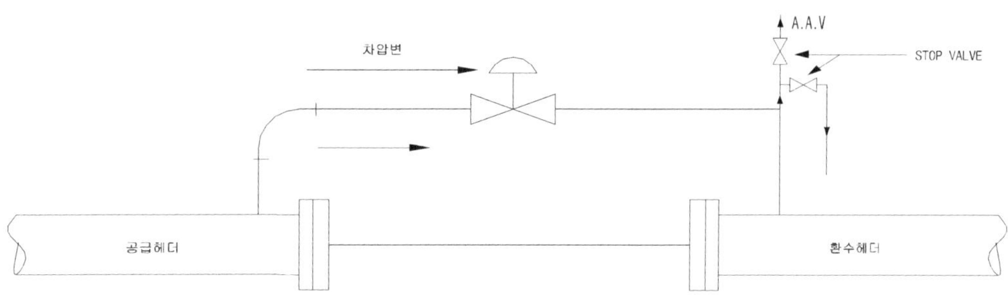

2) 개선대책

① 공기빼기 밸브 설치

② 자동공기변 고장시 즉시 대처할 수 있도록 자동 공기변과 소켓 사이에 스톱 밸브를 설치하고 스톱 밸브와 소켓 사이에 수동 공기 배출밸브를 설치한다.

③ 공기빼기 밸브 출구는 각각 개별적으로 배수 배관한다.

④ 횡주관은 에어 포켓이 생기지 않도록 공기가 고이는 개소에는 공기빼기 밸브를 설치한다.

5
PD 점검구 위치 불량

1) 하자발생 원인 및 문제점

① 원 인

- 도면숙지 미흡
- 공종간 협의 미흡

② 문제점

- 각 공종별로 도면에 표기되어 있는 점검구를 공종간 협의 없이 설치함으로써 점검구 기능 상실

2) 대책

① 시공도 작성시 배관분기, 차단밸브, 자동공기변 위치 등을 고려하여 점검구 위치를 관련공종과 협의하여 점검구 위치를 선정

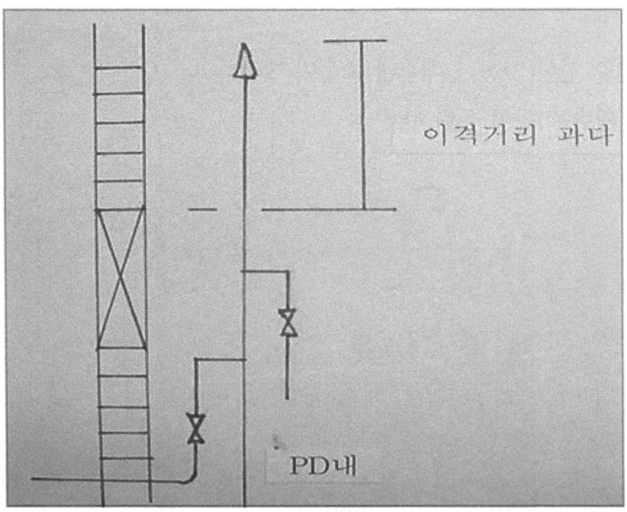

02 예정공정표 - 별첨 참조

(1) 종합예정 공정표

(2) 기계설비예정 공정표

03 시공 상세도 - 별첨 참조

1. 급수배관 계통도
2. 난방배관 계통도
3. 오 · 배수배관 계통도
4. 소화배관 계통도
5. 단위세대 난방/위생배관 슬리브 평면도
6. 단위세대 위생배관 평면도
7. 단위세대 난방배관 평면도(1층/최상층)
8. 단위세대 오 · 배수배관 인서트/슬리브 평면도
9. 단위세대 소화배관 평면도
10. 지하층 인서트/슬리브 평면도 – 1
11. 지하층 인서트/슬리브 배관 평면도 – 1
12. 지하층 인서트/슬리브 평면도 – 2
13. 지하층 인서트/슬리브 배관 평면도 – 2
14. 방열기 주위 배관 상세도
15. 온수 분배기 단면 상세도
16. 파이프 덕트 상세도
17. 열교환실 – 2 확대배관 평면도
18. 공동구 인서트 플레이트 평면도
19. 지하 1층 소화배관/환기 덕트 인서트/슬리브 평면도
20. 공조배관 계통도
21. 공조덕트 계통도
22. 공조배관 평면도
23. 공조덕트 평면도
24. 기계실 확대 공조덕트 평면도
25. 일반상세도(1~5)
26. 덕트설치 상세도(1~3)

참고문헌

1. 대한주택공사, 기계설비설계 핸드북, 1997
2. 대한주택공사, 하자예방현장관리, 1991
3. 대한주택공사, 표준시방서, 1998
4. 대한주택공사, 공사감독 핸드북, 1999
5. (주)센추리, 냉동·공조기기 기술자료집
6. 신한기연, 한미설비 공기조화설비의 종합시험조정기술
7. 홍석기, 건축설비시공법 도서출판 한미, 1994
8. 김영호 · 박정원, 공기조화설비, 1991
9. 설비공학핸드북, 1-4권, 설비공학회. 2002
10. 건축설비 용어사전, 기문당, 1996
11. 공기조화·냉동·위생 표준용어집, 대한설비공학회, 1993
12. 김규생, 김덕주, 건축기계설비 시공실무, 기문당, 2001
13. 김규생, 원영재, 클린룸설비, 기문당, 2008

저 자 소 개

김규생

고려대학교 대학원 기계공학 석사
해군사관학교 기계공학과 교수
서울산업대학교, 철도전문대학, 인덕대학 강사
대한설비공학회 편집위원, 총무이사, 사업이사, 리모델링/개보수 전문위원, 공조·위생부문 위원회 위원장

현재 우송정보대학 기계자동차/설비계열 에너지/클린룸설비전공 교수
전국대학 설비분야 교수협의회 회장
대한설비공학회 부회장
공기조화설비, 기계설비설계, TAB기술, 클린룸설비, 신재생에너지설비, 기계설비 에너지절약 연구수행

저서 조선보수, 건축기계설비의 계획 및 설계, TAB이론과 실제
공기조화설비 설계, 건축기계설비 시공실무, 건축기계설비 적산실무
클린룸 설비, 건축기계설비설계 가이드 북 등

kskim@wsi.ac.kr

김덕주

단국대학교 대학원 석사
한밭대학교, 홍익대학교 강사
우송정보대학 빌딩/클린룸설비계열 초빙교수
건축기계설비기술사
건설사업관리 전문가(CMP)
대한주택공사 기계설비감독, 영진건설산업 설비부장, (주) 신화 엔지니어링 이사

현재 용인송담대학교 건축설비소방과 교수
대한설비공학회 리모델링/개보수 전문위원
기계설비시공, 기계설비 리모델링 연구수행

저서 건축기계설비 시공실무, 건축기계설비 적산실무 등

dj1009k@ysc.ac.kr

건축기계설비 시공실무

2014년 9월 10일 개정판 1쇄 발행
2025년 2월 25일 개정판 6쇄 발행

저　　자 김규생·김덕주
발 행 처 기문당
주　　소 서울시 성동구 무학봉 28길 4-1
전　　화 02) 2295-6171~2
팩　　스 02) 6971-8188
홈페이지 www.kimoondang.com
I S B N 978-89-6225-610-9 93540

02 예정공정표

(1) 종합예정 공정표

(2) 기계설비예정 공정표

03 시공 상세도

1. 급수배관 계통도
2. 난방배관 계통도
3. 오 · 배수배관 계통도
4. 소화배관 계통도
5. 단위세대 난방/위생배관 슬리브 평면도
6. 단위세대 위생배관 평면도
7. 단위세대 난방배관 평면도(1층/최상층)
8. 단위세대 오 · 배수배관 인서트/슬리브 평면도
9. 단위세대 소화배관 평면도
10. 지하층 인서트/슬리브 평면도-1
11. 지하층 인서트/슬리브 배관 평면도-1
12. 지하층 인서트/슬리브 평면도-2
13. 지하층 인서트/슬리브 배관 평면도-2
14. 방열기 주위 배관 상세도
15. 온수 분배기 단면 상세도
16. 파이프 덕트 상세도
17. 열교환실-2 확대배관 평면도
18. 공동구 인서트 플레이트 평면도
19. 지하 1층 소화배관/환기 덕트 인서트/슬리브 평면도
20. 공조배관 계통도
21. 공조덕트 계통도
22. 공조배관 평면도
23. 공조덕트 평면도
24. 기계실 확대 공조덕트 평면도
25. 일반상세도(1~5)
26. 덕트설치 상세도(1~3)

(1) 종합예정 공정표

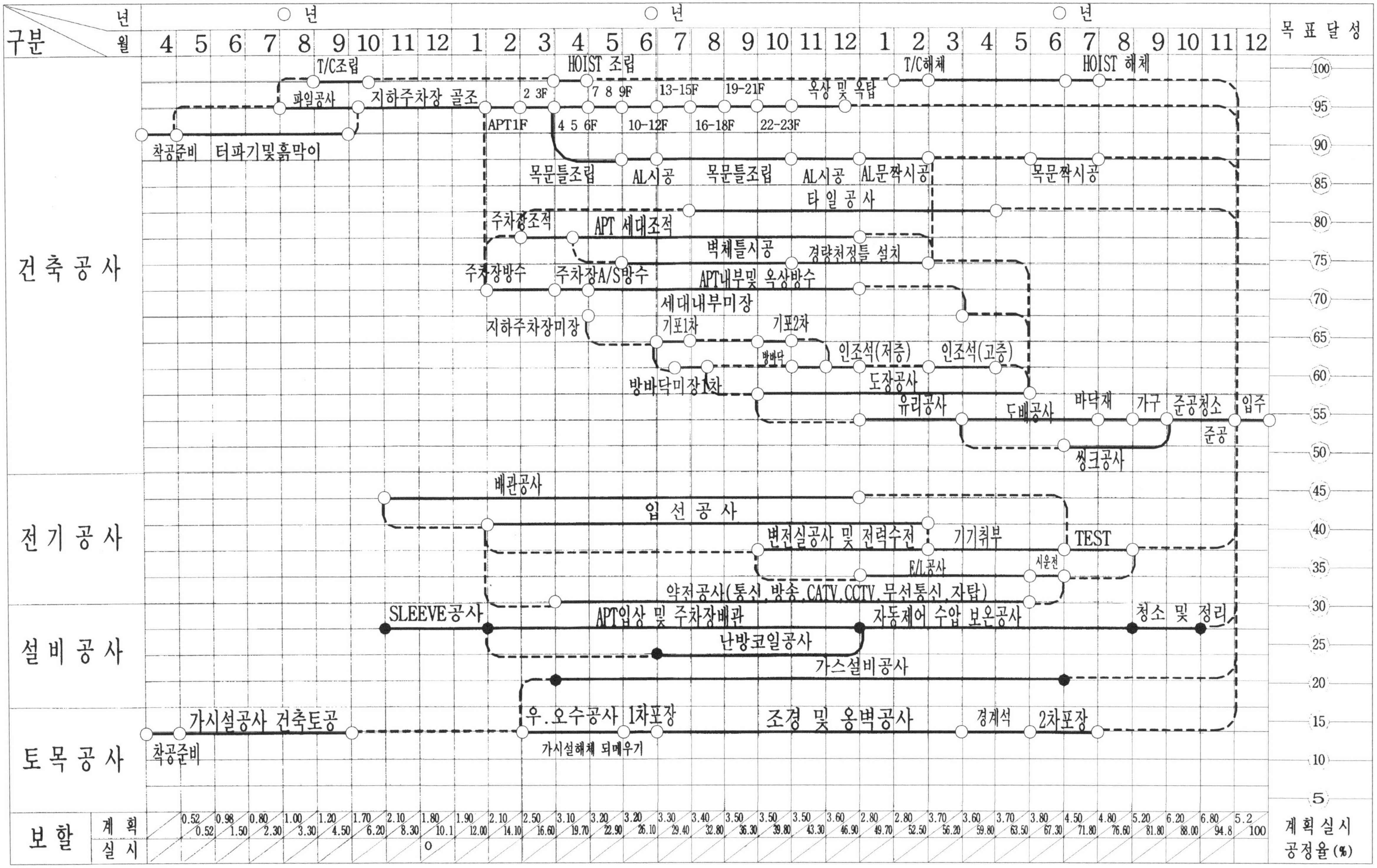

보할	4	5	6	7	8	9	10	11	12	1	2	3	4	5	6	7	8	9	10	11	12	1	2	3	4	5	6	7	8	9	10	11	12	계획실시 공정율(%)
계획		0.52 / 0.52	0.98 / 1.50	0.80 / 2.30	1.00 / 3.30	1.20 / 4.50	1.70 / 6.20	2.10 / 8.30	1.80 / 10.1	1.90 / 12.00	2.10 / 14.10	2.50 / 16.60	3.10 / 19.70	3.20 / 22.90	3.20 / 26.10	3.30 / 29.40	3.40 / 32.80	3.50 / 36.30	3.50 / 39.80	3.50 / 43.30	3.60 / 46.90	2.80 / 49.70	2.80 / 52.50	3.70 / 56.20	3.60 / 59.80	3.70 / 63.50	3.80 / 67.30	4.50 / 71.80	4.80 / 76.60	5.20 / 81.80	6.20 / 88.00	6.80 / 94.8	5.2 / 100	
실시									O																									

(2) 기계설비예정 공정표

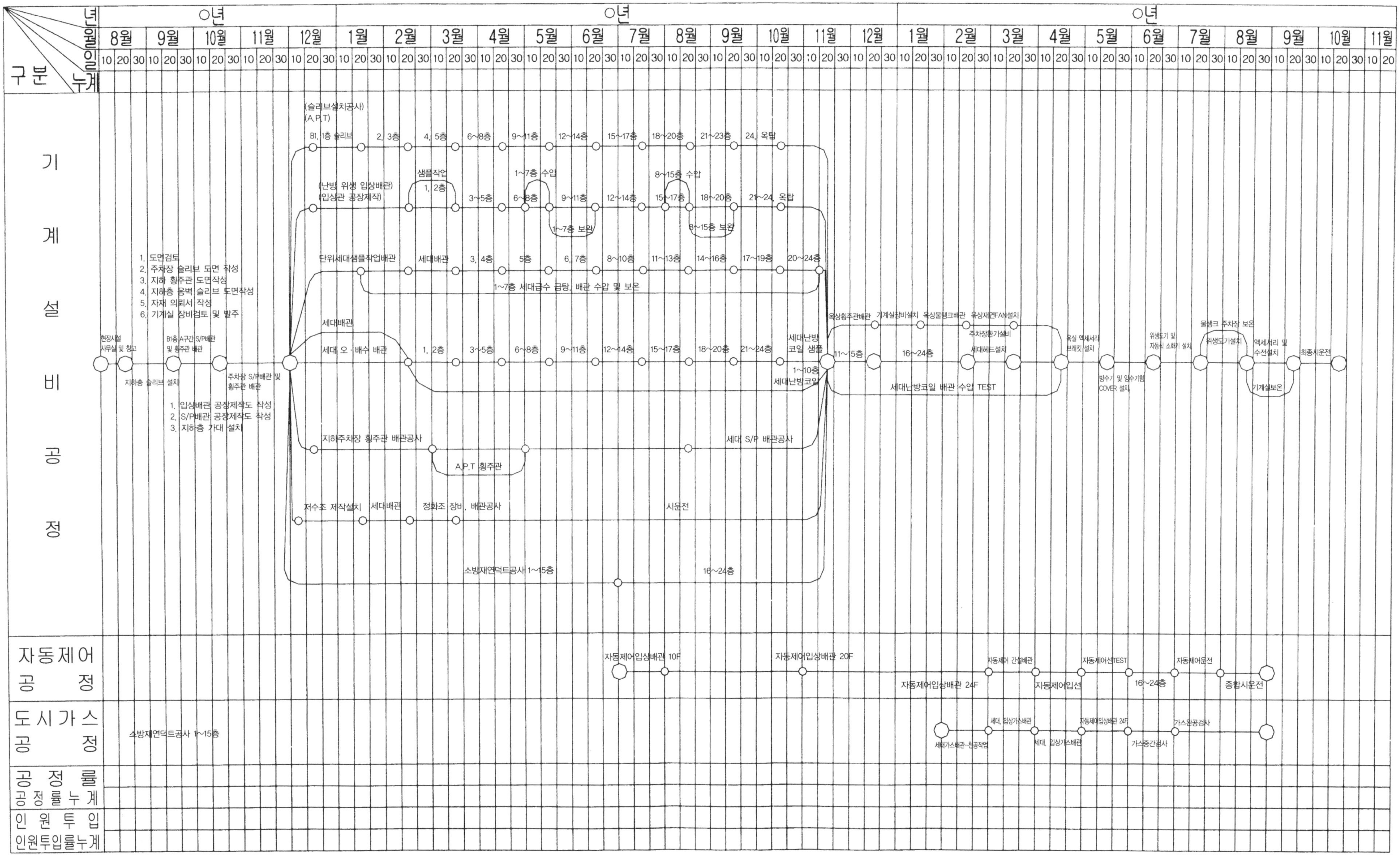

구분
년
월
일
누계
○년
○년
○년
8월 9월 10월 11월 12월 1월 2월 3월 4월 5월 6월 7월 8월 9월 10월 11월 12월 1월 2월 3월 4월 5월 6월 7월 8월 9월 10월 11월
10 20 30
기계설비공정
현장사설 사무실 및 창고
지하층 슬리브 설치
B1층 A구간 S/P배관 및 횡주관 배관
1. 도면검토
2. 주차장 슬리브 도면 작성
3. 지하 횡주관 도면작성
4. 지하층 옹벽 슬리브 도면작성
5. 자재 의뢰서 작성
6. 기계실 장비검토 및 발주
주차장 S/P배관 및 횡주관 배관
1. 입상배관 공장제작도 작성
2. S/P배관 공장제작도 작성
3. 지하층 가대 설치
(슬리브설치공사)
(A.P.T)
B1, 1층 슬리브
2, 3층
4, 5층
6~8층
9~11층
12~14층
15~17층
18~20층
21~23층
24, 옥탑
(난방 위생 입상배관)
(입상관 공장제작)
샘플작업
1, 2층
3~5층
1~7층 수압
6~8층
9~11층
1~7층 보완
12~14층
8~15층 수압
15~17층
18~20층
8~15층 보완
21~24, 옥탑
단위세대샘플작업배관
세대배관
3, 4층
5층
6, 7층
8~10층
11~13층
14~16층
17~19층
20~24층
1~7층 세대급수 급탕, 배관 수압 및 보온
세대배관
세대 오 · 배수 배관
1, 2층
3~5층
6~8층
9~11층
12~14층
15~17층
18~20층
21~24층
세대난방 코일 샘플
1~10층 세대난방코일
11~15층
16~24층
세대난방코일 배관 수압 TEST
옥상횡주관배관
기계실장비설치
옥상물탱크배관
옥상재연FAN설치
주차장환기설비
세대헤드설치
옥실 액세서리 브래킷 설치
방수기 및 양수기함 COVER 설치
위생도기 및 자동식 소화기 설치
물탱크 주차장 보온
위생도기설치
액세서리 및 수전설치
기계실보온
최종시운전
지하주차장 횡주관 배관공사
A.P.T 횡주관
세대 S/P 배관공사
저수조 제작설치
세대배관
정화조 장비, 배관공사
시운전
소방재연덕트공사 1~15층
16~24층
자동제어공정
자동제어입상배관 10F
자동제어입상배관 20F
자동제어입상배관 24F
자동제어 간선배관
자동제어입선
자동제어선TEST
16~24층
자동제어운전
종합시운전
도시가스공정
소방재연덕트공사 1~15층
세대가스배관-천공작업
세대, 입상가스배관
세대, 입상가스배관
자동제어입상배관 24F
가스중간검사
가스완공검사
공정률
공정률누계
인원투입
인원투입률누계

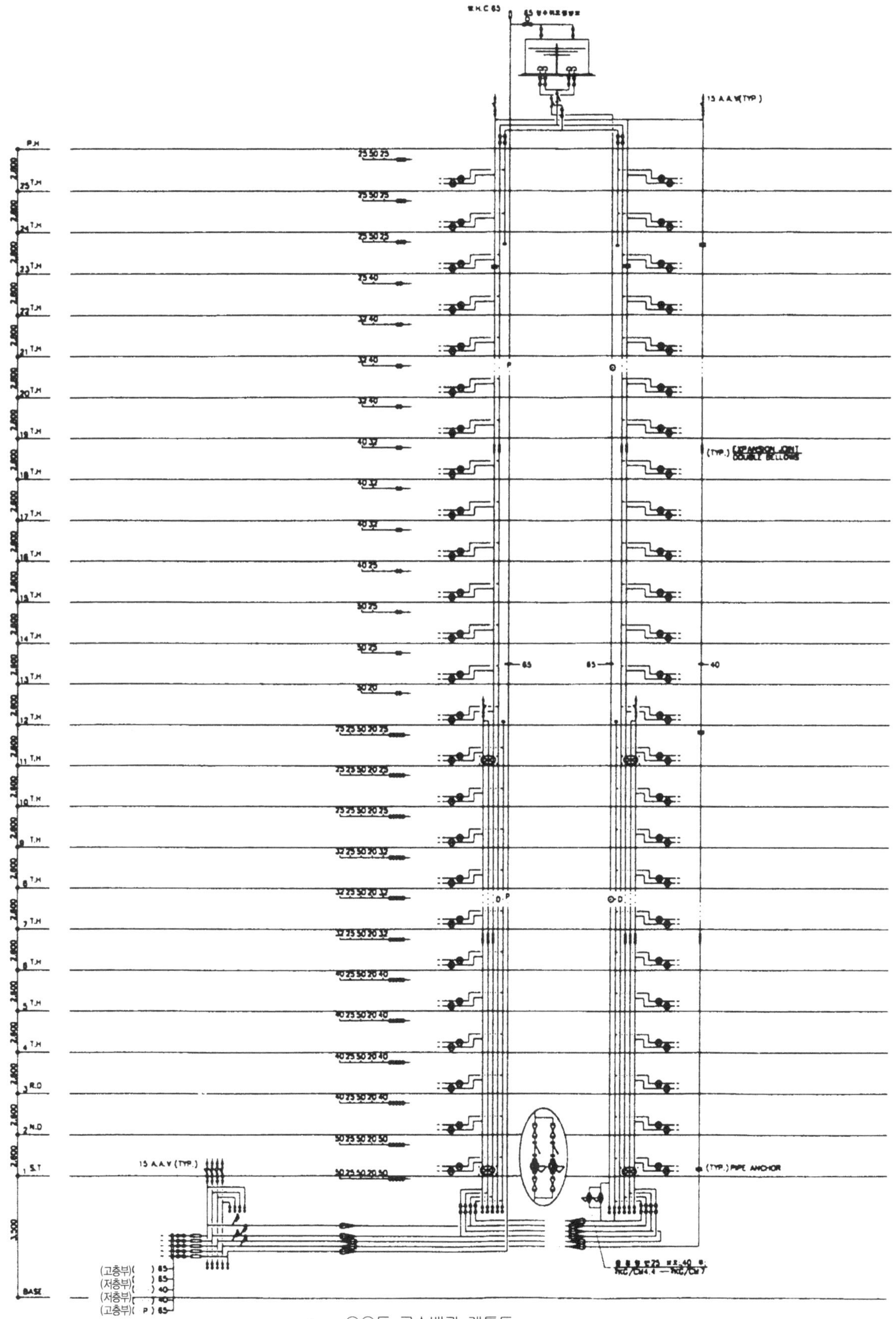

○○동 급수배관 계통도

축척 NONE

공사명 (PROJECT)
○○ 아파트 신축공사
주 기 (NOTE)
설 계 (DRAWIN BY)
승 인 (APPROVED BY)
일 자 (DATE)
도면명 (NAME OF DRAWING)
○○동 급수배관 계통도
축척 (SCALE) NONE
도면번호 (DWG.NO.)

1

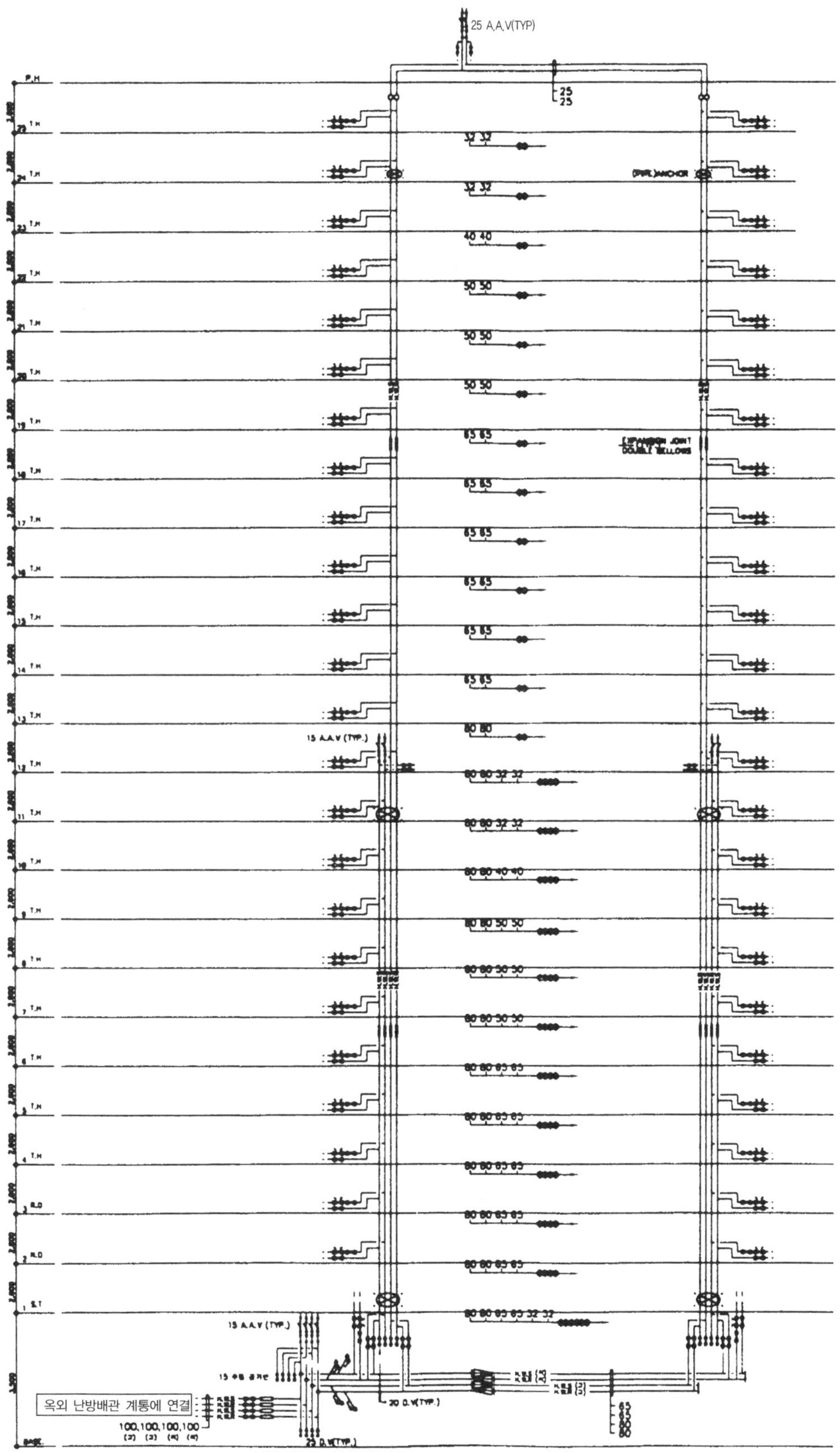

○○동 난방배관 계통도

축척 NONE

공사명 (PROJECT)	○○ 아파트 신축공사
주 기 (NOTE)	
설 계 (DRAWIN BY)	
승 인 (APPROVED BY)	
일 자 (DATE)	
도면명 (NAME OF DRAWING)	○○동 난방배관 계통도
축척 (SCALE)	NONE
도면번호 (DWG.NO.)	

2

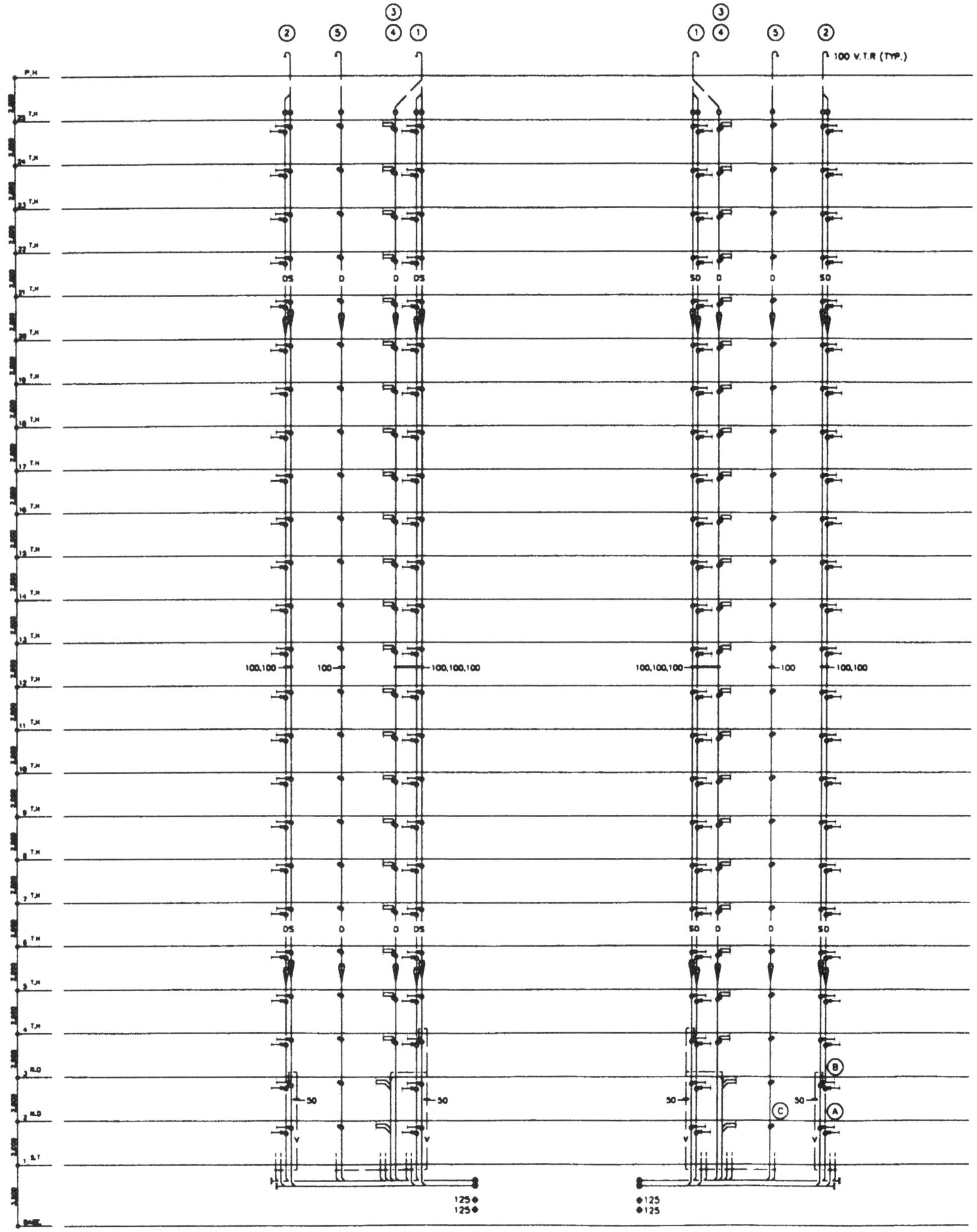

○○동 오/배수배관 계통도

축척 NONE

— SEXTIA NOTE —

Ⓐ SEXTIA TYPE 100 X 100(S) 100 X 50(D)

Ⓑ SEXTIA TYPE 100 X 50 X 50(D)

Ⓒ SEXTIA TYPE 100 X 50(D)

입상관 옆단에는 SEXTIA BEND

번호	실명
1	욕실(공용)
2	욕실(부부)
3	주방
4	발코니
5	세탁실

공사명 (PROJECT)

○○ 아파트 신축공사

주 기 (NOTE)

설 계 (DRAWIN BY)

승 인 (APPROVED BY)

일 자 (DATE)

도 면 명 (NAME OF DRAWING)

○○동 오/배수배관 계통도

축 척 (SCALE)

NONE

도 면 번 호 (DWG.NO.)

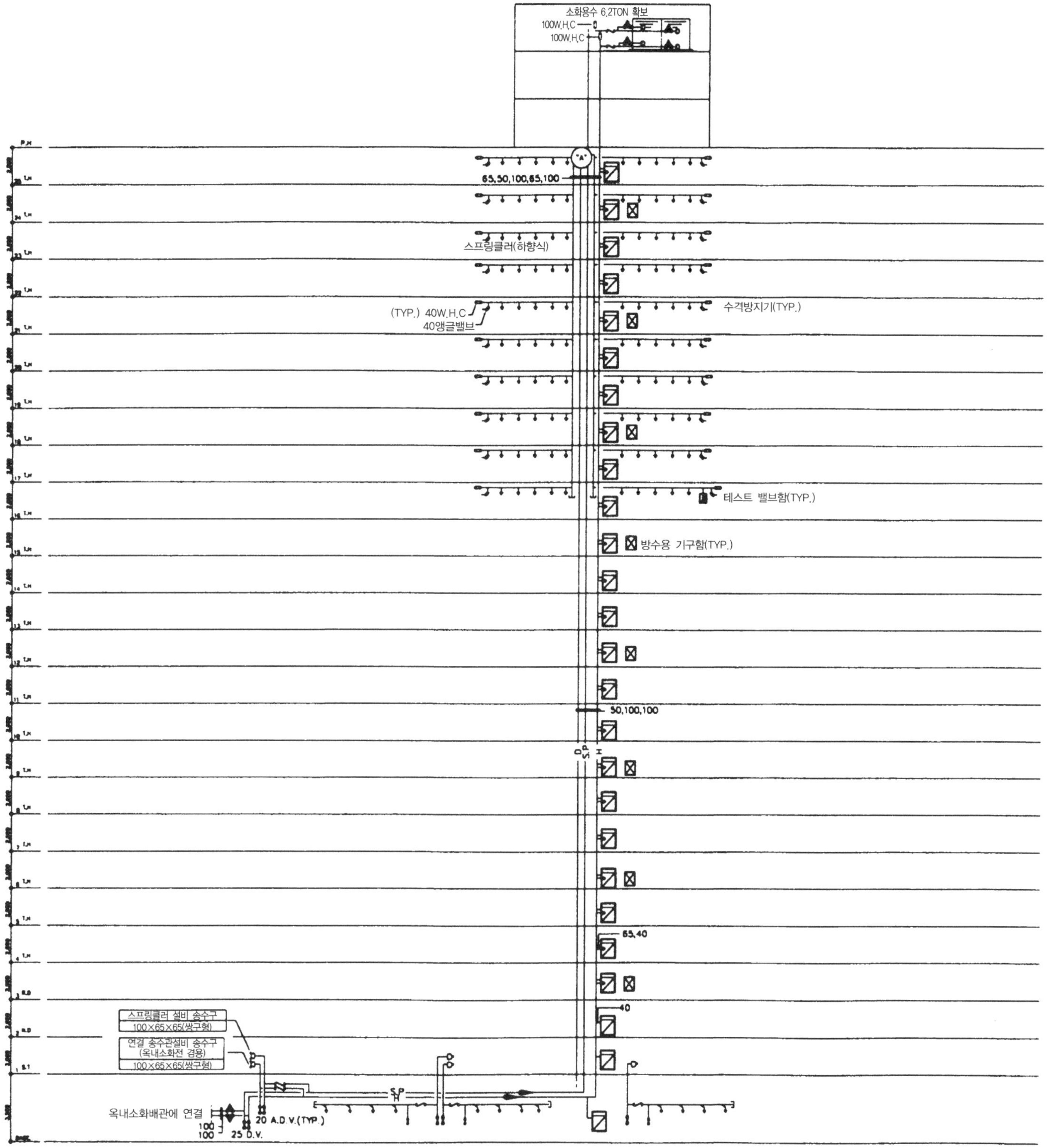

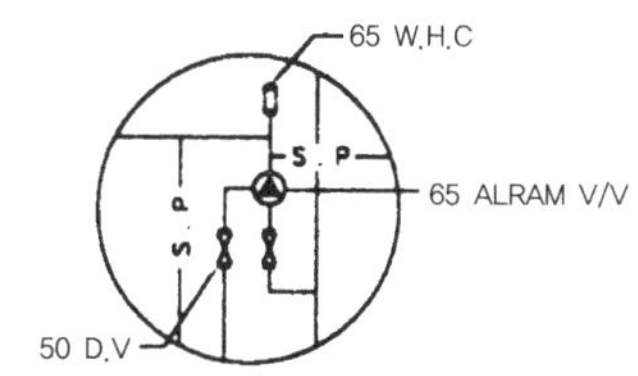

"A" DETAIL

옥내소화전함	D40×15M 호스×1본 D40 노즐 D65 단구 방수구 내장	× 23EA
옥내소화전함	D40×15M 호스×1본 D40 노즐	× 3EA
방수용기구함	D65×15M 호스×2본 D65 방사형 관창×1개	× 8EA
ABC 분말소화기	2단위	× 51EA
알람밸브	D65(개폐표시형 밸브 부착) D50 드레인 밸브 포함	× 1EA
스프링클러헤드	습식(하향식) 폐쇄형 72도	× 200EA
스프링클러헤드	습식(하향식) 폐쇄형 103도(16층 이상 주방)	× 20EA
테스트밸브함	D15개방형 헤드(반사판제거) 압력계	× 1EA
배연급기구	가압급기방식	× 10EA
스프링클러 설비 송수구	쌍구형 : D100×65×65 자동드레인 밸브 : D20	× 1EA
연결송수관설비 송수구 (옥내소화전 겸용)	쌍구형 : D100×65×65 자동드레인 밸브 : D20	× 1EA
연결살수설비 송수구	단구형 : D100×15 자동드레인 밸브 : D20	× 3EA
연결살수용헤드	D20개방형(하향식)	× 22EA

1 MF ○○동 소화배관 계통도

축척 NONE

공 사 명 (PROJECT)

○○ 아파트 신축공사

주 기 (NOTE)

설 계 (DRAWIN BY)

승 인 (APPROVED BY)

일 자 (DATE)

도 면 명 (NAME OF DRAWING)

○○동 소화배관 계통도

축 척 (SCALE)

NONE

도 면 번 호 (DWG.NO.)

4

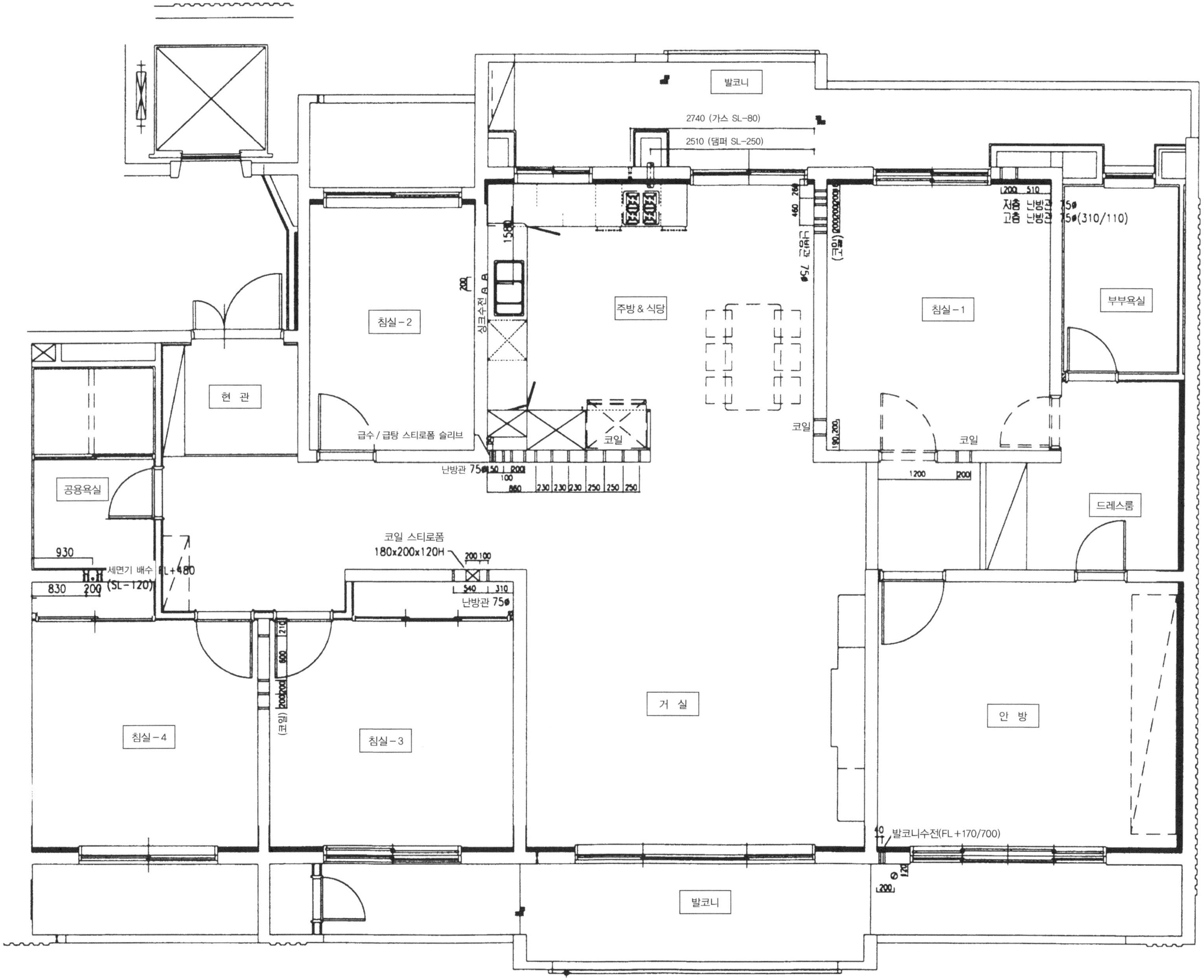

63평형 단위세대 난방/배관 슬리브 평면도

축척 NONE

공 사 명 (PROJECT)

○○ 아파트 신축공사

주 기 (NOTE)

설 계 (DRAWIN BY)

승 인 (APPROVED BY)

일 자 (DATE)

도 면 명 (NAME OF DRAWING)

63평형 단위세대 난방/배관 슬리브 평면도

축 척 (SCALE)

NONE

도 면 번 호 (DWG.NO.)

5

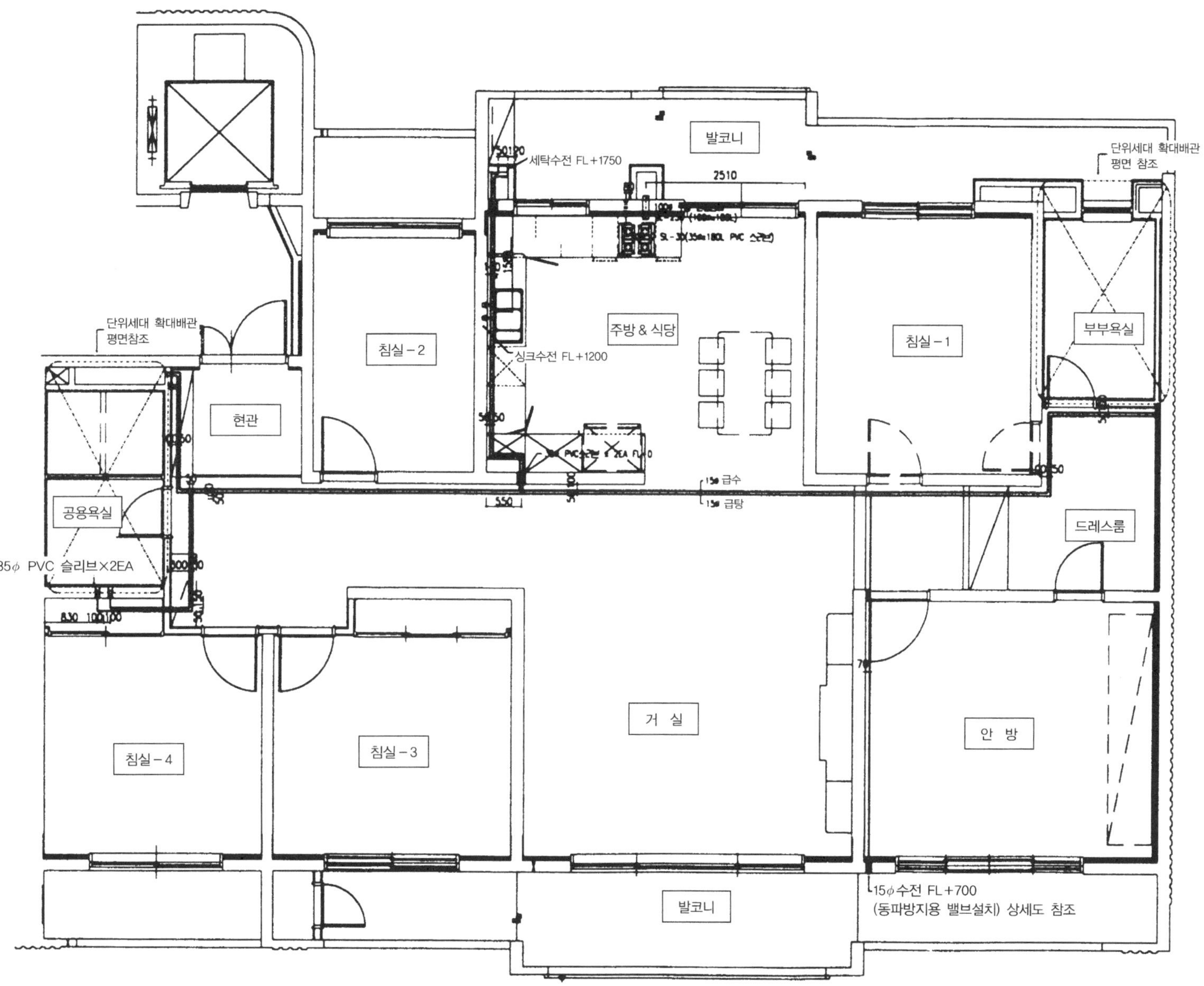

63평형 단위세대 위생배관 평면도

축척 NONE

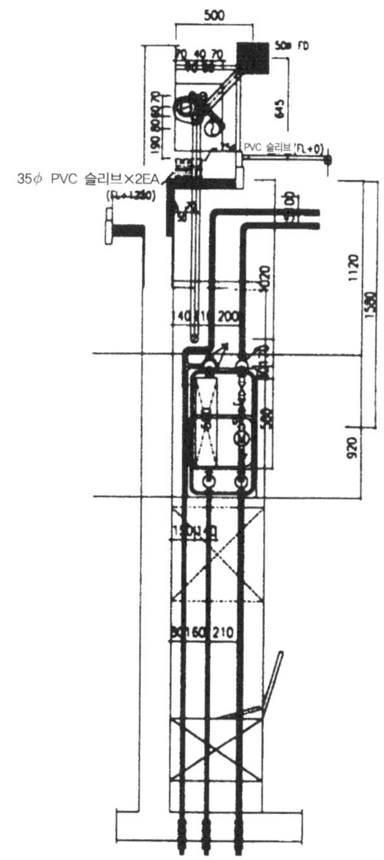

부분 확대배관 평면도

축척 : 1/20

공 사 명 (PROJECT)	○○ 아파트 신축공사
주 기 (NOTE)	
설 계 (DRAWIN BY)	
승 인 (APPROVED BY)	
일 자 (DATE)	
도 면 명 (NAME OF DRAWING)	63평형 단위세대 위생배관 평면도
축 척 (SCALE)	NONE
도 면 번 호 (DWG.NO.)	

6

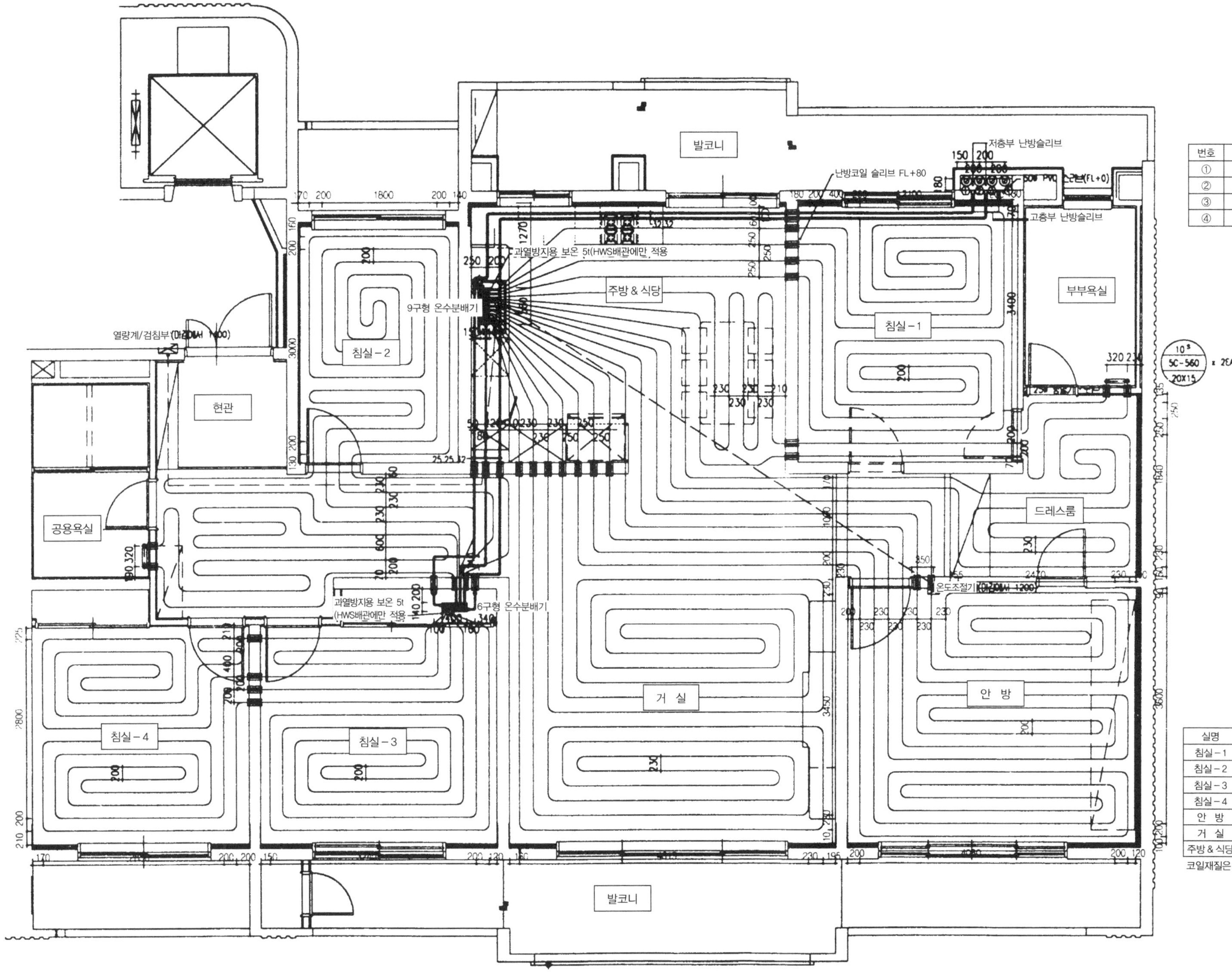

번호	명칭	관경	비고
①	HWR	80φ	저층부
②	HWR	80φ	저층부
③	HWS	80φ	고층부
④	HWR	80φ	고층부

실명	코일 PITCH	구경
침실-1	20 MM	15φ
침실-2	20 MM	15φ
침실-3	20 MM	15φ
침실-4	20 MM	15φ
안 방	20 MM	15φ
거 실	20 MM	15φ
주방 & 식당	20 MM	15φ

코일재질은 X-L PIPE

63평형 단위세대 난방배관 평면도(1층/최상층)

축 척 : 1/40

공 사 명 (PROJECT)	○○ 아파트 신축공사
주 기 (NOTE)	
설 계 (DRAWIN BY)	
승 인 (APPROVED BY)	
일 자 (DATE)	
도 면 명 (NAME OF DRAWING)	63평형 단위세대 난방배관 평면도
축 척 (SCALE)	NONE
도 면 번 호 (DWG.NO.)	

7

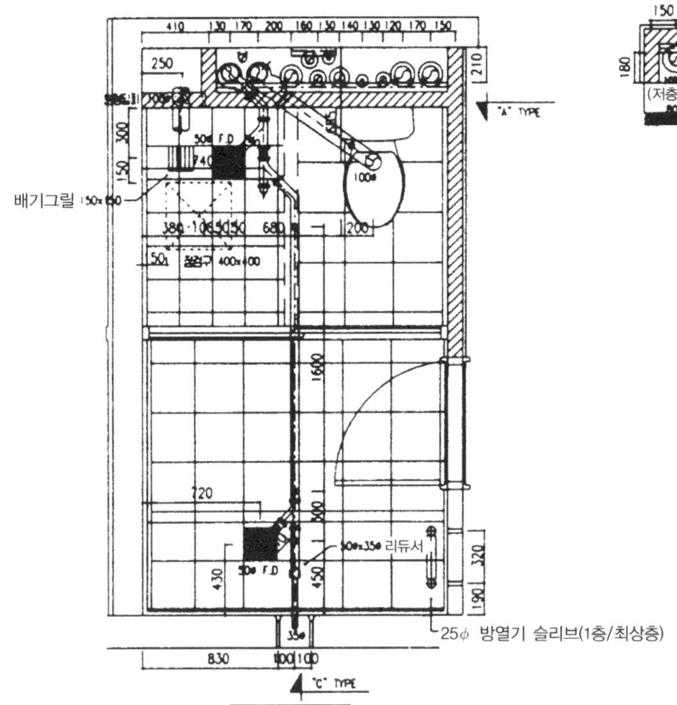

공용욕실

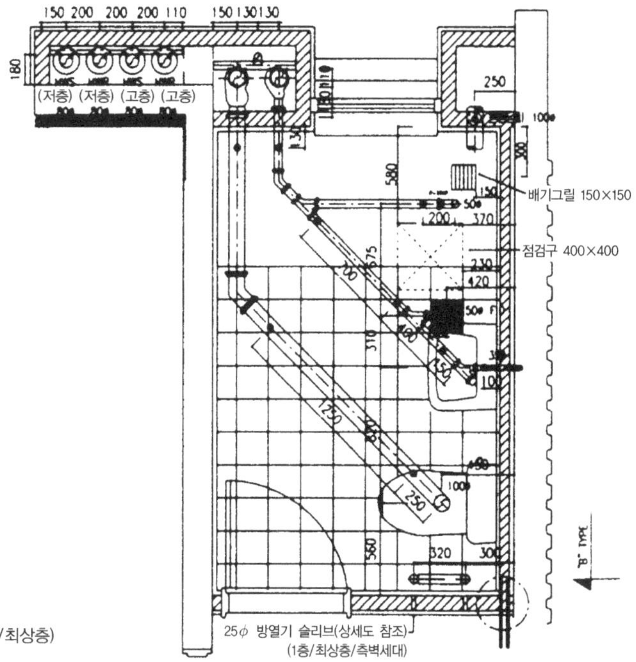

부부욕실

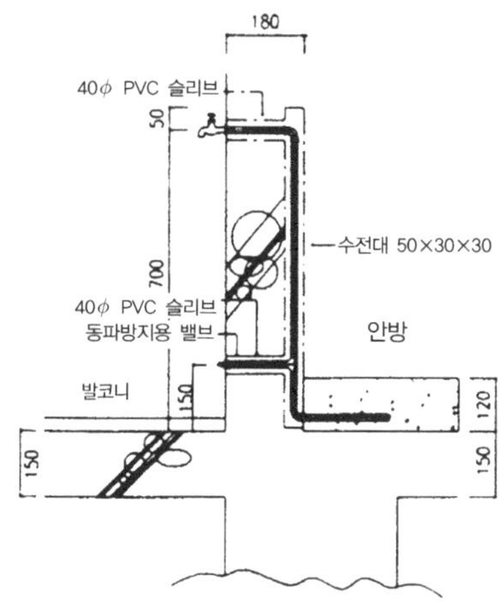

발코니 수전 단면 상세도

축 척 1/10

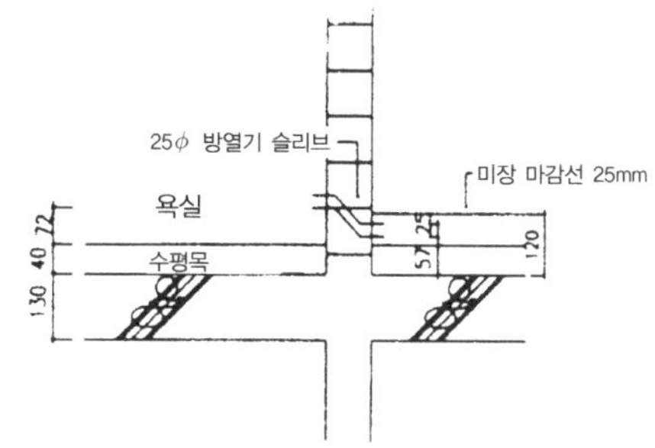

화장실 방열기 단면 상세도

축 척 1/10

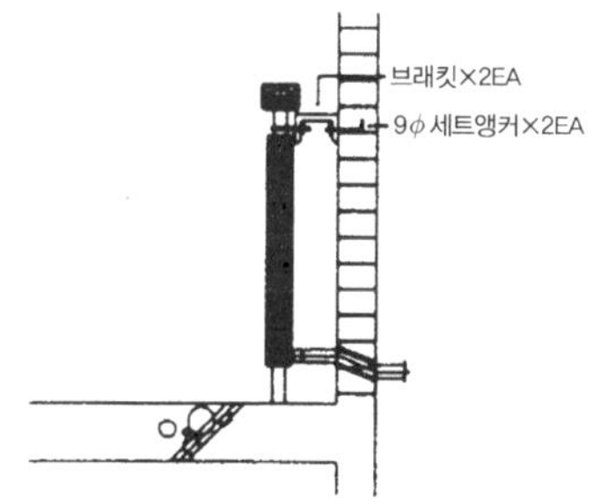

방열기 벽체 고정 상세도

축 척 1/NONE

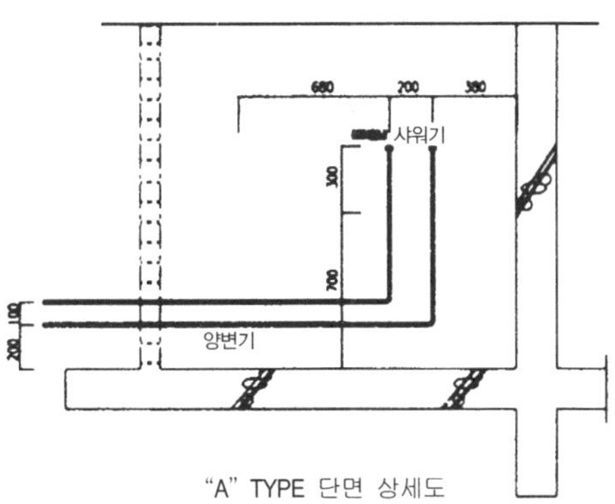

"A" TYPE 단면 상세도

축 척 : 1/20

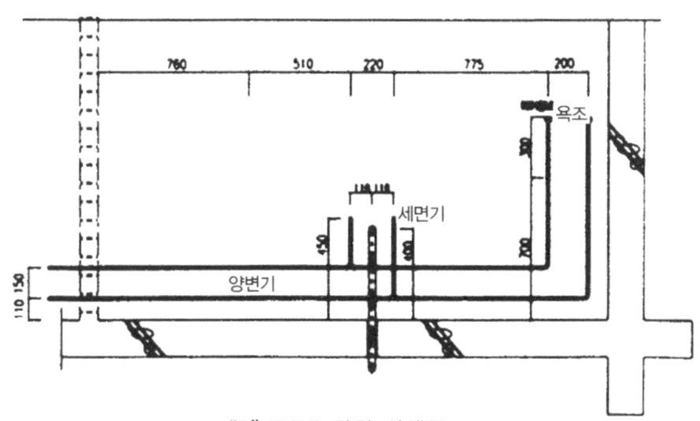

"B" TYPE 단면 상세도

축 척 : 1/20

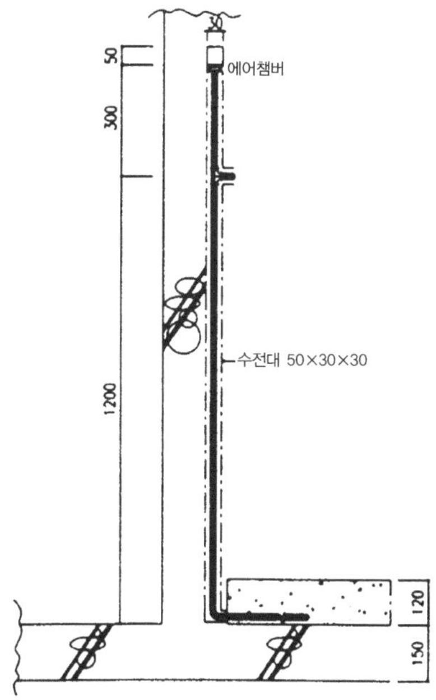

싱크수전 단면 상세도

축 척 : 1/10

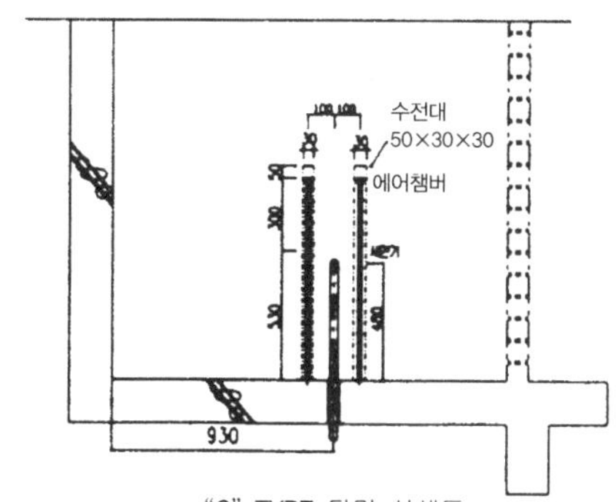

"C" TYPE 단면 상세도

축 척 : 1/20

63평형 단위세대 오/배수배관 인서트/슬리브 평면도

축 척 : NONE

공 사 명 (PROJECT)	○○ 아파트 신축공사
주 기 (NOTE)	
설 계 (DRAWIN BY)	
승 인 (APPROVED BY)	
일 자 (DATE)	
도 면 명 (NAME OF DRAWING)	63평형 단위세대 오/배수배관 인서트/슬리브 평면도
축 척 (SCALE)	NONE
도 면 번 호 (DWG.NO.)	

8

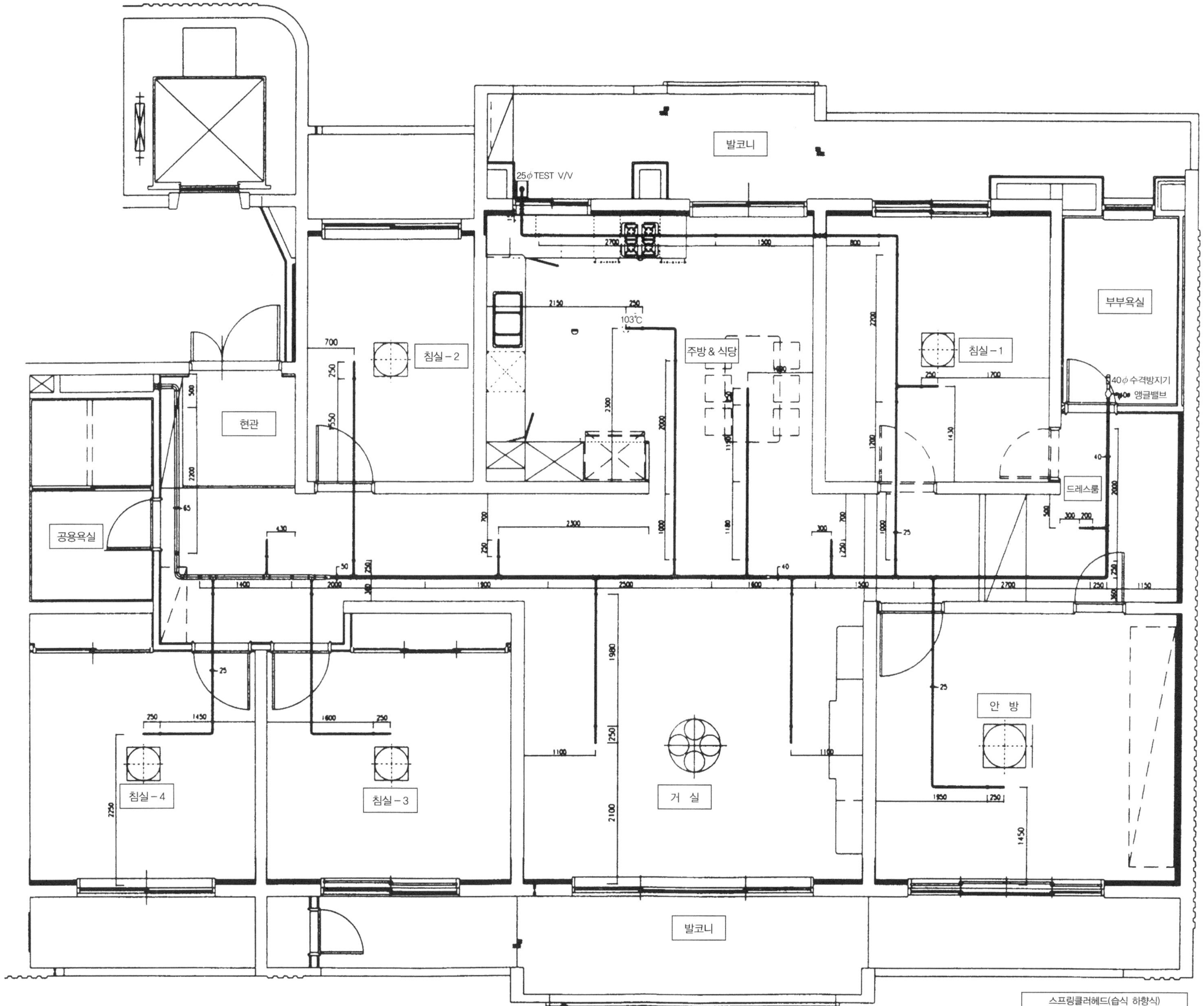

63평형 단위세대 소화배관 평면도

축 척 : NONE

스프링클러헤드(습식 하향식)
폐쇄형 72℃×12EA
폐쇄형 103℃×1EA(주방)

공 사 명 (PROJECT)	○○ 아파트 신축공사
주 기 (NOTE)	
설 계 (DRAWIN BY)	
승 인 (APPROVED BY)	
일 자 (DATE)	
도 면 명 (NAME OF DRAWING)	63평형 단위세대 소화배관 평면도
축 척 (SCALE)	NONE
도 면 번 호 (DWG.NO.)	

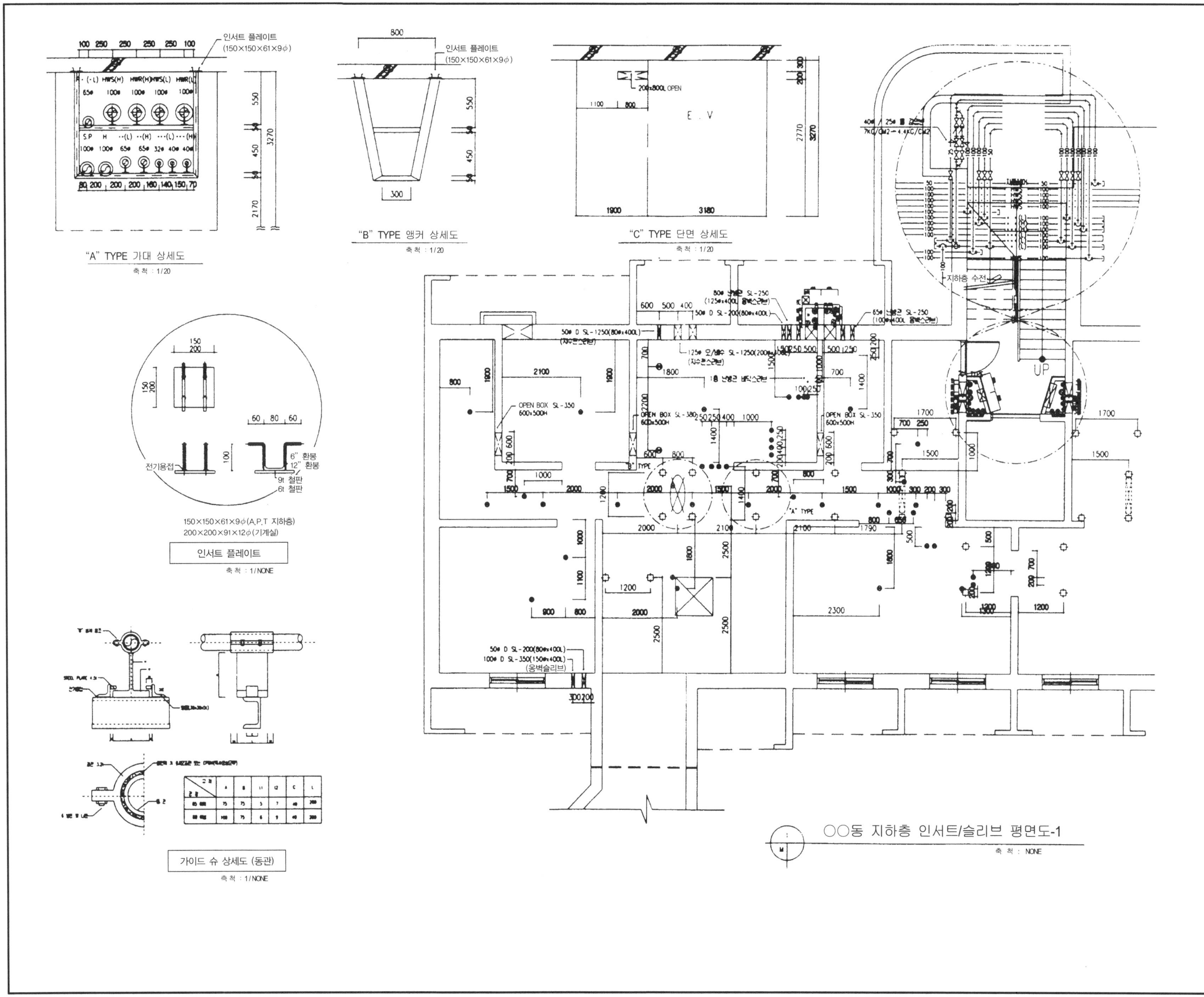

공사명 (PROJECT)	○○ 아파트 신축공사
주기 (NOTE)	
설계 (DRAWIN BY)	
승인 (APPROVED BY)	
일자 (DATE)	
도면명 (NAME OF DRAWING)	○○동 지하층 인서트/슬리브 평면도-1
축척 (SCALE)	NONE
도면번호 (DWG.NO.)	

10

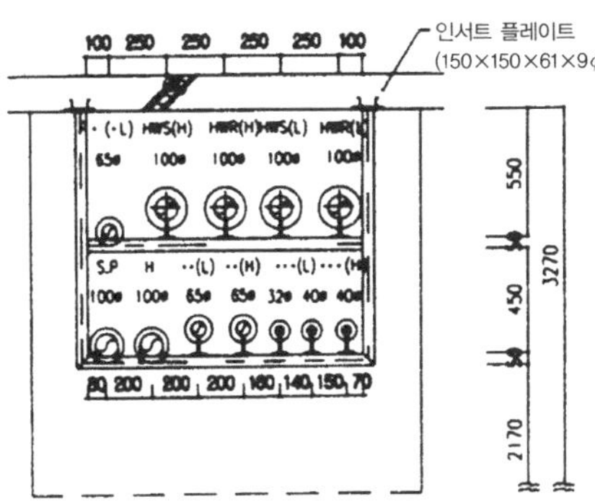

"B" TYPE 가대 상세도

축척 : 1/20

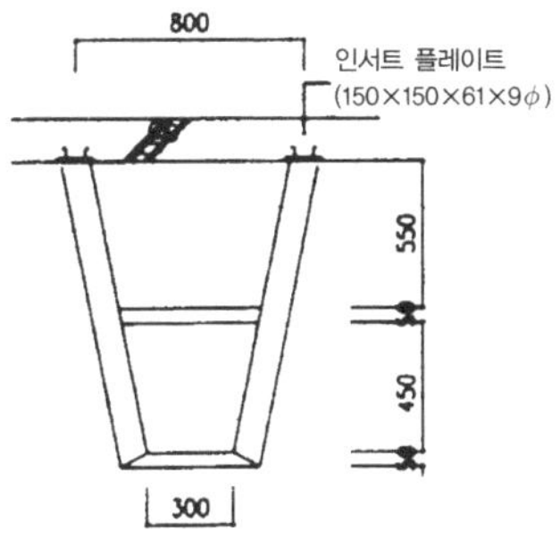

"C" TYPE 앵커 상세도

축척 : 1/20

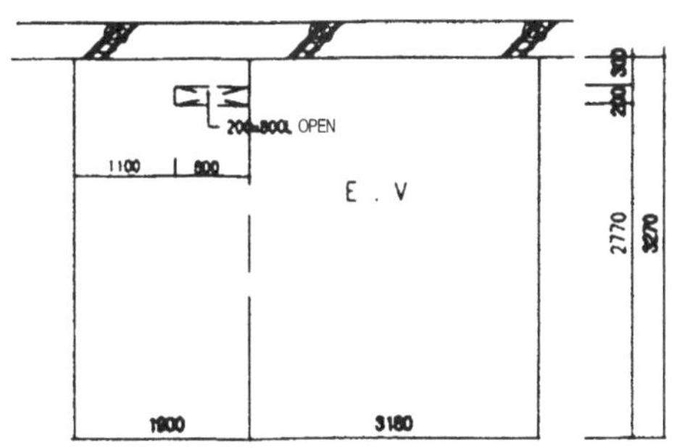

"C" TYPE 단면 상세도

축척 : 1/20

번 호	기 호	관 경	비 고
01	H W S	80φ	저 층 부
02	H W R	80φ	저 층 부
03	D	75φ	
04	D	100φ	
05	H W S	65φ	고 층 부
06	H W R	65φ	고 층 부
07	S	100φ	
08	D	100φ	
09	V	50φ	

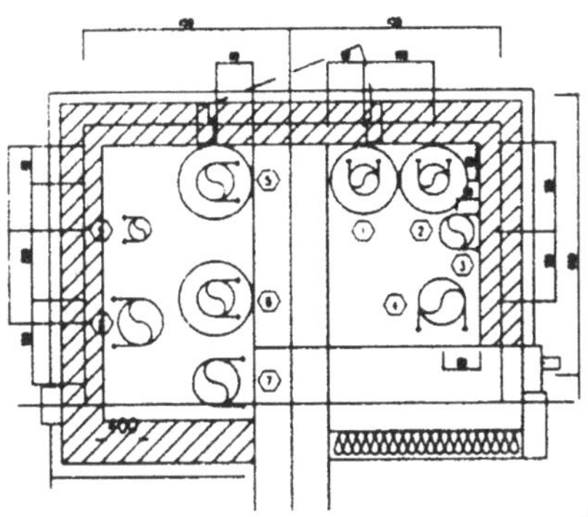

"E" TYPE 파이프 덕트 상세도

축척 : 1/20

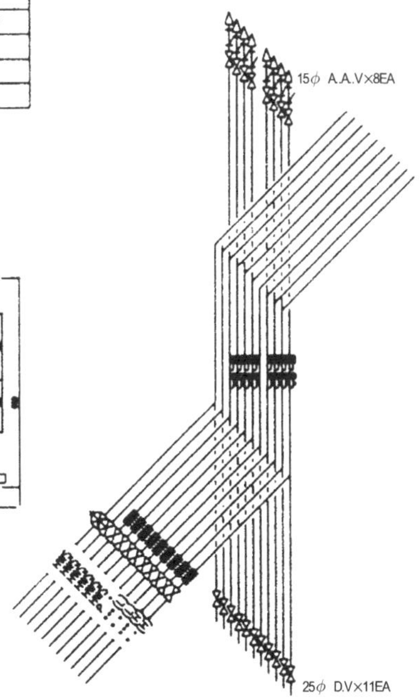

"A" TYPE 겨냥 상세도

축척 : 1/NONE

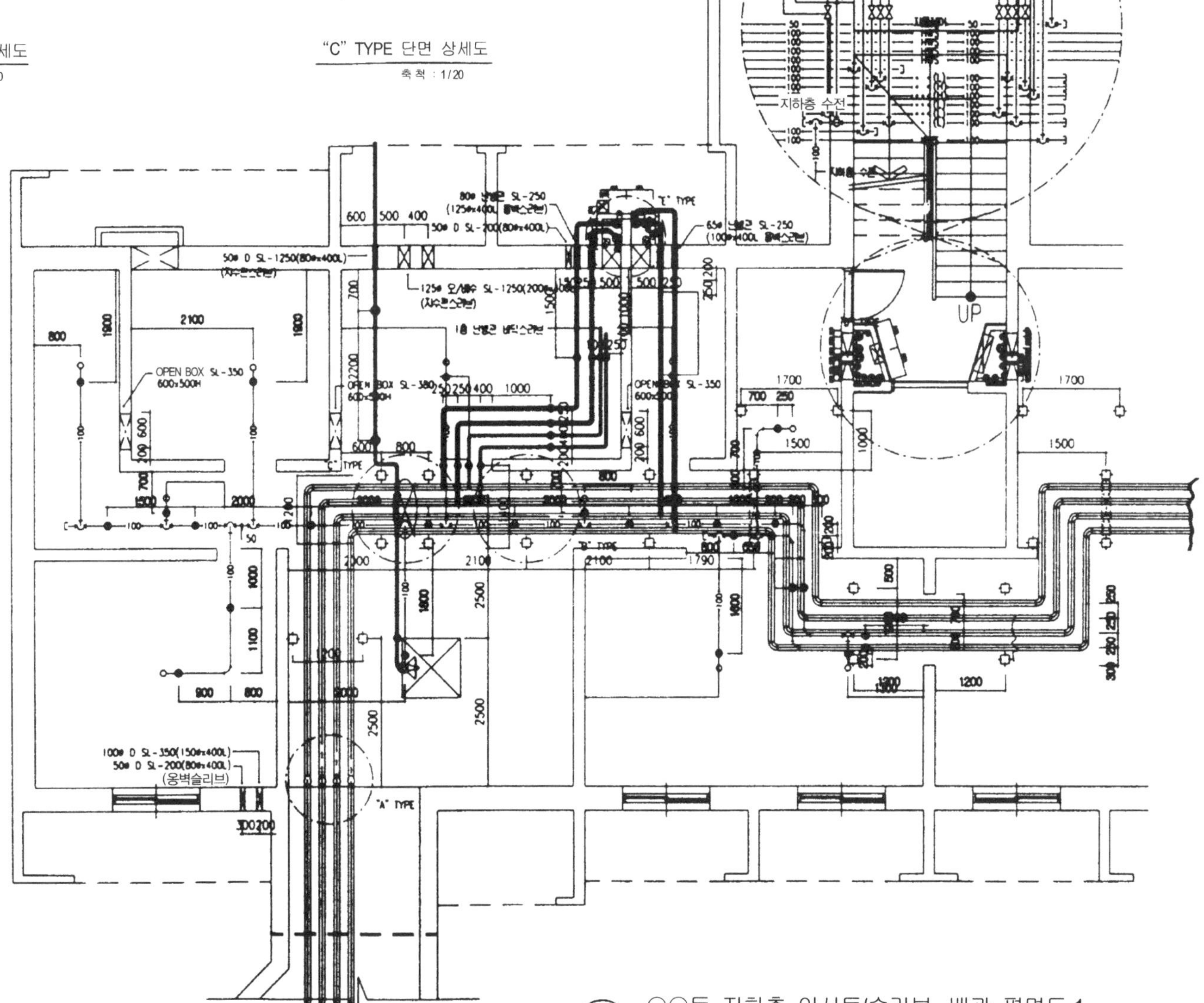

○○동 지하층 인서트/슬리브, 배관 평면도-1

축 척 : NONE

11

공 사 명 (PROJECT)	○○ 아파트 신축공사
주 기 (NOTE)	
설 계 (DRAWIN BY)	
승 인 (APPROVED BY)	
일 자 (DATE)	
도 면 명 (NAME OF DRAWING)	○○동 지하층 인서트/슬리브, 배관 평면도-1
축 척 (SCALE)	NONE
도 면 번 호 (DWG.NO.)	

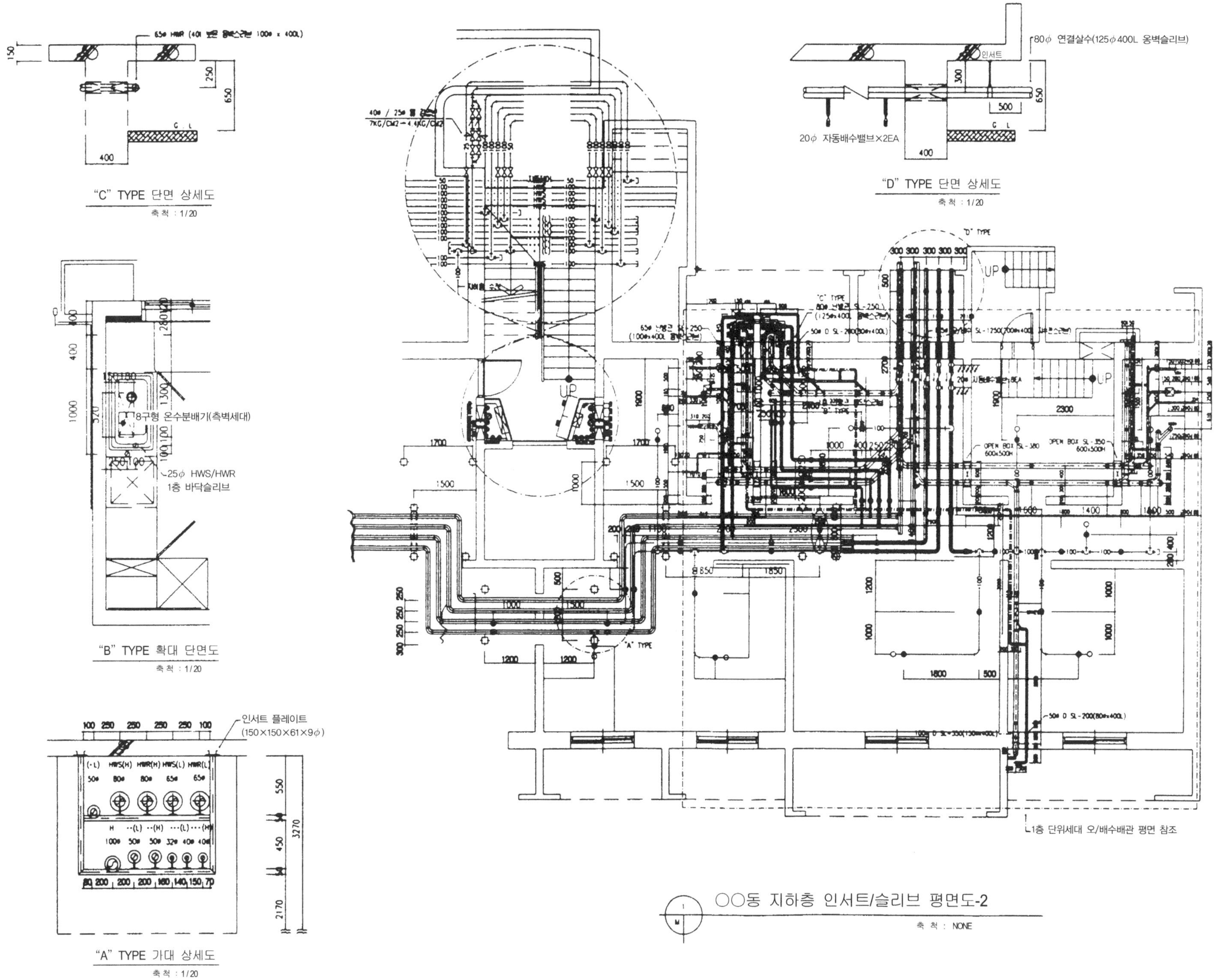

공 사 명
(PROJECT)

○○ 아파트 신축공사

주 기 (NOTE)

설 계 (DRAWIN BY)

승 인 (APPROVED BY)

일 자 (DATE)

도 면 명 (NAME OF DRAWING)

○○동 지하층 인서트/슬리브 평면도-2

축 척 (SCALE)

NONE

도 면 번 호 (DWG.NO.)

12

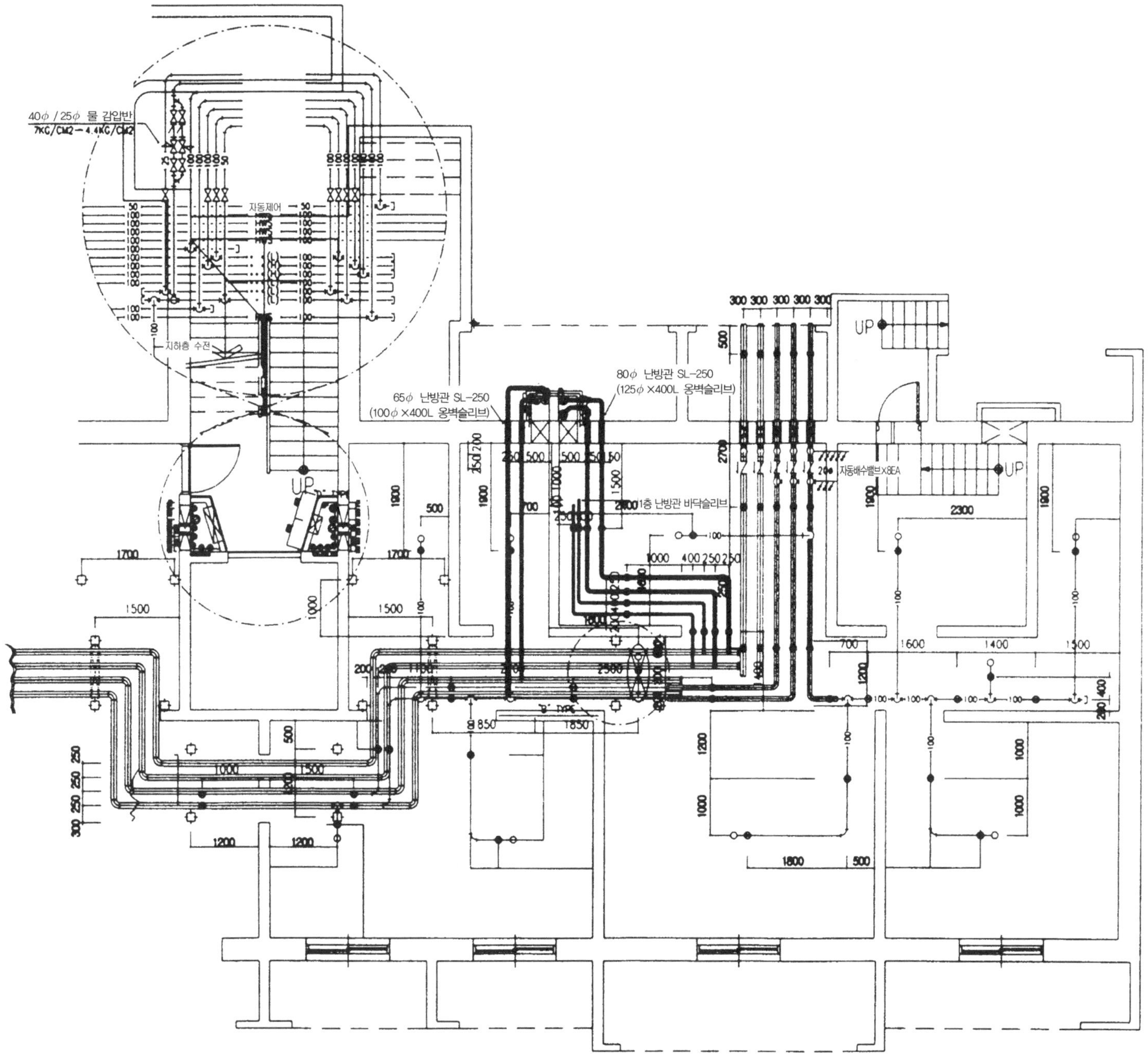

○○동 지하층 인서트/슬리브 배관 평면도-2

축 척 : NONE

공 사 명 (PROJECT)	○○ 아파트 신축공사
주 기 (NOTE)	
설 계 (DRAWIN BY)	
승 인 (APPROVED BY)	
일 자 (DATE)	
도 면 명 (NAME OF DRAWING)	○○동 지하층 인서트/슬리브 배관 평면도-2
축 척 (SCALE)	NONE
도 면 번 호 (DWG.NO.)	

13

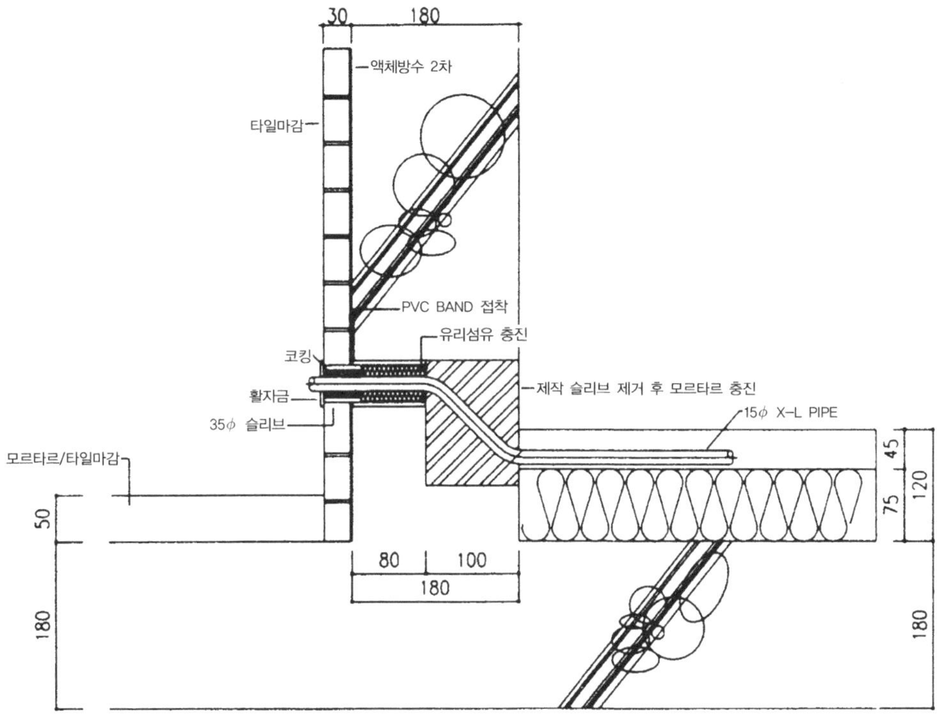

방열기 주위배관 상세도 - 1

축 척 : 1/10

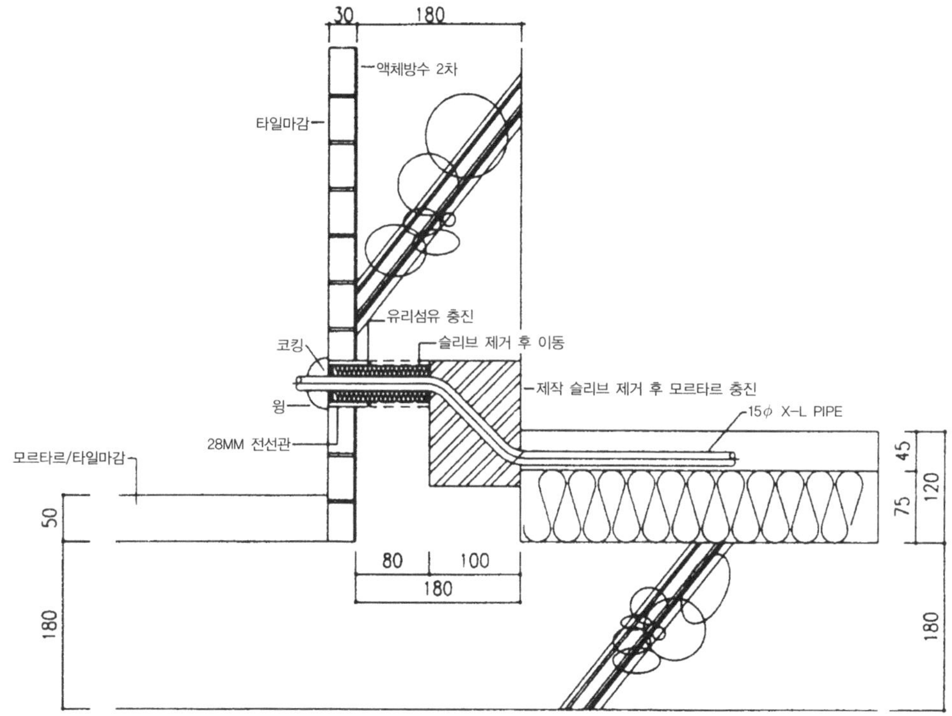

방열기 주위배관 상세도 - 2

축 척 : 1/10

공 사 명 (PROJECT) ○○ 아파트 신축공사
주 기 (NOTE)
설 계 (DRAWIN BY)
승 인 (APPROVED BY)
일 자 (DATE)
도 면 명 (NAME OF DRAWING) 방열기 주위배관 상세도
축 척 (SCALE) NONE
도 면 번 호 (DWG.NO.)

14

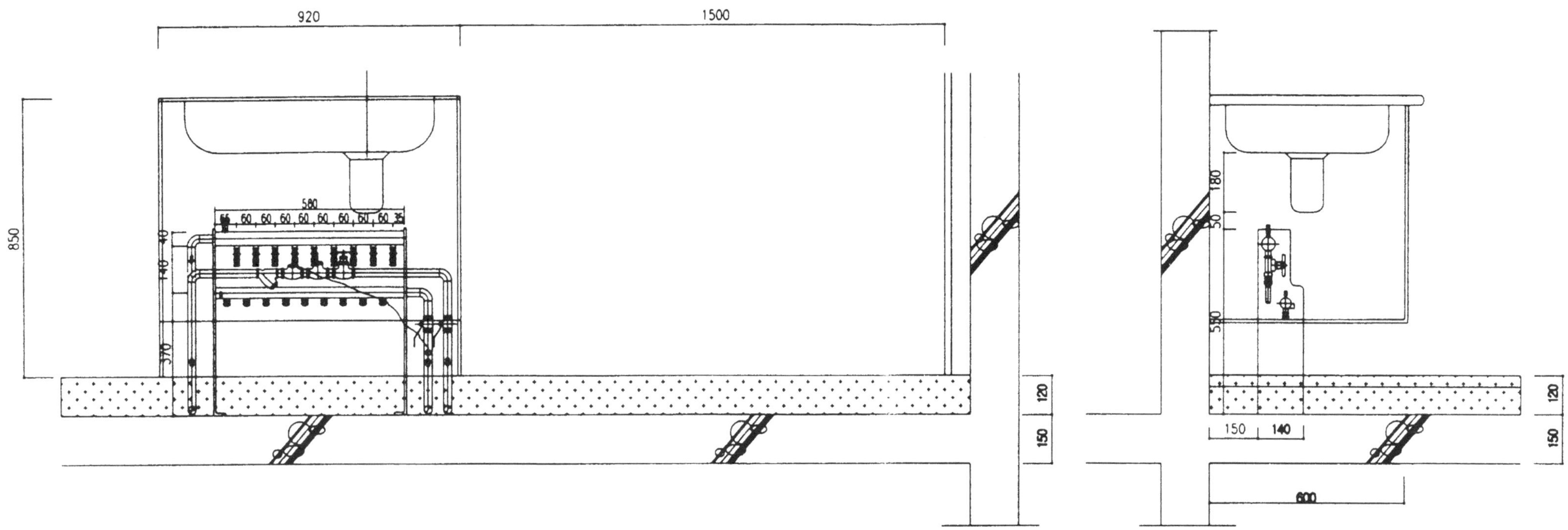

정 면 도

측 면 도

63평형 단위세대 온수분배기 단면 상세도

1 / M

축 척 : 1 / 10

공사명 (PROJECT)	○○ 아파트 신축공사
주 기 (NOTE)	
설 계 (DRAWIN BY)	
승 인 (APPROVED BY)	
일 자 (DATE)	
도면명 (NAME OF DRAWING)	63평형 단위세대 온수분배기 단면 상세도
축척 (SCALE)	NONE
도면번호 (DWG.NO.)	

15

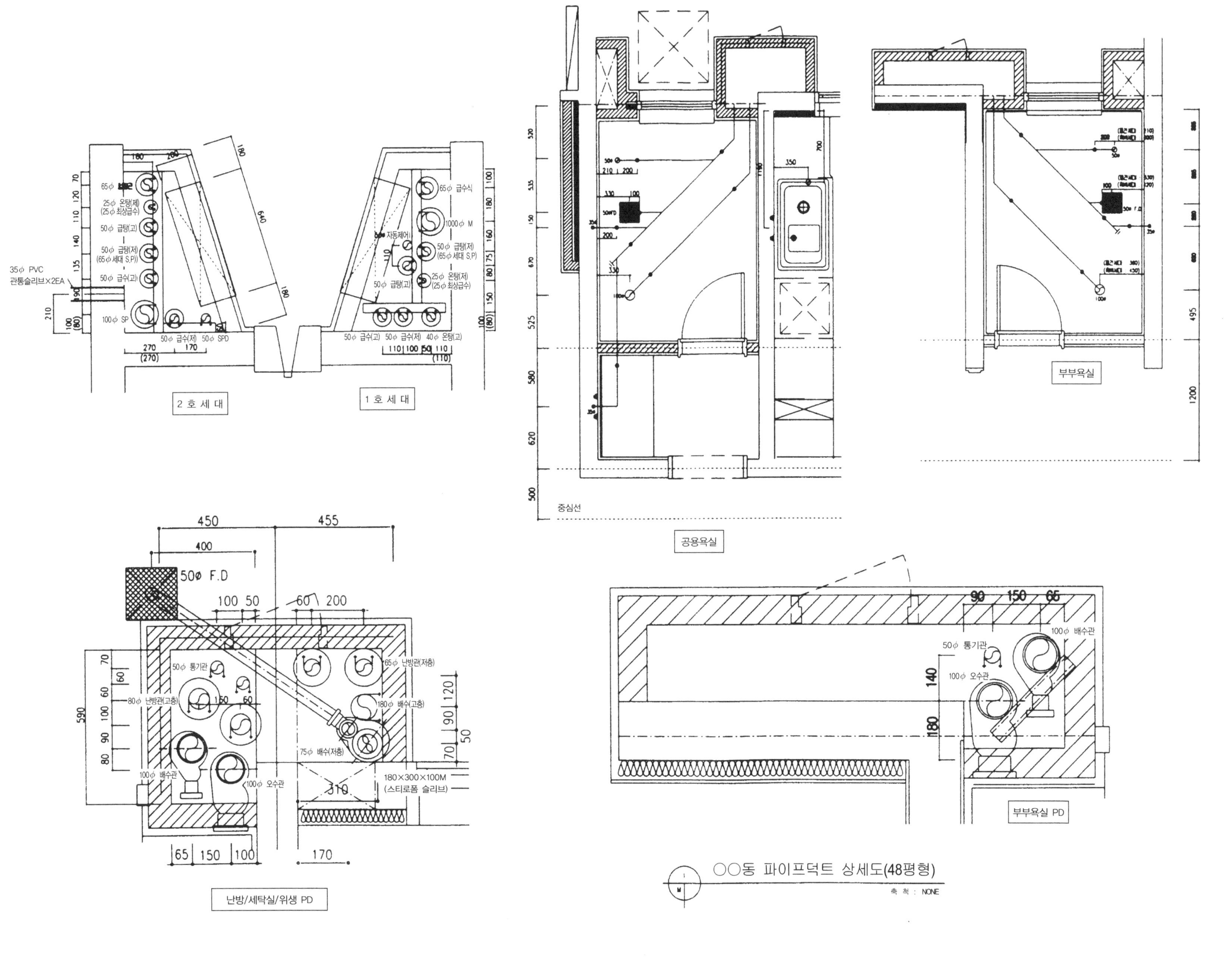

공사명
(PROJECT)

○○ 아파트 신축공사

주 기 (NOTE)

설 계 (DRAWIN BY)

승 인 (APPROVED BY)

일 자 (DATE)

도면명 (NAME OF DRAWING)

○○동 파이프덕트 상세도
(48평형)

축척 (SCALE)

NONE

도면번호 (DWG.NO.)

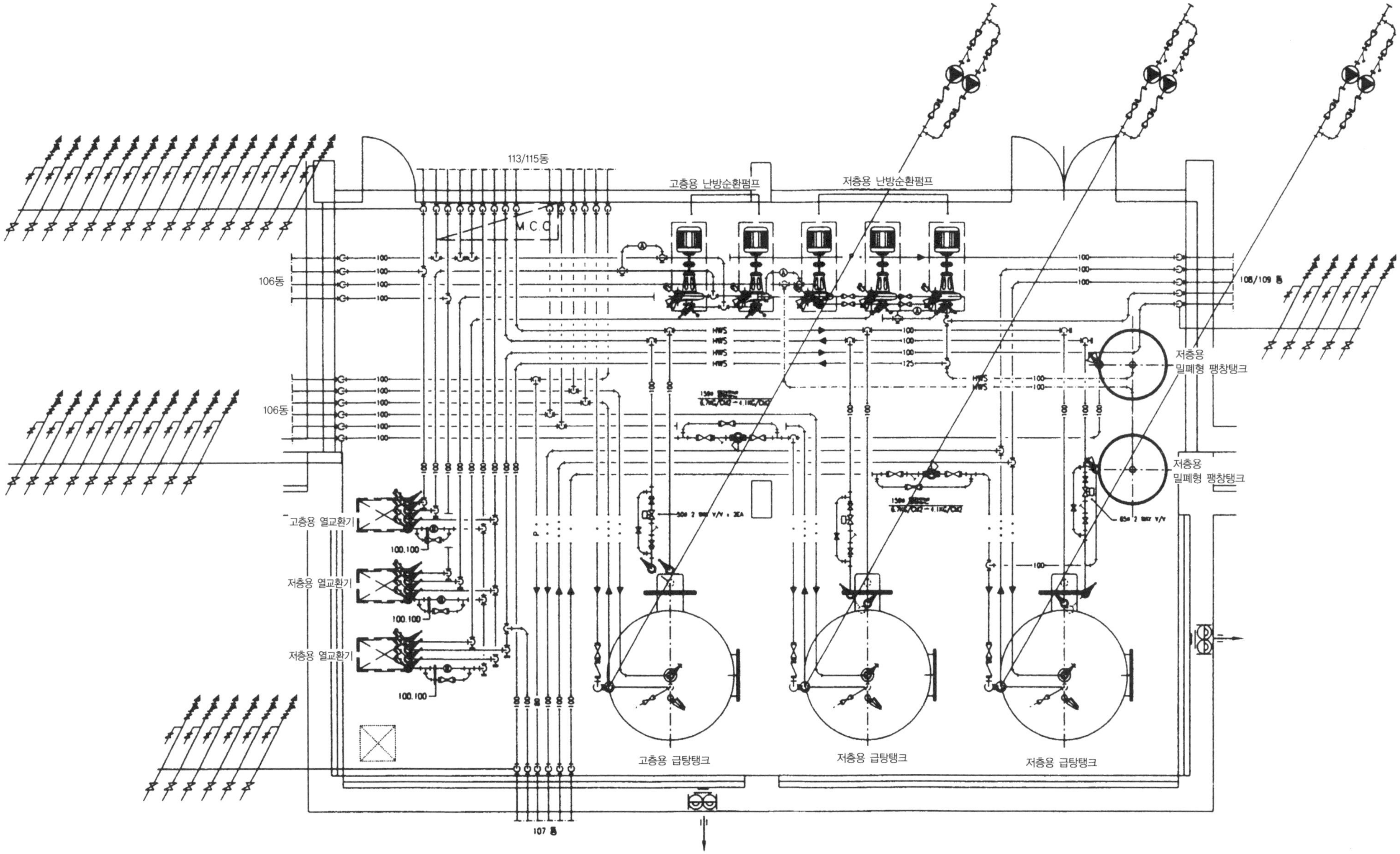

열교환실-2 확대배관 평면도

축 척 : NONE

공사명 (PROJECT)
○○ 아파트 신축공사
주 기 (NOTE)
설 계 (DRAWIN BY)
승 인 (APPROVED BY)
일 자 (DATE)
도면명 (NAME OF DRAWING)
열교환실-2 확대배관 평면도
축척 (SCALE) NONE
도면번호 (DWG.NO.)

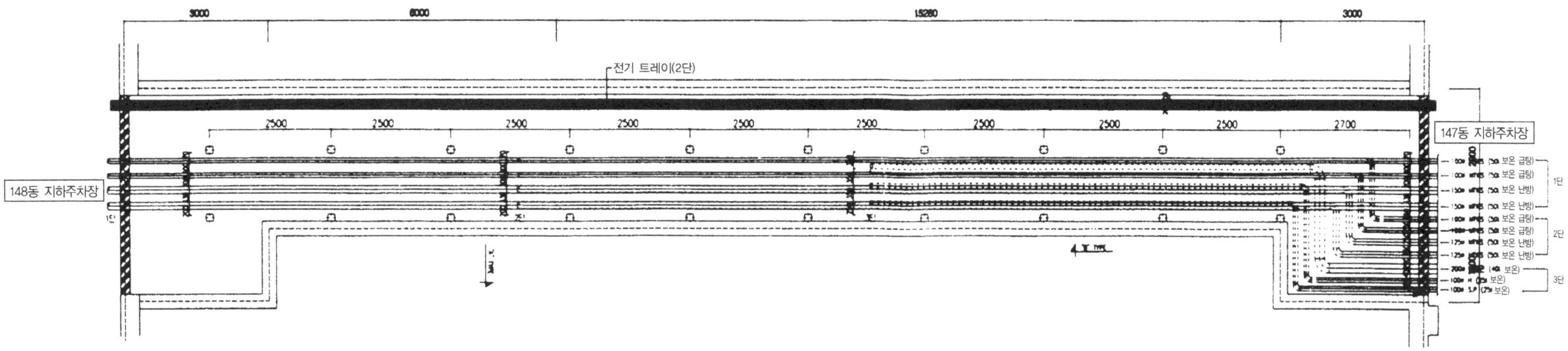

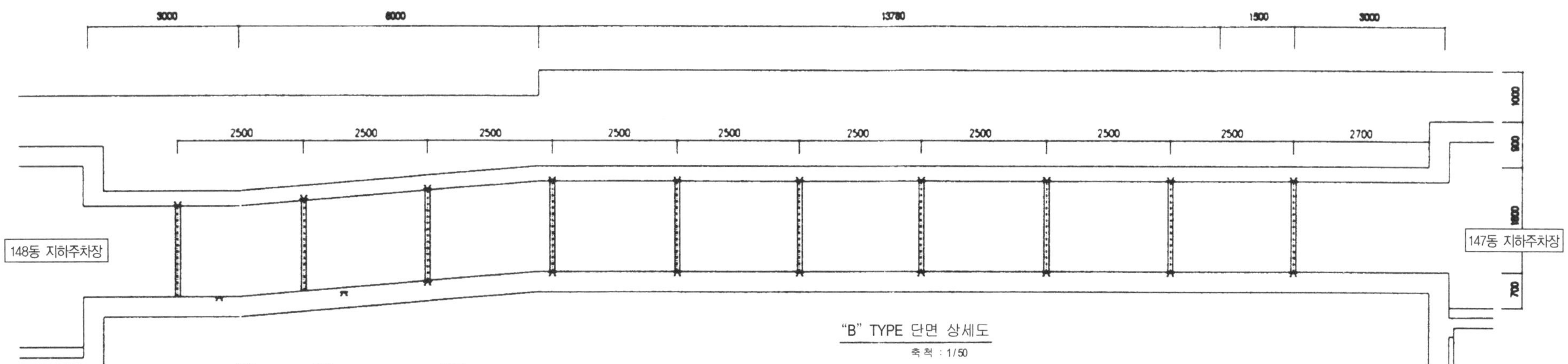

"B" TYPE 단면 상세도

축 척 : 1/50

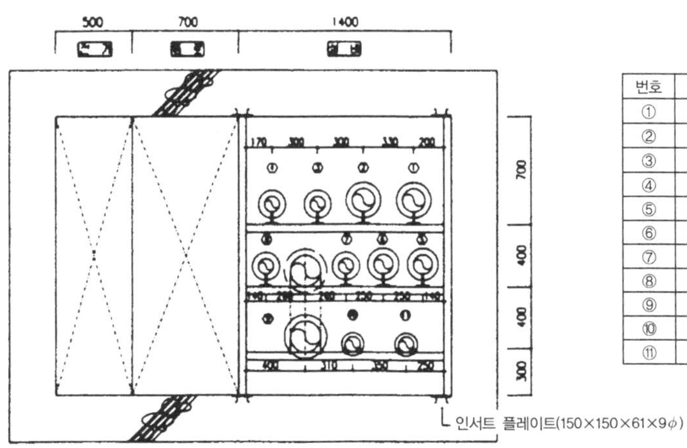

"A" TYPE 단면 상세도

축 척 : 1/20

번호	명칭	관경	비고
①	MTWS	150ϕ	난방관
②	MTWR	150ϕ	
③	MTWS	100ϕ	급탕관
④	MTWR	100ϕ	
⑤	MTWS	125ϕ	난방관
⑥	MTWR	125ϕ	
⑦	MTWS	100ϕ	급탕관
⑧	MTWR	100ϕ	
⑨	[illegible]	200ϕ	
⑩	소화관	100ϕ	
⑪	스프링클러	100ϕ	

○○동 공동구 인서트 플레이트 평면도

축 척 : NONE

공 사 명 (PROJECT)

○○ 아파트 신축공사

주 기 (NOTE)

설 계 (DRAWIN BY)

승 인 (APPROVED BY)

일 자 (DATE)

도 면 명 (NAME OF DRAWING)

○○동 공동구 인서트 플레이트 평면도

축 척 (SCALE)

NONE

도 면 번 호 (DWG.NO.)

18

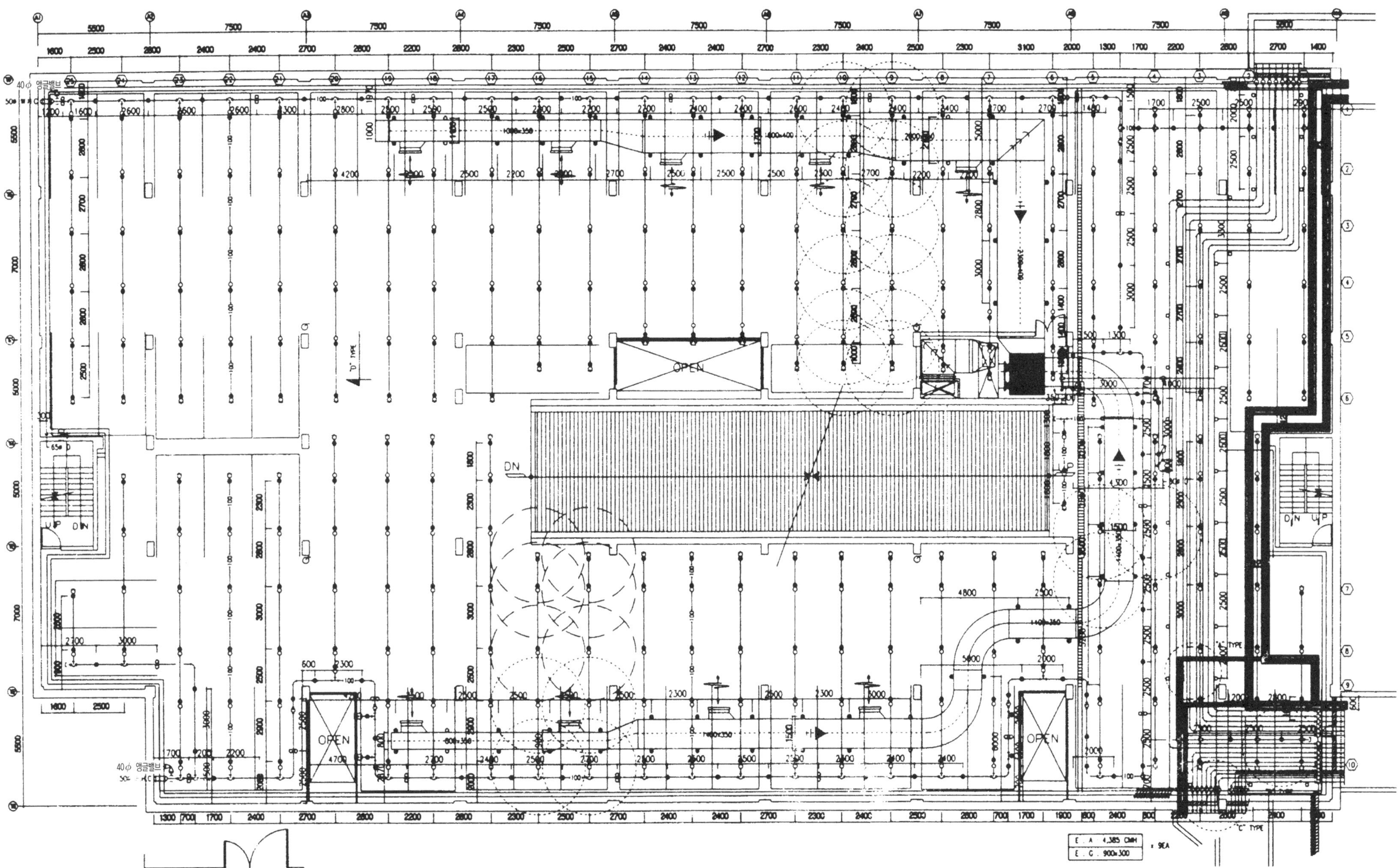

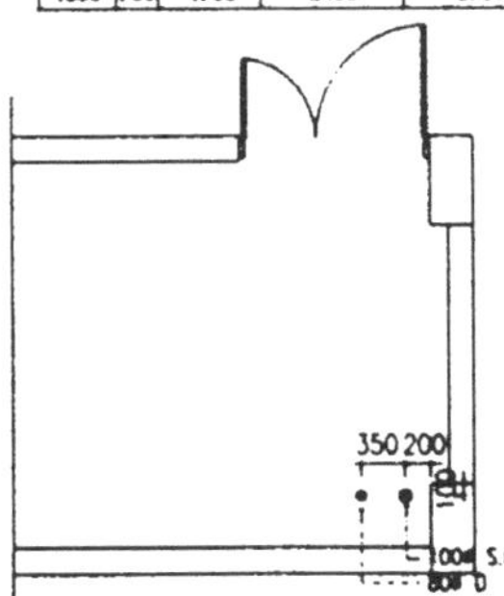

부분 확대 평면도

축척 : 1/50

○○동 지하1층 소화배관/환기덕트 인서트/슬리브 평면도

축 척 : NONE

공사명 (PROJECT)	○○ 아파트 신축공사
주 기 (NOTE)	
설 계 (DRAWIN BY)	
승 인 (APPROVED BY)	
일 자 (DATE)	
도면명 (NAME OF DRAWING)	○○동 지하1층 소화배관/환기덕트 인서트/슬리브 평면도
축척 (SCALE)	NONE
도면번호 (DWG.NO.)	

19

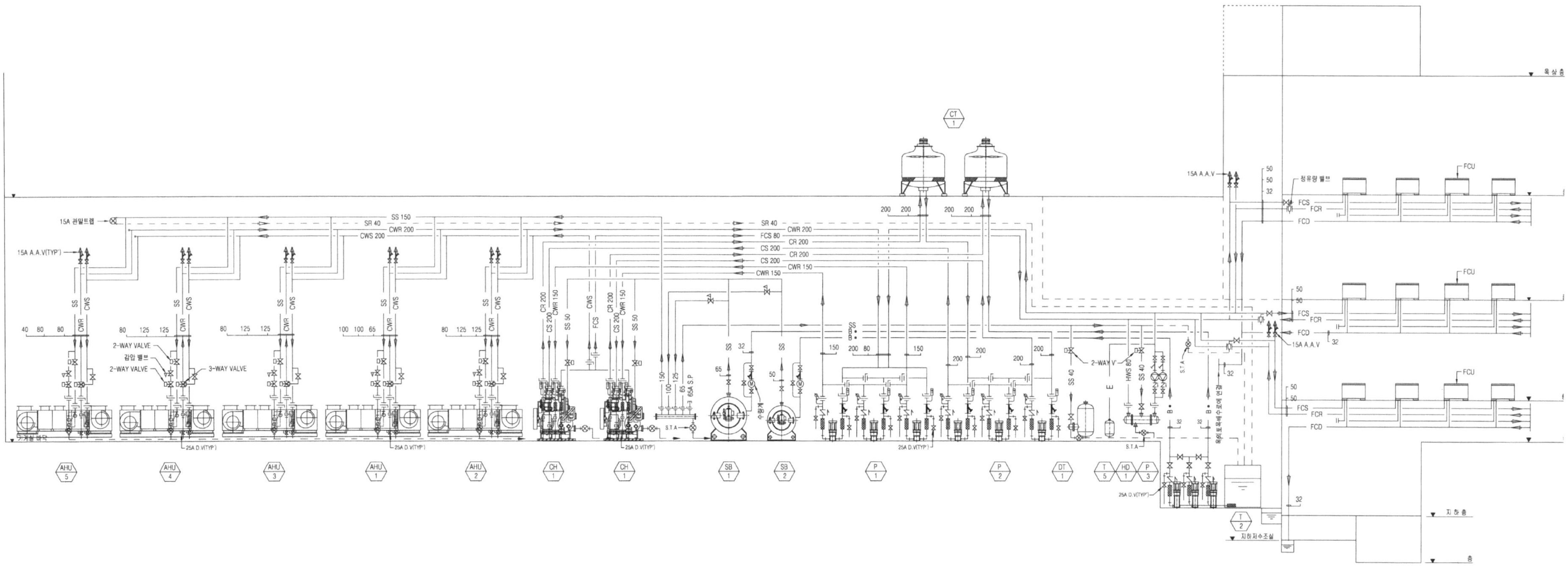

1 공 조 배 관 계 통 도

SCALE:A1-NONE,A3-NONE

SYMBOL	REVISONS	DATE

PROJECT TITLE	
○○건축 신축공사	
DRAWING TITLE	
APPROVAL	SCALE A1:NONE,A3:NONE
CHECKED	PROJECT NO
CHECKED	SHEET NO
DRAWN	DRAWING NO
DATE	ASME

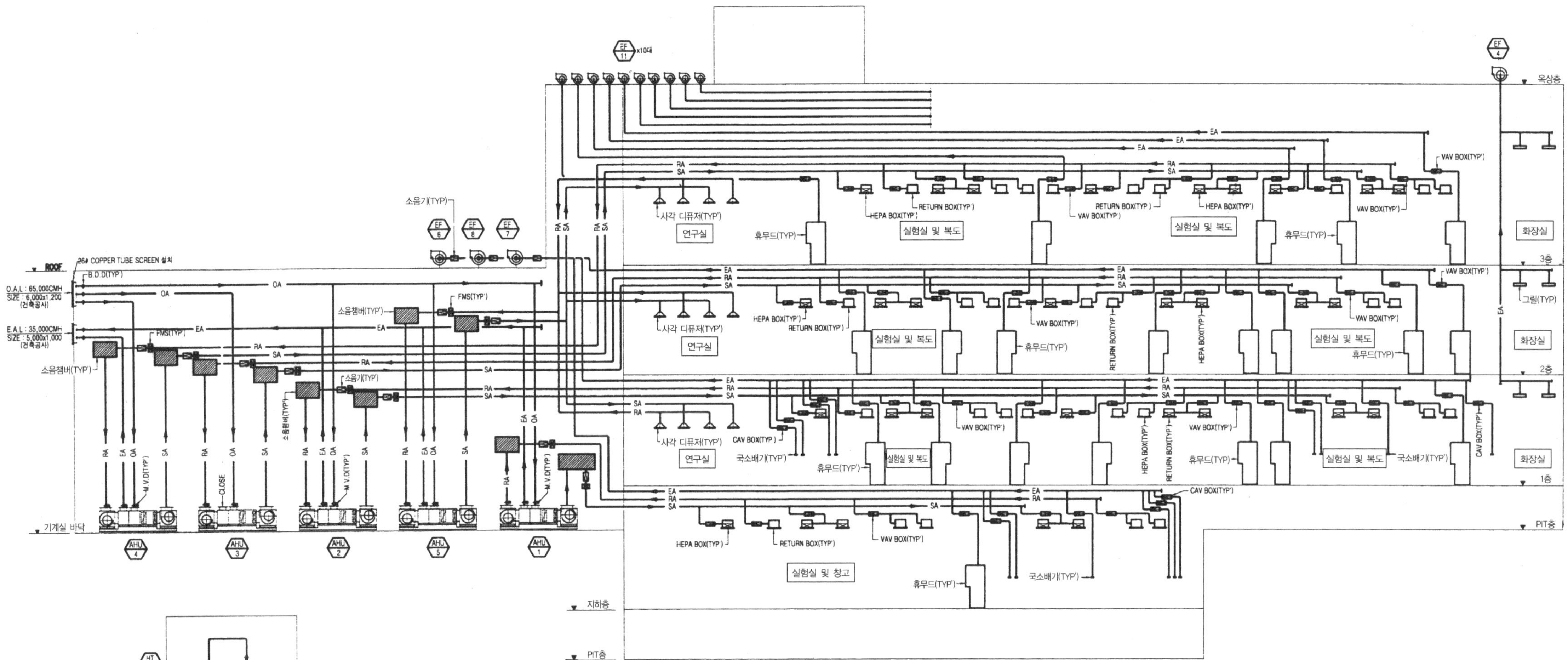

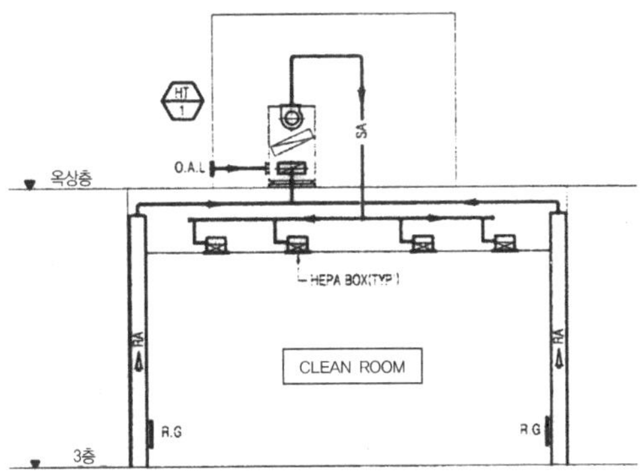

3층 CLEAN ROOM 덕트 계통도

SCALE : A1 - NONE, A3 - NONE

1 공조덕트 계통도

SCALE : A1 - NONE, A3 - NONE

SYMBOL	REVISONS	DATE
PROJECT TITLE	○○건축 신축공사	
DRAWING TITLE		
APPROVAL	SCALE A1:NONE,A3:NONE	
CHECKED	PROJECT NO	
CHECKED	SHEET NO	
DRAWN	DRAWING NO	
DATE	ASME	

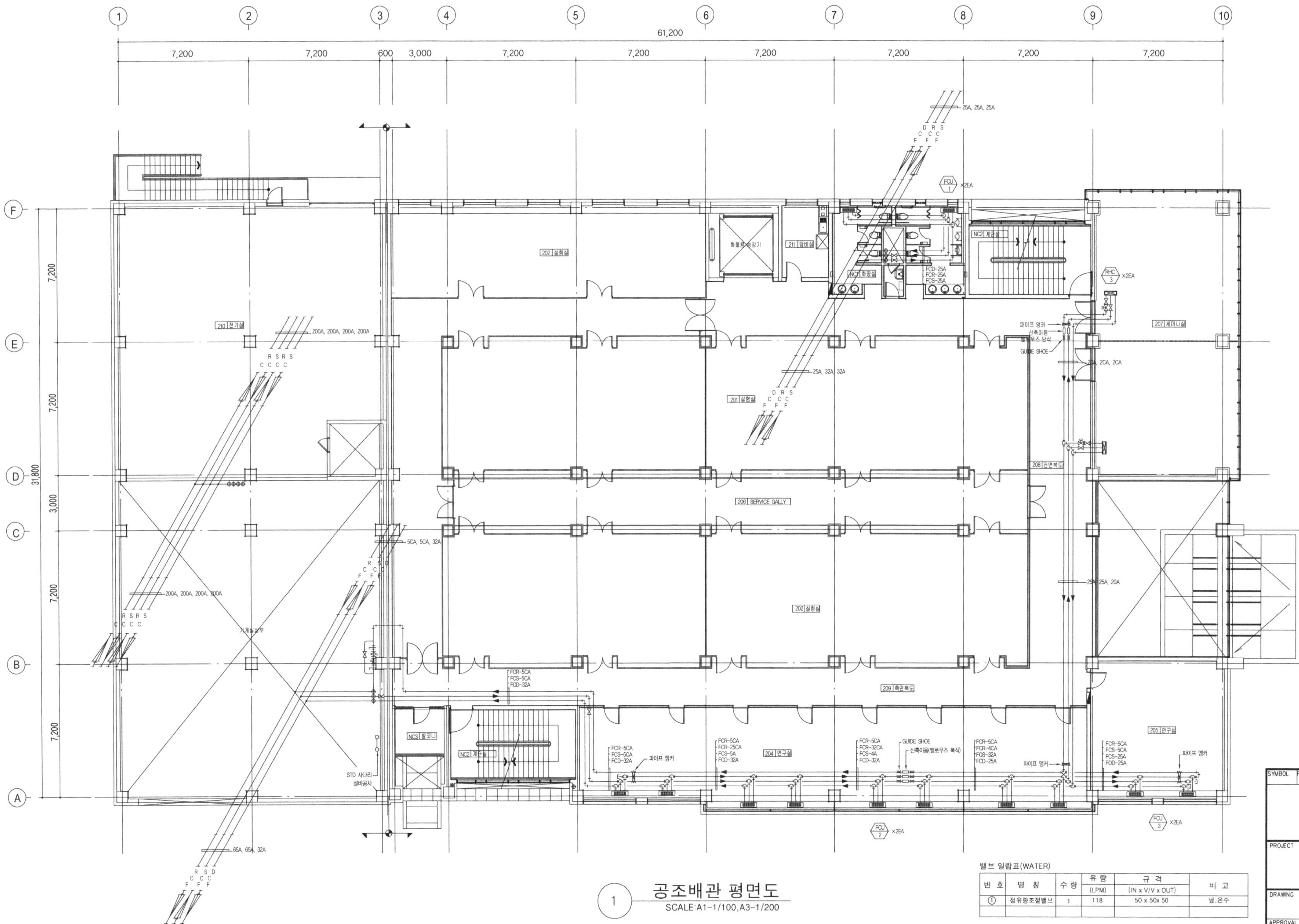

1 공조배관 평면도

SCALE:A1-1/100,A3-1/200

밸브 일람표(WATER)

번 호	명 칭	수 량	유 량 (LPM)	규 격 (IN x V/V x OUT)	비 고
①	정유량조절밸브	1	118	50 x 50x 50	냉,온수

SYMBOL	REVISONS	DATE

PROJECT TITLE

OO건물 신축공사

DRAWING TITLE

공조배관 평면도

APPROVAL	SCALE A1:1/100,A3:1/200
CHECKED	PROJECT NO
CHECKED	SHEET NO
DRAWN	DRAWING NO
DATE	A S Ⓜ E

22

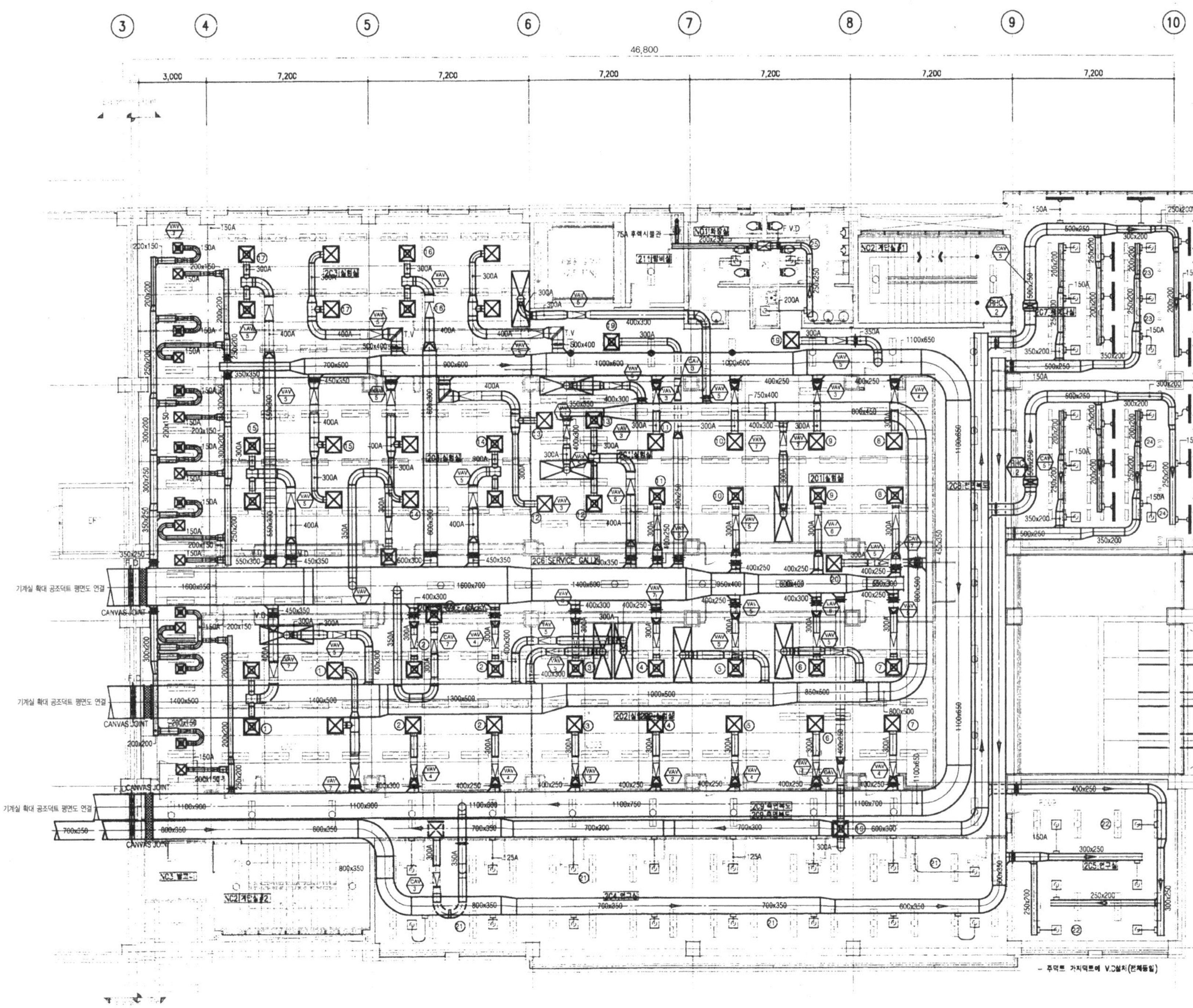

DIFFUSER SCHEDULE

NO	ROOM NO	실 명	종류	수량	풍량 (CMH)	형 식	규 격	비 고
①		L-207	S.A	2	1166	HEPA FILTER BOX	670x670	FILTER:150T
			R.A	2	1116	RETURN BOX	670x670	-
②		L-205	S.A	2	1166	HEPA FILTER BOX	670x670	FILTER:150T
			R.A	2	1116	RETURN BOX	670x670	-
③		L-203-1	S.A	1	2300	HEPA FILTER BOX	670x670	FILTER:292T
			R.A	1	760	RETURN BOX	670x670	-
④		L-203-2	S.A	1	4000	HEPA FILTER BOX	670x670	FILTER:292T
			R.A	1	560	RETURN BOX	670x670	-
⑤		전하량	S.A	1	1560	HEPA FILTER BOX	670x670	FILTER:150T
			R.A	1	1360	RETURN BOX	670x670	-
⑥		L-201-1	S.A	1	2200	HEPA FILTER BOX	670x670	FILTER:292T
			R.A	1	860	RETURN BOX	670x670	-
⑦		L-201-2	S.A	1	1560	HEPA FILTER BOX	670x670	FILTER:150T
			R.A	1	1360	RETURN BOX	670x670	-
⑧		전도도실	S.A	1	1560	HEPA FILTER BOX	670x670	FILTER:150T
			R.A	1	1360	RETURN BOX	670x670	-
⑨		L-202	S.A	1	2200	HEPA FILTER BOX	670x670	FILTER:292T
			R.A	1	860	RETURN BOX	670x670	-
⑩		L-202-1	S.A	1	1560	HEPA FILTER BOX	670x670	FILTER:150T
			R.A	1	1560	RETURN BOX	670x670	-
⑪		오존실	S.A	1	1560	HEPA FILTER BOX	670x670	FILTER:150T
			R.A	1	860	RETURN BOX	670x670	-
⑫		오존실-1	S.A	1	1800	HEPA FILTER BOX	670x670	FILTER:150T
			R.A	1	480	RETURN BOX	670x670	-
⑬		오존실-2	S.A	1	1800	HEPA FILTER BOX	670x670	FILTER:150T
			R.A	1	480	RETURN BOX	670x670	-
⑭		L-206	S.A	2	1555	HEPA FILTER BOX	670x670	FILTER:150T
			R.A	2	1355	RETURN BOX	670x670	-
⑮		L-208	S.A	2	1750	HEPA FILTER BOX	670x670	FILTER:150T
			R.A	2	1550	RETURN BOX	670x670	-
⑯		L-209	S.A	2	1555	HEPA FILTER BOX	670x670	FILTER:150T
			R.A	2	1568	RETURN BOX	670x670	-
⑰		L-10	S.A	2	1750	HEPA FILTER BOX	670x670	FILTER:150T
			R.A	2	1763	RETURN BOX	670x670	-
⑱		바이오실험실 (1~8)	S.A	8	280	HEPA FILTER BOX	365x365	FILTER:150T
			R.A	8	280	RETURN BOX	365x365	-
⑲		복도	S.A	2	700	REGISTER	550x550	-
			R.A	2	1740	REGISTER	550x550	-
⑳		서비스공간	S.A	1	2961	REGISTER	550x550	-
			E.A	1	2961	REGISTER	550x550	-
㉑		연구실-1	S.A	8	260	사각DIFF.	□125	-
			R.A	8	260	사각DIFF.	□125	-
㉒		연구실-2	S.A	3	500	사각DIFF.	□200	-
			R.A	3	300	사각DIFF.	□200	-
㉓		세미나실-1	S.A	8	204	T-LINE DIFF	ϕ125-1,200L	-
			R.A	6	308	사각DIFF.	□150	-
㉔		세미나실-2	S.A	8	204	T-LINE DIFF	ϕ125-1,200L	-
			R.A	6	308	사각DIFF.	□150	-
㉕		화장실	E.A	2	600	사각DIFF.	□200	-
			E.A	1	200	사각DIFF.	□125	-

- 국소배기(CANOPY HOOD) VAV BOX 후단부 덕트는 추후공사
- SERVICE GALLERY 부분의 덕트보온은 마티론 보온 마감.
- 주덕트의 가지덕트에 V.D설치(전체 동일)

① 공조덕트 평면도
SCALE : A1 - /100, A3 - /200

SYMBOL	REVISONS	DATE

PROJECT TITLE
OO건물 신축공사

DRAWING TITLE
공조덕트 평면도

APPROVAL	SCALE A1:1/100,A3:1/200
CHECKED	PROJECT NO
CHECKED	SHEET NO
DRAWN	DRAWING NO
DATE	ASME

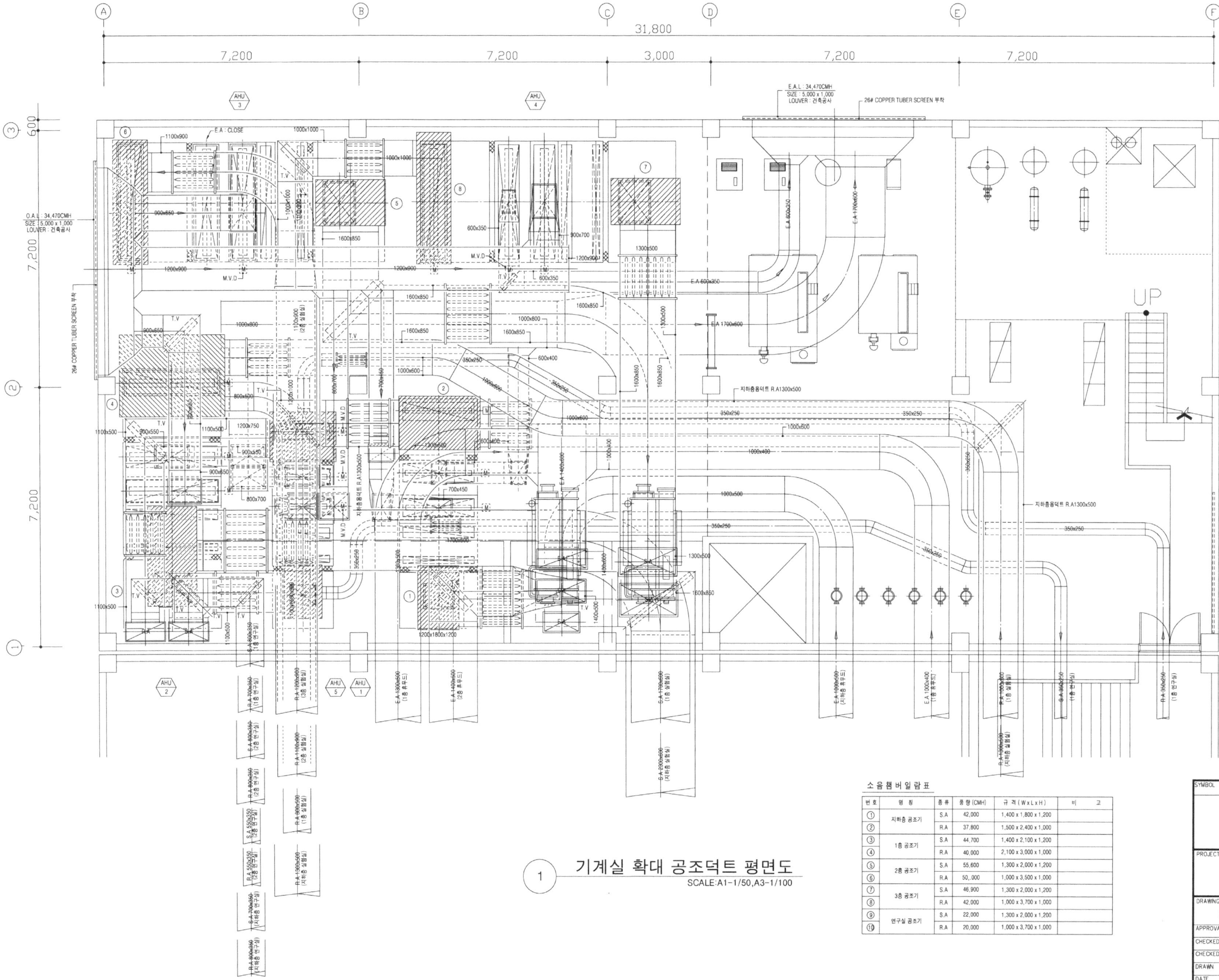

1 기계실 확대 공조덕트 평면도

SCALE:A1-1/50,A3-1/100

소음챔버일람표

번호	명칭	종류	풍량(CMH)	규격(W x L x H)	비고
①	지하층 공조기	S.A	42,000	1,400 x 1,800 x 1,200	
②		R.A	37,800	1,500 x 2,400 x 1,000	
③	1층 공조기	S.A	44,700	1,400 x 2,100 x 1,200	
④		R.A	40,000	2,100 x 3,000 x 1,000	
⑤	2층 공조기	S.A	55,600	1,300 x 2,000 x 1,200	
⑥		R.A	50,.000	1,000 x 3,500 x 1,000	
⑦	3층 공조기	S.A	46,900	1,300 x 2,000 x 1,200	
⑧		R.A	42,000	1,000 x 3,700 x 1,000	
⑨	연구실 공조기	S.A	22,000	1,300 x 2,000 x 1,200	
⑩		R.A	20,000	1,000 x 3,700 x 1,000	

SYMBOL	REVISONS	DATE

PROJECT TITLE	OO건물 신축공사
DRAWING TITLE	기계실 확대 공조덕트 평면도
APPROVAL	SCALE A1:1/50,A3:1/100
CHECKED	PROJECT NO
CHECKED	SHEET NO
DRAWN	DRAWING NO
DATE	A S M E

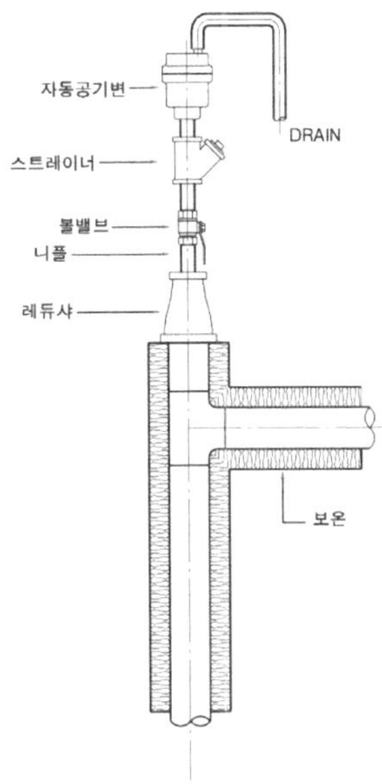

자 동 공 기 변 상 세 도

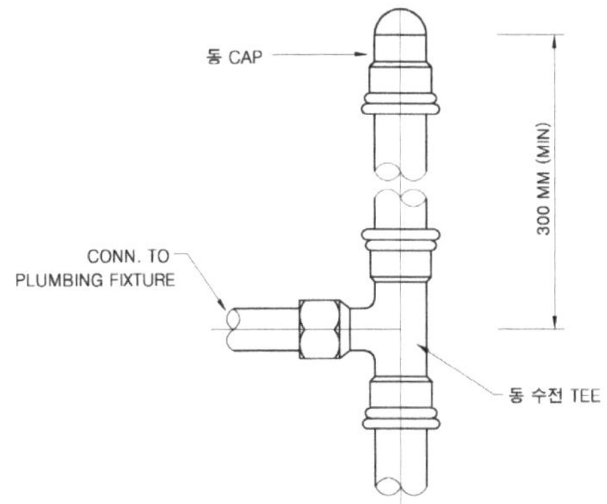

에 어 챔 버

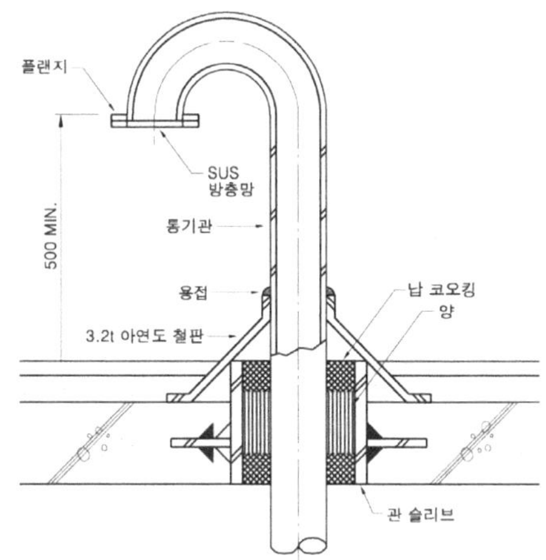

주기

1. 슬리브설치 : 본공사
2. 슬리브방수 : 건축공사

옥 상 통 기 관 상 세 도

25

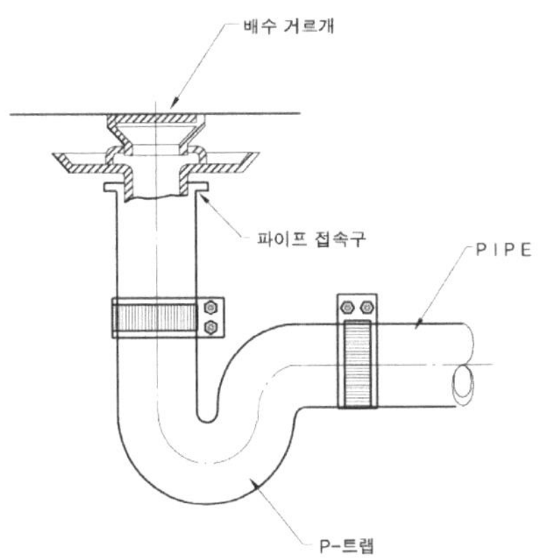

바 닥 배 수 구

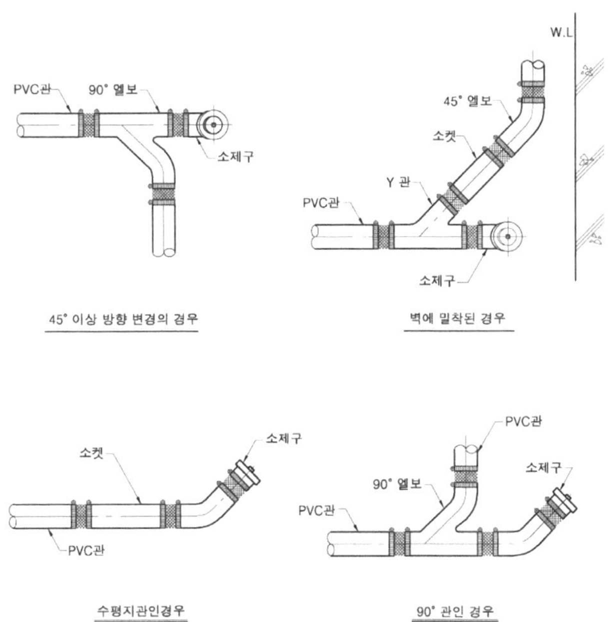

소제구 설치 상세도(P,V,C관)

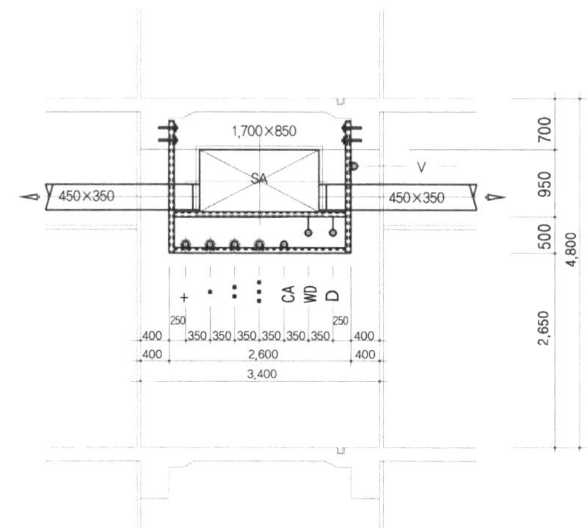

SERVICE GALLERY 단면도

SYMBOL	REVISONS	DATE

PROJECT TITLE

OO건물 신축공사

DRAWING TITLE

일 반 상 세 도 - 1

APPROVAL	SCALE A1:NONE,A3:NONE
CHECKED	PROJECT NO
CHECKED	SHEET NO
DRAWN	DRAWING NO
DATE	ASME

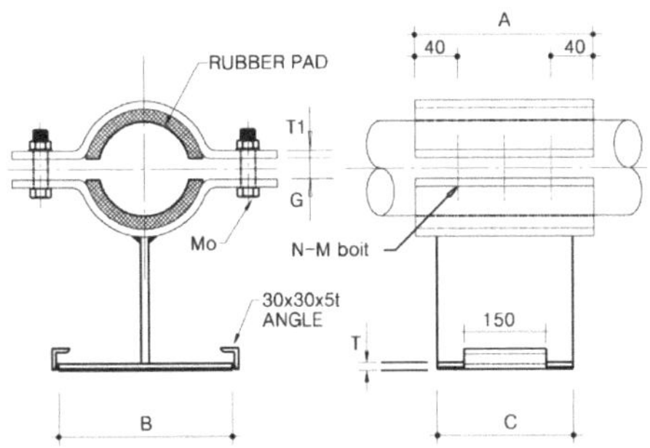

(단위:mm)

기호 / 관경	A	B	C	N	M	T	T1
65A 이 하	140	100	120	2	8	6	3
80A ~150A	200	100	150	3	12	9	3

가 이 드 슈 (S T S , 동 관 용)

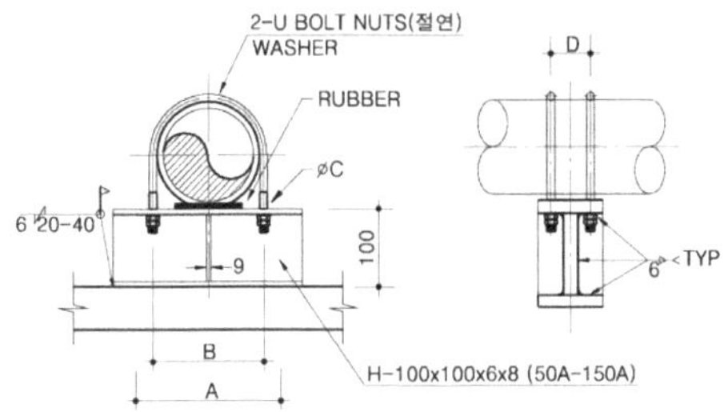

(단위:mm)

NO	PIPE SIZE	DIMENSION A	B	C	D
1	50A	120	73	M10	52
2	65A	140	91	M12	52
3	80A	160	105	M12	52
4	100A	190	130	M12	52
5	125A	210	157	M12	52
6	150A	250	186	M16	52
7	200A	300	238	M16	100
8	250A	360	286	M20	100

파 이 프 앵 커 (S T S , 동 관 용)

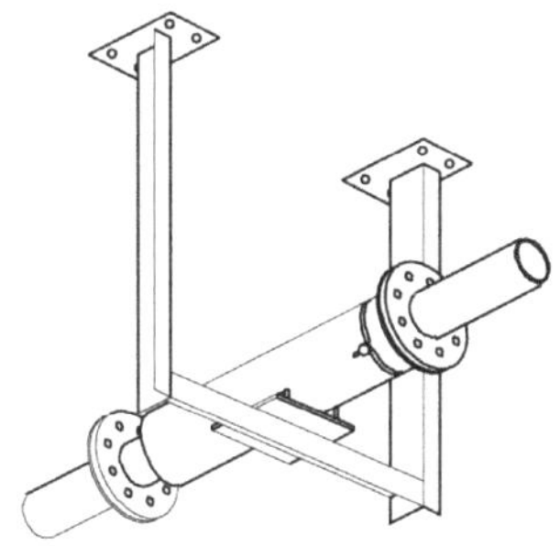

관경별 신축이음관 길이

구 분 / 관 경	길이(L)	신 장(Lmax)	압축 (Lmin)	볼트갯수	볼트구멍 직경
50 이하	680	700	610	4	ø19
65	780	800	710	4	ø19
80	780	800	710	8	ø19
100	880	900	810	8	ø19
125	880	900	810	8	ø19
150	930	950	860	8	ø19
200	930	950	860	12	ø19

신 축 이 음 설 치 상 세 도

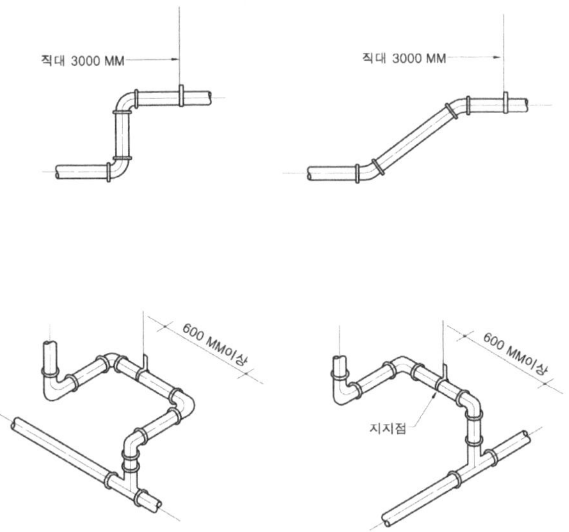

배 관 굽 힘 부 의 지 지 점

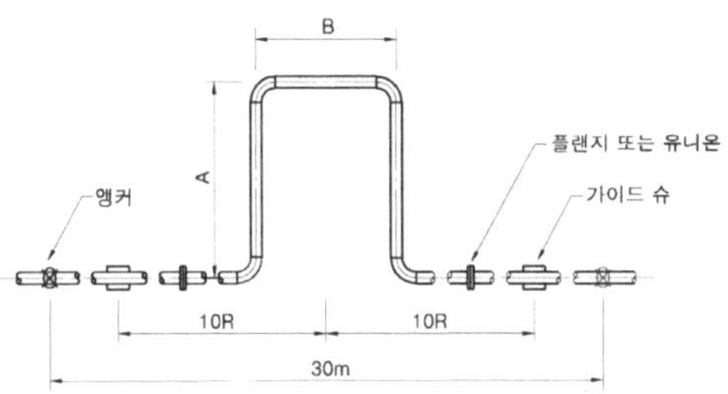

주기

규 격

관 경 (ø)	R	A	B
25	125	850	320
32	160	950	400
40	200	1000	500
50	250	1150	625

단위 : mm

관 경 (ø)	R	A	B
65	325	1250	850
80	400	1400	1000
100	500	1500	1250
125			
150	750	2000	1500

신 축 곡 관 이 음

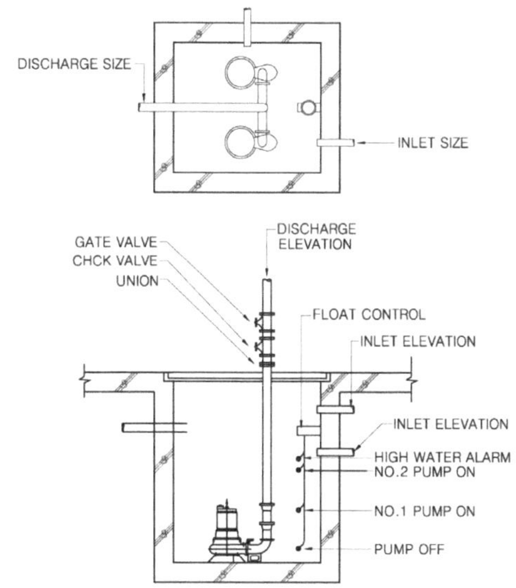

수중형 배수펌프 주변배관 상세도

26

SYMBOL	REVISONS	DATE

PROJECT TITLE

OO건물 신축공사

DRAWING TITLE

일 반 상 세 도 - 2

APPROVAL	SCALE A1:NONE,A3:NONE
CHECKED	PROJECT NO
CHECKED	SHEET NO
DRAWN	DRAWING NO
DATE	A S M E

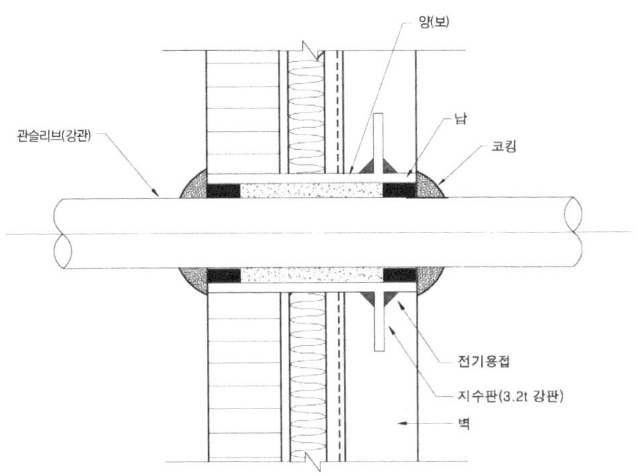

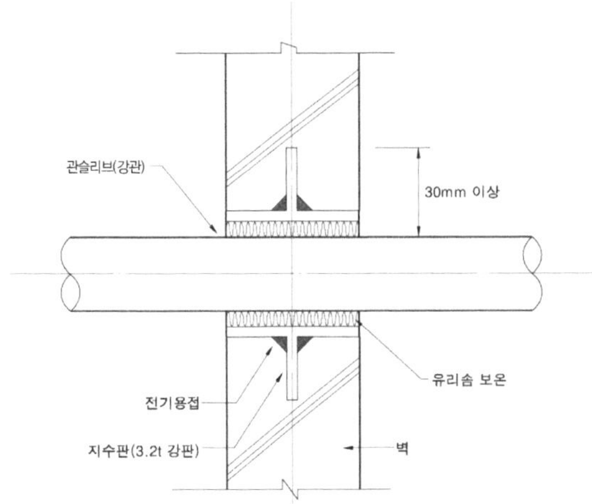

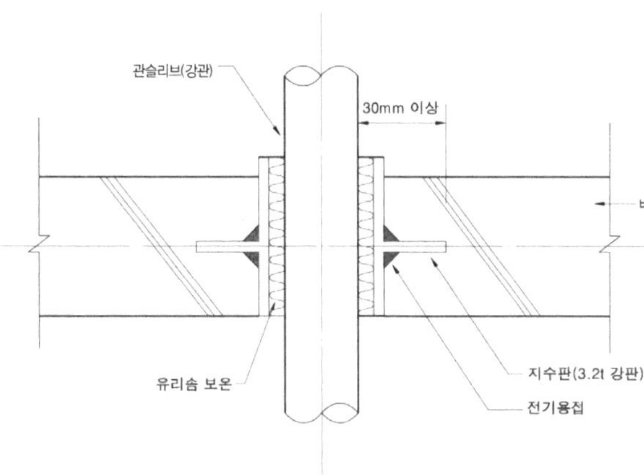

지하층 옹벽 관통 슬리브 (지수판 설치)

벽 및 바닥 관통 슬리브 (지수판 설치) 27

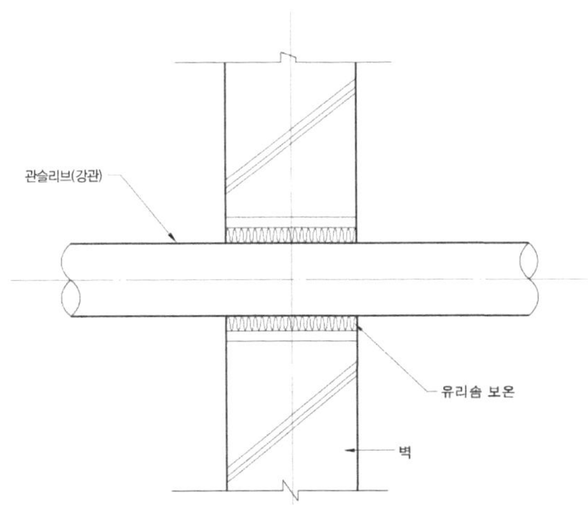

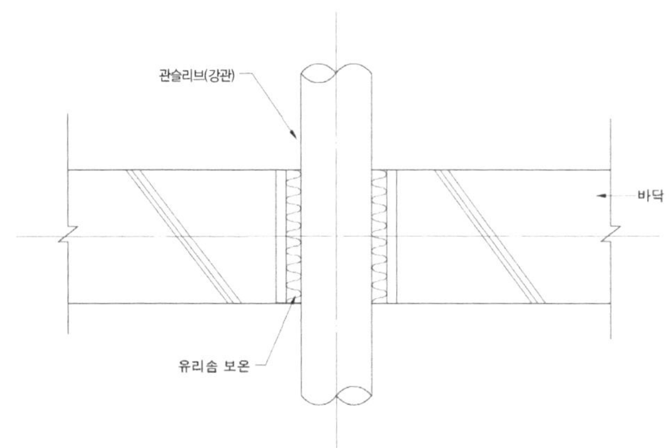

보 부분 관통 슬리브

SYMBOL	REVISONS	DATE
PROJECT TITLE	OO건물 신축공사	
DRAWING TITLE	일 반 상 세 도 - 3	
APPROVAL	SCALE A1:NONE,A3:NONE	
CHECKED	PROJECT NO	
CHECKED	SHEET NO	
DRAWN	DRAWING NO	
DATE	ASME	

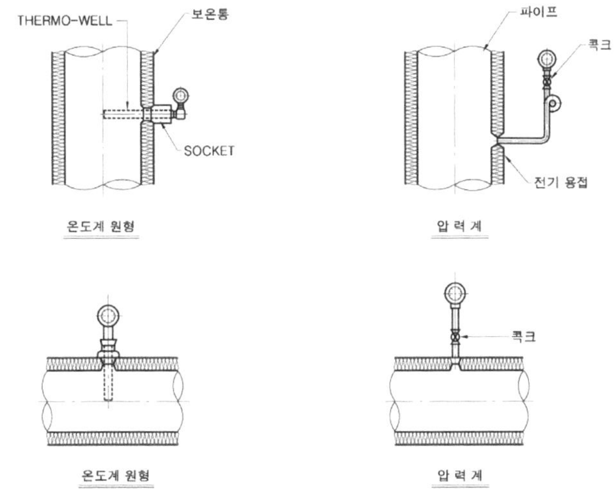

품 명	규 격	최 고 눈 금
압력계	KSB 5305	최고사용범위:1.5배~3배
온도계	KSB 5302	최고사용범위:1.5배

압력계 및 온도계 설치 상세도

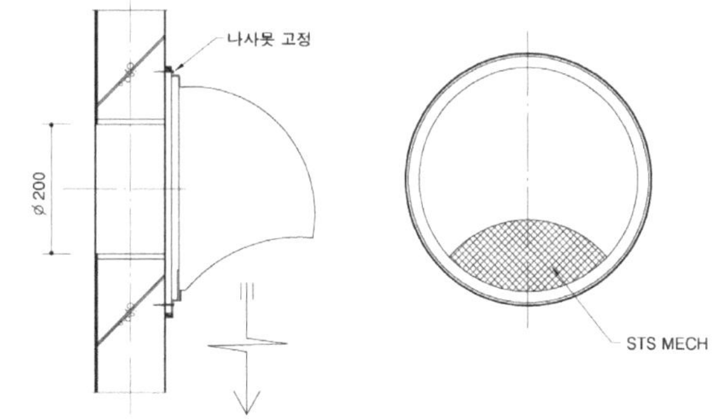

재질 : ALUMINUM
환기 유효면적 : 92.8 cm^2
설치장소: 화장실 외벽 FL+2,400
(건축과 필히 협의후 시공)

알 루 미 늄 후 드 캡(TYPICAL)

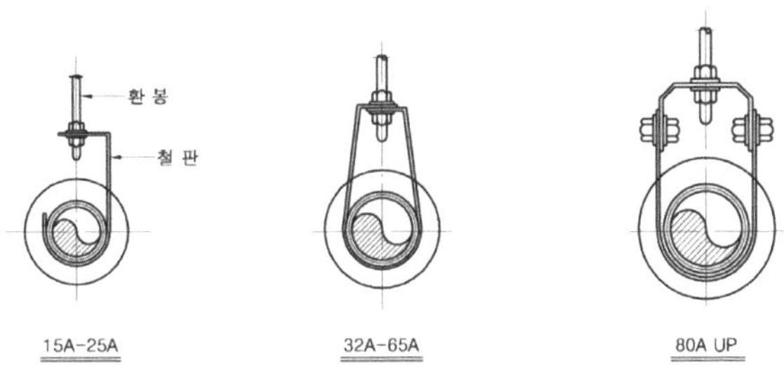

	15~50	65~80	100	125~250
철 판	40~6T	50~6T	65~9T	65~9T
환 봉	9	9	12	12

파이프행거 설치 간격

	20A 이하	25 - 40A	50 - 80A	100 - 150A
PVC/강관	1.8 M	2 M	3 M	3.5 M
스텐/동관	1.5 M	2 M	2.5 M	3 M
주 철 관	직관.90° 곡관, P트랩 각 1개소			

* 주 기 : 1) 앙카는 셋트앙카 (SET-ANCHOR)임.
2) 입상관은 층 마다 1개소씩 시공.

파 이 프 행 거 상 세 도

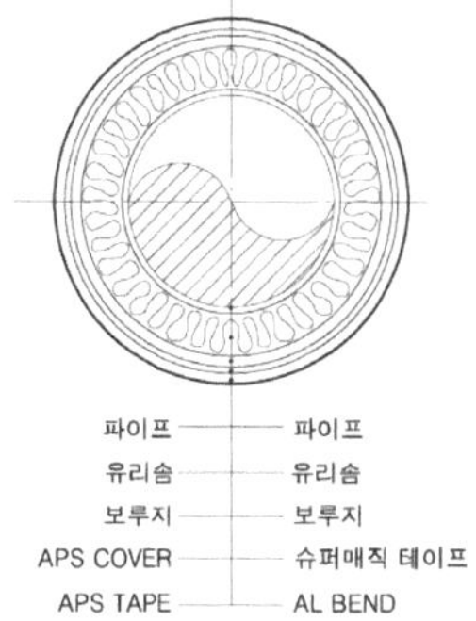

(서비스 갤러리 부분)

파 이 프 보 온 상 세 도 (급수,급탕,증기)

SYMBOL	REVISONS	DATE

PROJECT TITLE
OO건물 신축공사

DRAWING TITLE
일 반 상 세 도 - 4

APPROVAL	SCALE A1:NONE,A3:NONE
CHECKED	PROJECT NO
CHECKED	SHEET NO
DRAWN	DRAWING NO
DATE	ASME

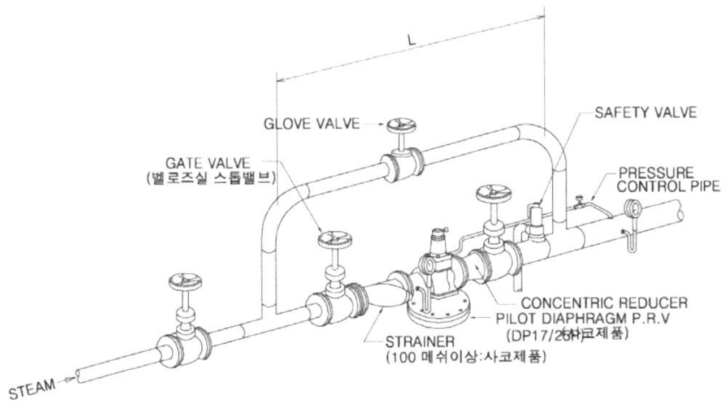

VALVE SIZE	L
15A	1148
20A	1148
25A	1206
32A	1301
40A	1355
50A	1496

증 기 감 압 밸 브 장 치

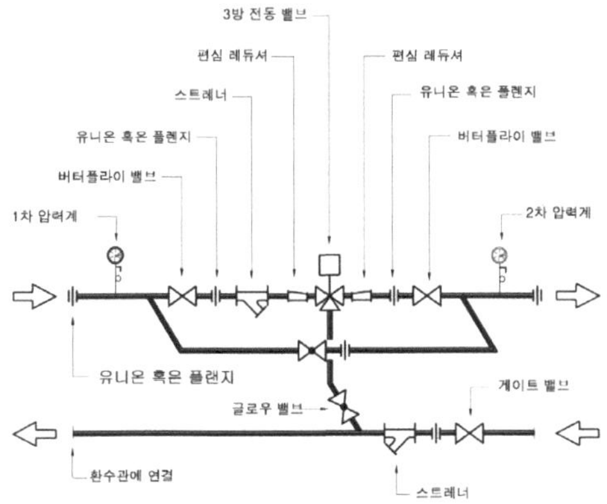

주기사항

바이패스 배관은 3방 전동 밸브와 동일한 관경으로 한다.

3 방 전 동 밸 브 장 치

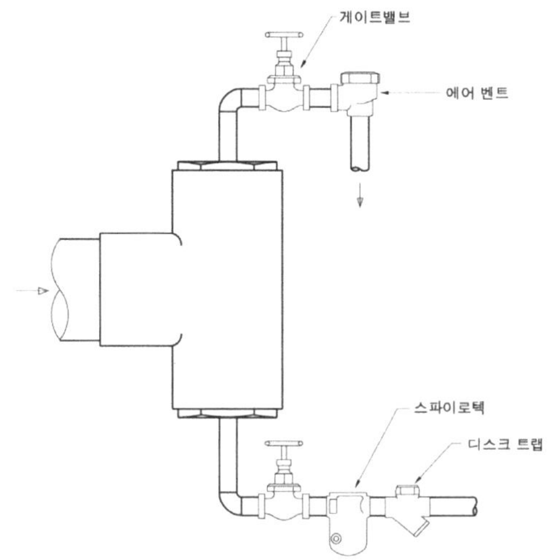

관 말 트 랩 장 치 (S,T,A)

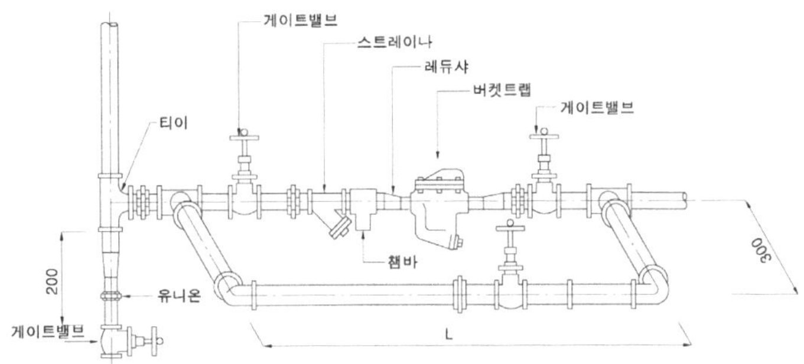

BUCKET TRAP 상세도

SYMBOL	REVISONS	DATE

PROJECT TITLE

OO건물 신축공사

DRAWING TITLE

일 반 상 세 도 - 5

APPROVAL	SCALE A1:NONE,A3:NONE
CHECKED	PROJECT NO
CHECKED	SHEET NO
DRAWN	DRAWING NO
DATE	A S M E

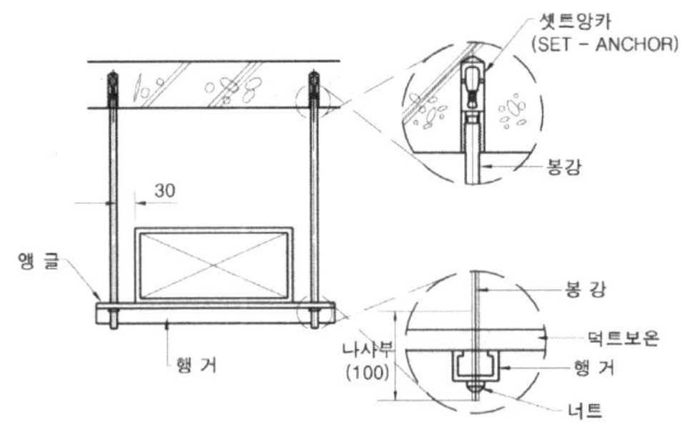

SINGLE DUCT

덕트의 긴변 (MM)	최대달기간격 (MM)	앵글 (MM)	봉강 (ø)
~ 450	3600	25 x 25 x 3	9
450 ~ 750	3600	25 x 25 x 3	9
750 ~ 1000	3600	30 x 30 x 3	9
1000 ~ 1500	3600	30 x 30 x 3	9
1500 ~ 2250	3600	40 x 40 x 3	9
2250 ~	3600	40 x 40 x 3	9

1	덕트행거상세1

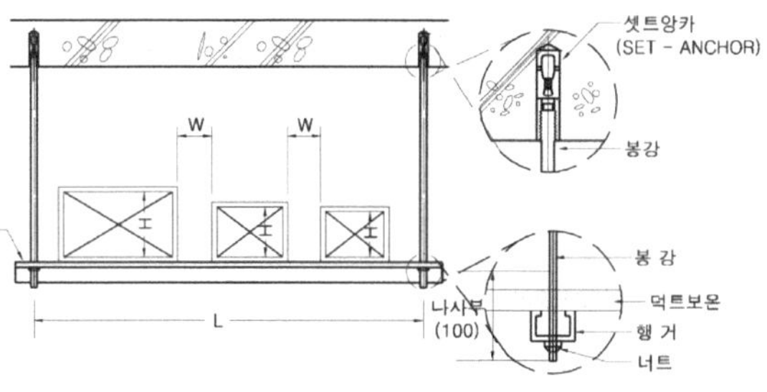

MULTIPLE DUCT

L (MM)	최대달기간격 (MM)	앵글 (MM)	봉강 (ø)	
~ 1200	3600	40 x 40 x 3	9	H > 500 W ≧ 200
1200 ~ 1800	3600	40 x 40 x 5	9	
1800 ~ 2400	3600	50 x 50 x 6	13	H ≦ 500 W ≧ 150
2400 ~	3600	75 x 75 x 6	13	

2	덕트행거상세2

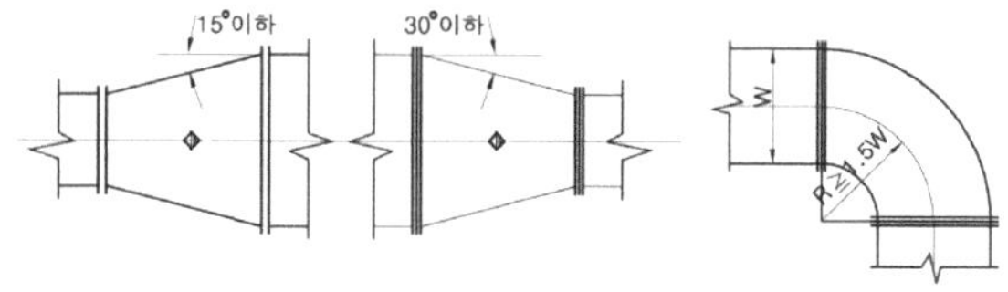

TRANSITION

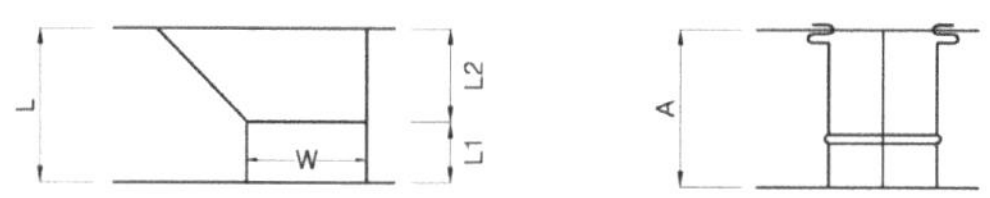

DUCT SIZE	L	L1	L2
UP TO 450	200	50	150
500 ~ 750	250	50	200

L 2 = 1 / 4 W (MIN 4")

DIAMETER	100 ~ 150	200 ~ 250	OVER 300
A	100	125	200
A = MIN 2"			

45°DBRANCH

SPIN IN BRANCH

3	엘보 및 테이퍼

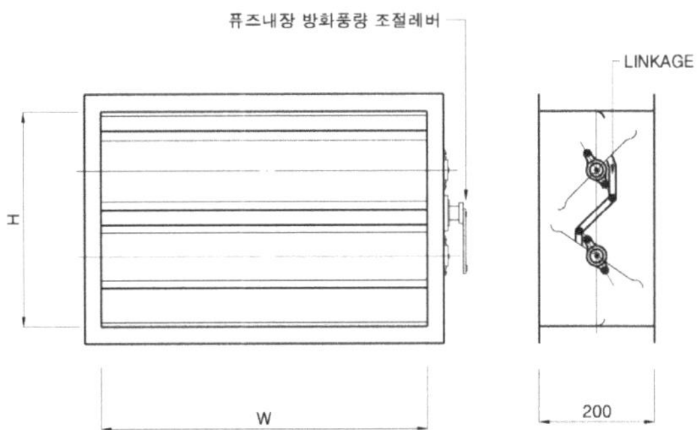

W : 덕트 폭
H : 덕트 높이
(재질 : 스텐레스)

4	방화,풍량조절댐퍼

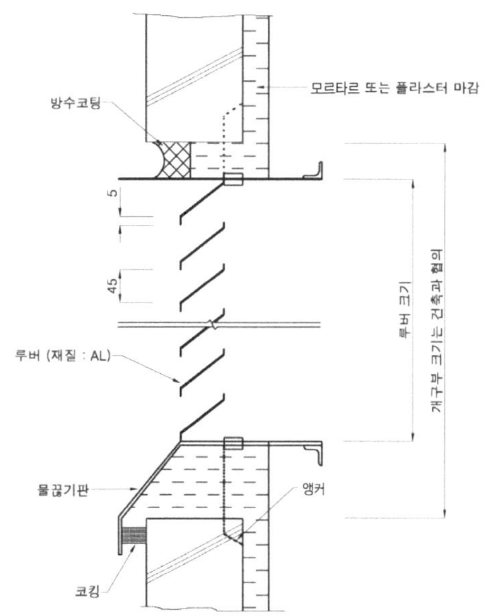

5	외기루버상세도(건축공사)

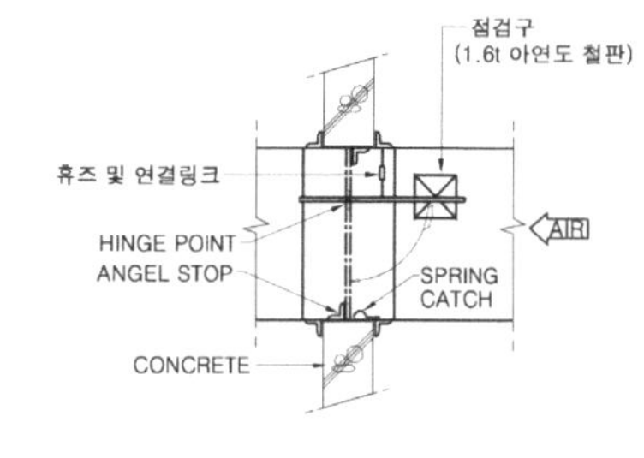

HORIZONTAL (벽통과시)

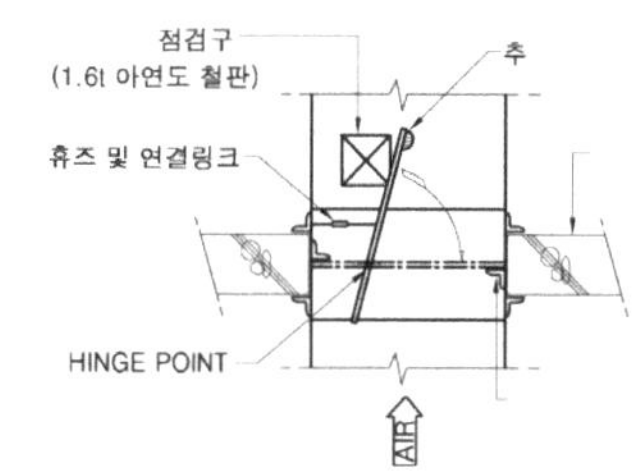

VERTICAL (바닥통과시)

6	방화댐퍼상세도

SYMBOL	REVISONS	DATE

PROJECT TITLE

OO건물 신축공사

DRAWING TITLE

덕트 설치 상세도 - 1

APPROVAL	SCALE A1:NONE,A3:NONE
CHECKED	PROJECT NO
CHECKED	SHEET NO
DRAWN	DRAWING NO
DATE	ASME

◙ 장방향덕트의 이음매 부분상세

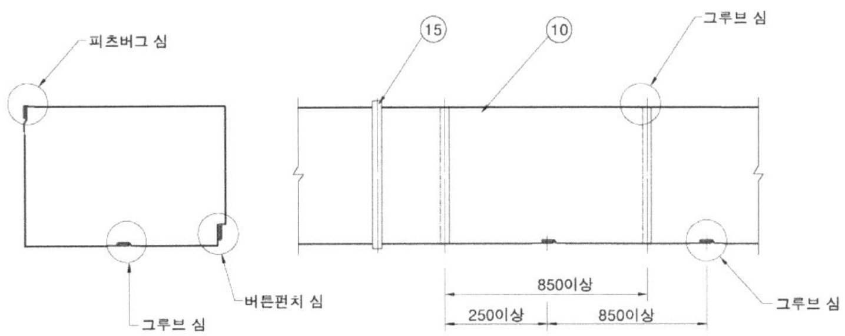

1.피츠버그 심 (PITTBURGH SEAM) 2.버튼펀치 심 (BUTTON PUNCH SEAM) 3.그루브 심 (GROOVE SEAM)

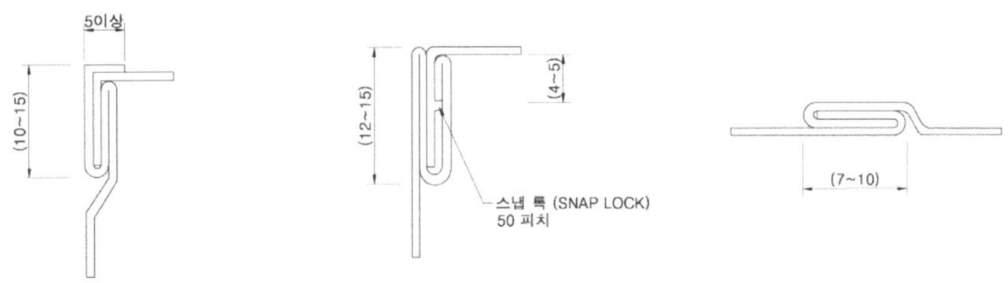

NOTE
* 공조,환기,배연용의 장방형 덕트에 적용한다.
단, 배연덕트의 판 이음매는 피츠버그 심만을 적용한다.

부 품 의 명 칭, 시 방, 치 수							
번호	용도 또는 명칭	시 방	치 수	번호	용도 또는 명칭	시 방	치 수
①	보 강 , 앵 글		L25x25x3	⑩	덕 트 , 아 연 철 판		시방서 참조
②	플 랜 지 , 앵 글		L30x30x3	⑪	리 벳		ϕ4.5 피치 100
③	보 강 , 앵 글		L30x30x3	⑫	리 벳		ϕ4.5 피치 65
④	보 강 , 앵 글		L40x40x4 또는 L40x40x5	⑬	다이아몬드 브레이킹		—
⑤	세로보강,앵 글		L40x40x3	⑭	홈 형 브레이킹		—
⑥	가로보강,앵 글		L40x40x3	⑮	플 랜 지 , 앵 글		L40x40x3
⑦	플 랜 지 , 앵 글		L40x40x5	⑯	심 꺽 어 접 기		—
⑧	세로보강,앵 글		L40x40x5				
⑨	가로보강,앵 글		L40x40x5				

* 아연도 덕트의 두께 (저속덕트의 경우 각형일때)

- 450mm = 0.5t(#26) 451mm - 750mm = 0.6t(#24)
751mm - 1,500mm = 0.8t(#22) 1,501mm - 2,250mm = 1.0t(#20)
2,251mm - = 1.2t(#18)

◙ 장방향덕트의 보강부분상세

1. 덕트의 가로방향 보강

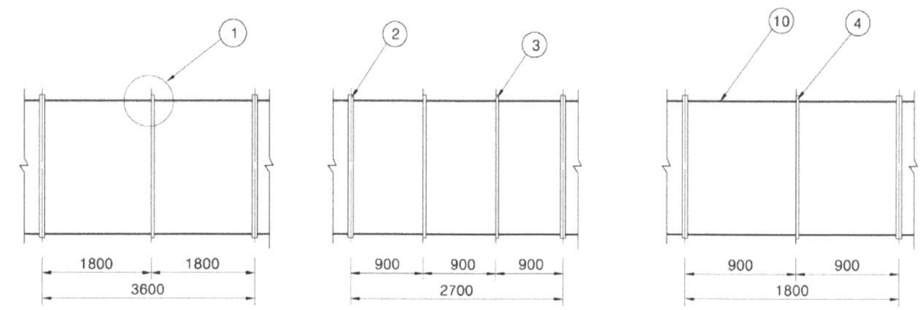

2. 덕트의 세로방향 보강

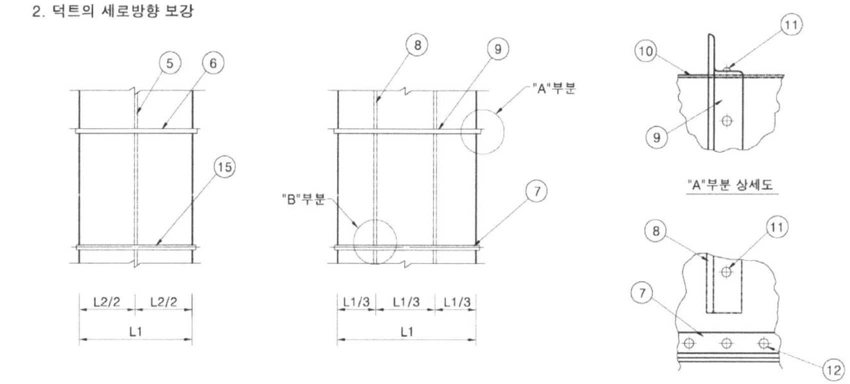

3.다이아몬드 브레이킹보강 (보온이 없는 경우에 사용)

4.홈형 다이아몬드 브레이킹보강 (보온이 없는 경우에 사용)

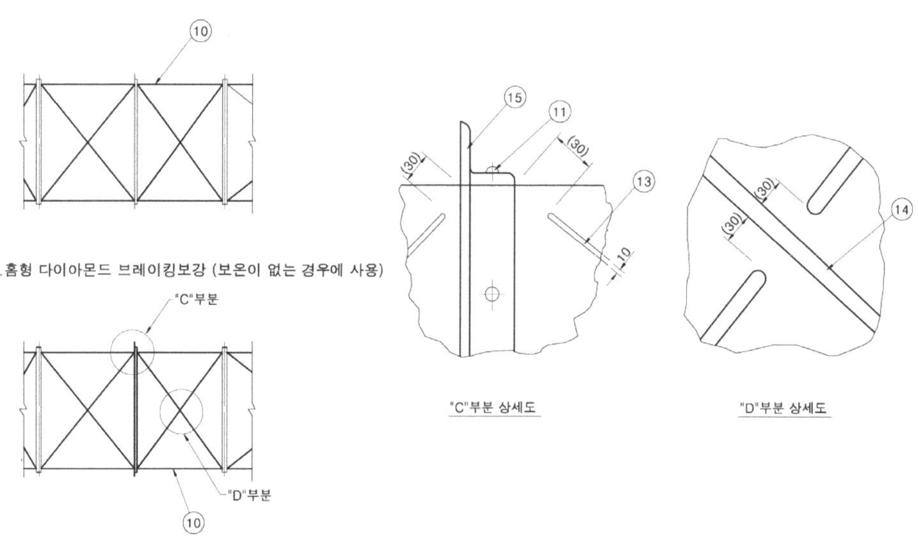

31

SYMBOL	REVISONS	DATE

PROJECT TITLE	
00건물 신축공사	
DRAWING TITLE	
덕트 설치 상세도 - 2	
APPROVAL	SCALE A1:NONE,A3:NONE
CHECKED	PROJECT NO
CHECKED	SHEET NO
DRAWN	DRAWING NO
DATE	ASME

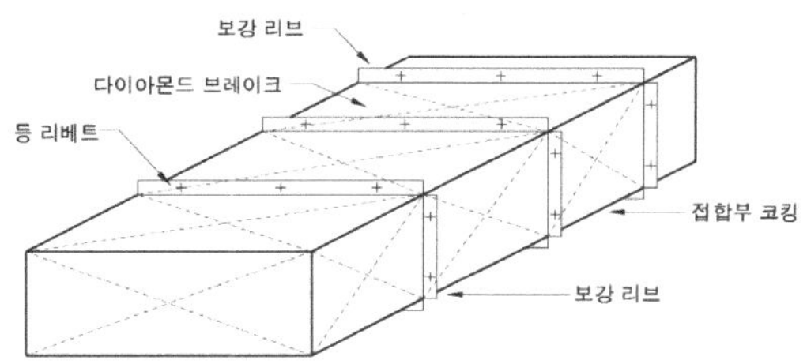

각 형	철판	매 달 쇠			리 벳	볼트/너트
덕트장변	번호	앵 글	봉강	최대간격	동	규 격
300 이하	#26	25x25x3	9	3.6M	4.5x18	6x20
325-750	#24	〃	〃	〃	〃	〃

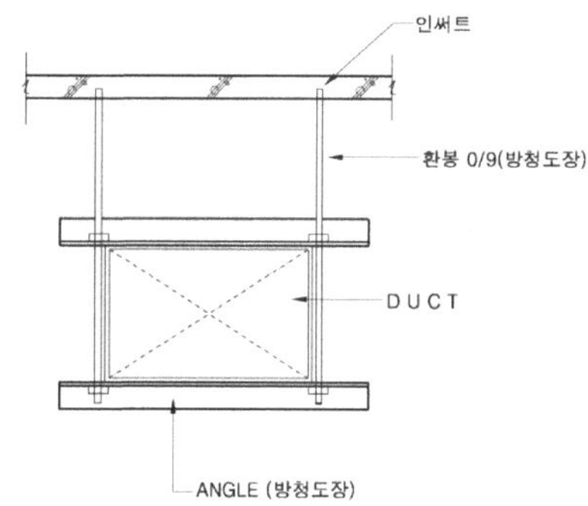

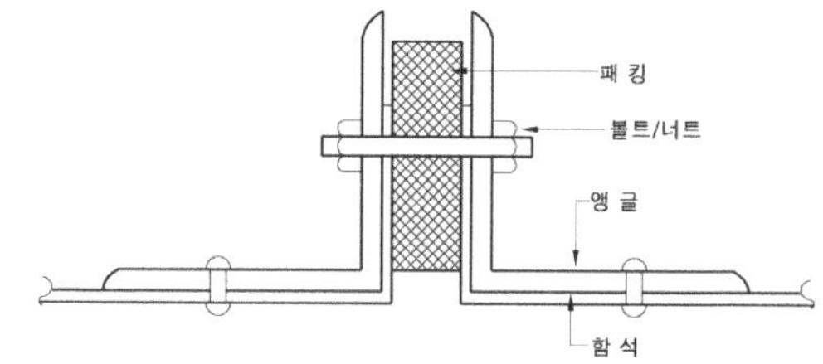

각 형	판두께	후 렌 지			후렌지	볼 트	후렌지	리벳
덕트장변	MM	앵 글	접합간격	간 격	동	규 격	경	피치
300 이하	#26	25x25x3	1.8	3 G	6x20L	100	4.3x18	70
325-750	#24	〃	〃	〃	〃	〃	〃	〃

덕 트 보 강

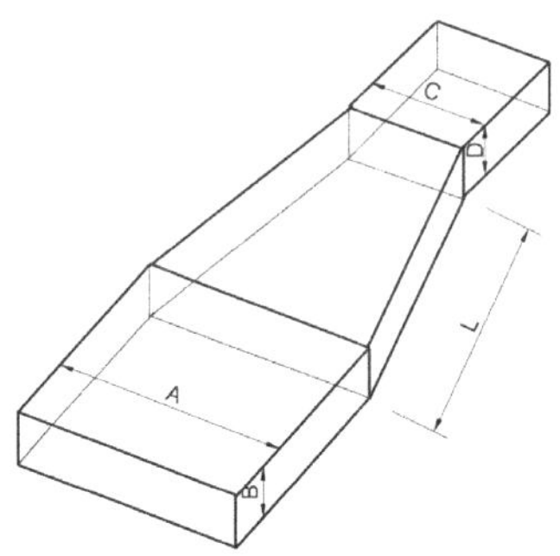

1 . A − C > B − D

(A − C)x 3. = L

2 . A − C < B − D

(B − D)x 3. = L

덕 트 레 듀 싱

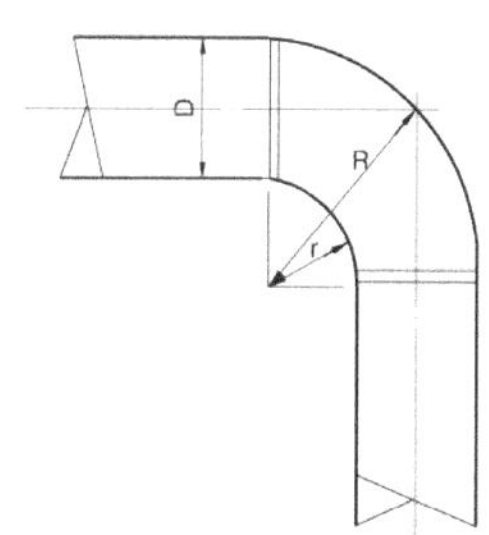

r = 1 / 2 D

3 / 4 D (표준)

1 / 1 D

R = r + D

덕 트 브 렌 치

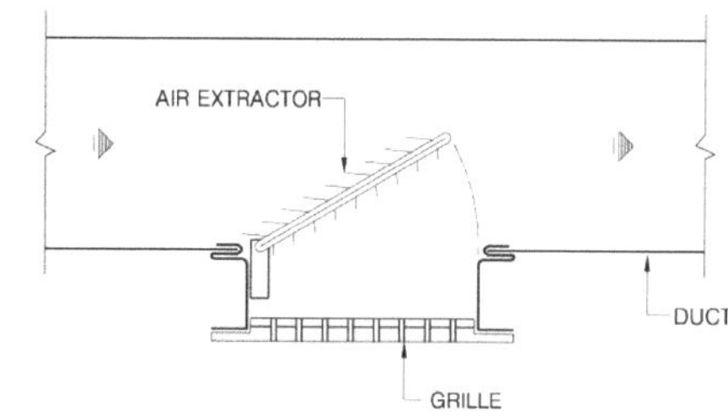

G R I L L E

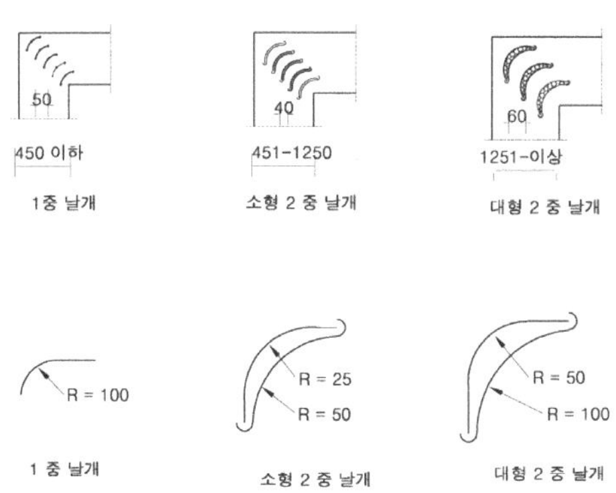

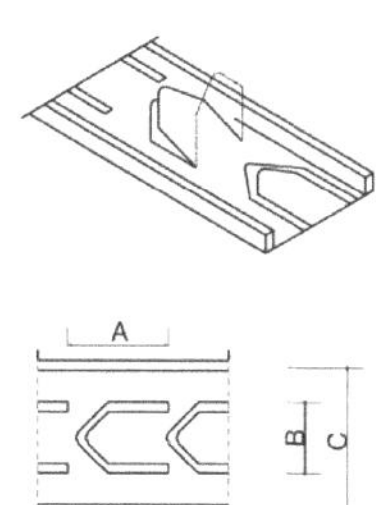

베인런더규격	A	B	C
소형 2 중 날개	55	40	80
대형 2 중 날개	80	80	120

터 닝 베 인

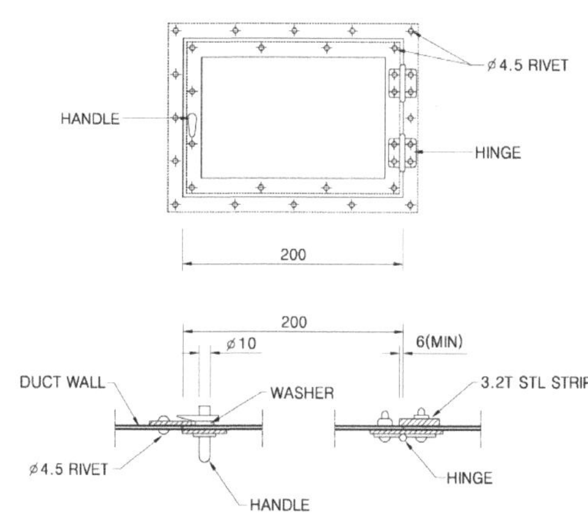

덕 트 점 검 구

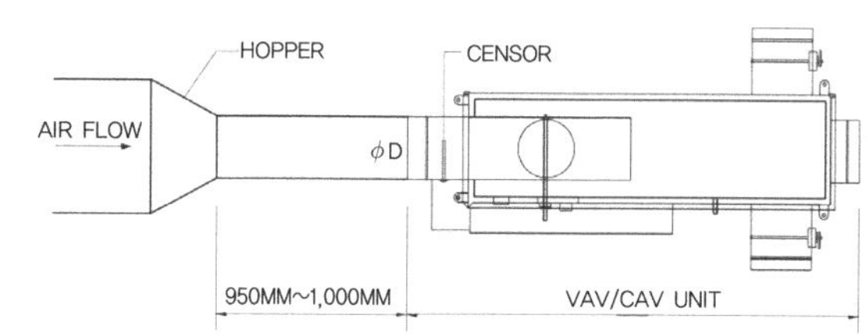

VAV, CAV 유닛 덕트연결 상세도

SYMBOL	REVISONS	DATE

PROJECT TITLE
OO건물 신축공사

DRAWING TITLE
덕트 설치 상세도 − 3

APPROVAL	SCALE A1:NONE,A3:NONE
CHECKED	PROJECT NO
CHECKED	SHEET NO
DRAWN	DRAWING NO
DATE	ASME